教育部高等学校电子信息类专业教学指导委员会规划教材
高等学校电子信息类专业系列教材·新形态教材

模拟电子线路
学习指导与习题详解

（第3版）

杨凌　李守亮　魏佳璇　编著

清华大学出版社
北京

内容简介

本书系统地总结了"模拟电子线路"课程的基本概念、常用器件、典型电路、各种分析方法,以及这些概念和方法在解题中的应用,包括常用半导体器件、放大电路基础、放大电路的频率响应、低频功率放大电路、集成运算放大器、反馈及其稳定性、信号的运算与处理电路、信号的产生电路、直流稳压电源、综合测试题及参考答案。全书共分10章,前9章中每章都包含教学要求、基本概念和内容要点、典型习题详解三大部分,共提供了289例(其中包括26例仿真)习题及其详细解答,其题源丰富,覆盖面宽,可以帮助读者加深对课程基本内容的理解和掌握;第10章给出了10套综合测试题及参考答案,综合测试题大部分选自历年来多所国内985与211高校的考研试题,具有较强的针对性、启发性、指导性和补充性,可以帮助读者检查自己对课程的总体掌握水平。书后以附录形式给出了部分高校和科研机构研究生入学考试真题,供报考研究生的读者参考。

本书可作为高等学校电子信息类、电气信息类与自动化类等专业本科生学习"模拟电子线路""模拟电子技术基础"等课程的辅导教材,也可作为报考相关专业硕士研究生的考生的复习参考书。

版权所有,侵权必究。举报:010-62782989,beiqinquan@tup.tsinghua.edu.cn。

图书在版编目(CIP)数据

模拟电子线路学习指导与习题详解/杨凌,李守亮,魏佳璇编著. --3版. --北京:清华大学出版社,2025.5. --(高等学校电子信息类专业系列教材). --ISBN 978-7-302-69069-6

Ⅰ. TN710.4

中国国家版本馆CIP数据核字第2025YM2740号

策划编辑:盛东亮
责任编辑:范德一
封面设计:李召霞
责任校对:王勤勤
责任印制:丛怀宇

出版发行:清华大学出版社
网　　址:https://www.tup.com.cn,https://www.wqxuetang.com
地　　址:北京清华大学学研大厦A座　　邮　　编:100084
社 总 机:010-83470000　　邮　　购:010-62786544
投稿与读者服务:010-62776969,c-service@tup.tsinghua.edu.cn
质量反馈:010-62772015,zhiliang@tup.tsinghua.edu.cn
课件下载:https://www.tup.com.cn,010-83470236

印 装 者:三河市龙大印装有限公司
经　　销:全国新华书店
开　　本:185mm×260mm　　印　张:26.75　　字　数:653千字
版　　次:2015年8月第1版　　2025年5月第3版　　印　次:2025年5月第1次印刷
印　　数:1~1500
定　　价:79.00元

产品编号:106653-01

第3版前言
PREFACE

本书是在清华大学出版社出版的《模拟电子线路学习指导与习题详解》前两版的基础上，根据"模拟电子线路"课程内容的更新，并广泛征求广大用书师生的反馈意见，修订而成的。

除继续保持前两版的特点外，在修订时，根据电子科学技术的发展趋势，结合中国集成电路的产业发展，进一步凝练突出课程教学中关于"器件""电路""应用"三者之间的逻辑关系，强调"集成"的思想，力求以更加简练的方式突出"模拟电子线路"课程的重点，突破课程的难点，尽量为不同层次高等院校的师生提供切实可用的参考资料。

具体的修订工作如下。

（1）重新修订了第1~9章的教学要求。

（2）进一步加强与集成电路设计密切相关的半导体器件的基础知识，如优化了双极结型晶体管高频等效电路模型的阐述，增加了MOS场效应管计入衬底效应的低频等效电路模型。

（3）删减与集成电路设计相关性较小的分立元件电路的习题，如变压器耦合功率放大器的有关习题，进一步突出"分立为集成服务"的思想。

（4）附录中除部分高校的硕士研究生入学考试真题外，还增加了中国航天科研机构近几年硕士研究生入学考试真题，以帮助读者全面系统地评估自己对课程内容的理解和掌握程度。

本书除可作为高等院校本科生学习"模拟电子线路"课程的辅导书之外，也可作为有志报考相关专业硕士研究生的考生的复习参考书，同时，还可作为高等院校教师的教学参考书。

本书由杨凌主编，杨凌编写第1~9章，李守亮编写第10章及附录，魏佳璇完成了书中所有的仿真习题。此外，在国内各高校和科研机构相关专业硕士研究生入学考试真题的收集和整理过程中，金国栋、生文静、符艳平、陈沫寒、朱昶文等同学做了大量的工作，在此表示特别的感谢！

限于作者水平，书中难免存在不妥之处，敬请读者批评和指正。

作 者
2025年4月

第2版前言
PREFACE

本书在清华大学出版社出版的《模拟电子线路学习指导与习题详解》(第1版)的基础上,根据"模拟电子线路"课程内容的更新,并吸收广大用书师生的反馈意见,修订而成。

本书除继续保持第1版的特点外,在修订时,密切跟踪电子科学技术的最新发展态势,注重进一步凝练突出课程教学中关于"器件""电路""应用"三者之间的逻辑关系,力求以更加简洁、直观的方式突出"模拟电子线路"课程的重点,并突破课程的难点,尽量为不同层次高等院校的师生提供切实可用的参考资料。

具体的修订工作如下。

(1) 根据电子技术发展态势,修订了第1~9章的教学要求。

(2) 删减了部分与集成电路系统设计相关性较小的分立元件电路的习题,进一步突出"分立为集成服务"的思想。

(3) 考虑MOS场效应器件在电子产品中已逐渐占主导地位,顺应技术发展趋势,增加了与MOS场效应器件及电路系统相关的习题。

(4) 进一步强化集成运算放大器的内容,除双极型电压模集成运放外,突出特定应用场景下的单极型、混合型以及电流模运放的内容。

(5) 对国内高校电子信息类、电气信息类以及自动化类相关专业硕士研究生的入学考试试题进行了大量的调研,以附录形式提供了国防科学技术大学、北京交通大学、山东大学、哈尔滨工业大学4所高校近年来的研究生入学考试真题,以帮助读者全面、系统地评估自己对课程内容的理解和掌握程度。

本书除可作为高等院校本科生学习"模拟电子线路"课程的辅导书之外,也可供报考相关专业硕士研究生的考生复习时参考,还可作为高等院校教师的教学参考书。

本书由杨凌主编,杨凌编写第1~9章,李守亮编写第10章及附录,魏佳璇完成了书中所有的仿真习题。

本书获得中央高校教育教学改革教材建设专项经费资助,在此深表感谢!此外,在国内各高校相关专业硕士研究生入学考试真题的收集过程中,陈丽、符艳平、陈沫寒、朱昶文、赵朕等同学做了大量的工作,在此表示特别的感谢!

限于作者水平,书中难免存在不妥之处,敬请读者批评和指正。

作 者

2019年3月

第1版前言
PREFACE

"模拟电子线路"是电子信息类、电气类、自动化类等专业的基础平台课程,其内容庞杂,具有"三多"(概念多、方法多、电路多)和"三强"(理论性强、工程性强、应用性强)的特点,且重点、难点集中,教与学都有困难。因此,为本课程编写一本适用的学习辅导教材是很有必要的。

作者根据多年来积累的教学经验,结合课程内容的重点和难点,考虑到学习者的实际需求编写了此书。编写时,制定了"优化体系、提炼重点、强调概念、突破难点、复习巩固、联系考研"的编写原则,力求内容体现科学性、先进性和指导性,尽量为不同院校的师生提供切实可用的参考资料。

本书具有如下特点。

(1) 不针对现有的任何主教材,力求较全面地概括和总结"模拟电子线路"课程的基本知识内容,形成独立的体系结构,使本书能配合不同的教材,适用于不同院校的师生使用。

(2) 叙述简洁清晰,充分利用图、表等形象化的语言概括总结常用器件、典型电路及各种分析方法的知识要点。

(3) 针对目前大多数教材中习题增多、例题减少,学生能听懂课、读懂书,但不会做题的现象,精选大量的典型习题,并给出详细解答,以帮助读者掌握课程的重点和难点。

(4) 在典型习题的解析过程中,注重剖析题目的设计思想、归纳解题要领、介绍解题技巧,并注重难点释疑,启发思维,以使读者澄清模糊概念、深刻领会重要概念的实质并开拓思路。

(5) 提供大量的仿真习题及其详解,旨在通过直观简洁的方法强调重点、突破难点。

(6) 综合测试题选编和改编了近年来国内外优秀教材的典型习题及国内多所985、211高等院校的考研试题,题目类型多、范围广、知识覆盖面宽,在紧扣重点、难点的前提下难、易并举,适合于读者自测练习或考研复习时使用。

本书除可作为高等院校本科生学习"模拟电子线路"课程的辅导书之外,也可供有志报考相关专业硕士研究生的考生复习时参考,同时还可作为高等院校教师的教学参考书。

本书获得兰州大学信息科学与工程学院本科教材出版基金资助,在此致以深深的谢意!

限于作者水平,书中难免存在不妥之处,敬请读者批评和指正。

作 者

2015 年 5 月

目 录
CONTENTS

第 1 章　常用半导体器件 ··· 1
　1.1　教学要求 ··· 1
　　1.1.1　半导体物理基础知识 ··· 1
　　1.1.2　晶体二极管 ·· 1
　　1.1.3　双极结型晶体管(BJT) ·· 1
　　1.1.4　场效应晶体管(FET) ·· 1
　1.2　基本概念和内容要点 ·· 2
　　1.2.1　半导体物理基础知识 ··· 2
　　1.2.2　晶体二极管 ·· 5
　　1.2.3　双极结型晶体管 ··· 9
　　1.2.4　场效应晶体管 ··· 13
　1.3　典型习题详解 ·· 17
第 2 章　放大电路基础 ·· 47
　2.1　教学要求 ·· 47
　2.2　基本概念和内容要点 ··· 47
　　2.2.1　放大电路的基本概念 ·· 47
　　2.2.2　BJT 放大电路 ·· 52
　　2.2.3　FET 放大电路 ·· 54
　　2.2.4　多级放大电路 ··· 56
　2.3　典型习题详解 ·· 56
第 3 章　放大电路的频率响应 ··· 95
　3.1　教学要求 ·· 95
　3.2　基本概念和内容要点 ··· 95
　　3.2.1　表征放大电路频率响应的主要参数和波特图的表示方法 ··················· 95
　　3.2.2　放大电路频率响应的分析方法 ··· 97
　　3.2.3　基本放大电路的频率响应 ··· 99
　　3.2.4　多级放大电路的频率响应 ··· 103
　　3.2.5　放大电路的瞬态响应 ·· 103
　3.3　典型习题详解 ·· 104
第 4 章　低频功率放大电路 ·· 118
　4.1　教学要求 ·· 118
　4.2　基本概念和内容要点 ··· 118
　　4.2.1　功率放大电路的特点和主要研究问题 ·· 118

	4.2.2 低频功率放大电路的分类	119
	4.2.3 乙类双电源互补对称功率放大电路	120
	4.2.4 甲乙类双电源互补对称功率放大电路	122
	4.2.5 单电源互补对称功率放大电路	122
	4.2.6 桥式功率放大电路	123
	4.2.7 集成功率放大器	123
4.3	典型习题详解	123

第 5 章 集成运算放大器 … 140

- 5.1 教学要求 … 140
- 5.2 基本概念和内容要点 … 140
  - 5.2.1 集成运算放大器的组成及特点 … 140
  - 5.2.2 电流源电路 … 141
  - 5.2.3 差分放大电路 … 142
  - 5.2.4 集成运算放大器 … 146
- 5.3 典型习题详解 … 148

第 6 章 反馈及其稳定性 … 187

- 6.1 教学要求 … 187
- 6.2 基本概念和内容要点 … 187
  - 6.2.1 反馈的基本概念 … 187
  - 6.2.2 负反馈放大电路的四种组态 … 189
  - 6.2.3 负反馈对放大电路性能的影响 … 190
  - 6.2.4 深度负反馈放大电路的近似估算 … 191
  - 6.2.5 负反馈放大电路的稳定性 … 192
- 6.3 典型习题详解 … 194

第 7 章 信号的运算与处理电路 … 221

- 7.1 教学要求 … 221
- 7.2 基本概念和内容要点 … 221
  - 7.2.1 理想运放的条件及特点 … 221
  - 7.2.2 信号运算电路 … 222
  - 7.2.3 精密整流电路 … 226
  - 7.2.4 有源滤波电路 … 226
  - 7.2.5 电压比较器 … 228
- 7.3 典型习题详解 … 229

第 8 章 信号的产生电路 … 267

- 8.1 教学要求 … 267
- 8.2 基本概念和内容要点 … 267
  - 8.2.1 正弦波振荡器的工作原理 … 267
  - 8.2.2 *RC* 正弦波振荡电路 … 269
  - 8.2.3 *LC* 正弦波振荡电路 … 269
  - 8.2.4 高频率稳定度的典型振荡电路 … 270
  - 8.2.5 非正弦波信号产生电路 … 271
- 8.3 典型习题详解 … 271

第 9 章　直流稳压电源 299
9.1　教学要求 299
9.2　基本概念和内容要点 299
9.2.1　小功率直流稳压电源的组成 299
9.2.2　单相桥式整流、电容滤波电路 300
9.2.3　线性稳压电路 300
9.3　典型习题详解 302

第 10 章　综合测试题及参考答案 314
10.1　综合测试题一 314
参考答案 318
10.2　综合测试题二 319
参考答案 321
10.3　综合测试题三 321
参考答案 325
10.4　综合测试题四 327
参考答案 329
10.5　综合测试题五 330
参考答案 333
10.6　综合测试题六 334
参考答案 338
10.7　综合测试题七 339
参考答案 342
10.8　综合测试题八 343
参考答案 346
10.9　综合测试题九 348
参考答案 351
10.10　综合测试题十 352
参考答案 355

附录　部分高校和科研机构硕士研究生入学考试试题选编 357
附录 A　国防科技大学 2014—2016 年硕士研究生入学考试试题 357
附录 B　北京交通大学 2012—2014 年硕士研究生入学考试试题 362
附录 C　山东大学 2015—2017 年硕士研究生入学考试试题 369
附录 D　哈尔滨工业大学 2014—2016 年硕士研究生入学考试试题 386
附录 E　中国航天科研机构近几年硕士研究生入学考试试题 403

参考文献 415

第1章 常用半导体器件

CHAPTER 1

1.1 教学要求

1.1.1 半导体物理基础知识

(1) 理解本征半导体、杂质半导体、施主杂质、受主杂质、多子、少子、漂移、扩散的概念。
(2) 深刻理解 PN 结的形成机理和基本特性——单向导电性、击穿特性、电容效应。

1.1.2 晶体二极管

(1) 了解二极管的结构、分类、符号及主要参数。
(2) 熟悉二极管的几种模型表示——数学模型、曲线模型、简化电路模型,掌握各种模型的特点及应用场合。
(3) 了解几种特殊二极管的性能。
(4) 熟悉二极管电路的基本分析方法——图解分析法、等效电路分析法,能熟练运用等效电路分析法分析各种功能电路。

1.1.3 双极结型晶体管(BJT)

(1) 了解 BJT 的结构、符号、分类。
(2) 掌握 BJT 在放大状态下的电流分配关系。
(3) 熟悉 BJT 处在放大、饱和、截止三种工作状态下的条件及特点。
(4) 熟悉 BJT 的主要参数及温度对参数的影响。
(5) 熟悉 BJT 的几种模型表示——数学模型、曲线模型、简化电路模型,掌握各种模型的特点及应用场合。
(6) 熟练掌握 BJT 工作状态的判断方法。

1.1.4 场效应晶体管(FET)

(1) 了解 FET 的结构、符号、分类、主要参数,理解其工作原理。
(2) 熟悉 FET 的几种模型表示——数学模型、曲线模型、简化电路模型,掌握各种模型的特点及应用场合。

(3) 熟悉放大状态下几种 FET 的外部工作条件。
(4) 理解 FET 与 BJT 之间的异同点。

1.2 基本概念和内容要点

1.2.1 半导体物理基础知识

半导体的导电能力介于导体和绝缘体之间,其导电能力随温度、光照或所掺杂质的不同而显著变化,特别是所掺杂质可以改变半导体的导电能力和导电类型。半导体广泛应用于各种器件及集成电路的制造。

1. 本征半导体

高度提纯、几乎不含任何杂质的半导体称为本征半导体。

硅(Si)和锗(Ge)是常用的半导体材料,均属四价元素,原子序号分别为 14 和 32,它们的原子最外层均有四个价电子,与相邻四个原子的价电子组成共价键。制造半导体器件的硅和锗材料被加工成单晶结构。图 1.1(a)和图 1.1(b)分别是硅、锗原子的简化模型和它们的晶体结构平面示意图。

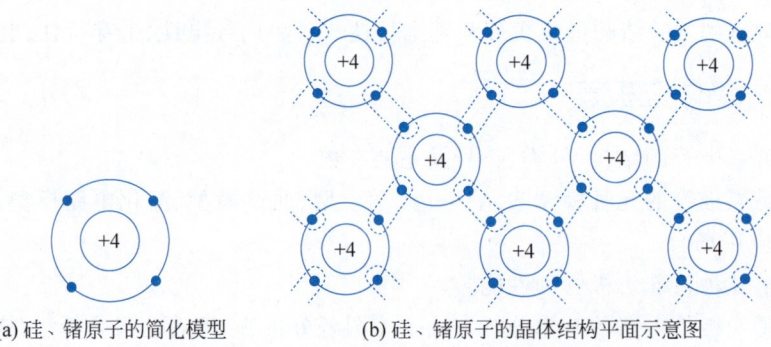

(a) 硅、锗原子的简化模型　　(b) 硅、锗原子的晶体结构平面示意图

图 1.1　硅、锗原子

1) 本征激发

共价键中的价电子受激发获得能量并摆脱共价键的束缚而成为"自由电子"(简称电子),并在原共价键的位置上留下一个"空位"(称为空穴),这一过程称为本征激发。

热、光、电磁辐射等均可导致本征激发,但热激发是半导体材料中产生本征激发的主要因素。

本征激发产生成对的电子和空穴。

2) 复合

电子被共价键俘获,造成电子-空穴对消失,这一现象称为复合。

3) 载流子

电子和空穴均是能够自由移动的带电粒子,称为载流子。半导体中存在两种类型的载流子,空穴的出现是半导体区别于导体的重要特征。

4) 热平衡载流子浓度

当温度一定时,半导体中本征激发和复合在某一热平衡载流子浓度值上达到动态平衡。

该浓度值为

$$n_\text{i} = p_\text{i} = AT^{3/2}\text{e}^{-\frac{E_{g0}}{2kT}} \tag{1-1}$$

其中，

$$A = \begin{cases} 3.88 \times 10^{16}\,\text{cm}^{-3}\,\text{K}^{-3/2} & (\text{Si}) \\ 1.76 \times 10^{16}\,\text{cm}^{-3}\,\text{K}^{-3/2} & (\text{Ge}) \end{cases}$$

$$E_{g0}(T=0\text{K 时的禁带宽度}) = \begin{cases} 1.21\text{eV} & (\text{Si}) \\ 0.785\text{eV} & (\text{Ge}) \end{cases}$$

$$k(\text{玻尔兹曼常数}) = 8.63 \times 10^{-5}\,\text{eV/K}$$

n_i、p_i 与 T 呈指数关系，随温度升高而迅速增大。室温下（$T=300\text{K}$，即 27℃），有

$$n_\text{i} \approx \begin{cases} 1.5 \times 10^{10}\,\text{cm}^{-3} & (\text{Si}) \\ 2.4 \times 10^{13}\,\text{cm}^{-3} & (\text{Ge}) \end{cases}$$

n_i 的数值虽然很大，但它仅占原子密度（例如，硅的原子密度为 $4.96 \times 10^{22}\,\text{cm}^{-3}$）很小的百分数，故本征半导体的导电能力很弱（例如，本征硅的电阻率约为 $2.2 \times 10^5\,\Omega\cdot\text{cm}$）。

2. 杂质半导体

在本征半导体中，掺入一定量的杂质元素，就成为杂质半导体。

1) N 型半导体（电子型半导体）

在本征硅（或锗）的晶体中掺入五价施主杂质（如磷、砷）而成。其中，多子是电子，少子是空穴，还有束缚在晶格中不能自由移动（不参与导电）的施主正离子。

2) P 型半导体（空穴型半导体）

在本征硅（或锗）的晶体中掺入三价受主杂质（如硼、铟）而成。其中，多子是空穴，少子是电子，还有束缚在晶格中不能自由移动（不参与导电）的受主负离子。

杂质半导体中，多子的浓度取决于掺杂的多少，其值几乎与温度无关，且少量的掺杂便可导致载流子几个数量级的增加，故杂质半导体的导电能力显著增大。而少子由本征激发产生，其浓度主要取决于温度，少子浓度具有温度敏感性。

需要强调的是：杂质半导体依然呈电中性。

3) 转型

在 N 型半导体中掺入比原有的五价杂质元素更多的三价杂质元素，可转型为 P 型；在 P 型半导体中掺入足够的五价杂质元素，可转型为 N 型。

3. 半导体的两种导电机理——漂移和扩散

载流子在外电场作用下的定向运动称为漂移运动，所形成的电流称为漂移电流。漂移电流的密度为

$$J_\text{t} = J_{pt} + J_{nt} = q(p\mu_\text{p} + n\mu_\text{n})E \propto E$$

式中，$q(=1.6 \times 10^{-19}\text{C})$ 为电子电荷量；p、n 分别为空穴和电子的浓度；μ_p、μ_n 分别为空穴和电子的迁移率（迁移率表示单位场强下载流子的平均漂移速度，它影响半导体器件的工作频率）；E 为外加电场强度。

因浓度差而引起的载流子的定向运动称为扩散运动，所形成的电流称为扩散电流。电子和空穴的扩散电流密度分别为

$$J_{nd} = -(-q)D_n \frac{dn(x)}{dx} = qD_n \frac{dn(x)}{d(x)}, \quad J_{pd} = -qD_p \frac{dp(x)}{dx}$$

式中，q 为电子电荷量；D_n、D_p 分别为电子和空穴的扩散系数（其值随温度升高而增大）；$dn(x)/dx$、$dp(x)/dx$ 分别为电子和空穴的浓度梯度。

4. PN 结

PN 结是制造半导体器件的基本单元。

1) PN 结的形成

利用掺杂工艺，把 P 型半导体和 N 型半导体在原子级上紧密结合，P 区和 N 区的交界面处产生了载流子的浓度差，导致多子互相扩散，进而形成了 PN 结，如图 1.2 所示。

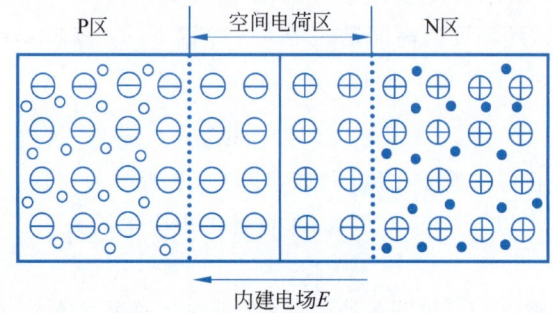

图 1.2 PN 结的形成

PN 结的形成过程可简述如下。

载流子浓度差 ⟶ 多子扩散 ⟶ 电中性被破坏 ⟶ 空间电荷区（内电场）⟶ {阻碍多子扩散, 利于少子漂移} 当扩散运动和漂移运动达到动态平衡时 ⟶ 形成一定厚度的 PN 结。

2) PN 结的单向导电性

正偏时，外电场削弱内电场，PN 结变薄，势垒电压降低，利于多子扩散，不利于少子漂移，由多子扩散形成较大的正向电流。PN 结呈现低阻，处于正向导通状态。

反偏时，外电场增强内电场，PN 结变厚，势垒电压升高，不利于多子扩散，但利于少子漂移，由少子漂移形成很小的反向饱和电流 I_S。PN 结呈现高阻，处于反向截止状态。

3) PN 结的击穿特性

当加在 PN 结上的反偏压超过一定数值时，反向电流急剧增大，这种现象称为击穿。按击穿机理的不同，击穿可分为齐纳击穿和雪崩击穿两种。齐纳击穿发生于重掺杂的 PN 结中，击穿电压较低（<5V）且具有负的温度系数；雪崩击穿发生于轻掺杂的 PN 结中，击穿电压较高（>7V）且具有正的温度系数。

当 PN 结击穿后，若降低反偏压，PN 结仍可恢复，这种击穿称为电击穿。电击穿是可以利用的，稳压二极管便是根据这一原理制成的。当 PN 结击穿后，若继续增大反偏压，会使 PN 结因过热而损坏，这种击穿称为热击穿。热击穿是要力求避免的。

4) PN 结的电容效应

PN 结的结电容 C_j 由势垒电容 C_B 和扩散电容 C_D 组成（$C_j = C_B + C_D$）。正偏时以扩散电容为主；反偏时以势垒电容为主。利用势垒电容效应可制成变容二极管。

1.2.2　晶体二极管

晶体二极管简称二极管,是由一个 PN 结再加上电极、引线封装而成的。

1. 二极管的结构、分类、符号

表 1.1 列出了二极管的分类及用途。

表 1.1　二极管的分类及用途

分类方法		主要类型
制作工艺		合金型二极管、扩散型二极管、合金扩散型二极管、外延型二极管
结构形态		点接触二极管、面接触二极管、平面二极管、肖特基势垒二极管、PIN 二极管、体效应二极管、双基极二极管、双向二极管
应用范围	普通应用	检波二极管、整流二极管、稳压二极管、开关二极管、恒流二极管
	光电应用	光电二极管、太阳能电池、发光二极管、激光二极管
	微波应用	变容二极管、阶跃恢复二极管、崩越二极管、隧道二极管、肖特基势垒二极管、体效应二极管
	敏感应用	温敏二极管、磁敏二极管、力敏二极管、气敏二极管、湿敏二极管、光敏二极管

其中,点接触二极管和平面二极管是常用的两种二极管。前者结面积小,结电容小,适用于高频、小电流的场合,如检波电路;后者的形式较多,有结面积大的,因此结电容也大,适用于低频、大电流的场合,如整流电路。

二极管的符号如图 1.3 所示。

图 1.3　二极管的符号

2. 二极管的主要电参数及其温度特性

1) 直流参数

二极管的直流参数有最大整流电流 I_F、正向导通压降 $V_{D(on)}$、反向电流 I_R、反向击穿电压 V_{BR} 和直流电阻 R_D。

2) 交流参数

二极管的交流参数有交流电阻 r_d、结电容 C_j 和最高工作频率 f_M。

每一型号的二极管,在技术手册中的上述参数总是给出极值。

3) 温度对二极管参数的影响

温度每升高 10℃,I_R 约增大一倍;温度每升高 1℃,$V_{D(on)}$ 减小 2～2.5mV。

3. 二极管的模型

二极管的内部结构实际上就是一个 PN 结,其伏安特性有不同的表示方法,可表示为不同的模型。

1) 数学模型

二极管的伏安特性可用指数函数来描述,即

$$i_D = I_S(e^{v_D/nV_T} - 1) \tag{1-2}$$

式中,I_S 为反向饱和电流;$V_T = \dfrac{kT}{q}$ 为热电压,室温下约为 26mV;n 为发射系数,若无特别说明,通常取 $n=1$,即

$$i_D = I_S(e^{v_D/V_T} - 1) \tag{1-3}$$

式(1-3)可用来统一描述二极管的正向导通特性和反向截止特性。当二极管正偏,且

v_D 为 V_T 的几倍以上时,$i_D \approx I_s e^{v_D/V_T}$,流过二极管的电流随外加电压的增加按指数规律增加;当二极管反偏,且 $|v_D|$ 为 V_T 的几倍以上时,$i_D \approx -I_S$,反向电流与外加反向电压无关,近似为常数。

2) 曲线模型

二极管的伏安特性曲线如图 1.4 所示。它非常直观地表明了二极管的主要特性:正向导通特性,如图中①段曲线部分,其中,$V_{D(on)}$ 为正向导通压降;反向截止特性,如图中②段曲线部分,其中,I_R 为反向电流;反向击穿特性,如图中③段曲线部分,其中,V_{BR} 为反向击穿电压。

3) 简化电路模型

二极管的简化电路模型分为大信号模型和小信号模型。

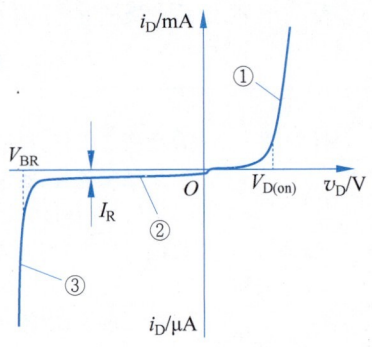

图 1.4 二极管的伏安特性曲线

(1) 大信号模型。二极管是一种非线性器件,在大信号工作时,其非线性主要表现为单向导电性,导通后所呈现的非线性往往是次要的。因此可用分段线性模型对二极管进行建模,常用以下三种简化电路模型。

当外加电压幅度远大于 $V_{D(on)}$,导通电阻 R_D 与外电路相比可以忽略时,二极管可看作理想的开关器件,理想二极管的伏安特性和电路符号如图 1.5(a)所示。

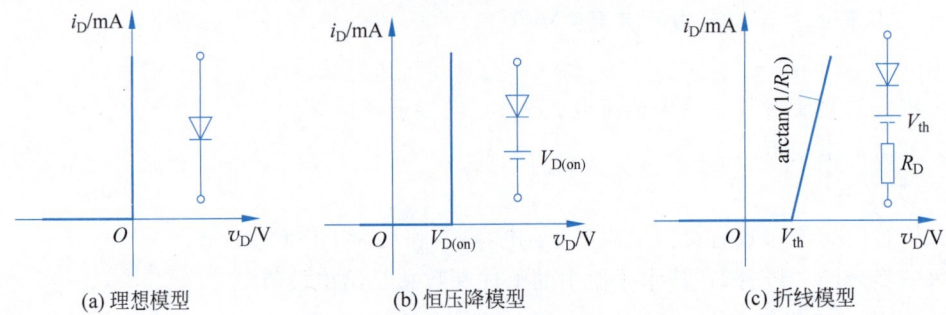

图 1.5 二极管的大信号简化电路模型

与外电路相比,当 R_D 可以忽略,但 $V_{D(on)}$ 不能忽略时,可用恒压降模型表示实际的二极管,其伏安特性和电路符号如图 1.5(b)所示。

与外电路相比,当 R_D 和 $V_{D(on)}$ 都不能忽略时,可用折线模型表示实际的二极管,其伏安特性和电路符号如图 1.5(c)所示,图中,V_{th} 为二极管的开启电压。

(2) 小信号模型。小信号模型用来分析二极管导通后,叠加在静态点(Q 点)之上的微小增量电压和增量电流之间的关系。低频时可用交流电阻 r_d 来表示,如图 1.6(a)所示。

$$r_d \approx \frac{26(\text{mV})}{I_{DQ}(\text{mA})} \tag{1-4}$$

式中,I_{DQ} 是二极管的静态工作电流。

在高频电路中,由于二极管的结电容 C_j 呈现的容抗很小,因此,其单向导电性能会因 C_j 的交流旁路作用而变差,所以,在高频电路中,C_j 的作用不能忽视。高频时,二极管的小信号模型如图 1.6(b)所示。

4. 几种特殊的二极管

1) 稳压二极管

稳压二极管是利用 PN 结反向击穿后具有稳压特性制成的,主要用于稳压电路,也常用于构成限幅电路。主要参数有稳定电压 V_Z、稳定电流 I_Z、动态电阻 r_Z、额定功率 P_Z 及 V_Z 的温度系数 α。其电路符号如图 1.7(a) 所示。

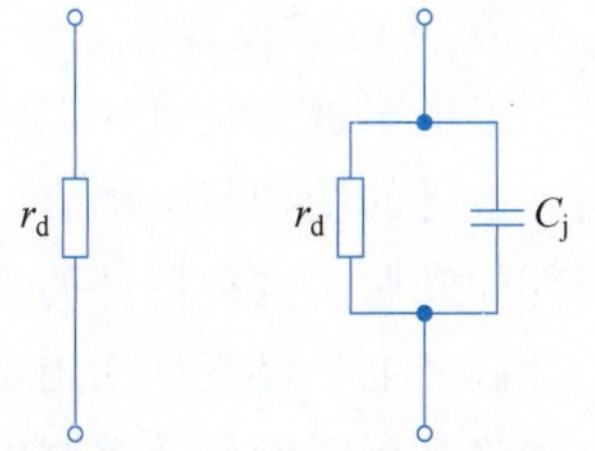

2) 变容二极管

PN 结内电场两侧的异极性电荷构成电容。根据 $C = \varepsilon S/d$ 原理,PN 结电容的极板面积 S 是定值,而极板等效间距 d 随反向电压的增大而变大,结电容随之减小。利用此特点可制成变容二极管,其电路符号如图 1.7(b) 所示。变容二极管是应用十分广泛的一种半导体器件,常用于谐振回路的电调谐、压控振荡器、频率调制、参量电路等。

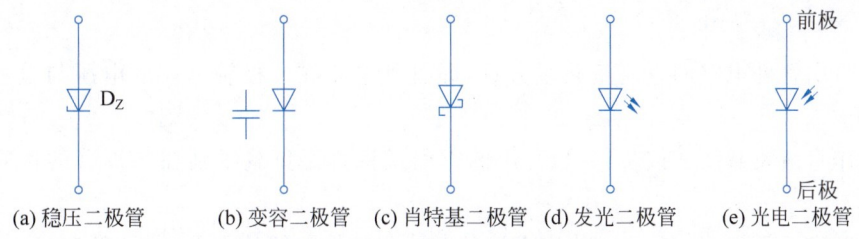

(a) 低频模型　　(b) 高频模型

图 1.6　二极管的小信号模型

(a) 稳压二极管　(b) 变容二极管　(c) 肖特基二极管　(d) 发光二极管　(e) 光电二极管

图 1.7　几种特殊二极管的电路符号

3) 肖特基二极管

金、银、铂、铝等金属的自由电子浓度比 N 型半导体还低,这些金属与 N 型半导体结合时也能形成内电场及单向导电性,根据这一原理制成的二极管称肖特基二极管,它是以其发明者肖特基博士的名字命名的,其电路符号如图 1.7(c) 所示。肖特基二极管的正向导通电压较低,只有 0.4V 左右,反向恢复时间极短,小到几纳秒,故功耗低、频响好,但反向耐压低。常用于开关电源、变频器、驱动器、微波通信等电路,作高频、低压、大电流整流二极管、续流保护二极管或检波二极管使用。

4) 发光二极管

发光二极管(Light Emitting Diode,LED)是将电能转换为光能的一种半导体器件,其电路符号如图 1.7(d) 所示。

正向电流从 P 区到 N 区持续流过 PN 结的过程,就是电子源源不断从 N 区运动到 P 区的过程。按照能带理论,也是电子源源不断从高能级跌落到低能级的过程。电子从高能级跌落到低能级,必然伴随着能量的连续释放,电能可以以热能形式释放,也可以以光能形式释放。在普通二极管正向导电过程中,能量以热能形式释放,而在发光二极管中,能量以光能形式连续释放。

最早制成的是红色 LED、红外 LED、绿色 LED、黄色 LED 等,后来又陆续制成激光二极管、蓝色 LED、白光 LED。发光二极管的正向导通压降比普通硅二极管大。红色 LED、绿色 LED 及黄色 LED 的正向导通压降约为 2V,蓝色 LED 及白光 LED 的可高达 3V 左右。红色 LED、绿色 LED、蓝色 LED、黄色 LED 及白光 LED 常用于各类指示灯及节能灯中,激光二极管广泛用在 VCD、DVD、光盘刻录机、激光测距等领域。

5) 光电二极管

光电二极管是将光能转换为电能的一种半导体器件,其电路符号如图1.7(e)所示。光电二极管的结构与PN结二极管类似,但在它的PN结处,通过管壳上的一个玻璃口能接收外部的光照。这种器件的PN结在反向偏置状态下运行,其反向电流随光照强度的增加而上升。光电二极管广泛用于遥控、报警及光电传感器中。由于光电二极管的光电流较小,所以当将其用于测量及控制电路时,需首先进行放大处理。

5. 二极管电路的分析方法

分析二极管电路主要采用图解分析法和等效电路分析法。

1) 图解分析法

图解分析法是利用二极管的曲线模型与管外电路所确定的负载线,用作图的方法进行求解。这种方法比较直观,既可分析电路的直流工作情况,确定静态工作点(Q点),也可分析电路的交流工作状态。

直流分析步骤如下。

(1) 写出管外电路的直流负载线方程,即管外电路在二极管两端的电压与电流之间的线性方程。

(2) 作直流负载线。按步骤(1)写出的方程式将直流负载线画在二极管的伏安特性曲线上。

(3) 确定Q点(V_{DQ}、I_{DQ})。找出直流负载线与特性曲线的交点,即可确定V_{DQ}和I_{DQ}。

交流分析步骤如下。

(1) 过Q点,作特性曲线的切线。

(2) 将交流信号电压v_d叠加在V_{DQ}上。

(3) 根据v_d的变化范围,确定流过二极管的电流i_d的变化范围。

2) 等效电路分析法

等效电路分析法是将电路中的二极管用合适的简化电路模型代替,利用得到的简化电路进行分析、求解,常用估算法和小信号分析法。

估算法用于直流大信号的分析,具体步骤如下。

(1) 判断二极管是导通还是截止。假设二极管全部开路,分析其两端的电位。

对理想二极管:若某管阳极电位高于阴极电位,则接上二极管后,该管导通,反之截止。

对非理想二极管:若某管阳极电位与阴极电位之差大于导通电压$V_{D(on)}$或开启电压V_{th},则该管导通,反之截止。

若电路中有多个二极管,存在优先导通权,正偏电压最大的二极管优先导通。将优先导通的二极管接入电路中,重新分析其他二极管的工作状态。

(2) 根据步骤(1)的分析结果,将截止的二极管开路,导通的二极管用理想模型、恒压降模型或折线模型代替,得到简化的线性等效电路,然后进行分析、求解。

小信号分析法用于交流小信号的分析,具体步骤如下。

(1) 将直流电源短路,画交流通路。

(2) 用小信号电路模型代替二极管,画出小信号等效电路。

(3) 利用小信号等效电路分析交流电压和电流的变化。

1.2.3 双极结型晶体管

双极结型晶体管(Bipolar Junction Transistor,BJT)也称为双极型晶体管。

1. 结构、符号、分类

BJT 有三个区——发射区、基区、集电区；三根电极——发射极 E、基极 B、集电极 C；两个结——发射结 J_e、集电结 J_c。其结构示意图及相应的符号如图1.8所示。

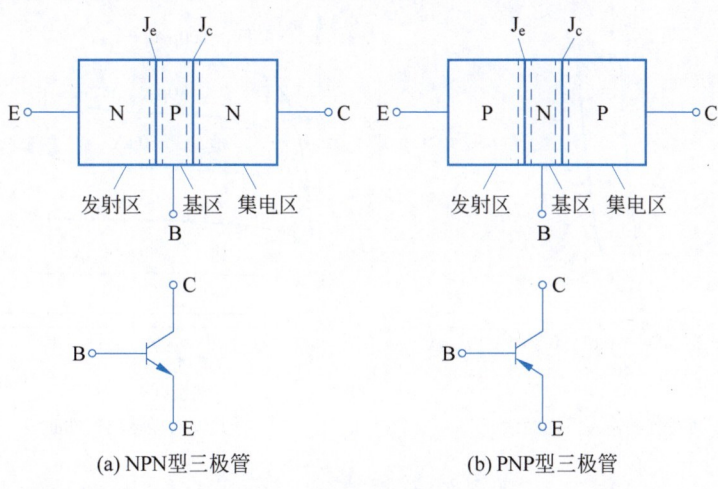

(a) NPN型三极管　　(b) PNP型三极管

图1.8　三极管的结构及符号

结构特点：发射区重掺杂，基区很薄，集电区轻掺杂且集电结面积大。这是 BJT 具有放大作用的内部物质基础。

BJT 有不同的分类方法，按导电类型分，可分为 NPN 型和 PNP 型；按材料不同可分为硅管和锗管；按工作频率分，可分为高频管、低频管等；按功率分，可分为大、中、小功率管等。其封装形式有金属封装、玻璃封装和塑料封装等。

2. 放大作用和电流分配关系

(1) 放大的偏置条件——J_e 正偏，J_c 反偏。这是 BJT 实现放大所需要的外部条件。

(2) 放大状态下的电流分配关系为

$$\begin{cases} I_E = I_B + I_C \\ I_C = \bar{\beta} I_B + I_{CEO} \approx \bar{\beta} I_B \\ I_E = (1+\bar{\beta}) I_B + I_{CEO} \approx (1+\bar{\beta}) I_B \end{cases} \quad (1\text{-}5)$$

式中，I_{CEO} 为穿透电流。

$$I_{CEO} = (1+\bar{\beta}) I_{CBO} \quad (1\text{-}6)$$

式中，$\bar{\beta}$ 为共发射极直流电流放大系数；I_{CBO} 为集电结反向饱和电流。

3. 伏安特性曲线

BJT 的共发射极接法最具代表性，所以常讨论其共发射极输入特性曲线和输出特性曲线。

1) 共发射极输入特性曲线

它描述了在集电极-发射极(集-射)压降 v_{CE} 一定的情况下，基极电流 i_B 与基极-发射极

（基-射）压降 v_{BE} 之间的函数关系，即

$$i_B = f(v_{BE})|_{v_{CE}=常数}$$

如图 1.9(a)所示，与二极管的正向特性曲线相似。v_{CE} 从 0 增大到约 1V，曲线逐渐右移（基区宽度调制效应）；当 $v_{CE} > 1V$ 后，曲线几乎不再移动。因此，在工程分析时，可近似用 $v_{CE} > 1V$ 的任何一条曲线来代表 $v_{CE} > 1V$ 的所有曲线，认为输入特性曲线是一条不随 v_{CE} 而移动的曲线。

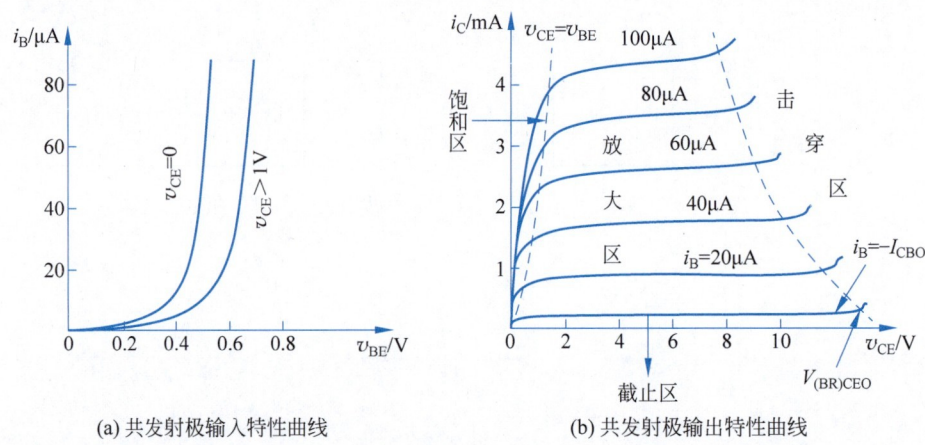

(a) 共发射极输入特性曲线　　(b) 共发射极输出特性曲线

图 1.9　BJT 的伏安特性曲线

2) 共发射极输出特性曲线

它描述了在基极电流 i_B 一定的情况下，集电极电流 i_C 与集-射压降 v_{CE} 之间的函数关系，即

$$i_C = f(v_{CE})|_{i_B=常数}$$

如图 1.9(b)所示，输出特性是一簇曲线，整个曲线族可划分为以下四个区域。

(1) 放大区：J_e 正偏、J_c 反偏。i_C 主要受 i_B 的控制，由于基区宽度调制效应的影响，当 i_B 一定，而 v_{CE} 增大时，i_C 略有增加。曲线上翘的程度与厄尔利电压 V_A 的大小有关。

(2) 截止区：J_e、J_c 均反偏。截止区为 $i_B = -I_{CBO}$ 那条曲线与横轴间的区域。$i_B \approx 0$，$i_C \approx 0$。

(3) 饱和区：J_e、J_c 均正偏。对应于不同 i_B 的输出特性曲线几乎重合，i_C 不受 i_B 控制，只随 v_{CE} 的增大而增大。

(4) 击穿区：随着 v_{CE} 增大，J_c 的反偏压增大，当 v_{CE} 增大到一定值时，J_c 反向击穿，造成 i_C 剧增。集电极反向击穿电压 $V_{(BR)CEO}$ 随 i_B 的增大而减小。

4. 主要参数

1) 表征放大能力的参数

共发射极直流电流放大系数 $\bar{\beta}$，可表示为

$$\bar{\beta} = \frac{I_{CN}}{I_{BN}} \approx \frac{I_C}{I_B} \tag{1-7}$$

共发射极交流电流放大系数 β，可表示为

$$\beta = \frac{\Delta i_C}{\Delta i_B}\bigg|_{v_{CE}=常数} \tag{1-8}$$

共基极直流电流放大系数 $\bar{\alpha}$，可表示为

$$\bar{\alpha} = \frac{I_{CN}}{I_E} \approx \frac{I_C}{I_E} \tag{1-9}$$

共基极交流电流放大系数 α，可表示为

$$\alpha = \frac{\Delta i_C}{\Delta i_E}\bigg|_{v_{CB}=常数} \tag{1-10}$$

2) 表征稳定性能的参数

表征稳定性能的参数有集电极-基极（集电结）反向饱和电流 I_{CBO}、集电极-发射极反向饱和电流（穿透电流）I_{CEO}。

3) 表征安全工作区域的参数——极限参数

极限参数有集电极最大允许电流 I_{CM}，集电极最大允许耗散功率 P_{CM}，反向击穿电压 $V_{(BR)CEO}$、$V_{(BR)CBO}$、$V_{(BR)EBO}$。通常将 I_{CM}、P_{CM}、$V_{(BR)CEO}$ 三个参数所限定的区域称为 BJT 的安全工作区。

4) 表征频率特性的参数

表征频率特性的参数有共发射极截止频率 f_β、特征频率 f_T、共基极截止频率 f_α。

5) 温度对 BJT 参数的影响

严格来讲，温度对 BJT 的所有参数几乎都有影响，但受影响最大的是 β、I_{CBO}、$V_{BE(on)}$。

温度每升高 1℃，β 值增大 0.5%~1%；

温度每升高 1℃，$V_{BE(on)}$ 减小 2~2.5mV；

温度每升高 10℃，I_{CBO} 约增大一倍，即 $I_{CBO}(T_2) = I_{CBO}(T_1) \times 2^{(T_2-T_1)/10}$。

5. BJT 的模型

1) 放大状态下 BJT 的模型

(1) 数学模型。从 BJT 内部载流子的传输过程来看，发射结电流 i_E 是受发射结电压 v_{BE} 控制的。

$$i_E = I_{EBS}(e^{v_{BE}/V_T} - 1) \approx I_{EBS} e^{v_{BE}/V_T} \tag{1-11}$$

式中，I_{EBS} 为发射结的反向饱和电流。

集电极电流 i_C 可近似表示为

$$i_C = \alpha i_E \approx \alpha I_{EBS} e^{v_{BE}/V_T} = I_S e^{v_{BE}/V_T} \tag{1-12}$$

式中，

$$I_S = \alpha I_{EBS} \tag{1-13}$$

为发射结的反向饱和电流 I_{EBS} 转化到集电极上的电流值。

当考虑基区宽度调制效应时，式(1-11)可修正为

$$i_C \approx I_S e^{v_{BE}/V_T} \left(1 - \frac{v_{CE}}{V_A}\right) \tag{1-14}$$

(2) 直流简化电路模型（如图 1.10 所示）。图中，$V_{BE(on)}$ 称为发射结导通电压，即

$$V_{BE(on)} = \begin{cases} 0.6 \sim 0.7\text{V} & （硅管） \\ 0.2 \sim 0.3\text{V} & （锗管） \end{cases}$$

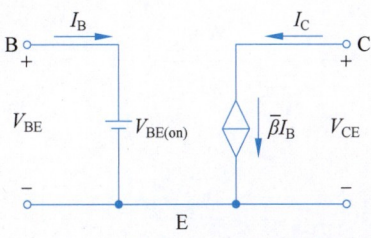

图 1.10 放大状态下 BJT 的直流简化电路模型

(3) 交流小信号电路模型(如图 1.11 所示)。

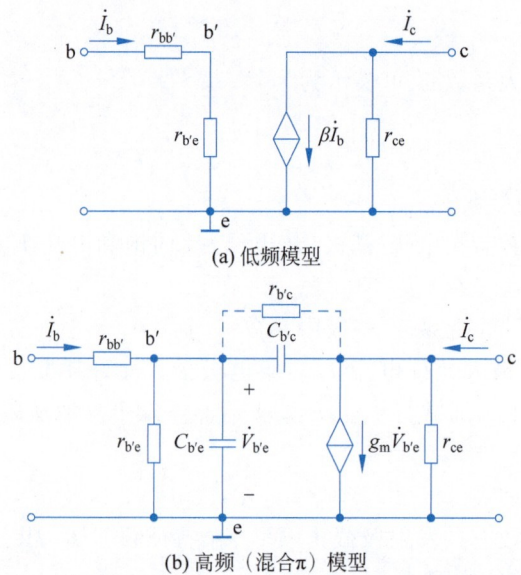

(a) 低频模型

(b) 高频（混合π）模型

图 1.11 放大状态下 BJT 的交流小信号电路模型

在图 1.11 中，$r_{bb'}$ 为基区体电阻，其值较小，在几十欧姆到几百欧姆之间；$r_{b'e}$ 为发射结电阻，由式(1-15)确定；$C_{b'e}$ 为发射结电容，其值通常为几十皮法至几百皮法；$C_{b'c}$ 为集电结电容，其值通常为几皮法至几十皮法；$r_{b'c}$ 为集电结反偏电阻，其值远大于 $C_{b'c}$ 的容抗，通常作开路处理；β 和 g_m 之间的关系由式(1-16)确定；g_m 由式(1-17)确定；r_{ce} 为交流输出电阻，由式(1-18)确定，其值通常较大，常常忽略。

$$r_{b'e} = (1+\beta)\frac{V_T}{I_{EQ}} \tag{1-15}$$

$$\beta = g_m r_{b'e} \tag{1-16}$$

$$g_m \approx I_{CQ}/V_T \tag{1-17}$$

$$r_{ce} = |V_A|/I_{CQ} \tag{1-18}$$

2) 截止状态下 BJT 的模型

截止状态下 BJT 的模型如图 1.12 所示。

3) 饱和状态下 BJT 的模型

饱和状态下 BJT 的模型如图 1.13 所示。图中，$V_{CE(sat)}$ 称为 BJT 的饱和压降，即

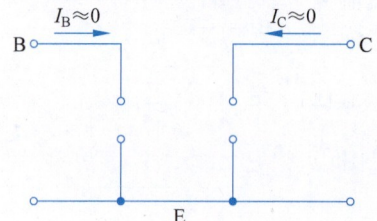

图 1.12 截止状态下 BJT 的电路模型

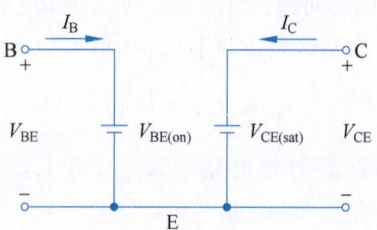

图 1.13 饱和状态下 BJT 的电路模型

$$V_{CE(sat)} \approx \begin{cases} 0.3\text{V} & \text{(硅管)} \\ 0.1\text{V} & \text{(锗管)} \end{cases}$$

1.2.4 场效应晶体管

场效应晶体管(Field Effect Transistor,FET)又称为单极型晶体管,它是一种利用电场效应来控制电流的半导体器件,具有输入阻抗高、温度稳定性好、噪声低、抗辐射能力强、集成度高、成本低等特点,因此已成为当今集成电路的主流器件。

1. 分类、符号、特性曲线

FET 的分类及符号如图 1.14 所示。

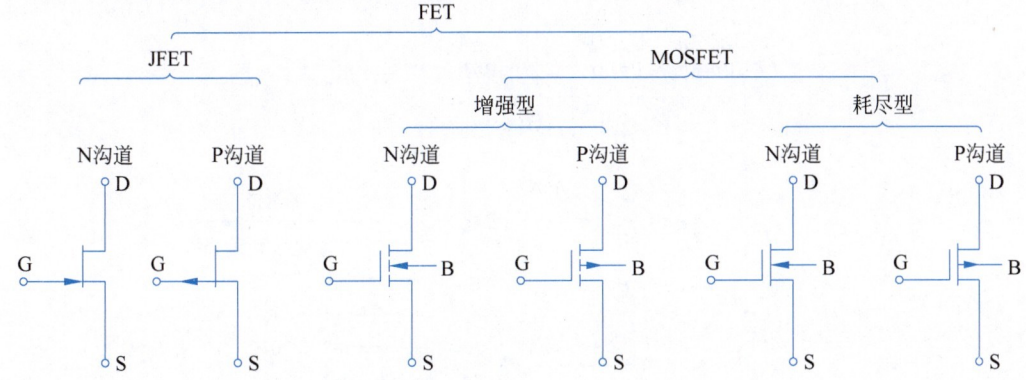

图 1.14　FET 的分类及符号

各种 FET 的特性曲线如图 1.15 所示。

2. 主要参数

1) 直流参数

(1) 饱和漏极电流 I_{DSS}：I_{DSS} 指对应于 $v_{GS}=0$ 时的漏极电流。

(2) 夹断电压 $V_{GS(off)}$：指在 v_{DS} 一定的条件下,使 i_D 为一微小电流时,栅极-源极之间所加的电压。当栅极-源极(栅-源)电压 $v_{GS}=V_{GS(off)}$ 时,$i_D=0$。

以上两个参数仅适用于 JFET 和耗尽型 MOSFET。

(3) 开启电压 $V_{GS(th)}$：指在 v_{DS} 一定的条件下,产生导电沟道所需要的 v_{GS} 的最小值。当 $v_{GS} \geqslant V_{GS(th)}$ 时,管子才形成导电沟道。该参数仅适用于增强型 MOSFET。

(4) 直流输入电阻 R_{GS}：指在漏-源之间短路的条件下,栅-源之间加一定电压时的栅-源直流电阻。对 JFET,R_{GS} 的值在 $10^8 \sim 10^{12}\Omega$ 范围内；对 MOSFET,R_{GS} 的值在 $10^{10} \sim 10^{15}\Omega$ 范围内。

2) 极限参数

极限参数有栅-源击穿电压 $V_{(BR)GSO}$、漏-源击穿电压 $V_{(BR)DSO}$、最大耗散功率 P_{DM}。

3) 交流参数

(1) 低频跨导 g_m。其公式为

$$g_m = \frac{\Delta i_D}{\Delta v_{GS}}\bigg|_{v_{DS}=\text{常数}} \tag{1-19}$$

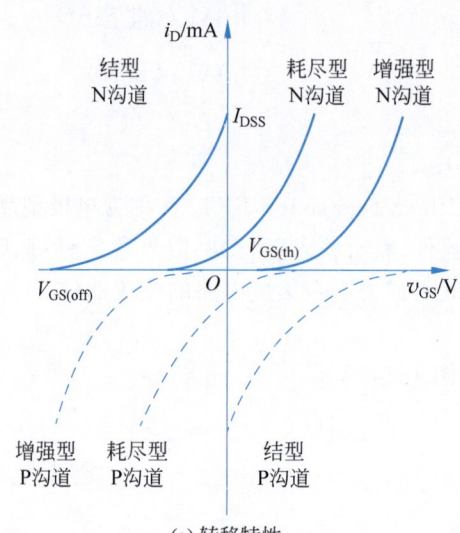

(a) 转移特性

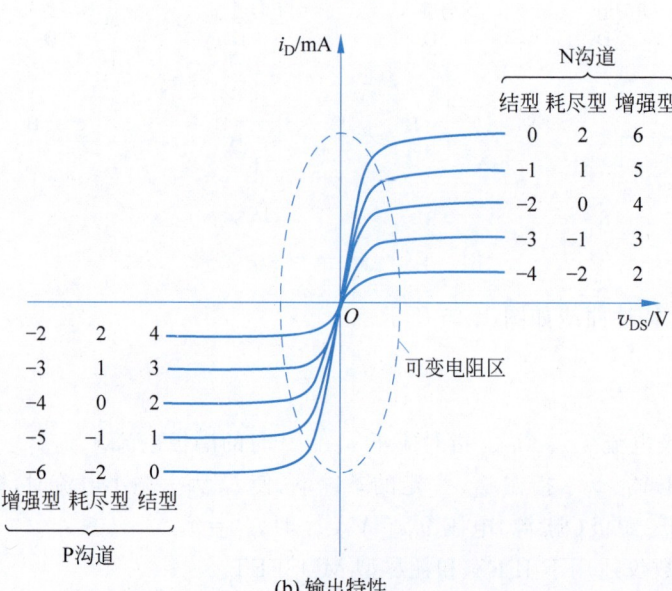

(b) 输出特性

图 1.15 各种 FET 的特性曲线

g_m 的大小反映了栅-源电压 v_{GS} 对漏极电流 i_D 的控制能力。g_m 的值可以从转移特性或输出特性中求得,也可按公式[见式(1-28)、式(1-29)]求得。

(2) 输出电阻 r_{ds}。其定义为

$$r_{ds} = \frac{\Delta v_{DS}}{\Delta i_D}\bigg|_{v_{GS}=\text{常数}} \tag{1-20}$$

r_{ds} 的大小说明了 v_{DS} 对 i_D 的影响,在恒流区(也称饱和区或放大区),i_D 随 v_{DS} 的改变很小,故 r_{ds} 的值很大(几十千欧至几兆欧)。具体可按下式计算。

$$r_{ds} = \frac{|V_A|}{I_{DQ}} \tag{1-21}$$

式中,V_A 为厄尔利电压。

若考虑沟道长度调制效应,则有

$$r_{ds} = \frac{1}{\lambda I_{DQ}} \tag{1-22}$$

式中,$\lambda = -1/V_A$ 称为沟道长度调制系数,通常 $\lambda = 0.005 \sim 0.03 \text{V}^{-1}$。

3. 放大状态(恒流区)FET 的模型

1) 数学模型

对 JFET 和耗尽型 MOSFET,有

$$i_D = I_{DSS}\left(1 - \frac{v_{GS}}{V_{GS(off)}}\right)^2 \tag{1-23}$$

对增强型 MOSFET,有

$$i_D = K(v_{GS} - V_{GS(th)})^2 \tag{1-24}$$

若考虑沟道长度调制效应,则有

$$i_D = K(v_{GS} - V_{GS(th)})^2(1 + \lambda v_{DS}) \tag{1-25}$$

式(1-24)、式(1-25) 中,$V_{GS(th)}$ 为开启电压,K 为电导常数,单位为 mA/V^2。

对于 N 沟道增强型 MOSFET,有

$$K = K_n = \frac{\mu_n C_{ox}}{2} \cdot \frac{W}{L} \tag{1-26}$$

对 P 沟道增强型 MOSFET,有

$$K = K_p = \frac{\mu_p C_{ox}}{2} \cdot \frac{W}{L} \tag{1-27}$$

式(1-26)、式(1-27) 中,μ_n、μ_p 分别为沟道电子运动的迁移率和沟道空穴运动的迁移率;C_{ox} 为单位面积的栅极电容量;W 为沟道宽度;L 为沟道长度;W/L 为 MOS 管的沟道宽长比。在 MOS 集成电路设计中,宽长比是一个极为重要的参数。

2) 简化电路模型

(1) 直流简化电路模型(如图 1.16 所示)。图中,I_D 与 V_{GS} 之间满足平方律关系。

注意图 1.16 与图 1.10(BJT 的直流简化电路模型)之间的区别。

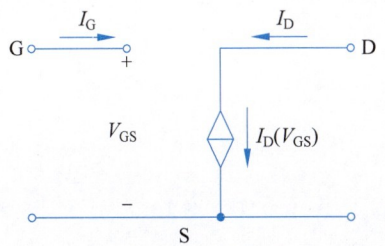

图 1.16 放大状态下 FET 的直流简化电路模型

(2) 交流小信号电路模型(如图 1.17 所示)。

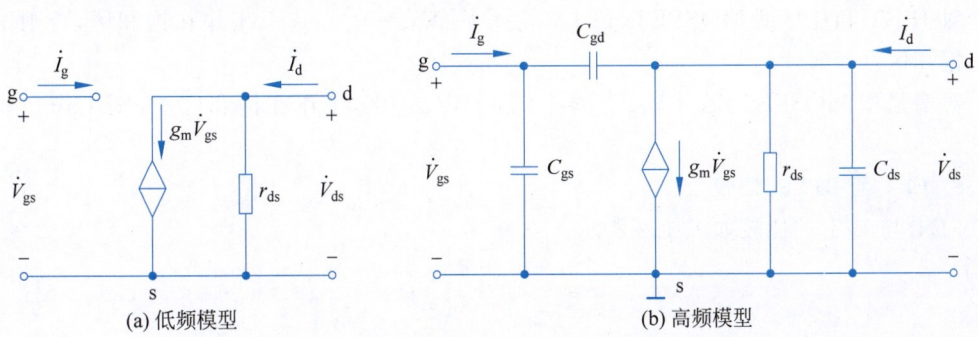

(a) 低频模型   (b) 高频模型

图 1.17 放大状态下 FET 的交流小信号电路模型

图 1.17 中，r_{ds} 为输出电阻，C_{gs}、C_{gd}、C_{ds} 分别为栅-源、栅-漏、漏-源极间电容，g_m 为低频跨导。

对 JFET 和耗尽型 MOSFET，则有

$$g_m = -\frac{2}{V_{GS(off)}}\sqrt{I_{DSS}I_{DQ}} \tag{1-28}$$

对增强型 MOSFET，则有

$$g_m = 2\sqrt{KI_{DQ}} \tag{1-29}$$

其中，对 N 沟道管，K 为 K_n；对 P 沟道管，K 为 K_p。

请读者注意图 1.17 与图 1.11(BJT 的交流小信号电路模型)之间的区别。

对于 MOS 场效应管，若考虑衬底效应，则其低频小信号等效电路如图 1.18 所示。图中，g_{mb} 为衬底跨导，表示衬底电压对漏极电流的影响，其定义为

$$g_{mb} = \frac{\Delta i_D}{\Delta v_{BS}}\bigg|_Q \tag{1-30}$$

通常用跨导比 η 来表示 g_{mb} 的大小：

$$\eta = \frac{g_{mb}}{g_m} < 1 \tag{1-31}$$

式中，η 为常数，一般为 0.1～0.2。

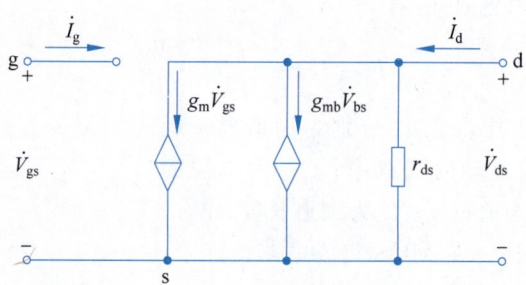

图 1.18 计入衬底跨导的 MOS 场效应管的低频小信号等效电路

4. 场效应管工作状态的判断

1) 截止状态的判断

对 N 沟道管，截止条件为 $V_{GS} < V_{GS(th)}$ 或 $V_{GS} < V_{GS(off)}$；

对 P 沟道管，截止条件为 $V_{GS} > V_{GS(th)}$ 或 $V_{GS} > V_{GS(off)}$。

2) 可变电阻区(非饱和区)与恒流区(饱和区)的判断

对 JFET 和耗尽型 MOSFET，若 $|V_{DS}| \geqslant |V_{GS} - V_{GS(off)}|$，工作在饱和区，否则工作在非饱和区。

对增强型 MOSFET，若 $|V_{DS}| \geqslant |V_{GS} - V_{GS(th)}|$，工作在饱和区，否则工作在非饱和区。

5. FET 与 BJT 的比较

FET 与 BJT 的比较如表 1.2 所示。

表 1.2　FET 与 BJT 的比较

比较项目	BJT	FET
载流子	两种不同极性的载流子（电子与空穴）同时参与导电，故称为双极型晶体管	只有一种极性的载流子（电子或空穴）参与导电，故称为单极型晶体管
控制方式	电流控制	电压控制
导电类型	NPN 型和 PNP 型两种	N 沟道和 P 沟道两种
放大参数	$\beta = 20 \sim 100$	$g_m = 1 \sim 5 \mathrm{mA/V}$
输入电阻	$10^2 \sim 10^4 \Omega$	$10^7 \sim 10^{14} \Omega$
输出电阻	r_{ce} 很高	r_{ds} 很高
热稳定性	差	好
制造工艺	较复杂	简单，成本低
对应电极	基极-栅极，发射极-源极，集电极-漏极	

1.3　典型习题详解

【题 1-1】 在本征硅半导体中，掺入浓度为 $5 \times 10^{15} \mathrm{cm}^{-3}$ 的受主杂质，试指出 $T = 300 \mathrm{K}$ 时所形成的杂质半导体类型。若再掺入浓度为 $10^{16} \mathrm{cm}^{-3}$ 的施主杂质，则为何种类型的半导体？若将该半导体温度分别上升至 $T = 500 \mathrm{K}$、$600 \mathrm{K}$，则为何种类型半导体？

【解】 本题用来熟悉：
- 杂质半导体的类型；
- 杂质半导体的转型问题。

在本征半导体中掺入受主杂质，形成 P 型半导体。

若再掺入施主杂质，由于 $N_d > N_a$，故形成 N 型半导体，且多子 $n_0 = N_d - N_a = 5 \times 10^{15} \mathrm{cm}^{-3}$。

$T = 500 \mathrm{K}$ 时，$n_i = AT^{3/2} \mathrm{e}^{-\frac{E_{g0}}{2kT}} \approx 3.49 \times 10^{14} \mathrm{cm}^{-3} < n_0$，故仍为 N 型半导体；

$T = 600 \mathrm{K}$ 时，$n_i = AT^{3/2} \mathrm{e}^{-\frac{E_{g0}}{2kT}} \approx 4.74 \times 10^{15} \mathrm{cm}^{-3} \approx n_0$，因而变为本征半导体。

【题 1-2】 已知硅 PN 结两侧的杂质浓度分别为 $N_a = 10^{16} \mathrm{cm}^{-3}$，$N_d = 1.5 \times 10^{17} \mathrm{cm}^{-3}$，试求温度在 27℃ 和 100℃ 时的内建电位差 V_B，并进行比较。

【解】 本题用来熟悉：PN 结的内建电位差与温度的关系。

$T = 27℃$ 时，$n_i = 1.5 \times 10^{10} \mathrm{cm}^{-3}$，$V_B \approx V_T \ln \dfrac{N_a N_d}{n_i^2} \approx 0.76 \mathrm{V}$

$T = 100℃$ 时，$n_i = 1.9 \times 10^{12} \mathrm{cm}^{-3}$，$V_B \approx V_T \ln \dfrac{N_a N_d}{n_i^2} \approx 0.64 \mathrm{V}$

结论：PN 结的内建电位差 V_B 随温度的升高而减小。

【题 1-3】 已知锗 PN 结的反向饱和电流 I_S 为 $10^{-8} \mathrm{A}$，当外加电压为 $0.2 \mathrm{V}$、$0.36 \mathrm{V}$ 及 $0.4 \mathrm{V}$ 时，试求室温下流过 PN 结的电流分别为多大，并由计算结果说明 PN 结伏安特性的特点。

【解】 本题用来熟悉：
- PN 结电流方程；
- PN 结伏安特性的特点。

利用公式 $i_D = I_S(e^{v_D/V_T} - 1)$ 进行计算。

当 PN 结外加电压为 0.2V、0.36V 及 0.4V 时，流过的电流分别为 21.91μA、10.3mA 及 48mA。

由计算结果可知，当外加电压大于锗 PN 结的导通电压(0.2V)后，电压的微小增加会引起电流的显著增大。

【题 1-4】 两个硅二极管在室温时的反向饱和电流 I_S 分别为 2×10^{-12} A 和 2×10^{-15} A，若定义二极管电流为 0.1mA 时所需施加的电压为导通电压，试求两管的导通电压 $V_{D(on)}$。若电流增加 10 倍，则 $V_{D(on)}$ 增加多少伏？

【解】 由公式 $i_D = I_S(e^{v_D/V_T} - 1)$ 可得 $v_D = V_T \ln\left(\dfrac{i_D}{I_S} + 1\right) \approx V_T \ln \dfrac{i_D}{I_S}$。由此可计算出：

当 $I_S = 2 \times 10^{-12}$ A 时，$V_{D(on)} = 461$mV；当 $I_S = 2 \times 10^{-15}$ A 时，$V_{D(on)} = 640$mV。

由于 $V_{D(on)2} - V_{D(on)1} = V_T \ln(I_{D2}/I_{D1})$，所以当 $I_{D2}/I_{D1} = 10$ 时，$V_{D(on)}$ 增加 $V_T \ln 10 \approx 60$mV。

【题 1-5】 已知 $I_S(27℃) = 10^{-9}$ A，试求温度为 $-10℃$、$47℃$ 和 $60℃$ 时的 I_S。

【解】 本题用来熟悉：PN 结的反向饱和电流 I_S 受温度影响的问题。

温度每升高 10℃，I_S 约增加一倍，即 $I_S(T_2) = I_S(T_1) \times 2^{(T_2 - T_1)/10}$，据此可算得

$$I_S(-10℃) = 10^{-9} \times 2^{(-10-27)/10} \text{A} \approx 77\text{pA}$$

$$I_S(47℃) = 10^{-9} \times 2^{(47-27)/10} \text{A} = 4\text{nA}$$

$$I_S(60℃) = 10^{-9} \times 2^{(60-27)/10} \approx 9.85\text{nA}$$

【题 1-6】 二极管是非线性元件，它的直流电阻和交流电阻有何区别？用万用表欧姆挡测量的二极管电阻属于哪一种？为什么用万用表欧姆挡的不同量程测出的二极管阻值也不同？

【解】 本题用来熟悉：二极管的直流电阻和交流电阻的概念。

二极管的直流电阻 R_D 是指二极管两端所加直流电压 V_D 与流过它的直流电流 I_D 之比，即

$$R_D = \dfrac{V_D}{I_D}$$

二极管的直流电阻 R_D 随 Q 点(静态工作点)的不同而不同。

二极管的交流电阻 r_d 是指在 Q 点附近电压变化量 Δv_D 与电流变化量 Δi_D 之比，即

$$r_d = \dfrac{\Delta v_D}{\Delta i_D}\bigg|_Q$$

r_d 实际上是指静态工作点 $Q(V_{DQ}, I_{DQ})$ 处切线斜率的倒数。在室温条件下，有

$$r_d \approx \dfrac{26(\text{mV})}{I_{DQ}(\text{mA})}$$

交流电阻 r_d 是动态电阻，不能用万用表测量。用万用表欧姆挡测出的正向、反向电阻

是二极管的直流电阻 R_D。用欧姆挡的不同量程去测量二极管的正向电阻,由于表的内阻不同,使测量时流过二极管的电流大小不同,即 Q 点的位置不同,故测出的 R_D 值也不同。

【题 1-7】 已知两只硅稳压管 D_{Z1}、D_{Z2},其稳定电压分别为 $V_{Z1}=6V$,$V_{Z2}=10V$,若将它们串联使用,能获得几种不同的稳定电压值?若将其并联,又能获得几种不同的稳定电压值?

【解】 本题用来熟悉:硅稳压管的稳压特性。

稳压值不同的两只硅稳压管串联使用,有四种连接方式,如图 1.19(a)所示。因此,可分别获得如下四种不同的稳压值:

$$V_{O1} = V_{Z1} + V_{Z2} = 6V + 10V = 16V$$

$$V_{O2} = V_{Z1} + V_{D(on)2} = 6V + 0.7V = 6.7V$$

$$V_{O3} = V_{D(on)1} + V_{Z2} = 0.7V + 10V = 10.7V$$

$$V_{O4} = V_{D(on)1} + V_{D(on)2} = 0.7V + 0.7V = 1.4V$$

稳压值不同的两只硅稳压管并联使用,也有四种连接方式,如图 1.19(b)所示,但获得的稳压值只有以下两种:

$$V_{O1} = V_{Z1} = 6V(D_{Z1} \text{ 反向击穿},D_{Z2} \text{ 截止})$$

$$V_{O2} = V_{O3} = V_{O4} = V_{D(on)} = 0.7V(\text{正偏的稳压管导通})$$

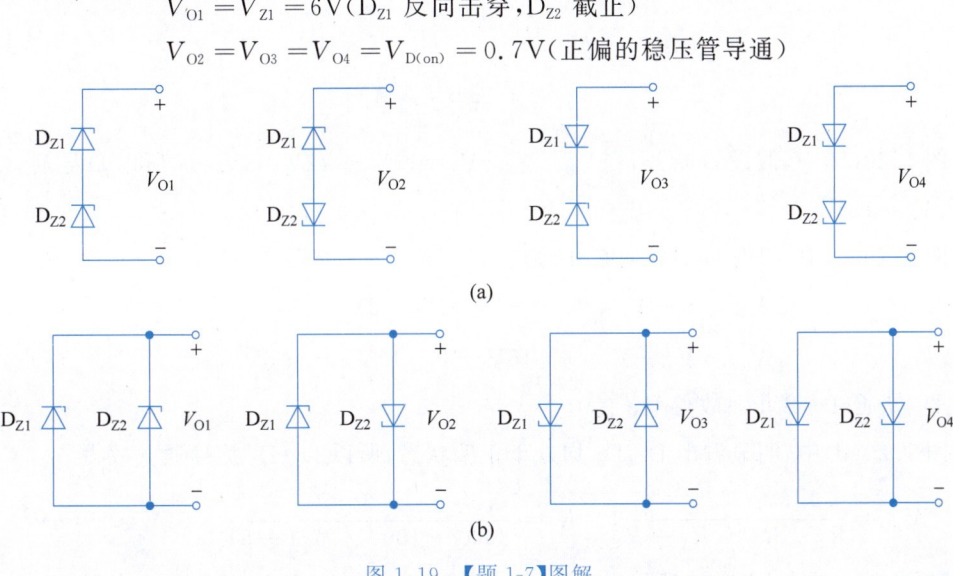

图 1.19 【题 1-7】图解

【题 1-8】 电路如图 1.20 所示,设二极管为理想的,试判断图中各二极管是否导通,并求各电路的 V_{AO} 值。

【解】 本题用来熟悉:
- 理想二极管的特点;
- 二极管电路的估算法。

求解此类题目的关键在于判断二极管是导通还是截止。

对于理想二极管,$V_{D(on)}=0$,$R_D=0$。因此,若二极管阳极与阴极间电压 $V_D>0$,则二极管导通;若 $V_D<0$,则二极管截止。

图 1.20(a)中,假设 D 断开,则 $V_D=V_1-V_2=-6V-12V=-18V<0$,所以 D 截止。故得 $V_{AO}=V_2=12V$。

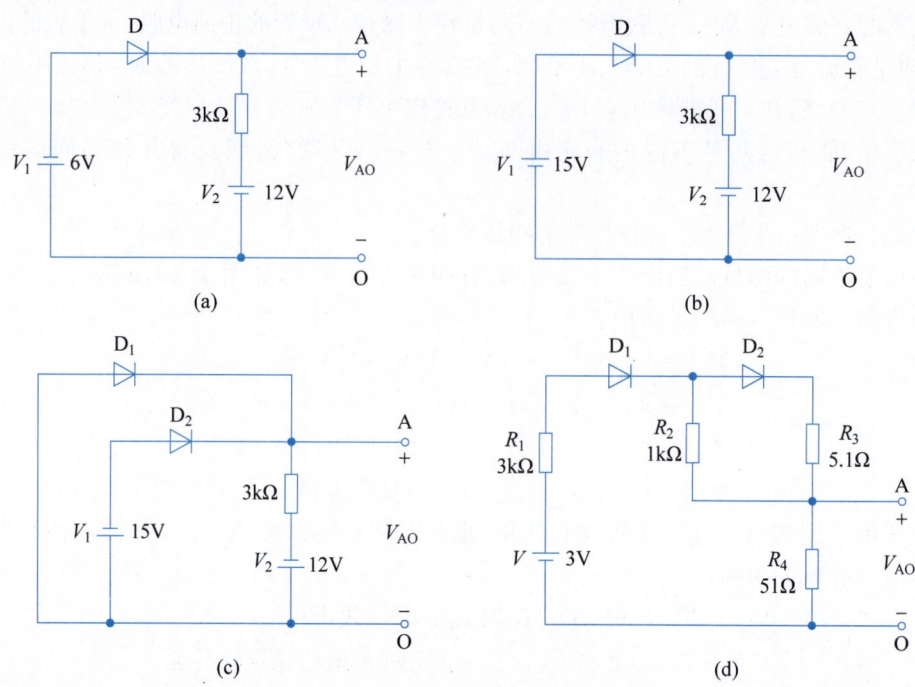

图 1.20 【题 1-8】图

图 1.20(b)中,假设 D 断开,则 $V_D=V_1-V_2=15V-12V=3V>0$,所以 D 导通。故得 $V_{AO}=V_1=15V$。

图 1.20(c)中,假设 D_1、D_2 均断开,则

$$V_{D_1}=0-V_2=0-(-12V)=12V>0$$

$$V_{D_2}=V_1-V_2=-15V-(-12V)=-3V<0$$

所以 D_1 导通,D_2 截止。故得 $V_{AO}=0$。

图 1.20(d)中,明显看出 D_1、D_2 均处于正偏状态,所以 D_1、D_2 均导通。故得

$$V_{AO}=\frac{V}{R_1+R_2 /\!/ R_3+R_4}\times R_4=\frac{3}{3000+1000 /\!/ 5.1+51}\times 51V\approx 50mV$$

【题 1-9】 在如图 1.21 所示电路中,已知 $v_i=200\sin\omega t(V)$,试画出 v_O 的波形。

【解】 本题用来熟悉:

- 二极管全波整流电路的结构;
- 二极管整流电路的分析方法。

因变压器匝数比为 10∶1,所以二次侧电压为 20V,即 $v_2=10\sin\omega t(V)$。

当 v_2 为正半周且大于或等于 0.7V 时,D_1 导通,D_2 截止,$v_O=v_2-0.7$;

当 v_2 为负半周且小于或等于 -0.7V 时,D_2 导通,D_1 截止,$v_O=|v_2|-0.7$;

当 $-0.7V<v_2<0.7V$ 时,D_1、D_2 均截止,$v_O=0$。

由上述分析可画出 v_O 的波形如图 1.22 所示,可见,图 1.21 所示电路为二极管全波整流电路。

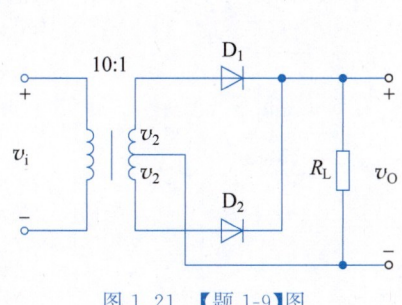

图 1.21 【题 1-9】图

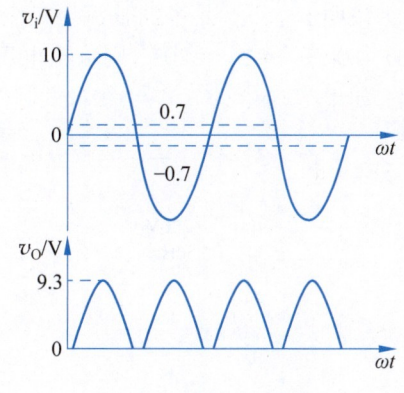

图 1.22 【题 1-9】图解

【题 1-10】 图 1.23 是由二极管构成的桥式整流电路,设 $v_i=10\sin\omega t$(V),且二极管均为理想的。
(1) 试画出 v_O 的波形。
(2) 若 D_2 开路,试画出 v_O 的波形。
(3) 若 D_2 被短路,会出现什么现象?

【解】 本题用来熟悉:
- 二极管桥式整流电路的结构;
- 桥式整流电路的常见故障分析。

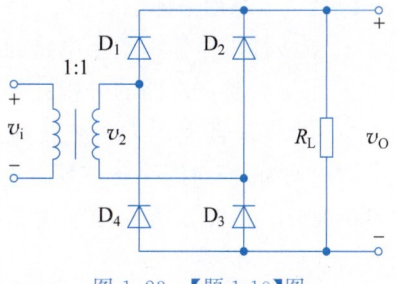

图 1.23 【题 1-10】图

(1) 当 v_2 为正半周时,D_1、D_3 导通,D_2、D_4 截止,$v_O=v_2$;当 v_2 为负半周时,D_2、D_4 导通,D_1、D_3 截止,$v_O=-v_2$。

$v_O=|v_2|$。v_O 的波形如图 1.24(a)所示。

(2) 若 D_2 开路,则 v_2 为负半周时,$v_O=0$,即 v_O 变为半波整流波形,如图 1.24(b)所示。

(3) 若 D_2 被短路,则 v_2 为正半周时,变压器二次侧和 D_1 几乎被短路,将因电流过大而被烧毁。

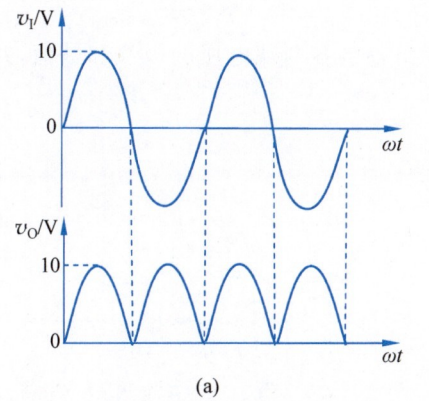
(a)

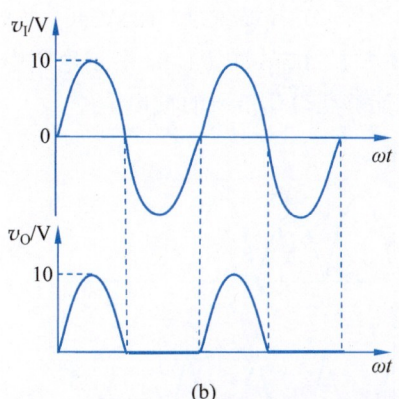
(b)

图 1.24 【题 1-10】图解

【题 1-11】 双极性电压输出整流电路如图 1.25 所示。
(1) 分别标出 v_{O1}、v_{O2} 对地的极性。

(2) 说明 v_{O1}、v_{O2} 是半波整流还是全波整流。

(3) 如果 $v_{21}=v_{22}=20\text{V}$，则输出电压的平均值 v_{O1} 和 v_{O2} 各是多少？

(4) 如果 $v_{21}=22\text{V}$，$v_{22}=18\text{V}$，试画出 v_{O1} 和 v_{O2} 的波形，并计算 v_{O1} 和 v_{O2} 的值。

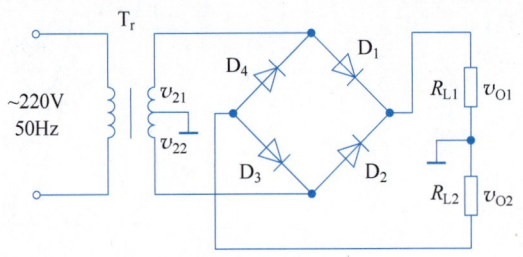

图 1.25 【题 1-11】图

【解】 本题用来熟悉：

- 双极性电压输出整流电路的结构；
- 二极管整流电路的分析计算方法。

(1) 当变压器电压为正弦波的正半周时，二极管 D_1、D_3 导通，有电流流过负载 R_{L1} 和 R_{L2}，方向均为自上而下；当变压器电压为正弦波的负半周时，二极管 D_2、D_4 导通，同样有电流流过负载 R_{L1} 和 R_{L2}，方向依然均是自上而下。所以，v_{O1} 对地的极性为正，v_{O2} 对地的极性为负。

(2) 对负载 R_{L1} 而言，在正弦波电压的正半周，v_{21} 通过导通的 D_1 管供给电流；负半周，v_{22} 通过导通的 D_2 管供给电流。对负载 R_{L2} 而言，在正弦波电压正半周，v_{22} 通过导通的 D_3 管供给电流；负半周，v_{21} 通过导通的 D_4 管供给电流。所以 v_{O1}、v_{O2} 均为全波整流。

(3) $v_{O1} \approx 0.9v_{21} = 0.9v_{22} = 0.9 \times 20\text{V} = 18\text{V}$

$v_{O2} \approx -0.9v_{21} = -0.9v_{22} = -0.9 \times 20\text{V} = -18\text{V}$

(4) v_{O1} 和 v_{O2} 的波形如图 1.26 所示。

$v_{O1} \approx 0.45v_{21} + 0.45v_{22} = 0.45 \times (22+18)\text{V} = 18\text{V}$

$v_{O2} \approx -(0.45v_{21} + 0.45v_{22})$

$= -0.45 \times (22+18)\text{V} = -18\text{V}$

【题 1-12】 试在如图 1.27 所示电路中，标出各电容两端电压的极性和数值，并分析负载电阻上能够获得几倍压的输出。

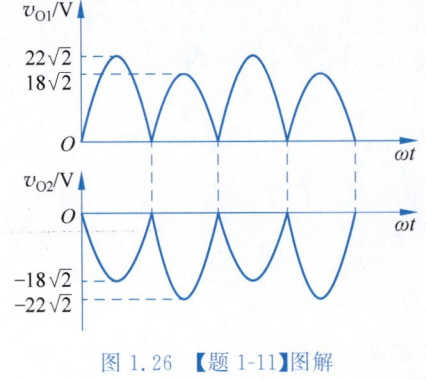

图 1.26 【题 1-11】图解 图 1.27 【题 1-12】图

【解】 本题用来熟悉：倍压整流电路的特点。

C_1 上电压极性为上"+"下"-"，最大值为 $\sqrt{2}V_2$；C_2 上电压极性为右"+"左"-"，最大值为 $2\sqrt{2}V_2$；C_3 上电压极性为上"+"下"-"，最大值为 $3\sqrt{2}V_2$。所以负载电阻上能获得 3 倍压的输出。

【题 1-13】 在如图 1.28 所示的稳压电路中，要求输出稳定电压为 7.5V。已知输入电压 V_I 在 15～25V 的范围内变化，负载电流 I_L 在 0～15mA 的范围内变化，稳压管的参数为 $I_{Zmax}=50\text{mA}, I_{Zmin}=5\text{mA}, V_Z=7.5, r_Z=10\Omega$。试求：

(1) 为实现正常稳压所需 R 的值。

(2) 分别计算 V_I 和 I_L 在规定范围内变化时，输出电压的变化值 ΔV_{O1} 和 ΔV_{O2}。

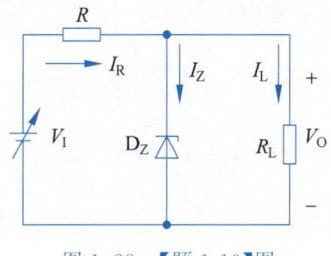

图 1.28 【题 1-13】图

【解】 本题用来熟悉：
- 硅稳压管稳压电路的基本结构；
- 硅稳压管稳压电路的分析计算方法。

(1) 图 1.28 中的 R 为限流电阻，为保证稳压管正常工作，R 的选择应满足一定的条件。即

当 $I_{Zmin} < I_Z < I_{Zmax}$ 时，D_Z 具有稳压作用。

由图 1.28 可知 $I_R = I_Z + I_L$，即 $I_Z = I_R - I_L$。

而 $I_{Zmin} = I_{Rmin} - I_{Lmax}, I_{Zmax} = I_{Rmax} - I_{Lmin}$，故 R 的选择应满足以下关系

$$\frac{V_{Imin} - V_Z}{R} - I_{Lmax} > I_{Zmin}, \quad \frac{V_{Imax} - V_Z}{R} - I_{Lmin} < I_{Zmax}$$

代入已知数据可解得 $350\Omega < R < 375\Omega$。

(2) 当仅有 V_I 变化时，等效电路如图 1.29(a) 所示。

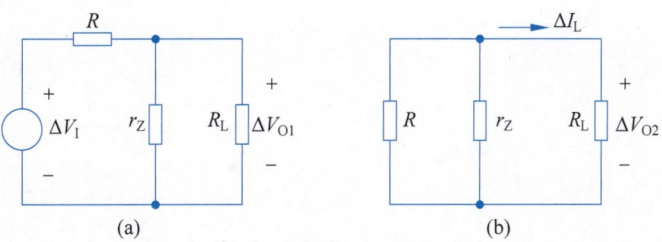

图 1.29 【题 1-13】图解

取 $R = 350\Omega$，并注意到通常情况下 $r_Z \ll R_L$，由此可解得

$$\Delta V_{O1} \approx \frac{r_Z}{R + r_Z} \cdot \Delta V_I = \frac{10}{350 + 10} \times \left[\pm \frac{1}{2} \times (25 - 15)\right] \text{V} \approx \pm 139\text{mV}$$

当仅有 I_L 变化时，等效电路如图 1.29(b) 所示。由图可求得

$$\Delta V_{O2} = -\Delta I_L (R \mathbin{/\mkern-6mu/} r_Z) = -\left[\pm \frac{1}{2} \times (15 - 0) \times (350 \mathbin{/\mkern-6mu/} 10)\right]\text{mV} \approx \pm 73\text{mV}$$

由上述分析可见，当输入电压或负载电流在很大范围内变化时，输出电压变化量很小，电路起到了稳压作用。

【题 1-14】 电路如图 1.30 所示，已知稳压管 D_Z 的稳定电压 $V_Z = 8V$，正向导通压降

$V_{D(on)}=0.7\text{V}$,设 $v_i=15\sin\omega t(\text{V})$,试画出 v_O 的波形。

【解】 本题用来熟悉:稳压管限幅电路的特点及分析方法。

在信号的正半周,且当 v_i 的幅度大于 8V 时,D_Z 稳压,$v_O=8\text{V}$;

在信号的负半周,且当 v_i 的幅度小于 -0.7V 时,D_Z 正向导通,$v_O=-0.7\text{V}$。

v_O 的波形如图 1.31 所示。

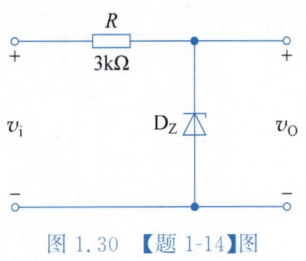

图 1.30 【题 1-14】图

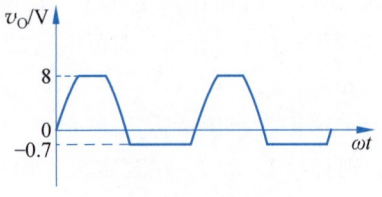

图 1.31 【题 1-14】图解

【题 1-15】 电路如图 1.32 所示,设 $V_{Z1}=5\text{V}$,$V_{Z2}=10\text{V}$,$V_{D(on)1}=V_{D(on)2}=0.6\text{V}$,试画出其电压传输特性曲线。

【解】 本题用来熟悉:稳压管限幅电路的特点及电压传输特性的画法。

当 v_i 为正值,且大于 $V_{D(on)1}+V_{Z2}=10.6\text{V}$ 时,D_{Z1} 正偏导通,D_{Z2} 反向击穿,$v_O=10.6\text{V}$;

当 v_i 为负值,且小于 $-(V_{Z1}+V_{D(on)2})=-5.6\text{V}$ 时,D_{Z2} 正偏导通,D_{Z1} 反向击穿,$v_O=-5.6\text{V}$;

当 $-5.6\text{V}<v_i<10.6\text{V}$ 时,D_{Z1}、D_{Z2} 均截止,$v_O=v_i$。

其电压传输特性曲线如图 1.33 所示。

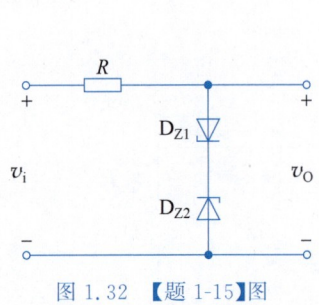

图 1.32 【题 1-15】图

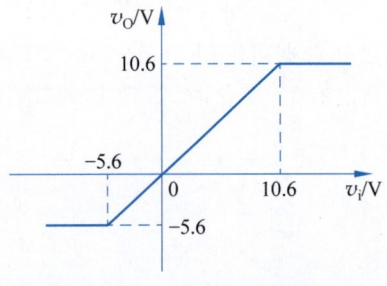

图 1.33 【题 1-15】图解

【题 1-16】 如图 1.34 所示电路中的二极管为理想的,设 $v_i=6\sin\omega t(\text{V})$,试画出输出电压 v_O 的波形。

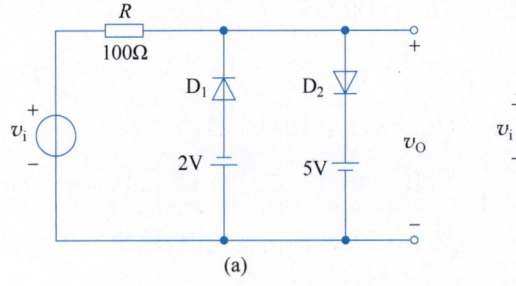

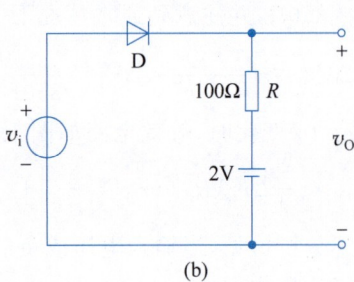

图 1.34 【题 1-16】图

【解】 本题用来熟悉：
- 理想二极管的特点；
- 二极管限幅电路的分析方法。

二极管限幅电路分单向限幅和双向限幅两种，它利用二极管的单向导电性，将输出信号限制在一定的电平内输出。分析此类题目的关键是判断二极管的工作状态。通常将输入信号分段来讨论二极管的导通或截止。

图 1.34(a)为二极管双向限幅电路，上限幅电平为 5V，下限幅电平为 -2V。

当 $v_i > 5$V 时，D_1 因反偏而截止，D_2 因正偏而导通，$v_O = 5$V；

当 $v_i < -2$V 时，D_1 因正偏而导通，D_2 因反偏而截止，$v_O = -2$V；

当 -2V $\leqslant v_i \leqslant 5$V 时，$D_1$、$D_2$ 均因反偏而截止，$v_O = v_i$。输出波形如图 1.35(a)所示。

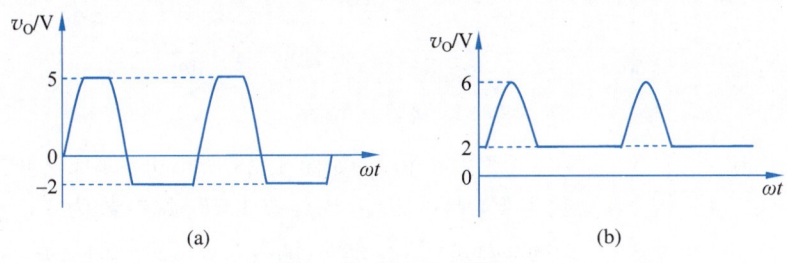

图 1.35 【题 1-16】图解

图 1.34(b)为二极管单向限幅电路，下限幅电平为 2V。

当 $v_i > 2$V 时，D 因正偏而导通，$v_O = v_i$；当 $v_i < 2$V 时，D 因反偏而截止，$v_O = 2$V。输出波形如图 1.35(b)所示。

【题 1-17】 在如图 1.36 所示电路中，已知二极管参数为 $V_{th} = 0.7$V，$R_D = 100\Omega$。

(1) 试画出电压传输特性曲线。

(2) 若 $v_i = 5\sin\omega t$ (V)，试画出 v_O 的波形。

【解】 本题用来熟悉：
- 二极管的简化直流电路模型；
- 二极管限幅电路的分析方法。

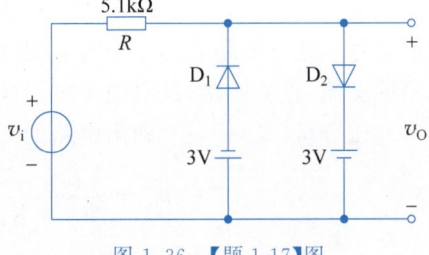

图 1.36 【题 1-17】图

该电路为一双向限幅电路。

当 $v_i > 3.7$V 时，D_1 因反偏而截止，D_2 因正偏而导通，此时

$$v_O = \frac{v_i - 3.7}{R + R_D}R_D + 3.7 = \left(\frac{v_i - 3.7}{5100 + 100} \times 100 + 3.7\right)\text{V} = \left(\frac{v_i - 3.7}{52} + 3.7\right)\text{V}$$

$$v_{O\max} = \left(\frac{5 - 3.7}{52} + 3.7\right)\text{V} = 3.725\text{V}$$

当 $v_i < -3.7$V 时，D_1 因正偏而导通，D_2 因反偏而截止，此时

$$v_O = \frac{v_i + 3.7}{R + R_D}R_D - 3.7 = \left(\frac{v_i + 3.7}{5100 + 100} \times 100 - 3.7\right)\text{V} = \left(\frac{v_i + 3.7}{52} - 3.7\right)\text{V}$$

$$v_{O\min} = \left(\frac{-5 + 3.7}{52} - 3.7\right)\text{V} = -3.725\text{V}$$

当 -3.7V $\leqslant v_i \leqslant 3.7$V 时，$D_1$、$D_2$ 均因反偏而截止，$v_O = v_i$。

由以上分析可画出电压传输特性及 v_O 的波形分别如图 1.37(a) 和图 1.37(b) 所示。

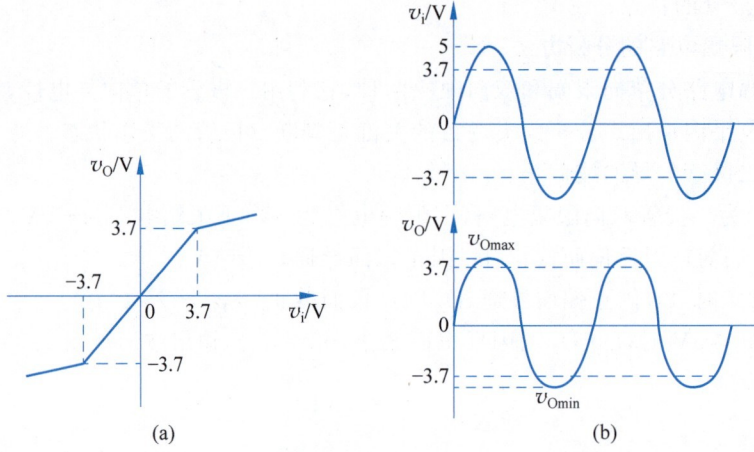

图 1.37 【题 1-17】图解

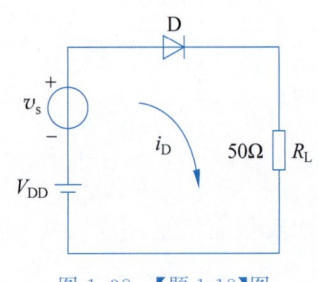

图 1.38 【题 1-18】图

【题 1-18】 在如图 1.38 所示电路中,已知二极管的参数为 $V_{th}=0.25V$,$R_D=7\Omega$。电源参数为 $V_{DD}=1V$,$v_s=20\sin\omega t\,(\mathrm{mV})$,$r_s=2\Omega$,试求通过二极管的电流 $i_D=I_{DQ}+i_d$。

【解】 本题用来熟悉:二极管电路的交流、直流分析方法。

这是一个交流、直流混合的电路。流过二极管 D 的电流中,既有直流成分 I_{DQ},又有交流成分 i_d。I_{DQ} 的作用是给二极管提供一个合适的静态工作点(Q 点),在此基础上再叠加交流信号。这种电路通常可分为直流(静态)分析和交流(动态)分析两大部分,关键是划分电路的交流、直流通路,且明确先进行静态分析,后进行动态分析。

直流分析:令 $v_s=0$,画出电路的直流通路如图 1.39(a) 所示,由图可得

$$I_{DQ}=\frac{V_{DD}-V_{th}}{R_D+R_L}=\frac{1-0.25}{7+50}\mathrm{A}\approx 13.16\mathrm{mA}$$

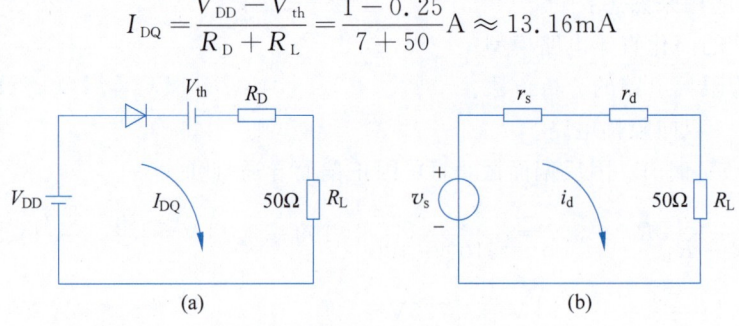

图 1.39 【题 1-18】图解

交流分析:令 $V_{DD}=0$(V_{DD} 的交流内阻很小,故对交流可近似看作短路),画出电路的交流通路如图 1.39(b) 所示。其中,

$$r_d=\frac{V_T}{I_{DQ}}=\frac{26}{13.16}\Omega\approx 1.98\Omega$$

由图可得流过二极管的交流电流的幅值 I_{dm} 为

$$I_{dm} = \frac{V_{sm}}{r_s + r_d + R_L} = \frac{20}{2 + 1.98 + 50}\text{mA} \approx 0.37\text{mA}$$

式中，V_{sm} 为交流信号源的幅值。

由上述分析可得流过二极管的总电流为 $i_D = I_{DQ} + i_d = (13.16 + 0.37\sin\omega t)\text{mA}$。

【**题 1-19**】 试确定如图 1.40(a) 所示电路中二极管的 V_{DQ}、I_{DQ}。设 R_L 分别为 1kΩ、2kΩ、5.1kΩ，二极管的伏安特性如图 1.40(b) 所示。

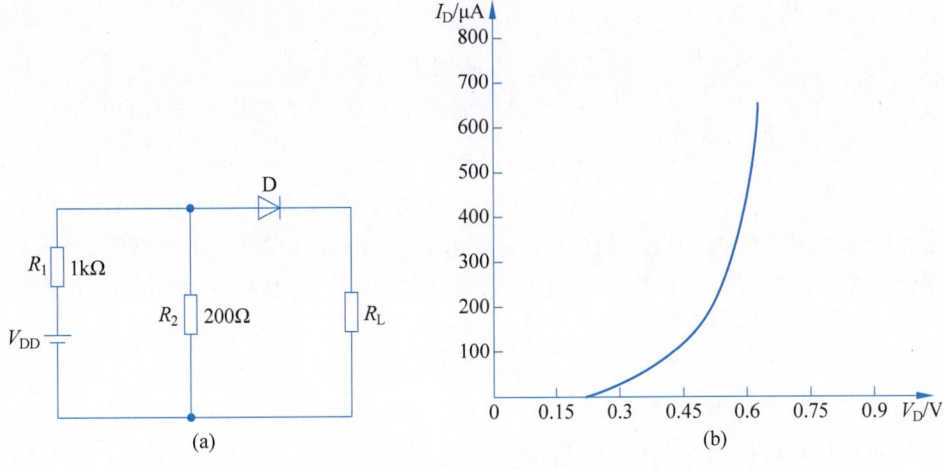

图 1.40 【题 1-19】图

【**解**】 本题用来熟悉：二极管电路的图解分析方法。

本题主要是通过图解法确定二极管电路的静态工作点。

利用戴维南等效定理将如图 1.40(a) 所示电路等效为如图 1.41(a) 所示电路。其中

$$V'_{DD} = \frac{V_{DD}}{R_1 + R_2}R_2 = \left(\frac{5}{1 + 0.2} \times 0.2\right)\text{V} \approx 0.833\text{V}$$

$$R_o = R_1 \mathbin{/\mkern-5mu/} R_2 = (1000 \mathbin{/\mkern-5mu/} 200)\Omega \approx 167\Omega$$

由此可列出二极管的直流负载线方程为 $V_D = V'_{DD} - I_D(R_o + R_L)$。

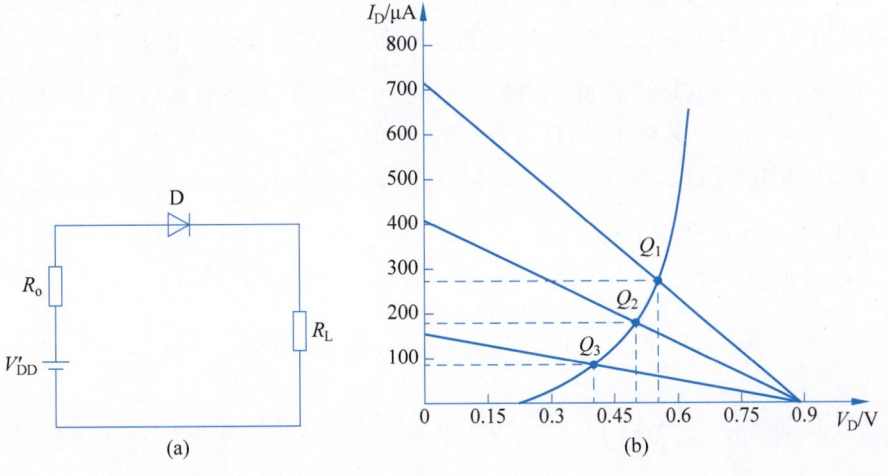

图 1.41 【题 1-19】图解

当 R_L 分别为 $1\text{k}\Omega$、$2\text{k}\Omega$、$5.1\text{k}\Omega$ 时,分别画出直流负载线,如图 1.41(b) 所示,由图可得 $Q_1(V_{DQ1}=0.53\text{V}, I_{DQ1}=280\mu\text{A})$;$Q_2(V_{DQ2}=0.48\text{V}, I_{DQ1}=180\mu\text{A})$;$Q_3(V_{DQ3}=0.38\text{V}, I_{DQ3}=80\mu\text{A})$。

【题 1-20】 某放大电路中 BJT 三个电极①、②、③的电流如图 1.42 所示,现测得 $I_1=-2\text{mA}, I_2=-0.04\text{mA}, I_3=2.04\text{mA}$,试判断该管的基极 B、发射极 E 和集电极 C,并说明该管是 NPN 管还是 PNP 管,它的 $\bar{\beta}$ 为多少?

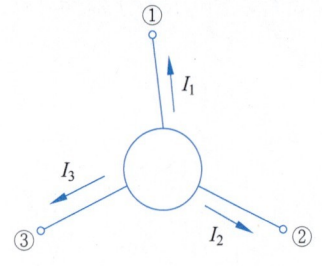

图 1.42 【题 1-20】图

【解】 本题用来熟悉:
- 通过电流关系判断 BJT 电极及管型的方法;
- $\bar{\beta}$ 的定义。

由图中电流方向及题中给出的电流测试值可知,电极①和②的电流是流入管内,电极③的电流是流出管外,因此该管为 NPN 型管,且可知电极③为发射极 E。根据电极①和②电流的大小,可判断电极②为基极,电极①为集电极。

$$\bar{\beta} \approx \frac{I_C}{I_B} = \frac{2}{0.04} = 50$$

【题 1-21】 有两只 BJT,其中一只管子的 $\beta=80, I_{CEO}=200\mu\text{A}$,另一只管子的 $\beta=50, I_{CEQ}=10\mu\text{A}$,应该选择哪一只管子?为什么?

【解】 本题用来熟悉:选用 BJT 时应考虑的问题。

应该选用 $\beta=50, I_{CEO}=10\mu\text{A}$ 的管子。因为两只管子的集电结反向饱和电流分别为

$$I_{CBO1} = \frac{I_{CEO1}}{1+\beta_1} = \frac{200}{1+80}\mu\text{A} \approx 2.47\mu\text{A}$$

$$I_{CBO2} = \frac{I_{CEO2}}{1+\beta_2} = \frac{10}{1+50}\mu\text{A} \approx 0.2\mu\text{A}$$

I_{CBO} 与温度呈指数关系,受温度的影响大(特别是锗管),I_{CBO} 大的管子工作稳定性较差;此外,I_{CEO} 也是衡量管子寿命的一个指标,当管子失效时,I_{CEO} 值往往增大,I_{CEO} 小的管子寿命会长一些。因此,从工作的稳定性考虑,应选择 $\beta=50, I_{CEO}=10\mu\text{A}$ 的管子。至于其 β 值小的问题,可采用其他方式解决(如采用达林顿管或改变元件的其他参数)。

【题 1-22】 两只 BJT 的 $\bar{\alpha}$ 值分别为 0.99 和 0.985,试求各管的 $\bar{\beta}$ 值。若两管的集电极电流均为 10mA,I_{CBO} 忽略不计,试求各管的 I_B 值。

【解】 本题用来熟悉:
- BJT 中 $\bar{\alpha}$ 与 $\bar{\beta}$ 的关系;
- $\bar{\beta}$ 的近似定义式。

$\bar{\beta} = \dfrac{\bar{\alpha}}{1-\bar{\alpha}}$,当 $\bar{\alpha}=0.99$ 时,$\bar{\beta}=99$;当 $\bar{\alpha}=0.985$ 时,$\bar{\beta} \approx 66$。

当忽略 I_{CBO} 时,$\bar{\beta} \approx \dfrac{I_C}{I_B}$,即 $I_B \approx \dfrac{I_C}{\bar{\beta}}$,由此可求得两管的基极电流 I_B 分别是:$\bar{\alpha}=0.99$ 的管子,$I_B \approx 101\mu\text{A}$;$\bar{\alpha}=0.985$ 的管子,$I_B \approx 152\mu\text{A}$。

【题 1-23】 测得电路中四只 NPN 硅管各极电位分别如下,试判断每只管子的工作状态。

(1) $V_B = -3V, V_C = 5V, V_E = -3.7V$；(2) $V_B = 6V, V_C = 5.5V, V_E = 5.3V$；
(3) $V_B = -1V, V_C = 8V, V_E = -0.3V$；(4) $V_B = 3V, V_C = 2.3V, V_E = 6V$。

【解】 本题用来熟悉：BJT 几种工作状态的外偏置条件。
(1) $V_{BE} = V_B - V_E = -3V - (-3.7V) = 0.7V$，$V_{BC} = V_B - V_C = -3V - 5V = -8V$。
即 J_e 正偏，J_c 反偏，故该管工作在放大状态。
(2) $V_{BE} = V_B - V_E = 6V - 5.3V = 0.7V$，$V_{BC} = V_B - V_C = 6V - 5.5V = 0.5V$。
即 J_e、J_c 均正偏，故该管工作在饱和状态。
(3) $V_{BE} = V_B - V_E = -1V - (-0.3V) = -0.7V$，$V_{BC} = V_B - V_C = -1V - 8V = -9V$。
即 J_e、J_c 均反偏，故该管工作在截止状态。
(4) $V_{BE} = V_B - V_E = 3V - 6V = -3V$，$V_{BC} = V_B - V_C = 3V - 2.3V = 0.7V$。
即 J_e 反偏，J_c 正偏，故该管工作在反向(或称倒置)放大状态。

【题 1-24】 测得放大电路中四只 BJT 各极电位分别如图 1.43 所示，试判断它们各是 NPN 管还是 PNP 管？是硅管还是锗管？并确定每只管的 B、E、C 极。

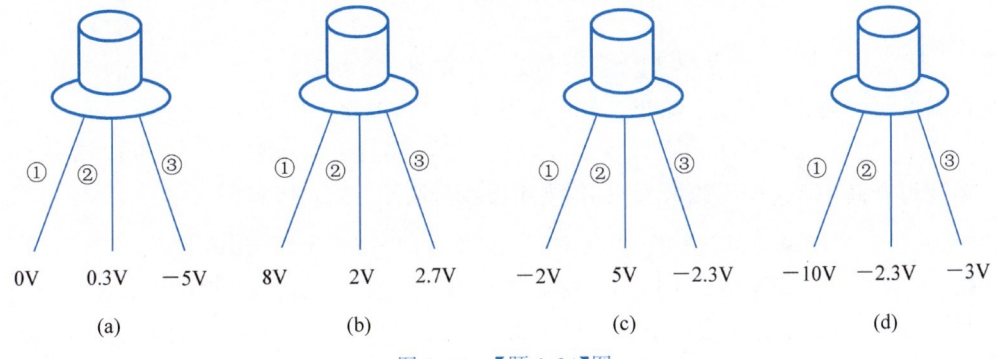

图 1.43 【题 1-24】图

【解】 本题用来熟悉：利用实验手段确定 BJT 管型和电极的原理。
根据 BJT 的内部结构和工作原理，工作在放大状态下的 BJT，通常具有下列关系：
(1) 对硅管：$V_{BE(on)} \approx 0.7V$；对锗管：$V_{BE(on)} \approx 0.3V$。
(2) 对 NPN 管：$V_C > V_B > V_E$；对 PNP 管：$V_C < V_B < V_E$。
依据上述关系，首先根据极间电位差由关系(1)判断是硅管还是锗管，并区分出 C 极；然后根据三个电极电位的高低由关系(2)判断是 NPN 管还是 PNP 管，并区分出 B、E 极。

图 1.43(a)中，由于①、②间电位差为 0.3V，所以该管为锗管，且③是 C 极；由于 C 极③电位最低，所以该管为 PNP 管，且①是 B 极，②是 E 极。

图 1.43(b)中，由于②、③间电位差为 0.7V，所以该管为硅管，且①是 C 极；由于 C 极①电位最高，所以该管为 NPN 管，且③是 B 极，②是 E 极。

图 1.43(c)中，由于①、③间电位差为 0.3V，所以该管为锗管，且②是 C 极；由于 C 极②电位最高，所以该管为 NPN 管，且①是 B 极，③是 E 极。

图 1.43(d)中，由于②、③间电位差为 0.7V，所以该管为硅管，且①是 C 极；由于 C 极①电位最低，所以该管为 PNP 管，且②是 E 极，③是 B 极。

【题 1-25】 一个 NPN 型硅 BJT，已知 $I_{CBO} = 5pA$，$I_B = 14.5\mu A$，$I_C = 1.45mA$，设 $V_{BE} = 0.7V$，试求 $\bar{\alpha}$、$\bar{\beta}$、I_S、I_{CEO}。

【解】 本题用来熟悉：与 BJT 的 $\bar{\alpha}$、$\bar{\beta}$、I_S、I_{CEO} 相关的关系式

$$\bar{\beta} = \frac{I_C - I_{CBO}}{I_B + I_{CBO}} \approx \frac{I_C}{I_B} = 100, \quad \bar{\alpha} = \frac{\bar{\beta}}{1+\bar{\beta}} = \frac{100}{1+100} \approx 0.99$$

由 $i_C \approx I_S e^{v_{BE}/V_T}$，并考虑直流情况，有 $I_S \approx \dfrac{I_C}{e^{V_{BE}/V_T}}$。代入已知数据可算得 $I_S \approx 2.94 \times 10^{-15}$ A，

$$I_{CEO} = (1+\bar{\beta})I_{CBO} = (1+100) \times 5 \times 10^{-12} \text{A} = 505 \text{pA}$$

【题 1-26】 已知某 BJT 在室温(27℃)下的 $\bar{\beta} = 50$，$V_{BE(on)} = 0.2$V，$I_{CBO} = 10^{-8}$A，当温度升高至 60℃ 时，试求 $\bar{\beta}'$、$V'_{BE(on)}$、I'_{CBO}。

【解】 本题用来熟悉：温度对 BJT 参数的影响。

设温度每升高 1℃，$\Delta\bar{\beta}/\bar{\beta}$ 增大 1%，则当温度升高至 60℃ 时，有

$$\Delta\bar{\beta}/\bar{\beta} = (60-27) \times 1\% = 33\%$$

故

$$\bar{\beta}' = (1+33\%)\bar{\beta} = 1.33 \times 50 = 66.5$$

设温度每升高 1℃，$V_{BE(on)}$ 减小 2.5mV，则当温度升高至 60℃ 时，有

$$V'_{BE(on)} = 0.2\text{V} - (60-27) \times 2.5 \times 10^{-3}\text{V} = (0.2-0.0825)\text{V} = 0.1175\text{V}$$

温度每升高 10℃，I_{CBO} 约增大一倍，则当温度升高至 60℃ 时，有

$$I'_{CBO} = I_{CBO} \times 2^{(T_2-T_1)/10} = 10^{-8} \times 2^{(60-27)/10} \text{A} \approx 9.85 \times 10^{-8}\text{A}$$

【题 1-27】 在 NPN 型硅 BJT 中，发射结正偏，集电结反偏。已知 $I_S \approx 4.5 \times 10^{-15}$A，$\bar{\alpha} = 0.98$，$I_{CBO}$ 忽略不计。试求室温条件下，$V_{BE} = 0.65$V、0.7V、0.75V 的 I_B、I_C、I_E 值，并分析比较。

【解】 本题用来熟悉：BJT 各极电流与发射结正向偏置电压之间的关系。

根据 $I_C \approx I_S e^{V_{BE}/V_T}$，$I_E = I_C/\bar{\alpha}$，$I_B = I_E - I_C$ 的关系进行计算，结果如表 1.3 所示。

表 1.3 【题 1-27】表

V_{BE}	I_C	I_E	I_B
0.65V	324μA	331.6μA	7.6μA
0.7V	2.22mA	2.26mA	40μA
0.75V	15.17mA	15.48mA	310μA

结果表明：当发射结正向偏置电压小于 0.7V 时，各极电流都很小；当发射结正向偏置电压大于 0.7V 时，各极电流随电压急剧增大。

【题 1-28】 某 BJT 的极限参数为 $I_{CM} = 100$mA，$P_{CM} = 150$mW，$V_{(BR)CEO} = 30$V，若其工作电压 $V_{CE} = 10$V，则工作电流 I_C 不得超过多大？若工作电流 $I_C = 1$mA，则工作电压的极限值应为多少？

【解】 本题用来熟悉：BJT 的极限参数及安全工作区的范围。

BJT 安全工作时，要保证 $I_C \leqslant I_{CM}$，$V_{CE}I_C \leqslant P_{CM}$，$V_{CE} \leqslant V_{(BR)CEO}$。

若工作电压 $V_{CE} = 10$V，按 $V_{CE}I_C \leqslant P_{CM}$ 的关系计算得 $I_C \leqslant \dfrac{P_{CM}}{V_{CE}} = \dfrac{150}{10}$ mA $= 15$mA $<$

I_{CM}，故此时工作电流 I_C 不得超过 15mA。

若工作电流 $I_C = 1$mA，按 $V_{CE}I_C \leqslant P_{CM}$ 的关系计算得 $V_{CE} \leqslant \dfrac{P_{CM}}{I_C} = 150\text{V} > V_{(BR)CEO}$，而 $V_{CE} > V_{(BR)CEO}$ 时管子会发生击穿，所以，此时工作电压的极限值应为 30V。

【题 1-29】 已知某 BJT 的静态工作电流 $I_{CQ} = 2$mA，$\beta = 80$，$|V_A| = 100$V，$r_{bb'} = 0$，试画出器件的混合 π 型等效电路，并求其参数 $r_{b'e}$、g_m、r_{ce} 值。

【解】 本题用来熟悉：BJT 的小信号模型及其参数的计算。

由题意知，该管的混合 π 型等效电路如图 1.44 所示，有

$$r_{ce} = \frac{|V_A|}{I_{CQ}} = \frac{100}{2}\text{k}\Omega = 50\text{k}\Omega$$

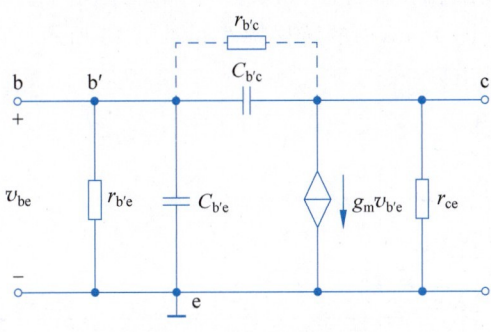

图 1.44 【题 1-29】图解

由于 $\alpha = \dfrac{\beta}{1+\beta} = \dfrac{80}{1+80} \approx 0.9876$，则

$$I_{EQ} = \frac{I_{CQ}}{\alpha} = \frac{2}{0.9876}\text{mA} \approx 2.025\text{mA}$$

所以

$$r_{b'e} = (1+\beta)\frac{V_T}{I_{EQ}} = (1+80) \times \frac{26}{2.025}\Omega = 1040\Omega$$

$$g_m = \frac{\beta}{r_{b'e}} = \frac{80}{1040}\text{S} \approx 77\text{mS}$$

【题 1-30】 各种类型 FET 的输出特性曲线如图 1.45(a)、图 1.45(b)、图 1.45(c) 所示，试分别指出各 FET 的类型，画出相应的电路符号，确定 $V_{GS(th)}$ 或 $V_{GS(off)}$ 的值，并画出 $|V_{DS}| = 5$V 时相应的转移特性曲线。

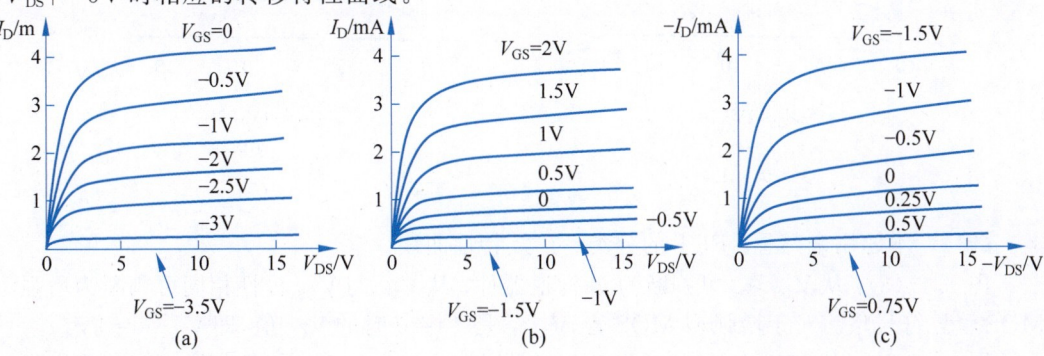

图 1.45 【题 1-30】图

【解】 本题用来熟悉：FET 的分类、符号、特性曲线。

图 1.45(a)：从 $V_{DS}>0$ 可判断为 N 沟道器件；从 V_{DS} 与 V_{GS} 极性相反,可判断为 JFET。对于 JFET, $V_{GS(off)}$ 是 $I_D=0$ 时的 V_{GS} 值,即 $V_{GS(off)}=-3.5V$。符号略。

图 1.45(b)：从 $V_{DS}>0$ 判断为 N 沟道器件；从 V_{GS} 取值正、负、零都有,判断为耗尽型 MOS 管。对于 N 沟道耗尽型 MOS 管, $V_{GS(off)}$ 是 $I_D=0$ 时的 V_{GS} 值,即 $V_{GS(off)}=-1.5V$。符号略。

图 1.45(c)：从 $V_{DS}<0$ 判断为 P 沟道器件；从 V_{GS} 取值正、负、零都有,判断为耗尽型 MOS 管。对于 P 沟道耗尽型 MOS 管, $V_{GS(off)}$ 是 $I_D=0$ 时的 V_{GS} 值,即 $V_{GS(off)}=0.75V$。符号略。

由输出特性画转移特性的方法如下：在输出特性上,作 $V_{DS}=$ 常数的一条直线,找出对应的 I_D 与 V_{GS} 值,并将其画在转移特性(V_{GS} 与 I_D)的坐标系中。

根据上述方法可画出图 1.45(c)的转移特性如图 1.46 所示。图 1.45(a)和图 1.45(b)的转移特性请读者自行画出。

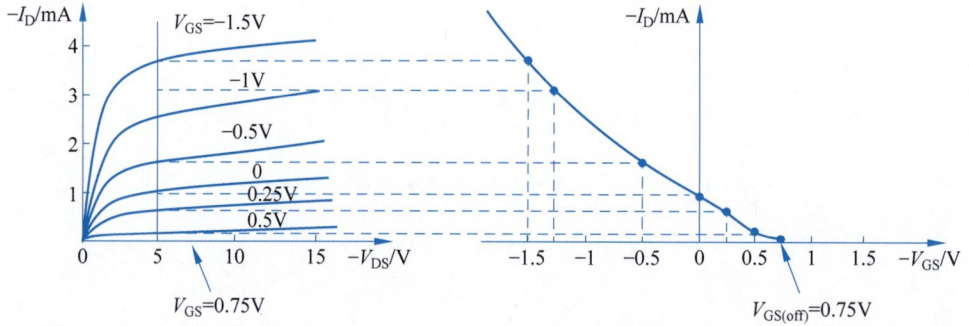

图 1.46 【题 1-30】图解

【题 1-31】 FET 的输出特性曲线如图 1.47 所示,试判断 FET 的类型,画出相应器件的符号,确定 $V_{GS(th)}$ 或 $V_{GS(off)}$,并在图上画出饱和区和非饱和区的分界线,写出相应的表达式。

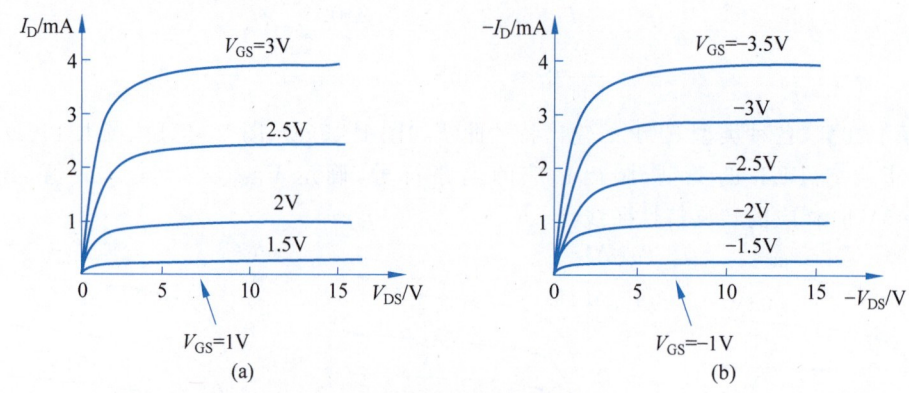

图 1.47 【题 1-31】图

【解】 本题用来熟悉：FET 的分类、符号、特性曲线。

图 1.47(a)：从 $V_{DS}>0$ 可判断为 N 沟道器件；从 V_{DS} 与 V_{GS} 极性相同可判断为增强型 MOS 管。符号略。对于增强型 MOS 管, $V_{GS(th)}$ 是 $I_D=0$ 时的 V_{GS} 值,即 $V_{GS(th)}=1V$。

图 1.47(b)：从 $V_{DS}<0$ 可判断为 P 沟道器件；从 V_{DS} 与 V_{GS} 极性相同可判断为增强型

MOS 管。符号略。对于增强型 MOS 管,$V_{GS(th)}$ 是 $I_D=0$ 时的 V_{GS} 值,即 $V_{GS(th)}=-1V$。

MOS 管饱和区与非饱和区的分界线方程为 $|V_{DS}|=|V_{GS}-V_{GS(th)}|$,相应的分界线请读者自行画出。

【题 1-32】 用欧姆表的两测试棒分别连接 JFET 的漏极和源极,测得阻值为 R_1,然后将红棒(接负电压)同时与栅极相连,发现欧姆表上阻值仍近似为 R_1,再将黑棒(接正电压)同时与栅极相连,得欧姆表上阻值为 $R_2 \ll R_1$,试确定该管为 N 沟道还是 P 沟道。

【解】 本题用来熟悉:JFET 的分类及特点。

欧姆表黑棒与栅极相连时,测得的阻值 R_2 很小,说明栅-源之间的 PN 结正偏;红棒与栅极相连时,测得的阻值 R_1 较大,说明栅-源之间的 PN 结反偏。由此可判断该管为 N 沟道器件。

【题 1-33】 在如图 1.48 所示电路中,已知 P 沟道增强型 MOSFET 的 $V_{GS(th)}=-1V$,$K_p=\mu_p C_{ox} W/(2L)=40\mu A/V^2$,若忽略沟道长度调制效应。

(1) 试证:对于任意的 R_S 值,管子都工作在饱和区。

(2) 当 R_S 为 $12.5k\Omega$ 时,试求电压 V_O 值。

【解】 本题用来熟悉:
- FET 工作在饱和区的条件;
- FET 电路的分析估算方法。

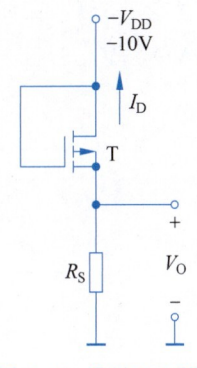

图 1.48 【题 1-33】图

(1) 由于 $V_{DS}=V_{GS}$,因此必满足 $|V_{DS}| \geq |V_{GS}-V_{GS(th)}|$ 的条件。所以,只要证明当 R_S 变化时,可以保证 $|V_{GS}| \geq |V_{GS(th)}|$,便可证明管子始终处在饱和区。

若设管子工作在饱和区,则有

$$I_D = K_p(V_{GS}-V_{GS(th)})^2 = 0.04(V_{GS}+1)^2 \text{mA} \qquad ①$$

由图 1.47 可知

$$|V_{GS}| = |V_{DD}| - I_D R_S \qquad ②$$

将式①代入式②得

$$|V_{GS}| = 10 - 0.04(V_{GS}+1)^2 R_S (V) \qquad ③$$

由式③可知

当 $R_S=0$ 时,$|V_{GS}|=10V>|V_{GS(th)}|$;若 R_S 增加,则 $|V_{GS}|$ 减小,当 R_S 增→∞时,$|V_{GS}|\to|V_{GS(th)}|$,但仍满足 $|V_{GS}| \geq |V_{GS(th)}|$ 的条件。否则,在 $|V_{GS}|<|V_{GS(th)}|$ 时,使 $|V_{GS}|=|V_{DD}|$,显然不合理。

(2) 当 $R_S=12.5k\Omega$ 时,由式③可求得 $V_{GS}=\pm 4.36V$,取 $V_{GS}=-4.36V$,则有

$$V_O = V_{DD} - V_{GS} = -10V - (-4.36V) = -5.64V$$

【题 1-34】 在如图 1.49 所示电路中,已知各管的 $I_{DQ}=0.1mA$,$V_{GS(th)}=2V$,$\mu_n C_{ox}=20\mu A/V^2$,$L=10\mu m$,设沟道长度调制效应忽略不计。试分别求出沟道宽度 W_1、W_2、W_3。

【解】 本题用来熟悉:
- MOS 管 I_D 的表达式;
- FET 电路的分析估算。

由于各管的 $V_{DS}=V_{GS}$,满足 $V_{DS} \geq V_{GS}-V_{GS(th)}$ 的条件,因此,各管都工作在饱和区。由图 1.49 可知:$V_{GS1}=V_1=3V$,$V_{GS2}=V_2-V_1=4V$,$V_{GS3}=V_{DD}-V_2=3V$,所以有

$$I_{D1} = \frac{\mu_n C_{ox}}{2} \cdot \frac{W_1}{L_1}(V_{GS1} - V_{GS(th)})^2 = \frac{0.02}{2} \cdot \frac{W_1}{10}(3-2)^2 \text{mA} = 0.001 W_1 \text{(mA)}$$

$$I_{D2} = \frac{\mu_n C_{ox}}{2} \cdot \frac{W_2}{L_2}(V_{GS2} - V_{GS(th)})^2 = \frac{0.02}{2} \cdot \frac{W_2}{10}(4-2)^2 \text{mA} = 0.004 W_2 \text{(mA)}$$

$$I_{D3} = \frac{\mu_n C_{ox}}{2} \cdot \frac{W_3}{L_3}(V_{GS3} - V_{GS(th)})^2 = \frac{0.02}{2} \cdot \frac{W_3}{10}(3-2)^2 \text{mA} = 0.001 W_3 \text{(mA)}$$

由图 1.49 可知：$I_{D1} = I_{D2} = I_{D3} = I_{DQ} = 0.1 \text{mA}$，故解得 $W_1 = W_3 = 100 \mu m, W_2 = 25 \mu m$。

【题 1-35】 在如图 1.50 所示电路中，已知增强型 MOSFET 的 $K_p = \mu_p C_{ox} W/(2L) = 80 \mu A/V^2, V_{GS(th)} = -1.5V$，沟道长度调制效应忽略不计。试求出 $I_{DQ}、V_{GSQ}、g_m、r_{ds}$ 的值。

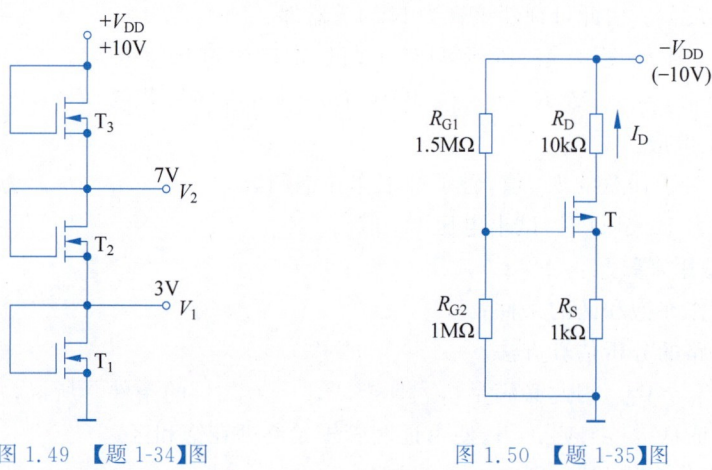

图 1.49　【题 1-34】图　　　　图 1.50　【题 1-35】图

【解】 本题用来熟悉：
- FET 电路的静态估算法；
- MOS 管交流参数的计算。

由图 1.50 可知

$$V_{GQ} = \frac{R_{G2}}{R_{G1} + R_{G2}} \cdot V_{DD} = \frac{1}{1.5 + 1} \times (-10) \text{V} = -4\text{V}$$

$$V_{SQ} = -I_{DQ} R_S = -I_{DQ} \text{(V)}$$

$$V_{GSQ} = V_{GQ} - V_{SQ} = (-4 + I_{DQ}) \text{V} \qquad ①$$

若假设 MOS 管工作在饱和区，则有

$$I_{DQ} = K_p (V_{GS} - V_{GS(th)})^2 = 0.08(V_{GSQ} + 1.5)^2 \text{mA} \qquad ②$$

联立方程①、②可解得

$$\begin{cases} I_{DQ} \approx 0.37 \text{mA} \\ V_{GSQ} = -3.63 \text{V}, \end{cases} \begin{cases} I_{DQ} \approx 17.14 \text{mA} \\ V_{GSQ} = 13.14 \text{V} \end{cases} \text{（舍去）}$$

对于 P 沟道增强型 MOS 管，要求 $V_{GSQ} < 0$，故 $V_{GSQ} = 13.14V$ 这组解不合理，应舍去。

$$V_{DSQ} = -[V_{DD} - I_{DQ}(R_S + R_D)] = -[10 - 0.37 \times (10+1)] \text{V} = -5.93\text{V}$$

验证上述分析结果，满足 $|V_{GS}| \geq |V_{GS(th)}|, |V_{DS}| \geq |V_{GS} - V_{GS(th)}|$ 饱和区的条件，故假设成立。

$$g_m = 2\sqrt{K_p I_{DQ}} \approx 0.34 \text{mS}, \quad r_{ds} = \frac{1}{\lambda I_{DQ}} \to \infty$$

【题 1-36】 双电源供电的 N 沟道增强型 MOSFET 电路如图 1.51 所示，已知的 $\mu_n C_{ox} = 200\mu\text{A/V}^2, V_{GS(th)} = 2\text{V}, W = 40\mu\text{m}, L = 10\mu\text{m}$，设 $\lambda = 0$，要求器件工作在饱和区，且 $I_D = 0.4\text{mA}, V_D = 1\text{V}$，试确定 R_D、R_S 的值。

【解】 本题用来熟悉：FET 电路的静态估算法。

由图 1.51 可知 $V_D = V_{DD} - I_D R_D$，代入数据解得 $R_D = 10\text{k}\Omega$。而

$$I_D = \frac{\mu_n C_{ox}}{2} \cdot \frac{W}{L}(V_{GS} - V_{GS(th)})^2 = 0.4 \times (V_{GS} - 2)^2 \text{mA}$$

由题目已知：$I_D = 0.4\text{mA}$，代入上式而可解得

$$V_{GS1} = 3\text{V}, \quad V_{GS2} = 1\text{V}(舍去)$$

由图 1.51 可知 $V_{GS} + I_D R_S - V_{SS} = 0$，代入数据解得 $R_S = 5\text{k}\Omega$。

【题 1-37】 试确定如图 1.52 所示 P 沟道增强型 MOSFET 电路中的 R_S 和 R_D 的值。要求器件工作在饱和区，且 $I_D = 0.5\text{mA}, V_{DS} = -1.5\text{V}, V_G = 2\text{V}$。已知 $K_p = \mu_p C_{ox} W/(2L) = 0.5\text{mA/V}^2, V_{GS(th)} = -1\text{V}, \lambda = 0$。

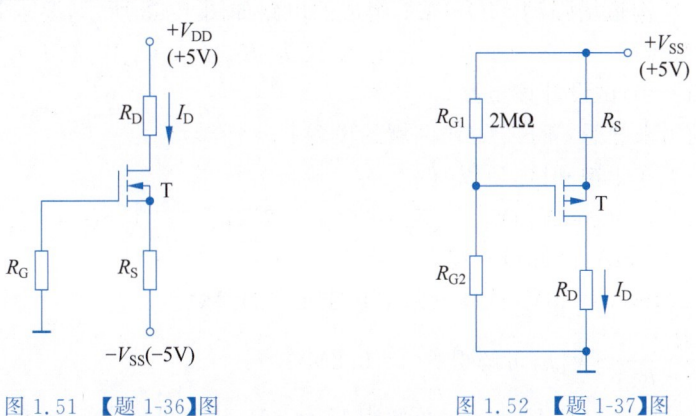

图 1.51 【题 1-36】图　　图 1.52 【题 1-37】图

【解】 本题用来熟悉：FET 放大电路的静态设置。

由

$$\begin{cases} I_D = K_p(V_{GS} - V_{GS(th)})^2 = 0.5 \times (V_{GS} + 1)^2 \text{mA} \\ I_D = 0.5\text{mA} \end{cases}$$

可解得 $V_{GS1} = -2\text{V}; V_{GS2} = 0(舍去)$。

由于 $V_S = V_G - V_{GS} = 4\text{V}$，所以有

$$R_S = \frac{V_{SS} - V_S}{I_D} = \frac{5-4}{0.5}\text{k}\Omega = 2\text{k}\Omega$$

$$R_D = \frac{V_D}{I_D} = \frac{V_S - V_{SD}}{I_D} = \frac{V_S + V_{DS}}{I_D} = \frac{4-1.5}{0.5}\text{k}\Omega = 5\text{k}\Omega$$

【题 1-38】 已知 N 沟道增强型 MOSFET 的 $\mu_n = 1000\text{cm}^2/\text{V·s}, C_{ox} = 3 \times 10^{-8}\text{F/cm}^2, W/L = 1/1.47, V_A = -200\text{V}, V_{DS} = 10\text{V}$，工作在饱和区。试求：

(1) 漏极电流 I_{DQ} 分别为 1mA、10mA 时相应的跨导 g_m、输出电阻 r_{ds}。

(2) 当 V_{DS} 增加 10% 时,I_{DQ} 相应为何值?

(3) 画出小信号电路模型。

【解】 本题用来熟悉:

- MOS 管交流参数的计算;
- MOS 管的小信号电路模型。

(1) 由 $g_m = 2\sqrt{K_n I_{DQ}}$,$K_n = \dfrac{\mu_n C_{ox}}{2} \cdot \dfrac{W}{L}$,$r_{ds} = \dfrac{|V_A|}{I_{DQ}}$ 代入已知条件计算可得:

当 $I_{DQ} = 1\text{mA}$ 时,$g_m \approx 0.2\text{mS}$,$r_{ds} = 200\text{k}\Omega$;当 $I_{DQ} = 10\text{mA}$ 时,$g_m \approx 0.64\text{mS}$,$r_{ds} = 20\text{k}\Omega$。

(2) 因为 $i_D = K_n(v_{GS} - V_{GS(th)})^2(1 + \lambda v_{DS})$,所以在直流工作情况下有 $\dfrac{I'_{DQ}}{I_{DQ}} = \dfrac{1 + \lambda V'_{DS}}{1 + \lambda V_{DS}}$。

由题目给出条件可知 $\lambda = -1/V_A = 5 \times 10^{-3}$,$V'_{DS} = (1 + 10\%)V_{DS} = 11\text{V}$,因此有 $I'_{DQ}/I_{DQ} \approx 1.005$。

所以,当 $I_{DQ} = 1\text{mA}$ 时,$I'_{DQ} \approx 1.005\text{mA}$;当 $I_{DQ} = 10\text{mA}$ 时,$I'_{DQ} \approx 10.05\text{mA}$。

(3) 小信号电路模型如图 1.17 所示,注意与 BJT 的小信号电路模型相比较。

【题 1-39】 N 沟道增强型 MOSFET 组成的电路如图 1.53 所示,要求管子工作于饱和区,且 $I_D = 1\text{mA}$,$V_{DS} = 6\text{V}$。已知管子的参数为 $K_n = \mu_n C_{ox} W/(2L) = 0.25\text{mA}/\text{V}^2$,$V_{GS(th)} = 2\text{V}$,设 $\lambda = 0$,试设计该电路。

【解】 本题用来熟悉:FET 工作区域的设置。

因要求管子工作于饱和区,所以有

$$I_D = K_n(V_{GS} - V_{GS(th)})^2 = 0.25(V_{GS} - 2)^2 \text{mA}$$

而电路又要求 $I_D = 1\text{mA}$,因此可解得 $V_{GS1} = 4\text{V}$,$V_{GS2} = 0$(舍去)。

选 $R_{G1} = 1.2\text{M}\Omega$,$V_G = 8\text{V}$,计算电路中其他元件的参数。

由 $V_G = \dfrac{R_{G2}}{R_{G1} + R_{G2}} \cdot V_{DD}$,可解得 $R_{G2} = 0.8\text{M}\Omega$。

由 $V_{GS} = V_G - V_S = 4\text{V}$,$V_G = 8\text{V}$,可解得 $V_S = 4\text{V}$,从而可确定 $R_S = V_S/I_D = 4\text{k}\Omega$。

由 $V_{DS} = V_{DD} - I_D(R_S + R_D)$,可确定 $R_D = 6\text{k}\Omega$。

【题 1-40】 设计如图 1.54 所示电路,要求 P 沟道增强型 MOSFET 工作在饱和区,且 $I_D = 0.5\text{mA}$,$V_D = 3\text{V}$,已知 $K_p = \mu_p C_{ox} W/(2L) = 0.5\text{mA}/\text{V}^2$,$V_{GS(th)} = -1\text{V}$,$\lambda = 0$。

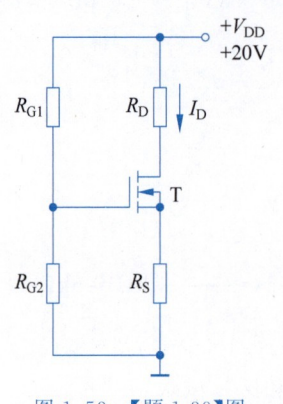

图 1.53 【题 1-39】图   图 1.54 【题 1-40】图

【解】 本题用来熟悉：FET 工作区域的设置。

由图 1.54 可知：$V_D = I_D R_D$，故解得：$R_D = V_D/I_D = 3/0.5 = 6\text{k}\Omega$。

由以下两式

$$\begin{cases} I_D = K_p(V_{GS} - V_{GS(th)})^2 = 0.5(V_{GS} + 1)^2 \text{mA} \\ I_D = 0.5\text{mA} \end{cases}$$

可解得 $V_{GS1} = -2\text{V}, V_{GS2} = 0$(舍去)。

由以下两式

$$\begin{cases} V_G = \dfrac{R_{G2}}{R_{G1} + R_{G2}} \cdot V_{SS} = \dfrac{5R_{G2}}{2 + R_{G2}} \\ V_G = V_{GS} + V_{SS} = 3\text{V} \end{cases}$$

可解得 $R_{G2} = 3\text{M}\Omega$。

【题 1-41】 由有源电阻构成的分压器如图 1.55 所示，设各管的 $\mu C_{ox} W/(2L)$ 相同，$|V_{GS(th)}| = 1\text{V}, \lambda = 0$。试指出各管的工作区并确定各电路的 V_O 值。

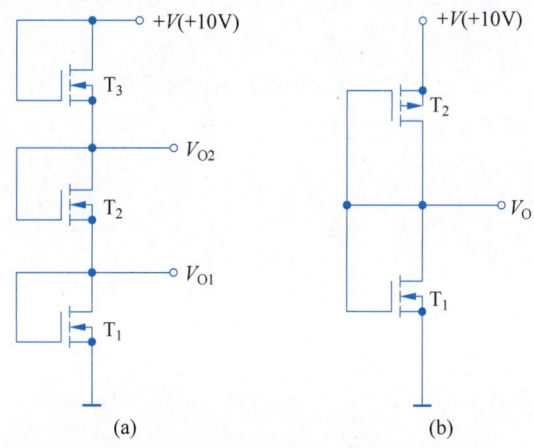

图 1.55 【题 1-41】图

【解】 本题用来熟悉：FET 的应用。

图 1.55(a)中，T_1、T_2、T_3 均为 N 沟道增强型 MOS 管，由于各管的 $V_{DS} = V_{GS}$，满足 $V_{DS} > V_{GS} - V_{GS(th)}$ 的条件，所以各管都工作在饱和区。

由于三管特性完全相同，且 I_D 相等，故 $V_{GS1} = V_{GS2} = V_{GS3}$，即 $V_{DS1} = V_{DS2} = V_{DS3} = V/3 = 10/3\text{V} \approx 3.33\text{V}$，因此，$V_{O1} = V_{DS1} \approx 3.33\text{V}, V_{O2} = V_{DS1} + V_{DS2} \approx 6.67\text{V}$。

图 1.55(b)中，T_1 为 N 沟道增强型 MOS 管，T_2 为 P 沟道增强型 MOS 管，由于两管的 $V_{DS} = V_{GS}$，满足 $|V_{DS}| \geqslant |V_{GS} - V_{GS(th)}|$ 的条件，故两管均工作在饱和区。

利用 $I_D = \dfrac{\mu C_{ox}}{2} \cdot \dfrac{W}{L}(V_{GS} - V_{GS(th)})^2$ 及 $I_{D1} = I_{D2}$ 得 $(V_{GS1} - V_{GS(th)1})^2 = (V_{GS2} - V_{GS(th)2})^2$，代入已知条件，并注意到 $V_{GS1} = V_O$ 和 $V_{GS2} = V_O - V$，得 $(V_O - 1)^2 = (V_O - V + 1)^2$，解得 $V_O = 5\text{V}$。

【题 1-42】 如图 1.56 所示为分压式衰减电路，已知增强型 MOS 管工作在非饱和区，若 $V_I = 200\text{mV}, K_n = \mu_n C_{ox} W/(2L) = 0.01\text{mA/V}^2, V_{GS(th)} = 1.5\text{V}$，试分别求出 $V_{GS} = 2.5\text{V}$、

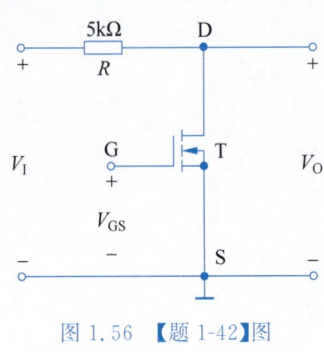

图1.56 【题1-42】图

3V时的V_O值,并进行比较。

【解】 本题用来熟悉:FET的应用。

由于管子工作在非饱和区,所以有
$$I_D = K_n[2(V_{GS}-V_{GS(th)})V_{DS}-V_{DS}^2] \quad ①$$

由图1.56可知
$$V_O = V_{DS} = V_I - I_D R \quad ②$$

将式①代入式②,并整理得
$$20V_O = 4-[2(V_{GS}-1.5)V_O - V_O^2] \quad ③$$

将$V_{GS}=2.5$V代入式③,解得
$$V_O \approx 183.35\text{mV}, \quad V_O \approx 21.82\text{V}(舍去)$$

将$V_{GS}=3$V代入式③,解得
$$V_O \approx 175.25\text{mV}, \quad V_O \approx 22.83\text{V}(舍去)$$

图1.56是一个分压式衰减电路,利用工作在非饱和区的MOS管的可控电阻特性,用V_{GS}控制其值。V_{GS}越大,该电阻越小,所以分压越小。因此,当V_{GS}从2.5V变化到3V时,输出电压从183.35mV下降到175.25mV。

【题1-43】 如图1.57所示的四个FET电路中,哪个电路中的FET工作在饱和区?哪个工作在可变电阻区?哪个工作在截止区?

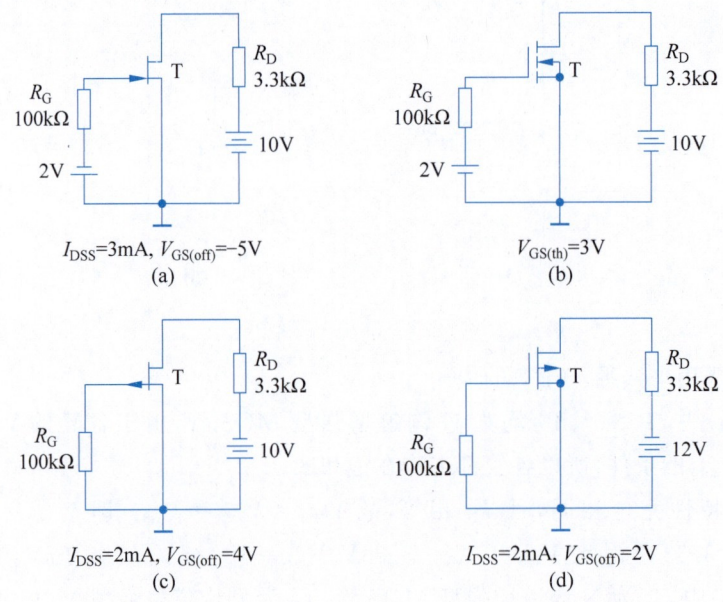

图1.57 【题1-43】图

【解】 本题用来熟悉:FET工作状态的判断。

图1.57(a)中,T为N沟道JFET,由于$V_{GS}=-2$V,$V_{GS(off)}=-5$V,满足$V_{GS}>V_{GS(off)}$的条件,所以导通。假设其工作在饱和区(恒流区),则有
$$I_D = I_{DSS}\left(1-\frac{V_{GS}}{V_{GS(off)}}\right)^2 = 3\times\left(1-\frac{-2}{-5}\right)^2 \text{mA} = 1.08\text{mA}$$

因此,$V_{DS}=10\text{V}-1.08\times3.3\text{V}=6.436\text{V}$。

由上述计算结果可知，$V_{DS} \geq V_{GS} - V_{GS(off)}$，上述假设成立，管子工作在饱和区。

图 1.57(b)中，T 为 N 沟道增强型 MOS 管，由于 $V_{GS} = 2V, V_{GS(th)} = 3V$，满足 $V_{GS} < V_{GS(th)}$ 的条件，所以工作在截止区。

图 1.57(c)中，T 为 P 沟道 JFET，由于 $V_{GS} = 0, V_{GS(off)} = 4V$，满足 $V_{GS} < V_{GS(off)}$ 的条件，所以导通。假设其工作在饱和区(恒流区)，则有

$$I_D = I_{DSS} = 2\text{mA}, \quad V_{DS} = -10V + 2 \times 3.3V = -3.4V$$

由上述计算结果可知，$|V_{DS}| < |V_{GS} - V_{GS(off)}|$，上述假设不成立，所以管子工作在可变电阻区。

图 1.57(d)中，T 为 P 沟道耗尽型 MOS 管，由于 $V_{GS} = 0, V_{GS(off)} = 2V$，满足 $V_{GS} < V_{GS(off)}$ 的条件，所以导通。假设其工作在饱和区(恒流区)，则有

$$I_D = I_{DSS} = 2\text{mA}, \quad V_{DS} = -12V + 2 \times 3.3V = -5.4V$$

由上述计算结果可知，$|V_{DS}| > |V_{GS} - V_{GS(off)}|$，上述假设成立，管子工作在饱和区。

【题 1-44】 如图 1.58 所示为采用非线性补偿的有源电阻器，T_1、T_2 管工作在变阻区，试证明：

$$R = \frac{V_{DD}}{I_{DQ}} = \frac{1}{K_n [4(V_G - V_{GS(th)})]}$$

【解】 本题用来熟悉：FET 的应用。

由题目可知

$$I_{D1} = K_n [2(V_{GS1} - V_{GS(th)})V_{DS1} - V_{DS1}^2] \quad ①$$

$$I_{D2} = K_n [2(V_{GS2} - V_{GS(th)})V_{DS2} - V_{DS2}^2] \quad ②$$

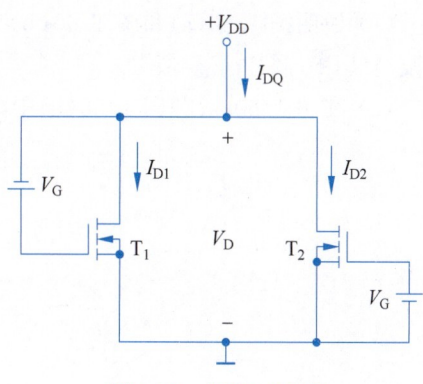

图 1.58 【题 1-44】图

由图 1.58 可得

$$I_{DQ} = I_{D1} + I_{D2} \quad ③$$

$$V_{GS1} = V_{DD} + V_G \quad ④$$

$$V_{GS2} = V_G \quad ⑤$$

$$V_{DS1} = V_{DS2} = V_{DD} \quad ⑥$$

解上述方程即可得证。

【题 1-45】 在如图 1.59 所示电路中，哪些是复合管，哪些不是？若是，各等效为何种类型的管子？等效管子的引脚 1、2、3 分别对应于什么电极？

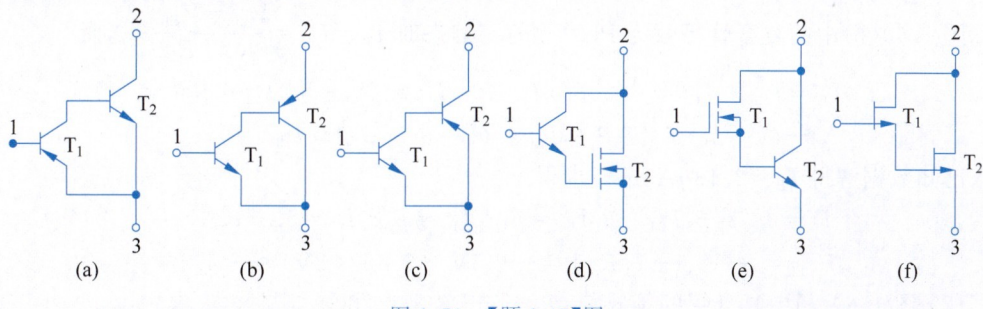

图 1.59 【题 1-45】图

【解】 本题用来熟悉：复合管的构成原则。

图 1.59(a)不是复合管。

图 1.59(b)是复合管，等效为 NPN 型管，引脚 1、2、3 分别对应复合管的基极 B、集电极 C 和发射极 E。

图 1.59(c)不是复合管。

图 1.59(d)不是复合管。

图 1.59(e)是复合管，等效为增强型 N 沟道 MOS 管，引脚 1、2、3 分别对应复合管的栅极 G、漏极 D 和源极 S。

图 1.59(f)不是复合管。

【题 1-46】 在如图 1.60 所示电路中，已知 BJT 的参数为 $\beta_1 = \beta_2 = 50$，$|V_{BE(on)1}| = V_{BE(on)2} = 0.6V$。

(1) 说明图 1.60(a)和图 1.60(b)中的复合管各等效为何种类型的管子？并求静态时各复合管的 I_B、I_C、V_{CE} 值。

(2) 在图 1.60(a)和图 1.60(b)中，复合管的等效 β 值各为多少？

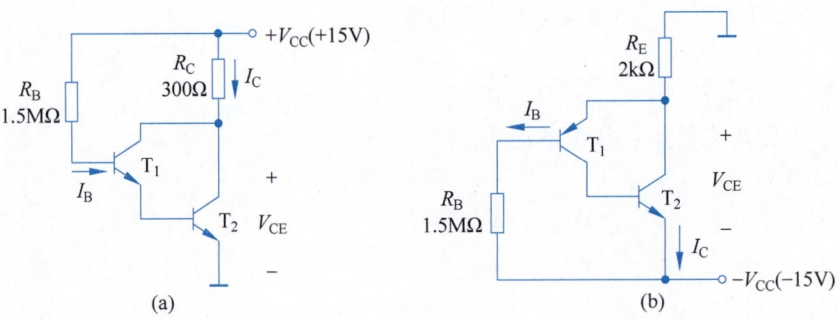

图 1.60　【题 1-46】图

【解】 本题用来熟悉：复合管的特点。

(1) 图 1.60(a)中的复合管等效为 NPN 型管。静态时，有

$$I_B = I_{B1} = \frac{V_{CC} - V_{BE(on)1} - V_{BE(on)2}}{R_B} = \frac{15 - 0.6 - 0.6}{1.5} \mu A \approx 9.2 \mu A$$

$$I_C = I_{C1} + I_{C2} = \beta_1 I_{B1} + \beta_2 I_{B2} = \beta_1 I_{B1} + \beta_2 I_{E1} = \beta_1 I_{B1} + \beta_2 (1+\beta_1) I_{B1}$$
$$= (\beta_1 + \beta_2 + \beta_1 \beta_2) I_{B1} \approx 23.92 mA$$

$$V_{CE} = V_{CC} - I_C R_C = 15V - 23.58 \times 0.3 V \approx 7.8V$$

图 1.60(b)中的复合管等效为 PNP 型管。静态时 $I_B = I_{B1} = \dfrac{V_{CC} - V_{EB(on)1}}{R_B + R_E I_E}$，而

$$I_E = I_{E1} + I_{C2} = (1+\beta_1) I_{B1} + \beta_2 I_{B2} = (1+\beta_1) I_{B1} + \beta_2 I_{C1}$$
$$= (1+\beta_1) I_{B1} + \beta_1 \beta_2 I_{B1} = (1 + \beta_1 + \beta_1 \beta_2) I_{B1}$$

代入已知数据解得 $I_B \approx 2.18 \mu A$，进而求得

$$I_C = I_{E2} = \beta_2 I_{B2} = \beta_2 I_{C1} = \beta_1 \beta_2 I_{B1} = \beta_1 \beta_2 I_B = 5.45 mA$$

$$V_{CE} = -(V_{CC} - I_C R_C) = -(15V - 5.45 \times 2V) \approx -4.1V$$

(2) 图 1.60(a)中复合管的等效 $\beta = \beta_1 + \beta_2 + \beta_1 \beta_2 = 2600$。

图 1.60(b)中复合管的等效 $\beta = \beta_1 \beta_2 = 2500$。

【仿真题 1-1】 电路如图 1.61 所示，二极管选用 1N4148，且 $I_S=10\text{nA}, n=2$。对于 $V_{DD}=10\text{V}$ 和 $V_{DD}=1\text{V}$ 两种情况下，求 I_D 和 V_D 的值，并与使用理想模型、恒压降模型和折线模型的手算结果进行比较。

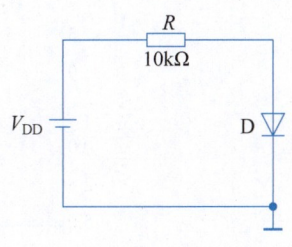

图 1.61 【仿真题 1-1】图

【解】 本题用来熟悉：二极管的直流大信号模型。

$V_{DD}=10\text{V}$ 时，电路的仿真结果如图 1.62(a)所示，由图可得：$I_D=0.929\text{mA}, V_D=0.712\text{V}$。

$V_{DD}=1\text{V}$ 时，电路的仿真结果如图 1.62(b)所示，由图可得 $I_D=0.045\text{mA}, V_D=0.554\text{V}$。

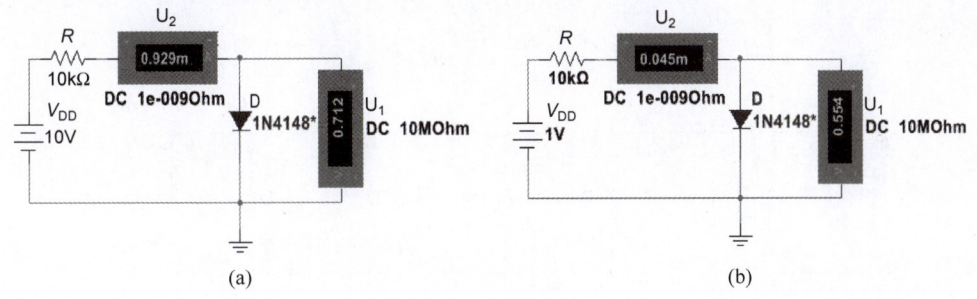

图 1.62 【仿真题 1-1】图解

在 $V_{DD}=10\text{V}$ 和 $V_{DD}=1\text{V}$ 两种情况下，使用理想模型、恒压降模型和折线模型的手算结果如表 1.4 所示。

表 1.4 【仿真题 1-1】表

使 用 模 型	$V_{DD}=10\text{V}$		$V_{DD}=1\text{V}$	
	V_D/V	I_D/mA	V_D/V	I_D/mA
理想模型	0	1	0	0.1
恒压降模型	**0.7**	**0.93**	0.7	0.03
折线模型（估算 $R_D=215\Omega$）	0.7	0.93	**0.5105**	**0.0489**
折线模型（估算 $R_D=200\Omega$）	0.686	0.931	**0.5098**	**0.049**

比较仿真结果和手算结果可以看出，当外加电压远大于二极管的导通电压时，工程上使用恒压降模型即可得到足够的计算精度；而当外加电压与二极管的导通电压相比拟时，需采用折线模型才能获得足够的计算精度。

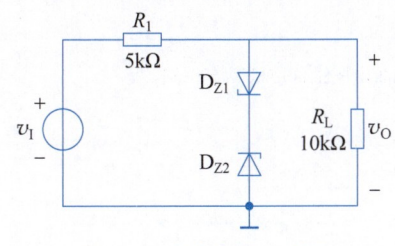

图 1.63 【仿真题 1-2】图

【仿真题 1-2】 模型参数完全相同的两个稳压管组成的电路如图 1.63 所示，稳压管选用 1N750，用 Multisim 仿真出它的电压传输特性曲线 $v_O=f(v_I)$。

【解】 本题用来熟悉：稳压管限幅电路的特性。

设置直流扫描分析，仿真结果如图 1.64 所示。由图可见，稳压管可实现双向限幅。

【仿真题 1-3】 倍压整流电路如图 1.65 所示，图中，v_2 取峰值为 10V，频率为 50Hz 的交流信号，二极管采用 1N4449，电容采用 $0.05\mu\text{F}$，用 Multisim 仿真各电容两端电压及输出电压 v_O 的波形。

【解】 本题用来熟悉：倍压整流电路的特点。

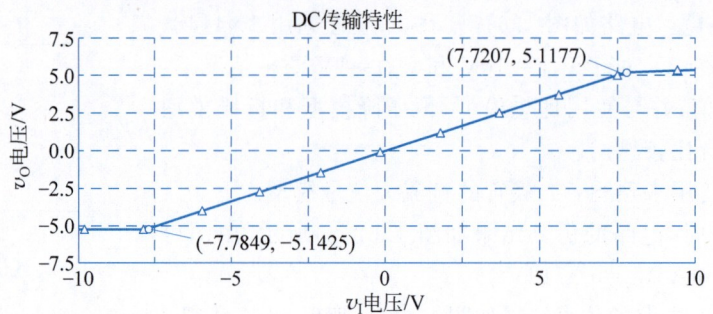

图 1.64 【仿真题 1-2】图解

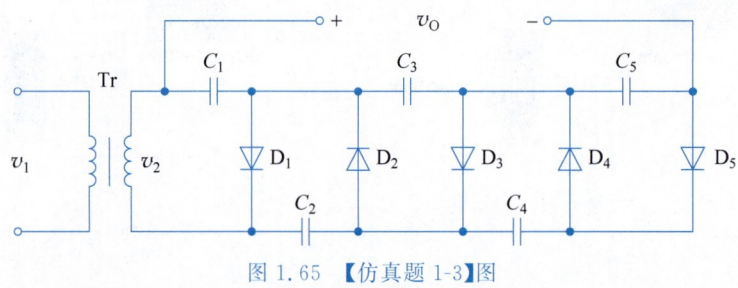

图 1.65 【仿真题 1-3】图

设置瞬态分析,仿真得到变压器二次侧电压 v_2、各电容两端的电压以及输出电压 v_O 的波形如图 1.66 所示。

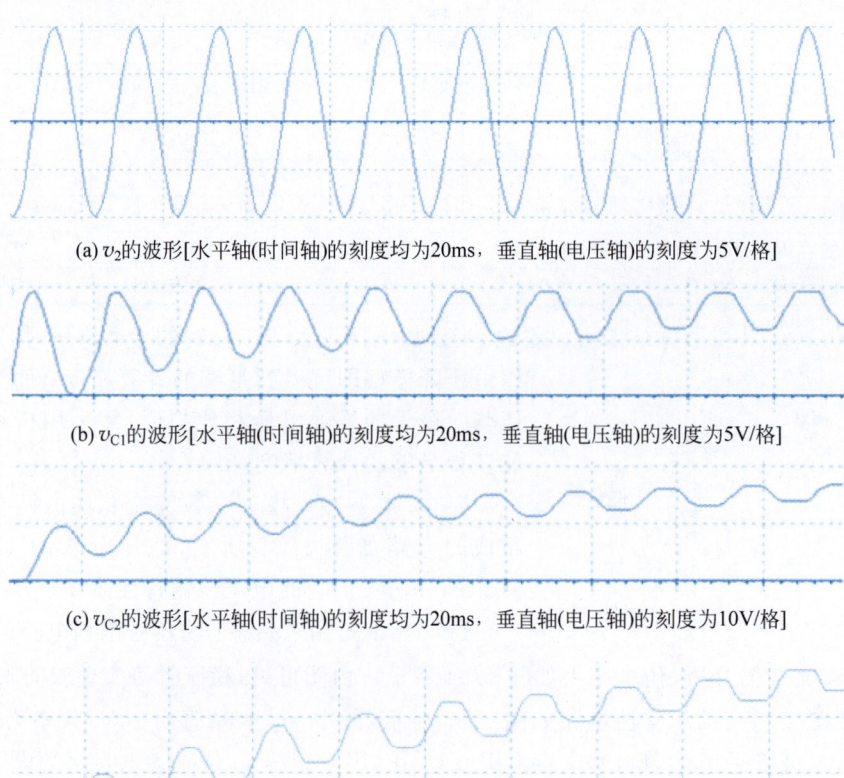

(a) v_2 的波形[水平轴(时间轴)的刻度均为20ms,垂直轴(电压轴)的刻度为5V/格]

(b) v_{C1} 的波形[水平轴(时间轴)的刻度均为20ms,垂直轴(电压轴)的刻度为5V/格]

(c) v_{C2} 的波形[水平轴(时间轴)的刻度均为20ms,垂直轴(电压轴)的刻度为10V/格]

(d) v_{C3} 的波形[水平轴(时间轴)的刻度均为20ms,垂直轴(电压轴)的刻度为5V/格]

图 1.66 【仿真题 1-3】图解

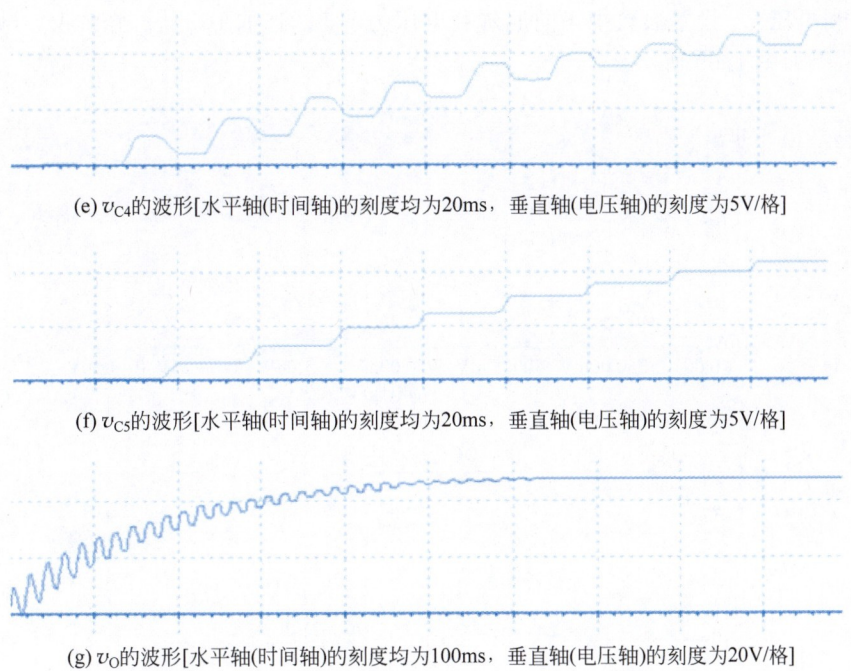

(e) v_{C4}的波形[水平轴(时间轴)的刻度均为20ms,垂直轴(电压轴)的刻度为5V/格]

(f) v_{C5}的波形[水平轴(时间轴)的刻度均为20ms,垂直轴(电压轴)的刻度为5V/格]

(g) v_O的波形[水平轴(时间轴)的刻度均为100ms,垂直轴(电压轴)的刻度为20V/格]

图 1.66 （续）

由图 1.66 可以看出,电路稳定时,输出电压 v_O 的幅值达到变压器二次侧电压 v_2 峰值的 5 倍,即

$$V_O = 5\sqrt{2}V_2$$

可见,如图 1.65 所示的电路是 5 倍压整流电路。

【仿真题 1-4】 描述 BJT 基区宽度调制效应的主要参数是厄尔利电压 V_A,通过改变其值,用 Multisim 研究基区宽度调制效应对 BJT 输入、输出特性的影响。BJT 使用 2N2222,V_A 可分别取值为 10 和 100。

【解】 本题用来熟悉：厄尔利电压对 BJT 输入、输出特性的影响。

仿真电路如图 1.67 所示。

输入特性分析：

设置第一变量为 V_{BE},取值在 $0\sim1.5\text{V}$；第二变量为 V_{CE},取值在 $0\sim2\text{V}$；输出为 I_B,取值在 $0\sim80\mu\text{A}$,参数设置如图 1.68 所示。

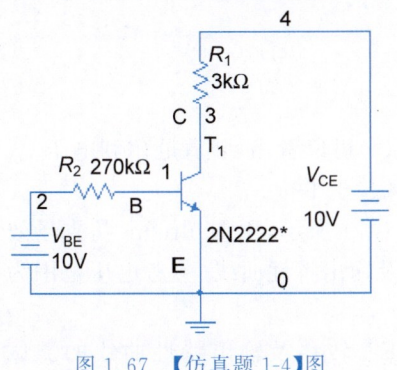

图 1.67 【仿真题 1-4】图   图 1.68 【仿真题 1-4】参数设置

厄尔利电压 V_A 设置参数中正向厄尔利电压为 V_{AF}。选取 BJT 后,修改 V_{AF},做直流扫描分析,结果如图 1.69 所示。

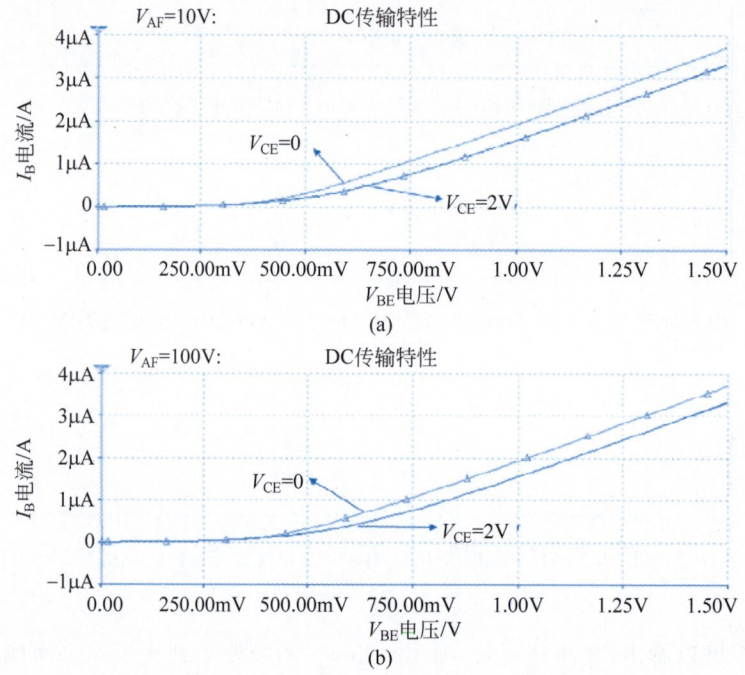

图 1.69 【仿真题 1-4】图解 V_A 对输入特性的影响

输出特性分析:

将 BJT 连接入伏安特性分析仪,由左至右分别连接 B、E、C 极,如图 1.70(a)所示,在 Simulate Parameters 中将 V_{CE} 设置为 $0\sim2\text{V}$,扫描增量设置为 50mV,I_B 设置为 $1\sim10\text{mA}$,扫描 10 次,运行仿真查看伏安特性分析仪。得到输出特性曲线如图 1.70(b)和图 1.70(c)所示。

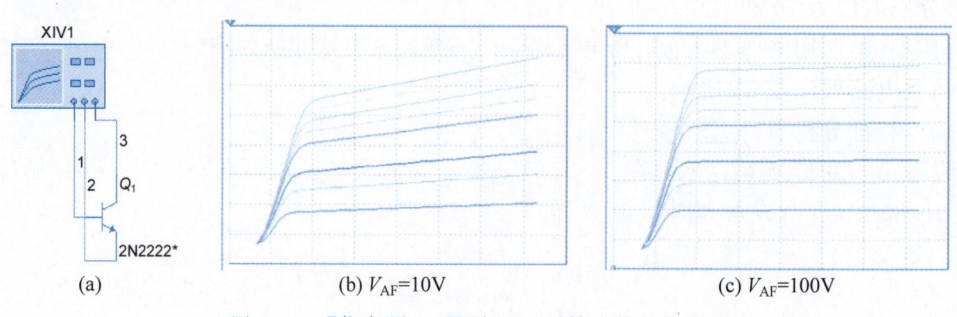

图 1.70 【仿真题 1-4】图解 V_A 对输出特性的影响

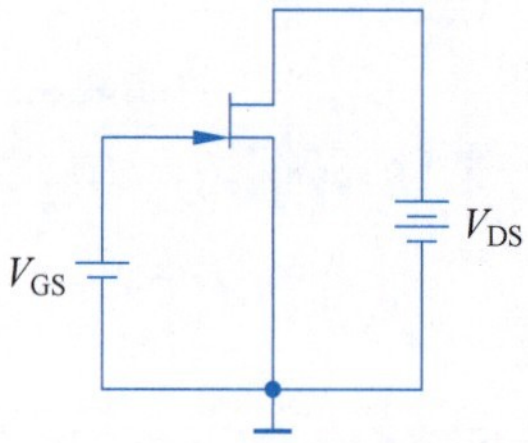

比较图 1.70(b)和图 1.70(c)可以看出,随着厄尔利电压 V_A 的增大,输出特性曲线在放大区趋于平行。

【仿真题 1-5】 电路如图 1.71 所示,用 Multisim 仿真场效应管 2N5486 的转移特性曲线及输出特性曲线(参考电压范围为 $V_{DS}:0\sim15\text{V},V_{GS}:-10\sim0\text{V}$)。

【解】 本题用来熟悉:FET 转移及输出特性曲线的测试方法。

图 1.71 【仿真题 1-5】图

测试转移特性曲线的电路如图1.72(a)所示,使用分析中的DC sweep(直流扫描分析)。设置V_{GS}扫描范围为$-10\sim-1$V,增量为0.01V,V_{DS}扫描范围为$4\sim12$V,增量为3V,如图1.72(b)所示。查看输出I_D,仿真结果如图1.72(c)所示。

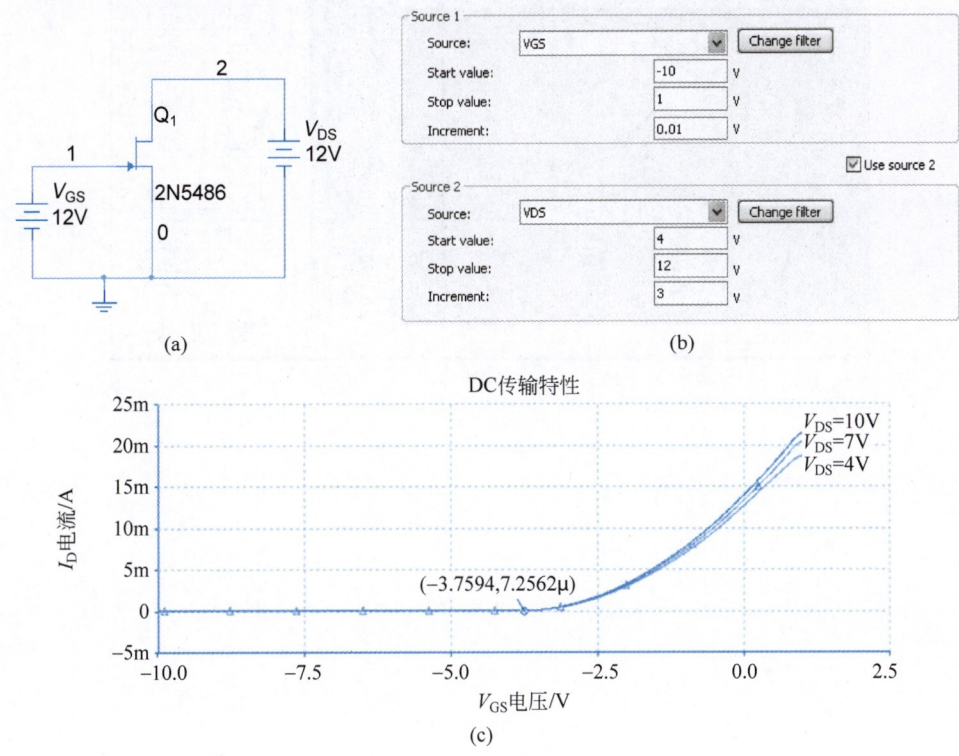

图1.72 【仿真题1-5】转移特性的测试

测试输出特性曲线的电路如图1.73(a)所示,N沟道场效应管2N5486连接伏安特性分析仪,伏安特性分析仪的测试端由左向右分别连接2N5486的G、S、D极,在Simulate Parameters中设置V_{DS}扫描范围为$0\sim15$V,增量为100mV,V_{GS}扫描范围为-10V$\sim-0.001\mu$V,如图1.73(b)所示。扫描10次,运行仿真并查看伏安特性分析仪,仿真结果如图1.73(c)所示。

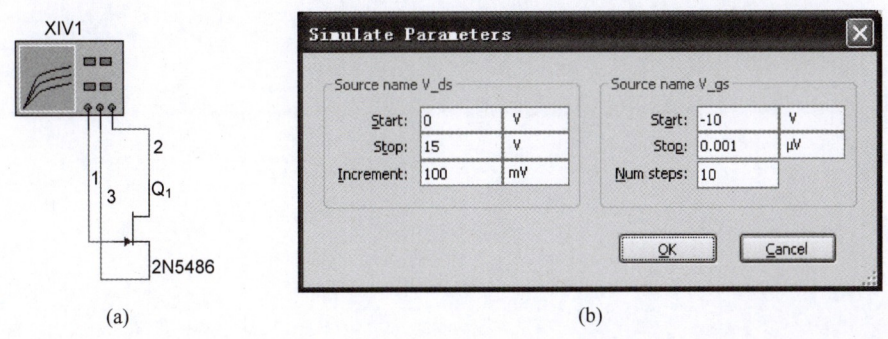

图1.73 【仿真题1-5】输出特性的测试

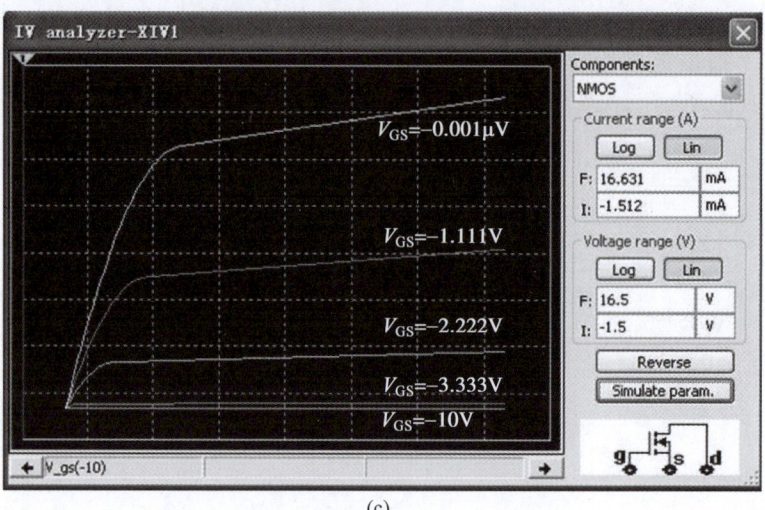

(c)

图 1.73 （续）

第 2 章 放大电路基础

CHAPTER 2

2.1 教学要求

具体教学要求如下。

(1) 熟悉放大电路的组成原理,熟练掌握放大电路直流通路、交流通路及交流等效电路的画法并能熟练判断放大电路的组成是否合理。

(2) 熟悉理想情况下放大电路的四种模型,并深入理解增益、输入电阻、输出电阻等各项性能指标的含义。

(3) 熟悉放大电路的常用分析方法——图解分析法、等效电路分析法,能熟练运用等效电路分析法确定放大电路的静态工作点及各项交流性能指标。

(4) 掌握 BJT 放大电路的三种基本组态(共发射极、共集电极、共基极)的性能特点。

(5) 掌握 FET 放大电路的三种基本组态(共源极、共漏极、共栅极)的性能特点。

(6) 了解放大电路的级间耦合方式,熟悉多级放大电路的分析方法。

2.2 基本概念和内容要点

2.2.1 放大电路的基本概念

放大电路是应用最为广泛的一类电子电路,其功能是将输入信号进行不失真地放大。它是现代通信、自动控制、电子测量、生物电子等设备中不可缺少的组成部分。

1. 放大电路的组成原理

无论何种类型的放大电路,均由三部分组成(如图 2.1 所示):第一部分是具有放大作用的半导体器件,如 BJT、FET,是整个电路的核心;第二部分是直流偏置电路,其作用是保证半导体器件工作在线性放大状态;第三部分是耦合电路,其作用是将输入信号源和输出负载分别连接到放大管的输入端和输出端。

下面简述偏置电路和耦合电路的特点。

1) 偏置电路

(1) 在分立元件电路中,常用的偏置方式有分压偏置电路、自偏置电路等。其中,分压偏置电路适用于任何类型的放大器件;而自偏置电路只适合于耗尽型场效应管(如 JFET

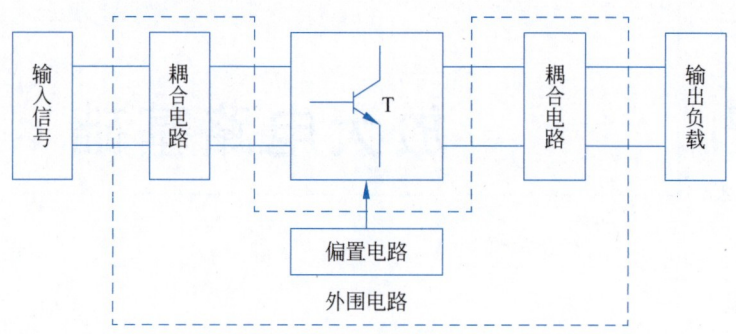

图 2.1 放大电路的组成框图

及耗尽型 MOS 管)。

(2) 在集成电路中,广泛采用电流源偏置方式。

偏置电路除了为放大管提供合适的静态点(Q 点)之外,还应具有稳定 Q 点的作用。

2) 耦合方式

为了保证信号不失真地放大,放大电路与信号源、放大电路与负载、放大电路级与级之间必须保证交流信号正常传输,且尽量减小有用信号在传输过程中的损失。实际电路有两种耦合方式。

(1) 电容耦合、变压器耦合。这种耦合方式具有隔直流的作用,故各级 Q 点相互独立,互不影响,但不易集成,因此常用于分立元件放大电路中。

(2) 直接耦合。集成电路中广泛采用直接耦合方式,这种耦合方式存在的两个主要问题是电平配置问题和零点漂移问题。解决电平配置问题的主要方法是加电平位移电路;解决零点漂移问题的主要措施是采用低温漂的差分放大电路。

2. 放大电路的主要性能指标及其含义

放大电路的性能指标是衡量其品质优劣的标准,并决定其适用范围。图 2.2 为放大电路示意图,其主要性能指标包括输入电阻、输出电阻、增益、通频带、非线性失真系数等。

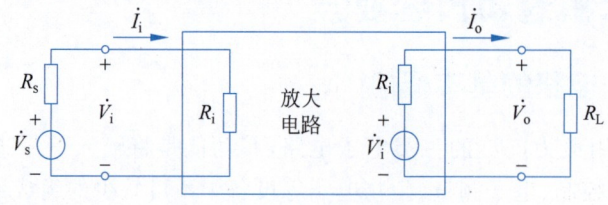

图 2.2 放大电路示意图

1) 输入电阻和输出电阻

输入电阻 R_i 可视作放大电路输入端口的等效电阻,它定义为放大电路输入电压 $\dot{V}_i$ 和输入电流 $\dot{I}_i$ 的比值,即

$$R_i = \frac{\dot{V}_i}{\dot{I}_i} \tag{2-1}$$

R_i 与电路参数、负载电阻 R_L 有关,表征了放大电路对信号源的负载特性。对输入为电压信号的放大电路,R_i 越大,放大电路对信号源的影响越小;而对输入为电流信号的放大

电路,R_i 越小,放大电路对信号源的影响越小。

输出电阻 R_o 是表征放大电路带负载能力的一个重要参数。它定义为输入信号电压源短路或电流源开路(但保留其内阻),并断开负载时,放大电路输出端口的等效电阻,即

$$R_o = \left.\frac{\dot{V}_T}{\dot{I}_T}\right|_{\dot{V}_s=0} \tag{2-2}$$

式中,$\dot{V}_T$ 为负载断开处加入的电压,$\dot{I}_T$ 表示由 $\dot{V}_T$ 引起的流入放大电路输出端口的电流。R_o 不仅与电路参数有关,还与信号源的内阻 R_s 有关。若要求放大电路具有恒定的电压输出,R_o 应越小越好;若要求放大电路具有恒定的电流输出,R_o 应越大越好。

2) 增益

增益表示输出信号的变化量与输入信号的变化量之比,用来衡量放大电路的放大能力。根据需要处理的输入和输出电量的不同,有四种不同的增益定义,分别是:

(1) 电压增益

$$\dot{A}_v = \frac{\dot{V}_o}{\dot{V}_i} \quad (\text{无量纲}) \tag{2-3}$$

(2) 电流增益

$$\dot{A}_i = \frac{\dot{I}_o}{\dot{I}_i} \quad (\text{无量纲}) \tag{2-4}$$

(3) 互阻增益

$$\dot{A}_r = \frac{\dot{V}_o}{\dot{I}_i} \quad (\text{量纲为电阻}) \tag{2-5}$$

(4) 互导增益

$$\dot{A}_g = \frac{\dot{I}_o}{\dot{V}_i} \quad (\text{量纲为电导}) \tag{2-6}$$

为了表征负载对增益的影响,引入负载 R_L 开路和短路时的增益。负载 R_L 开路时的电压增益定义为

$$\dot{A}_{vo} = \frac{\dot{V}_o'}{\dot{V}_i} = \dot{A}_v \big|_{R_L=\infty} \tag{2-7}$$

式中,$\dot{V}_o'$ 为负载 R_L 开路时的输出电压,$\dot{A}_{vo}$ 与 $\dot{A}_v$ 的关系为

$$\dot{A}_v = \dot{A}_{vo} \frac{R_L}{R_L + R_o} \tag{2-8}$$

负载 R_L 短路时的电流增益定义为

$$\dot{A}_{in} = \frac{\dot{I}_o'}{\dot{I}_i} = \dot{A}_i \big|_{R_L=0} \tag{2-9}$$

式中,$\dot{I}_o'$ 为负载短路时的输出电流,$\dot{A}_{in}$ 与 $\dot{A}_i$ 的关系为

$$\dot{A}_i = \dot{A}_{in} \frac{R_o}{R_L + R_o} \tag{2-10}$$

为了表征输入信号源对放大电路激励的大小,常常引入源增益的概念。其中,源电压增益定义为

$$\dot{A}_{vs} = \frac{\dot{V}_o}{\dot{V}_s} \tag{2-11}$$

$\dot{A}_{vs}$ 与电压增益 $\dot{A}_v$ 的关系为

$$\dot{A}_{vs} = \dot{A}_v \frac{R_i}{R_i + R_s} \tag{2-12}$$

源电流增益定义为

$$\dot{A}_{is} = \frac{\dot{I}_o}{\dot{I}_s} \tag{2-13}$$

$\dot{A}_{is}$ 与电流增益 $\dot{A}_i$ 的关系为

$$\dot{A}_{is} = \dot{A}_i \frac{R_s}{R_i + R_s} \tag{2-14}$$

3)通频带

通频带用于衡量放大电路对不同频率信号的放大能力。其定义为

$$BW = f_H - f_L \tag{2-15}$$

式中,f_H 为上限截止频率;f_L 为下限截止频率,其含义如图 2.3 所示。

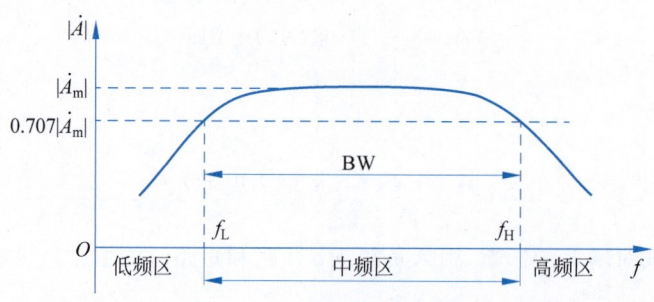

图 2.3 放大电路的频率特性

图中,$|\dot{A}_m|$ 为放大电路的中频增益。

通频带越宽,表明放大电路对不同频率信号的适应能力越强。

4)失真

失真是评价放大电路放大信号质量的重要指标,分为线性失真和非线性失真两大类。

线性失真又有频率失真和瞬变失真之分,它是由于放大电路是一种含有电抗元件的动态网络而产生的。前者是由于电抗元件对不同频率的输入信号产生不同的增益和相移所引起的信号失真;后者是由于电抗元件对电压或电流不能突变而引起的输出波形的失真。线性失真不会在输出信号中产生新的频率分量。

非线性失真则是由于半导体器件的非线性特性所引起的。它会引起输出信号中产生新的频率分量。放大电路非线性失真的大小用非线性失真系数 THD 来衡量,即

$$\text{THD} = \frac{\sqrt{\sum_{n=2}^{\infty} V_{on}^2}}{V_{o1}} \tag{2-16}$$

式中,V_{o1} 为输出电压信号基波分量的有效值;V_{on} 为高次谐波分量的有效值;n 为正整数。

3. 放大电路的类型

根据输入和输出电量的不同,放大电路有四种不同的增益表达式,相应有四种不同类型的放大电路,它们的区别集中表现在对 R_i 和 R_o 的要求上,如表 2.1 所示。

表 2.1 四种不同类型的放大电路

类型	模型	增益,源增益	对 R_i 的要求	对 R_o 的要求
电压放大器	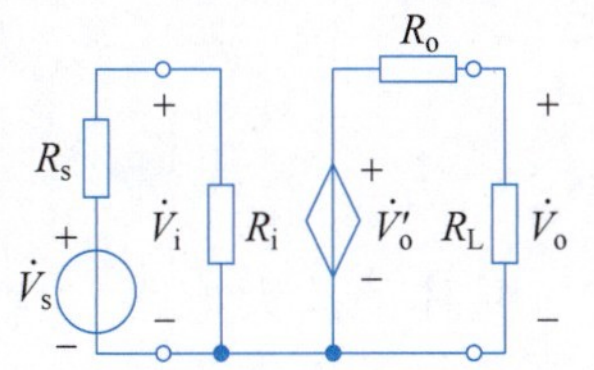	$\dot{A}_v, \dot{A}_{vs}$	$R_i \gg R_s$ ($R_i \to \infty$)	$R_o \ll R_L$ ($R_o \to 0$)
电流放大器	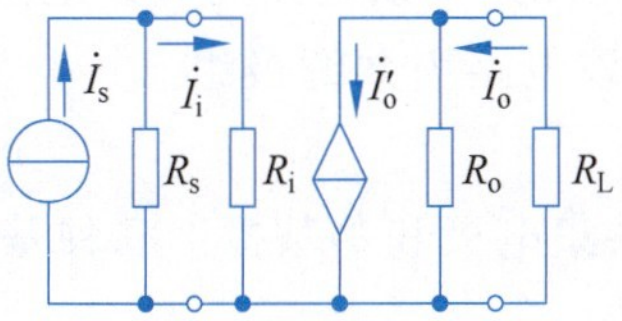	$\dot{A}_i, \dot{A}_{is}$	$R_i \ll R_s$ ($R_i \to 0$)	$R_o \gg R_L$ ($R_o \to \infty$)
互导放大器	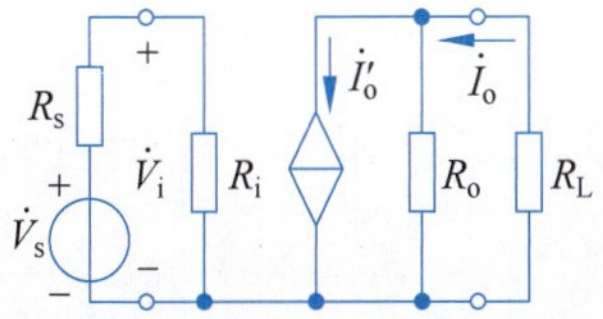	$\dot{A}_g, \dot{A}_{gs}$	$R_i \gg R_s$ ($R_i \to \infty$)	$R_o \gg R_L$ ($R_o \to \infty$)
互阻放大器	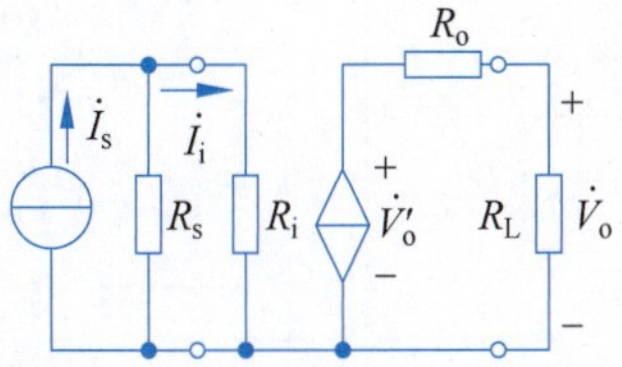	$\dot{A}_r, \dot{A}_{rs}$	$R_i \ll R_s$ ($R_i \to 0$)	$R_o \ll R_L$ ($R_o \to 0$)

4. 放大电路的分析方法

放大电路的分析分静态(直流)分析和动态(交流)分析两方面。静态分析是动态分析的基础,动态分析是放大电路分析的最终目的。目前,常用的放大电路的分析方法有以下三种。

1) 图解分析法

图解分析法是指利用晶体管的输入、输出特性曲线对放大电路进行分析。其关键在于作放大电路的直流负载线及交流负载线。该方法形象、直观,适宜分析电路参数对 Q 点的影响及确定放大电路的非线性失真、最大不失真动态范围 V_{opp} 等。当输入信号过小时,该方法分析误差较大。

2) 等效电路分析法

等效电路分析法是指利用晶体管的直流等效模型及交流小信号模型对放大电路进行分析。其关键在于作放大电路的直流通路及交流通路,尤其是交流小信号等效电路。该方法是工程上常用的分析方法,利用等效电路分析法可获得放大电路各项性能指标的工程近似值。

3) 计算机仿真分析法

计算机仿真分析法是指利用电路仿真软件进行分析。如利用 Multisim 软件对电路进行分析,它可对电路进行直流分析、交流小信号分析、瞬态分析、蒙特卡罗(Monte Carlo)分析和最坏情况(Worst Case)分析。

2.2.2 BJT 放大电路

1. 放大电路的基本组态

放大电路的组态是针对交流信号而言的。对于具体的放大电路,观察输入信号作用在哪个电极,输出信号又从哪个电极取出,除此之外的另一个电极即为组态形式。例如:若输入信号加在 BJT 的基极,输出信号从集电极取出,则该电路为共发射极组态;若输入信号加在 FET 的栅极,输出信号从漏极取出,则该电路为共源极组态。

2. 三种基本的 BJT 放大电路

BJT 放大电路的三种基本组态为共发射极、共集电极和共基极。三种基本的 BJT 放大电路的电路结构及主要性能特点如表 2.2 所示。

表 2.2 三种基本的 BJT 放大电路

电路结构及特点	共发射极放大电路	共集电极放大电路	共基极放大电路
电路结构	(共发射极电路图)	(共集电极电路图)	(共基极电路图)
直流通路及静态工作点	$\begin{cases} I_{BQ}=\dfrac{V_{CC}-V_{BE(on)}}{R_B} \\ I_{CQ}=\beta I_{BQ} \\ V_{CEQ}=V_{CC}-I_{CQ}R_C \end{cases}$	$\begin{cases} I_{BQ}=\dfrac{V_{CC}-V_{BE(on)}}{R_B+(1+\beta)R_E} \\ I_{CQ}=\beta I_{BQ} \\ V_{CEQ}=V_{CC}-I_{CQ}R_E \end{cases}$	$\begin{cases} V_{BQ}\approx\dfrac{R_{B2}}{R_{B1}+R_{B2}}V_{CC} \\ I_{CQ}\approx I_{EQ}=\dfrac{V_{BQ}-V_{BE(on)}}{R_E} \\ I_{BQ}=I_{CQ}/\beta \\ V_{CEQ}\approx V_{CC}-I_{CQ}(R_C+R_E) \end{cases}$

续表

电路结构及特点	共发射极放大电路	共集电极放大电路	共基极放大电路
交流通路	(电路图)	(电路图)	(电路图)
$\dot{A}_v$	$-\dfrac{\beta R'_L}{r_{be}}$（大） 其中，$R'_L = R_C // R_L$	$\dfrac{(1+\beta)R'_L}{r_{be}+(1+\beta)R'_L} \approx 1$ 其中，$R'_L = R_E // R_L$	$\dfrac{\beta R'_L}{r_{be}}$（大） 其中，$R'_L = R_C // R_L$
R_i	$R_B // r_{be}$（中）	$R_B // [r_{be}+(1+\beta)R'_L]$（大） 其中，$R'_L = R_E // R_L$	$R_E // \dfrac{r_{be}}{1+\beta}$（小）
R_o	R_C（中）	$R_E // \dfrac{r_{be}+R'_s}{1+\beta}$（小） 其中，$R'_s = R_s // R_B$	R_C（中）
$\dot{A}_{in}$	β（大）	$-(1+\beta)$（大）	$-\alpha \approx -1$
特点	输入、输出电压反相 既有电压放大作用 又有电流放大作用	输入、输出电压同相 有电流放大作用 无电压放大作用	输入、输出电压同相 有电压放大作用 无电流放大作用
应用	作多级放大电路的中间级提供增益	作多级放大电路的输入、输出及中间隔离级	作电流接续器或构成组合放大电路

3. 带射极电阻的共发射极放大电路

带射极电阻的共发射极放大电路利用负反馈技术稳定了 Q 点和增益。

1) 电路结构

带射极电阻的共发射极放大电路如图 2.4(a) 所示，其低频小信号等效电路如图 2.4(b) 所示。

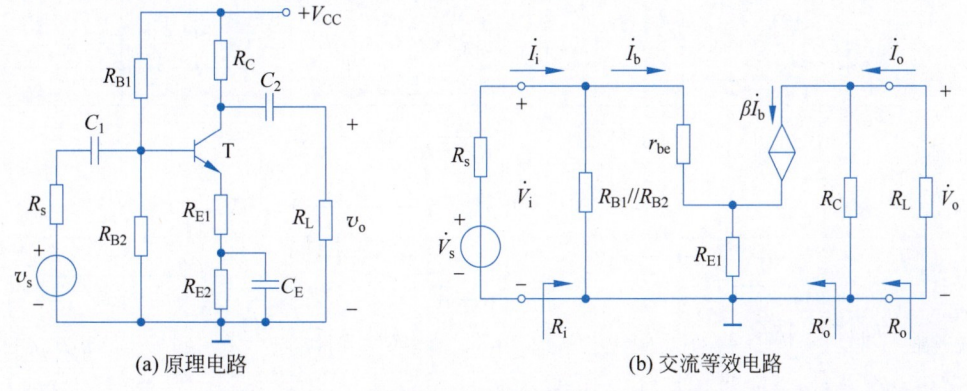

(a) 原理电路 (b) 交流等效电路

图 2.4 带射极电阻的共发射极放大电路

2) 性能特点

(1) 采用分压式偏置电路,利用直流电流负反馈技术稳定了 Q 点。

(2) 引入交流电流负反馈技术稳定了增益。

与基本共发射极放大电路相比,该电路的输入电阻增大,见式(2-17);电压增益减小,见式(2-18),但增益的稳定性提高。

$$R_i = R_{B1} // R_{B2} // [r_{be} + (1+\beta)R_{E1}] \tag{2-17}$$

$$\dot{A}_v = -\frac{\beta R'_L}{r_{be} + (1+\beta)R_{E1}} \tag{2-18}$$

4. 组合放大电路

组合放大电路是由三种基本组态电路相互取长补短构成的一种电路结构。这些组合主要是共射-共基组合、共集-共基组合及共集-共射组合。组合放大电路实际上是一种最简单的多级放大电路。

2.2.3 FET 放大电路

FET 放大电路适用于作为多级放大电路的输入级,尤其对高内阻的信号源,采用 FET 才能有效地进行电压放大。

1. FET 放大电路的三种基本组态

与 BJT 放大电路的三种基本组态:共发射极、共集电极和共基极相对应,FET 放大电路的三种基本组态分别为共源极、共漏极和共栅极。

2. 三种基本的 FET 放大电路

三种基本的 FET 放大电路的电路结构及主要性能特点如表 2.3 所示。

表 2.3 三种基本的 FET 放大电路

电路结构及特点	共源极放大电路	共漏极放大电路	共栅极放大电路
电路结构	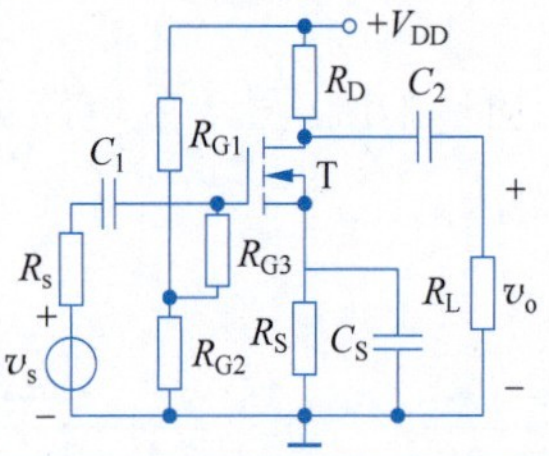 (电路图)	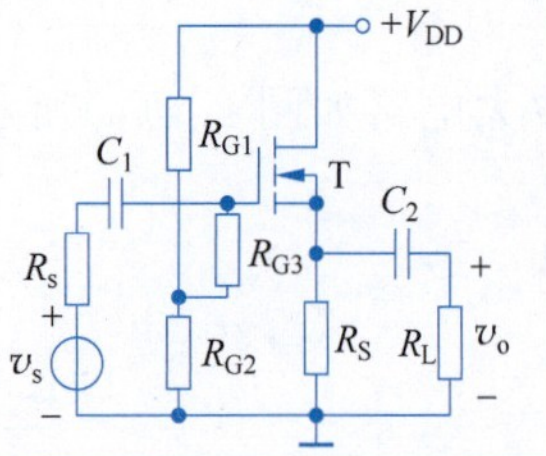 (电路图)	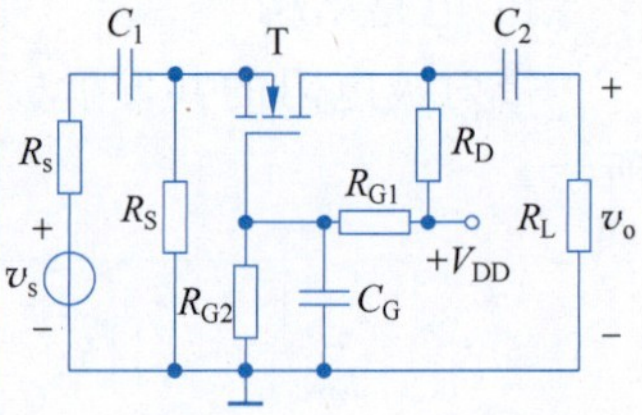 (电路图)
直流工作点	$\begin{cases} V_{GSQ} = V_{GQ} - V_{SQ} = \dfrac{R_{G2}}{R_{G1}+R_{G2}}V_{DD} - I_{DQ}R_S \\ I_{DQ} = K_n(V_{GS}-V_{GS(th)})^2 = \dfrac{\mu_n C_{ox}}{2} \cdot \dfrac{W}{L}(V_{GS}-V_{GS(th)})^2 \end{cases}$		
交流通路	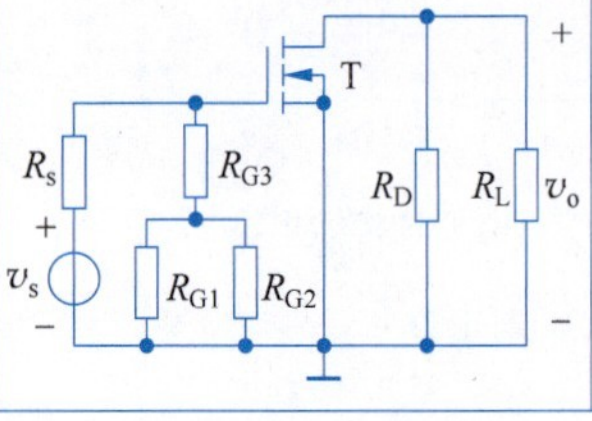 (电路图)	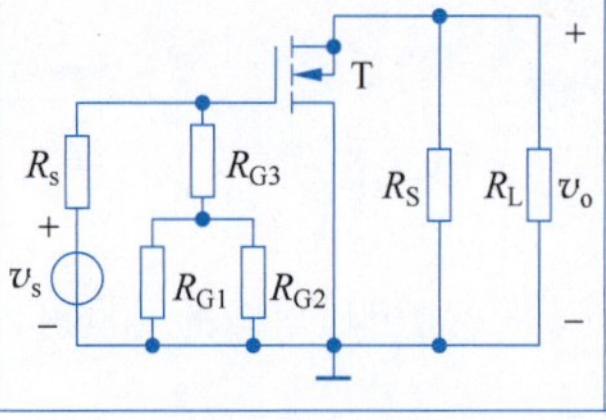 (电路图)	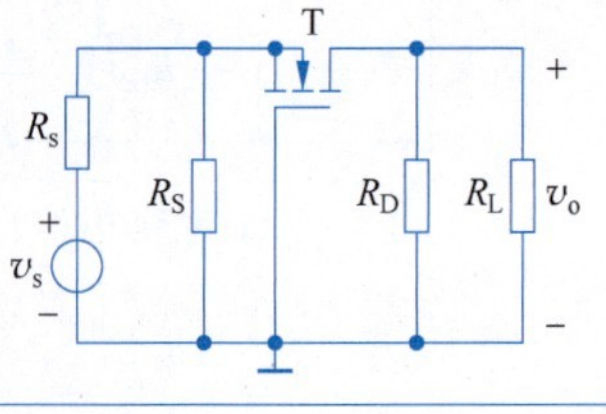 (电路图)

续表

电路结构及特点	共源极放大电路	共漏极放大电路	共栅极放大电路
$\dot{A}_v$	$-g_m R'_L$（大） 其中，$R'_L = R_D // R_L$	$\dfrac{g_m R'_L}{1+g_m R'_L} \approx 1$ 其中，$R'_L = R_S // R_L$	$g_m R'_L$（大） 其中，$R'_L = R_D // R_L$
R_i	$R_{G3} + R_{G1} // R_{G2}$（大）	$R_{G3} + R_{G1} // R_{G2}$（大）	$R_S // \dfrac{1}{g_m}$（小）
R_o	R_D（大）	$R_S // \dfrac{1}{g_m}$（小）	R_D（大）
特点	类似于共发射极放大电路	类似于共集电极放大电路	类似于共基极放大电路

3. 集成 MOS 放大电路

在 MOS 集成电路中，为了提高集成度，一般都采用有源电阻取代占芯片面积较大的集成电阻，根据有源电阻的不同实现方法，集成 MOS 放大电路分为 E/EMOS、E/DMOS 和 CMOS 三种类型电路（见【题 2-34】）。

4. 带源极电阻的共源极放大电路

带源极电阻的共源极放大电路如图 2.5(a)所示，其低频小信号等效电路如图 2.5(b)所示。

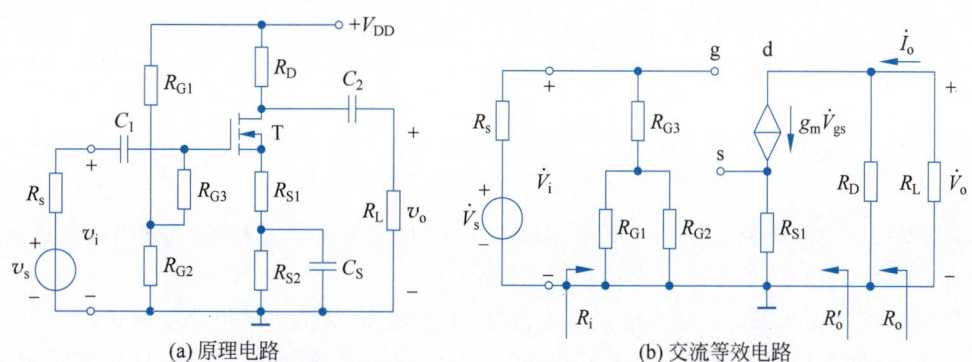

(a) 原理电路 (b) 交流等效电路

图 2.5 带源极电阻的共源极放大电路

带源极电阻的共源极放大电路性能指标见式(2-19)～式(2-21)。请读者注意与基本共源极放大电路的性能指标（见表 2.3）进行比较。

$$\dot{A}_v = -\frac{g_m R'_L}{1 + g_m R_{S1}}, \quad 其中，R'_L = R_D // R_L \tag{2-19}$$

$$R_i = R_{G3} + R_{G1} // R_{G2} \tag{2-20}$$

$$R_o \approx R_D \tag{2-21}$$

5. BJT 放大电路与 FET 放大电路的性能比较

（1）比较表 2.3 与表 2.2 可知，三种基本 FET 放大电路的性能特点与对应的 BJT 放大电路相似。

(2) 由于 FET 的栅极电流 $i_g \approx 0$，所以共源极和共漏极放大电路的电流增益均趋于无穷大。

(3) 在相同的静态电流下，由于 FET 的 g_m 远小于 BJT 的 g_m，因此共源极、共栅极放大电路的电压增益远小于共发射极、共基极放大电路。

2.2.4 多级放大电路

在许多应用场合，要求放大电路有较高的增益及合适的输入、输出电阻。单级放大电路的增益不可能做得很大，因此，需要将多个基本放大电路级联起来，构成多级放大电路。

在构成多级放大电路时，应充分利用三种基本组态放大电路的性能特点进行合理组合，用尽可能少的级数，来满足放大电路整体性能的要求。

多级放大电路的级间耦合方式在 2.2.1 节已提及，此处不再赘述。

多级放大电路性能指标的分析思路：通过计算每一单级指标来分析多级指标。但应特别注意，在计算单级指标时，要考虑级间相互影响，即要将后级作为前级的负载来考虑，而要将前级作为后级的信号源来考虑。

一个 n 级放大电路的性能指标可表示为

$$\dot{A}_v = \frac{\dot{V}_o}{\dot{V}_i} = \frac{\dot{V}_{o1}}{\dot{V}_i} \cdot \frac{\dot{V}_{o2}}{\dot{V}_{i2}} \cdot \cdots \cdot \frac{\dot{V}_o}{\dot{V}_{in}} = \dot{A}_{v1} \cdot \dot{A}_{v2} \cdot \cdots \cdot \dot{A}_{vn} \tag{2-22}$$

$$R_i = R_{i1} \big|_{R_{L1} = R_{i2}} \tag{2-23}$$

$$R_o = R_{on} \big|_{R_{sn} = R_{o(n-1)}} \tag{2-24}$$

2.3 典型习题详解

【题 2-1】 放大电路如图 2.6 所示，图中各电容对交流信号呈短路，试画出直流通路、交流通路、交流小信号等效电路。设备管 r_{ce} 忽略不计。

【解】 本题用来熟悉：放大电路直流通路、交流通路、交流等效电路的画法。

将电容开路，得直流通路；将电容短路，直流电源短路，得交流通路；将晶体管用小信号电路模型取代，得交流小信号（微变）等效电路。

根据上述原则画出图 2.6 各电路的直流、交流通路及交流小信号等效电路如图 2.7 所示。

【题 2-2】 试判断如图 2.8 所示各电路能否正常放大？若不能，应如何改正？图中各电容 C 对交流信号呈短路。

【解】 本题用来熟悉：放大电路的组成原则。

分析这类问题时，应该从两方面考虑：首先分析电路的直流通路，确定放大管的直流偏置是否合理；然后分析电路的交流通路，观察信号通路是否畅通。

对图 2.8(a)：在直流通路中，要求 NPN 管的 $V_C > V_B > V_E$，而该电路为负电源供电，故直流通路有错；在交流通路中，C_{B2} 将输入信号交流短路，故交流信号也有错。

改正：将负电源改为正电源，并去掉 C_{B2}。

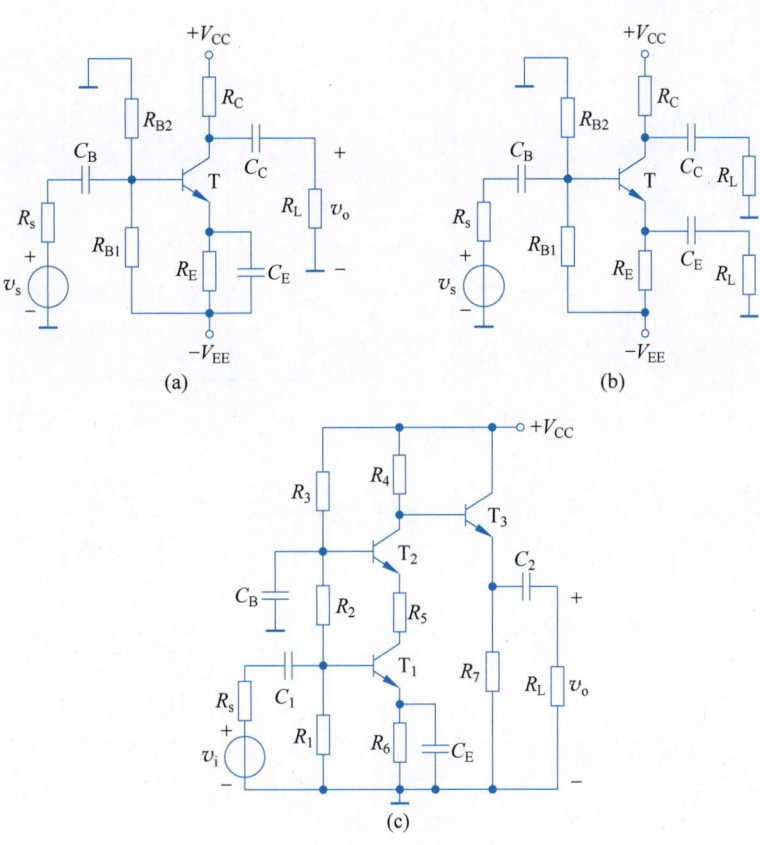

图 2.6 【题 2-1】图

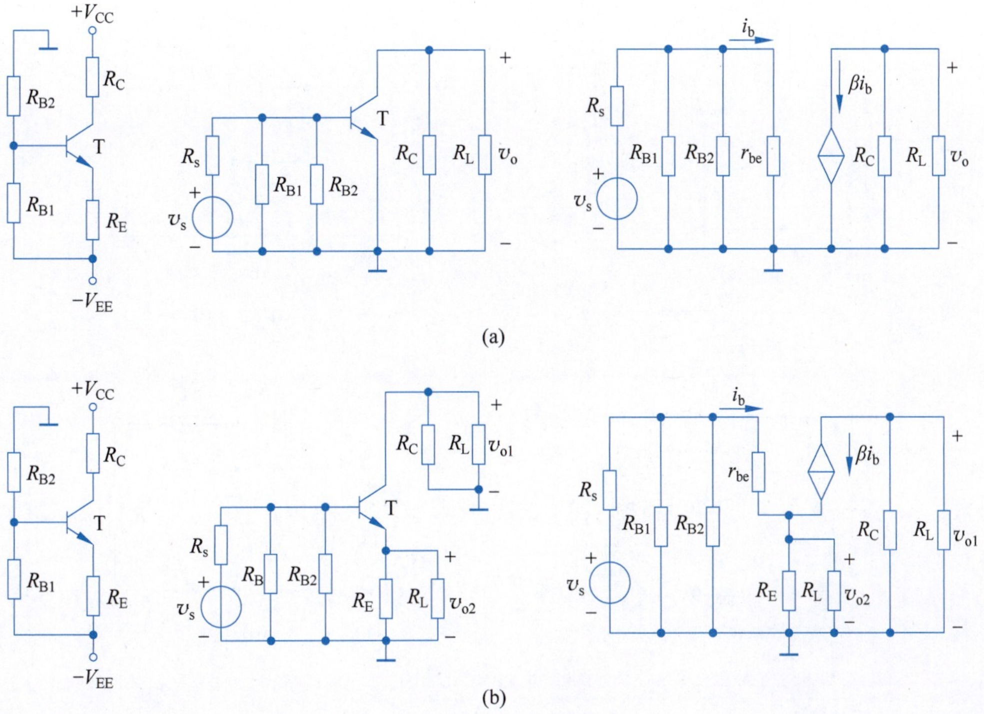

图 2.7 【题 2-1】图解

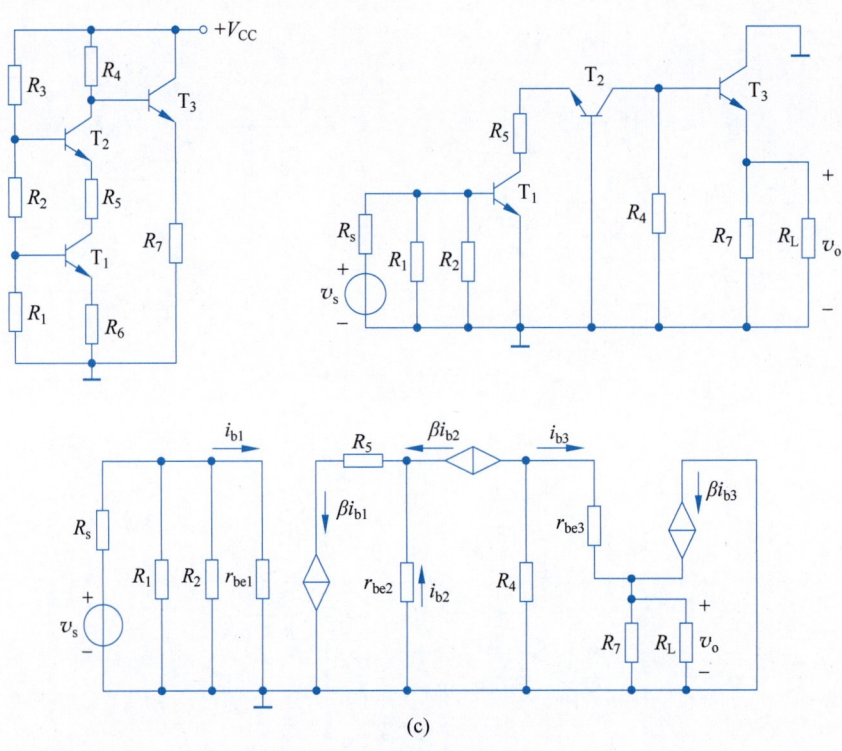

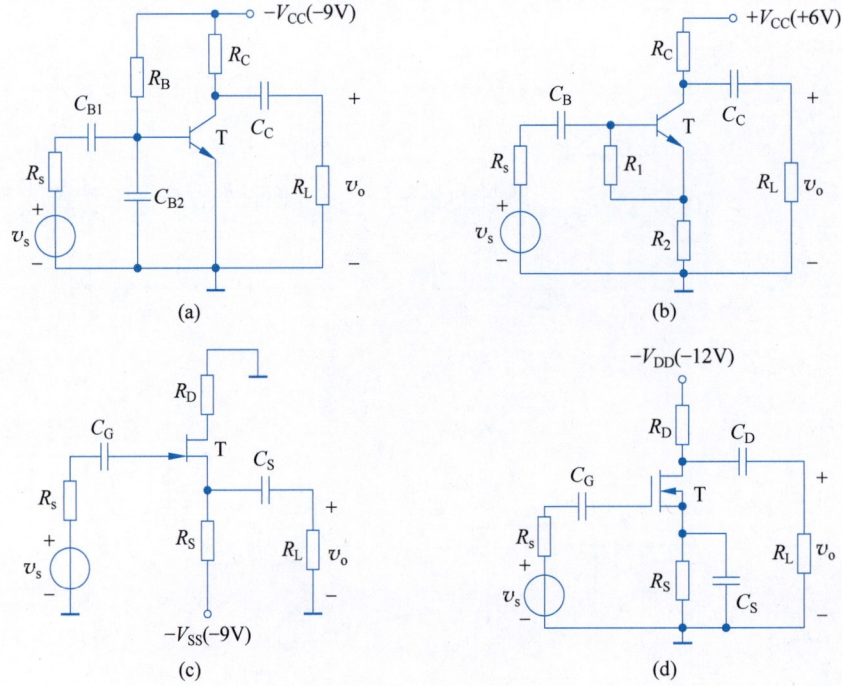

图 2.8 【题 2-2】图

对图 2.8(b)：在直流通路中，由于 NPN 管的发射结无偏置电压，故直流通路有错；交流通路没有错误。

改正：在 BJT 的基极到电源 $+V_{CC}$ 之间接入偏置电阻 R_B。

对图 2.8(c)：在直流通路中，由于 JFET 的栅-源之间无偏置电压，故直流通路有错；交流通路没有错误。

改正：在 JFET 的栅极到电源 $-V_{SS}$ 之间接入偏置电阻 R_G。

对图 2.8(d)：在直流通路中，由于 FET 的栅-源之间无偏置电压且 $V_{DD}<0$（对于 N 沟道耗尽型 MOS 管，要求 $V_{DS}>0$），故直流通路有错；交流通路没有错误。

改正：将负电源改为正电源，并在 FET 的栅极到地之间接入偏置电阻 R_G。

【题 2-3】 在如图 2.9 所示电路中，已知室温下硅管的 $\beta=100$，$V_{BE(on)}=0.7V$，$I_{CBO}=10^{-15}A$，试求：

(1) 室温下的 I_{CQ}、V_{CEQ} 值。

(2) 温度升高 40℃、降低 60℃ 两种情况下的 V_{CEQ} 值，并由此分析 BJT 的工作状态。

【解】 本题用来熟悉：温度对放大电路 Q 点的影响。

(1) 在室温下，有

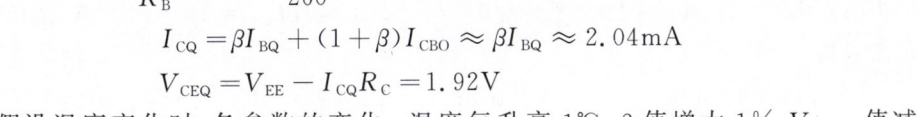

图 2.9 【题 2-3】图

$$I_{BQ}=\frac{V_{EE}-V_{BE(on)}}{R_B}=\frac{6-0.7}{260}mA \approx 20.38\mu A$$

$$I_{CQ}=\beta I_{BQ}+(1+\beta)I_{CBO}\approx \beta I_{BQ}\approx 2.04mA$$

$$V_{CEQ}=V_{EE}-I_{CQ}R_C=1.92V$$

(2) 假设温度变化时，各参数的变化：温度每升高 1℃，β 值增大 1‰，$V_{BE(on)}$ 值减小 2.5mV；温度每升高 10℃，I_{CBO} 值增大一倍。

则当温度升高 40℃，即 $\Delta T=40℃$ 时，有

$$\begin{cases} \beta'=(1+\Delta T\times 1‰)\beta=1.4\beta=140 \\ V'_{BE(on)}=V_{BE(on)}-\Delta T\times 2.5\times 10^{-3}=0.6V \\ I'_{CBO}=I_{CBO}\times 2^{\frac{\Delta T}{10}}=10^{-5}\times 2^{\frac{40}{10}}A=16\times 10^{-5}A \end{cases}$$

将 β'、$V'_{BE(on)}$、I'_{CBO} 重新代入题(1)中各方程，可求得 $I'_{BQ}\approx 20.77\mu A$，$I'_{CQ}\approx 2.9mA$，$V'_{CEQ}=0.2V$。

由于 $V'_{CEQ}=0.2V<V_{CE(sat)}(0.3V)$，所以 BJT 工作在饱和区。

当温度降低 60℃，即 $\Delta T=-60℃$ 时，有

$$\begin{cases} \beta''=(1+\Delta T\times 1‰)\beta=0.4\beta=40 \\ V''_{BE(on)}=V_{BE(on)}-\Delta T\times 2.5\times 10^{-3}=0.85V \\ I''_{CBO}=I_{CBO}\times 2^{\frac{\Delta T}{10}}=10^{-5}\times 2^{\frac{-60}{10}}A=156.25\times 10^{-9}A \end{cases}$$

将 β''、$V''_{BE(on)}$、I''_{CBO} 重新代入题(1)中各方程，可求得 $I''_{BQ}\approx 19.81\mu A$，$I''_{CQ}\approx 0.79mA$，$V''_{CEQ}=4.42V$。

由于 $V''_{CEQ}=4.42V>V_{CE(sat)}(0.3V)$，所以 BJT 工作在放大区。

【题 2-4】 在如图 2.10 所示电路中，已知室温下硅管的参数与【题 2-3】相同，试求温度升高 40℃ 时的 I_{CQ} 与 V_{CEQ} 值，并与【题 2-3】作比较。

【解】 本题用来熟悉：分压式偏置电路对 Q 点的稳定作用。

将图 2.10 电路等效成如图 2.11 所示电路。其中

$$V_{BB} \approx \frac{R_{B2}}{R_{B1}+R_{B2}} \cdot V_{CC} = \frac{6.2}{15+6.2} \times 6V \approx 1.76V, \quad R_B = R_{B1} /\!/ R_{B2} = (15 /\!/ 6.2)k\Omega \approx 4.39k\Omega$$

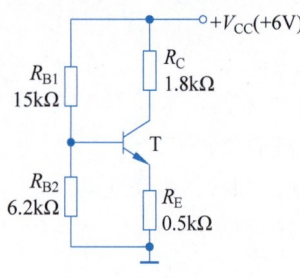
图 2.10 【题 2-4】图

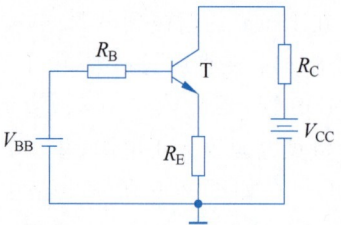
图 2.11 【题 2-4】图解

故而可求得室温下的静态值为

$$\begin{cases} I_{BQ} = \dfrac{V_{BB}-V_{BE(on)}}{R_B+(1+\beta)R_E} = \dfrac{1.76-0.7}{4.39+(1+100)\times 0.5}mA \approx 19.31\mu A \\ I_{CQ} \approx \beta I_{BQ} = 100 \times 19.31\mu A \approx 1.93mA \\ V_{CEQ} = V_{CC}-I_{CQ}(R_C+R_E) = 6V-1.93\times(1.8+0.5)V \approx 1.56V \end{cases}$$

当 $\Delta T=40℃$ 时，由上题知：$\beta'=140, V'_{E(on)}=0.6V, I'_{CBO}=16\times 10^{-15}A$，按照上述方法可重新求得

$$I'_{BQ} \approx 15.49\mu A, \quad I'_{CQ} \approx 2.18mA, \quad V'_{CEQ} \approx 0.99V > V_{CE(sat)}(0.3V)$$

由于分压式偏置电路具有稳定 Q 点的作用，所以当温度升高 40℃ 时，BJT 仍然工作在放大区。

【题 2-5】 试分析下列现象：

(1) 测试两个单级放大电路在负载开路下的电压增益分别为 $\dot{A}_{vo1}$、$\dot{A}_{vo2}$，现将两级级联，测得总电压增益 $\dot{A}_v$ 明显低于 $\dot{A}_{vo1} \cdot \dot{A}_{vo2}$。

(2) 两个单级放大电路在负载短路时的电流增益分别为 $\dot{A}_{in1}$、$\dot{A}_{in2}$，现将两级级联，测得总电流增益 $\dot{A}_i \approx \dot{A}_{in1} \cdot \dot{A}_{in2}$。

(3) 测得放大电路的源电压增益 $\dot{A}_{vs}$ 远小于电压增益 $\dot{A}_v$，现调节放大电路的输入电阻，发现 $\dot{A}_{vs} \approx \dot{A}_v$。

【解】 本题用来熟悉：放大电路输入电阻、输出电阻对增益的影响。

(1) 两级级联后，总的电压增益 $\dot{A}_v = \dot{A}_{v1} \cdot \dot{A}_{v2}$。而

$$\dot{A}_{v1} = \dot{A}_{vo1}\frac{R_{L1}}{R_{L1}+R_{o1}} = \dot{A}_{vo1}\frac{R_{i2}}{R_{i2}+R_{o1}}, \quad \dot{A}_{v2} = \dot{A}_{vo2}\frac{R_L}{R_L+R_{o2}}$$

显然，当 $R_{o1} \gg R_{i2}$ 或 $R_{o2} \gg R_L$ 或两者兼有时，$\dot{A}_v \ll \dot{A}_{vo1} \cdot \dot{A}_{vo2}$。

从中不难得出：放大电路的输入电阻越小，对前级电路电压增益的影响就越大；放大电路的输出电阻越大，负载对本级电路电压增益的影响就越大。

(2) 两级级联后,总的电流增益 $\dot{A}_i = \dot{A}_{i1} \cdot \dot{A}_{i2}$。而

$$\dot{A}_{i1} = \dot{A}_{in1} \frac{R_{o1}}{R_{L1} + R_{o1}} = \dot{A}_{in1} \frac{R_{o1}}{R_{i2} + R_{o1}}, \quad \dot{A}_{i2} = \dot{A}_{in2} \frac{R_{o2}}{R_L + R_{o2}}$$

显然,当 $R_{i2} \ll R_{o1}$ 或 $R_L \ll R_{o2}$ 或两者兼有时, $\dot{A}_i \approx \dot{A}_{in1} \cdot \dot{A}_{in2}$。

从中不难得出:放大电路的输入电阻越小,对前级电路电流增益的影响就越小;放大电路的输出电阻越大,负载对本级电路电流增益的影响就越小。

(3) 放大电路的源电压增益为

$$\dot{A}_{vs} = \dot{A}_v \frac{R_i}{R_i + R_s} = \dot{A}_v \frac{R_{i1}}{R_{i1} + R_s}$$

显然,当 $R_{i1} \ll R_s$ 时, $\dot{A}_v \ll \dot{A}_{vs}$;而当 $R_{i1} \gg R_s$ 时, $\dot{A}_{vs} \approx \dot{A}_v$。

放大电路的输入电阻越大,信号源的内阻越小,则源电压增益 $\dot{A}_{vs}$ 越接近电压增益 $\dot{A}_v$。

【题 2-6】 一放大电路输入正弦波信号 $v_i = V_{im}\sin\omega t$,由于器件的非线性使输出电流 $i_O = 3 + \sin\omega t + 0.01\sin2\omega t + 0.005\sin3\omega t + 0.001\sin4\omega t$ (mA),试计算非线性失真系数 THD。

【解】 本题用来熟悉:放大电路非线性失真系数 THD 的定义。

$$\text{THD} = \frac{\sqrt{\sum_{n=2}^{\infty} I_{on}^2}}{I_{o1}} = \frac{\sqrt{0.01^2 + 0.05^2 + 0.001^2}}{1} \approx 1.12 \times 10^{-2}$$

【题 2-7】 试用图解分析法确定如图 2.12(a)所示电路的工作点 I_{BQ}、V_{BEQ}、I_{CQ}、V_{CEQ}。已知 BJT 的输入和输出特性曲线如图 2.12(b)和图 2.12(c)所示。

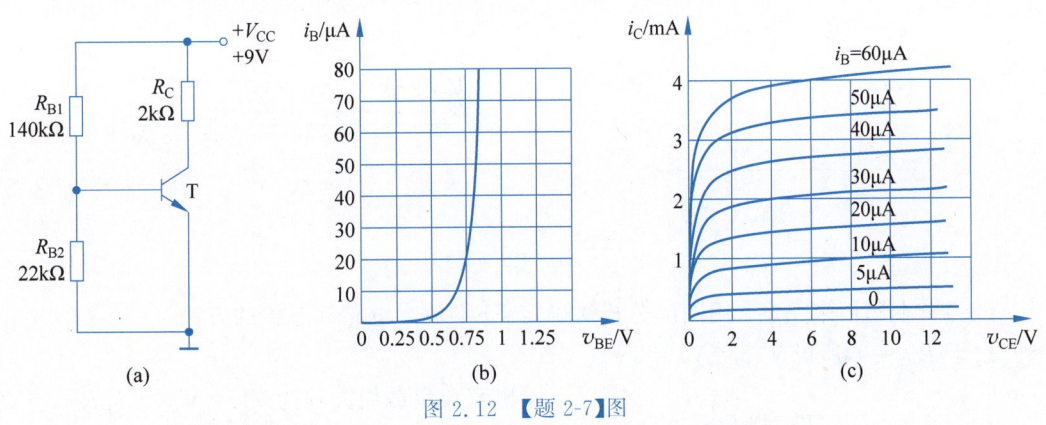

图 2.12 【题 2-7】图

【解】 本题用来熟悉:用图解分析法求解 BJT 放大电路静态值的方法。

图 2.12(a)电路可等效为如图 2.13(a)所示电路,其中, $V_{BB} \approx \frac{R_{B2}}{R_{B1} + R_{B2}} \cdot V_{CC} = \frac{22}{140 + 22} \times 9\text{V} \approx 1.22\text{V}$, $R_B = R_{B1} // R_{B2} = (140 // 22)\text{k}\Omega \approx 19\text{k}\Omega$,由图可求得直流负载线方程如下。

输入端直流负载线方程为

$$V_{BEQ} = V_{BB} - I_B R_B = 1.22 - 19 I_B \qquad ①$$

输出端直流负载线方程为

$$V_{CEQ} = V_{CC} - I_C R_C = 9 - 2 I_C \qquad ②$$

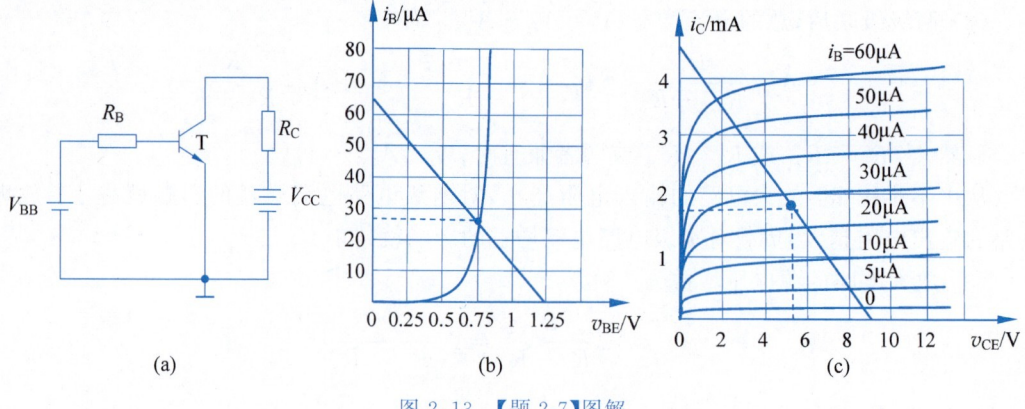

图 2.13 【题 2-7】图解

将负载线①画在输入特性曲线上,见图 2.13(b),由交点求得 $I_{BQ} \approx 27\mu A$。

将负载线②画在输出特性曲线上,与 $I_B = I_{BQ}$ 曲线相交,见图 2.13(c),由交点求得

$$I_{CQ} \approx 1.8\text{mA}, \quad V_{CEQ} \approx 5.2\text{V}$$

【题 2-8】 试用图解分析法确定如图 2.14(a)所示电路的 I_{DQ}、V_{DSQ},FET 的输出特性曲线如图 2.14(b)所示。

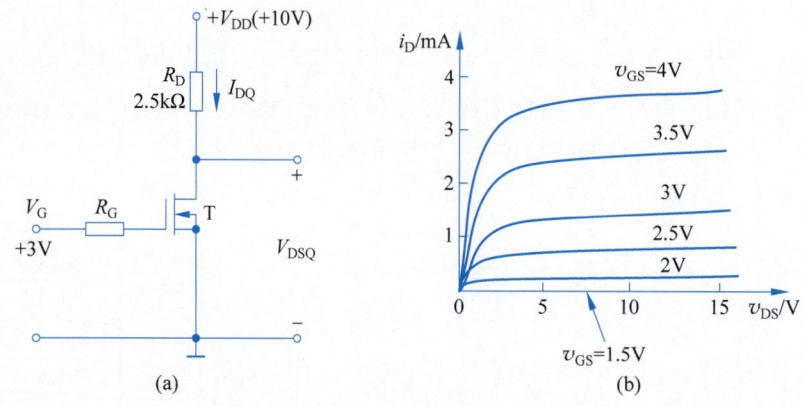

图 2.14 【题 2-8】图

【解】 本题用来熟悉:用图解分析法确定 FET 放大电路静态值的方法。

由于 $I_{GQ} = 0$,所以 $V_{GSQ} = V_G = 3V$。

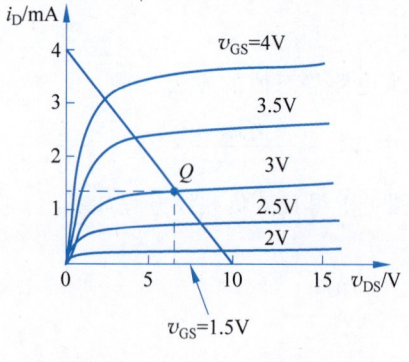

图 2.15 【题 2-8】图解

输出直流负载线方程为 $V_{DS} = V_{DD} - I_D R_D$,将直流负载线画在图 2.14(b)中,如图 2.15 所示。与 $V_{GS} = 3V$ 曲线的交点,即 Q 点,由图读出 $V_{DSQ} \approx 7V$,$I_{DQ} \approx 1.3\text{mA}$。

【题 2-9】 放大电路如图 2.16(a)所示,已知 $V_{CC} = V_{EE}$,要求交流、直流负载线如图 2.16(b)所示,试回答如下问题:

(1) V_{CC} 的值为多少?R_E、V_{CEQ}、R_{B1}、R_{B2}、R_L 的值为多少?

(2) 如果输入信号 v_i 幅度较大,将会首先出现

什么失真？输出动态范围 V_{opp} 为多少？若要减小失真，增大输出动态范围，则应如何调节电路元件值？

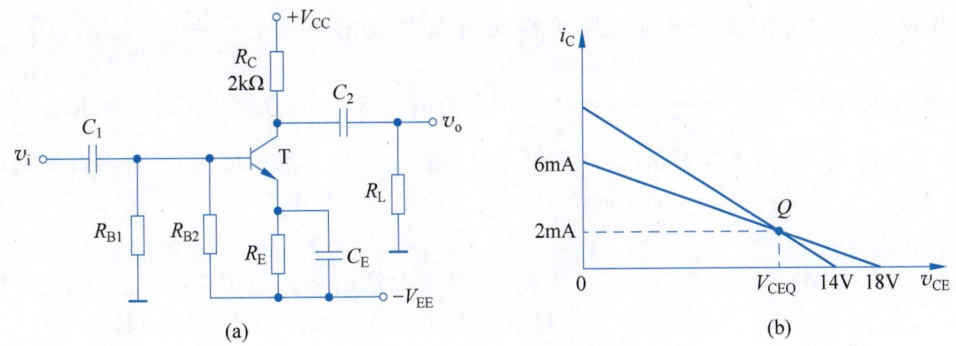

图 2.16　【题 2-9】图

【解】 本题用来熟悉：放大电路参数与 Q 点之间的关系以及 Q 点与非线性失真、输出动态范围之间的关系。

(1) 画出图 2.16(a)电路的直流通路、交流通路分别如图 2.17(a)和图 2.17(b)所示。

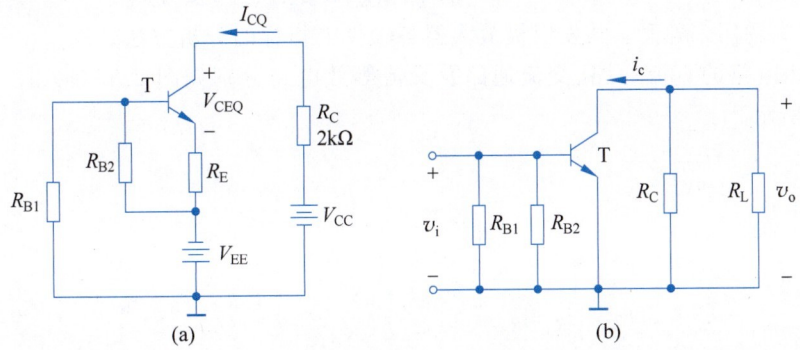

图 2.17　【题 2-9】图解

由图 2.17(a)可得电路的直流负载线方程为 $V_{CE} \approx V_{CC} + V_{EE} - I_C(R_C + R_E)$。由图 2.16(b)可得 $I_{CQ} = 2\text{mA}$。

所以有

$$\begin{cases} V_{CC} = V_{EE} = 18/2\text{V} = 9\text{V} \\ R_C + R_E = \dfrac{V_{CC} + V_{EE}}{I_{CQ}} = \dfrac{18}{6}\text{k}\Omega = 3\text{k}\Omega \end{cases}$$

故而可求得

$R_E = 3\text{k}\Omega - R_C = 1\text{k}\Omega, V_{CEQ} \approx V_{CC} + V_{EE} - I_{CQ}(R_C + R_E) = 18\text{V} - 2 \times 3\text{V} = 12\text{V}$

由图 2.17(a)所示的直流通路可得

$$I_{CQ} \approx I_{EQ} = \dfrac{\dfrac{R_{B2}}{R_{B1} + R_{B2}} \cdot V_{EE} - V_{BE(on)}}{R_E}$$

即

$$\dfrac{R_{B2}}{R_{B1} + R_{B2}} \cdot V_{EE} \approx V_{BE(on)} + I_{CQ} R_E$$

代入已知数据并整理得 $\dfrac{R_{B1}}{R_{B2}} = \dfrac{6.3}{2.7}$，故可取 $R_{B1} = 63\text{k}\Omega$，$R_{B2} = 27\text{k}\Omega$。

由图 2.17(b) 所示的交流通路可得交流负载线的斜率为 $\dfrac{\Delta v_{CE}}{\Delta i_C} = -(R_C /\!/ R_L)$，由图 2.16(b) 可求得 $\dfrac{\Delta v_{CE}}{\Delta i_C} = \dfrac{12 - 14}{2 - 0} = -1\text{k}\Omega$，因此有 $R_C /\!/ R_L = 1\text{k}\Omega$，所以得 $R_L = 2\text{k}\Omega$。

(2) 由图 2.16(b) 可以看出，Q 点偏低，所以输入信号 v_i 幅度增大时，将会首先出现截止失真。输出动态范围为

$$V_{opp} = 2 \times (14 - 12)\text{V} = 4\text{V}$$

若要增大输出动态范围，应将 Q 点上移，可调整 R_{B1}，使其减小；或可调整 R_{B2}，使其增大。

【题 2-10】 一共发射极放大电路如图 2.18 所示，图中各电容对交流信号呈短路。试画出电路的直流通路、交流通路及交流等效电路。已知晶体管的 $\beta = 200$，$V_{BE(on)} = 0.7\text{V}$，$r_{bb'} = 200\Omega$，$|V_A| = 150\text{V}$，试求 R_i，R_o，$\dot{A}_v$ 及 $\dot{A}_{vs}$。

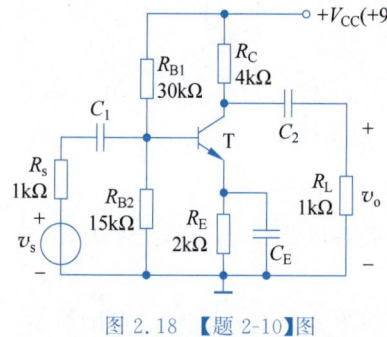

图 2.18 【题 2-10】图

【解】 本题用来熟悉：共发射极放大器各项性能指标的分析方法。

图 2.18 电路的直流通路、交流通路及交流等效电路分别如图 2.19(a)、图 2.19(b) 和图 2.19(c) 所示。

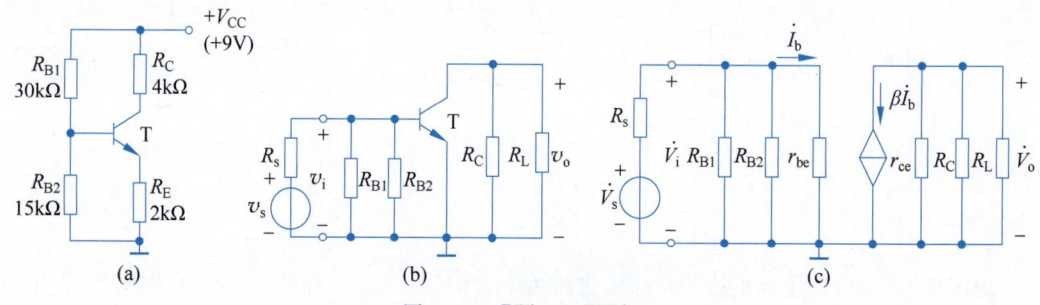

图 2.19 【题 2-10】图解

由图 2.19(a) 可得

$$V_{BQ} \approx \dfrac{R_{B2}}{R_{B1} + R_{B2}} \cdot V_{CC} = \dfrac{15}{30 + 15} \times 9\text{V} = 3\text{V}$$

$$I_{CQ} \approx I_{EQ} = \dfrac{V_{BQ} - V_{BE(on)}}{R_E} = \dfrac{3 - 0.7}{2}\text{mA} = 1.15\text{mA}$$

所以有

$$r_{be} \approx r_{bb'} + (1 + \beta)\dfrac{V_T}{I_{CQ}} \approx 4.74\text{k}\Omega, \quad r_{ce} = \dfrac{|V_A|}{I_{CQ}} \approx 130.43\text{k}\Omega$$

由图 2.19(c) 可得

$$R_i = R_{B1} /\!/ R_{B2} /\!/ r_{be} = (30 /\!/ 15 /\!/ 4.74)\text{k}\Omega \approx 3.22\text{k}\Omega$$

$$R_o = r_{ce} /\!/ R_C = (130.43 /\!/ 4)\text{k}\Omega \approx 3.88\text{k}\Omega$$

$$\dot{A}_v = -\dfrac{\beta R_L'}{r_{be}} = -\dfrac{\beta(r_{ce} /\!/ R_C /\!/ R_L)}{r_{be}} = -\dfrac{200 \times (130.43 /\!/ 4 /\!/ 1)}{4.74} \approx -33.5$$

$$\dot{A}_{vs} = \dot{A}_v \frac{R_i}{R_i + R_s} = -33.5 \times \frac{3.22}{3.22 + 1} \approx -25.56$$

【题 2-11】 发射极接电阻的共发射极放大电路的交流通路如图 2.20 所示，若计及 r_{ce}，且满足 $R_C /\!/ R_L \ll \beta r_{ce}$，$R_E \ll r_{ce}$，试证：

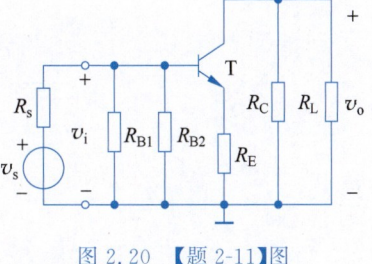

$$R_i = R_{B1} /\!/ R_{B2} /\!/ \left[r_{be} + (1+\beta) R_E \frac{r_{ce}}{r_{ce} + R_C /\!/ R_L} \right]$$

$$R_o = R_C /\!/ \left[r_{ce} \left(1 + \frac{\beta R_E}{R_E + r_{be} + R_s'} \right) \right]$$

其中，$R_s' = R_{B1} /\!/ R_{B2} /\!/ R_s$。

图 2.20 【题 2-11】图

【解】 本题用来熟悉：接发射极电阻的共发射极放大电路的性能特点。

图 2.20 电路的低频小信号等效电路如图 2.21(a)所示，由图可列出下列方程

$$\begin{cases} \dot{V}_i = \dot{I}_b r_{be} + (\dot{I}_b + \dot{I}_o) R_E \\ -\dot{I}_o R_L' = (\dot{I}_o - \beta \dot{I}_b) r_{ce} + (\dot{I}_b + \dot{I}_o) R_E \end{cases} \quad (\text{其中，} R_L' = R_C /\!/ R_L)$$

联立解上述方程，并注意到 $R_L' \ll \beta r_{ce}$，$R_E \ll r_{ce}$，可得

$$R_i' = \frac{\dot{V}_i}{\dot{I}_b} = r_{be} + (1+\beta) R_E \frac{r_{ce}}{r_{ce} + R_C /\!/ R_L}$$

而 $R_i = R_{B1} /\!/ R_{B2} /\!/ R_i'$，故可证得输入电阻的表达式。

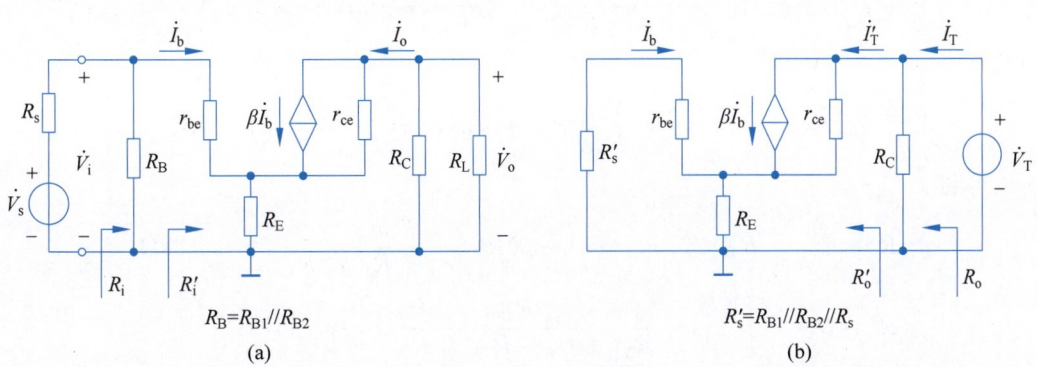

图 2.21 【题 2-11】图解

求 R_o 的等效电路如图 2.21(b)所示，其中，$R_s' = R_B /\!/ R_s$。由图可列出下列方程

$$\begin{cases} \dot{V}_T = (\dot{I}_T' - \beta \dot{I}_b) r_{ce} + \dot{I}_T' [R_E /\!/ (r_{be} + R_s')] \\ \dot{I}_b = -\dot{I}_T' \frac{R_E}{R_E + r_{be} + R_s'} \end{cases}$$

联立解上述方程，并注意到 $R_E \ll r_{ce}$，可得

$$R_o' = \frac{\dot{V}_T}{\dot{I}_T'} = r_{ce} \left(1 + \frac{\beta R_E}{R_E + r_{be} + R_s'} \right)$$

而 $R_o = R_C /\!/ R_o'$，故可证得输出电阻的表达式。

【题 2-12】 在如图 2.22 所示电路中，各电容对交流信号呈短路。已知晶体管的 $\beta = 150$，

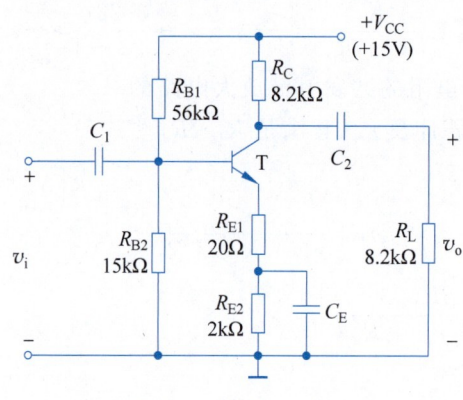

图 2.22 【题 2-12】图

$V_{BE(on)} = 0.7V, r_{bb'} = 200\Omega, V_A = -100V$,试求输入电阻 R_i、输出电阻 R_o、电压增益 $\dot{A}_v$。

【解】 本题用来熟悉：接发射极电阻的共发射极放大电路的性能分析。

在分析过程中注意：射极电阻 R_{E2} 仅存在于直流通路中，在交流通路中被短路。所以交流等效电路中仅含有射极电阻 R_{E1}(请读者自己画出直流通路和交流通路)。

对电路进行静态分析得

$$V_{BQ} \approx \frac{R_{B2}}{R_{B1} + R_{B2}} \cdot V_{CC} = \frac{15}{56+15} \times 15V \approx 3.17V$$

$$I_{CQ} \approx I_{EQ} = \frac{V_{BQ} - V_{BE(on)}}{R_{E1} + R_{E2}} = \frac{3.17 - 0.7}{0.02 + 2}mA \approx 1.22mA$$

因此有

$$r_{be} \approx r_{bb'} + (1+\beta)\frac{V_T}{I_{CQ}} \approx 3.44k\Omega, r_{ce} = \frac{|V_A|}{I_{CQ}} \approx 81.97k\Omega$$

所以得到

$$R_i = R_{B1} // R_{B2} // \left[r_{be} + (1+\beta)R_{E1} \frac{r_{ce}}{r_{ce} + R_C // R_L} \right] \approx 4.12k\Omega$$

$$R_o = R_C // \left[r_{ce}\left(1 + \frac{\beta R_{E1}}{R_{E1} + r_{be} + R_{B1} // R_{B2}}\right) \right] \approx 7.57k\Omega$$

$$\dot{A}_v = -\frac{\beta R'_L}{r_{be} + (1+\beta)R_{E1}} = -\frac{150 \times (8.2 // 8.2)}{3.44 + (1+150) \times 0.02} \approx -95$$

【题 2-13】 在如图 2.23 所示电路中，各电容对交流信号呈短路。已知 3DG6 的 $\beta = 50, V_{BE(on)} = 0.7V, r_{bb'} = 50\Omega, V_A = \infty$。

(1) 求电路的静态工作点。

(2) 试求放大电路的电压增益 $\dot{A}_v$、输入电阻 R_i、输出电阻 R_o。

【解】 本题用来熟悉：共基极放大电路的分析方法。

(1) 由电路的直流通路(请读者自己画出)易得

$$V_{BQ} \approx \frac{R_{B2}}{R_{B1} + R_{B2}} \cdot V_{CC} = \frac{15}{30+15} \times 12V = 4V$$

$$I_{CQ} \approx I_{EQ} = \frac{V_{BQ} - V_{BE(on)}}{R_E} = \frac{4 - 0.7}{2}\text{mA} = 1.65\text{mA}$$

$$V_{CEQ} \approx V_{CC} - I_{CQ}(R_C + R_E) = 3.75\text{V}$$

(2) 图 2.23 电路的交流通路如图 2.24 所示,可见该电路为共基极放大电路。因此有

$$\dot{A}_v = \frac{\beta R'_L}{r_{be}} = \frac{50 \times (3 /\!/ 3)}{0.85} \approx 88.2$$

$$R_i = R_E /\!/ \frac{r_{be}}{1+\beta} \approx \frac{r_{be}}{1+\beta} \approx 16.7\Omega$$

$$R_o \approx R_C = 3\text{k}\Omega$$

其中,$r_{be} \approx r_{bb'} + (1+\beta)\dfrac{V_T}{I_{CQ}} \approx 0.85\text{k}\Omega$。

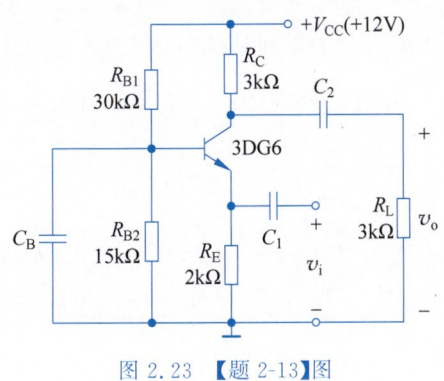

图 2.23 【题 2-13】图

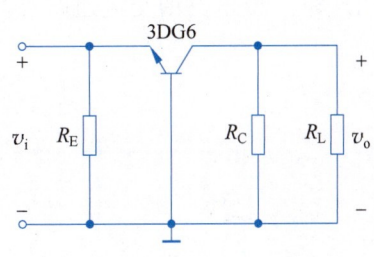

图 2.24 【题 2-13】图解

【题 2-14】 图 2.25 是一种自举式射极跟随器电路。已知晶体管的 $\beta = 100$,$V_{BE(on)} = 0.7\text{V}$,$r_{bb'} = 100\Omega$。

(1) 求发射极电流 I_{EQ} 和小信号模型参数 g_m 及 r_{be} 的大小。

(2) 画出电路的交流小信号等效电路(设 $r_{ce} = \infty$),并分析计算其输入电阻 R_i 和源电压增益 $\dot{A}_{vs}$。

(3) 当图 2.25 中电容 C_3 开路时,重复题(2)的要求。

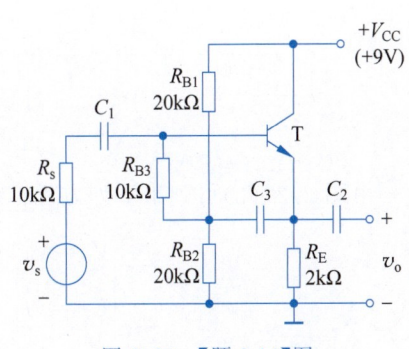

图 2.25 【题 2-14】图

(4) 通过对题(2)、题(3)结果的比较,讨论自举式射极跟随器电路的优点。

【解】 本题用来熟悉:自举式射极跟随器电路的分析方法及其特点。

(1) 画出图 2.25 电路的直流通路如图 2.26(a)所示,其等效电路如图 2.26(b)所示。其中,

$$V_{BB} \approx \frac{R_{B2}}{R_{B1} + R_{B2}} \cdot V_{CC} = \frac{20}{20+20} \times 9\text{V} = 4.5\text{V}, \quad R_B = R_{B3} + R_{B1} /\!/ R_{B2} = 20\text{k}\Omega$$

由图 2.26(b)可求得

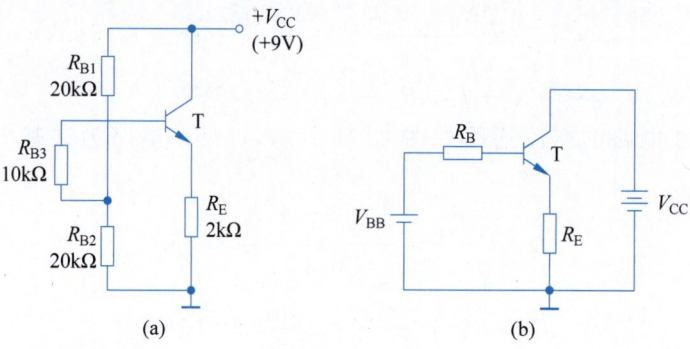

图 2.26 【题 2-14】图解(1)

$$I_{BQ} = \frac{V_{BB} - V_{BE(on)}}{R_B + (1+\beta)R_E} = \frac{4.5 - 0.7}{20 + (1+100) \times 2}\text{mA} \approx 0.017\text{mA}, I_{EQ} = (1+\beta)I_{BQ} \approx 1.72\text{mA}$$

$$g_m \approx \frac{I_{CQ}}{V_T} = \frac{1.7}{26}\text{S} \approx 65.4\text{mS}, \quad r_{be} \approx r_{bb'} + (1+\beta)\frac{V_T}{I_{CQ}} \approx 1.64\text{k}\Omega$$

(2) 图 2.25 电路的交流通路及交流小信号等效电路分别如图 2.27(a)和图 2.27(b)所示。

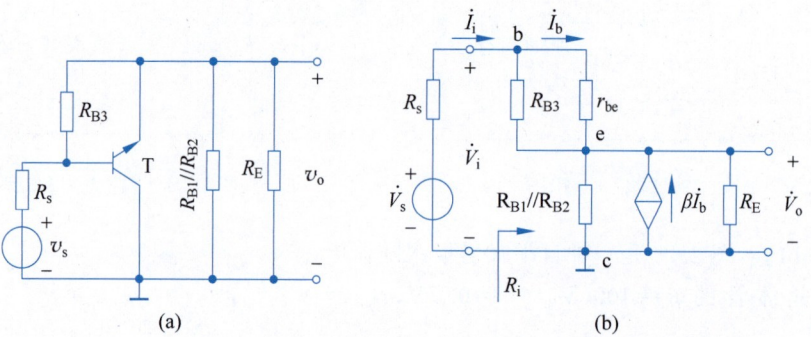

图 2.27 【题 2-14】图解(2)

由图 2.27(b)可列出下列方程：

$$\begin{cases} \dot{V}_i = \dot{V}_{be} + \dot{V}_o = \dot{I}_i(R_{B3} /\!/ r_{be}) + \dot{V}_o \\ \dot{V}_o = (\dot{I}_i + \beta\dot{I}_b)(R_{B1} /\!/ R_{B2} /\!/ R_E) \\ \dot{I}_b = \frac{\dot{V}_{be}}{r_{be}} = \frac{\dot{I}_i(R_{B3} /\!/ r_{be})}{r_{be}} \end{cases}$$

联立上述方程解得

$$R_i = \frac{\dot{V}_i}{\dot{I}_i} = (R_{B3} /\!/ r_{be}) + R_{ce总} \approx 146.3\text{k}\Omega$$

其中，

$$R_{ce总} = \left(1 + \frac{\beta R_{B3}}{R_{B3} + r_{be}}\right) \cdot (R_{B1} /\!/ R_{B2} /\!/ R_E) = \left(1 + \frac{100 \times 10}{10 + 1.64}\right) \times (20 /\!/ 20 /\!/ 2)\text{k}\Omega \approx 144.9\text{k}\Omega$$

$$\dot{A}_v = \frac{\dot{V}_o}{\dot{V}_i} = \frac{R_{ce总}}{R_{B3} // r_{be} + R_{ce总}} = \frac{144.9}{10 // 1.64 + 144.9} \approx 0.99$$

$$\dot{A}_{vs} = \dot{A}_v \frac{R_i}{R_i + R_s} = 0.99 \times \frac{144.9}{144.9 + 10} \approx 0.93$$

(3) 若电容 C_3 开路，图 2.25 电路的交流通路及交流等效电路分别如图 2.28(a)和图 2.28(b)所示。

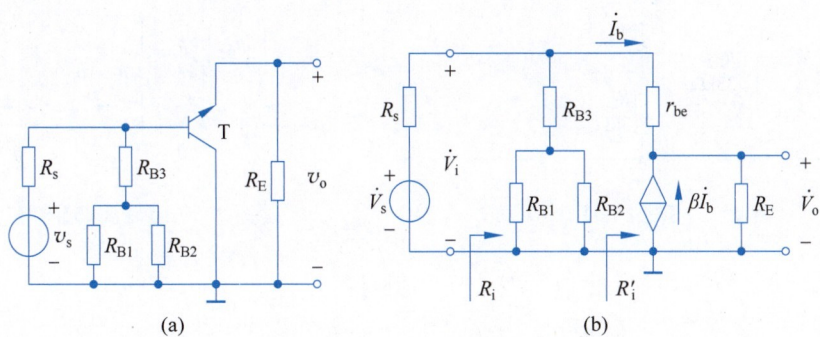

图 2.28 【题 2-14】图解(3)

由图 2.28(b)可列出下列方程

$$\begin{cases} \dot{V}_i = \dot{V}_{be} + \dot{V}_o = \dot{I}_b r_{be} + \dot{V}_o \\ \dot{V}_o = (\dot{I}_b + \beta \dot{I}_b) R_E \end{cases}$$

联立上述方程解得

$$R'_i = \frac{\dot{V}_i}{\dot{I}_b} = r_{be} + (1+\beta)R_E \approx 203.64 \text{k}\Omega$$

因此有

$$R_i = R'_i // (R_{B3} + R_{B1} // R_{B2}) \approx 18.2 \text{k}\Omega$$

$$\dot{A}_v = \frac{\dot{V}_o}{\dot{V}_i} = \frac{(1+\beta)R_E}{r_{be} + (1+\beta)R_E} = \frac{(1+100) \times 2}{1.64 + (1+100) \times 2} \approx 0.99$$

$$\dot{A}_{vs} = \dot{A}_v \frac{R_i}{R_i + R_s} = 0.99 \times \frac{18.2}{18.2 + 10} \approx 0.64$$

(4) 由题(2)和题(3)的分析结果可见，共集电极电路采用自举电路(经 C_3 和 R_{B3})之后，输入电阻 R_i 和源电压增益 $\dot{A}_{vs}$ 明显增大，这种自举式射极跟随器在电子线路中应用很广。基本的共集电极电路在不加自举(C_3 开路)的情况下，输入电阻 R_i 的提高受到基极偏置电阻阻值的限制，因此，$\dot{A}_{vs}$ 比 $\dot{A}_v$ 下降很多。

【题 2-15】 如图 2.29 所示电路能够输出一对幅度大致相等、相位相反的电压。已知晶体管的 $\beta=80$，$r_{be}=2.2\text{k}\Omega$，r_{ce} 很大。信号源为理想电压源(即认为其内阻为零)。

(1) 求电路的输入电阻 R_i。

(2) 分别求从发射极输出时的 $\dot{A}_{v2}$ 和 R_{o2} 及从集电极输出时的 $\dot{A}_{v1}$ 和 R_{o1}。

【解】 本题用来熟悉：基本放大电路性能指标的分析方法。

图 2.29 电路的交流通路如图 2.30 所示（请读者自己画出其低频小信号等效电路），由图容易求得

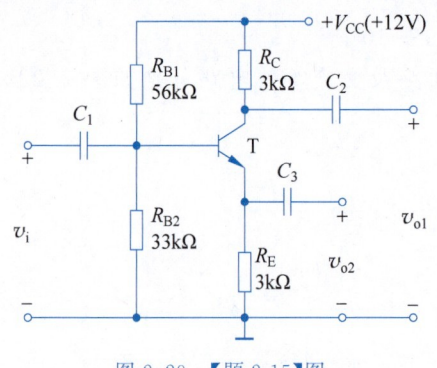

图 2.29 【题 2-15】图　　图 2.30 【题 2-15】图解

(1) $R_i = R_{B1} // R_{B2} // [r_{be} + (1+\beta)R_E] \approx 19\text{k}\Omega$。

(2) $\dot{A}_{v1} = \dfrac{\dot{V}_{o1}}{\dot{V}_i} = -\dfrac{\beta R_C}{r_{be} + (1+\beta)R_E} = -\dfrac{80 \times 3}{2.2 + (1+80) \times 3} \approx -0.98, R_{o1} = R_C = 3\text{k}\Omega$。

$\dot{A}_{v2} = \dfrac{\dot{V}_{o2}}{\dot{V}_i} = \dfrac{(1+\beta)R_E}{r_{be} + (1+\beta)R_E} = \dfrac{(1+80) \times 3}{2.2 + (1+80) \times 3} \approx 0.99, R_{o2} = R_E // \dfrac{r_{be}}{1+\beta} = 3 // \dfrac{2.2}{1+80}\text{k}\Omega \approx 27\Omega$。

【题 2-16】 电路如图 2.31 所示。两个电路中 BJT 均为硅管，$\beta = 50$，$V_{BE(on)} = 0.6\text{V}$，其他电路参数如图中所示。试用计算分压式偏置电路 Q 点的两种方法，计算图 2.31(a) 和图 2.31(b) 两个电路的静态工作点，并对所得计算值进行比较。

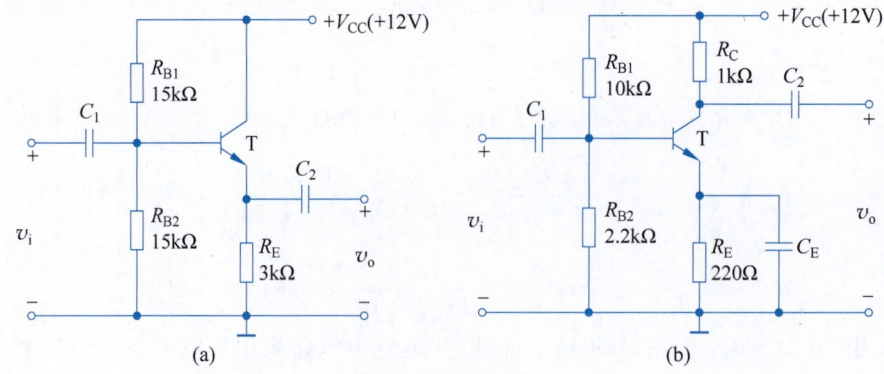

图 2.31 【题 2-16】图

【解】 本题用来熟悉：分压式偏置电路 Q 点的两种计算方法。

分压式偏置电路的 Q 点可按近似估算法和等效电路法两种方法求解。

对图 2.31(a) 所示电路使用两种方法，如下。

(1) 近似估算法。

$$V_{BQ} \approx \dfrac{R_{B2}}{R_{B1} + R_{B2}} \cdot V_{CC} = \dfrac{15}{15 + 15} \times 12\text{V} = 6\text{V}$$

$$I_{CQ} \approx I_{EQ} = \frac{V_{BQ} - V_{BE(on)}}{R_E} = \frac{6-0.6}{3}\text{mA} = 1.8\text{mA}$$

$$V_{CEQ} = V_{CC} - I_{EQ}R_E = 12\text{V} - 1.8 \times 3\text{V} = 6.6\text{V}, I_{BQ} = I_{CQ}/\beta = 0.036\text{mA}$$

(2) 等效电路法。

图 2.31(a)电路的直流等效电路如图 2.26(b)所示。其中,

$$V_{BB} \approx \frac{R_{B2}}{R_{B1}+R_{B2}} \cdot V_{CC} = \frac{15}{15+15} \times 12\text{V} = 6\text{V}, R_B = R_{B1} // R_{B2} = 7.5\text{k}\Omega$$

因此可得

$$I_{BQ} = \frac{V_{BB} - V_{BE(on)}}{R_B + (1+\beta)R_E} = \frac{6-0.6}{7.5+(1+50)\times 3}\text{mA} \approx 0.0336\text{mA}$$

$$I_{EQ} = (1+\beta)I_{BQ} \approx 1.71\text{mA}$$

$$V_{CEQ} = V_{CC} - I_{EQ}R_E = 12\text{V} - 1.71 \times 3\text{V} \approx 6.87\text{V}$$

由上述计算结果可知,图 2.31(a)电路的 $V_{BQ} \gg V_{BEQ}$,静态时流过 R_{B1} 的电流 I_1 远大于 I_{BQ},因此近似估算法和等效电路法得到的结果接近,近似估算法不会引入太大的计算误差。

对图 2.31(b)所示电路使用两种方法,如下。

(1) 近似估算法。

$$V_{BQ} \approx \frac{R_{B2}}{R_{B1}+R_{B2}} \cdot V_{CC} = \frac{2.2}{10+2.2} \times 12\text{V} \approx 2.16\text{V}$$

$$I_{CQ} \approx I_{EQ} = \frac{V_{BQ} - V_{BE(on)}}{R_E} = \frac{2.16-0.6}{0.22}\text{mA} \approx 7.09\text{mA}$$

$$V_{CEQ} \approx V_{CC} - I_{EQ}(R_C + R_E) = 12\text{V} - 7.09 \times (1+0.22)\text{V} \approx 3.35\text{V}$$

$$I_{BQ} = I_{CQ}/\beta \approx 0.14\text{mA}$$

(2) 等效电路法。

图 2.31(b)电路的直流等效电路如图 2.11 所示。其中,

$$V_{BQ} \approx \frac{R_{B2}}{R_{B1}+R_{B2}} \cdot V_{CC} = \frac{2.2}{10+2.2} \times 12\text{V} \approx 2.16\text{V}, R_B = R_{B1} // R_{B2} \approx 1.8\text{k}\Omega$$

因此可得

$$I_{BQ} = \frac{V_{BB} - V_{BE(on)}}{R_B + (1+\beta)R_E} = \frac{2.16-0.6}{1.8+(1+50)\times 0.22}\text{mA} \approx 0.12\text{mA}, I_{EQ} = (1+\beta)I_{BQ} = 6.12\text{mA}$$

$$V_{CEQ} \approx V_{CC} - I_{EQ}(R_C + R_E) = 12\text{V} - 6.12 \times (1+0.22)\text{V} \approx 4.53\text{V}$$

由上述计算结果可知,图 2.31(b)电路的 V_{BQ} 较小,静态时流过 R_{B1} 的电流 I_1 与 I_{BQ} 近似,所以近似估算法和等效电路法得到的结果相差较大,近似估算法引入了较大的计算误差。

结论:当 $V_{BQ} \gg V_{BEQ}$,$I_1 \geqslant (5 \sim 10)I_{BQ}$ 的条件下,可用近似估算法计算分压式偏置电路的 Q 点。

【题 2-17】 已知图 2.32(a)单级电压放大电路的 $R_i = 2\text{k}\Omega, R_o = 50\text{k}\Omega, \dot{A}_{vo} = 200$。当输入信号源内阻 $R_s = 1\text{k}\Omega$,输出负载电阻 $R_L = 10\text{k}\Omega$ 时,试求该电压放大电路的源电压增益 $\dot{A}_{vs}$。现将两级上述电压放大电路级联,R_s、R_L 不变,如图 2.32(b)所示,试求总的源电

压增益 $\dot{A}_{vs\Sigma}$，并对两种结果进行比较。

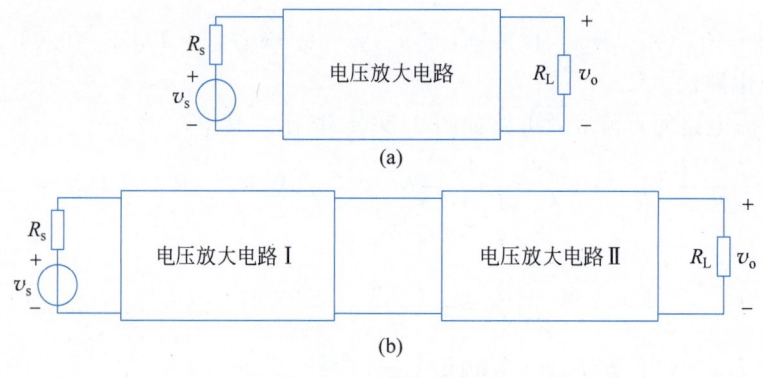

图 2.32 【题 2-17】图

【解】 本题用来熟悉：多级放大电路增益的计算方法及 $\dot{A}_v$ 与 $\dot{A}_{vo}$、$\dot{A}_{vs}$ 之间的关系。对于图 2.32(a)，则有

$$\dot{A}_{vs} = \dot{A}_v \frac{R_i}{R_i + R_s} = \dot{A}_{vo} \frac{R_L}{R_o + R_L} \cdot \frac{R_i}{R_i + R_s} = 200 \times \frac{10}{50 + 10} \times \frac{2}{2+1} \approx 22.22$$

对于图 2.32(b)，则有

$$\dot{A}_{vs\Sigma} = \dot{A}_{v1} \cdot \dot{A}_{v2} \cdot \frac{R_i}{R_i + R_s} = \dot{A}_{v1} \cdot \dot{A}_{v2} \cdot \frac{R_{i1}}{R_{i1} + R_s} \approx 170.87$$

其中，

$$\dot{A}_{v1} = \dot{A}_{vo1} \frac{R_{L1}}{R_{o1} + R_{L1}} = \dot{A}_{vo1} \frac{R_{i2}}{R_{o1} + R_{i2}} = 200 \times \frac{2}{50 + 2} \approx 7.69$$

$$\dot{A}_{v2} = \dot{A}_{vo2} \frac{R_{L2}}{R_{o2} + R_{L2}} = 200 \times \frac{10}{50 + 10} \approx 33.33$$

放大电路级联后，由于后级的输入电阻会对前级的电压增益产生影响，而前级的输出电阻会对后级的电压增益产生影响，所以，总的电压增益不等于级联前两级放大电路增益的乘积。在多级放大电路总增益的计算中，应考虑级间影响。

【题 2-18】 如图 2.33 所示为多级放大电路框图。
(1) 写出图 2.33(a)的总源电压增益 $\dot{A}_{vs\Sigma}$ 和图 2.33(b)的总源电流增益 $\dot{A}_{is\Sigma}$。
(2) 若要求源电压增益大，试提出对信号源内阻 R_s 和负载 R_L 的要求。

【解】 本题用来熟悉：放大电路各种增益的定义及多级放大电路增益的计算方法。
(1) 对于图 2.33(a)，则有

$$\dot{A}_{vs\Sigma} = \frac{\dot{V}_o}{\dot{V}_s} = \frac{\dot{V}_o}{\dot{I}_{i5}} \cdot \frac{\dot{I}_{o4}}{\dot{I}_{i4}} \cdot \frac{\dot{I}_{o3}}{\dot{I}_{i3}} \cdot \frac{\dot{I}_{o2}}{\dot{I}_{i2}} \cdot \frac{\dot{I}_{o1}}{\dot{V}_{i1}} \cdot \frac{\dot{V}_{i1}}{\dot{V}_s} = \dot{A}_{r5} \cdot \dot{A}_{i4} \cdot \dot{A}_{i3} \cdot \dot{A}_{i2} \cdot \dot{A}_{g1} \cdot \frac{R_{i1}}{R_{i1} + R_s}$$

对于图 2.17(b)，则有

$$\dot{A}_{is\Sigma} = \frac{\dot{I}_o}{\dot{I}_s} = \frac{\dot{I}_o}{\dot{V}_{i5}} \cdot \frac{\dot{V}_{o4}}{\dot{V}_{i4}} \cdot \frac{\dot{V}_{o3}}{\dot{V}_{i3}} \cdot \frac{\dot{V}_{o2}}{\dot{V}_{i2}} \cdot \frac{\dot{V}_{o1}}{\dot{I}_{i1}} \cdot \frac{\dot{I}_{i1}}{\dot{I}_s} = \dot{A}_{g5} \cdot \dot{A}_{v4} \cdot \dot{A}_{v3} \cdot \dot{A}_{v2} \cdot \dot{A}_{r1} \cdot \frac{R_s}{R_{i1} + R_s}$$

第2章 放大电路基础

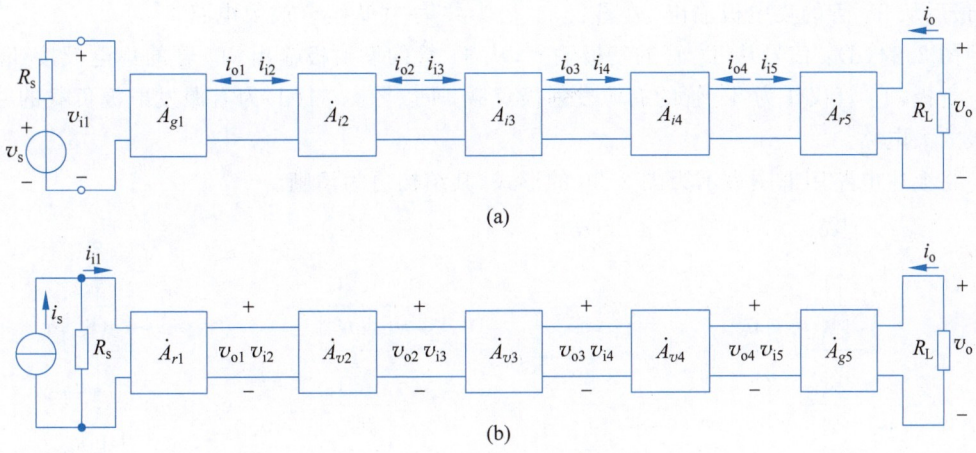

图 2.33 【题 2-18】图

(2) 对于图 2.33(a),若使 $\dot{A}_{vs\Sigma}$ 大,则要求 $R_s \ll R_{i1}$,$R_{o5} \ll R_L$;

对于图 2.33(b),若使 $\dot{A}_{is\Sigma}$ 大,则要求 $R_s \gg R_{i1}$,$R_{o5} \gg R_L$。

【题 2-19】 电路如图 2.34 所示,试回答如下问题:

(1) 判断图 2.34(a)~图 2.34(d) 电路各属于何种组态的放大电路。

(2) 哪个电路的增益最大?哪个电路的增益最小?哪个电路的输入电阻最大?哪个电路的输出电阻最大?

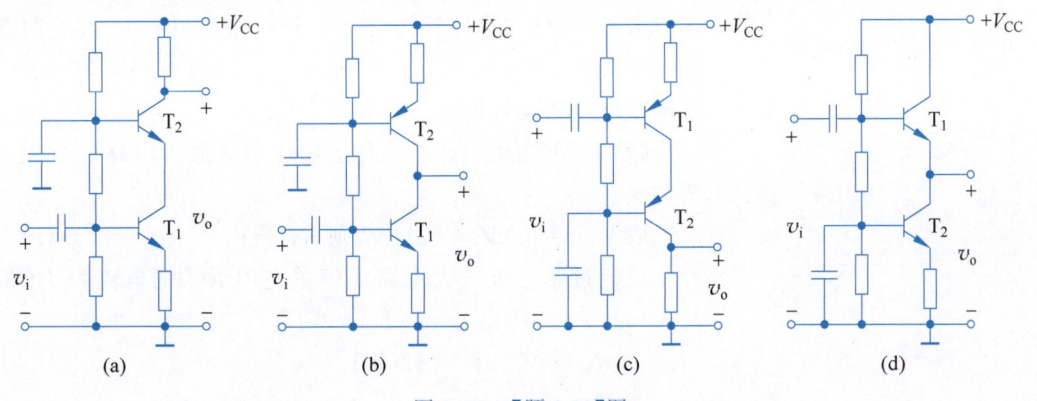

图 2.34 【题 2-19】图

【解】 本题用来熟悉:放大电路的性能指标与组态之间的关系。

(1) 判断放大电路的组态应从其交流通路入手,关键是看信号的输入、输出位置端。

图 2.34(a):信号从 T_1 管的基极输入,从 T_1 管的集电极输出,又从 T_2 管的发射极输入,最后从 T_2 管的集电极输出,所以图 2.34(a) 为共射-共基组合放大电路。

图 2.34(b):信号从 T_1 管的基极输入,从 T_1 管的集电极输出,故 T_1 管接成共射电路;T_2 管的基极交流接地,T_2 管的集电极接 T_1 管的集电极,故 T_2 管起有源负载的作用,即 T_1 管的集电极负载就是 T_2 管集电极的输出电阻 R_{o2}。所以图 2.34(b) 为有源集电极负载的共发射极放大电路。

图 2.34(c):信号从 T_1 管的基极输入,从 T_1 管的发射极输出,又从 T_2 管的发射极输

入,最后从 T_2 管的集电极输出,故图 2.34(c)为共集-共基组合放大电路。

图 2.34(d):信号从 T_1 管的基极输入,从 T_1 管的发射极输出,T_2 管的集电极接 T_1 管的发射极,T_2 管仅作为 T_1 管的有源发射极负载,所以图 2.34(d)为有源发射极负载的共集电极放大电路。

将上述电路用框图表示为图 2.35 的形式,其结构更为清晰。

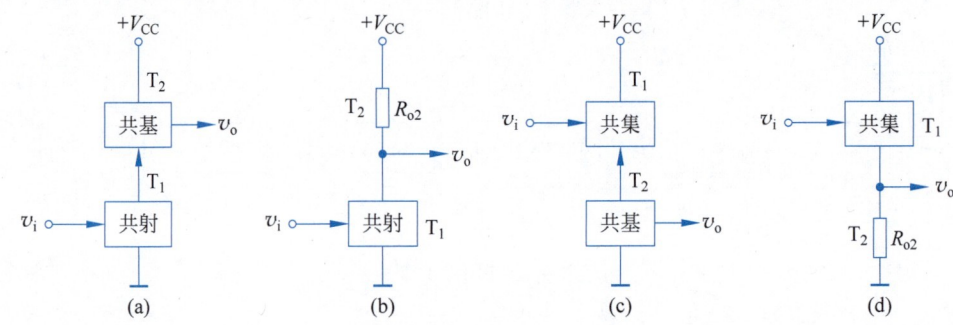

图 2.35 【题 2-19】图解

(2)在四个电路中图 2.34(b)的增益最大,因为它是有源集电极负载共发射极电路,其负载电阻 $R_C = R_{o2}$ 可达几十千欧姆到几兆欧姆,故单级电压增益可达 10^3 以上。增益最小的电路是图 2.34(d),其电压增益约等于 1。输入电阻最大的是图 2.34(d)。输出电阻最大的是图 2.34(b)。

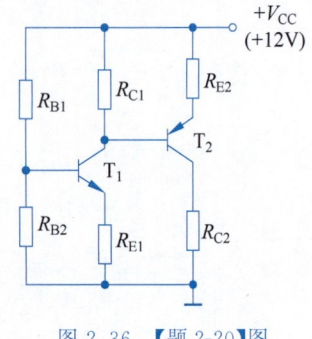

图 2.36 【题 2-20】图

【题 2-20】 如图 2.36 所示为某两级直接耦合放大电路的直流通路,已知晶体管的 $|V_{BE(on)}| = 0.7V, \beta = 100, I_{BQ}$ 可忽略,要求 $I_{CQ1} = 1mA, I_{CQ2} = 1.5mA, V_{CEQ1} = 4V, |V_{CEQ2}| = 5V$。试确定电路各元件值。

【解】 本题用来熟悉:直接耦合多级放大电路的直流分析方法。

取 $V_{EQ1} = 0.2V_{CC} = 2.4V$,则 $R_{E1} \approx V_{EQ1}/I_{CQ1} = 2.4k\Omega$。

设流过第一级放大电路上偏置电阻 R_{B1} 的电流为 I_1,取 $I_1 = 10I_{BQ1} = 10I_{CQ1}/\beta = 0.1mA$,则有

$$R_{B1} + R_{B2} = V_{CC}/I_1 = 120k\Omega \qquad ①$$

而

$$V_{BQ1} \approx \frac{R_{B2}}{R_{B1} + R_{B2}} \cdot V_{CC} = V_{BE(on)1} + V_{EQ1} = 3.1V \qquad ②$$

联立①、②两式可解得 $R_{B1} = 89k\Omega, R_{B2} = 31k\Omega$。

$$R_{C1} = \frac{V_{CC} - V_{CEQ1} - V_{EQ1}}{I_{C1}} = \frac{12 - 4 - 2.4}{1}k\Omega = 5.6k\Omega$$

$$R_{E2} = \frac{I_{CQ1}R_{C1} - |V_{BE(on)2}|}{I_{C2}} = \frac{1 \times 5.6 - 0.7}{1.5}k\Omega \approx 3.27k\Omega$$

$$R_{C2} = \frac{V_{CC} - |V_{CEQ2}|}{I_{C2}} - R_{E2} = \frac{12 - 5}{1.5}k\Omega - 3.27k\Omega \approx 1.4k\Omega$$

【题 2-21】 在如图 2.37 所示电路中,已知各晶体管的特性相同,$\beta=100$,$V_{BE(on)}=0.7V$,要求 $I_{EQ1}=0.5mA$,$I_{EQ2}=1mA$,$V_{CEQ1}=2.5V$,$V_{CEQ2}=4V$。设 $V_{CC}=12V$,$V_{CQ2}=6V$,$I_1=10I_{BQ1}$,试计算各电阻值。

【解】 本题用来熟悉:直接耦合多级放大电路的直流分析方法。

由已知条件可求得

$$V_{EQ2}=V_{CQ2}-V_{CEQ2}=6V-4V=2V$$
$$V_{CQ1}=V_{EQ2}+V_{BE(on)2}=2V+0.7V=2.7V$$
$$V_{EQ1}=V_{CQ1}-V_{CEQ1}=2.7V-2.5V=0.2V$$
$$V_{BQ1}=V_{EQ1}+V_{BE(on)1}=0.2V+0.7V=0.9V$$

由于 $I_{BQ1}\approx I_{EQ1}/\beta=5\mu A$,所以

$$I_1=10I_{BQ1}=50\mu A$$

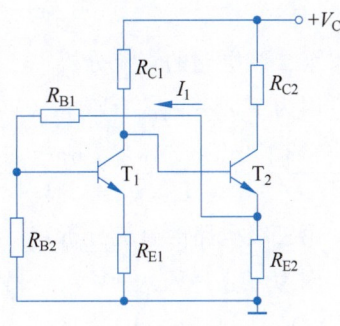

图 2.37 【题 2-21】图

因此,可求得各电阻值为

$$R_{C2}=\frac{V_{CC}-V_{CQ2}}{I_{CQ2}}\approx\frac{V_{CC}-V_{CQ2}}{I_{EQ2}}=\frac{12-6}{1}k\Omega=6k\Omega, R_{E2}=\frac{V_{EQ2}}{I_{EQ2}-I_1}=\frac{2}{1-0.05}k\Omega\approx2.11k\Omega$$

$$R_{C1}=\frac{V_{CC}-V_{CQ1}}{I_{CQ1}}\approx\frac{V_{CC}-V_{CQ1}}{I_{EQ1}}=\frac{12-2.7}{0.5}k\Omega=18.6k\Omega, R_{E1}=\frac{V_{EQ1}}{I_{EQ1}}=\frac{0.2}{0.5}k\Omega=0.4k\Omega$$

$$R_{B1}=\frac{V_{EQ2}-V_{BQ1}}{I_1}=\frac{2-0.9}{0.05}k\Omega=22k\Omega, R_{B2}=\frac{V_{BQ1}}{I_1-I_{BQ1}}=\frac{0.9}{50-5}M\Omega=20k\Omega$$

【题 2-22】 在如图 2.38(a)所示的三级直接耦合放大电路中,已知各管的 $|V_{BE(on)}|=0.7V$,$\beta=100$,I_{BQ} 可忽略,要求 $I_{CQ1}=1mA$,$I_{CQ2}=1.4mA$,$I_{CQ3}=1.6mA$,$|V_{CEQ}|=2V$。试完成下列各题:

(1) 计算各电阻阻值和各管的 V_{CQ} 值。

(2) 若将 T_2 改为 NPN 管,如图 2.38(b)所示,调整 R_{C2}、R_{E2},保证 I_{CQ2} 不变,试指出电路能否正常工作?

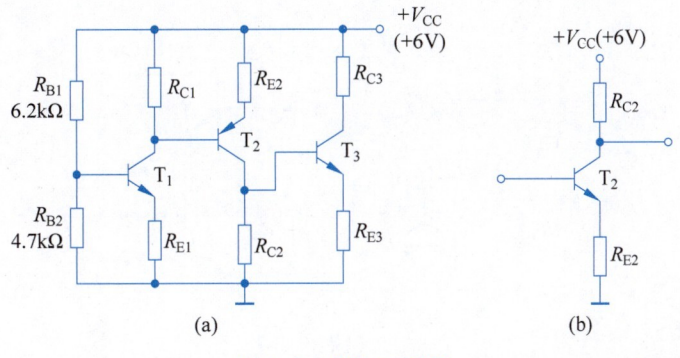

图 2.38 【题 2-22】图

【解】 本题用来熟悉:直接耦合多级放大电路的直流分析方法及电平位移的概念。

(1) 第一级电路的直流分析:

因为 $V_{BQ1}\approx\dfrac{R_{B2}}{R_{B1}+R_{B2}}\cdot V_{CC}=\dfrac{4.7}{6.2+4.7}\times 6V\approx 2.59V$,$V_{EQ1}=V_{BQ1}-V_{BE(on)1}=1.89V$,

所以 $R_{E1} = \dfrac{V_{EQ1}}{I_{EQ1}} \approx \dfrac{V_{EQ1}}{I_{CQ1}} = \dfrac{1.89}{1}\text{k}\Omega = 1.89\text{k}\Omega$，$R_{C1} = \dfrac{V_{CC}-V_{CEQ1}-V_{EQ1}}{I_{CQ1}} = \dfrac{6-2-1.89}{1}\text{k}\Omega = 2.11\text{k}\Omega$。

第二级电路的直流分析：

因为 $V_{BQ2} = V_{CQ1} = V_{CEQ1} + V_{EQ1} = 3.89\text{V}$，$V_{EQ2} = V_{BQ2} + |V_{BE(on)2}| = 4.59\text{V}$，所以 $R_{E2} = \dfrac{V_{CC}-V_{EQ2}}{I_{EQ2}} \approx \dfrac{V_{CC}-V_{EQ2}}{I_{CQ2}} = \dfrac{6-4.59}{1.4}\text{k}\Omega \approx 1\text{k}\Omega$，$R_{C2} = \dfrac{V_{EQ2}-|V_{CEQ2}|}{I_{CQ2}} = \dfrac{4.59-2}{1.4}\text{k}\Omega = 1.85\text{k}\Omega$。

第三级电路的直流分析：

因为 $V_{BQ3} = V_{CQ2} = V_{EQ2} - |V_{CEQ2}| = 2.59\text{V}$，$V_{EQ3} = V_{BQ3} - V_{BE(on)3} = 1.89\text{V}$，所以 $R_{E3} = \dfrac{V_{EQ3}}{I_{EQ3}} \approx \dfrac{V_{EQ3}}{I_{CQ3}} = \dfrac{1.89}{1.6}\text{k}\Omega \approx 1.18\text{k}\Omega$，$R_{C3} = \dfrac{V_{CC}-V_{CEQ3}-V_{EQ3}}{I_{CQ3}} = \dfrac{6-2-1.89}{1.6}\text{k}\Omega \approx 1.32\text{k}\Omega$。

(2) 将 T_2 改为 NPN 管后，T_2 管的集电极电位将被抬高，有

$$V_{CQ2} = V_{CEQ2} + V_{EQ2} = V_{CEQ2} + (V_{CQ1} - V_{BE(on)2}) = 2\text{V} + (3.89 - 0.7)\text{V} = 5.19\text{V}$$

从而导致 T_3 管的集电极电流增大，即

$$I_{CQ3} \approx \dfrac{V_{BQ3} - |V_{BE(on)3}|}{R_{E3}} = \dfrac{V_{CQ2} - |V_{BE(on)3}|}{R_{E3}} = \dfrac{5.19 - 0.7}{1.18}\text{mA} \approx 3.8\text{mA}$$

结果使 $V_{CEQ3} = V_{CC} - I_{CQ3}(R_{C3}+R_{E3}) = 6\text{V} - 3.8 \times (1.32 + 1.18)\text{V} = -3.5\text{V} < V_{CE(sat)}(0.3\text{V})$。

显然，没有电平位移电路，将导致后级晶体管进入饱和区工作，无法正常放大。

【题 2-23】 在如图 2.39 所示的多级直接耦合放大电路中，第二级为电平位移电路。已知各管的 $\beta = 100$，$V_{BE(on)} = 0.7\text{V}$，I_{BQ} 可忽略不计，$I_0 = 2\text{mA}$，各管的 $V_{CEQ} = 3\text{V}$，$V_{CQ1} = 2.3\text{V}$。试完成下列各题：

(1) 为使 $V_{OQ} = 0$，试确定 R_{E2} 值。

(2) 若 $R_{E2} = 0$，电路能否正常工作？

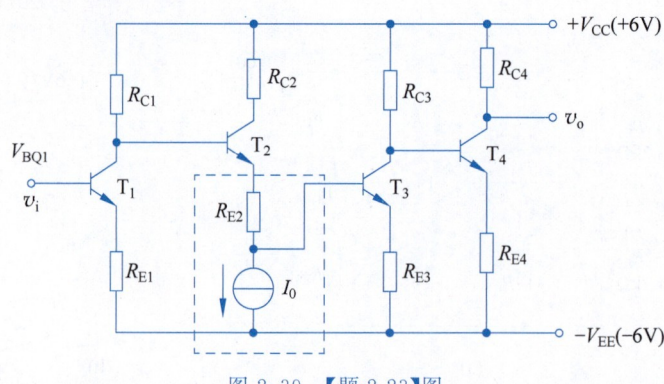

图 2.39 【题 2-23】图

【解】 本题用来熟悉：直接耦合多级放大电路的直流分析方法及电平位移的概念。

(1) 由图 2.39 可知 $V_{OQ} = V_{CQ1} - V_{BE(on)2} - I_0 R_{E2} - V_{BE(on)3} + V_{CEQ3} - V_{BE(on)4} + V_{CEQ4}$。

若使 $V_{OQ} = 0$，可得 $R_{E2} = \dfrac{V_{CQ1} - 3V_{BE(on)} + 2V_{CEQ}}{I_0} = \dfrac{2.3 - 3 \times 0.7 + 2 \times 3}{2}\text{k}\Omega = 3.1\text{k}\Omega$。

(2) 若 $R_{E2}=0$，由上述方法可算得 $V_{OQ}=6.2\text{V}>V_{CC}$，电路不能正常工作。

【题 2-24】 图 2.40 为某集成电路的部分内部原理图，已知各管的 β 值很高，$|V_{BE(on)}|=0.7\text{V}$，输入端 $V_{BQ1}=0$，输出端 $V_{OQ}=0$。$I_{CQ4}=550\mu\text{A}$，$V_{CQ1}=14.3\text{V}$。试求 I_{CQ3} 及各管 V_{CEQ} 值。

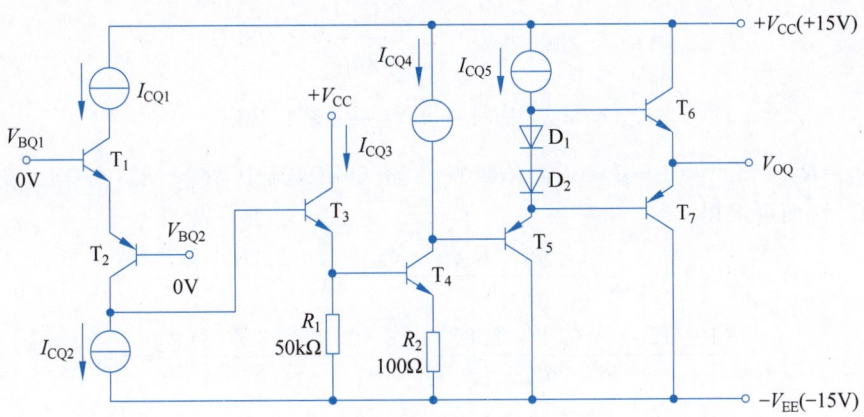

图 2.40 【题 2-24】图

【解】 本题用来熟悉：直接耦合多级放大电路的直流分析方法。

由已知条件可求得 $V_{EQ3}=V_{BE(on)4}+I_{CQ4}R_2-V_{EE}=-14.245\text{V}$，因此有

$$I_{CQ3} \approx I_{EQ3} = \frac{V_{EQ3}-(-V_{EE})}{R_1} = \frac{-14.245-(-15)}{50}\text{mA} = 0.0151\text{mA} = 15.1\mu\text{A}$$

由图 2.40 可得 $V_{EQ1}=V_{EQ2}=V_{BQ1}-V_{BE(on)1}=0-0.7=-0.7\text{V}$，因此有

$V_{CEQ1}=V_{CQ1}-V_{EQ1}=15\text{V}$

$V_{CEQ2}=V_{CQ2}-V_{EQ2}=V_{BE(on)3}+V_{EQ3}-V_{EQ2}=-12.845\text{V}$

$V_{CEQ3}=V_{CC}-V_{EQ3}=29.245\text{V}$

$V_{CEQ4}=V_{CQ4}-V_{EQ4}=(V_{OQ}-|V_{BE(on)7}|-|V_{BE(on)5}|)-(I_{CQ4}R_2-V_{EE})=13.545\text{V}$

$V_{CEQ5}=V_{CQ5}-V_{EQ5}=-V_{EE}-(V_{OQ}-|V_{BE(on)7}|)=-14.3\text{V}$

$V_{CEQ6}=V_{CQ6}-V_{EQ6}=V_{CC}-V_{OQ}=15\text{V}$

$V_{CEQ7}=V_{CQ7}-V_{EQ7}=-V_{EE}-V_{OQ}=-15\text{V}$

【题 2-25】 在如图 2.41 所示电路中，已知晶体管的 $\beta_1=\beta_2=150$，$r_{bb'1}=r_{bb'2}=50\Omega$，$V_{BE(on)}=0.7\text{V}$，$r_{ce}$ 忽略不计，$I_{CQ1}=1\text{mA}$，$I_{CQ2}=1.5\text{mA}$，$R_s=1\text{k}\Omega$，试求 R_i、$\dot{A}_v$ 和 $\dot{A}_{vs}$。

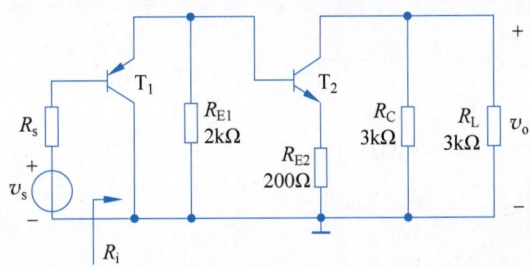

图 2.41 【题 2-25】图

【解】 本题用来熟悉：组合放大电路的分析方法。

该电路为共集-共射组合放大电路。分析组合电路时，应注意将后级作为前级的负载处理。

根据已知条件可得

$$r_{be1} \approx r_{bb'1} + (1+\beta_1)\frac{V_T}{I_{CQ1}} \approx 3.98\text{k}\Omega$$

$$r_{be2} \approx r_{bb'2} + (1+\beta_2)\frac{V_T}{I_{CQ2}} \approx 2.67\text{k}\Omega$$

因此有 $R_i = R_{i1} = r_{be1} + (1+\beta_1)(R_{E1} /\!/ R_{i2}) \approx 288.66\text{k}\Omega$，其中，$R_{i2} = r_{be2} + (1+\beta_2)R_{E2} = 32.87\text{k}\Omega$。进而可求得

$$\dot{A}_v = \dot{A}_{v1} \cdot \dot{A}_{v2} = \frac{(1+\beta_1)(R_{E1} /\!/ R_{i2})}{R_{i1}} \cdot \left(-\frac{\beta_2(R_C /\!/ R_L)}{R_{i2}}\right)$$

$$= \frac{(1+150) \times (2 /\!/ 32.87)}{288.66} \times \left(-\frac{150 \times (3 /\!/ 3)}{32.87}\right) \approx -6.75$$

$$\dot{A}_{vs} = \dot{A}_v \frac{R_i}{R_i + R_s} = -6.75 \times \frac{288.66}{288.66 + 1} \approx -6.73$$

【题 2-26】 画出如图 2.42 所示电路的交流通路，已知两管特性相同，$r_{bb'1} = r_{bb'2} \approx 0$，$\beta_1 = \beta_2 = 100$，$r_{ce}$ 忽略不计，$I_{CQ1} = I_{CQ2} = 0.5\text{mA}$，试求 $\dot{A}_v$。

【解】 本题用来熟悉：组合放大电路的分析方法。

如图 2.42 所示电路的交流通路如图 2.43 所示，可见该电路为共集-共基组合放大电路。由图 2.43 容易求得

$$\dot{A}_v = \dot{A}_{v1} \cdot \dot{A}_{v2} = \frac{(1+\beta_1)(R_{EE} /\!/ R_{i2})}{r_{be1} + (1+\beta_1)(R_{EE} /\!/ R_{i2})} \cdot \frac{\beta_2 R'_L}{r_{be2}} \approx 0.5 \times 85.2 \approx 47.6$$

其中，

$$r_{be1} \approx r_{bb'1} + (1+\beta_1)\frac{V_T}{I_{CQ1}} \approx 5.25\text{k}\Omega$$

$$r_{be2} = r_{be1} = 5.25\text{k}\Omega$$

$$R_{i2} = \frac{r_{be2}}{1+\beta_2} \approx 52\Omega$$

$$R'_L = R_{C2} /\!/ R_L = 5\text{k}\Omega$$

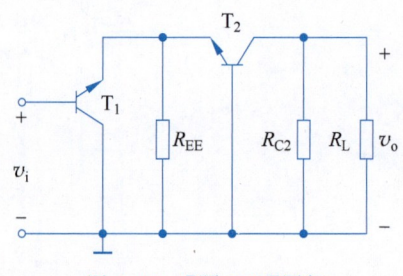

图 2.42 【题 2-26】图   图 2.43 【题 2-26】图解

【**题 2-27**】 如图 2.44 所示为有源负载共发射极放大电路的原理电路，图中 C_E 对交流信号呈短路，试推导输出电阻 R_o 的表达式。

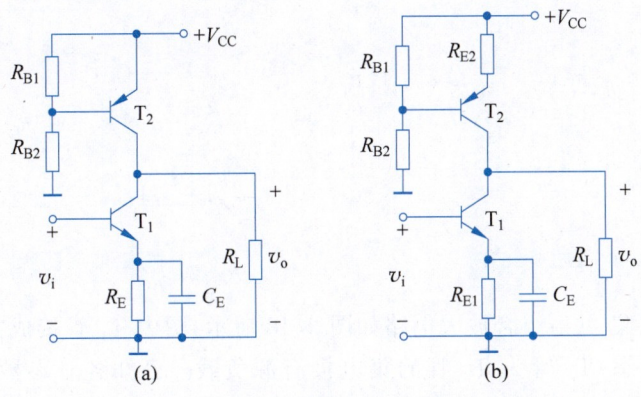

图 2.44 【题 2-27】图

【**解**】 本题用来熟悉：有源负载共发射极放大电路的性能特点。

画出图 2.44(a) 和图 2.44(b) 所示电路的交流通路，分别如图 2.45(a) 和图 2.45(b) 所示。

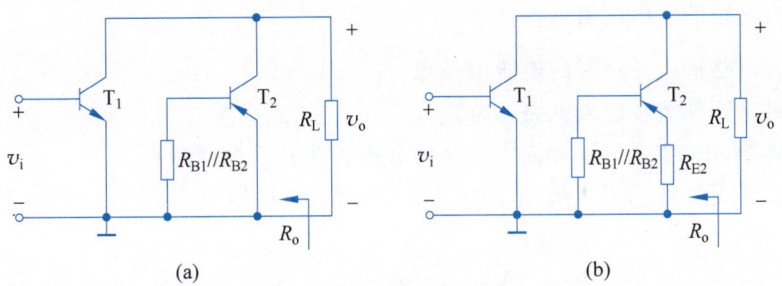

图 2.45 【题 2-27】图解

由图 2.45(a) 不难得到，图 2.44(a) 电路的输出电阻为 $R_o = r_{ce1} // r_{ce2}$。

由图 2.45(b)，并考虑【题 2-11】关于 R_o 的分析结果，可得图 2.44(b) 电路的输出电阻为

$$R_o = r_{ce1} // \left[r_{ce2} \left(1 + \frac{\beta_2 R_{E2}}{R_{E2} + r_{be2} + R_{B1} // R_{B2}} \right) \right]$$

【**题 2-28**】 图 2.46 为两级放大电路的低频小信号等效电路，试画出其交流通路，并写出电路的输入电阻 R_i 及电压增益 $\dot{A}_v$ 的表达式。设两只晶体管的小信号参数相同。

【**解**】 本题用来熟悉：放大电路交流通路、交流小信号等效电路的画法及多级放大电路性能指标的计算。

图 2.46 的交流通路如图 2.47 所示。由图 2.47 可知，该电路为共集-共基组合放大电路。因此有

$$R_i = R_{i1} = r_{be1} + (1+\beta)(R_E // R_{i2}) = r_{be1} + (1+\beta)\left(R_E // \frac{r_{be2}}{1+\beta}\right) = r_{be1} + r_{be2} // [(1+\beta)R_E]$$

$$\dot{A}_v = \dot{A}_{v1} \cdot \dot{A}_{v2} = \frac{(1+\beta)(R_E // R_{i2})}{r_{be1} + (1+\beta)(R_E // R_{i2})} \cdot \frac{\beta_2 R_L'}{r_{be2}}$$

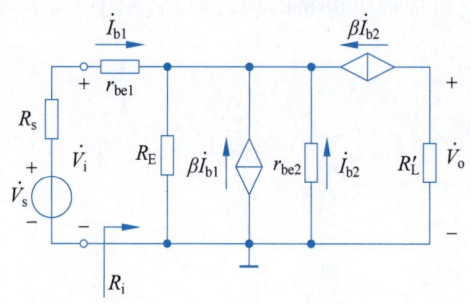

图 2.46 【题 2-28】图

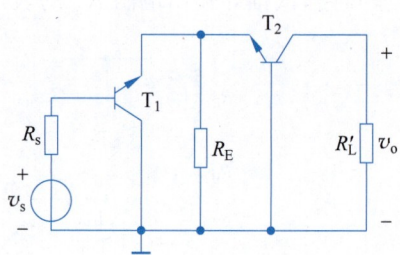

图 2.47 【题 2-28】图解

【题 2-29】 共集-共射组合放大电路如图 2.48 所示,图中 T_1 管接成共集电极组态,T_2 管接成共发射极组态,T_3 管为 T_2 管的集电极有源负载。已知各管参数为 $\beta_1 = \beta_2 = 200$,$\beta_3 = 50$,$I_{CQ1} = 16.2\mu A$,$I_{CQ2} = I_{CQ3} = 550\mu A$,$|V_{A1}| = |V_{A2}| = 125V$,$|V_{A3}| = 50V$,$r_{bb'1} = r_{bb'2} = r_{bb'3} = 0$,试计算:

(1) 放大电路的输入电阻 R_i;

(2) 放大电路输出短路时的互导增益 $\dot{A}_{gn}$;

(3) 放大电路的输出电阻 R_o;

(4) 放大电路输出开路时的电压增益 $\dot{A}_{vo}$;

(5) 试讨论这种组合放大电路的特点。

【解】 本题用来熟悉:组合放大电路的分析方法及其性能特点。

画出电路的低频小信号等效电路如图 2.49 所示。根据给定的静态参数可计算出以下有关参数:

$$r_{be1} \approx r_{bb'1} + (1+\beta_1)\frac{V_T}{I_{CQ1}} \approx 322.6 k\Omega, \quad r_{ce1} = \frac{|V_{A1}|}{I_{CQ1}} \approx 7.7 M\Omega$$

$$r_{be2} \approx r_{bb'2} + (1+\beta_2)\frac{V_T}{I_{CQ2}} \approx 9.5 k\Omega, \quad r_{ce2} = \frac{|V_{A2}|}{I_{CQ2}} \approx 227.3 k\Omega$$

$$r_{be3} \approx r_{bb'3} + (1+\beta_3)\frac{V_T}{I_{CQ3}} \approx 2.4 k\Omega, \quad r_{ce3} = \frac{|V_{A3}|}{I_{CQ3}} \approx 90.9 k\Omega$$

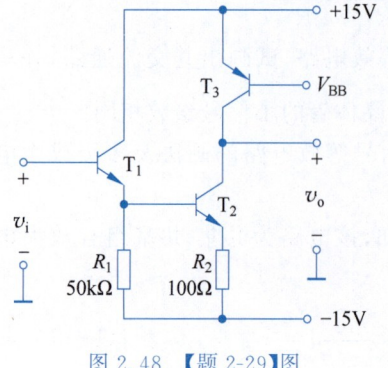

图 2.48 【题 2-29】图

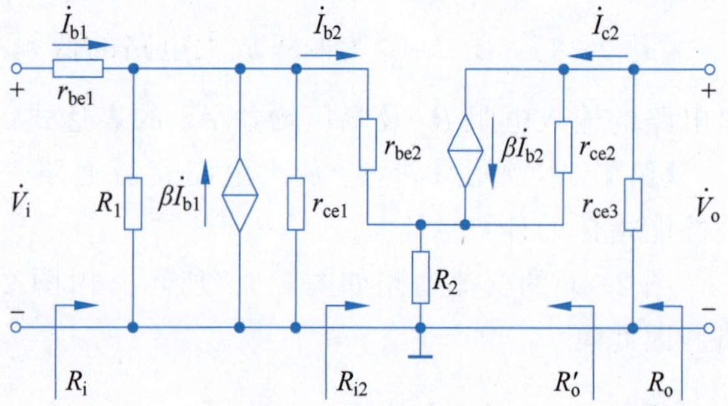

图 2.49 【题 2-29】图解

由图 2.49 可得各项动态指标如下：

(1) $R_i = R_{i1} = r_{be1} + (1+\beta_1)(R_1 // r_{ce1} // R_{i2}) \approx 4.05\text{M}\Omega$，其中，$R_{i2} = r_{be2} + (1+\beta_2)R_2 = 29.6\text{k}\Omega$。

(2) $\left.\begin{array}{l}\dot{V}_i = \dot{I}_{b1} r_{be1} + \dot{I}_{b2} r_{be2} + (\dot{I}_{b2} + \dot{I}_{c2})R_2 \\ \dot{I}_{b2} \approx \dot{I}_{c2}/\beta_2 \\ \dot{I}_{b2} \approx \dot{I}_{e1} = (1+\beta_1)\dot{I}_{b1} \rightarrow \dot{I}_{b1} = \dfrac{\dot{I}_{c2}}{\beta_2(1+\beta_1)}\end{array}\right\} \longrightarrow$

$\dot{V}_i = \left(\dfrac{r_{be1}}{\beta_2(1+\beta_1)} + \dfrac{r_{be2}+R_2}{\beta_2} + R_2\right)\dot{I}_{c2} \approx 156\dot{I}_{c2}$，故得 $\dot{A}_{gn} = \dfrac{\dot{I}_{c2}}{\dot{V}_i} \approx 6.4\text{mS}$。

(3) $R_o = r_{ce3} // R_o' \approx 79.5\text{k}\Omega$，其中，$R_o' = r_{ce2}\left(1+\dfrac{\beta_2 R_2}{R_2 + r_{be2} + R_{o1}}\right) \approx 635\text{k}\Omega$，$R_{o1} = r_{ce1} // R_1 // \dfrac{r_{be1}}{1+\beta_1} \approx R_1 // \dfrac{r_{be1}}{1+\beta_1} \approx 1.55\text{k}\Omega$。

(4) $\dot{A}_{vo} = \dfrac{\dot{V}_o'}{\dot{V}_i} = \dfrac{-\dot{I}_{c2} r_{ce3}}{\dot{V}_i} = -\dot{A}_{gn} r_{ce3} \approx -582$。

(5) 共集-共射组合电路吸取了共集电路高输入阻抗的特点和共发射极电路高增益的优点，特别适用于电流信号源的放大，是第二代集成运放 μA741 中间增益级的电路结构。

【题 2-30】 共源极放大电路如图 2.50 所示，已知场效应管的 $g_m = 1\text{mS}$，$r_{ds} = 200\text{k}\Omega$，各电容对交流信号呈短路。

(1) 画出电路的交流通路及低频小信号等效电路。

(2) 推导 $\dot{A}_v$、R_i、R_o 的表达式并求 $\dot{A}_v$、R_i、R_o 的值。

【解】 本题用来熟悉：带源极电阻的共源极放大电路的分析方法。

(1) 电路的交流通路及低频小信号等效电路分别如图 2.51(a)和图 2.51(b)所示。

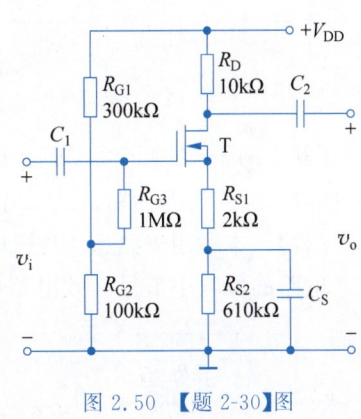

图 2.50 【题 2-30】图

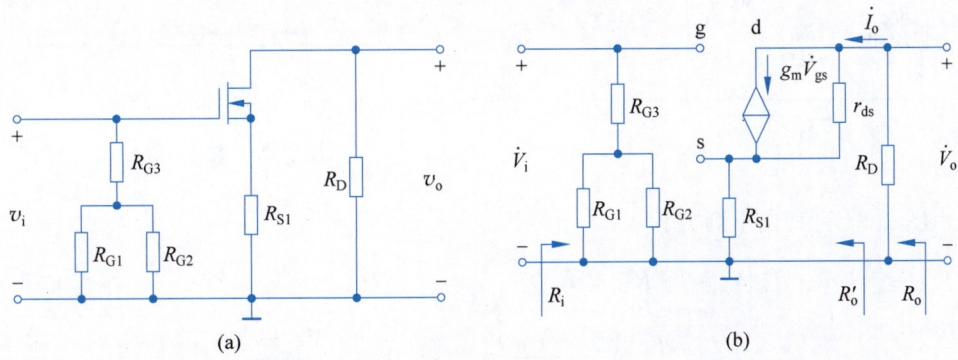

图 2.51 【题 2-30】图解(1)

(2) 由图 2.51(b)可列出下列方程

$$\begin{cases} \dot V_i = \dot V_{gs} + \dot I_o R_{S1} \\ \dot V_o = -\dot I_o R_D \\ \dot I_o = \dfrac{\dot V_o - \dot I_o R_{S1}}{r_{ds}} + g_m \dot V_{gs} \end{cases}$$

联立上述方程解得

$$\dot A_v = \dfrac{\dot V_o}{\dot V_i} = -\dfrac{g_m R_D}{1 + g_m R_{S1} + (R_{S1} + R_D)/r_{ds}} \approx -\dfrac{g_m R_D}{1 + g_m R_{S1}} = -\dfrac{1 \times 10}{1 + 1 \times 2} \approx -3.33$$

由图易得 $R_i = R_{G3} + R_{G1} /\!/ R_{G2} = 1075 \text{k}\Omega$。

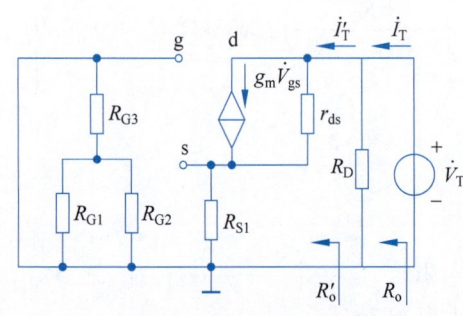

图 2.52 【题 2-30】图解(2)

求 R_o 的等效电路如图 2.52 所示(假设信号源内阻为零)。由图 2.52 可列出下列方程

$$\begin{cases} \dot V_T = (\dot I'_T - g_m \dot V_{gs}) r_{ds} + \dot V_{sg} \\ \dot V_{sg} = -\dot V_{gs} = \dot I'_T R_{S1} \end{cases}$$

联立上述方程可解得

$$R'_o = \dfrac{\dot V_T}{\dot I'_T} = R_{S1} + (1 + g_m R_{S1}) r_{ds}$$

$$= 602 \text{k}\Omega, R_o = R_D /\!/ R'_o \approx 9.84 \text{k}\Omega$$

【题 2-31】 在如图 2.53 所示的共栅极放大电路中,已知场效应管的 $g_m = 1.5 \text{mS}, r_{ds} = 100 \text{k}\Omega$,各电容对交流信号呈短路。试画出其低频小信号等效电路,并求当 $v_s = 5 \text{mV}$ 时的输出电压 v_o。

【解】 本题用来熟悉:共栅极放大电路的分析方法及其性能特点。

电路的低频小信号等效电路如图 2.54 所示。

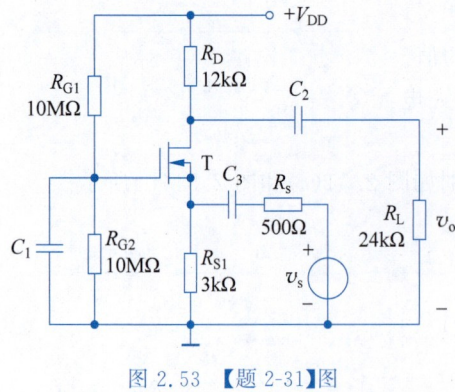

图 2.53 【题 2-31】图   图 2.54 【题 2-31】图解

由图 2.54 可列出下列方程

$$\begin{cases} \dot V_o = \dot I'_i (R_D /\!/ R_L) \\ \dot I'_i = -\left(g_m \dot V_{gs} + \dfrac{\dot V_{ds}}{r_{ds}}\right) = -\left(g_m \dot V_{gs} + \dfrac{\dot V_o + \dot V_{gs}}{r_{ds}}\right) \end{cases}$$

因此有 $\dot{I}'_i\left(1+\dfrac{R_D//R_L}{r_{ds}}\right)=-\left(g_m+\dfrac{1}{r_{ds}}\right)\dot{V}_{gs}\approx -g_m\dot{V}_{gs}$,故得

$$R'_i=\dfrac{\dot{V}_{sg}}{\dot{I}'_i}=-\dfrac{\dot{V}_{gs}}{\dot{I}'_i}=\dfrac{1}{g_m}\left(1+\dfrac{R_D//R_L}{r_{ds}}\right)=\dfrac{1}{1.5}\left(1+\dfrac{12//24}{100}\right)\text{k}\Omega=0.72\text{k}\Omega$$

$$R_i=R_{S1}//R'_i\approx 581\Omega$$

由于

$$\begin{cases}\dot{V}_o=\dot{I}'_i(R_D//R_L)\\ \dot{V}_i=-\dot{V}_{gs}\\ \dot{I}'_i\left(1+\dfrac{R_D//R_L}{r_{ds}}\right)\approx -g_m\dot{V}_{gs}\end{cases}$$

所以有

$$\dot{A}_v=\dfrac{\dot{V}_o}{\dot{V}_i}\approx g_m(r_{ds}//R_D//R_L)=1.5\times(100//12//24)\approx 11.11$$

$$\dot{A}_{vs}=\dot{A}_v\dfrac{R_i}{R_i+R_s}=11.11\times\dfrac{580}{580+500}\approx 5.97$$

最后得 $v_o=\dot{A}_{vs}v_s=5.97\times 5\text{mV}\approx 30\text{mV}$。

【题 2-32】 共漏极放大电路如图 2.55 所示,设 r_{ds} 和 R_L 的作用忽略不计,试完成下列各题。

(1) 画出电路的低频小信号等效电路。

(2) 推导 $\dot{A}_{vs}$、R_i、R_o 的表达式。

【解】 本题用来熟悉:共漏极放大电路的分析方法及其性能特点。

(1) 当忽略 r_{ds} 时,电路的低频小信号等效电路如图 2.56(a)所示。

(2) 若忽略 R_L 的作用,由图 2.56(a)可列出下列方程

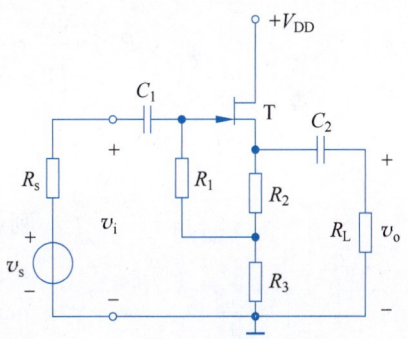

图 2.55 【题 2-32】图

$$\begin{cases}\dot{V}_i=\dot{I}_iR_1+(\dot{I}_i+g_m\dot{V}_{gs})R_3 & \text{①}\\ \dot{V}_{gs}=\dot{I}_iR_1-g_m\dot{V}_{gs}R_2 & \text{②}\\ \dot{V}_o=g_m\dot{V}_{gs}R_2+(\dot{I}_i+g_m\dot{V}_{gs})R_3 & \text{③}\end{cases}$$

联立方程 ①、② 可解得

$$R_i=\dfrac{\dot{V}_i}{\dot{I}_i}=R_1+R_3+\dfrac{g_mR_1R_3}{1+g_mR_2}$$

联立方程 ①、②、③ 可解得

$$\dot{A}_v=\dfrac{\dot{V}_o}{\dot{V}_i}=\dfrac{R_3+g_m(R_1R_2+R_1R_3+R_2R_3)}{R_1+R_3+g_m(R_1R_2+R_1R_3+R_2R_3)}$$

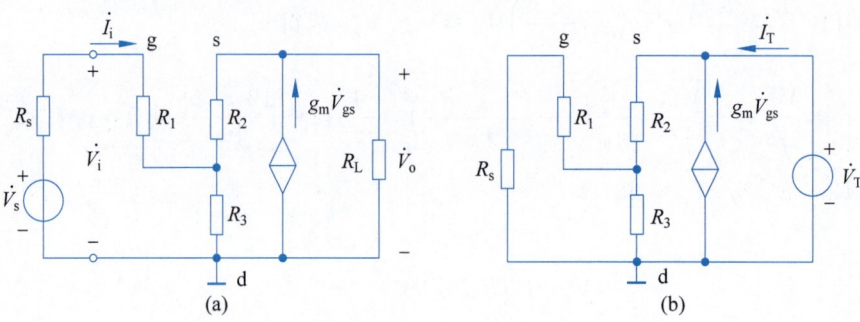

图 2.56 【题 2-32】图解

因此有

$$\dot{A}_{vs}=\dot{A}_v \frac{R_i}{R_i+R_s}=\frac{1}{R_i+R_s}\left[\frac{R_3+g_m(R_1R_2+R_1R_3+R_2R_3)}{1+g_mR_2}\right]$$

求 R_o 的等效电路如图 2.56(b)所示,由图可列出下列方程

$$\begin{cases}\dot{V}_T=(\dot{I}_T+g_m\dot{V}_{gs})[R_2+R_3/\!/(R_1+R_s)]\\ -\dot{V}_{gs}=\dfrac{R_1R_3}{R_1+R_s+R_3}(\dot{I}_T+g_m\dot{V}_{gs})+R_2(\dot{I}_T+g_m\dot{V}_{gs})\end{cases}$$

联立上述方程可解得

$$R_o=\frac{\dot{V}_T}{\dot{I}_T}=\frac{R_2+R_3/\!/(R_1+R_s)}{1+g_m\left(R_2+\dfrac{R_1R_3}{R_1+R_s+R_3}\right)}$$

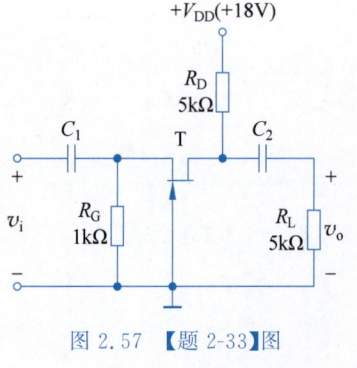

图 2.57 【题 2-33】图

【题 2-33】 FET 放大电路如图 2.57 所示,已知管子的参数为 $I_{DSS}=8\text{mA}$,$V_{GS(off)}=-4\text{V}$,$r_{ds}=\infty$。试完成下列各题。

(1) 画出电路的直流通路,并求静态工作点 I_{DQ}、V_{GSQ}、V_{DSQ} 的值。

(2) 画出放大电路的低频小信号等效电路。

(3) 求 $\dot{A}_v$、R_i、R_o 的值。

【解】 本题用来熟悉:共栅极放大电路的分析方法及性能特点。

(1) 电路的直流通路如图 2.58(a)所示,假设管子工作在放大状态,则有

$$I_{DQ}=I_{DSS}\left(1-\frac{V_{GSQ}}{V_{GS(off)}}\right)^2 \qquad ①$$

由图 2.58(a)可得

$$V_{GSQ}=V_{GQ}-V_{SQ}=-I_{DQ}R_G \qquad ②$$

联立方程①、②解得 $\begin{cases}I_{DQ1}=2\text{mA}\\ V_{GSQ1}=-2\text{V}\end{cases}$,$\begin{cases}I_{DQ2}=8\text{mA}\\ V_{GSQ2}=-8\text{V}\end{cases}$。舍去第二组不合理的解。由第一组解得到

$$V_{DSQ}=V_{DD}-I_{DQ}(R_D+R_G)=18\text{V}-2\times(5+1)\text{V}=6\text{V}$$

满足 $|V_{DS}| \geqslant |V_{GS} - V_{GS(off)}|$ 的条件，所以管子的确工作在放大状态。因此，静态时

$$I_{DQ} = 2\text{mA}, V_{GSQ} = -2\text{V}, V_{DSQ} = 6\text{V}$$

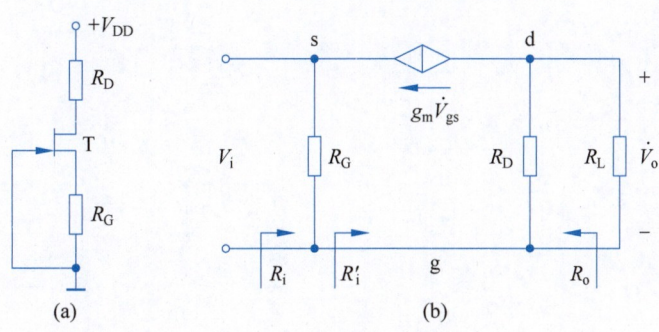

图 2.58 【题 2-33】图解

(2) 电路的低频小信号等效电路如图 2.58(b)所示。其中，

$$g_m = -\frac{2}{V_{GS(off)}}\sqrt{I_{DSS}I_{DQ}} = -\frac{2}{-4} \times \sqrt{8 \times 2} = 2\text{mS}$$

由图 2.58(b)可得

$$\begin{cases} \dot{V}_i = \dot{V}_{sg} = -\dot{V}_{gs} \\ \dot{V}_o = -g_m\dot{V}_{gs}(R_D \mathbin{/\mkern-3mu/} R_L) = -g_m\dot{V}_{gs}R'_L \end{cases}$$

因此有

$$\dot{A}_v = \frac{\dot{V}_o}{\dot{V}_i} = g_m R'_L = 2 \times (5 \mathbin{/\mkern-3mu/} 5) = 5$$

由图 2.58(b)可得

$$R'_i = \frac{\dot{V}_i}{-g_m\dot{V}_{gs}} = \frac{-\dot{V}_{gs}}{-g_m\dot{V}_{gs}} = \frac{1}{g_m}$$

因此有

$$R_i = R_G \mathbin{/\mkern-3mu/} R'_i = R_G \mathbin{/\mkern-3mu/} \frac{1}{g_m} \approx 333\Omega$$

$$R_o = R_D = 5\text{k}\Omega$$

【题 2-34】 如图 2.59 所示为有源负载 MOSFET 放大电路，已知各管参数为 $g_{m1} = 600\mu\text{S}, g_{m2} = 200\mu\text{S}, r_{ds1} = r_{ds2} = 1\text{M}\Omega, \eta_1 = \eta_2 = 0.1$。试指出各电路的名称，画出各电路的交流通路及低频小信号等效电路并计算各电路的 $\dot{A}_v$ 值。

【解】 本题用来熟悉：有源负载 MOSFET 放大电路的分析方法。

在图 2.59(a)中，T_1 为工作管，T_2 为负载管，电路为共源极组态的 E/EMOS 放大电路，其交流通路如图 2.60(a)所示，低频小信号等效电路分别如图 2.60(b)和图 2.60(c)所示。

由图 2.60(c)可得

$$\dot{A}_v = \frac{\dot{V}_o}{\dot{V}_i} = -g_{m1}\left(r_{ds1} \mathbin{/\mkern-3mu/} r_{ds2} \mathbin{/\mkern-3mu/} \frac{1}{g_{m2}} \mathbin{/\mkern-3mu/} \frac{1}{g_{mb2}}\right) = -\frac{g_{m1}}{1/r_{ds1} + 1/r_{ds2} + g_{m2} + \eta_2 g_{m2}} \approx -2.7$$

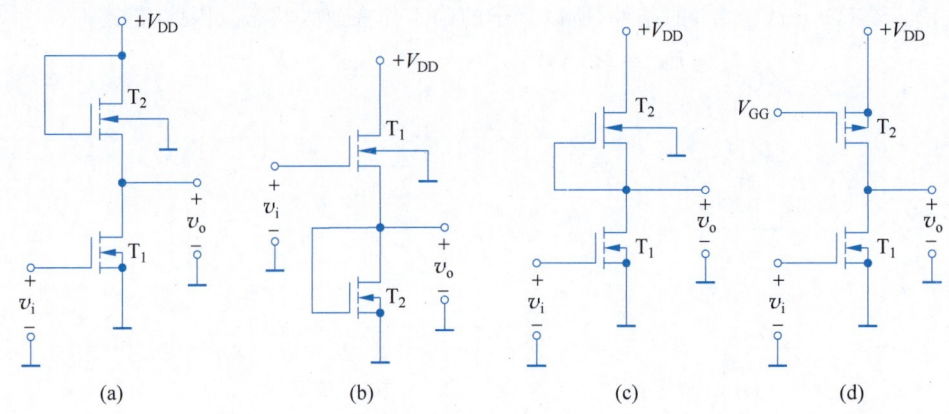

图 2.59 【题 2-34】图

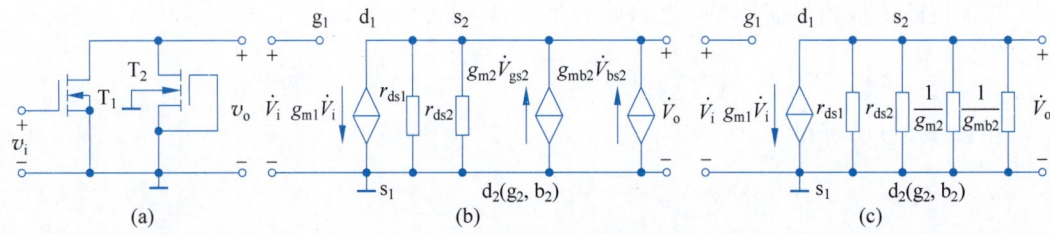

图 2.60 【题 2-34】图解(1)

在图 2.59(b)中，T_1 为工作管，T_2 为负载管，电路为共漏极组态的 E/EMOS 放大电路，其交流通路如图 2.61(a)所示，低频小信号等效电路分别如图 2.61(b)和图 2.61(c)所示。

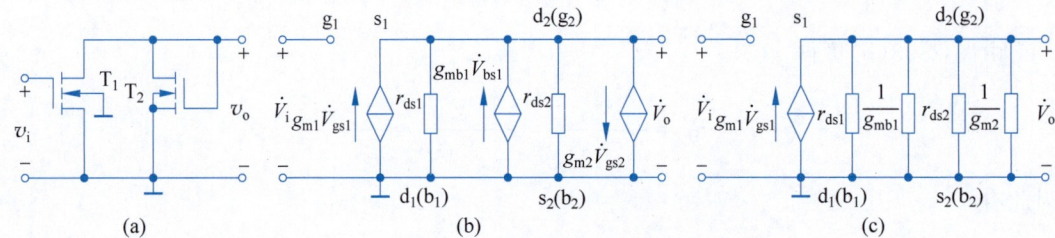

图 2.61 【题 2-34】图解(2)

由图 2.61(c)可得

$$\dot{A}_v = \frac{\dot{V}_o}{\dot{V}_i} = \frac{\dot{V}_o}{\dot{V}_{gs}+\dot{V}_o} = \frac{g_{m1}\left(r_{ds1} /\!/ r_{ds2} /\!/ \dfrac{1}{g_{mb1}} /\!/ \dfrac{1}{g_{m2}}\right)}{1+g_{m1}\left(r_{ds1} /\!/ r_{ds2} /\!/ \dfrac{1}{g_{mb1}} /\!/ \dfrac{1}{g_{m2}}\right)}$$

$$= \frac{g_{m1}\left(r_{ds1} /\!/ r_{ds2} /\!/ \dfrac{1}{\eta_1 g_{m1}} /\!/ \dfrac{1}{g_{m2}}\right)}{1+g_{m1}\left(r_{ds1} /\!/ r_{ds2} /\!/ \dfrac{1}{\eta_1 g_{m1}} /\!/ \dfrac{1}{g_{m2}}\right)} \approx 0.696$$

在图 2.59(c)中，T_1 为工作管，T_2 为负载管，电路为共源极组态的 E/DMOS 放大电路，其交流通路如图 2.62(a)所示，低频小信号等效电路分别如图 2.62(b)和图 2.62(c)所示。

由图 2.62(c)可得

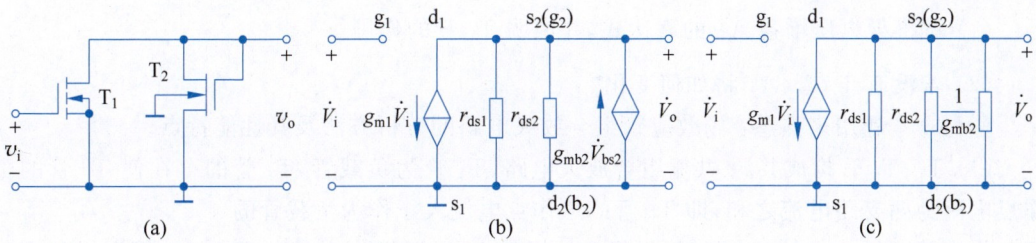

图 2.62 【题 2-34】图解（3）

$$\dot{A}_v = \frac{\dot{V}_o}{\dot{V}_i} = -g_{m1}\left(r_{ds1} \mathbin{/\mkern-6mu/} r_{ds2} \mathbin{/\mkern-6mu/} \frac{1}{g_{mb2}}\right) = -\frac{g_{m1}}{1/r_{ds1} + 1/r_{ds2} + \eta_2 g_{m2}} \approx -27.27$$

在图 2.59(d)中，T_1 为工作管，T_2 为负载管，电路为共源极组态的 CMOS 放大电路，其交流通路如图 2.63(a)所示，低频小信号等效电路如图 2.63(b)所示。

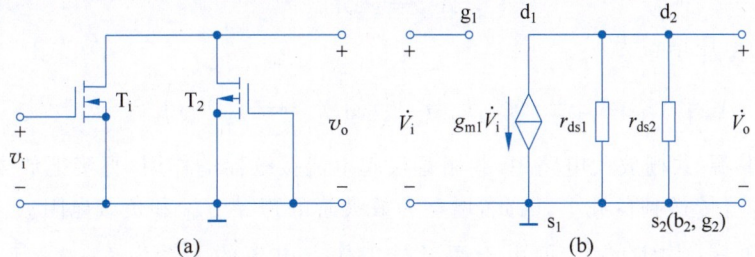

图 2.63 【题 2-34】图解（4）

由图 2.63(b)可得

$$\dot{A}_v = \frac{\dot{V}_o}{\dot{V}_i} = -g_{m1}(r_{ds1} \mathbin{/\mkern-6mu/} r_{ds2}) = -\frac{g_{m1}}{1/r_{ds1} + 1/r_{ds2}} = -300$$

【题 2-35】 共源-共栅放大电路如图 2.64 所示，设各管衬底均与源极相连，r_{ds2} 可忽略不计。

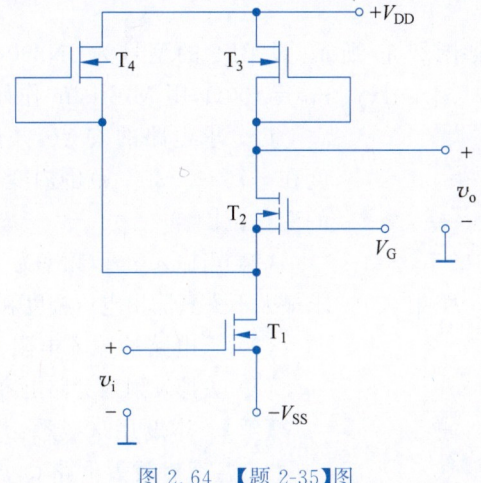

图 2.64 【题 2-35】图

(1) 试推导电压增益 $\dot{A}_v$ 的表达式，并说明 T_4 管的作用。

(2) 若没有 T_2 管，$\dot{A}_v$ 将如何变化？

【解】 本题用来熟悉：场效应管组合放大电路的分析方法及其性能特点。

(1) T_1、T_2 管构成共源-共栅组合放大电路，T_3 管为负载管，T_4 管的存在使 T_1 管的工作点电流为两支路电流之和，即 T_1 管的工作点电流大于作为负载管的 T_3。

作为共源极放大的 T_1 管，其负载为共栅放大的 T_2 管的输入电阻和 T_4 管源极到交流地的电阻的并联。由题意知 r_{ds2} 可忽略不计，故 T_2 管的输入电阻可简单计算为 $1/g_{m2}$，由于 T_4 管的栅-源短接，$v_{gs}=0$，所以其源极到交流地的电阻为 r_{ds4}。因此

$$\dot{A}_{v1} = -g_{m1}(r_{ds1} /\!/ R_{L1}) = -g_{m1}\left(r_{ds1} /\!/ \frac{1}{g_{m2}} /\!/ r_{ds4}\right)$$

作为共栅极放大的 T_2 管，其负载为栅-源短接的 T_3 管，因此有

$$\dot{A}_{v2} = g_{m2} r_{ds3}$$

电路总的电压增益为

$$\dot{A}_v = \dot{A}_{v1} \cdot \dot{A}_{v2} = -g_{m1} g_{m2} r_{ds3}\left(r_{ds1} /\!/ \frac{1}{g_{m2}} /\!/ r_{ds4}\right) \approx -g_{m1} r_{ds3}$$

可见，在共源-共栅放大电路中，共栅管仅起电流接续器的作用，直接把放大管产生的与信号相关的电流传送到负载上，因此，增益为放大管的跨导 g_{m1} 和负载电阻 r_{ds3} 相乘。为提高增益，g_{m1} 和 r_{ds3} 均需增大，但由于两者与工作点电流的关系为 $g_{m1} \propto \sqrt{I_{DQ1}}$，$r_{ds3} \propto 1/I_{DQ3}$，无法用相同的工作点电流得到同时增大。因此增加 T_4 管可分别调整放大管 T_1 和负载管 T_3 的工作点电流，以提高整个放大电路的增益。

(2) 若没有 T_2 管，电路为 E/DMOS 放大电路。T_1 管构成共源极放大电路，其负载为 r_{ds3} 和 r_{ds4} 的并联，则有

$$\dot{A}_v = -g_{m1}(r_{ds1} /\!/ r_{ds3} /\!/ r_{ds4})$$

显然，电压增益 $\dot{A}_v$ 下降。

【仿真题 2-1】 电路如图 2.65 所示，设 BJT 的型号为 2N3904，$\beta = 50$，$V_{BE(on)} = 0.7V$，$r_{bb'} = 100\Omega$，用 Multisim 作如下分析。

(1) 求电路的 Q 点，并作温度特性分析，观察温度在 $-70 \sim -30$℃ 范围内变化时 BJT 集电极电流 I_C 的变化范围。

(2) 当输入 v_i 取频率为 1kHz 的正弦交流电压时，求最大不失真输出电压幅度和相应的输入电压幅度。

(3) 求电路的输入电阻 R_i 和输出电阻 R_o。

(4) 去掉发射极旁路电容 C_E，重复题(2)和题(3)。

【解】 本题用来熟悉：

- 温度对放大电路 Q 点的影响；

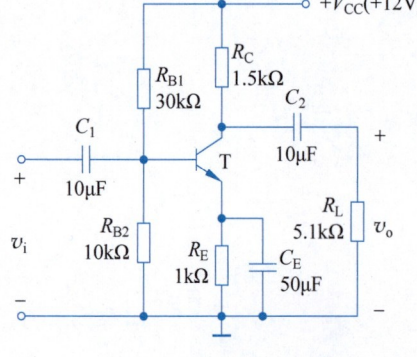

图 2.65 【仿真题 2-1】图

- 放大电路性能的测试方法；
- 发射极旁路电容对共射放大电路性能的影响。

(1) $V_{BB} \approx \dfrac{R_{B2}}{R_{B1}+R_{B2}} \cdot V_{CC} = \dfrac{10}{30+10} \times 12\text{V} = 3\text{V}, R_B = R_{B1}/\!/R_{B2} = (30/\!/10)\text{k}\Omega = 7.5\text{k}\Omega$

故而可求得室温下的静态值为

$$\begin{cases} I_{BQ} = \dfrac{V_{BB}-V_{BE(on)}}{R_B+(1+\beta)R_E} = \dfrac{3-0.7}{7.5+(1+50)\times 1}\text{mA} \approx 39.3\mu\text{A} \\ I_{CQ} \approx \beta I_{BQ} = 50 \times 39.3\mu\text{A} \approx 1.97\text{mA} \\ V_{CEQ} \approx V_{CC} - I_{CQ}(R_C+R_E) = 12\text{V} - 1.97 \times (1.5+1)\text{V} \approx 7.1\text{V} \end{cases}$$

使用"温度分析",采用线性扫描,分析设置直流工作点分析(DC Operating Point),且输出设置为I_{CQ},参数设置如图2.66(a)所示,I_C随温度变化的曲线如图2.66(b)所示。

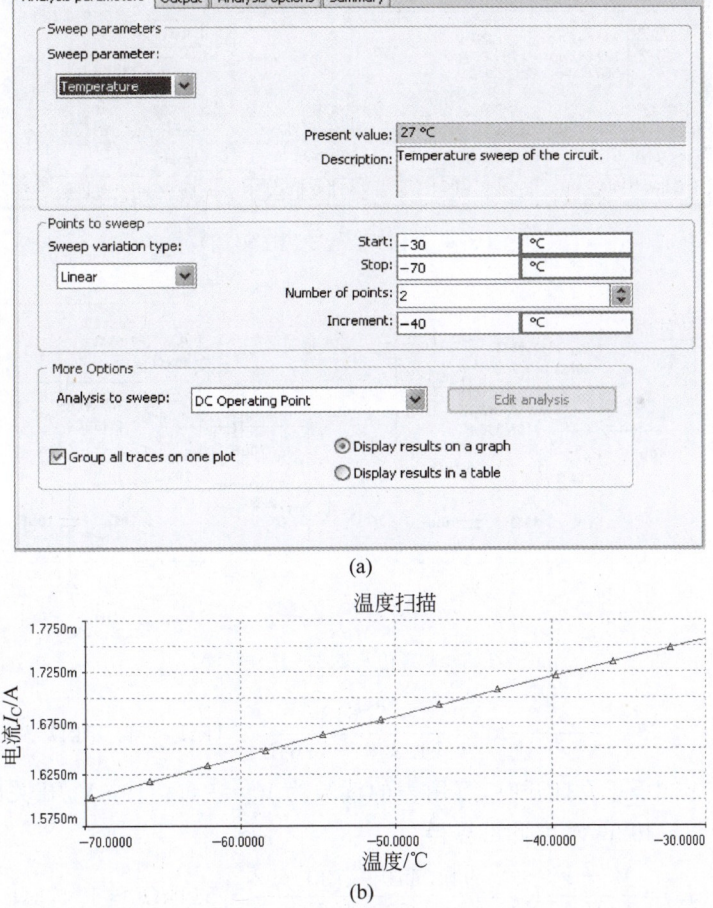

图2.66 【仿真题2-1】图解(1)

(2) 输入v_i取频率为1kHz的正弦交流电压时,幅值从50mV起开始测试,用示波器观察到输出波形发生失真,减小幅值至30mV,输出波形依然失真,继续减小幅值至15mV时,波形不失真,如图2.67所示。由图可得,最大不失真输出电压幅度约为1V。

(3) 求输入电阻R_i的电路如图2.68(a)所示,输出电阻R_o的电路如图2.68(b)所示。在图2.68(a)中,外接测试电阻$R_s = 1\text{k}\Omega$,万用表XMM1和XMM2的读数分别为$V_s = 14.999\text{mV}$和$V_i = 7.613\text{mV}$,由此可算得

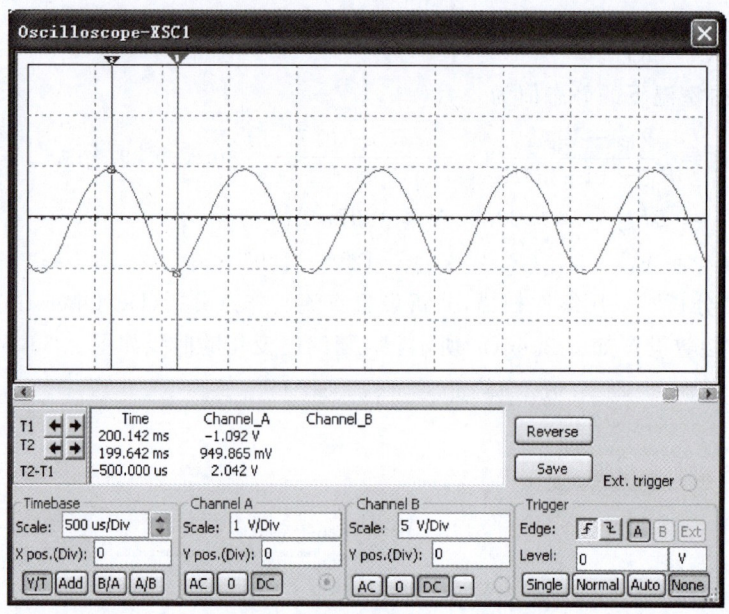

图 2.67 【仿真题 2-1】图解(2)

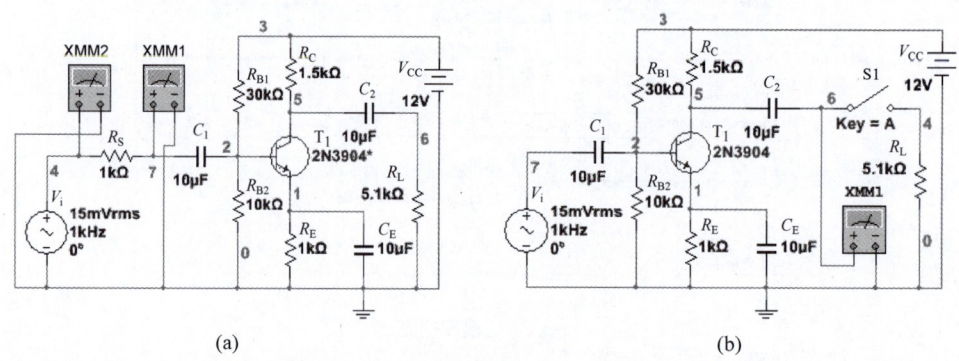

图 2.68 【仿真题 2-1】图解(3)

$$R_i = \frac{V_i}{V_s - V_i} R_s = \frac{7.613}{14.999 - 7.613} \times 1\text{k}\Omega \approx 1.03\text{k}\Omega$$

在图 2.68(b)中,开关打开时,万用表的读数为 $V'_o = 941.419\text{mV}$,开关闭合时,万用表的读数为 $V_o = 730.492\text{mV}$,由此可算得

$$R_o = \frac{V'_o - V_o}{V_o} R_L = \frac{941.419 - 730.492}{730.492} \times 5.1\text{k}\Omega \approx 1.47\text{k}\Omega$$

(4) 去掉发射极旁路电容 C_E 后,重复题(2)得到:最大不失真输入电压幅度约为 1.5V,测试输入电阻 R_i 和输出电阻 R_o 的电路分别如图 2.69(a)和图 2.69(b)所示。

在图 2.69(a)中,万用表 XMM1 和 XMM2 的读数分别为 $V_s = 1.5\text{V}$ 和 $V_i = 1.297\text{V}$,由此可算得

$$R_i = \frac{V_i}{V_s - V_i} R_s = \frac{1.297}{1.5 - 1.297} \times 1\text{k}\Omega \approx 6.4\text{k}\Omega$$

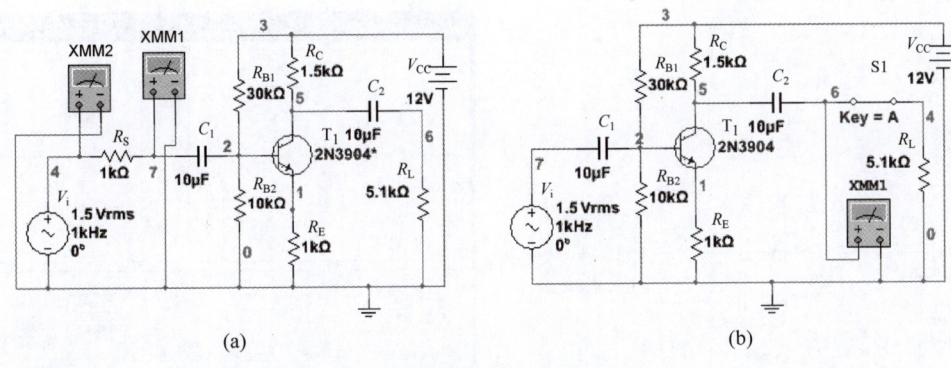

图 2.69 【仿真题 2-1】图解(4)

在图 2.69(b)中,开关打开时,万用表的读数为 $V_o'=2.133\text{V}$,开关闭合时,万用表的读数为 $V_o=1.649\text{V}$,由此可算得

$$R_o = \frac{V_o' - V_o}{V_o} R_L = \frac{2.133-1.649}{1.649} \times 5.1\text{k}\Omega \approx 1.5\text{k}\Omega$$

比较题(3)和题(4)的仿真结果可以看出,去掉发射极旁路电容,提高了输入电阻,但输出电阻保持不变。

【仿真题 2-2】 共漏极放大电路如图 2.70 所示,设 T 的型号为 2N3821,模型参数按默认值。

(1) 用 Multisim 仿真输出电压 v_o 的波形。
(2) 利用 Multisim 的交流分析,求出放大电路的中频电压增益。

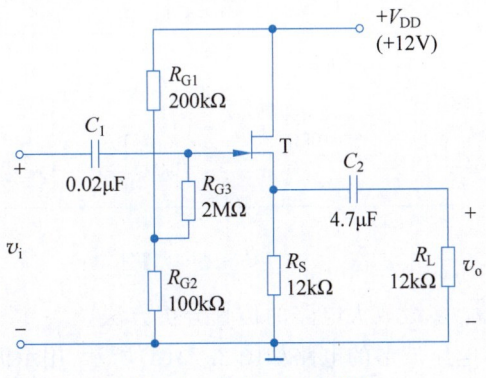

图 2.70 【仿真题 2-2】图

【解】 本题用来熟悉:
- 放大电路增益的仿真分析方法;
- 源极跟随器的特点。

仿真输出电压 v_o 波形的电路如图 2.71(a)所示,用示波器观察到的 v_o 波形如图 2.71(b)所示。

由图 2.71(b)可知 $V_{opp}=25.260\text{mV}$。同样,用示波器可测得 $V_{ipp}=28.113\text{mV}$。因此得到

$$A_v = V_o/V_i = 0.8985$$

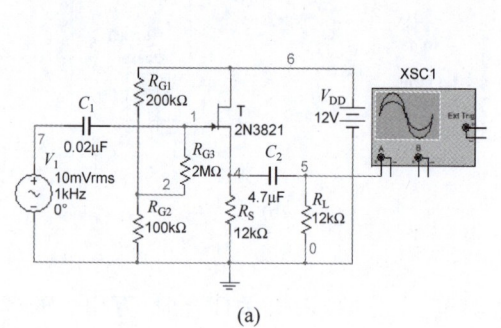
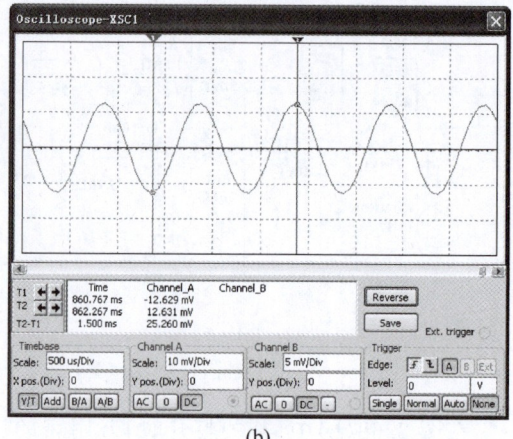

图 2.71 【仿真题 2-2】图解

【仿真题 2-3】 两级放大电路如图 2.72 所示，输入信号 $v_s = 10\sin(2\pi1000t)\,\text{mV}$，BJT 使用 2N2222。

(1) 用 Multisim 仿真每级电路的电压输出波形及增益。

(2) 用 Multisim 仿真两级电路的电压输出波形及增益。

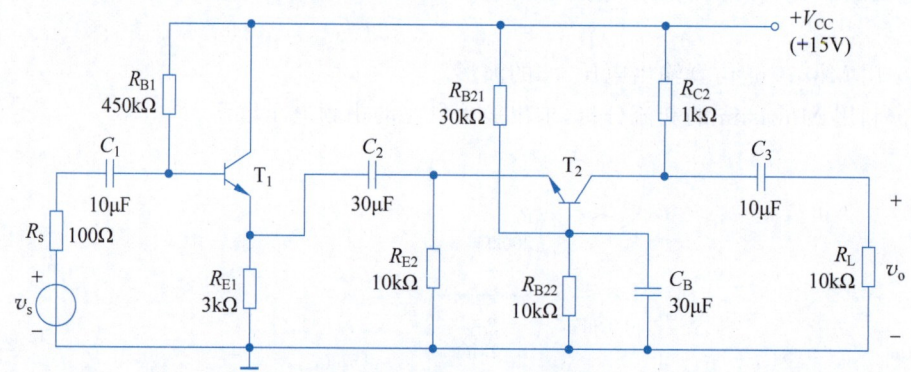

图 2.72 【仿真题 2-3】图

【解】 本题用来熟悉：多级放大电路的仿真分析方法。

(1) 仿真第一级输出电压波形的电路如图 2.73(a) 所示，用示波器观察到第一级的输出电压波形如图 2.73(b) 所示；仿真第二级输出电压波形的电路如图 2.73(c) 所示，用示波器观察到第二级的输出电压波形如图 2.73(d) 所示。

由图 2.73(b) 可知第一级输出电压的峰-峰值 $V_{opp} = 19.87\,\text{mV}$，已知输入电压的峰-峰值 $V_{ipp} = 20\,\text{mV}$，因此可得第一级的电压增益 $A_v = V_o/V_i = 0.9935$。

由图 2.73(d) 可知第二级输出电压的峰-峰值 $V_{opp} = 230.72\,\text{mV}$，已知输入电压的峰-峰值 $V_{ipp} = 20\,\text{mV}$，因此可得第二级的电压增益 $A_v = V_o/V_i = 11.611$。

(2) 仿真两级输出电压波形的电路如图 2.74(a) 所示，用示波器观察到两级电路的输出电压波形如图 2.74(b) 所示。

由图 2.74(b) 可知两级电路输出电压的峰-峰值 $V_{opp} = 205.251\,\text{mV}$，已知输入电压的峰-峰值 $V_{ipp} = 20\,\text{mV}$，因此可得两级电路总的电压增益 $A_v = V_o/V_i = 10.263$。

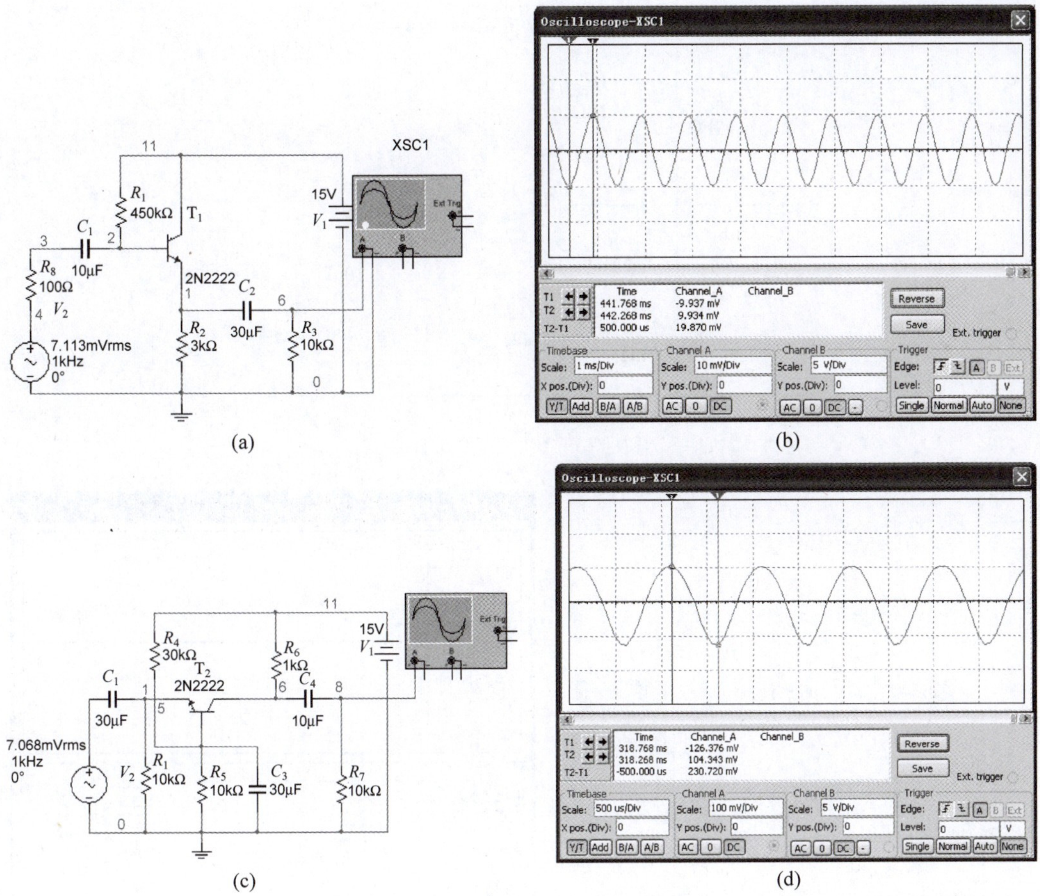

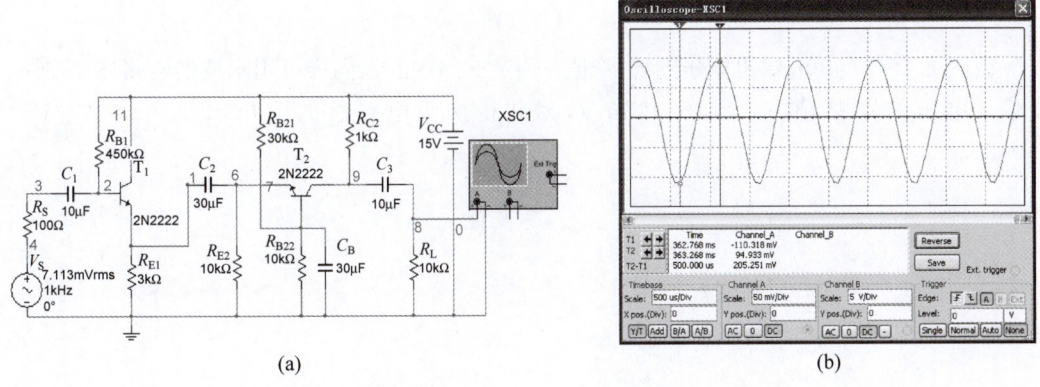

图 2.73 【仿真题 2-3】图解(1)

图 2.74 【仿真题 2-3】图解(2)

【仿真题 2-4】 两级放大电路如图 2.75 所示,设 T_1 的型号为 2N4393,T_2 的型号为 2N2907A。用 Multisim 仿真电路的中频电压增益。

【解】 本题用来熟悉:多级放大电路的仿真分析方法。

方法如【仿真题 2-3】,在 Multisim 环境下,在放大电路输入端口加频率为 1kHz,有效值为 10mV 的信号源,如图 2.76(a)所示,用示波器观察到电路的输出电压波形如图 2.76(b)所示。

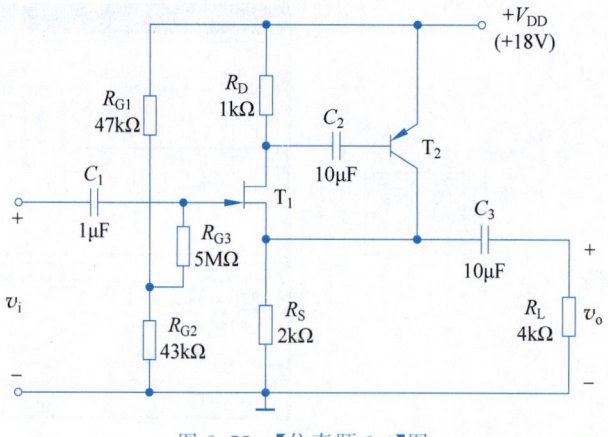

图 2.75 【仿真题 2-4】图

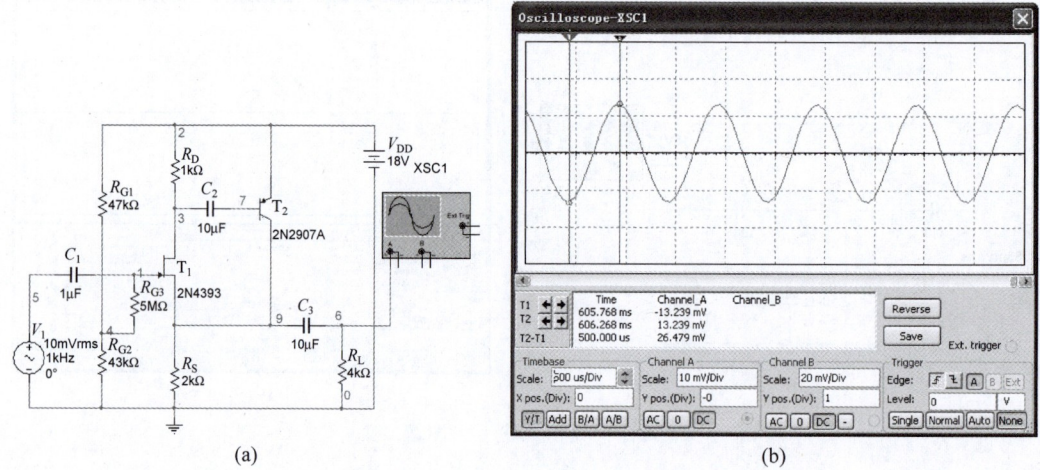

图 2.76 【仿真题 2-4】图解

由图 2.76(b)可知,输出电压的峰-峰值 $V_{\text{opp}}=26.479\text{mV}$,同样可用示波器测得图 2.76(a)中输入电压的峰-峰值 $V_{\text{ipp}}=28.113\text{mV}$,因此得两级电路总的电压增益 $A_v=V_o/V_i\approx 0.942$。

第 3 章 放大电路的频率响应

CHAPTER 3

3.1 教学要求

具体教学要求如下。
(1) 掌握放大电路频率特性的复频域分析方法。
(2) 掌握放大电路频率特性参数的计算方法。
(3) 熟悉晶体管的频率特性参数。
(4) 熟悉密勒定理及基本组态放大电路的频响特性,掌握放大电路幅频特性和相频特性渐近波特图的画法,了解宽带放大电路的实现方法。
(5) 熟悉多级放大电路的频率特性。
(6) 了解放大电路的瞬态响应特性。

3.2 基本概念和内容要点

3.2.1 表征放大电路频率响应的主要参数和波特图的表示方法

1. 放大电路的主要频率响应参数

1) 中频增益 A_m 及相角 φ_m

A_m 和 φ_m 是指放大电路工作在中频区的增益与相位,它们与频率无关。

2) 上限截止频率 f_H 及下限截止频率 f_L

f_H 和 f_L 定义为当信号频率变化时,放大电路增益的幅值下降到 $0.707 A_m$ 时所对应的频率。

当频率升高时,放大电路增益下降到 $0.707 A_m$ 时所对应的频率称为上限截止频率 f_H,即

$$A(f_H) = \frac{A_m}{\sqrt{2}} \tag{3-1}$$

当频率下降时,放大电路增益下降到 $0.707 A_m$ 时所对应的频率称为下限截止频率 f_L,即

$$A(f_L) = \frac{A_m}{\sqrt{2}} \tag{3-2}$$

3) 通频带 BW

BW 定义为上限截止频率与下限截止频率的差值,即

$$BW = f_H - f_L \tag{3-3}$$

当 $f_H \gg f_L$ 时,BW $\approx f_H$。

4) 增益带宽积 GBW

GBW 定义为放大电路中频增益 A_m 与通频带 BW 乘积的绝对值,即

$$GBW = |A_m \cdot BW| \tag{3-4}$$

2. 波特图

波特图是用来描绘放大电路频率响应的一种重要方法,是在半对数坐标系统中绘制放大电路的增益及相位与频率之间关系曲线的一种常用工程近似方法。从波特图上不仅可以确定放大电路频率响应的主要参数,而且在研究负反馈放大电路的稳定性问题时也常用波特图,因此,由传递函数写出幅频 $A(\omega)$ 和相频 $\varphi(\omega)$ 的表达式,并作出相应的波特图是必须掌握的。

一个电子系统的波特图可以分解为各因子的组合,画出了各因子的波特图,就可以通过叠加,十分方便地获得系统的波特图。这种波特图可以用几段折线来近似,而不必逐点描绘,作图方便,而且误差也不大,所以获得了广泛的应用。表 3.1 列出了若干传递函数因子的波特图。

表 3.1 若干传递函数因子的波特图

传递函数	频率特性	幅频特性波特图	相频特性波特图
$A_1(s) = K$	$A_1(j\omega) = K$ $20\lg A_1(\omega) = 20\lg K$ $\varphi_1(\omega) = 0$		
$A_2(s) = s$	$A_2(j\omega) = j\omega$ $20\lg A_2(\omega) = 20\lg\omega$ $\varphi_2(\omega) = 90°$		
$A_3(s) = \dfrac{1}{1+s/\omega_p}$	$A_3(j\omega) = \dfrac{1}{1+j\omega/\omega_p}$ $20\lg A_3(\omega) = -20\lg\sqrt{1+(\omega/\omega_p)^2}$ $\varphi_3(\omega) = -\arctan(\omega/\omega_p)$		
$A_4(s) = 1+s/\omega_z$	$A_4(j\omega) = 1+j\omega/\omega_z$ $20\lg A_4(\omega) = 20\lg\sqrt{1+(\omega/\omega_z)^2}$ $\varphi_4(\omega) = \arctan(\omega/\omega_z)$		

3.2.2 放大电路频率响应的分析方法

1. 放大电路在不同频段内的等效电路

若考虑电抗元件的影响,放大电路的增益应为频率的复函数,即 $A(j\omega) = A(\omega)e^{j\varphi(\omega)}$。放大电路的频率特性可分为三个频段:中频段、低频段、高频段。对不同频段内的放大电路进行分析,应建立不同的等效电路。

1) 中频段:通频带 BW 以内的区域

由于耦合电容和旁路电容的容量较大,在中频区呈现的容抗($1/\omega C$)较小,故可视为短路;而晶体管(BJT 或 FET)的极间电容的容量较小,在中频区呈现的容抗较大,故可视为开路。因此,在中频段范围内,电路中所有电抗的影响均可忽略不计。

在中频段,放大电路的增益、相角均为常数,不随频率而变化。

2) 低频段:$f < f_L$ 的区域

在低频段,随着频率的减小,耦合电容和旁路电容的容抗增大,分压作用明显,不可再视为短路;而晶体管的极间电容呈现的容抗比中频时更大,仍可视为开路。因此,影响低频响应的主要因素是耦合电容和旁路电容。

在低频段,放大电路的增益比中频时减小并产生附加相移。

3) 高频段:$f > f_H$ 的区域

在高频段,随着频率的增大,耦合电容及旁路电容的容抗比中频时更小,仍可视为短路;而晶体管的极间电容呈现的容抗比中频时减小,分流作用加大,不可再视为开路。因此,影响高频响应的主要因素是晶体管的极间电容。

在高频段,放大电路的增益比中频时减小并产生附加相移。

2. RC 电路的频率响应

在放大电路中,只要包含电容元件的回路,都可等效为 RC 低通或高通电路。RC 低通电路可用来模拟晶体管极间电容对放大电路高频响应的影响,而 RC 高通电路可用来模拟耦合及旁路电容对放大电路低频响应的影响。因此,熟练掌握 RC 电路的频率特性对学习放大电路的频响十分有帮助,表 3.2 列出了 RC 低通和高通电路的频率特性。

表 3.2 RC 低通和高通电路的频率特性

比较项目	低通电路	高通电路
电路图	(R 串联,C 并联到地,输入 v_i,输出 v_o)	(C 串联,R 并联到地,输入 v_i,输出 v_o)
频率响应	$A_v(j\omega) = \dfrac{1}{1+j\omega/\omega_p}$	$A_v(j\omega) = \dfrac{1}{1-j\omega_p/\omega}$
转折角频率	上限截止角频率 $\omega_H = \omega_p = \dfrac{1}{RC}$	下限截止角频率 $\omega_L = \omega_p = \dfrac{1}{RC}$

续表

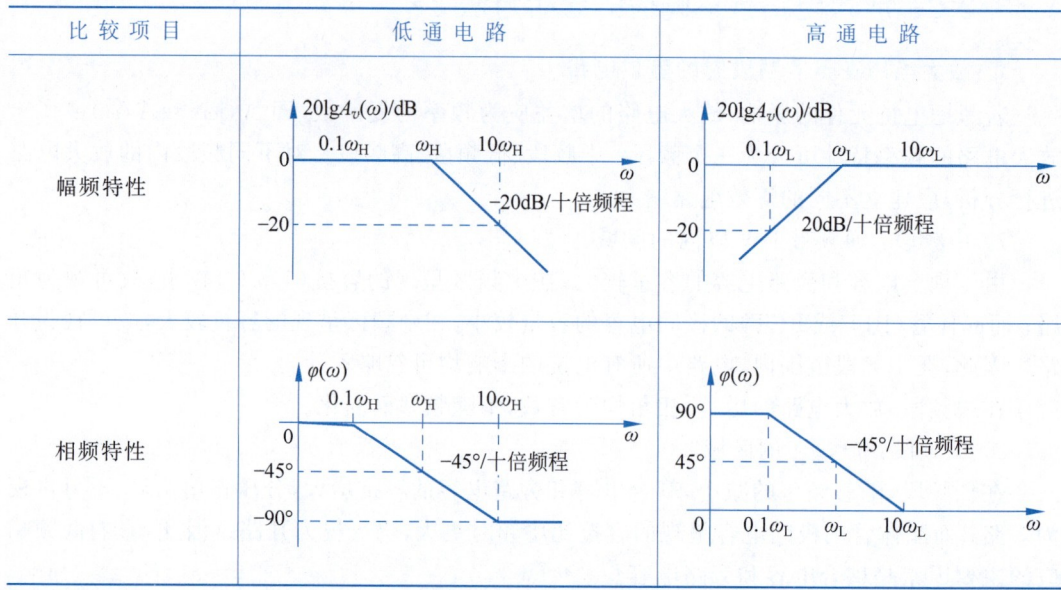

通常,将 RC 电路中并接在电容两端的电阻称为节点电阻。在 C 一定时,节点电阻对电路的频率特性有很大的影响。对于 RC 低通电路,节点电阻越小,电容越小,上限截止频率 f_H 越高;对于 RC 高通电路,节点电阻越大,电容越大,下限截止频率 f_L 越低。在集成电路中,由于采用直接耦合方式,所以 $f_L \approx 0$,因此,扩展通频带的关键是扩展上限截止频率 f_H。

3. 放大电路频率响应的分析方法

放大电路频率响应的分析方法是以传递函数与相应的拉普拉斯变换为基础,从放大电路的交流等效电路出发,将其电容 C 用 $1/sC$ 表示,电感 L 用 sL 表示,导出电路的传递函数表达式,确定其极点与零点,并由此确定放大电路的频率特性参数。具体步骤如下。

(1) 写出电路传递函数的表达式 $A(s)$。

小信号放大电路是线性时不变系统,传递函数(Transfer Function)的表达式可以写成

$$A(s) = H_0 \frac{(s-z_1)(s-z_2)\cdots(s-z_m)}{(s-p_1)(s-p_2)\cdots(s-p_n)} \tag{3-5}$$

式中,H_0 为常数;$z_1, z_2, \cdots, z_m$ 为传递函数的零点(Zeros);$p_1, p_2, \cdots, p_n$ 为传递函数的极点(Poles)。

(2) 令 $s = j\omega$,写出电路的频率特性表达式 $A(j\omega)$。

$$A(j\omega) = H_0 \frac{(j\omega-z_1)(j\omega-z_2)\cdots(j\omega-z_m)}{(j\omega-p_1)(j\omega-p_2)\cdots(j\omega-p_n)} \tag{3-6}$$

(3) 绘制波特图并确定主要频响参数。

由 $A(j\omega) \longrightarrow \begin{cases} \text{写出对数幅频 } 20\lg A(\omega) \text{ 的表达式} \longrightarrow \text{画出各因子的波特图} \longrightarrow \text{合成} \\ \text{写出相频 } \varphi(\omega) \text{ 的表达式} \longrightarrow \text{画出各因子的波特图} \longrightarrow \text{合成} \end{cases}$

由波特图确定放大电路的中频增益 A_m、上限截止频率 f_H、下限截止频率 f_L 及通频带 BW 等主要频响参数。

注意：使用开路时间常数法近似计算电路的上限截止角频率 ω_H。

这种方法是 1969 年由 Gray 和 Searly 提出的。当难以用简单的方法确定等效电路的极点和零点时，通常可采用此种方法。具体步骤如下。

首先，分别求出高频等效电路中每一个电容元件的开路时间常数 $\tau = R_{io}C_i$，其中，C_i 是电路中的一个电容元件。求 R_{io} 的方法：除 C_i 外的其他电容元件均开路，并将电压源短路，电流源开路，画出等效电路，求出与 C_i 相并接的等效电阻，即为 R_{io}。

然后，把求出的所有电容的开路时间常数 τ 并相加，并按式(3-7)确定电路的上限截止角频率。

$$\omega_H \approx \frac{1}{\sum_{i=1}^{n} R_{io}C_i} \tag{3-7}$$

这种方法的突出优点是可以看到电路中的每个电容元件对高频响应的影响程度，从而为设计好的高频响应电路提供简捷的方法，但这种方法不适用于含有电感的系统。

3.2.3 基本放大电路的频率响应

1. 晶体管的频率参数

BJT 有 3 个频率参数，其定义及表达式如表 3.3 所示。

表 3.3 BJT 的频率参数

比较项目	共射截止频率 f_β	特征频率 f_T	共基截止频率 f_α
定义	$\beta(\omega)$ 下降到中频 β_0 的 $1/\sqrt{2}$ 倍时对应的频率	$\beta(\omega)$ 下降到 1(0dB) 时对应的频率	$\alpha(\omega)$ 下降到中频 α_0 的 $1/\sqrt{2}$ 倍时对应的频率
表达式	$f_\beta = \dfrac{1}{2\pi r_{b'e}(C_{b'e}+C_{b'c})}$	$f_T = \dfrac{g_m}{2\pi(C_{b'e}+C_{b'c})} \approx \beta_0 f_\beta$	$f_\alpha = (1+\beta_0)f_\beta$
相互关系	$f_\alpha > f_T \gg f_\beta$，其中应用最广、最具代表性的是 f_T，通常，f_T 越高，BJT 的高频性能越好，构成的放大电路的上限截止频率越高		

2. 三种基本 BJT 放大电路的高频响应

分析思路：画出放大电路的高频小信号等效电路→化简等效电路→求 $A(j\omega)$→计算 f_H。

三种基本组态放大电路的高频特性如表 3.4 所示。

1) 共发射极放大电路

该电路高频响应分析的关键在于要将跨接在 b' 与 c 之间的电容 $C_{b'c}$ 分别等效到输入端和输出端。利用密勒定理，等效到输入端的电容 $C_{M1} \approx g_m R'_L C_{b'c}$，等效到输出端的电容 $C_{M2} \approx C_{b'c}$。由于 $C_{b'c}$ 很小，因此，C_{M2} 对输出回路的影响可以忽略不计，仅考虑 C_{M1} 对输入回路的影响。

表 3.4 三极管三种基本组态放大电路的高频响应

比较项目	共发射极放大电路	共集电极放大电路	共基极放大电路
交流通路			
高频等效电路	（忽略 R_B，$R'_L = R_C /\!/ R_L$）	（忽略 R_B，$R'_L = R_E /\!/ R_L$）	（$R'_L = R_C /\!/ R_L$）
简化高频等效电路	$\dot{V}'_s = \dfrac{r_{b'e}}{R_s + r_{bb'} + r_{b'e}} \dot{V}_s$ $R'_s = r_{b'e} /\!/ (R_s + r_{bb'})$, $C_i = DC_{b'e}$, $D \approx 1 + \omega_T C_{b'c} R'_L$	（忽略 $C_{b'c}$）	（忽略 R_E、$r_{bb'}$）

续表

比较项目		共发射极放大电路	共集电极放大电路	共基极放大电路
高频响应		$\dot{A}_{vs}(j\omega) = \dfrac{\dot{V}_o(j\omega)}{\dot{V}_s(j\omega)} = \dfrac{A_{vsm}}{1+j\omega/\omega_p}$	$\dot{A}_{vs}(j\omega) = \dfrac{\dot{V}_o(j\omega)}{\dot{V}_s(j\omega)} = A_{vsm} \cdot \dfrac{1+j\omega/\omega_z}{1+j\omega/\omega_p}$	$\dot{A}_{vs}(j\omega) = \dfrac{\dot{V}_o(j\omega)}{\dot{V}_s(j\omega)} = \dfrac{A_{vsm}}{(1+j\omega/\omega_{p1})(1+j\omega/\omega_{p2})}$
中频增益		$A_{vsm} = -g_m R'_L \dfrac{r_{b'e}}{R_s + r_{bb'} + r_{b'e}}$	$A_{vsm} = \dfrac{(1+g_m r_{b'e})R'_L}{R_s + r_{bb'} + r_{b'e} + (1+g_m r_{b'e})R'_L}$	$A_{vsm} = g_m R'_L \dfrac{1}{R_s + 1/g_m}$
上限截止频率		$\omega_H = \omega_p = \dfrac{1}{\tau} = \dfrac{1}{R'_s C_i}$	零点角频率 $\omega_z \approx \omega_T$，极点角频率 $\omega_p = 1/R_i C_{b'e}$ 其中, $R_i = r_{b'e} // \dfrac{R_s + r_{bb'} + R'_L}{1+g_m R'_L}$	$\omega_{p1} = \dfrac{1}{\left(R_s // \dfrac{r_{b'e}}{1+\beta}\right) C_{b'e}} \approx \dfrac{g_m}{C_{b'e}} \approx \omega_T$ $\omega_{p2} = \dfrac{1}{R'_L C_{b'c}}$
高频特性		当输入为低阻节点，输出亦为低阻节点时，上限截止角频率 $\omega_H \to \omega_T$	当输入为低阻节点时，上限截止角频率 ω_H 很高	当输出为低阻节点时，$\omega_{p2} \gg \omega_{p1}$，上限截止角频率 $\omega_H \to \omega_T$
		频率特性一般	频率特性较好	频率特性最好

等效后,输入端的总电容 $C_i = C_{b'e} + C_{M1} = DC_{b'e}$,其中,$D$ 为密勒倍增因子。尽管 $C_{b'c}$ 很小,但由于密勒效应,却使输入端总电容增大了 D 倍。从而限制了放大电路的上限截止频率。

2) 共集电极放大电路

共集电极放大电路中不存在密勒倍增效应,当输入为低阻节点时,其上限截止角频率 ω_H 很高。但考虑到混合 π 型等效电路的实际使用情况,共集电极电路应工作在 $\omega_T/3$ 以下。除了频率特性好之外,共集电极电路还具有高输入阻抗、低输出阻抗的特点。

3) 共基极放大电路

共基极放大电路中不存在密勒倍增效应,当输出为低阻节点时,其上限截止角频率 $\omega_H \rightarrow \omega_T$,在三种基本组态的放大电路中,其高频响应最好,同时还具有低输入阻抗、高输出阻抗的特点。

3. 基本 BJT 放大电路的低频响应

考虑到分立元件电路或集成电路的外围电路中常用阻容耦合方式,有必要对阻容耦合放大电路的低频响应加以讨论。表 3.5 列出了共发射极放大电路的低频特性。

表 3.5 共发射极放大电路的低频响应

电 路 图	简化的低频等效电路	低 频 响 应	下限截止角频率
(电路图)	(等效电路图)	$A_{vs}(j\omega) = A_{vsm} \dfrac{j\omega/\omega_{p1}}{1+j\omega/\omega_{p1}} \cdot \dfrac{j\omega/\omega_{p2}}{1+j\omega/\omega_{p2}}$ 其中,$\omega_{p1} = \dfrac{1}{(R_s + r_{bb'} + r_{b'e})C'_B}$ $\omega_{p2} = \dfrac{1}{(R_C + R_L)C_C}$ $A_{vsm} = -g_m R'_L \dfrac{r_{b'e}}{R_s + r_{bb'} + r_{b'e}}$	$\omega_L = \omega_{\max}(\omega_{p1}, \omega_{p2})$

表中,$C'_B = \dfrac{C_B C_E}{(1+\beta)C_B + C_E}$,需要指出的是:在耦合电容和旁路电容中,旁路电容 C_E 是决定低频响应的主要因素。

4. 基本 FET 放大电路的频率响应

基本 FET 放大电路频率响应的分析方法与 BJT 放大电路类似,其结果也相似,此处不再赘述。

5. 宽带放大电路的实现思想

在电子系统中,常常需要放大电路具有较宽的通频带,当 $f_H \gg f_L$ 时,$BW \approx f_H$。所以,扩展通频带的关键是扩展电路的上限截止频率 f_H,通常有以下几种方法。

(1) 改进集成工艺,通过提高管子的特征频率 f_T 扩展 f_H(略)。

(2) 在放大电路中引入负反馈技术扩展 f_H(将在第 6 章讨论)。

(3) 利用电流模技术扩展 f_H(略)。

(4) 利用组合电路扩展 f_H。

从原理上讲,后三种方法都是通过产生低阻节点来扩展 f_H 的。

对于 BJT 而言,以下几种组合电路的形式常用于宽带放大电路的设计中:共射-共基组合电路;共集-共射组合电路;共集-共射-共基组合电路;共集-共基组合电路。

3.2.4 多级放大电路的频率响应

1. 多级放大电路的上限截止频率

多级放大电路的上限截止频率 f_H 的近似表达式为

$$f_H \approx \frac{1}{\sqrt{\dfrac{1}{f_{H1}^2} + \dfrac{1}{f_{H2}^2} + \cdots + \dfrac{1}{f_{Hn}^2}}} \tag{3-8}$$

式中,$f_{H1},f_{H2},\cdots,f_{Hn}$ 分别为各级放大电路的上限截止频率。

若各级放大电路的上限截止频率相等,即 $f_{H1}=f_{H2}=\cdots=f_{Hn}$,则有

$$f_H = \sqrt{2^{\frac{1}{n}} - 1}\, f_{H1} \tag{3-9}$$

多级放大电路总的上限截止频率 f_H 比其中任何一级的上限截止频率 f_{Hk} 都要低。

2. 多级放大电路的下限截止频率

多级放大电路下限截止频率 f_L 的近似表达式为

$$f_L \approx \sqrt{f_{L1}^2 + f_{L2}^2 + \cdots + f_{Ln}^2} \tag{3-10}$$

式中,$f_{L1},f_{L2},\cdots,f_{Ln}$ 分别为各级放大电路的下限截止频率。

若各级放大电路的下限截止频率相等,即 $f_{L1}=f_{L2}=\cdots=f_{Ln}$,则有

$$f_L \approx \frac{f_{L1}}{\sqrt{2^{\frac{1}{n}} - 1}} \tag{3-11}$$

多级放大电路总的下限截止频率 f_L 比其中任何一级的下限截止频率 f_{Lk} 都要高。

多级放大电路总的增益增大了,但总的通频带变窄了。

3.2.5 放大电路的瞬态响应

对放大电路的研究,目前有两种不同的方法,即稳态分析和瞬态分析。

稳态分析以正弦波为放大电路的基本信号,研究放大电路对不同信号的幅值和相位的响应,这种方法又称为频域响应。

瞬态分析以单位阶跃为放大电路的输入信号,研究放大电路的输出波形随时间变化的情况,称阶跃响应,又称为时域响应。

1. 表征瞬态响应的主要参数

放大电路的瞬态响应主要由上升时间 t_r 和平顶降落 δ 来表示。

2. 稳态响应与瞬态响应参数之间的关系

上升时间 t_r 与上限截止频率 f_H 之间的关系为

$$t_r = \frac{0.35}{f_H} \quad \text{或} \quad t_r f_H = 0.35 \tag{3-12}$$

上升时间 t_r 与上限截止频率 f_H 成反比,f_H 越大,t_r 越小,输出波形前沿失真越小。

平顶降落 δ 与下限频率 f_L 之间的关系为

$$\delta = 2\pi f_L t_p V_m \tag{3-13}$$

平顶降落 δ 与下限截止频率 f_L 成正比，f_L 越低，则 δ 越小。

3.3 典型习题详解

【题 3-1】 已知某放大电路的传递函数为

$$A(s) = \frac{10^8 s}{(s+10^2)(s+10^5)}$$

试画出相应的幅频特性与相频特性波特图，并指出放大电路的上限截止频率 f_H，下限截止频率 f_L 及中频增益 A_m 各为多少？

【解】 本题用来熟悉：
- 由传递函数画波特图的方法；
- 由波特图确定放大电路频响参数的方法。

由传递函数可知，该放大电路有两个极点 $p_1=-10^2\text{rad/s}$，$p_2=-10^5\text{rad/s}$，以及一个零点 $z=0$。

(1) 将 $A(s)$ 变换成以下标准形式，即

$$A(s) = \frac{10s}{(1+s/10^2)(1+s/10^5)}$$

(2) 将 $s=j\omega$ 代入上式得放大电路的频率特性表达式为

$$A(j\omega) = \frac{10j\omega}{(1+j\omega/10^2)(1+j\omega/10^5)}$$

写出其幅频特性及相频特性表达式为

$$A(\omega) = \frac{10\omega}{\sqrt{1+(\omega/10^2)^2}\sqrt{1+(\omega/10^5)^2}}, \quad \varphi(\omega) = \frac{\pi}{2} - \arctan\left(\frac{\omega}{10^2}\right) - \arctan\left(\frac{\omega}{10^5}\right)$$

对 $A(\omega)$ 取对数得对数幅频特性为

$$20\lg A(\omega) = 20\lg 10 + 20\lg\omega - 20\lg\sqrt{1+(\omega/10^2)^2} - 20\lg\sqrt{1+(\omega/10^5)^2}$$

(3) 在半对数坐标系中按 $20\lg A(\omega)$ 及 $\varphi(\omega)$ 的关系作波特图，如图 3.1 所示。

由图 3.1(a) 可得，放大电路的中频增益 $A_m=60\text{dB}$，上限截止频率 $f_H=10^5/2\pi \approx 15.9\text{kHz}$，下限截止频率 $f_L=10^2/2\pi \approx 15.9\text{Hz}$。

【题 3-2】 已知某放大电路的频率特性表达式为

$$A(j\omega) = \frac{200 \times 10^6}{j\omega + 10^6}$$

试问该放大电路的低频增益、上限截止频率及增益带宽积各为多少？

【解】 本题用来熟悉：由放大电路的频率特性表达式确定其频响参数的方法。
将题目给出的频率特性表达式变换成标准形式

$$A(j\omega) = \frac{200}{1+j\omega/10^6}$$

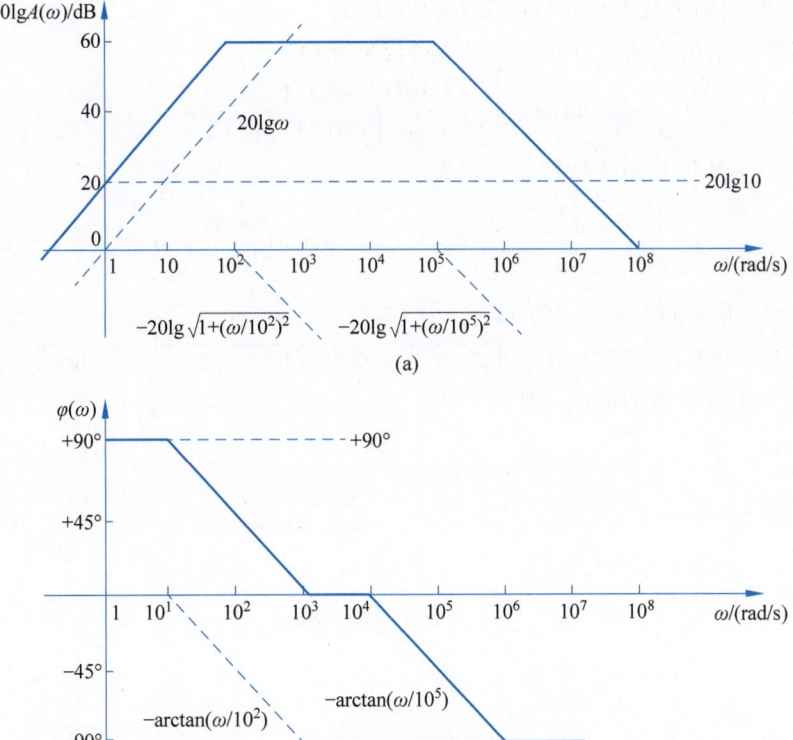

图 3.1 【题 3-1】图解

由上式可写出其幅频特性表达式为

$$A(\omega) = \frac{200}{\sqrt{1+(\omega/10^6)^2}}$$

当 $\omega=0$ 时,$A(0)=200$,即为放大电路的直流增益(或低频增益)。

当 $\omega=\omega_H$ 时,$A(\omega_H)=\dfrac{200}{\sqrt{1+(\omega_H/10^6)^2}}=\dfrac{A(0)}{\sqrt{2}}$,求得:$\omega_H=10^6\,\text{rad/s}$,相应的上限截止频率为

$$f_H = \frac{\omega_H}{2\pi} = \frac{10^6}{2\times 3.14}\,\text{Hz} \approx 159.2\,\text{kHz}$$

由增益带宽积的定义可求得 $\text{GBW}=|A(0)\cdot f_H|\approx 31.84\,\text{MHz}$。

思考:此题是否可用波特图求解?

【题 3-3】 已知某放大电路的频率特性表达式为

$$A(j\omega) = \frac{10^{13}(j\omega+100)}{(j\omega+10^6)(j\omega+10^7)}$$

(1) 试画出该电路的幅频特性和相频特性波特图。
(2) 确定其中频增益及上限截止频率的大小。

【解】 本题用来熟悉:
- 由放大电路的频率特性表达式画波特图的方法;

- 由波特图确定放大电路频响参数的方法。

(1) 将题目给出的频率特性表达式变换成标准形式

$$A(j\omega) = \frac{10^2(1+j\omega/100)}{(1+j\omega/10^6)(1+j\omega/10^7)}$$

相应的幅频特性及相频特性表达式为

$$A(\omega) = \frac{10^2\sqrt{1+(\omega/10^2)^2}}{\sqrt{1+(\omega/10^6)^2}\sqrt{1+(\omega/10^7)^2}}, \varphi(\omega) = \arctan\left(\frac{\omega}{10^2}\right) - \arctan\left(\frac{\omega}{10^6}\right) - \arctan\left(\frac{\omega}{10^7}\right)$$

对 $A(\omega)$ 取对数得对数幅频特性为

$$20\lg A(\omega) = 20\lg 10^2 + 20\lg\sqrt{1+(\omega/10^2)^2} - 20\lg\sqrt{1+(\omega/10^6)^2} - 20\lg\sqrt{1+(\omega/10^7)^2}$$

由此可画出其波特图如图 3.2 所示。

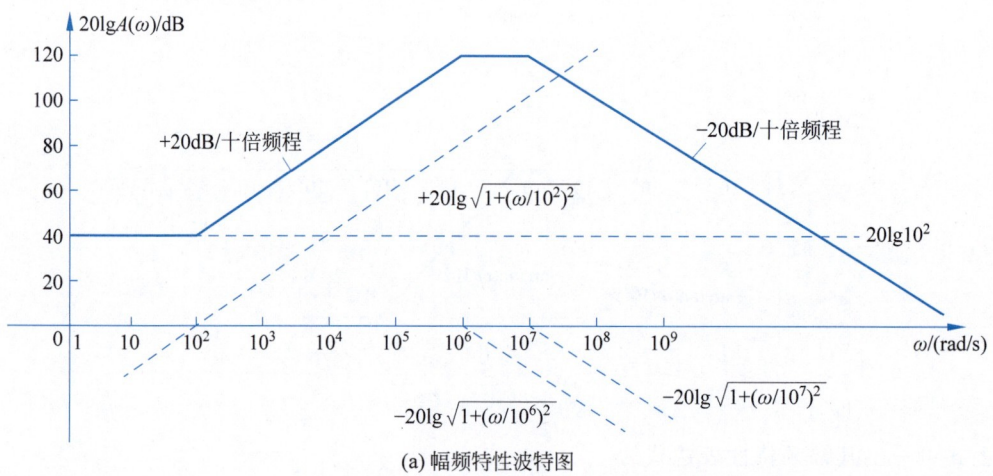

(a) 幅频特性波特图

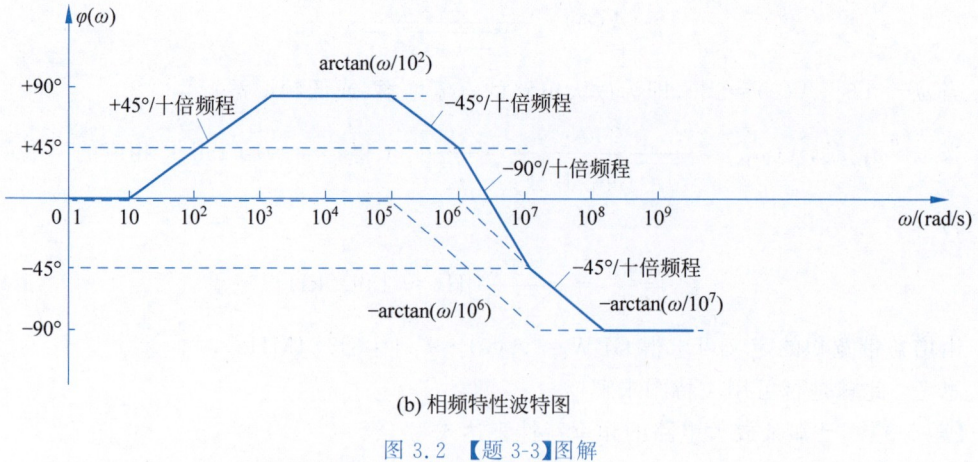

(b) 相频特性波特图

图 3.2 【题 3-3】图解

(2) 由图 3.2 可知,该放大电路的中频增益 $A_m = 120\text{dB}$,上限截止频率 $f_H = 10^7/2\pi \approx 1.6\text{MHz}$。

【题 3-4】 已知某放大电路的频率特性函数为

$$A_v(j\omega) = \frac{-1000}{(1+j\omega/10^7)^3}$$

试问:(1)该放大电路的低频电压增益 A_{vL} 为多少?(2)其幅频特性及相频特性的表达式如何?(3)画出其幅频特性波特图。(4)其上限截止频率 f_H 为多少?

【解】 本题用来熟悉:由放大电路的频率特性函数确定其频响参数及画波特图的方法。

(1) 该放大电路是一个三阶重极点、无零点系统,低频电压增益 $A_{vL}=60\text{dB}$。

(2) $A_v(\omega)=\dfrac{1000}{\sqrt{[1+(\omega/10^7)^2]^3}}$

$\varphi(\omega)=-3\arctan\left(\dfrac{\omega}{10^7}\right)$

(3) 幅频特性的波特图如图 3.3 所示。

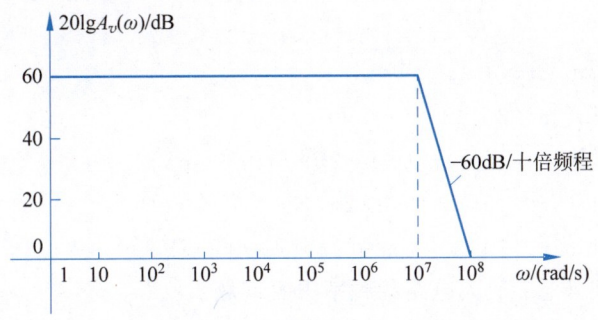

图 3.3 【题 3-4】图解

(4) 当 $\omega=\omega_H$ 时,有

$$A_v(\omega_H)=\dfrac{1000}{\sqrt{[1+(\omega_H/10^7)^2]^3}}=\dfrac{1000}{\sqrt{2}}$$

求得 $\omega_H\approx 0.51\times 10^7\text{rad/s}$。相应的上限截止频率为 $f_H=\dfrac{\omega_H}{2\pi}=\dfrac{0.51\times 10^7}{2\times 3.14}\text{Hz}\approx 0.812\text{MHz}$。

【题 3-5】 已知某 BJT 电流放大倍数 β 的幅频特性波特图如图 3.4 所示,试写出 β 的频率特性表达式,分别指出该管的 ω_β、ω_T 各为多少?并画出其相频特性的波特图。

【解】 本题用来熟悉:BJT 的频率特性及其频率参数的确定方法。

由 β 的对数幅频特性波特图可知 $\beta_0=100$,$\omega_\beta=4\text{Mrad/s}$,$\omega_T=400\text{Mrad/s}$。它是一个单极点系统,因此相应的频率特性表达式为

$$\beta(\text{j}\omega)=\dfrac{\beta_0}{1+\text{j}\omega/\omega_\beta}=\dfrac{100}{1+\text{j}\dfrac{\omega}{4\times 10^6}}$$

ω_T 也可按 $\omega_T\approx\beta_0\omega_\beta=100\times 4=400\text{Mrad/s}$ 求得。

$$\varphi(\omega)=-\arctan\left(\dfrac{\omega}{4\times 10^6}\right)$$

因此,可画出相频特性的波特图如图 3.5 所示。

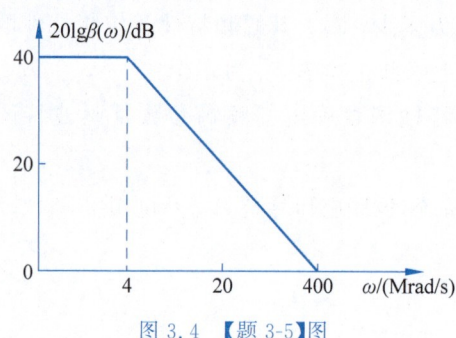

图 3.4 【题 3-5】图

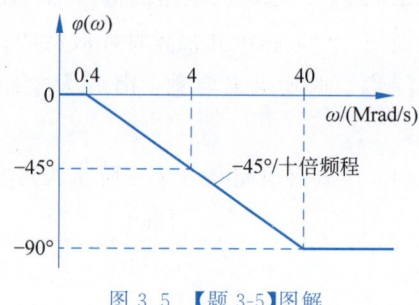

图 3.5 【题 3-5】图解

【题 3-6】 某放大电路的中频电压增益 $A_{vm}=40\text{dB}$,上限截止频率 $f_H=2\text{MHz}$,下限截止频率 $f_L=100\text{Hz}$,输出不失真的动态范围 $V_{opp}=10\text{V}$,在下列各种输入信号情况下会产生什么失真?

(1) $v_i(t)=0.1\sin(2\pi\times10^4 t)$ (V)。

(2) $v_i(t)=10\sin(2\pi\times3\times10^6 t)$ (mV)。

(3) $v_i(t)=10\sin(2\pi\times400t)+10\sin(2\pi\times10^6 t)$ (mV)。

(4) $v_i(t)=10\sin(2\pi\times10t)+10\sin(2\pi\times5\times10^4 t)$ (mV)。

(5) $v_i(t)=10\sin(2\pi\times10^3 t)+10\sin(2\pi\times10^7 t)$ (mV)。

【解】 本题用来熟悉:放大电路的频率失真问题。

(1) 输入信号为一单一频率正弦波,$f=10\text{kHz}$,由于 $f_L<f<f_H$,所以,不存在频率失真问题。但由于输入信号幅度较大(0.1V),经 100 倍的放大后,输出信号峰-峰值为 $0.1\times2\times100\text{V}=20\text{V}$,已大幅超出输出不失真的动态范围 V_{opp},故输出信号将产生严重的非线性失真(波形出现限幅状态)。

(2) 输入信号为一单一频率正弦波,$f=3\text{MHz}$,由于 $f>f_H$,所以,存在频率失真问题。又由于输入信号幅度较小(0.01V),经 100 倍的放大后,输出信号峰-峰值为 $0.01\times2\times100\text{V}=2\text{V}<V_{opp}$,所以,不会出现非线性失真。

(3) 输入信号的两个频率分量分别为 $f_1=400\text{Hz},f_2=1\text{MHz}$,均处在放大电路的中频区,所以,不存在频率失真问题。又由于输入信号幅度较小(0.01V),所以,也不会出现非线性失真。

(4) 输入信号的两个频率分量分别为 $f_1=10\text{Hz},f_2=50\text{kHz}$,由于 $f_1<f_L,f_L<f_2<f_H$,所以,放大后会出现低频频率失真。又由于输入信号幅度较小(0.01V),叠加后也未超出线性动态范围,所以,不会出现非线性失真。

(5) 输入信号的两个频率分量为 $f_1=1\text{kHz}$,$f_2=10\text{MHz},f_L<f_1<f_H,f_2>f_H$,所以,放大后会出现高频频率失真。又由于输入信号幅度较小(0.01V),叠加后也未超出线性动态范围,所以不会出现非线性失真。

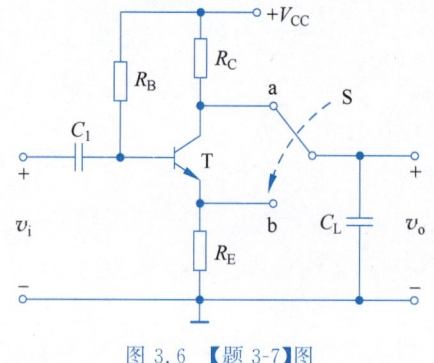

图 3.6 【题 3-7】图

【题 3-7】 分相器电路如图 3.6 所示。该电路

的特点是 $R_C = R_E$，在集电极和发射极可输出一对等值反相的信号。现如今有一容性负载 C_L，若将 C_L 分别接到集电极和发射极，则由 C_L 引入的上限截止频率各为多少？不考虑晶体管内部电容的影响。

【解】 本题用来熟悉：负载电容对放大电路高频响应的影响。

(1) 若将开关 S 接 a 点，则负载电容 C_L 接至集电极，由此引入的上限截止频率 f_{Ha} 为

$$f_{Ha} = \frac{1}{2\pi R_{oa} C_L} = \frac{1}{2\pi R_C C_L}$$

(2) 若将开关 S 接 b 点，则负载电容 C_L 接至发射极，由此引入的上限频率 f_{Hb} 为

$$f_{Hb} = \frac{1}{2\pi R_{ob} C_L} = \frac{1}{2\pi \left(R_E \mathbin{/\mkern-6mu/} \dfrac{r_{be}}{1+\beta}\right) C_L}$$

可见，$f_{Hb} \gg f_{Ha}$，这是因为射极输出时的输出电阻 R_{ob} 很小，带负载能力强的缘故。

【题 3-8】 分压式偏置共发射极放大电路如图 3.7 所示。已知 BJT 的参数为 $\beta = 40$，$r_{bb'} = 100\Omega$，$r_{b'e} = 1\mathrm{k}\Omega$，$C_{b'e} = 100\mathrm{pF}$，$C_{b'c} = 3\mathrm{pF}$，电路参数如图 3.7 中所示。

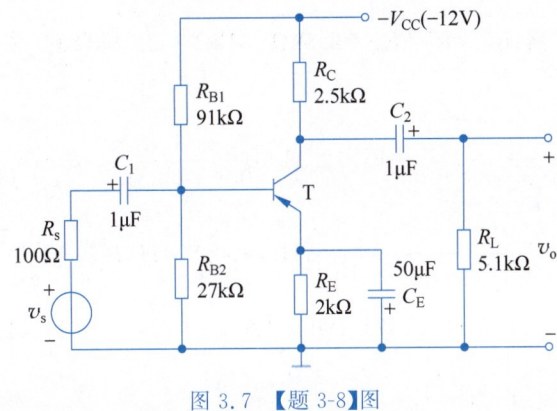

图 3.7 【题 3-8】图

(1) 画出电路的高频小信号等效电路，并确定上限截止频率 f_H 的值。

(2) 求中频源电压增益。

(3) 如果 R_L 提高 10 倍，中频源电压增益、上限截止频率及增益带宽积各变化多少倍？

【解】 本题用来熟悉：
- 放大电路高频响应的分析方法及密勒等效定理；
- 增益带宽积 GBW 的概念。

(1) 电路的高频小信号等效电路如图 3.8(a) 所示，其中，$R_B = R_{B1} \mathbin{/\mkern-6mu/} R_{B2}$。由于 $R_B = R_{B1} \mathbin{/\mkern-6mu/} R_{B2} = 91\mathrm{k}\Omega \mathbin{/\mkern-6mu/} 27\mathrm{k}\Omega \approx 20.82\mathrm{k}\Omega \gg R_s$，所以，在分析高频响应时忽略直流偏置电阻 R_B 的影响。图 3.8(a) 所示电路的密勒等效电路如图 3.8(b) 所示，其中，$C = C_{b'e} + (1 + g_m R'_L) C_{b'c}$。

由图 3.8(b) 易得

$$f_H = \frac{1}{2\pi RC} = \frac{1}{2 \times 3.14 \times 167 \times 305 \times 10^{-12}} \mathrm{Hz} \approx 3.1\mathrm{MHz}$$

其中，

$$R = r_{b'e} \mathbin{/\mkern-6mu/} (R_s + r_{bb'}) = 1000\Omega \mathbin{/\mkern-6mu/} (100 + 100)\Omega \approx 167\Omega$$

$$C = C_{b'e} + (1 + g_m R'_L) C_{b'c} = 100\mathrm{pF} + (1 + 40 \times 1.68) \times 3\mathrm{pF} \approx 305\mathrm{pF}$$

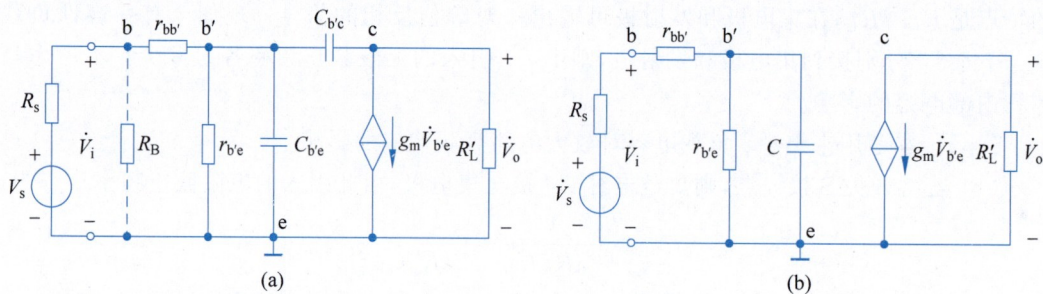

图 3.8 【题 3-8】图解

$$g_m = \frac{\beta}{r_{b'e}} = \frac{40}{1000}\text{S} = 40\text{mS}, R_L' = R_C // R_L = 2.5\text{k}\Omega // 5.1\text{k}\Omega \approx 1.68\text{k}\Omega$$

(2) 中频时,图 3.8(a)中 $C_{b'e}$ 和 $C_{b'c}$ 均开路,则有

$$\dot{A}_{vsm} = \frac{\dot{V}_o}{\dot{V}_s} = -g_m R_L' \cdot \frac{r_{b'e}}{R_s + r_{bb'} + r_{b'e}} = -40 \times 1.68 \times \frac{1}{0.1 + 0.1 + 1} \approx -56$$

(3) 若 R_L 提高 10 倍,$R_L' = R_C // R_L = 2.5\text{k}\Omega // 51\text{k}\Omega \approx 2.38\text{k}\Omega$, $C = C_{b'e} + (1 + g_m R_L')C_{b'c} \approx 389\text{pF}$。因此

$$\dot{A}_{vsm}' = -g_m R_L' \cdot \frac{r_{b'e}}{R_s + r_{bb'} + r_{b'e}} = -40 \times 2.38 \times \frac{1}{0.1 + 0.1 + 1} \approx -79, \frac{\dot{A}_{vsm}'}{\dot{A}_{vsm}} = \frac{-79}{-56} \approx 1.41$$

$$f_H' = \frac{1}{2\pi RC} = \frac{1}{2 \times 3.14 \times 167 \times 389 \times 10^{-12}}\text{Hz} \approx 2.5\text{MHz}, \frac{f_H'}{f_H} = \frac{2.5}{3.1} \approx 0.81$$

$$|\dot{A}_{vsm} \cdot f_H| = |-56 \times 3.1|\text{MHz} = 173.6\text{MHz}, |\dot{A}_{vsm}' \cdot f_H'| = |-79 \times 2.5|\text{MHz} = 197.5\text{MHz}$$

$$\frac{|\dot{A}_{vsm}' \cdot f_H'|}{|\dot{A}_{vsm} \cdot f_H|} = \frac{197.5}{173.6} \approx 1.14$$

【题 3-9】 放大电路如图 3.9(a)所示。已知 BJT 的参数为 $\beta = 100, r_{bb'} = 100\Omega, r_{b'e} = 2.6\text{k}\Omega, C_{b'e} = 60\text{pF}, C_{b'c} = 4\text{pF}$,电路参数如图 3.9(a)所示,要求的频率特性如图 3.9(b)所示。试确定:(1)R_C 为多少(首先满足中频增益的要求)?(2)C_1 为多少?(3)f_H 为多少?

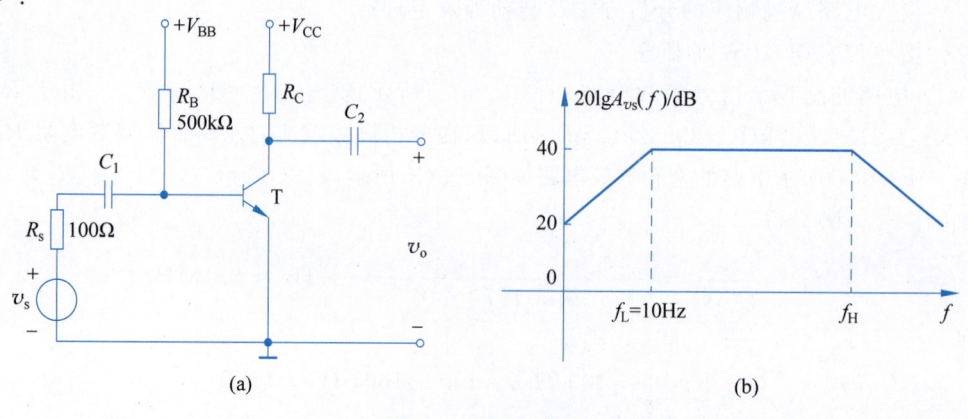

图 3.9 【题 3-9】图

【解】 本题用来熟悉：放大电路频率响应的分析方法。

(1) 由图 3.9(b)可知，中频源电压增益 $A_{vsm}=40\text{dB}$，即 100 倍。画出图 3.9(a)的中频小信号等效电路(请读者自行完成)，可得

$$\dot{A}_{vsm}=-\frac{\beta R_{\text{C}}}{R_{\text{s}}+r_{bb'}+r_{b'e}}$$

代入已知条件，解得 $R_{\text{C}}=2.8\text{k}\Omega$。

(2) 画出图 3.9(a)的低频小信号等效电路(请读者自行完成)，容易看出，C_1 决定了下限截止频率，即

$$f_{\text{L}}\approx\frac{1}{2\pi(R_{\text{s}}+r_{be})C_1}$$

由图 3.9(b)又可知，$f_{\text{L}}=10\text{Hz}$，则有

$$C_1\approx\frac{1}{2\pi(R_{\text{s}}+r_{be})f_{\text{L}}}=\frac{1}{2\times3.14\times(0.1+0.1+2.6)\times10^3\times10}\text{F}\approx5.68\mu\text{F}$$

(3) 画出图 3.9(a)的高频小信号等效电路(请读者自行完成)，可得

$$f_{\text{H}}=\frac{1}{2\pi[(R_{\text{s}}+r_{bb'})/\!/r_{b'e}](C_{b'e}+C_{\text{M}})}\approx1.848\text{MHz}$$

其中，$C_{\text{M}}=(1+|\dot{A}_{vsm}|)C_{b'c}=(1+100)\times4\text{pF}=404\text{pF}$。

【题 3-10】 放大电路如图 3.10 所示。要求下限截止频率 $f_{\text{L}}=10\text{Hz}$，若假设 BJT 的 $\beta=100$，$r_{be}=2.6\text{k}\Omega$，且 C_1、C_2、C_3 对下限截止频率的贡献是一样的，试分别确定 C_1、C_2、C_3 的值。

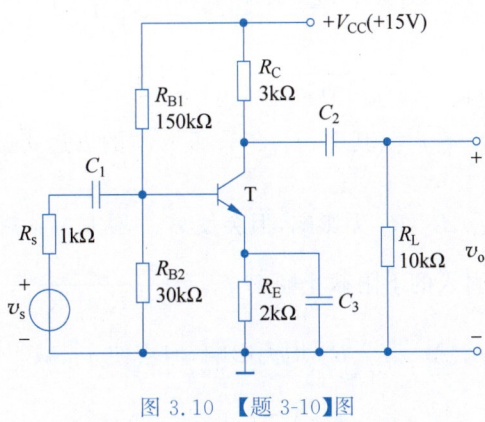

图 3.10　【题 3-10】图

【解】 本题用来熟悉：放大电路下限截止频率的分析方法。
由题意可得

$$f_{\text{L}}\approx\sqrt{f_{\text{L}1}^2+f_{\text{L}2}^2+f_{\text{L}3}^2}=\sqrt{3}f_{\text{L}1}$$

因此有

$$f_{\text{L}1}=f_{\text{L}2}=f_{\text{L}3}=\frac{f_{\text{L}}}{\sqrt{3}}=\frac{10}{\sqrt{3}}\text{Hz}\approx5.77\text{Hz}$$

由图 3.10 分析可得

$$f_{\text{L}1}=\frac{1}{2\pi(R_{\text{s}}+R_{\text{B}1}/\!/R_{\text{B}2}/\!/r_{be})C_1}\text{(仅考虑 }C_1\text{ 的影响)}$$

$$f_{L2} = \frac{1}{2\pi(R_C + R_L)C_2}, f_{L3} = \frac{1}{2\pi\left(R_E // \frac{R_s + r_{be}}{1+\beta}\right)C_3}$$

由此解得

$$C_1 = \frac{1}{2\pi(R_s + R_{B1} // R_{B2} // r_{be})f_{L1}} = \frac{1}{2\times 3.14 \times (1 + 150 // 30 // 2.6) \times 10^3 \times 5.77}\text{F} \approx 8.22\mu\text{F}$$

$$C_2 = \frac{1}{2\pi(R_C + R_L)f_{L2}} = \frac{1}{2\times 3.14 \times (3+10)\times 10^3 \times 5.77}\text{F} \approx 2.12\mu\text{F}$$

$$C_3 = \frac{1}{2\pi\left(R_E // \frac{R_s + r_{be}}{1+\beta}\right)f_{L3}} = \frac{1}{2\times 3.14 \times \left(2 // \frac{1+2.6}{1+100}\right)\times 10^3 \times 5.77}\text{F} \approx 788\mu\text{F}$$

故取 $C_1 = 10\mu\text{F}, C_2 = 10\mu\text{F}, C_3 = 1000\mu\text{F}$。

【题 3-11】 在图 3.10 中,若下列参数变化,对放大电路的静态工作电流 I_{CQ}、中频电压增益 $\dot{A}_{vm}$、输入电阻 R_i、输出电阻 R_o、上限截止频率 f_H 及下限截止频率 f_L 等有何影响？(1) R_L 变大；(2) C_L 变大；(3) R_E 变大；(4) C_1 变大。

【解】 本题用来熟悉：电路参数对放大电路性能的影响。

分析图 3.10 可得

$$I_{CQ} \approx I_{EQ} = \frac{\frac{R_{B2}}{R_{B1}+R_{B2}}V_{CC} - V_{BE(on)}}{R_E}, \quad \dot{A}_{vm} = -\frac{\beta(R_C // R_L)}{r_{be}}$$

$$R_i \approx R_{B1} // R_{B2} // r_{be} \left(\text{其中}\, r_{be} = r_{bb'} + (1+\beta)\frac{V_T}{I_{CQ}}\right), R_o \approx R_C$$

$$f_H = \frac{1}{2\pi[(R_s + r_{bb'}) // r_{b'e}](C_{b'e} + C_M)} \, (\text{其中}, C_M = (1 + |\dot{A}_{vsm}|)C_{b'c})$$

$$f_L \approx \sqrt{f_{L1}^2 + f_{L2}^2 + f_{L3}^2} \,(\text{其中}, f_{L1}、f_{L2} \text{及} f_{L3} \text{的表达式见【题 3-10】})$$

由上述分析可知：

(1) R_L 变大时,对 I_{CQ}、R_i、R_o 无影响,但会使 $\dot{A}_{vm}$ 增大, f_H 减小(因为密勒电容 C_M 增大), f_L 减小$\left(\text{因为由} C_2 \text{引入的下限截止频率}\, f_{L2} = \frac{1}{2\pi(R_C + R_L)C_2} \text{减小}\right)$；

(2) C_L 变大时,对 I_{CQ}、$\dot{A}_{vm}$、R_i、R_o 均无影响,但会使 f_H 减小$\left(\text{因为由负载电容引入的上限截止频率}\, f_{H2} = \frac{1}{2\pi(R_C // R_L)C_L} \text{减小}\right)$；

(3) R_E 变大时,将使 I_{CQ} 减小, R_i 增大(因为 r_{be} 增大), $\dot{A}_{vm}$ 减小(因为 r_{be} 增大), R_o 基本不变, f_H 基本不变, f_L 将减小$\left(\text{因为由} C_3 \text{引入的下限截止频率}\, f_{L3} = \frac{1}{2\pi\left(R_E // \frac{R_s + r_{be}}{1+\beta}\right)C_3} \text{减小}\right)$；

(4) C_1 变大时, I_{CQ}、$\dot{A}_{vm}$、R_i、R_o、f_H 基本不变,而 f_L 将减小$\Big(\text{因为由} C_1 \text{引入的下限截止频率}\, f_{L1} = \frac{1}{2\pi(R_s + R_{B1} // R_{B2} // r_{be})C_1} \text{减小}\Big)$。

【题 3-12】 一阶跃电压信号加于放大电路的输入端,如图 3.11(a)所示,用示波器观察输出信号,显示如图 3.11(b)所示的波形,试估计该放大电路的上升时间 t_r 和上限截止频率 f_H(假设示波器本身的带宽远大于被测放大电路的带宽,且放大电路为单极点系统)。

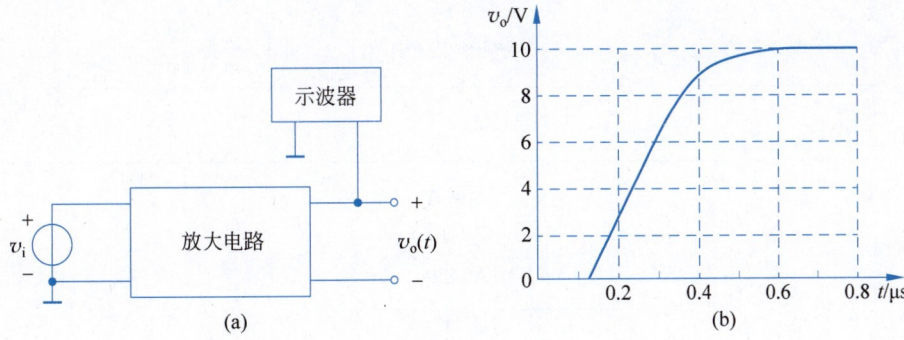

图 3.11 【题 3-12】图

【解】 本题用来熟悉:上升时间 t_r 的概念及上升时间 t_r 与上限截止频率 f_H 之间的关系。上升时间 t_r 定义为输出电压从 $10\%V_o$ 上升到 $90\%V_o$ 所需要的时间。由图 3.11(b)可得

$$t_r = 0.4\mu s - 0.13\mu s = 0.27\mu s$$

$$f_H = \frac{0.35}{t_r} = \frac{0.35}{0.27 \times 10^{-6}} Hz \approx 1.3 MHz$$

【仿真题 3-1】 研究如图 3.12 所示的共发射极电路与共基极电路的频率特性。BJT 用 2N2222。

(1) 对于共发射极放大电路,分别仿真 $C_{jc}=1pF$ 和 8pF 时电压增益的频率特性,求出通频带。

(2) 对于共基极放大电路,分别仿真 $R_b=1\Omega$ 和 100Ω 时电压增益的频率特性,求出通频带。

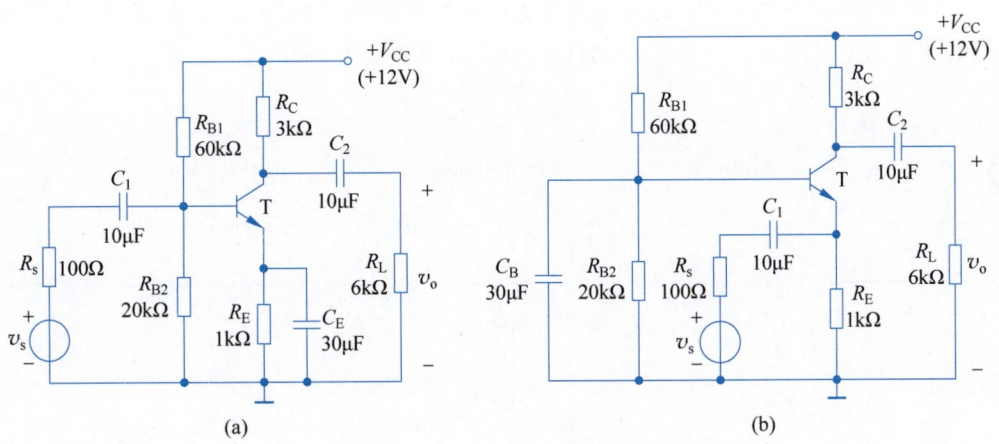

图 3.12 【仿真题 3-1】图

【解】 本题用来熟悉:
- 晶体管结电容对共发射极放大电路频率特性的影响;
- 晶体管基区体电阻对共基极放大电路频率特性的影响。

(1) $C_{jc}=1pF$ 时,图 3.12(a)的共发射极放大电路的幅频特性如图 3.13(a)所示,由图可求得其通频带 $BW=f_H-f_L=13.0982MHz-325.9865Hz\approx 13.1MHz$。

$C_{jc}=8pF$ 时,图 3.12(a)的共发射极放大电路的幅频特性如图 3.13(b)所示。由图可求

得其通频带 $BW = f_H - f_L = 2.3306\text{MHz} - 325.9865\text{Hz} \approx 2.3\text{MHz}$。

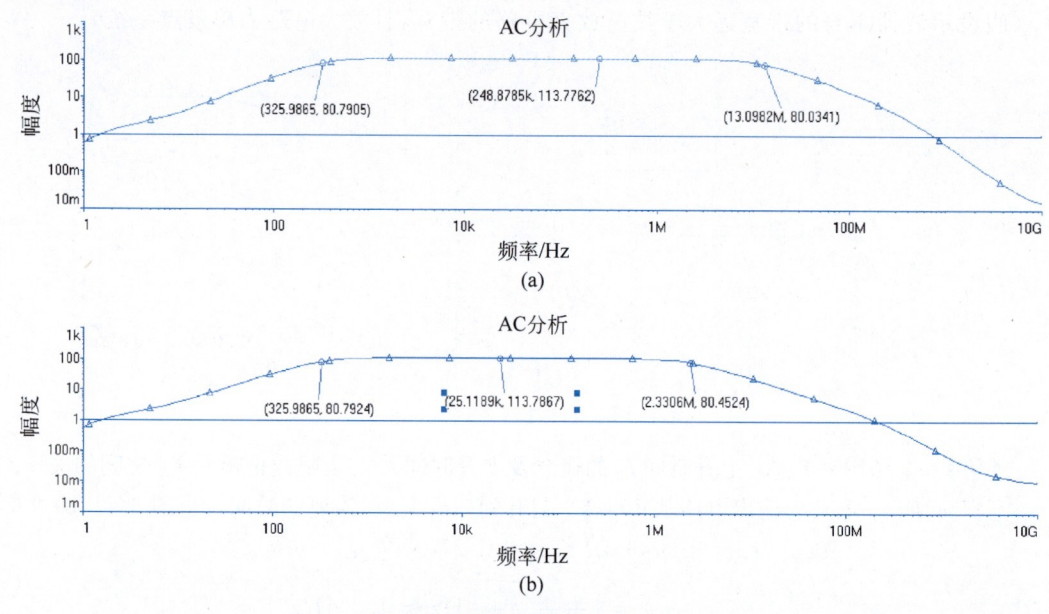

图 3.13 【仿真题 3-1】图解(1)

可见,在共发射极放大电路中,集电结电容增大,密勒倍增因子随之增大,因此导致上限截止频率降低,通频带变窄。

(2) $R_b = 1\Omega$ 时,图 3.12(b)的共基极放大电路的幅频特性如图 3.14(a)所示,由图可求得其通频带 $BW = f_H - f_L = 14.0894\text{MHz} - 139.1911\text{Hz} \approx 14.1\text{MHz}$。

$R_b = 100\Omega$ 时,图 3.12(b)的共基极放大电路的幅频特性如图 3.14(b)所示,由图可求得其通频带 $BW = f_H - f_L = 7.1322\text{MHz} - 142.6169\text{Hz} \approx 7.1\text{MHz}$。

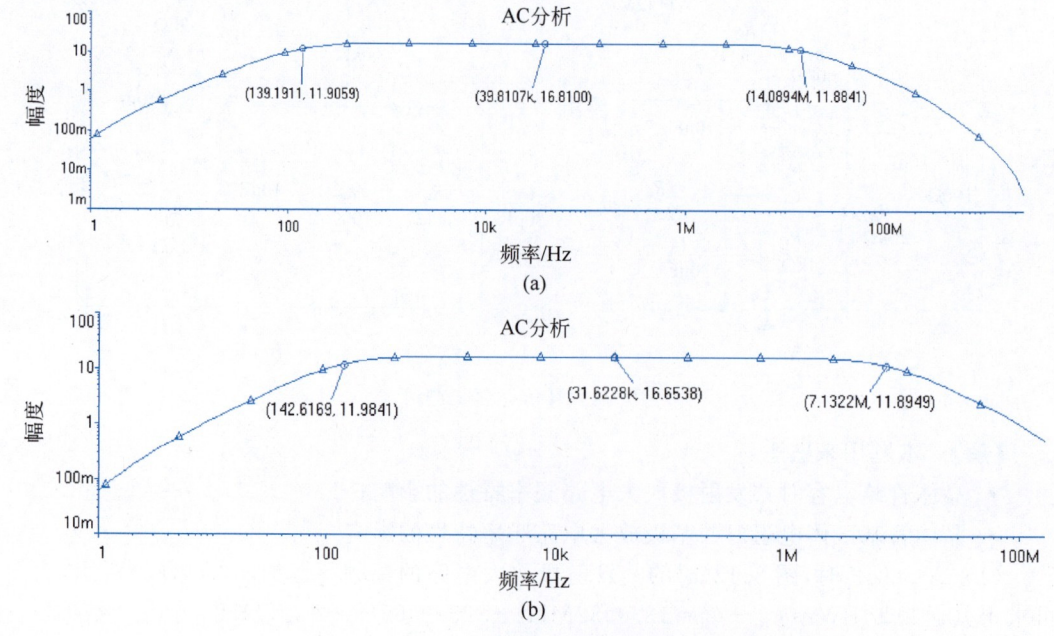

图 3.14 【仿真题 3-1】图解(2)

可见,在共基极放大电路中,晶体管基区体电阻增大,发射结电容回路的等效电阻增大,因此导致上限截止频率降低,通频带变窄。

【仿真题 3-2】 共射-共基组合放大电路如图 3.15 所示,T_1、T_2 均为 NPN 型硅管 2N2222。试用 Multisim 作如下分析:

(1) 求该组合放大电路的幅频响应和相频响应。

(2) 若去掉 T_2、R_{B3}、R_{B4}、C_B,并把 R_C 与 C_2 之间的节点直接接至 T_1 的集电极,成为单级共发射极放大电路,求此单级共发射极电路的频率响应,并与原组合电路的频率响应相比较。

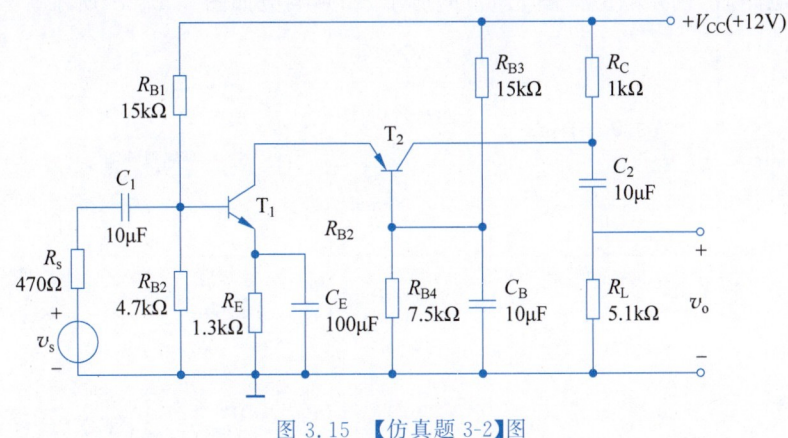

图 3.15 【仿真题 3-2】图

【解】 本题用来熟悉:组合式放大电路扩展通频带的思想。

(1) 共射-共基组合式放大电路的幅频响应如图 3.16(a)所示,相频响应如图 3.16(b)所示。

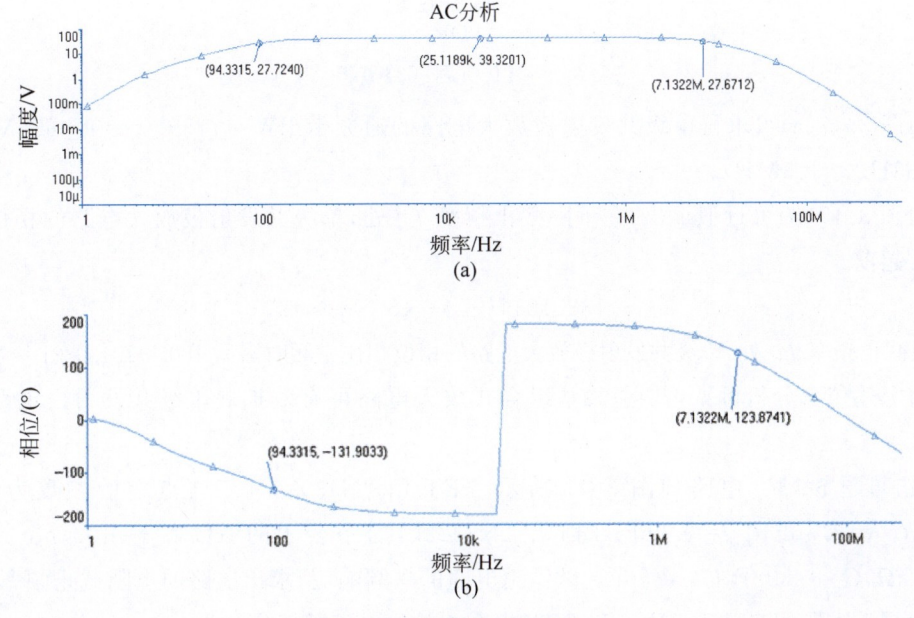

图 3.16 【仿真题 3-2】图解(1)

由图 3.16(a)可求得共射-共基组合式放大电路的通频带 BW＝f_H－f_L＝7.1322MHz－94.3315Hz ≈7.1MHz。

由图 3.16(b)可以近似求出，在下限截止频率 f_L 处，组合式放大电路的相位相比中频时超前

$$[-131.9033°-(-180°)] \approx 48°$$

在上限截止频率 f_H 处，组合式放大电路的相位相比中频时滞后 180°－123.8741°≈56°。

(2) 去掉 T_2、R_{B3}、R_{B4}、C_B，把 R_C 与 C_2 之间的节点直接接至 T_1 的集电极成为单级共发射极放大电路后，幅频响应如图 3.17(a)所示，相频响应如图 3.17(b)所示。

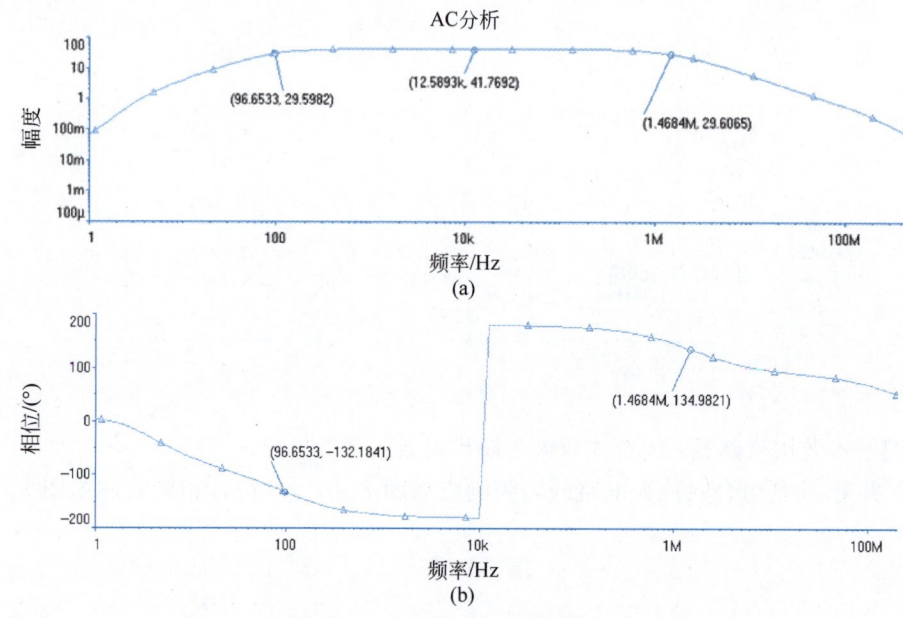

图 3.17 【仿真题 3-2】图解(2)

由图 3.17(a)可求得单级共发射极放大电路的通频带 BW＝f_H－f_L＝1.4684MHz－96.6533Hz ≈1.5MHz。

由图 3.17(b)可近似求出，在下限截止频率 f_L 处，单级共发射极放大电路的相位相比中频时超前

$$[-132.1844°-(-180°)] \approx 48°$$

在上限截止频率 f_H 处，单级共发射极放大电路的相位相比中频时滞后 180°－134.9821°≈45°。

由上述仿真分析可见，共射-共基组合式放大电路可有效扩展单级共发射极电路的通频带。

【仿真题 3-3】 电路如图 3.18 所示，FET 用 2N4393，其工作点上的参数为 g_m＝18mS，C_{gs}＝2.5pF，C_{gd}＝0.9pF；BJT 用 2N2222，其工作点上的参数为 β＝100，$r_{bb'}$＝50Ω，$r_{b'e}$＝1kΩ，$C_{b'e}$＝80pF，$C_{b'c}$＝5pF。试做出电路的幅频响应，求出电路的上限截止频率 f_H。

【解】 本题用来熟悉：BJT 和 FET 组合式放大电路的频率特性。

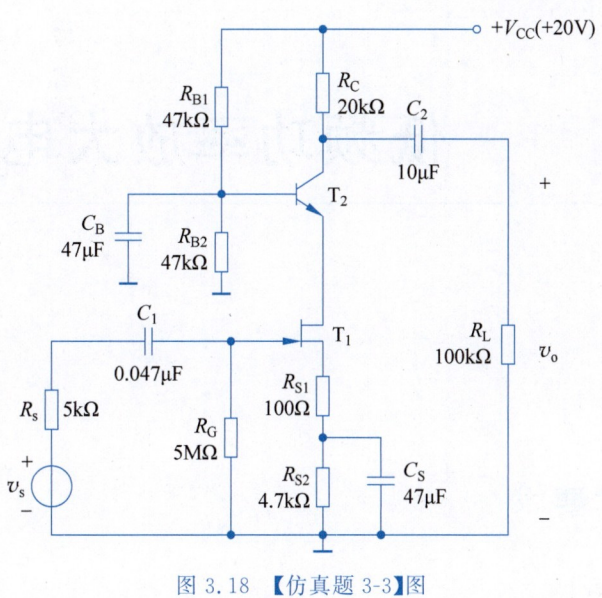

图 3.18 【仿真题 3-3】图

电路的幅频响应如图 3.19 所示，由图可求出其上限截止频率 $f_H = 2.0638\text{MHz} \approx 2.1\text{MHz}$。

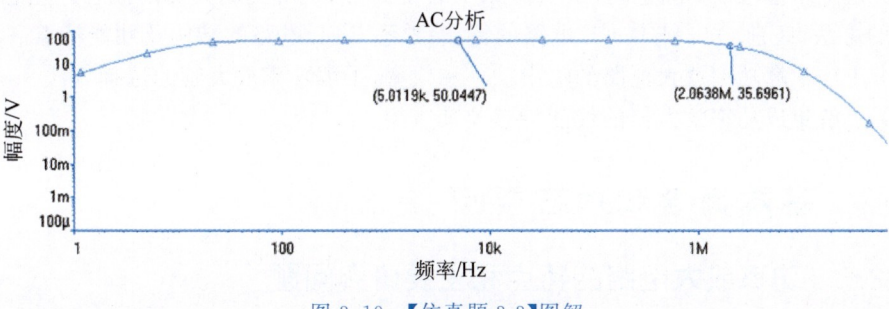

图 3.19 【仿真题 3-3】图解

第 4 章 低频功率放大电路

CHAPTER 4

4.1 教学要求

具体教学要求如下。
(1) 熟悉功率放大电路的特点和主要研究对象。
(2) 熟悉功率放大电路的分类,掌握甲类、乙类和甲乙类功率放大的概念。
(3) 熟练掌握 OCL 电路的工作原理及其性能特点,理解交越失真的概念并熟悉克服交越失真的方法,区别 OTL 与 OCL 电路的特点,熟悉 BTL 电路的结构及性能特点。
(4) 正确估算功率放大电路的输出功率和效率,了解功率放大管的选择方法。
(5) 了解集成功率放大器的性能特点及其应用。

4.2 基本概念和内容要点

4.2.1 功率放大电路的特点和主要研究问题

功率放大电路的主要功能是在保证信号不失真(或失真较小)的前提下获得尽可能大的信号输出功率。由于其中的功率放大管通常工作在大信号状态下,所以常用图解分析法进行分析。在功率放大电路的研究中,需要关注的主要问题如下。

1. 输出功率 P_o 尽可能大

输出功率公式为

$$P_o = V_o I_o \tag{4-1}$$

式中,V_o 和 I_o 分别为负载上正弦信号电压和电流的有效值。为了获得大的功率输出,要求功率放大管的电压和电流都有足够大的输出幅度,因此,功率放大管往往在接近极限状态下工作。

2. 效率 η 要高

效率公式为

$$\eta = \frac{P_o(交流输出功率)}{P_D(直流电源供给的功率)} \times 100\% \tag{4-2}$$

3. 正确处理输出功率与非线性失真之间的矛盾

同一功率放大管随着输出功率的增大,非线性失真往往越严重,因此,应根据不同的应用场合,合理考虑对非线性失真的要求。

4. 功放管的散热与保护问题

在功率放大电路中,有相当大的功率消耗在功效管上,使结温和管壳温度升高。为了充分利用允许的管耗使管子输出足够大的功率,功放管的散热是一个很重要的问题。

此外,在功率放大电路中,为了输出大的信号功率,管子承受的电压要高,通过的电流要大,功放管损坏的可能性也就比较大,所以,功放管的保护问题也不容忽视。

4.2.2 低频功率放大电路的分类

通常在加入输入信号后,按照输出级晶体管的导通情况,低频功率放大电路可分为三类:甲类、乙类、甲乙类,如图 4.1 所示。

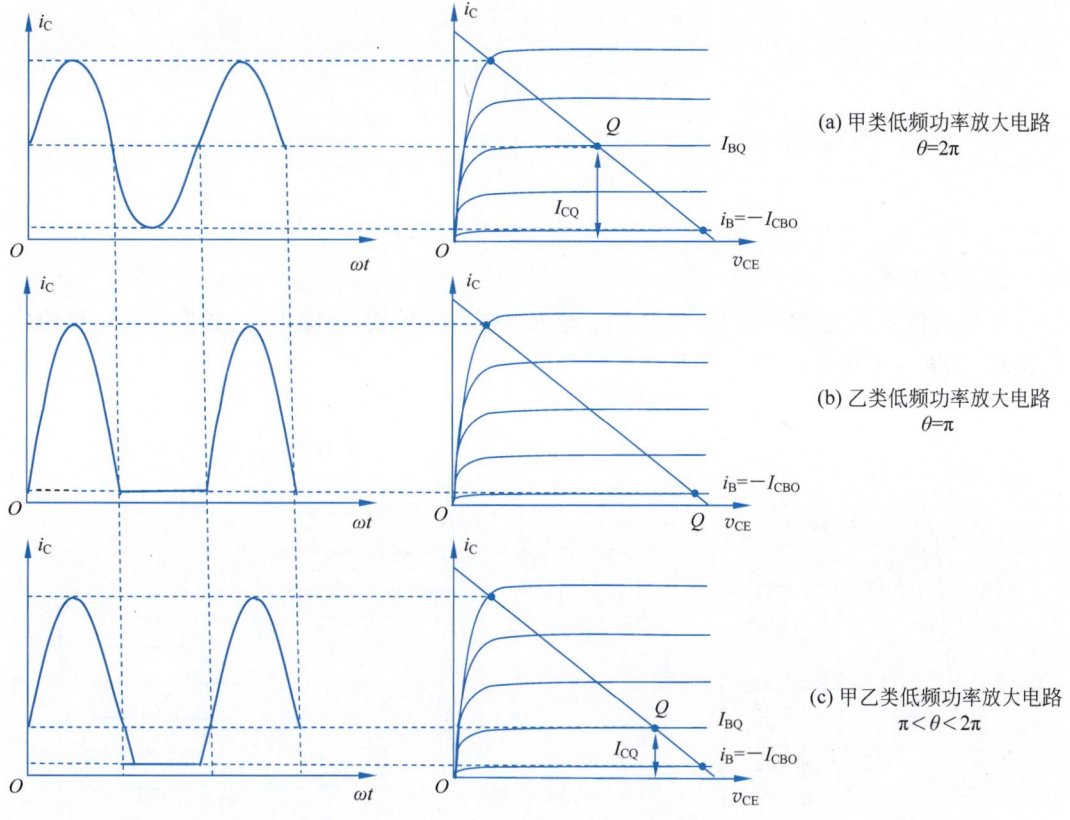

图 4.1 低频功率放大电路的分类

甲类低频功率放大电路:在信号的一个周期内,功放管始终导通,其导电角 $\theta=360°$。该类电路的主要优点是输出信号的非线性失真较小。主要缺点是直流电源在静态时的功耗较大,效率 η 较低,在理想情况下,甲类功放的最高效率只能达到 50%。

乙类低频功率放大电路:在信号的一个周期内,功放管只有半个周期导通,其导电角 $\theta=180°$。该类电路的主要优点是直流电源的静态功耗为零,效率 η 较高,在理想情况下,最高效率可达 78.5%。主要缺点是:输出信号会产生交越失真。

甲乙类低频功率放大电路:在信号的一个周期内,功放管导通的时间略大于半个周期,

其导电角 $180° < \theta < 360°$。功放管的静态电流大于零,但非常小。这类电路保留了乙类功放的优点,且克服了乙类功放的交越失真,是最常用的低频功率放大电路的类型。

4.2.3 乙类双电源互补对称功率放大电路

1. 电路组成

如图 4.2 所示,由两个射极输出器组成基本的互补对称电路,由于功放管与负载之间无输出耦合电容,所以通常称为 OCL(Output Capacitor Less)电路。

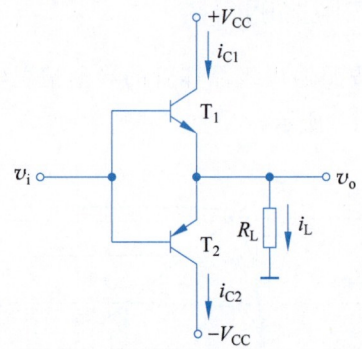

图 4.2 乙类互补对称功率放大电路

2. 工作原理

在输入信号 v_i 的整个周期内,T_1、T_2 轮流导电半个周期,使输出 v_o 成为一个完整的信号波形,如图 4.3 所示。

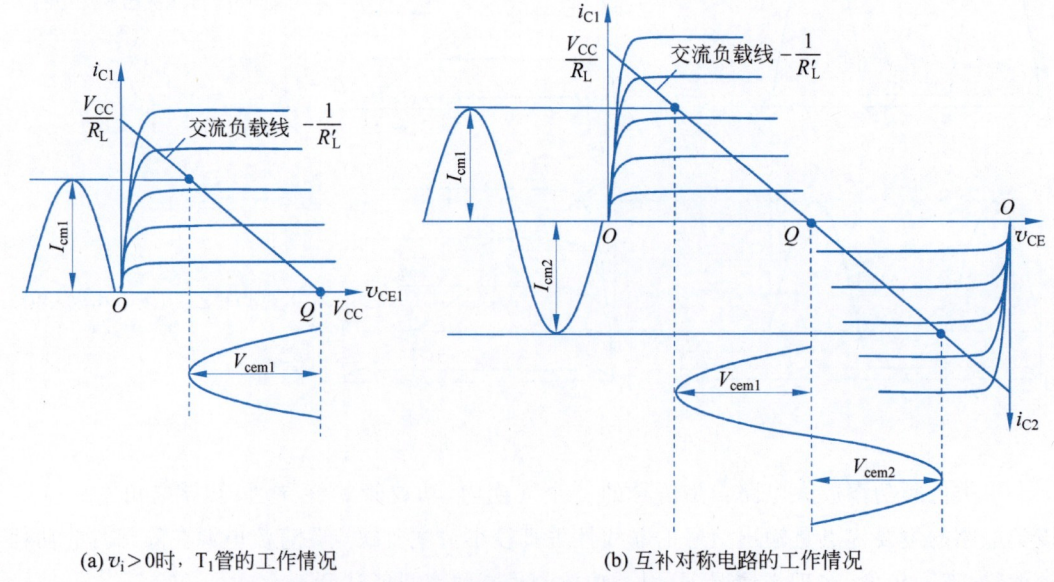

(a) $v_i > 0$ 时,T_1 管的工作情况　　　　(b) 互补对称电路的工作情况

图 4.3 乙类互补对称功率放大电路的工作原理

3. 电路的性能指标

1) 输出功率 P_o。

输出功率的公式为

$$P_o = V_o I_o = \frac{1}{2} V_{cem} I_{cm} = \frac{1}{2} \cdot \frac{V_{cem}^2}{R_L} = \frac{1}{2} \cdot \frac{V_{CC}^2}{R_L} \cdot \xi^2 \tag{4-3}$$

式中,$\xi = \dfrac{V_{cem}}{V_{CC}}$ 称为电压利用系数。

当忽略功放管的饱和压降 $V_{CE(sat)}$ 时,最大输出功率 P_{om} 为

$$P_{om} = \frac{1}{2} \cdot \frac{V_{CC}^2}{R_L} \tag{4-4}$$

2) 直流电源供给的功率 P_D

直流电源供给的功率的公式为

$$P_D = \frac{2}{\pi} \cdot \frac{V_{CC}^2}{R_L} \xi \tag{4-5}$$

直流电源供给的最大功率 P_{Dm} 为

$$P_{Dm} = \frac{2}{\pi} \cdot \frac{V_{CC}^2}{R_L} \tag{4-6}$$

3) 晶体管的管耗 P_T

晶体管管耗的公式为

$$P_T = P_{T1} + P_{T2} = P_D - P_o = \frac{2}{\pi} \cdot \frac{V_{CC}^2}{R_L} \xi - \frac{1}{2} \cdot \frac{V_{CC}^2}{R_L} \xi^2 = P_{om} \left(\frac{4}{\pi} \xi - \xi^2 \right) \tag{4-7}$$

当 $\xi \approx 0.6$,即 $V_{om} \approx 0.6 V_{CC}$ 时,晶体管的管耗最大。每只管子的最大管耗为

$$P_{T1m} = P_{T2m} \approx 0.2 P_{om} \tag{4-8}$$

4) 效率 η

效率的公式为

$$\eta = \frac{P_o}{P_D} = \frac{\dfrac{1}{2} \cdot \dfrac{V_{CC}^2}{R_L} \xi^2}{\dfrac{2}{\pi} \cdot \dfrac{V_{CC}^2}{R_L} \xi} = \frac{\pi}{4} \xi \tag{4-9}$$

当 $\xi \approx 1$,即 $V_{om} \approx V_{CC}$ 时,效率最高,最大效率 η_{max} 为

$$\eta_{max} = \frac{\pi}{4} = 78.5\% \tag{4-10}$$

4. 功率管的选择

当忽略功放管的饱和压降 $V_{CE(sat)}$ 时,功率管的选择满足以下条件:

(1) $P_{CM} \geq 0.2 P_{om}$ \hfill (4-11)

(2) $V_{(BR)CEO} \geq 2 V_{CC}$ \hfill (4-12)

(3) $I_{CM} \geq V_{CC}/R_L$ \hfill (4-13)

5. 存在的问题

由于电路没有设置静态工作点,而功率 BJT 的输入特性又存在死区范围,所以,输出信号在零点附近会产生交越失真,如图 4.4 所示。

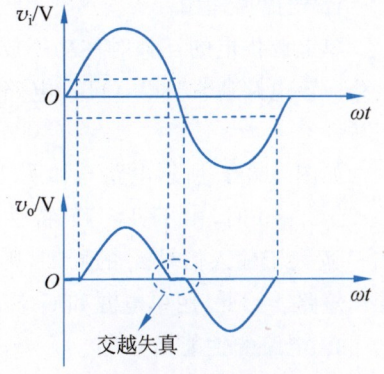

图 4.4 交越失真

4.2.4 甲乙类双电源互补对称功率放大电路

1. 引入思想

为了克服交越失真,在静态时,为输出功率管 T_1、T_2 提供适当的偏置电压,使之处于微导通,从而使电路工作在甲乙类状态。

2. 甲乙类功放电路静态点的设置方案

甲乙类功率放大电路通常有两种静态偏置方式,如图 4.5 所示。

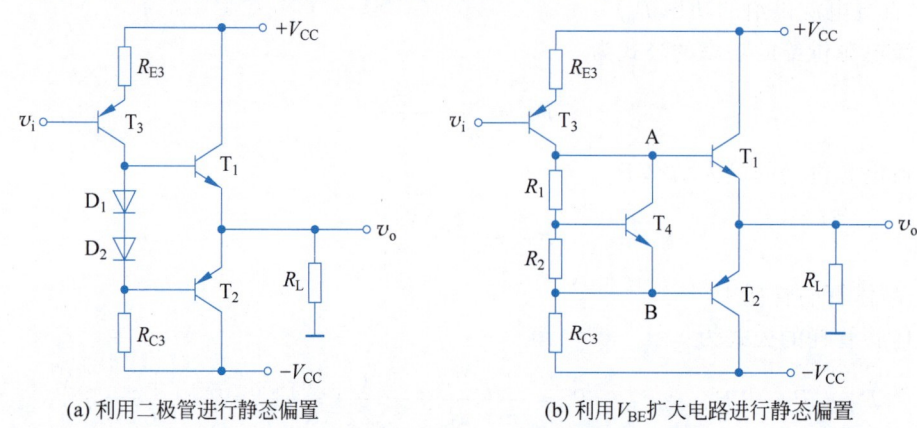

(a) 利用二极管进行静态偏置　　　　(b) 利用 V_{BE} 扩大电路进行静态偏置

图 4.5　甲乙类功率放大电路的静态偏置方式

如图 4.5(b)所示的偏置方法在集成电路中常用到。可以证明

$$V_{AB} \approx (R_1 + R_2)\frac{V_{BE4}}{R_2} = \left(1 + \frac{R_1}{R_2}\right)V_{BE4} \tag{4-14}$$

适当调节 R_1、R_2 的比值,即可改变 T_1、T_2 的偏置电压值。

3. 电路的性能指标

如图 4.5 所示电路的静态工作电流虽不为零,但仍然很小,因此,其性能指标仍可用乙类互补对称电路的公式近似进行计算。

4.2.5 单电源互补对称功率放大电路

1. 电路原理图

单电源供电的互补对称功率放大电路的原理电路如图 4.6(a)所示,图 4.6(b)是其等效电路。该电路通常称为 OTL 电路,OTL 是 Output Transformer Less(无输出变压器)的缩写。

如图 4.6(a)所示电路与如图 4.2 所示电路的最大区别在于输出端接有大容量的电容 C。当 $v_i = 0$ 时,由于 T_1、T_2 特性相同,所以有 $V_K = V_{CC}/2$,电容 C 被充电到 $V_{CC}/2$。设 $R_L C$ 远大于输入信号 v_i 的周期,则 C 上的电压可视为固定不变,电容 C 对交流信号而言可看作短路。因此,用单电源和 C 就可代替 OCL 电路的双电源。

2. 电路的性能指标

OTL 电路的工作情况与 OCL 电路完全相同,偏置电路也可采用类似的方法处理。估算其性能指标时,用 $V_{CC}/2$ 代替 OCL 电路计算公式中的 V_{CC} 即可。

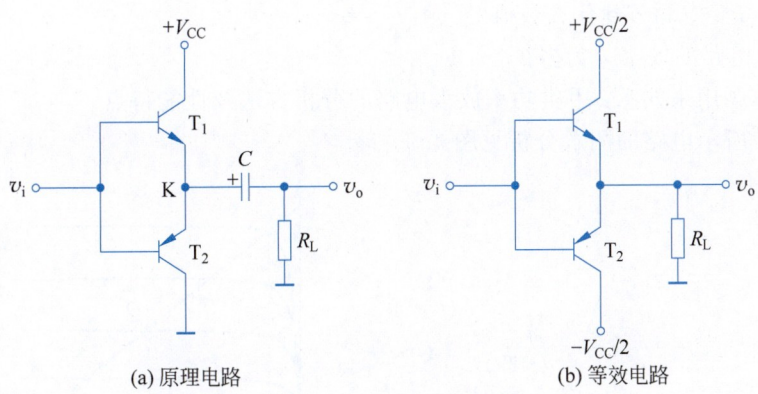

(a) 原理电路　　　　　　　　(b) 等效电路

图 4.6　单电源互补对称功率放大电路

4.2.6　桥式功率放大电路

桥式功率放大电路如图 4.7 所示，又称为 BTL(Balanced Transformer Less)电路。若忽略管子的饱和压降，其最大输出功率为 $\dfrac{1}{2} \cdot \dfrac{V_{CC}^2}{R_L}$。

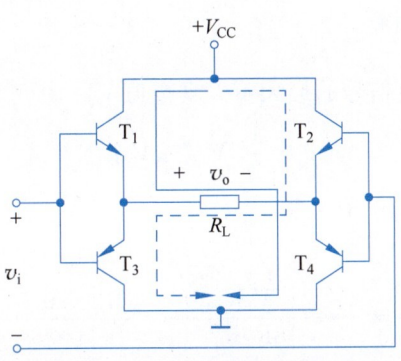

图 4.7　桥式功率放大电路

4.2.7　集成功率放大器

随着线性集成电路的发展，集成功率放大器的应用也日益广泛。OTL、OCL 和 BTL 电路均有各种不同输出功率和不同电压增益的多种型号的集成电路，如 BJT 集成音频功率放大器 LM386(OTL)、Bi-MOS 集成功率放大器 SHM1150Ⅱ(OCL)等。应当注意，在使用 OTL 集成功率放大器时，需外接输出电容。

4.3　典型习题详解

【题 4-1】　在如图 4.8 所示电路中，设 BJT 的 $\beta=100$，$V_{BE(on)}=0.7\text{V}$，$V_{CE(sat)}=0.5\text{V}$，$I_{CEO}=0$，电容 C 对交流可视为短路。输入信号 v_i 为正弦波。

(1) 计算电路可能达到的最大不失真输出功率 P_{om}。

(2) 此时 R_B 应调节到什么数值？

(3) 此时电路的效率 η 为多少？

【解】 本题用来熟悉：甲类功率放大电路的分析方法及性能特点。

如图 4.8 所示电路的图解分析见图 4.9。

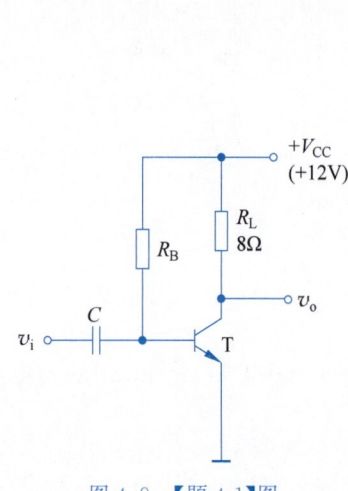
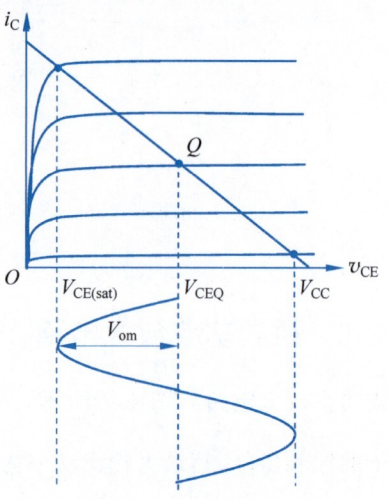

图 4.8 【题 4-1】图　　　　　图 4.9 【题 4-1】图解

(1) 由图 4.9 可知，输出信号的最大不失真幅值 V_{om} 为

$$V_{om} = \frac{1}{2}[V_{CC} - V_{CE(sat)}]$$

因此，最大不失真输出功率 P_{om} 为

$$P_{om} = \frac{\left(\dfrac{V_{om}}{\sqrt{2}}\right)^2}{R_L} = \frac{(V_{CC} - V_{CE(sat)})^2}{8R_L} = \frac{(12-0.5)^2}{8\times 8}\text{W} \approx 2.07\text{W}$$

(2) 由图 4.9 可知，静态时，有

$$V_{CEQ} = \frac{1}{2}(V_{CC} - V_{CE(sat)}) + V_{CE(sat)} = \frac{1}{2}[V_{CC} + V_{CE(sat)}] = \frac{1}{2}\times(12+0.5)\text{V} = 6.25\text{V}$$

由图 4.8 可得：$V_{CEQ} = V_{CC} - I_{CQ}R_L$。因此可得

$$I_{CQ} = \frac{V_{CC} - V_{CEQ}}{R_L} = \frac{12-6.25}{8}\text{A} = 718.75\text{mA}, \quad I_{BQ} = \frac{I_{CQ}}{\beta} \approx 7.2\text{mA}$$

故而可求得：$R_B = \dfrac{V_{CC} - V_{BE(on)}}{I_{BQ}} = \dfrac{12-0.7}{7.2}\text{k}\Omega \approx 1.57\text{k}\Omega$。

(3) $\eta = \dfrac{P_{om}}{P_D} = \dfrac{P_{om}}{V_{CC}I_{CQ}} = \dfrac{2.07}{12\times 0.72}\times 100\% \approx 24\%$。

由此可见，甲类功率放大电路的效率很低。

【题 4-2】 电路如图 4.10 所示，已知 BJT 的 $\beta = 100$，$V_{BE(on)} = 0.3\text{V}$，若忽略管子的饱和压降 $V_{CE(sat)}$ 和穿透电流 I_{CEO}，求最大输出功率 P_{om} 及最大效率 η_{max}，并计算此时变压器的匝数比（$n = N_1/N_2$）。

【解】 本题用来熟悉：变压器耦合甲类功率放大电路的性能特点。

由图 4.10 可计算得到该电路的静态工作点如下

$$I_{BQ} = \dfrac{\dfrac{R_{B2}}{R_{B1}+R_{B2}}V_{CC} - V_{BE(on)}}{R_{B1} // R_{B2} + (1+\beta)R_E}$$

$$= \dfrac{\dfrac{0.56}{5.1+0.56}\times 6 - 0.3}{5.1 // 0.56 + (1+100)\times 0.02}\text{mA} \approx 0.12\text{mA}$$

$I_{CQ} = \beta I_{BQ} = 12\text{mA}$

$V_{CEQ} \approx V_{CC} - I_{CQ}R_E = 5.76\text{V}$

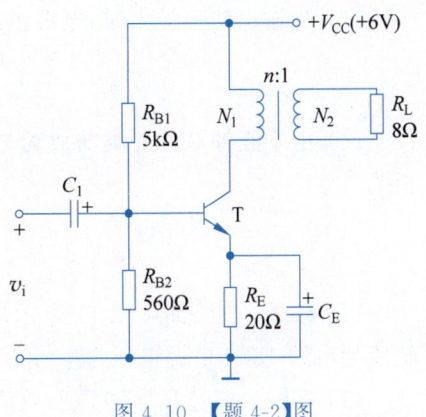

图 4.10 【题 4-2】图

故电路的最大输出电压幅值为 5.76V,最大输出电流幅值为 12mA,因此可得最大输出功率为

$$P_{om} = \dfrac{1}{2}V_{CEQ}I_{CQ} = \dfrac{1}{2}\times 5.76\times 12\text{mW} = 34.56\text{mW}$$

最大效率为

$$\eta_{max} = \dfrac{P_{om}}{P_D} = \dfrac{P_{om}}{V_{CC}I_{CQ}} = \dfrac{34.56}{6\times 12}\times 100\% = 48\%$$

$$R'_L = \dfrac{V_{om}}{I_{om}} = \dfrac{5.76}{12}\text{k}\Omega = 480\Omega$$

$$n^2 = \dfrac{R'_L}{R_L} = \dfrac{480}{8} = 60, n = \dfrac{N_1}{N_2} = \sqrt{60} \approx 7.74$$

变压器耦合的甲类功率放大电路的效率得到了较大提升,理想情况下可提高到 50%。

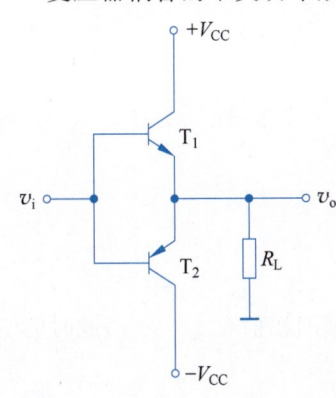

图 4.11 【题 4-3】和【题 4-4】图

【题 4-3】 电路如图 4.11 所示,设 v_i 为正弦波,$R_L = 8\Omega$,要求最大输出功率 $P_{om} = 9\text{W}$。在功放管的饱和压降 $V_{CE(sat)}$ 可以忽略不计的条件下,试求出下列各值:

(1) 正、负电源 V_{CC} 的最小值。

(2) 根据所求的 V_{CC} 的最小值,确定功放管的 I_{CM}、$|V_{(BR)CEO}|$ 及 P_{CM} 的最小值。

(3) 当输出功率最大时,电源供给的功率 P_D。

(4) 当输出功率最大时的输入电压有效值。

【解】 本题用来熟悉:乙类功率放大电路的分析方法。

(1) 因为实际情况下 $P_{om} \leqslant \dfrac{1}{2}\cdot\dfrac{V_{CC}^2}{R_L}$,所以有 $V_{CC} \geqslant \sqrt{2P_{om}R_L}$,代入已知条件可得:$V_{CCmin} = 12\text{V}$。

(2) 当输出电压的幅值 $V_{om} = V_{CC}$ 时,输出电流的幅值 I_{om} 为

$$I_{om} = V_{om}/R_L = 12/8\text{A} = 1.5\text{A}$$

$I_{CM} \geqslant I_{om} = 1.5\text{A}$,故 $I_{CMmin} = 1.5\text{A}$。

$|V_{(BR)CEO}| \geqslant 2V_{CC} = 2\times 12\text{V} = 24\text{V}$,故 $|V_{(BR)CEO}|_{min} = 24\text{V}$。

$P_{CM} \geqslant 0.2P_{om} = 0.2\times 9\text{W} = 1.8\text{W}$,故 $P_{CMmin} = 1.8\text{W}$。

(3) 当输出功率最大时,电源供给的功率为

$$P_{Dm} = \frac{2}{\pi} \cdot \frac{V_{CC}^2}{R_L} = \frac{2}{3.14} \times \frac{12^2}{8} W \approx 11.46 W$$

(4) 由于互补对称乙类功放无电压放大作用,所以,当输出功率最大时的输入电压有效值为

$$V_i = V_o = \frac{V_{om}}{\sqrt{2}} = \frac{V_{CC}}{\sqrt{2}} = \frac{12}{\sqrt{2}} V \approx 8.5 V$$

【题 4-4】 电路如图 4.11 所示,在交流输入信号 v_i 作用下,T_1 和 T_2 管在一个周期内轮流导电约 $180°$,电源电压 $V_{CC} = 20V$,$R_L = 8\Omega$,试计算:

(1) 在输入信号 $V_i = 10V$(有效值)时,电路的输出功率、管耗、直流电源供给的功率和效率。

(2) 当输入信号 v_i 的幅值为 $V_{im} = V_{CC} = 20V$ 时,电路的输出功率、管耗、直流电源供给的功率和效率。

【解】 本题用来熟悉:乙类功率放大电路的分析方法及性能特点。

(1) 由于输入信号的有效值 $V_i = 10V$,所以输出信号的有效值 $V_o = 10V$。因此,电路的输出功率为

$$P_o = \frac{V_o^2}{R_L} = \frac{10^2}{8} W = 12.5 W$$

直流电源供给的功率为

$$P_D = \frac{2}{\pi} \cdot \frac{V_{CC}^2}{R_L} \xi = \frac{2}{\pi} \cdot \frac{V_{CC}^2}{R_L} \cdot \frac{V_{om}}{V_{CC}} = \frac{2}{\pi} \cdot \frac{V_{CC} V_{om}}{R_L} = \frac{2}{\pi} \cdot \frac{V_{CC} \cdot \sqrt{2} V_o}{R_L}$$

$$= \frac{2}{3.14} \times \frac{20 \times \sqrt{2} \times 10}{8} W \approx 22.5 W$$

总的管耗为 $P_T = P_D - P_o = (22.5 - 12.5) W = 10 W$,每管的管耗为 $P_{T1} = P_{T2} = P_T/2 = 5W$。

效率为

$$\eta = \frac{P_o}{P_D} = \frac{12.5}{22.5} \times 100\% \approx 55.6\%$$

(2) 当输入信号 v_i 的幅值为 $V_{im} = V_{CC} = 20V$ 时,输出电压的幅值 $V_{om} = 20V$,此时的输出功率为

$$P_o = \frac{1}{2} \cdot \frac{V_{om}^2}{R_L} = \frac{1}{2} \times \frac{20^2}{8} W = 25 W$$

直流电源供给的功率为

$$P_D = \frac{2}{\pi} \cdot \frac{V_{CC} V_{om}}{R_L} = \frac{2}{3.14} \times \frac{20 \times 20}{8} W \approx 31.85 W$$

总的管耗为 $P_T = P_D - P_o = (31.85 - 25) W = 6.85 W$,每管的管耗为 $P_{T1} = P_{T2} = P_T/2 = 3.425 W$。

效率为

$$\eta = \frac{P_o}{P_D} = \frac{25}{31.85} \times 100\% \approx 78.5\%$$

乙类功率放大电路的最高效率可达 78.5%。

【题 4-5】 互补对称功放电路如图 4.12 所示,图中 $V_{CC}=20V$,$R_L=8\Omega$,T_1 管和 T_2 管的 $V_{CE(sat)}=2V$。试完成下列各题:

(1) 当 T_3 管的输出信号 $V_{o3}=10V$(有效值)时,计算电路的输出功率、管耗、直流电源供给的功率和效率。

(2) 计算该电路的最大不失真输出功率、效率和所需的 V_{o3} 的有效值。

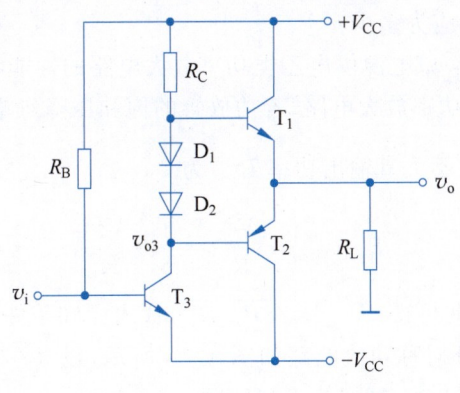

图 4.12 【题 4-5】图

【解】 本题用来熟悉:双电源供电甲乙类放大电路的分析方法及性能特点。

(1) 该电路由两级放大电路组成,其中 T_3 管为推动级,T_1 管与 T_2 管组成互补对称功率放大电路。T_3 管的输出信号 V_{o3} 就是功放电路的输入信号电压。故当 $V_{o3}=10V$(有效值)时,电路的输出功率为

$$P_o = \frac{V_o^2}{R_L} = \frac{V_{o3}^2}{R_L} = \frac{10^2}{8}W = 12.5W$$

直流电源供给的功率为

$$P_D = \frac{2}{\pi} \cdot \frac{V_{CC}V_{om}}{R_L} = \frac{2}{3.14} \times \frac{20 \times \sqrt{2} \times 10}{8}W \approx 22.5W$$

管耗为 $P_T = P_D - P_o = (22.5 - 12.5)W = 10W$,$P_{T1} = P_{T2} = 5W$。

效率为 $\eta = \dfrac{P_o}{P_D} = \dfrac{12.5}{22.5} \times 100\% \approx 55.6\%$。

(2) 该电路的最大不失真输出功率为

$$P_{om} = \frac{1}{2} \cdot \frac{[V_{CC} - V_{CE(sat)}]^2}{R_L} = \frac{1}{2} \times \frac{(20-2)^2}{8}W = 20.25W$$

直流电源供给的功率为

$$P_D = \frac{2}{\pi} \cdot \frac{V_{CC}V_{om}}{R_L} = \frac{2}{3.14} \times \frac{20 \times (20-2)}{8}W \approx 28.66W$$

效率为

$$\eta = \frac{P_o}{P_D} = \frac{20.25}{28.66} \times 100\% \approx 70.66\%$$

所需的 V_{o3} 的有效值为

$$V_{o3} = \frac{V_{om}}{\sqrt{2}} = \frac{[V_{CC} - V_{CE(sat)}]}{\sqrt{2}} = \frac{20-2}{\sqrt{2}}\text{V} \approx 12.73\text{V}$$

甲乙类互补对称功放电路的性能指标可用乙类互补对称功放电路的公式近似求得；功率放大电路的输出功率、效率，除与电路类型、电源电压等有关外，还与激励信号的大小有关。

【题 4-6】 单电源互补对称功率放大电路如图 4.13 所示，设 v_i 为正弦波，$R_L = 8\Omega$，功放管的饱和压降 $V_{CE(sat)}$ 可以忽略不计。当最大不失真输出功率 P_{om}（不考虑交越失真）为 9W 时，电源电压 V_{CC} 至少应为多少？

【解】 本题用来熟悉：单电源供电乙类功率放大电路的性能特点。

对单电源供电的乙类功率放大电路，若功放管的饱和压降忽略不计，输出电压的最大幅值 $V_{om} = \frac{1}{2}V_{CC}$，因此，最大不失真输出功率 P_{om} 为

$$P_{om} = \frac{1}{2} \cdot \frac{V_{om}^2}{R_L} = \frac{1}{8} \cdot \frac{V_{CC}^2}{R_L}$$

实际情况下，$P_o \leqslant P_{om}$，由此可得：$V_{CC} \geqslant \sqrt{8P_{om}R_L}$，代入已知条件可得：$V_{CCmin} = 24\text{V}$。

【题 4-7】 单电源互补对称功放电路如图 4.14 所示，设 T_1 和 T_2 的特性完全对称，v_i 为正弦波，$V_{CC} = 12\text{V}$，$R_L = 8\Omega$。试回答下列问题：

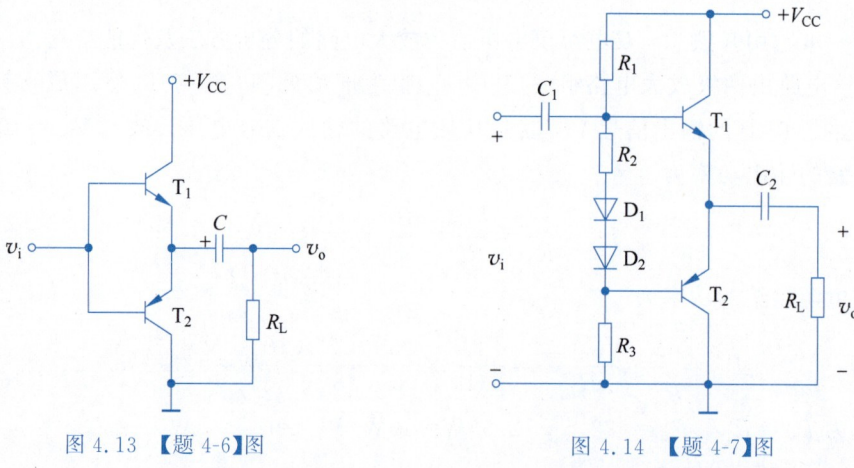

图 4.13 【题 4-6】图　　　图 4.14 【题 4-7】图

(1) 静态时，电容 C_2 两端的电压 V_{C_2} 应是多少？调整哪个元件，可以改变 V_{C_2} 的值？

(2) 若 T_1 管和 T_2 管的饱和压降 $V_{CE(sat)}$ 可以忽略不计。该电路的最大不失真输出功率 P_{om} 应为多少？

(3) 动态时，若输出波形产生交越失真，应调整哪一个电阻？如何调？

(4) 若 $R_1 = R_3 = 1.1\text{k}\Omega$，$T_1$ 管和 T_2 管的 $\beta = 40$，$|V_{BE(on)}| = 0.7\text{V}$，$P_{CM} = 400\text{mW}$，假设 D_1、D_2 和 R_2 中的任何一个开路，将会产生什么后果？

【解】 本题用来熟悉：

- 单电源供电甲乙类功率放大电路的分析方法及性能特点；
- 交越失真的概念及其消除方法。

(1) 静态时，电容 C_2 两端的电压 V_{C_2} 为 $V_{C_2} = \frac{1}{2}V_{CC} = \frac{1}{2} \times 12\text{V} = 6\text{V}$。由于 R_1、R_3 为

偏置电阻,所以,调整 R_1、R_3 可以改变 V_{C_2} 的值。

(2) $P_{om} = \dfrac{1}{8} \cdot \dfrac{V_{CC}^2}{R_L} = \dfrac{1}{8} \times \dfrac{12^2}{8} W = 2.25 W$。

(3) 当输出波形产生交越失真时,说明 T_1 和 T_2 两管基极间的电压小于 $|V_{BE(on)1}| + |V_{BE(on)2}|$,因此要增大 T_1 和 T_2 两管基极间的电压,故可调节电阻 R_2,使其增大。

(4) 若 D_1、D_2 和 R_2 中的任何一个开路,R_1 上的电流全部注入 T_1 管的基极。此时,有

$$I_B = \dfrac{V_{CC} - 2|V_{BE(on)}|}{R_1 + R_3} = \dfrac{12 - 2 \times 0.7}{1.1 + 1.1} mA \approx 4.82 mA, I_C = \beta I_B = 40 \times 4.82 mA = 192.8 mA$$

而 $V_{CE} = \dfrac{1}{2} V_{CC} = 6 V$,因此算得:$P_{T1} = P_{T2} = V_{CE} I_C = 6 \times 192.8 mW = 1156.8 mW > 400 mW$,故会烧坏功放管。

【题 4-8】 某集成电路的输出级如图 4.15 所示,试说明:
(1) R_1、R_2 和 T_3 组成什么电路?在电路中起何作用?
(2) 恒流源 I 在电路中起何作用?
(3) 电路中引入 D_1、D_2 作为过载保护,说明理由。

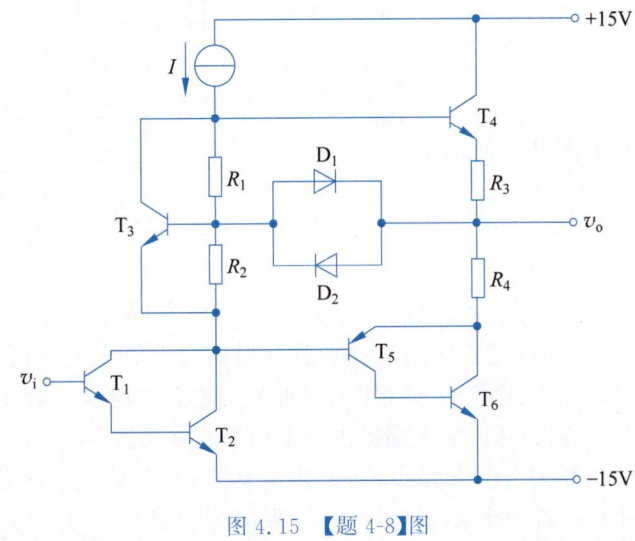

图 4.15 【题 4-8】图

【解】 本题用来熟悉:
- 交越失真的概念及其消除方法;
- 功率放大电路的过载保护措施。

(1) R_1、R_2 和 T_3 组成"V_{BE} 倍增电路",用以消除交越失真。由图 4.15 可得

$$V_{CE3} \approx V_{BE3} + \dfrac{V_{BE3}}{R_2} \cdot R_1 = \left(1 + \dfrac{R_1}{R_2}\right) V_{BE3}$$

调节 R_1/R_2 的值,可以改变 V_{CE3} 的值。若电路出现交越失真,增大 R_1/R_2(即 V_{CE3})的值,使输出级功放管在静态时处于微导通,便可消除信号在零点附近的交越失真现象。

(2) 恒流源 I 在电路中作为电压放大级 T_1、T_2 的有源负载,用以提高电压增益。

(3) 当电路输出电流过大时,D_1、D_2 可起到过载保护作用。其工作原理如下

$$I_{E4} \uparrow \to V_{R_3} \uparrow \to V_O \downarrow \to D_1 \checkmark \to I_{B4} \downarrow \to I_{E4} \downarrow$$

$I_{E5\text{-}6}\uparrow \to V_{R_4}\uparrow \to V_O\uparrow \to D_2\checkmark \to I_{B5}\downarrow \to I_{E5\text{-}6}\downarrow$

【题 4-9】 电路如图 4.16 所示,当 $v_i=0$ 时,由 V_{BB} 将甲乙类互补对称功放的静态值设置为 $I_{C1}=I_1=2\text{mA}, I_{C2}=I_{C3}=I_{CQ2}=3\text{mA}, I_{C4}=I_{C5}=I_{CQ4}=10\text{mA}$,O 点静态电位为零(即 $V_O=0$)并设 $\beta_1=\beta_2=\beta_3=200, \beta_4=\beta_5=50$。

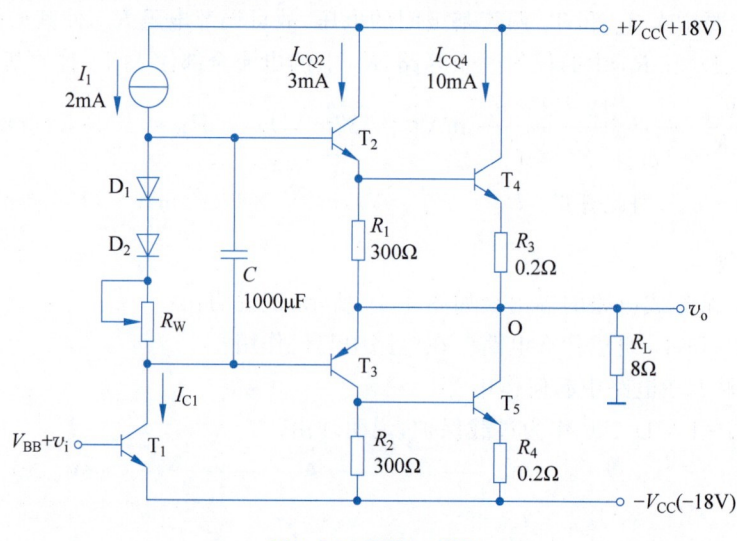

图 4.16 【题 4-9】图

(1) 说明 D_1、D_2、R_W 和 C 的作用。
(2) 说明 R_1、R_2 的作用。
(3) 若 $V_{CE(sat)2}=1.2\text{V}, V_{BE(on)4}=0.8\text{V}$,计算电路的最大不失真输出功率 P_{om}。
(4) 求在 P_{om} 下的实际效率 η。

【解】 本题用来熟悉:甲乙类 OCL 电路的分析方法及性能特点。

(1) D_1、D_2 和 R_W 的作用是为输出互补功放管提供适当的直流偏置电压,使输出管在静态时处于微导通,从而消除输出信号在零点附近的交越失真现象。电容 C 起交流旁路作用,保证 T_1 管为 T_2、T_3 管的基极输入端提供大小相等的放大信号。

(2) 电阻 R_1、R_2 的作用有两方面:一方面防止因 T_2 或 T_3 管截止而导致 T_4 或 T_5 管基极开路的情况,有利于提高输出管 T_4、T_5 的集-射间耐压参数;另一方面对 T_2、T_3 管的 I_{CEO} 起分流作用,有利于提高输出级工作的温度稳定性。

(3) 电路的最大正向输出电压为

$$V_{om}=\frac{R_L}{R_3+R_L}\cdot V_{E4}=\frac{R_L}{R_3+R_L}\cdot [V_{CC}-V_{CE(sat)2}-V_{BE(on)4}]$$

$$=\frac{8}{0.2+8}\times(18-1.2-0.8)\text{V}\approx 15.6\text{V}$$

于是得到最大不失真输出功率为

$$P_{om}=\frac{1}{2}\cdot\frac{V_{om}^2}{R_L}=\frac{1}{2}\times\frac{15.6^2}{8}\text{W}\approx 15.2\text{W}$$

(4) 直流电源供给的功率为

$$P_D=\frac{2}{\pi}\cdot\frac{V_{CC}^2}{R_L}\xi=\frac{2}{\pi}\cdot\frac{V_{CC}^2}{R_L}\cdot\frac{V_{om}}{V_{CC}}=\frac{2}{\pi}\cdot\frac{V_{CC}V_{om}}{R_L}=\frac{2}{3.14}\times\frac{18\times 15.6}{8}\text{W}\approx 22.3\text{W}$$

效率 η 为

$$\eta = \frac{P_{om}}{P_D} = \frac{15.2}{22.3} \times 100\% \approx 68\%$$

【题 4-10】 图 4.17 为一输出功率大于 18W 的高传真扩音机复合管互补对称 OCL 电路。

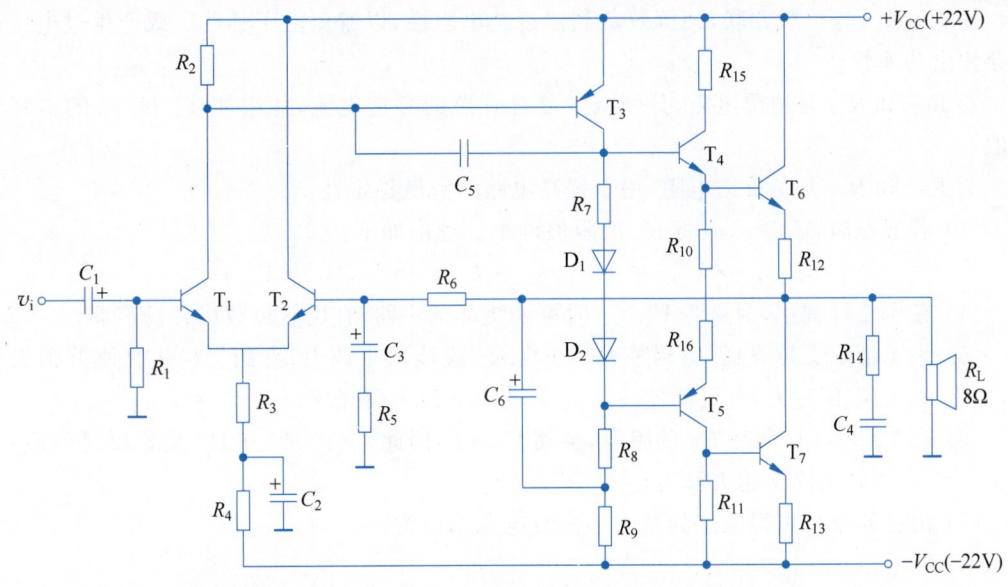

图 4.17 【题 4-10】图

(1) 试说明该电路的结构。

(2) 试说明下列元件在电路中起什么作用：①R_7、D_1、D_2；②C_6、R_9；③C_5；④R_5、R_6、C_3；⑤R_{14}、C_4；⑥R_{10}、R_{11}；⑦R_{12}、R_{13}。

(3) 如果输出端静态电位 $V_O > 0$，应调整哪个元件？调大还是调小？

(4) 在调整输出端静态电位时，扬声器应如何处理(接入电路还是脱开电路，或采取其他方法)？

(5) 为消除交越失真，应调整哪个电阻？这个电阻应从小调大还是从大调小？为什么？

(6) 在消除交越失真时，对输出端静态电位有无影响？怎样解决？

(7) 假设电压输出最大时，T_6、T_7 及 R_{12}、R_{13} 总的电压损失为 4V，试计算电路的最大不失真输出功率及输出级的效率。

【解】 本题用来熟悉：甲乙类集成功率放大电路的分析方法和性能特点。

(1) 该电路主体由以下三级组成。

输入级：由 T_1、T_2 组成的单端输入、单端输出的长尾式差分放大电路构成；

中间级：由 T_3 组成的共发射极放大电路构成，作为功放管的驱动级，R_8 为其集电极负载；

输出级：由 $T_4 \sim T_7$ 组成的复合管甲乙类互补对称 OCL 功率放大电路组成。

(2) 部分元件的作用分别如下。

① R_7、D_1、D_2 为 $T_4 \sim T_7$ 设置静态工作点，消除交越失真。此外，由于 D_1 和 D_2 选用了与 T_4 和 T_5 材料相同的硅二极管，可以获得较好的温度补偿作用。

② C_6、R_9 组成自举电路,以提高该电路的负向输出幅度。

③ C_5 用于频率补偿,以消除自激振荡。

④ R_5、R_6、C_3 引入交流电压串联负反馈,改善放大电路的动态性能,同时,R_6 还引入了直流负反馈,以稳定静态工作点。

⑤ R_{14}、C_4 与负载并联,使等效负载接近纯电阻性,以避免由于感性负载产生过电压而击穿输出功率管。

⑥ R_{10} 和 R_{11} 是泄漏电阻,分别减少复合管总的穿透电流,并增加 T_6 和 T_7 的击穿电压值。

⑦ R_{12} 和 R_{13} 是负反馈电阻,用于提高电路的温度稳定性。

(3) 若静态时,$V_O > 0$,应将 R_2 的阻值调小。理由如下:

$$R_2 \downarrow \rightarrow V_{BE3} \downarrow \rightarrow I_{B3} \downarrow \rightarrow I_{C3} \downarrow \rightarrow V_{C3} \downarrow \rightarrow V_O \downarrow$$

(4) 在调整过程中,为避免 $V_O \neq 0$ 时可能烧坏扬声器,宜用假负载代替扬声器。

(5) 为了消除交越失真,应调整 R_7,并且 R_7 应该从小调大,直到交越失真刚好消失为止,如果 R_7 的阻值过大,有可能使 T_6、T_7 管的电流过大而烧坏。

(6) 在 $V_O = 0$ 时,调整 R_7 的阻值,会使 $V_O \neq 0$,因此,应将 R_2 和 R_7 交替反复调整,直至 $V_O = 0$ 且刚好消除交越失真为止。

(7) 由已知条件可得电路的最大不失真电压幅值为

$$V_{om} = \left(V_{CC} - \frac{1}{2} \times 4\right) V = \left(22 - \frac{1}{2} \times 4\right) V = 20 V$$

因此得到最大不失真输出功率为

$$P_{om} = \frac{1}{2} \cdot \frac{V_{om}^2}{R_L} = \frac{1}{2} \times \frac{20^2}{8} W = 25 W$$

直流电源提供的功率为

$$P_D = \frac{2}{\pi} \cdot \frac{V_{CC}^2}{R_L} \xi = \frac{2}{\pi} \cdot \frac{V_{CC}^2}{R_L} \cdot \frac{V_{om}}{V_{CC}} = \frac{2}{\pi} \cdot \frac{V_{CC} V_{om}}{R_L} = \frac{2}{3.14} \times \frac{22 \times 20}{8} W \approx 35 W$$

输出级的效率为

$$\eta = \frac{P_{om}}{P_D} = \frac{25}{35} \times 100\% \approx 71.4\%$$

【题 4-11】 一个用集成功放 LM384 组成的功率放大电路如题图 4.18 所示。已知电路在通带内的电压增益为 40dB,在 $R_L = 8\Omega$ 时的最大输出电压(峰-峰值)可达 18V,当 v_i 为正弦信号时,求:

(1) 最大不失真输出功率 P_{om}。

(2) 输出功率最大时的输入电压有效值。

【解】 本题用来熟悉:集成功率放大电路的分析方法。

(1) $P_{om} = \frac{1}{2} \cdot \frac{V_{om}^2}{R_L} = \frac{1}{2} \times \frac{(18/2)^2}{8} W \approx 5.1 W$。

(2) 由于 $V_{om} = 18/2 = 9V$,而 $20 \lg |\dot{A}_v| = 40 dB$,即 $|\dot{A}_v| = 100$,所以输入电压的幅值为

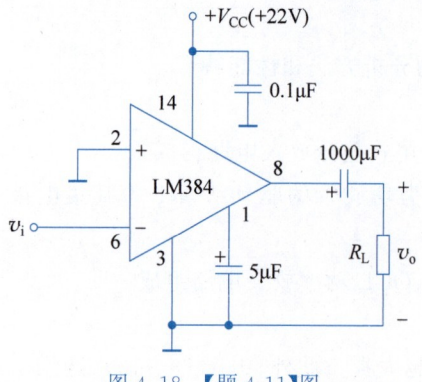

图 4.18 【题 4-11】图

$$V_{\text{im}} = \frac{V_{\text{om}}}{|\dot{A}_v|} = \frac{9}{100}\text{V} = 0.09\text{V}$$

有效值为

$$V_i = \frac{V_{\text{im}}}{\sqrt{2}} = \frac{0.09}{\sqrt{2}}\text{V} \approx 64\text{mV}$$

【题 4-12】 集成功率放大器 2030 的一种应用电路如图 4.19 所示,假定其输出级功率管的饱和压降 $V_{\text{CE(sat)}}$ 可以忽略不计,v_i 为正弦电压。

(1) 指出该电路属于 OTL 还是 OCL 电路。
(2) 求理想情况下最大输出功率 P_{om}。
(3) 求电路输出级的效率 η。

【解】 本题用来熟悉:集成功率放大电路的分析方法。

(1) 该电路属于 OCL 电路。

(2) $P_{\text{om}} = \frac{1}{2} \cdot \frac{V_{\text{CC}}^2}{R_L} = \frac{1}{2} \times \frac{15^2}{8}\text{W} \approx 14.06\text{W}$。

(3) 理想情况下,直流电源供给输出级的最大功率为

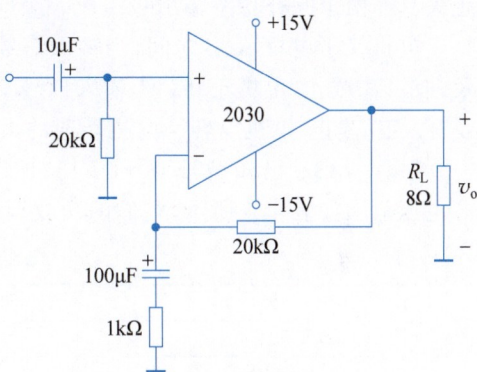

图 4.19 【题 4-12】图

$$P_{\text{Dm}} = \frac{2}{\pi} \cdot \frac{V_{\text{CC}}^2}{R_L} = \frac{2}{3.14} \times \frac{15^2}{8}\text{W} \approx 17.9\text{W}$$

故效率为 $\eta = \frac{P_{\text{om}}}{P_{\text{Dm}}} = \frac{14.06}{17.9} \times 100\% \approx 78.5\%$。

【题 4-13】 由复合管组成的桥式互补对称功率放大电路如图 4.20 所示,该电路驱动电机正向、反向旋转,试分析该电路的工作原理。

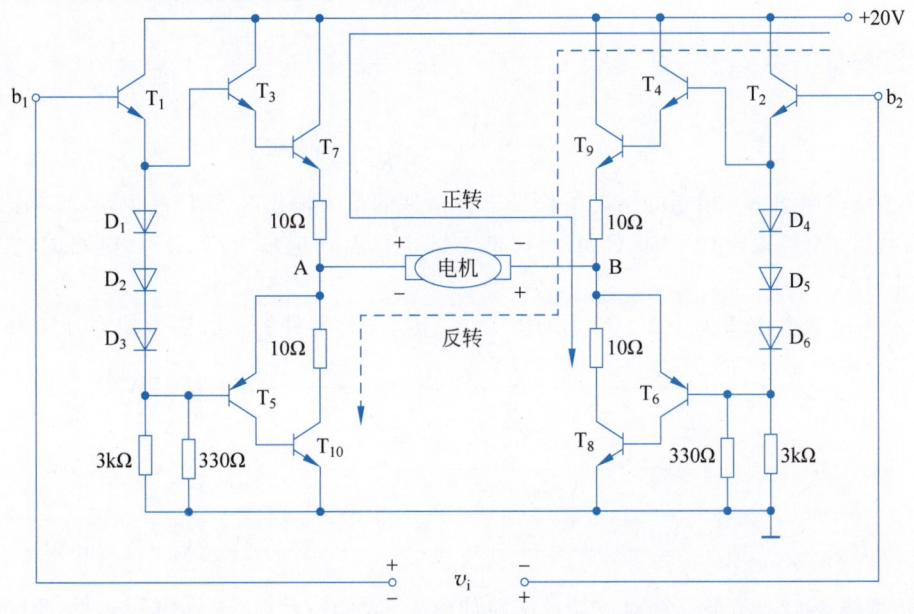

图 4.20 【题 4-13】图

【解】 本题用来熟悉：桥式功率放大电路的分析方法。

电路中，T_1、T_2 接成射极跟随器，将输入信号 v_i 引入到互补对称功率放大电路的输入端，起到信号源(v_i)和功放电路之间的缓冲隔离作用。

T_3 和 T_7 组成 NPN 型复合管，T_4 和 T_9 也组成 NPN 型复合管；T_5 和 T_{10} 及 T_6 和 T_8 组成 PNP 型复合管。T_3、T_7 及 T_5、T_{10} 组成互补跟随功率输出级，D_1、D_2 和 D_3 用于克服电路的交越失真；T_4、T_9 及 T_6、T_8 也组成互补跟随功率输出级，D_4、D_5 和 D_6 同样用于克服交越失真。两个互补功率输出级组成一个电桥。

电机接于电桥 A、B 之间，当输入信号 v_i 为 b_1 正、b_2 负时，T_3、T_7 及 T_6、T_8 导通，T_4、T_9 及 T_5、T_{10} 截止，电机正转；当输入信号 v_i 为 b_1 负、b_2 正时，T_4、T_9 及 T_5、T_{10} 导通，T_3、T_7 及 T_6、T_8 截止，电机反转。电机转速的大小与输入信号 v_i 的大小成比例。

【题 4-14】 已知型号为 TDA1521、LM1877 和 TDA1556 的集成功放的电路形式和电源电压范围如表 4.1 所示，它们的功放管的最小管压降 $|V_{CEmin}|$ 均为 3V。

表 4.1 电路形式和电源电压的范围

型 号	电路形式	电源电压/V
TDA1521	OCL	−20.0～−7.5 或 7.5～20.0
LM1877	OTL	6.0～24.0
TDA1556	BTL	6.0～18.0

(1) 设在负载电阻均相同的情况下，三种器件的最大输出功率均相同，已知 OCL 电路的电源电压 $\pm V_{CC}=\pm 10V$，试问 OTL 电路和 BTL 电路的电源电压分别应取多少伏？

(2) 设仅有一种电源，其值为 15V，负载电阻为 32Ω。问三种器件的最大输出功率各为多少？

【解】 本题用来熟悉：集成 OCL、OTL、BTL 功率放大电路的性能特点。

(1) 若考虑功放管的管压降，OCL、OTL 和 BTL 电路的最大输出功率分别为

$$P_{om(OCL)} = \frac{1}{2} \cdot \frac{(V_{CC}-|V_{CEmin}|)^2}{R_L}$$

$$P_{om(OTL)} = \frac{1}{2} \cdot \frac{(V_{CC}/2-|V_{CEmin}|)^2}{R_L}$$

$$P_{om(BTL)} = \frac{1}{2} \cdot \frac{(V_{CC}-2|V_{CEmin}|)^2}{R_L}$$

若在负载电阻 R_L 相同的情况下保证三种器件的最大输出功率 P_{om} 相同，当 OCL 电路的电源电压 $\pm V_{CC}$ 取 $\pm 10V$ 时，OTL 电路的电源电压 V_{CC} 应取 20V，BTL 电路的电源电压 V_{CC} 应取 13V。

(2) 当电源电压值为 15V，负载电阻为 32Ω 时，三种器件的最大输出功率分别为

$$P_{om(OCL)} = \frac{1}{2} \cdot \frac{(V_{CC}-|V_{CEmin}|)^2}{R_L} = \frac{1}{2} \times \frac{(15-3)^2}{32} W = 2.25 W$$

$$P_{om(OTL)} = \frac{1}{2} \cdot \frac{(V_{CC}/2-|V_{CEmin}|)^2}{R_L} = \frac{1}{2} \times \frac{(15/2-3)^2}{32} W \approx 0.316 W$$

$$P_{om(BTL)} = \frac{1}{2} \cdot \frac{(V_{CC}-2|V_{CEmin}|)^2}{R_L} = \frac{1}{2} \times \frac{(15-2\times 3)^2}{32} W \approx 1.266 W$$

【仿真题 4-1】 乙类互补对称功放电路如图 4.21(a)所示，设输入信号 v_i 为 1kHz，有效值为 5V 的正弦电压。

第4章 低频功率放大电路

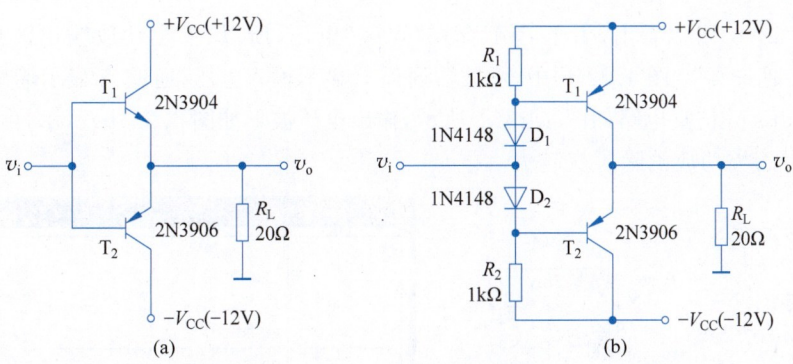

图 4.21 【仿真题 4-1】图

(1) 用 Multisim 仿真输出电压波形,观察交越失真,并画出电压传输特性曲线。

(2) 为了减小和克服交越失真,在 T_1、T_2 两基极间加上两只二极管 D_1、D_2 及相应的电路,构成甲乙类互补对称功放电路,如图 4.21(b)所示,试观察输出波形的交越失真是否消除,并求最大输出电压范围。

【解】 本题用来熟悉:

- 乙类功放中的交越失真问题;
- 甲乙类功放的性能特点。

(1) Multisim 仿真电路如图 4.22(a)所示,输出电压波形如图 4.22(b)所示,电压传输特性曲线如图 4.22(c)所示。

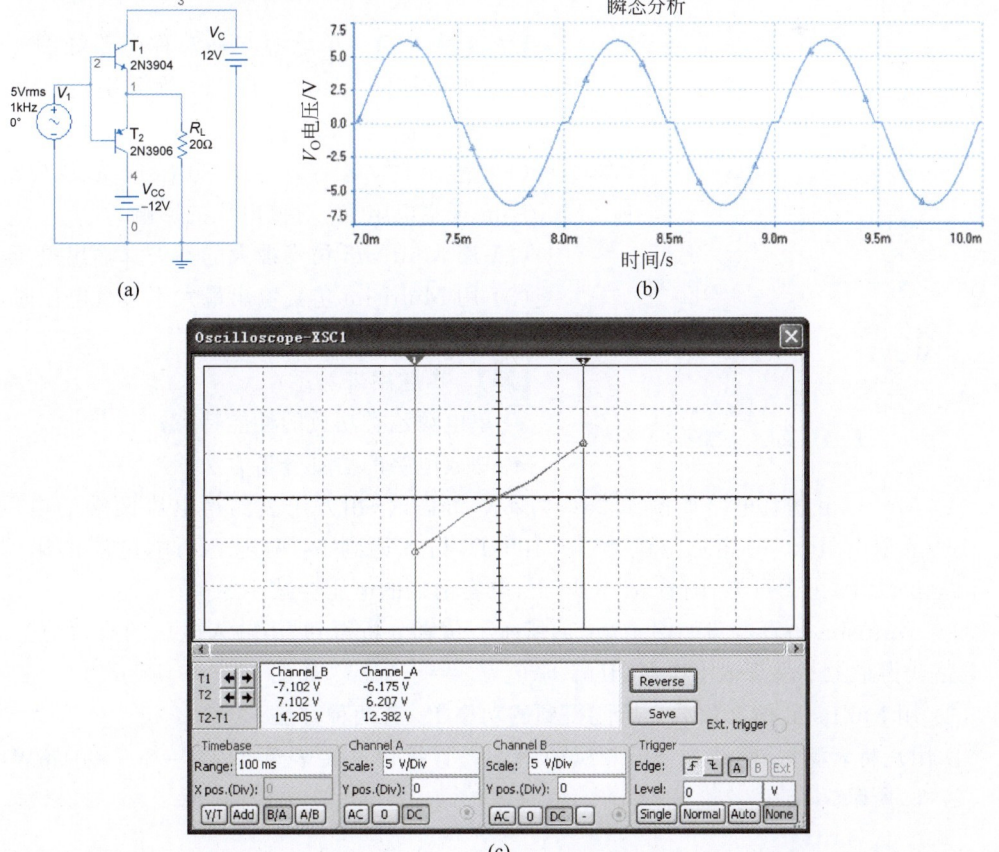

图 4.22 【仿真题 4-1】图解(1)

由图 4.22(b)可以看出,由于 BJT 存在"死区"电压,所以,乙类功放输出波形在"零点"附近产生"交越失真"。图 4.22(c)中,示波器通道 B 显示输入电压,通道 A 显示输出电压。

(2) Multisim 仿真电路如图 4.23(a)所示,输出电压波形如图 4.23(b)所示,由图 4.23(b)可以看出,甲乙类功放消除了交越失真。

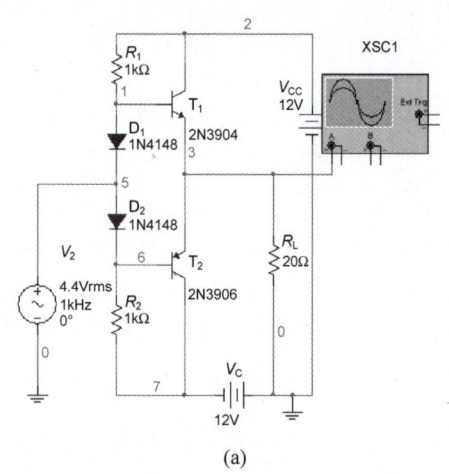
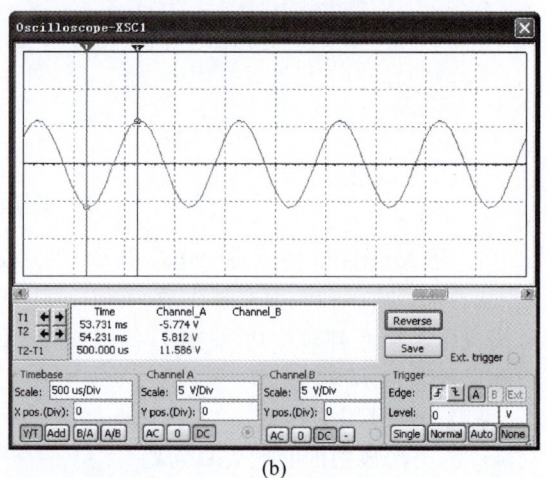

图 4.23 【仿真题 4-1】图解(2)

图 4.23(b)所示为最大不失真输出电压波形,由图可得最大输出电压的峰-峰值为 $V_{opp}=11.586V$。

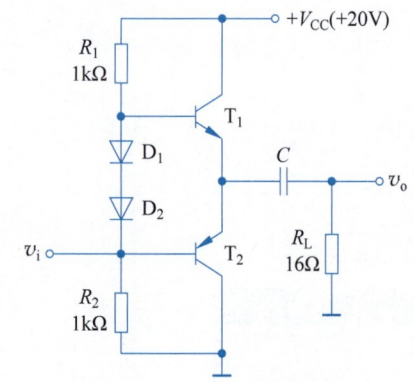

图 4.24 【仿真题 4-2】图

【仿真题 4-2】 单电源互补对称电路如图 4.24 所示,D_1、D_2 管用 1N4002,T_1、T_2 管分别用 2N3904 和 2N3906,电容 $C=1000\mu F$。

(1) 静态时,电容两端的电压应为多少?用 Multisim 观察电阻 R_1 对该电压的影响。

(2) 用 Multisim 仿真最大的不失真输出电压。

(3) 用 Multisim 仿真输出最大不失真电压时,负载上所能得到的功率 P_o。

【解】 本题用来熟悉:
- 单电源乙类功放的性能特点;
- 功放电路的仿真分析方法。

(1) Multisim 仿真电路如图 4.25(a)所示,静态时,用万用表测得电容两端的电压为 10.016V。取电阻 R_1 的变化范围为 1~100kΩ,仿真得到 R_1 对电容两端电压的影响如图 4.25(b)所示,由图可见,随着 R_1 的增大,电容两端的电压会减小。

(2) Multisim 仿真电路如图 4.26(a)所示。仿真分析得到,当输入电压的有效值为 2V 时,电路获得最大不失真输出电压,其峰-峰值 $V_{opp}=5.183V$,如图 4.26(b)所示。

(3) 用 Multisim 仿真负载上所能得到的功率 P_o 有两种方法。

① 用瓦特表测量,电路如图 4.27(a)所示。直接由瓦特表读出 $P_o=205.301mW$,如图 4.27(b)所示。

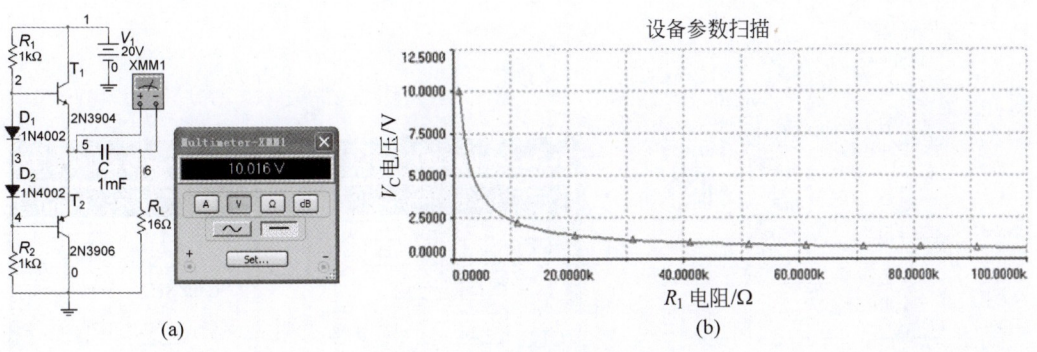

图 4.25 【仿真题 4-2】图解(1)

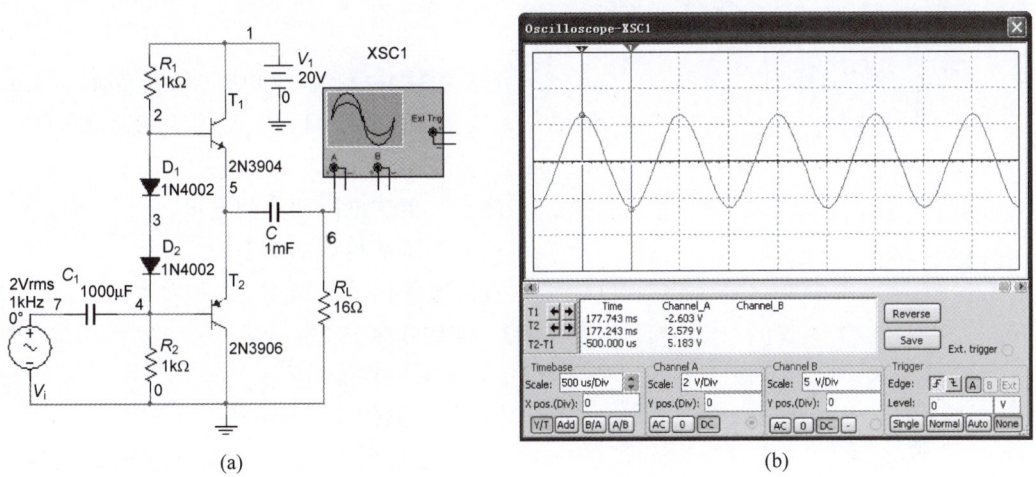

图 4.26 【仿真题 4-2】图解(2)

② 用万用表测量,电路如图 4.27(c)所示。由万用表 1 读得流过负载 R_L 的电流 $I_o=113.261\text{mA}$,如图 4.27(d),由万用表 2 读得负载 R_L 两端的电压 $V_o=1.812\text{V}$,如图 4.27(e)。进而算得

$$P_o = V_o I_o = 1.812 \times 113.261 \text{mW} \approx 205.23 \text{mW}$$

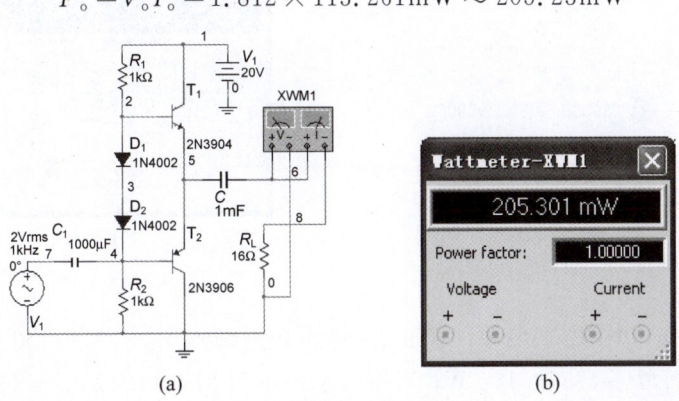

图 4.27 【仿真题 4-2】图解(3)

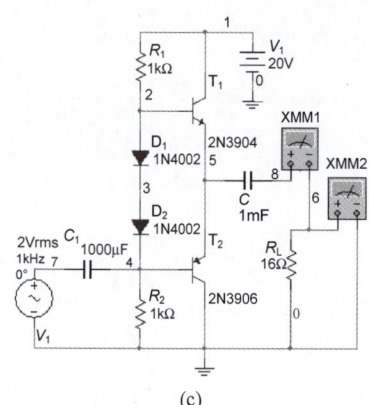
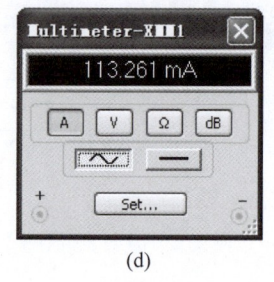
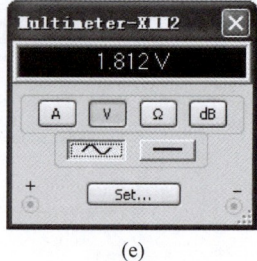

(c)　　　　　　　　　　(d)　　　　　　　　(e)

图 4.27　（续）

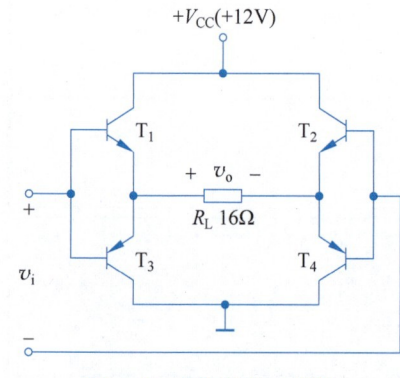

图 4.28　【仿真题 4-3】图

【仿真题 4-3】　桥式功率放大电路如图 4.28 所示，T_1、T_2 管用 2N3904，T_3、T_4 管用 2N3906，试用 Multisim 分析：

（1）静态时负载电阻两边的电位。

（2）负载上所能得到的功率 P_o。

（3）直流电源供给的功率 P_D 和效率 η。

【解】　本题用来熟悉：

- 桥式功放的性能特点；
- 功放电路的仿真分析方法。

（1）测试静态时负载电阻两边电压的电路如图 4.29(a)所示，此时，万用表测量结果如图 4.29(b)所示。

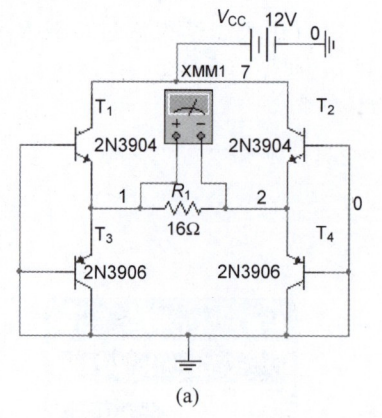

(a)　　　　　　　　　　(b)

图 4.29　【仿真题 4-3】图解（1）

（2）测试负载功率 P_o 的电路如图 4.30 所示。当输入 $V_i=5V$ 时，由瓦特表读出负载上所能得到的功率 $P_o=737.018\mathrm{mW}$；当输入 $V_i=10V$ 时，由瓦特表读出负载上所能得到的功率 $P_o=3.406\mathrm{W}$。

（3）测试 P_D 的电路如图 4.31 所示。当输入 $V_i=5V$ 时，由瓦特表读出直流电源供给的功率 $P_D=2.138\mathrm{W}$；当输入 $V_i=10V$ 时，直流电源供给的功率 $P_D=4.524\mathrm{W}$。

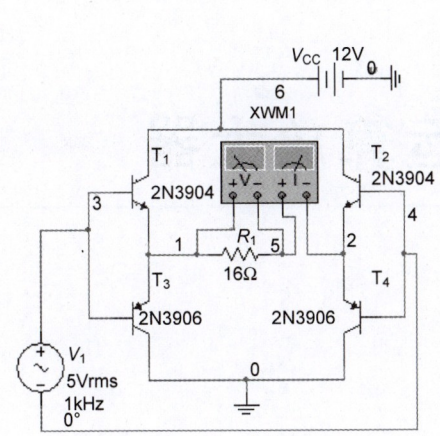
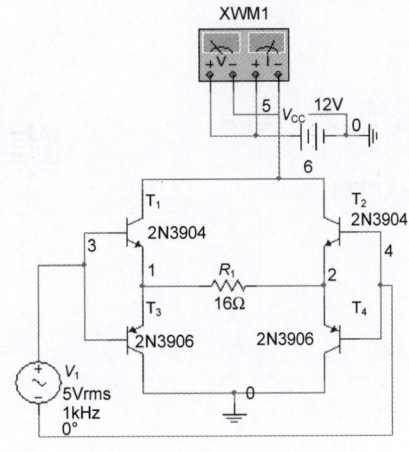

图 4.30 【仿真题 4-3】图解（2）　　　　图 4.31 【仿真题 4-3】图解（3）

由上述测量结果可求得：

当输入 $V_i=5\text{V}$ 时，效率 $\eta=\dfrac{P_o}{P_D}=\dfrac{737.018\text{mW}}{2.138\text{W}}\approx 34.47\%$。

当输入 $V_i=10\text{V}$ 时，效率 $\eta=\dfrac{P_o}{P_D}=\dfrac{3.406\text{W}}{4.524\text{W}}\approx 75.29\%$。

第 5 章 集成运算放大器

CHAPTER 5

5.1 教学要求

具体教学要求如下。
(1) 熟悉集成运算放大器的组成及结构特点。
(2) 掌握集成电路的偏置技术——电流源技术。熟悉常用的电流源电路及其特点、应用。
(3) 掌握差分放大电路的组成及工作原理;深刻理解差模增益、共模增益、共模抑制比的概念;熟悉差分放大电路的输入、输出方式。
(4) 熟悉双极型通用运放 $\mu A741$ 的设计思想及主要特点,了解单极型及混合型运放的结构特点。
(5) 深刻理解集成运放主要参数的含义。
(6) 了解电流模运放的原理及特点。

5.2 基本概念和内容要点

5.2.1 集成运算放大器的组成及特点

1. 集成运算放大器的组成原理框图及电路符号

集成运算放大器,简称集成运放。其类型很多,电路也不一样,但结构具有共同之处,图 5.1 所示为集成运放内部电路的组成原理框图及电路符号。

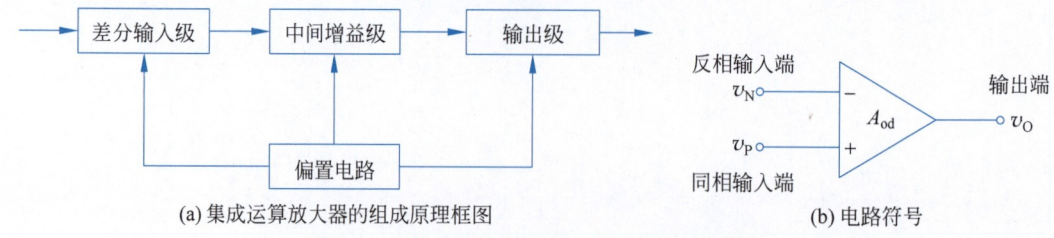

(a) 集成运算放大器的组成原理框图 (b) 电路符号

图 5.1 集成运放的组成原理框图及电路符号

对电压模(电压型)集成运放而言,对输入级的要求是输入电阻大、噪声低、零漂小,因此常采用差分放大电路;中间级的主要作用是提供电压增益,它可由一级或多级放大电路组成；输出级一般由电压跟随器或互补电压跟随器组成，以降低输出电阻，提高带负载能力；偏置电路为各级提供合适的偏置电流。此外还有一些辅助环节，如单端化电路、相位补偿环节、电平移位电路、输出保护电路等。

2. 集成运算放大器的结构特点

集成运算放大器的结构特点如下。

（1）元器件参数的精度较差，但误差的一致性好，宜于制成对称性好的电路，如差分放大电路。

（2）制作电容困难，所以级间采用直接耦合方式。

（3）制作管子比制作电阻更方便，所以常用由 BJT 或 FET 组成的恒流源为各级电路提供偏置电流，或者用作有源负载。

（4）采用一些特殊结构，如横向 PNP 管（β 低、耐压高、f_T 小）、双集电极 BJT 等。

5.2.2 电流源电路

电流源电路是广泛应用于集成电路中的一种单元电路。在集成电路中，电流源除了作为偏置电路提供恒定的静态电流外，还可利用其输出电阻大的特点，作有源电阻使用。

1. BJT 电流源电路

表 5.1 列出了几种 BJT 电流源电路。

表 5.1 常见的几种 BJT 电流源电路

类 型	电 路 结 构	I_O 与 I_{REF} 的关系式	输 出 电 阻	特 点
基本镜像电流源		$I_{REF} = \dfrac{V_{CC} - V_{BE(on)}}{R} \approx \dfrac{V_{CC}}{R}$ $I_O = \dfrac{\beta}{\beta + 2} I_{REF} \approx I_{REF}$	$R_o = r_{ce2}$	当 β、V_{CC} 较小时，I_O 的精度较低、热稳定性较差
改进型镜像电流源		$I_{REF} = \dfrac{V_{CC} - 2V_{BE(on)}}{R}$ $I_O = \dfrac{\beta^2 + \beta}{\beta^2 + \beta + 2} I_{REF} \approx I_{REF}$	$R_o = r_{ce2}$	有 T_3 管隔离，在 β 较小时也有 $I_O \approx I_{REF}$，I_O 精度提高
比例式电流源		$I_{REF} = \dfrac{V_{CC} - V_{BE(on)}}{R + R_1}$ $\approx \dfrac{V_{CC}}{R + R_1}$ $I_O = \dfrac{R_1}{R_2} I_{REF} + \dfrac{V_T}{R_2} \ln \dfrac{I_{REF}}{I_O}$ $\approx \dfrac{R_1}{R_2} I_{REF}$	$R_o \approx \left(1 + \dfrac{\beta R_2}{R_2 + r_{be2} + R_1 // R}\right) r_{ce2}$	按比例输出毫安级电流，I_O/I_{REF} 与电阻成反比。R_o 增大，I_O 精度提高

续表

类 型	电路结构	I_O 与 I_{REF} 的关系式	输出电阻	特 点
微电流源		$I_{REF} = \dfrac{V_{CC} - V_{BE(on)}}{R} \approx \dfrac{V_{CC}}{R}$ $I_O = \dfrac{V_T}{R_2} \ln \dfrac{I_{REF}}{I_O}$	$R_o \approx \left(1 + \dfrac{\beta R_2}{R_2 + r_{be2}}\right) r_{ce2}$	提供微安级电流，$I_O \ll I_{REF}$。R_o 增大，I_O 精度提高
威尔逊电流源		$I_{REF} = \dfrac{V_{CC} - 2V_{BE(on)}}{R}$ $I_O = \dfrac{\beta^2 + 2\beta}{\beta^2 + 2\beta + 2} I_{REF} \approx I_{REF}$	$R_o \approx \dfrac{\beta}{2} r_{ce}$	I_O 精度高。因为有负反馈，所以 I_O 稳定性也好

2. MOS 电流源电路

MOS 电流源电路如图 5.2 所示，其中 T_3 管作有源电阻用。

$$\frac{I_O}{I_{REF}} = \frac{(W/L)_2}{(W/L)_1} \tag{5-1}$$

若 $\dfrac{(W/L)_2}{(W/L)_1} = 1$，为镜像电流源电路；若 $\dfrac{(W/L)_2}{(W/L)_1} \neq 1$，为比例式电流源电路。

5.2.3 差分放大电路

典型的差分放大电路由两个完全相同的共发射极电路经射极公共电阻 R_{EE} 耦合而成，如图 5.3 所示。该电路具有抑制零点漂移的作用，广泛用于直接耦合放大电路和集成电路的输入级。

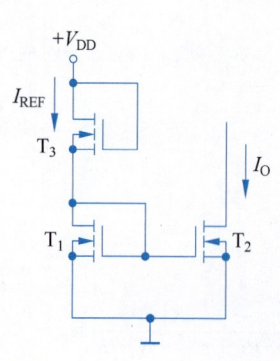

图 5.2 MOS 电流源电路

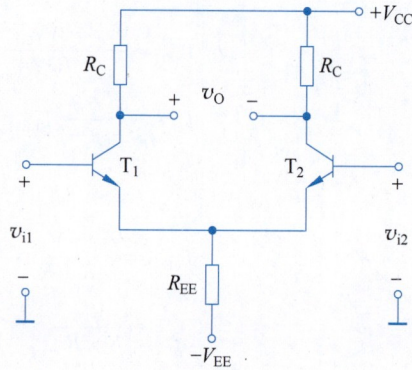

图 5.3 典型的差分放大电路

1. 几个基本概念

1) 差模信号和共模信号

大小相等、极性相反的信号称为差模信号。差模输入电压定义为两输入端电压的差值,即

$$v_{id} = v_{i1} - v_{i2} \tag{5-2}$$

大小相等、极性相同的信号称为共模信号。共模输入电压定义为两输入端电压的算术平均值,即

$$v_{ic} = \frac{v_{i1} + v_{i2}}{2} \tag{5-3}$$

v_{id} 加在两管输入端之间,因此,对单管而言,每管的差模输入电压仅为 $v_{id}/2$;而 v_{ic} 加在每个管子的输入端,故两输入端上的共模电压相等,均为 v_{ic}。

2) 差分放大电路的半电路分析法

由于电路两边完全对称,因此分析差分放大电路的关键,就是如何分别在差模输入和共模输入时,画出半电路的交流通路,并进而确定其各项性能指标。

画半电路交流通路的关键在于如何对公共元件(R_{EE}、R_L)进行处理,具体处理方法如下。

电阻 R_{EE} $\begin{cases} \text{差模输入时视为短路} \\ \text{共模输入时等效为 } 2R_{EE} \end{cases}$

负载 R_L $\begin{cases} \text{差模输入} \begin{cases} \text{单端输出时,每管负载为 } R_L \\ \text{双端输出时,每管负载为 } R_L/2 \end{cases} \\ \text{共模输入} \begin{cases} \text{单端输出时,每管负载为 } R_L \\ \text{双端输出时,负载 } R_L \text{ 相当于开路} \end{cases} \end{cases}$

3) 差模电压增益

双端输出为

$$A_{vd} = \frac{v_{od}}{v_{id}} = \frac{v_{od1} - v_{od2}}{v_{id}} \tag{5-4}$$

单端输出为

$$A_{vd1} = \frac{v_{od1}}{v_{id}}, A_{vd2} = \frac{v_{od2}}{v_{id}} \tag{5-5}$$

$$A_{vd1} = -A_{vd2} = \frac{1}{2}A_{vd1} \tag{5-6}$$

4) 共模电压增益

双端输出为

$$A_{vc} = \frac{v_{oc}}{v_{ic}} = \frac{v_{oc1} - v_{oc2}}{v_{ic}} = 0 \tag{5-7}$$

单端输出为

$$A_{vc1} = A_{vc2} = \frac{v_{oc1}(v_{oc2})}{v_{ic}} \tag{5-8}$$

5) 共模抑制比

双端输出为

$$K_{\text{CMR}} = \left|\frac{A_{vd}}{A_{vc}}\right| = \infty \tag{5-9}$$

单端输出为

$$K_{\text{CMR}} = \left|\frac{A_{vd1}}{A_{vc1}}\right| = \left|\frac{A_{vd2}}{A_{vc2}}\right| \tag{5-10}$$

2. 差分放大电路的性能

差分放大电路有四种输入输出方式：双端输入、双端输出；双端输入、单端输出；单端输入、双端输出；单端输入、单端输出，但其性能特点与输入端的连接方式无关，仅与输出端的连接方式有关，因此，差分放大电路的性能可分为两大类进行比较，如表 5.2 所示。

表 5.2 差分放大电路的性能比较

双端输出差分放大电路		单端输出差分放大电路	
差模性能	共模性能	差模性能	共模性能
$R_{id}=2R_{i1}=2r_{be}$	$R_{ic}=\frac{1}{2}[r_{be}+(1+\beta)2r_o]$	$R_{id}=2R_{i1}=2r_{be}$	$R_{ic}=\frac{1}{2}[r_{be}+(1+\beta)2r_o]$
$R_{od}=2R_{o1}\approx 2R_C$	$R_{oc}=2R_{o1}\approx 2R_C$	$R_{od1}=R_{o1}\approx R_C$	$R_{oc}=R_{o1}\approx R_C$
$A_{vd}=A_{v1}=-\frac{\beta R'_L}{r_{be}}$ 其中，$R'_L=R_C//\frac{R_L}{2}$	$A_{vc} \to 0$	$A_{vd1}=-A_{vd2}=\frac{1}{2}A_{v1}$ $=-\frac{1}{2}\cdot\frac{\beta R'_L}{r_{be}}$ 其中，$R'_L=R_C//R_L$	$A_{vc1}=A_{vc2}\approx -\frac{R'_L}{2r_o}$ 其中，$R'_L=R_C//R_L$
$K_{\text{CMR}}=\left\|\frac{A_{vd}}{A_{vc}}\right\|=\infty$		$K_{\text{CMR}}=\left\|\frac{A_{vd1}}{A_{vc1}}\right\|=\left\|\frac{A_{vd2}}{A_{vc2}}\right\|\approx\frac{\beta r_o}{r_{be}}$	
$v_o=v_{o1}-v_{o2}=A_{vd}v_{id}$ 其中，$v_{id}=v_{i1}-v_{i2}$		$v_{o1}=v_{oc1}+v_{od1}=A_{vc1}v_{ic}+A_{vd1}v_{id}$ $v_{o2}=v_{oc2}+v_{od2}=A_{vc2}v_{ic}+A_{vd2}v_{id}$ 其中，$v_{id}=v_{i1}-v_{i2}$，$v_{ic}=\frac{v_{i1}+v_{i2}}{2}$	
抑制零漂的原理：(1) 利用电路的对称性；(2) 利用 r_o 的共模负反馈作用		抑制零漂的原理：利用 r_o 的共模负反馈作用	

差分放大电路可采用各种改进型电路。例如，为提高其共模抑制能力，表 5.2 中用电流源取代了基本差分放大电路中的电阻 R_{EE}；为改变其输入、输出电阻及放大性能，差分放大电路的每一边电路还可采用组合电路的形式；为提高其单端输出时的差模增益，可采用有源负载的形式（见【题 5-24】）。

3. 电路的不对称性对差分放大电路性能的影响

实际的差分放大电路，电路不可能做到完全对称。参数 $V_{IO\Sigma}$ 反映电路的不对称性。

$$V_{IO\Sigma} = V_{IO} + I_{IO} R_S \tag{5-11}$$

其中，失调电压 V_{IO} 反映由两管参数 $V_{BE(on)}$、I_{EBS} 及 R_C 不等引起的失调。失调电流 I_{IO} 主要反映因两管 β 值不等而引起的失调。

电路的不对称性将给电路带来运算误差。减小失调的方法是采用调零电路。但应注意，调零电路不能克服失调温漂的影响。

4. 差分放大电路的调零

图 5.4 给出了两种常用的调零电路。其中，图 5.4(a) 为发射极调零电路，图 5.4(b) 为集电极调零电路。

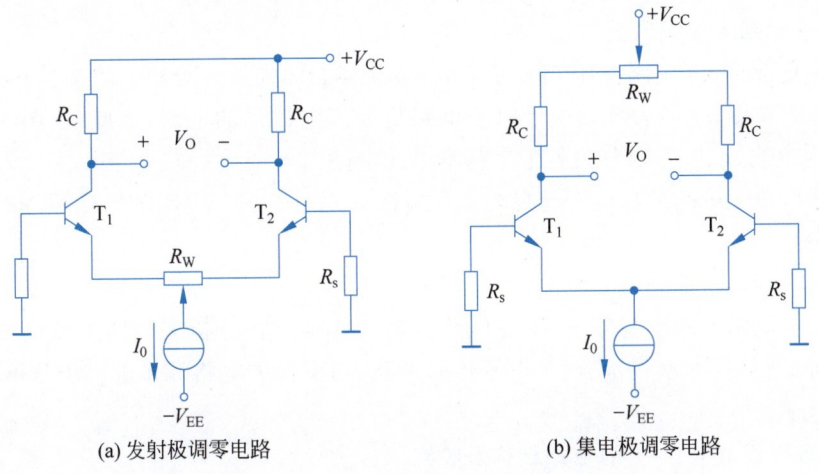

(a) 发射极调零电路   (b) 集电极调零电路

图 5.4　差分放大电路的调零电路

5. 场效应管差分放大电路

在高输入阻抗的模拟集成电路中，常采用输入电阻高、输入偏置电流很小的场效应管(FET)差分放大电路。FET 差分放大电路的电路结构、工作原理和分析方法与 BJT 差分放大电路基本相同，并具有相似的电路特点。由 JFET 构成的差分放大器的输入电阻可达 $10^{12}\,\Omega$，输入偏置电流约为 100pA 数量级；而 MOSFET 差分放大电路的输入电阻则可高达 $10^{15}\,\Omega$，输入偏置电流仅在 10pA 以下。

6. 差分放大电路的传输特性

差分放大电路的差模传输特性如图 5.5 所示。

(1) 当 $v_{id}=0$ 时，$i_{C1}/I_0 = i_{C2}/I_0 = 0.5$，$i_{C1} + i_{C2} = I_0$，电路处于静态工作状态。

(2) 当 $|v_{id}| \leqslant V_T$ 时，电路处于线性放大区。

(3) 当 $|v_{id}| \geqslant 4V_T$ 时，电路呈现良好的限幅特性。

(4) 在差分对管的发射极分别串接电阻 R_E，可扩大传输特性的线性工作范围。

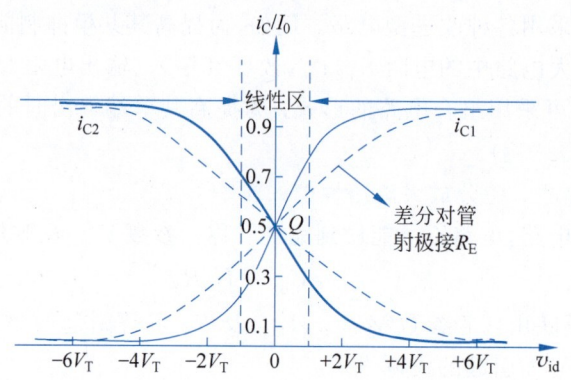

图 5.5 差分放大电路的差模传输特性

5.2.4 集成运算放大器

集成运算放大器的品种繁多,内部电路结构也各不相同,但它们的基本组成部分、结构形式、组成原则基本一致。因此,对典型电路的分析具有普遍意义。

1. 电子电路的读图方法

无论多复杂的电子电路,均由各种基本单元电路组合而成。在读图时,可按以下步骤进行。

(1) 综观全图,化整为零。由于电子电路是处理电信号的电路,因此,读图时应以信号传输途径为主线,把电路划分为若干个基本单元电路。

(2) 分析单元电路的功能。选择合适的方法分别对各部分电路的工作原理和主要功能进行定性分析。

(3) 化零为整。根据信号流向,把单元电路组合起来,分析整个电路的功能。

(4) 分析电路中的改善环节,了解电路性能的优劣。在分析完电路主要组成部分的功能和性能外,有必要对次要部分,如电平位移电路,功率保护电路等作进一步分析,以了解电路性能的优劣。

2. 双极型运放 μA741 的电路结构及特点

虽然 μA741 是一个相当"古老"的设计,但它对于描述一般电路的结构和分析仍然能提供有用的实例。通过对 μA741 的学习,旨在熟悉复杂电子电路的读图方法,并对电子系统有一个初步的了解。

μA741 的内部电路如图 5.6 所示,包括差分输入级、中间放大级、功率输出级和偏置电路四部分。

1) 偏置电路

偏置电路包含在各级电路中,采用多路电流源偏置的形式,为各级电路提供稳定的恒流偏置和有源负载,其性能的优劣直接影响其他部分电路的性能。其中,T_{10}、T_{11} 组成的微电流源作为整个集成运放的主偏置级。

2) 差分输入级

由 T_1、T_3 和 T_2、T_4 构成的共集-共基组合差分放大电路组成,双端输入、单端输出。其中,T_5、T_6、T_7 组成的改进型镜像电流源作为其有源负载,T_8、T_9 组成的镜像电流源为其提供恒流偏置。

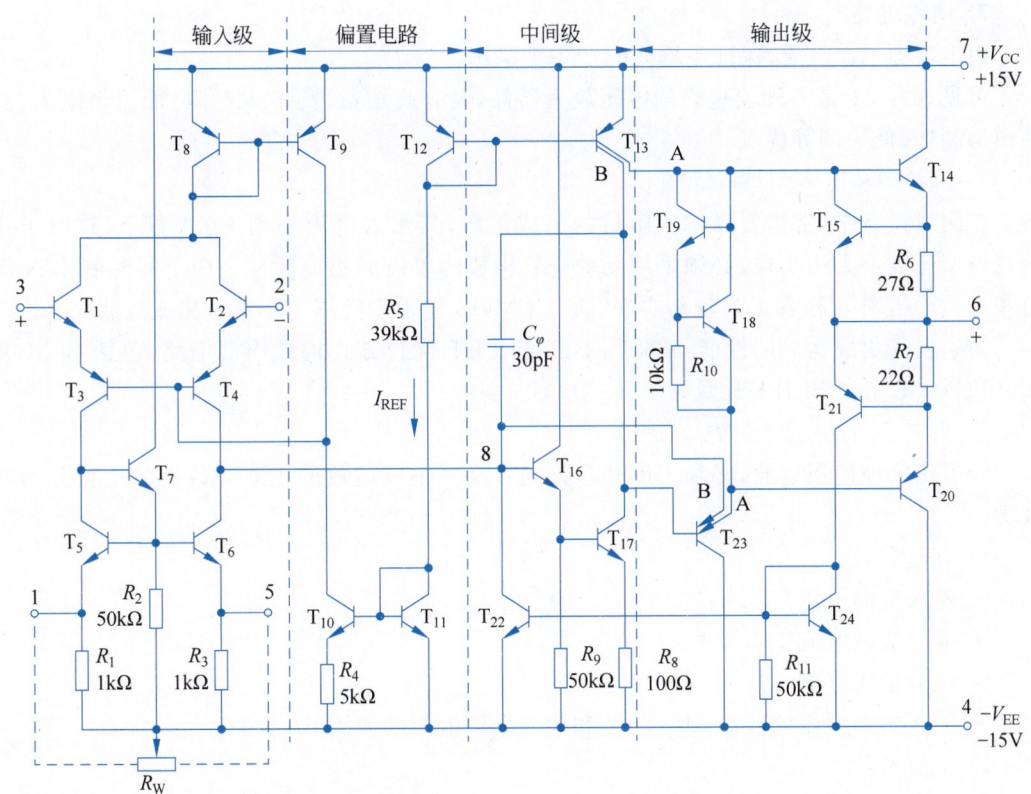

图 5.6 μA741 的内部电路

输入级具有共模抑制比高、输入电阻大、输入失调小等特点，是集成运放中最关键的一部分电路。

3）中间增益级

由 T_{17} 构成的共发射极电路组成，其中，T_{13B} 和 T_{12} 组成的电流源为其集电极有源负载。故本级可获得很高的电压增益。

4）互补输出级

由 T_{14}、T_{20} 构成的甲乙类互补对称放大电路组成。其中，T_{18}、T_{19}、R_{10} 组成的电路用于克服交越失真，T_{12} 和 T_{13A} 组成的电流源为其提供直流偏置。输出级输出电压大，输出电阻小，带负载能力强。

5）隔离级

在输入级与中间级之间插入由 T_{16} 构成的射极跟随器（射随器），利用其高输入阻抗的特点，提高输入级的增益。

在中间级与输出级之间插入由 T_{23} 构成的有源负载（T_{12} 和 T_{13A}）射随器，用来减小输出级对中间级的负载影响，保证中间级的高增益。

6）保护电路

T_{15}、R_6 保护 T_{14}，T_{21}、T_{24}、T_{22}、R_7 保护 T_{20}。正常情况下，保护电路不工作，当出现过载情况时，保护电路才动作。

7) 调零电路

由电位器 R_W 组成,保证零输入时产生零输出。

可见,μA741 是一种较理想的电压放大器件,具有高增益、高输入电阻、低输出电阻、高共模抑制比、低失调等优点。

3. 单极型和混合型集成运放

在测量设备中,常需要高输入阻抗的集成运放,其输入电流小到 10pA 以下,这对于任何双极型运放都无法实现,必须采用场效应管构成的单极型集成运放。由于同时制作 N 沟道和 P 沟道互补对称管工艺较易实现,所以 CMOS 技术广泛用于单极型集成运放。

为了提高集成运放的性能,常采用 BJT 和 FET 混合方式构成内部电路,包括 Bi-MOS 型、Bi-CMOS 型和 Bi-JFET 型等。

4. 集成运放的主要参数

为了正确地使用运放,必须了解其参数的含义。集成运放的主要参数大体上可分为两大类。

1) 直流参数
- 输入失调电压 V_{IO};
- 输入失调电流 I_{IO};
- 输入偏置电流 I_{IB};
- 输入失调电压的温漂 dV_{IO}/dT 和输入失调电流的温漂 dI_{IO}/dT。

2) 交流参数
- 开环差模电压增益 A_{od};
- 差模输入电阻 R_{id} 和输出电阻 R_{od};
- 共模抑制比 K_{CMR} 和共模输入电阻 R_{ic};
- 最大差模输入电压 V_{Idmax} 和最大共模输入电压 V_{Icmax};
- 开环带宽 $BW(f_H)$ 和单位增益带宽 $BW_G(f_T)$;
- 转换速率(压摆率) S_R。

上述参数中,尤其以 V_{IO}、dV_{IO}/dT、I_{IB}、A_{od}、K_{CMR}、BW_G、R_{id} 和 S_R 等在很多场合下更为重要。

5. 电流模集成运放

电流模集成运放以电流作为分析、设计电路的参量,输入量用电流表示,输出量用电压表示,增益用互阻增益表示,也称为互阻放大器。不同于以电压作为分析、设计参量的电压模(电压型)集成运放,在电流模集成运放中,信号传递过程中除了晶体管结电压 v_{BE} 有微小变化以外,别无其他电压变量,因此它的工作速度很高($S_R > 2000V/\mu s$),电源电压很低(可低至 3.3V 或 1.5V),其显著的特点是:在一定范围内,具有与闭环增益无关的近似恒定带宽,并且具有动态范围宽、非线性失真小、温度稳定性好、抗干扰能力强等优点。

5.3 典型习题详解

【题 5-1】 集成运放 μA741 的电流源电路如图 5.7 所示,设 $|V_{BE(on)}|$ 均为 0.7V。

(1) 若 T_3、T_4 管的 $\beta = 2$,试求 I_{C4} 为多少?

(2) 若要求 $I_{C1}=26\mu A$，则 R_1 为多少？

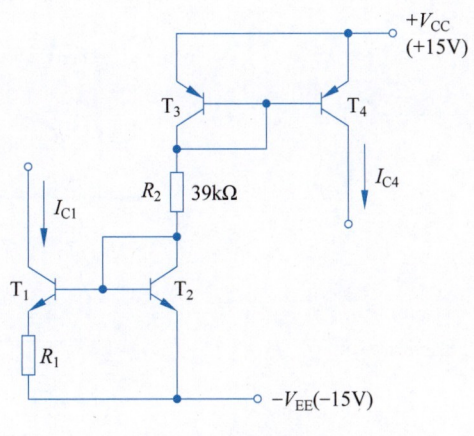

图 5.7 【题 5-1】图

【解】 本题用来熟悉：电流源电路的分析方法。

(1) T_3、T_4 管组成镜像电流源。由图 5.7 可知

$$I_{R_2}=\frac{V_{CC}-(-V_{EE})-|V_{BE(on)4}|-V_{BE(on)2}}{R_2}$$

$$=\frac{15-(-15)-0.7-0.7}{39}mA \approx 0.73mA$$

因此可得

$$I_{C4}=\frac{\beta}{\beta+2}I_{R_2}=\frac{2}{2+2}\times 0.73mA=0.365mA$$

(2) T_1、T_2 管组成微电流源。由图 5.7 可知：$I_{C1}\approx \frac{V_T}{R_1}\ln\frac{I_{R_2}}{I_{C1}}$，因此有

$$R_1 \approx \frac{V_T}{I_{C1}}\ln\frac{I_{R_2}}{I_{C1}}=\frac{26}{0.026}\times \ln\frac{0.73}{0.026}\Omega \approx 3.3k\Omega$$

【题 5-2】 由电流源组成的电流放大器如图 5.8 所示，试估算电流放大倍数 A_i（$A_i=I_o/I_i$）为多少？

【解】 本题用来熟悉：比例式电流源电路的分析方法。

T_1、T_2 管组成一比例式电流源；T_3、T_4 管组成另一比例式电流源。由图 5.8 可知

$$\frac{I_{C2}}{I_i}\approx \frac{2R}{R}=2,\quad \frac{I_o}{I_{C3}}\approx \frac{3R}{R}=3,\quad I_{C2}\approx I_{C3}$$

因此有

$$A_i=\frac{I_o}{I_i}\approx 6$$

【题 5-3】 在如图 5.9 所示电路中，设各管的 β 值相同，T_1 和 T_2 管的集电结面积分别为 T_3 管集电结面积的 n_1 和 n_2 倍。

(1) 证明 T_1 管中的电流 $I_{O1}=\frac{n_1\beta I_{REF}}{1+\beta+n_1+n_2}$。

(2) 在什么条件下 $I_{O1}\approx n_1 I_{REF}$？

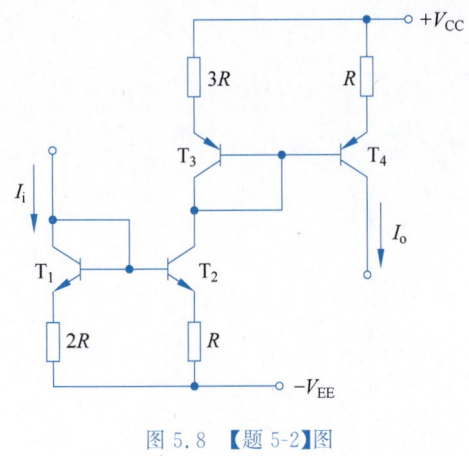

图 5.8 【题 5-2】图

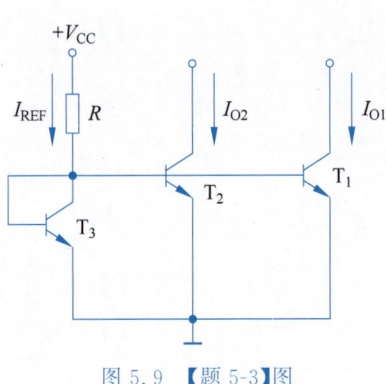

图 5.9 【题 5-3】图

【解】 本题用来熟悉：比例式电流源电路的分析方法。
(1) 由图 5.9 可知

$$I_{REF} = I_{C3} + I_{B3} + I_{B2} + I_{B1} = I_{C3} + \frac{I_{C3}}{\beta} + \frac{I_{C2}}{\beta} + \frac{I_{C1}}{\beta}$$

由于 T_1、T_2、T_3 管的发射结电压相同，而 T_1 和 T_2 管的集电结面积分别为 T_3 管集电结面积的 n_1 和 n_2 倍，所以有：$I_{C1} \approx n_1 I_{C3}$，$I_{C2} \approx n_2 I_{C3}$，代入上式可得

$$I_{REF} = I_{C3}\left(1 + \frac{1}{\beta} + \frac{n_2}{\beta} + \frac{n_1}{\beta}\right)$$

即

$$I_{C3} = \frac{\beta}{1 + \beta + n_1 + n_2} I_{REF}$$

而 $I_{O1} = I_{C1} \approx n_1 I_{C3}$，故而得证。

(2) 当 $\beta \gg 1 + n_2 + n_1$ 时，$I_{C3} \approx I_{REF}$，$I_{O1} = I_{C1} \approx n_1 I_{C3} = n_1 I_{REF}$。

【题 5-4】 比例式电流源电路如图 5.10 所示，已知各晶体管特性一致，$V_{BE(on)} = 0.7V$，$\beta = 100$，$|V_A| = 120V$，试求 I_{C1}、I_{C3} 和 T_3 侧的输出交流电阻 R_{o3}。

【解】 本题用来熟悉：比例式电流源电路的分析方法。
因为参考电流为

$$I_{C2} = \frac{V_{EE} - V_{BE(on)2}}{R_2 + R_4} = \frac{6 - 0.7}{0.85 + 1.8} mA = 2mA$$

所以有

$$I_{C1} = \frac{R_2}{R_1} I_{C2} = \frac{0.85}{1.5} \times 2mA \approx 1.13mA$$

$$I_{C3} = \frac{R_2}{R_3} I_{C2} = \frac{0.85}{0.51} \times 2mA \approx 3.33mA$$

$$R_{o3} \approx \left(1 + \frac{\beta R_3}{R_3 + r_{be3} + R_4 /\!/ R_2}\right) r_{ce3} = \left(1 + \frac{100 \times 0.51}{0.51 + 0.79 + 1.8 /\!/ 0.85}\right) \times 36k\Omega \approx 1013k\Omega$$

其中，$r_{be3} \approx (1+\beta)\frac{V_T}{I_{C3}} = (1+100) \times \frac{26}{3.33}\Omega \approx 0.79k\Omega$，$r_{ce3} = \frac{|V_A|}{I_{C3}} = \frac{120}{3.33}k\Omega \approx 36k\Omega$。

【题 5-5】 电流源电路如图 5.11 所示,已知晶体管特性一致,$\beta=100$,$V_{BE(on)}=0.7V$,$|V_A|=100V$,若要求 $I_O=10\mu A$,试确定 R_2,并求输出交流电阻 R_o。

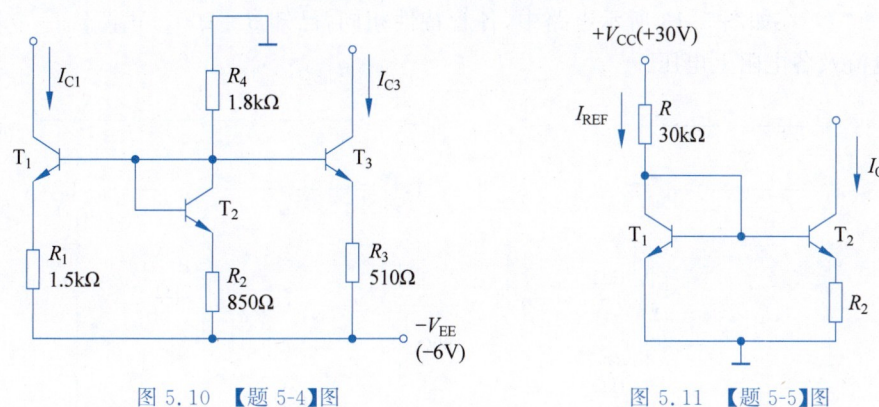

图 5.10 【题 5-4】图　　　图 5.11 【题 5-5】图

【解】 本题用来熟悉:微电流源电路的分析方法。
因为参考电流

$$I_{REF} = \frac{V_{CC} - V_{BE(on)1}}{R} = \frac{30-0.7}{30}mA \approx 976.67\mu A$$

所以

$$R_2 \approx \frac{V_T}{I_O}\ln\frac{I_{REF}}{I_O} = \frac{26}{0.01}\times\ln\frac{976.67}{10}\Omega \approx 11.92k\Omega$$

$$R_o \approx \left(1+\frac{\beta R_2}{R_2+r_{be2}+R\mathbin{/\!/} r_{e1}}\right)r_{ce2} = \left(1+\frac{100\times 11.92}{11.92+262.6+30\mathbin{/\!/} 0.027}\right)\times 10M\Omega \approx 53.4M\Omega$$

其中,

$$r_{be2} \approx (1+\beta)\frac{V_T}{I_O} = (1+100)\times\frac{26}{0.01}\Omega = 262.6k\Omega$$

$$r_{e1} \approx \frac{V_T}{I_{REF}} = \frac{26}{0.98}\Omega \approx 0.027k\Omega, \quad r_{ce2} = \frac{|V_A|}{I_O} = \frac{100}{0.01}k\Omega = 10M\Omega$$

【题 5-6】 图 5.12 是用 BJT 比例式电流源作为有源负载的射极输出器电路,它可以使输入电阻提高,电压增益更接近于 1,若 T_2 和 T_3 管的特性相同,且 $V_{BE(on)}=0.7V$,试求电路中 I_{C2} 的值。

【解】 本题用来熟悉:
 • 比例式电流源电路的分析方法;
 • 电流源电路用作有源负载的特点。

由图 5.12 可知,若忽略管子的基极电流,则有

$$I_{C3} = I_{R_1} = \frac{V_{EE} - V_{BE(on)3}}{R_1+R_3} = \frac{12-0.7}{5.1+0.56}mA$$

$$\approx 1.996mA$$

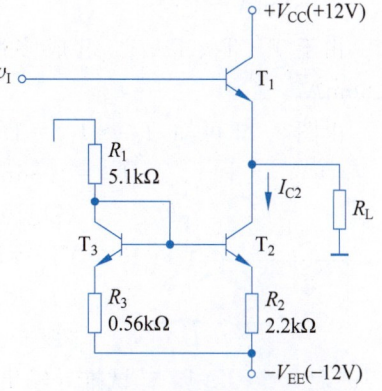

图 5.12 【题 5-6】图

根据比例式电流源的特点,可求得

$$I_{C2} \approx \frac{R_3}{R_2}I_{C3} = \frac{0.56}{2.2} \times 1.996\text{mA} \approx 0.51\text{mA}$$

【题 5-7】 在如图 5.13 所示电路中,各管特性相同,已知 $\beta=200$, $|V_{BE(on)}| = 0.7\text{V}$,试求各管电流及各电阻上电压。

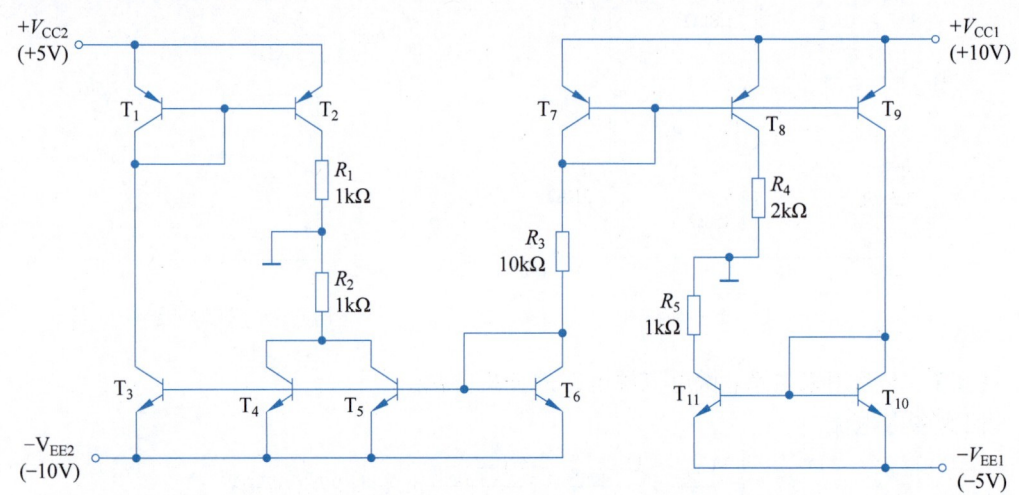

图 5.13 【题 5-7】图

【解】 本题用来熟悉:多路电流源电路的分析方法。

由图 5.13 可知,若忽略管子的基极电流,则有

$$I_{C7} \approx I_{C6} \approx I_{R_3} \approx \frac{V_{CC1} - V_{EB(on)7} - V_{BE(on)6} - (-V_{EE2})}{R_3}$$

$$= \frac{10-0.7-0.7-(-10)}{10}\text{mA} = 1.86\text{mA}$$

由于 T_7、T_8、T_9 组成多路镜像电流源电路,所以有:$I_{C8} \approx I_{C7} = 1.86\text{mA}$,$I_{C9} \approx I_{C7} = 1.86\text{mA}$。

由图 5.13 可知,$I_{C10} \approx I_{C9} = 1.86\text{mA}$,而 T_{10}、T_{11} 组成镜像电流源电路,所以有:$I_{C11} \approx I_{C10} = 1.86\text{mA}$。

由于 T_3、T_4、T_5、T_6 组成多路镜像电流源电路,所以有:$I_{C3} = I_{C4} = I_{C5} \approx I_{C6} = 1.86\text{mA}$。

由图 5.13 可知,$I_{C1} \approx I_{C3} = 1.86\text{mA}$,而 T_1、T_2 组成镜像电流源电路,所以有:$I_{C2} \approx I_{C1} = 1.86\text{mA}$。

各电阻上的电压如下:

$V_{R_1} = I_{C2}R_1 = 1.86\text{V}$,$V_{R_2} = I_{R_2}R_2 = (I_{C4}+I_{C5})R_2 = 3.72\text{V}$,$V_{R_3} = I_{C7}R_3 = 18.6\text{V}$,$V_{R_4} = I_{C8}R_4 = 3.72\text{V}$,$V_{R_5} = I_{C11}R_5 = 1.86\text{V}$。

【题 5-8】 威尔逊电流源电路如图 5.14 所示,设各管参数相同,试推导输出电阻 R_o 的表达式。

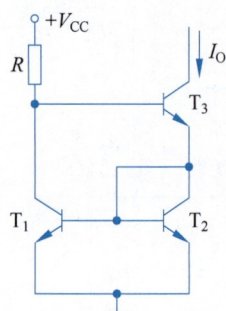

图 5.14 【题 5-8】图

【解】 本题用来熟悉:威尔逊电流源电路的分析方法。

画出求 R_o 的交流小信号等效电路如图 5.15(a)所示。由于各管参数相同,所以有 $\dot{I}_{b1} = \dot{I}_{b2}$,$r_{be1} = r_{be2}$,$r_{ce1} = r_{ce2}$,因此图 5.15(a)电

路可等效为图 5.15(b)电路，由图 5.15(b)可列出节点 c_3、e_3 和 b_3 的 KCL 方程为

$$\begin{cases} \dot{I}_T = \dfrac{\dot{V}_T - \dot{V}_{e3}}{r_{ce3}} + \beta_3 \dot{I}_{b3} & \text{①} \\[2mm] \dot{I}_T + \dot{I}_{b3} = (2+\beta_2)\dot{I}_{b2} + \dfrac{\dot{V}_{e3}}{r_{ce2}} & \text{②} \\[2mm] \beta_1 \dot{I}_{b1} + \dot{I}_{b3} + \dfrac{\dot{V}_{b3}}{r_{ce1} /\!/ R} = 0 & \text{③} \end{cases}$$

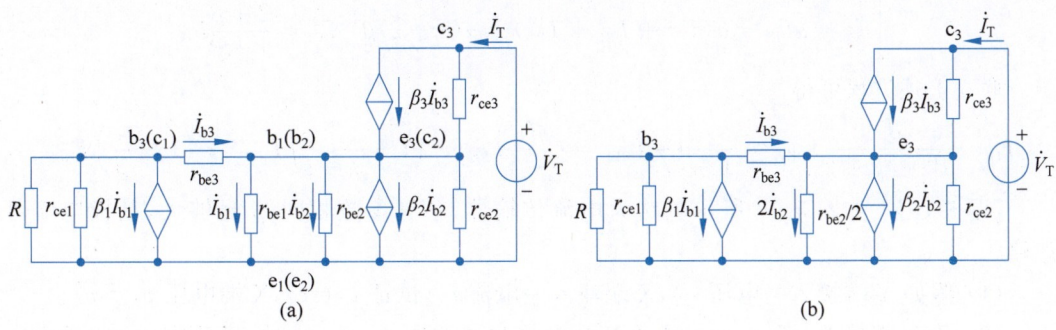

图 5.15 【题 5-8】图解

因 $\dot{V}_{e3} = \dot{I}_{b2} r_{be2}$，而 $r_{be2} \ll r_{ce2}$，故由式②可得

$$\dot{I}_T + \dot{I}_{b3} \approx (2+\beta_2)\dot{I}_{b2} \quad \text{④}$$

因 $\dot{V}_{b3} = \dot{I}_{b3} r_{be3} + \dot{I}_{b2} r_{be2}$，而 $R \ll r_{ce1}$ 且 $\dot{I}_{b1} = \dot{I}_{b2}$，故由式③可得

$$\beta_1 \dot{I}_{b2} R + \dot{I}_{b3} R \approx -(\dot{I}_{b3} r_{be3} + \dot{I}_{b2} r_{be2})$$

即

$$\dot{I}_{b3} \approx -\left(\dfrac{r_{be2}}{R+r_{be3}} + \dfrac{\beta_1 R}{R+r_{be3}}\right)\dot{I}_{b2} \quad \text{⑤}$$

考虑到 $R \gg r_{be2}$，r_{be1}，式⑤可近似为 $\dot{I}_{b3} \approx -\beta_1 \dot{I}_{b2}$，即 $\dot{I}_{b2} \approx -\dfrac{1}{\beta_1}\dot{I}_{b3}$，代入式④并省去 β 的下标可得

$$\dot{I}_{b3} = -\dfrac{\beta}{2(1+\beta)}\dot{I}_T \quad \text{⑥}$$

而

$$\dot{V}_{e3} = \dot{I}_{b2} r_{be2} \approx \dfrac{r_{be2}}{\beta}\dot{I}_{b3} \quad \text{⑦}$$

联立式①、⑥、⑦可得

$$R_o = \dfrac{\dot{V}_T}{\dot{I}_T} = \dfrac{\beta + 2(1+1/\beta)}{2(1+1/\beta)} r_{ce3}$$

若 $\beta \gg 1$，则可近似得到

$$R_o \approx \dfrac{\beta}{2} r_{ce3}$$

【题 5-9】 级联型电流源电路如图 5.16 所示,各管特性相同,试证明其输出电流 I_O 为

$$I_O = \frac{\beta^2}{\beta^2 + 4\beta + 2} I_R \approx \left(1 - \frac{4}{\beta}\right) I_{REF}$$

【解】 本题用来熟悉:电流源电路的分析方法。

由图可列出下列方程

$$\begin{cases} I_{C1} = I_{C2} = I_{E4} = I_O/\alpha = \dfrac{1+\beta}{\beta} I_O \\ I_{REF} = I_{C3} + I_{B3} + I_{B4} = (1 + 1/\beta) I_{C3} + I_O/\beta \\ I_{C3} = \alpha I_{E3} = \alpha (I_{C1} + I_{B1} + I_{B2}) = \alpha (1 + 2/\beta) I_{C1} = \dfrac{2+\beta}{1+\beta} I_{C1} \end{cases}$$

联立上述方程可得

$$I_O = \frac{\beta^2}{\beta^2 + 4\beta + 2} I_{REF} \approx \frac{1}{1 + 4/\beta} I_{REF} = \frac{\beta}{\beta + 4} I_{REF} = \left(1 - \frac{4}{\beta + 4}\right) I_{REF} \approx \left(1 - \frac{4}{\beta}\right) I_{REF}$$

【题 5-10】 如图 5.17 所示电路为电流传输器,各管参数相同,β 足够大,基极电流可忽略。

(1) 假如 Y 端接入一电压 v_Y,X 端注入一电流 i_X,试证 $i_Z = i_X$,X 端电压 $v_X = v_Y$。

(2) 若 Y 端接地,即 $v_Y = 0$,试证 X 端电位为零,即 $v_X = 0$。这时,若 X 端通过 $10\mathrm{k}\Omega$ 电阻接到 $+5\mathrm{V}$ 电源,试求相应的 i_Z。

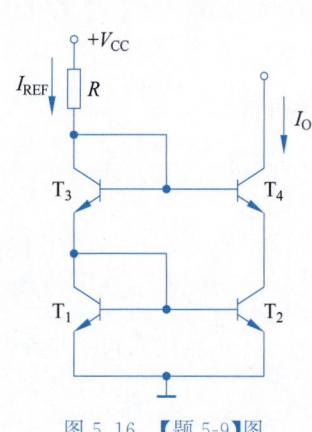

图 5.16 【题 5-9】图

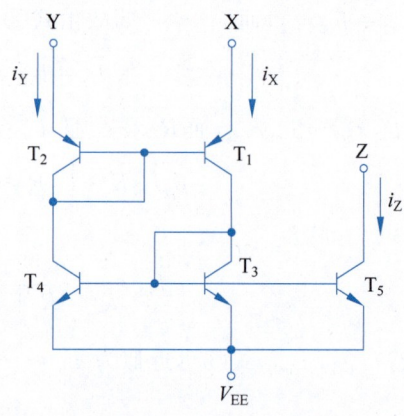

图 5.17 【题 5-10】图

【解】 本题用来熟悉:镜像电流源电路的分析方法。

(1) 由于 $v_{BE3} = v_{BE4} = v_{BE5}$,所以 $i_{C3} = i_{C4} = i_Z$;又由于 β 足够大,所以 $i_X \approx i_{C3}$,因此证得:$i_Z = i_X$。

由图 5.17 可得

$$v_Y = v_{EB2} + v_{CE4}, \quad v_X = v_{EC1} + v_{BE3} \qquad ①$$

而 $i_X = i_Y = i_{C3} = i_{C4}$,所以有

$$v_{EB1} = v_{EB2} = v_{BE3} = v_{BE4} \qquad ②$$

由图并考虑式②可得

$$v_{CE4} = v_{BC1} + v_{BE4} = v_{BC1} + v_{EB1} = v_{EC1}$$

因此证得：$v_Y = v_X$。

(2) 由于 $v_Y = v_X$，所以当 $v_Y = 0$ 时，可得 $v_X = 0$。此时，若 X 端通过 $10\text{k}\Omega$ 电阻接到 $+5\text{V}$ 电源，则

$$i_Z = i_X = \frac{5 - v_X}{10}\text{mA} = \frac{5 - 0}{10}\text{mA} = 0.5\text{mA}$$

【题 5-11】 电路如图 5.18 所示，T_2、T_3 管的参数相同，且已知 $V_{BE(on)} = -0.7\text{V}$，$r_{ce} = 100\text{k}\Omega$。$T_1$ 管的参数为 $r_{bb'} = 300\Omega$，$\beta = 80$，求 $\dot{A}_v$。

【解】 本题用来熟悉：电流源电路的应用。

电路中 T_2、T_3 组成镜像电流源，作为 T_1 管构成的共发射极放大电路的有源负载，并为其提供静态偏置电流。

由于电流源的参考电流为

$$I_{REF} = \frac{V_{CC} - V_{EB(on)3}}{R} = \frac{9 - 0.7}{10}\text{mA} = 0.83\text{mA}$$

所以，放大管的静态偏置电流为 $I_{C1} = I_{C2} \approx I_{REF} = 0.83\text{mA}$。由此可求得

$$\dot{A}_v = -\frac{\beta r_{ce2}}{r_{be1}} = -\frac{80 \times 100}{2.84} \approx -2817$$

其中，$r_{be1} = r_{bb'} + (1+\beta)\dfrac{V_T}{I_{C1}} = 300 + (1+80) \times \dfrac{26}{0.83}\Omega \approx 2.84\text{k}\Omega$

【题 5-12】 MOS 管组成的基本镜像电流源电路如图 5.19 所示，已知输出电流 $I_O = 3\mu\text{A}$，三个 MOS 管的参数相同，为 $V_{GS(th)} = 1.5\text{V}$，$\mu_n C_{ox}/2 = 0.05\mu\text{A}/\text{V}^2$，求 MOS 管导电沟道的宽长比。

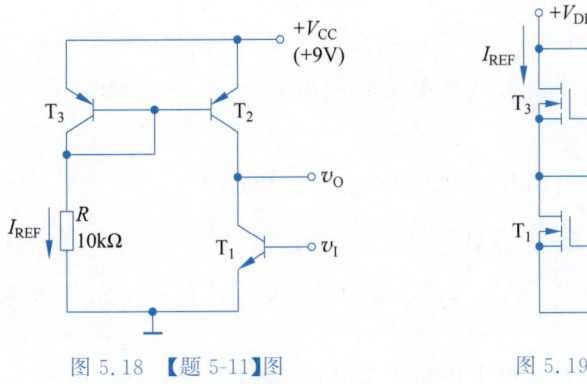

图 5.18　【题 5-11】图　　　图 5.19　【题 5-12】图

【解】 本题用来熟悉：MOS 管电流源电路的分析方法。

由图 5.19 可得

$$I_O = \frac{\mu_n C_{ox}}{2} \cdot \frac{W_2}{L_2}(V_{GS2} - V_{GS(th)2})^2$$

而 $V_{GS2} = V_{GS1} = V_{DD}/2 = 3\text{V}$，将已知条件代入上式可解得各 MOS 管导电沟道的宽长比为

$$\frac{W}{L} = \frac{W_2}{L_2} = \frac{80}{3}$$

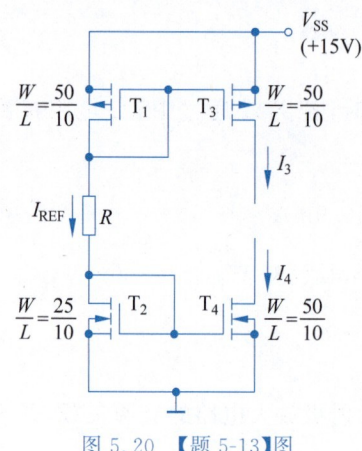

图 5.20 【题 5-13】图

【题 5-13】 电路如图 5.20 所示,已知参考电流 $I_{REF}=1\text{mA}$,NMOS 管的参数为 $V_{GS(th)}=1\text{V},\mu_n C_{ox}/2=50\mu\text{A}/\text{V}^2$。PMOS 管的参数为 $V_{GS(th)}=-1\text{V},\mu_p C_{ox}/2=25\mu\text{A}/\text{V}^2$。设全部管子均运行于饱和区,且忽略沟道长度调制效应,各管的 W/L 值如图所示,试求 R、I_3 和 I_4 的值。

【解】 本题用来熟悉:MOS 管电流源电路的分析方法。

由题意可知:$I_{REF}=1\text{mA}$,由图 5.20 可得:$I_1=\dfrac{\mu_p C_{OX}}{2}\cdot\left(\dfrac{W}{L}\right)_1(V_{GS1}-V_{GS(th)})^2=I_{REF}$,代入数据得:$V_{GS1}=-1.83\text{V}$ 或 $V_{GS1}=3.83\text{V}$。

由于 T_1 管为 PMOS 管,其 V_{GS} 值应为负,故取 $V_{GS1}=-1.83\text{V}$。

由图 5.20 可得:$I_2=\dfrac{\mu_n C_{OX}}{2}\cdot\left(\dfrac{W}{L}\right)_2(V_{GS2}-V_{GS(th)})^2=I_{REF}$,代入数据得:$V_{GS2}=1.83\text{V}$ 或 $V_{GS2}=-3.83\text{V}$。

由于 T_2 管为 NMOS 管,其 V_{GS} 值应为正,故取 $V_{GS2}=1.83\text{V}$。

由图 5.20 可得:$I_{REF}=\dfrac{V_{SS}-V_{SG1}-V_{GS2}}{R}=\dfrac{V_{SS}+V_{GS1}-V_{GS2}}{R}$,故有:$R=\dfrac{V_{SS}+V_{GS1}-V_{GS2}}{I_{REF}}$,代入数据解得:$R=2.21\text{k}\Omega$。

由图及题意可知:T_1、T_3 均为 PMOS 管,有相同的 $\mu_p C_{ox}/2$ 值及 $V_{GS(th)}$ 值,且 $V_{GS1}=V_{GS3}$,$(W/L)_1=(W/L)_3$,故有:$I_3=I_1=I_{REF}=1\text{mA}$。

同样,由图及题意可知:T_2、T_4 均为 NMOS 管,有相同的 $\mu_n C_{ox}/2$ 值及 $V_{GS(th)}$ 值,且 $V_{GS2}=V_{GS4}$,$(W/L)_4=2(W/L)_2$,故有:$I_4=2I_2=2I_{REF}=2\text{mA}$。

【题 5-14】 电路如图 5.21 所示,NMOS 场效应管 T_1 构成共源放大电路,PMOS 场效应管 T_2、T_3 组成的镜像电流源作为其有源负载。当 $r_{ds1}=r_{ds2}=2\text{M}\Omega$,$K_n=100\mu\text{A}/\text{V}^2$,$I_{REF}=100\mu\text{A}$ 时,求 $\dot{A}_v$。

【解】 本题用来熟悉:电流源电路用作有源负载的特点。

由于 T_1 构成共源放大电路,所以 $\dot{A}_v=-g_{m1}(r_{ds1}//r_{ds2})$。

而 $g_{m1}=2\sqrt{K_{n1}I_{DQ1}}=2\sqrt{K_{n1}I_{REF}}$,代入数据解得:$g_{m1}=200\mu\text{S}$,进而求得:$\dot{A}_v=-g_{m1}(r_{ds1}//r_{ds2})=-200$。

可见,用电流源作有源负载,可极大提高放大电路的增益。

【题 5-15】 差分放大电路如图 5.22 所示,已知 BJT 的参数为 $\beta=100$,$V_{BE(on)}=0.7\text{V}$,$r_{bb'}$ 忽略不计。若 $R_L=10\text{k}\Omega$。

(1) 试画出双端输出时的差模、共模半电路交流通路。

(2) 双端输出时,求 R_{id},R_{od},A_{vd}。

(3) 单端输出时,求 R_{ic},R_{oc},A_{vc} 及 K_{CMR}。

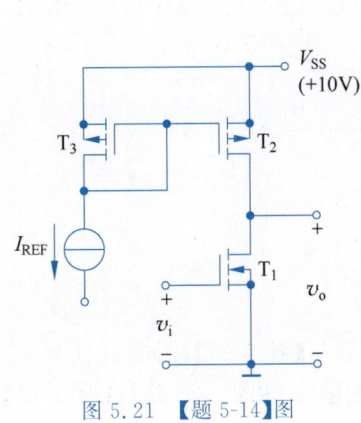
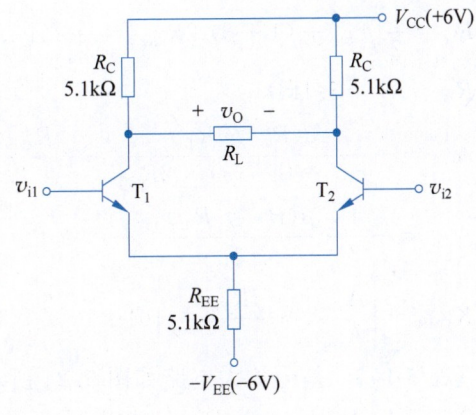

图 5.21 【题 5-14】图　　　　　图 5.22 【题 5-15】图

【解】 本题用来熟悉：差分放大电路的半电路分析方法。

差分放大电路的交流性能分析基于其静态分析之上，首先计算该电路的静态电流。

$$I_{EE} = \frac{V_{EE} - V_{BE(on)}}{R_{EE}} = \frac{6 - 0.7}{5.1}\text{mA} \approx 1.04\text{mA}$$

$$I_{CQ1} = I_{CQ2} = \frac{1}{2}I_{EE} = 0.52\text{mA}$$

(1) 电路双端输出时，差模、共模半电路交流通路分别如图 5.23(a)、图 5.23(b) 所示。需要强调的是：画半电路交流通路时，特别注意公共射极电阻 R_{EE} 和负载电阻 R_L 的处理。

(2) 双端输出时的差模性能分析。由图 5.23(a) 容易得到

$$R_{id} = 2r_{be1} = 2 \times 5.05\text{k}\Omega = 10.1\text{k}\Omega$$

其中，$r_{be1} \approx (1+\beta)\dfrac{V_T}{I_{CQ1}} = (1+100) \times \dfrac{26}{0.52}\Omega = 5.05\text{k}\Omega$。

$$R_{od} = 2R_C = 2 \times 5.1\text{k}\Omega = 10.2\text{k}\Omega$$

$$A_{vd} = -\frac{\beta\left(R_C // \dfrac{R_L}{2}\right)}{r_{be1}} = -\frac{100 \times \left(5.1 // \dfrac{10}{2}\right)}{5.05} \approx -50$$

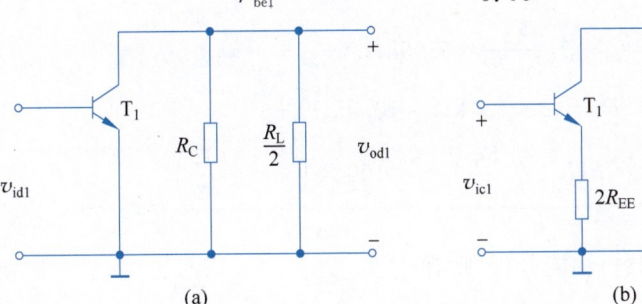

图 5.23 【题 5-15】图解

(3) 单端输出时的共模性能分析。单端输出时，共模半电路交流通路与图 5.23(b) 稍有不同，负载 R_L 与 R_C 并联。由此可得

$$R_{ic} = \frac{1}{2}[r_{be1} + (1+\beta)2R_{EE}] = \frac{1}{2} \times [5.05 + (1+100) \times 2 \times 5.1]\text{k}\Omega \approx 0.52\text{M}\Omega$$

$$R_{oc} = R_C = 5.1\text{k}\Omega$$

$$A_{vc1} = -\frac{\beta(R_C /\!/ R_L)}{r_{be1} + (1+\beta) \times 2R_{EE}} \approx -\frac{R_C /\!/ R_L}{2R_{EE}} = -\frac{5.1 /\!/ 10}{2 \times 5.1} \approx -0.33$$

$$A_{vd1} = -\frac{1}{2} \cdot \frac{\beta(R_C /\!/ R_L)}{r_{be1}}$$

$$K_{CMR} = \left|\frac{A_{vd1}}{A_{vc1}}\right| \approx \frac{\beta R_{EE}}{r_{be1}} \approx 101$$

【题 5-16】 差分放大电路如图 5.24 所示，BJT 的参数与【题 5-15】相同，且已知 $r_{ce} = 50\text{k}\Omega$。若 $I_{EE} = 1.04\text{mA}$, $R_L = 10\text{k}\Omega$。重新计算【题 5-15】的题(2)和题(3)，并与【题 5-15】的结果进行比较。

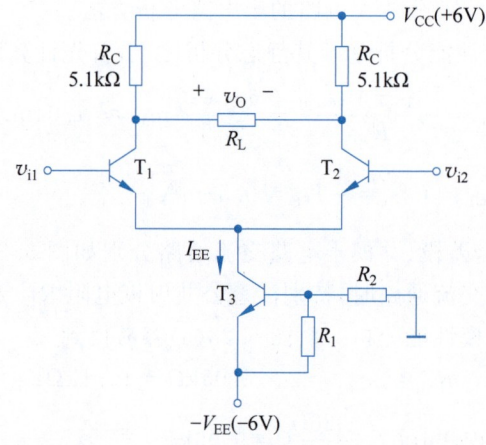

图 5.24　【题 5-16】图

【解】 本题用来熟悉：恒流源差分放大电路的分析方法及其性能特点。

进行双端输出时的差模性能分析，则有

$$R_{id} = 2r_{be1} = 2 \times 5.05\text{k}\Omega = 10.1\text{k}\Omega$$

其中，$r_{be1} \approx (1+\beta)\frac{V_T}{I_{CQ1}} = (1+\beta)\frac{V_T}{I_{EE}/2} = 5.05\text{k}\Omega$。

$$R_{od} = 2R_C = 2 \times 5.1\text{k}\Omega = 10.2\text{k}\Omega$$

$$A_{vd} = -\frac{\beta\left(R_C /\!/ \frac{R_L}{2}\right)}{r_{be1}} = -\frac{100 \times \left(5.1 /\!/ \frac{10}{2}\right)}{5.05} \approx -50$$

进行单端输出时的共模性能分析，则有

$$R_{ic} = \frac{1}{2}[r_{be1} + (1+\beta)2r_{ce3}] = \frac{1}{2} \times [5.05 + (1+100) \times 2 \times 50]\text{k}\Omega \approx 5.05\text{M}\Omega$$

$$R_{oc} = R_C = 5.1\text{k}\Omega$$

$$A_{vc1} = -\frac{\beta(R_C /\!/ R_L)}{r_{be1} + (1+\beta) \times 2r_{ce3}} \approx -\frac{R_C /\!/ R_L}{2r_{ce3}} = -\frac{5.1 /\!/ 10}{2 \times 50} \approx -0.03$$

$$A_{vd1} = -\frac{1}{2} \cdot \frac{\beta(R_C /\!/ R_L)}{r_{be1}}$$

$$K_{CMR} = \left|\frac{A_{vd1}}{A_{vc1}}\right| \approx \frac{\beta r_{ce3}}{r_{be1}} \approx 990$$

用恒流源代替公共的发射极电阻 R_{EE}，可显著提高差分放大电路的共模抑制能力。

【题 5-17】 在如图 5.22 所示电路中，若 $R_L \to \infty$，$R_{C1} = 5.1\text{k}\Omega$，$R_{C2} = R_{C1} + \Delta R_C$，$\Delta R_C = 0.05 R_{C1}$。试求双端输出时的共模抑制比。

【解】 本题用来熟悉：电路参数的不对称对差分放大电路性能的影响。

在如图 5.22 所示电路中，当集电极电阻 R_{C1}、R_{C2} 不匹配，且负载开路时，双端输出的差模、共模增益分别为 $A_{vd} = -\frac{\beta R_{C1}}{r_{be1}}$ 和 $A_{vc} \approx -\frac{R_{C1}}{2R_{EE}} \cdot \frac{\Delta R_C}{R_{C1}}$，共模抑制比为

$$K_{CMR} = \left|\frac{A_{vd}}{A_{vc}}\right| \approx \frac{2\beta R_{EE}}{r_{be1}} \cdot \frac{R_{C1}}{\Delta R_C} = \frac{2 \times 100 \times 5.1}{5.05} \times \frac{1}{0.05} \approx 4040$$

在理想情况下，差分放大电路双端输出时的共模抑制比趋于无穷；若电路参数不对称，其共模抑制性能将会恶化。

【题 5-18】 差分放大电路如图 5.25 所示，已知两管的参数为 $\beta = 60$，$V_{BE(on)} = 0.7\text{V}$，$r_{bb'}$ 忽略不计。

(1) 求 I_{CQ1}、I_{CQ2}、V_{CEQ1}、V_{CEQ2}。

(2) 求 R_{id}、R_{od}、A_{vd2}、A_{vc2}、K_{CMR}。

(3) 当 $v_{i1} = 100\text{mV}$，$v_{i2} = 50\text{mV}$ 时，分别求出 v_o 与 v_O 的值。

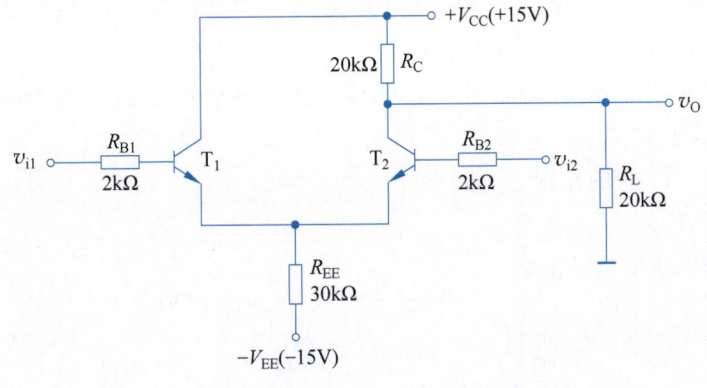

图 5.25 【题 5-18】图

【解】 本题用来熟悉：单端输出差分放大电路的静态、动态分析方法。

(1) 进行静态分析。

忽略 R_B 上的压降，可得：$I_{EE} \approx \frac{V_{EE} - V_{BE(on)}}{R_{EE}} = \frac{15 - 0.7}{30}\text{mA} \approx 0.48\text{mA}$，则

$$I_{CQ1} = I_{CQ2} = \frac{1}{2}I_{EE} = 0.24\text{mA}$$

$$V_{CEQ1} = V_{CC} - V_{E1} \approx 15\text{V} - (-0.7)\text{V} = 15.7\text{V}$$

$$V_{CEQ2} = V_{C2} - V_{E2} = 5.1\text{V} - (-0.7)\text{V} = 5.8\text{V}$$

其中，V_{C2} 的求法如下：

$$\frac{V_{C2}}{R_L} + I_{CQ2} = \frac{V_{CC} - V_{C2}}{R_C} \longrightarrow V_{C2} = \frac{R_L}{R_L + R_C}(V_{CC} - I_{CQ2}R_C) = 5.1\text{V}.$$

(2) 进行差模及共模性能分析。

差模性能为
$$R_{id} = 2(R_{B1} + r_{be1}) = 2 \times (2 + 6.61) = 17.22\text{k}\Omega$$

其中,$r_{be1} \approx (1+\beta)\dfrac{V_T}{I_{CQ1}} = (1+60) \times \dfrac{26}{0.24}\Omega \approx 6.61\text{k}\Omega$。

$R_{od} = R_C = 20\text{k}\Omega$

$$A_{vd2} = \frac{1}{2} \cdot \frac{\beta(R_C \mathbin{/\mkern-5mu/} R_L)}{R_{B2} + r_{be2}} = \frac{1}{2} \cdot \frac{\beta(R_C \mathbin{/\mkern-5mu/} R_L)}{R_{B1} + r_{be1}} = \frac{1}{2} \times \frac{60 \times (20 \mathbin{/\mkern-5mu/} 20)}{2 + 6.61} \approx 34.8$$

共模性能为
$$A_{vc2} = -\frac{\beta(R_C \mathbin{/\mkern-5mu/} R_L)}{R_{B2} + r_{be2} + (1+\beta) \times 2R_{EE}} \approx -\frac{R_C \mathbin{/\mkern-5mu/} R_L}{2R_{EE}} = -\frac{20 \mathbin{/\mkern-5mu/} 20}{2 \times 30} \approx -0.167$$

共模抑制比为
$$K_{CMR} = \left|\frac{A_{vd2}}{A_{vc2}}\right| = \left|\frac{34.8}{-0.167}\right| \approx 208.4$$

(3) 任意输入时,输出电压的计算方法如下。

$$v_{id} = v_{i1} - v_{i2} = 50\text{mV}$$

$$v_{ic} = \frac{v_{i1} + v_{i2}}{2} = 75\text{mV}$$

$$v_o = A_{vc2}v_{ic} + A_{vd2}v_{id} = [-0.167 \times 75 + 34.8 \times 50]\text{mV} \approx 1.73\text{V}$$

$$v_O = V_{C2} + v_o = [5.1 \pm 1.73]\text{V}$$

【题 5-19】 差分放大电路如图 5.26 所示,已知各管的 β 值都为 100,$V_{BE(on)}$ 值都为 0.7V,$r_{bb'}$ 忽略不计。

(1) 说明 T_3、T_4 管的作用。

(2) 求 I_{CQ1},I_{CQ2}。

(3) 求差模电压增益 A_{vd1}。

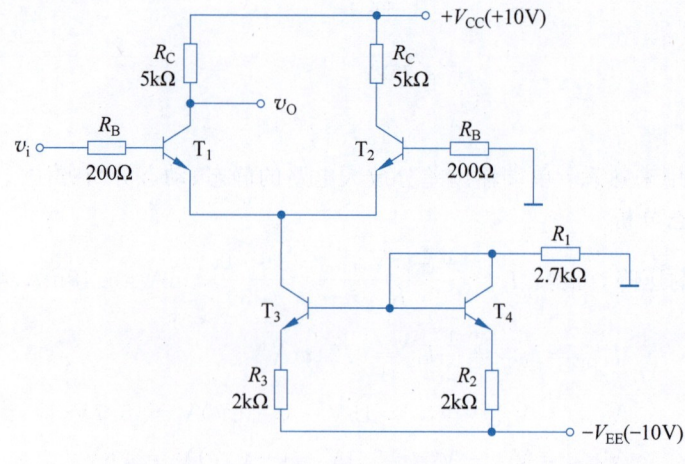

图 5.26 【题 5-19】图

【解】 本题用来熟悉：恒流源差分放大电路的分析方法。

(1) T_3、T_4 构成比例式镜像电流源，用以代替公共发射极电阻 R_{EE}，以提高电路的共模抑制比。

(2) $I_{CQ1} = I_{CQ2} \approx \frac{1}{2} I_{C3} = 1\text{mA}$，其中，$I_{C3} \approx I_{C4} \approx \frac{V_{EE} - V_{BE(on)}}{R_1 + R_2} = \frac{10 - 0.7}{2.7 + 2}\text{mA} \approx 2\text{mA}$。

(3) $A_{vd1} = -\frac{1}{2} \cdot \frac{\beta R_C}{R_B + r_{be1}} = -\frac{1}{2} \times \frac{100 \times 5}{0.2 + 2.63} \approx -88.3$，其中，$r_{be1} \approx (1 + \beta) \frac{V_T}{I_{CQ1}} = (1 + 100) \times \frac{26}{1}\Omega \approx 2.63\text{k}\Omega$。

【题 5-20】 差分放大电路如图 5.27 所示，已知各 BJT 的 β 值都为 100，$V_{BE(on)}$ 值都为 0.7V，饱和压降 $V_{CE(sat)}$ 都为 0.3V。二极管的导通压降 $V_{D(on)}$ 都为 0.7V，试求共模输入电压允许的最大变化范围。

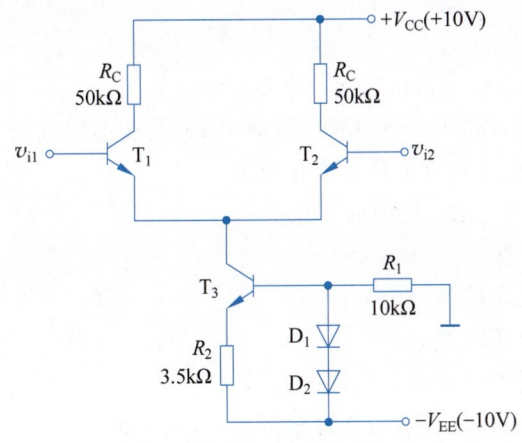

图 5.27 【题 5-20】图

【解】 本题用来熟悉：最大共模输入电压范围的概念及其分析方法。

最大共模输入电压允许的变化范围是保证 T_1、T_2 管工作在放大区所允许输入的电压范围。

T_1、T_2 临界饱和时，$V_{I1} = V_{I2} = V_{CC} - I_{CQ1} R_C - V_{CE(sat)1} + V_{BE(on)1} = (10 - 0.1 \times 50 - 0.3 + 0.7)\text{V} = 5.4\text{V}$。其中，

$$I_{CQ1} = I_{CQ2} \approx \frac{1}{2} I_{CQ3} \approx \frac{1}{2} I_{EQ3} = 0.1\text{mA}$$

$$I_{EQ3} = \frac{V_{D(on)1} + V_{D(on)2} - V_{BE(on)3}}{R_2} = \frac{0.7 + 0.7 - 0.7}{3.5}\text{mA} = 0.2\text{mA}$$

当 T_3 临界饱和时，$V_{C3} = V_{E3} + V_{CE(sat)3} = [V_{D(on)1} + V_{D(on)2} - V_{EE} - V_{BE(on)3}] + V_{CE(sat)3} = -9\text{V}$。此时，要保证 T_1、T_2 仍然工作在放大区，应有

$$V_{I1} = V_{I2} > V_{C3} + V_{BE(on)1} = -8.3\text{V}$$

所以，V_{Ic} 允许的变化范围为 $-8.3\text{V} < V_{Ic} < 5.4\text{V}$。

【题 5-21】 电路如图 5.28 所示，已知各管的 β 值都为 50，$V_{BE(on)}$ 值都为 0.7V，$r_{bb'}$ 值都为 200Ω。

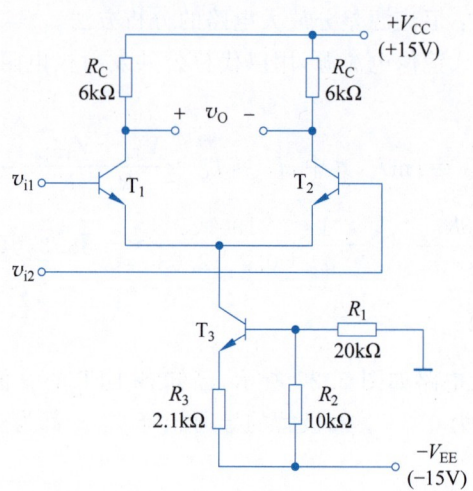

图 5.28 【题 5-21】图

(1) 若 $v_{i1}=0$，$v_{i2}=10\sin\omega t\,(\mathrm{mV})$，$v_o$ 为多少？

(2) 若 $v_{i1}=10\sin\omega t\,(\mathrm{mV})$，$v_{i2}=5\,\mathrm{mV}$，试画出 v_O 的波形图。

(3) 试求共模输入电压允许的最大变化范围。

(4) 当 R_1 增大时，A_{vd}、R_{id} 将如何变化？

【解】 本题用来熟悉：

- 恒流源差分放大电路的性能分析；
- 最大共模输入电压的概念；
- 电路参数变化对差分放大电路性能的影响。

(1) 由于电路为双端输出，所以，在理想情况下，$v_o = A_{vd} v_{id}$。

$$A_{vd} = -\frac{\beta R_C}{r_{be1}} = -\frac{50 \times 6}{1.53} \approx -196$$

其中，

$$r_{be1} \approx r_{bb'1} + (1+\beta)\frac{V_T}{I_{CQ1}} = 200 + (1+50) \times \frac{26}{1}\,\Omega \approx 1.53\,\mathrm{k\Omega}, I_{CQ1} \text{ 的求法为}$$

$$I_{CQ1} = I_{CQ2} = \frac{1}{2} I_{CQ3} \approx \frac{1}{2} I_{EQ3} = 1\,\mathrm{mA}$$

$$I_{EQ3} = \frac{V_{R_2} - V_{BE(on)3}}{R_3} = \frac{5 - 0.7}{2.1}\,\mathrm{mA} \approx 2\,\mathrm{mA}$$

$$V_{R_2} = \frac{R_2}{R_2 + R_1} V_{EE} = \frac{10}{10+20} \times 15\,\mathrm{V} = 5\,\mathrm{V}$$

$v_o = A_{vd} v_{id} = A_{vd}(v_{i1} - v_{i2}) = -196 \times (0 - 10\sin\omega t)\,\mathrm{mV} = 1960\sin\omega t\,\mathrm{mV} = 1.96\sin\omega t\,\mathrm{V}$

(2) 电路既有交流信号输入，又有直流信号输入，可分别计算。

在交流输入时，交流输出电压为 $v_o = A_{vd} v_{id} = A_{vd}(v_{i1} - v_{i2}) = -196 \times (10\sin\omega t - 0)\,\mathrm{mV} = -1.96\sin\omega t\,\mathrm{V}$。

在直流输入时，直流输出电压为 $V_O = A_{vd} V_{Id} = A_{vd}(V_{I1} - V_{I2}) = -196 \times (0-5)\,\mathrm{mV} = 980\,\mathrm{mV} = 0.98\,\mathrm{V}$。

所以，v_O 的波形图如图 5.29 所示。

(3) 共模输入电压 V_{Ic} 允许的最大变化范围分析如下。

当 T_1、T_2 临界饱和时，$V_{I1} = V_{I2} = V_{CC} - I_{CQ1}R_C - V_{CE(sat)1} + V_{BE(on)1} = (15 - 1 \times 6 - 0.3 + 0.7)V = 9.4V$。

当 T_3 临界饱和时，$V_{I1} - V_{BE(on)1} - V_{CE(sat)3} = V_{BQ3} - V_{BE(on)3} \to V_{I1} = V_{BQ3} + V_{CE(sat)3} = (-10 + 0.3)V = -9.7V$。

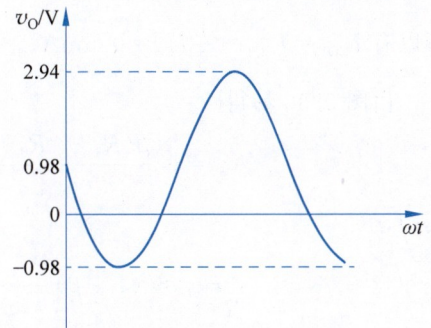

图 5.29 【题 5-21】图解

其中，$V_{BQ3} = -\dfrac{R_1}{R_1+R_2}V_{EE} = -\dfrac{20}{20+10} \times 15V = -10V$。

所以，V_{Ic} 允许的变化范围为 $-9.7V < V_{Ic} < 9.4V$。

(4) $R_2 \uparrow \to V_{R_2} \downarrow \to I_{EQ3}(I_{CQ3}) \downarrow \to I_{CQ1}(I_{CQ2}) \downarrow \to r_{be1}(r_{be2}) \uparrow \to \begin{cases} A_{vd} \downarrow \\ R_{id} \uparrow \end{cases}$

【题 5-22】 图 5.30 为单电源供电的差分放大电路，已知各管的 $\beta = 100$，$V_{BE(on)} = 0.7V$，$r_{bb'}$ 忽略不计。

(1) 试求 I_{CQ1}、I_{CQ2}、A_{vd}。

(2) 若 R_{B1} 开路，试问差分放大电路能否正常工作？

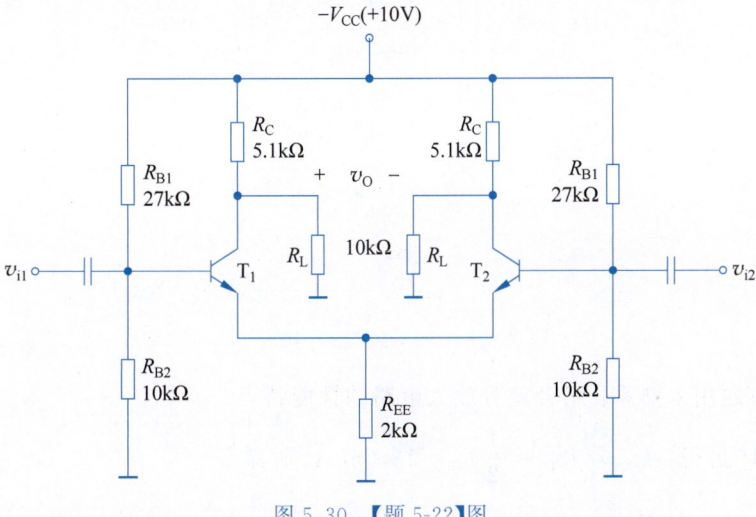

图 5.30 【题 5-22】图

【解】 本题用来熟悉：单电源供电差分放大电路的分析方法。

(1) 由图 5.30 可得

$$I_{EE} = \dfrac{V_{BQ1} - V_{BE(on)1}}{R_{EE}} = \dfrac{2.7 - 0.7}{2}mA = 1mA$$

其中，

$$V_{BQ1} = \dfrac{R_{B2}}{R_{B1} + R_{B2}}V_{CC} = \dfrac{10}{27+10} \times 10V \approx 2.7V$$

所以有 $I_{CQ1}=I_{CQ2}\approx\frac{1}{2}I_{EE}=0.5\text{mA}$。

由图 5.30 易得

$$A_{vd}=-\frac{\beta(R_C /\!/ R_L)}{r_{be1}}=-\frac{100\times(5.1/\!/10)}{5.25}\approx-64.33$$

其中,

$$r_{be1}\approx(1+\beta)\frac{V_T}{I_{CQ1}}=(1+100)\times\frac{26}{0.5}\Omega\approx5.25\text{k}\Omega$$

(2) 若 R_{B1} 开路,则差分对管无静态偏置,放大电路将不能正常工作。

【题 5-23】 在如图 5.31 所示的共射-共基组合差分放大电路中,V_{B1} 为共基极放大管 T_3、T_4 提供偏置。设 T_1、T_2 为超 β 管,$\beta_1=\beta_2=5000$,T_3、T_4 的 $\beta_3=\beta_4=200$,且 T_3、T_4 的 $|V_A|\to\infty$。试求电路的差模输入电阻 R_{id},双端输出时的差模电压增益 A_{vd}。

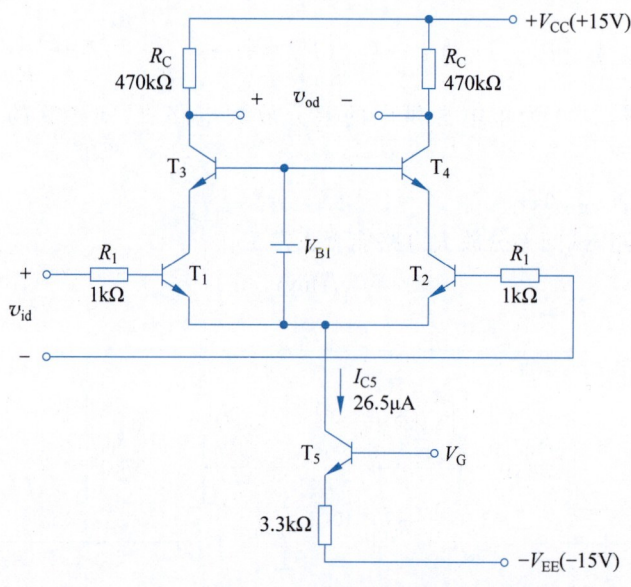

图 5.31 【题 5-23】图

【解】 本题用来熟悉:组合差分放大电路的性能特点。

由图 5.31 可得:$I_{CQ1}=I_{CQ2}\approx\frac{1}{2}I_{C5}=13.25\mu\text{A}$,则有

$$r_{be1}\approx(1+\beta_1)\frac{V_T}{I_{CQ1}}=(1+5000)\times\frac{26}{13.25}\text{k}\Omega\approx9.8\text{M}\Omega$$

$$R_{id}=2(R_1+r_{be1})=2\times(0.001+9.8)\text{M}\Omega\approx19.6\text{M}\Omega$$

$$A_{vd}=A_{v1}\cdot A_{v3}=-\frac{\beta_1\beta_3}{1+\beta_3}\cdot\frac{R_C}{R_1+r_{be1}}\approx-\frac{\beta_1 R_C}{R_1+r_{be1}}=-\frac{5000\times470}{1+9800}\approx-239.8$$

其中,

$$A_{v1}=-\frac{\beta_1 R_{i3}}{R_1+r_{be1}}=-\frac{\beta_1}{R_1+r_{be1}}\cdot\frac{r_{be3}}{1+\beta_3}, A_{v3}=\frac{\beta_3 R_C}{r_{be3}}$$

【题 5-24】 有源负载差分放大电路如图 5.32 所示,设 T_1、T_2 及 T_3、T_4 特性一致,各管

的 β 及 r_{ce} 值足够大。

(1) 试分析在差模输入信号作用下,输出电流 i_o 与 T_1、T_2 管输入电流之间的关系。

(2) 估算差模电压增益 A_{vd} 为多少?

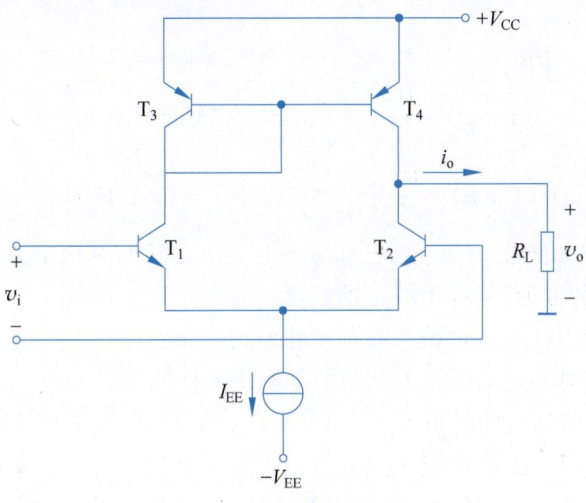

图 5.32 【题 5-24】图

【解】 本题用来熟悉:有源负载差分放大电路的性能特点。

(1) 在图 5.32 中,T_3、T_4 管组成镜像电流源,作为 T_1、T_2 管组成的差分放大电路的有源负载。在差模输入电压作用下,T_1、T_2 管分别输出数值相等、极性相反的增量电流,即 $i_{C1}=I_{CQ}+\Delta i_C$,$i_{C2}=I_{CQ}-\Delta i_C$。而 $i_{C1}\approx i_{C3}\approx i_{C4}$,所以

$$i_o = i_{C4} - i_{C2} = i_{C1} - i_{C2} = (I_{CQ}+\Delta i_C)-(I_{CQ}-\Delta i_C)=2\Delta i_C$$

可见,采用有源负载的差分放大电路,单端输出时的电流值恰好等于双端输出时的差模增量电流。电路虽为单端输出,但却有双端输出的性能。

(2) $A_{vd}=\dfrac{\beta(r_{ce4}/\!/R_L)}{r_{be2}}\approx\dfrac{\beta R_L}{r_{be2}}$。

【题 5-25】 在如图 5.33 所示电路中,已知 $\beta_1=\beta_2=100$,$r_{be1}=r_{be2}=5\text{k}\Omega$,$R_W=0.5\text{k}\Omega$。

(1) 静态时,若 $V_O<0$,电位器的动臂应向哪个方向调整才能使 $V_O=0$?

(2) 若在 T_1 管的输入端加输入信号 v_i,试求差模电压增益 A_{vd} 和差模输入电阻 R_{id}。

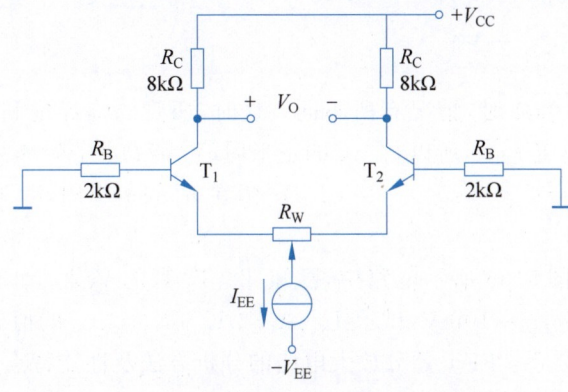

图 5.33 【题 5-25】图

【解】 本题用来熟悉：具有调零电位器的差分放大电路的分析方法。

(1) 静态时,若 $V_O<0$,说明 $V_{CQ1}<V_{CQ2}$,电位器 R_W 的动臂应向右移动,才能使 $V_O=0$。

(2) 在半电路分析中,T_1 为一带 $R_W/2$ 射极电阻的共发射极电路。由于电路为双端输出,所以

$$A_{vd}=-\frac{\beta R_C}{R_B+r_{be1}+(1+\beta)\cdot\frac{R_W}{2}}=-\frac{100\times 8}{2+5+(1+100)\times\frac{0.5}{2}}\approx -24.8$$

$$R_{id}=2\left[R_B+r_{be1}+(1+\beta)\cdot\frac{R_W}{2}\right]=2\times\left[2+5+(1+100)\times\frac{0.5}{2}\right]\text{k}\Omega=64.5\text{k}\Omega$$

【题 5-26】 电路如图 5.34 所示,已知 $v_i=1.2\sin\omega t(\text{V})$,其他电路参数如图中所示。

(1) 试画出 v_O 的波形,并标出波形的幅度。

(2) 若 R_C 变为 $10\text{k}\Omega$,v_O 的波形有何变化？为什么？

【解】 本题用来熟悉：差分放大电路的差模传输特性。

(1) 由于输入交流信号的幅值 $V_i=1.2\text{V}\gg 4V_T(0.1\text{V})$,所以电路呈现限幅特性。

在 v_i 的正半周,T_2 管很快截止,$V_{C2}\approx +V_{CC}=+15\text{V}$；$T_1$ 管放大导通,$I_{C1}=I_{EE}=2\text{mA}$,$V_{C1}=V_{CC}-I_{C1}R_C=15\text{V}-2\times 5\text{V}=5\text{V}$,所以 $v_O=V_{C1}-V_{C2}=-10\text{V}$。

在 v_i 的负半周,T_1 管很快截止,$V_{C1}\approx +V_{CC}=+15\text{V}$；$T_2$ 管放大导通,$I_{C2}=I_{EE}=2\text{mA}$,$V_{C2}=V_{CC}-I_{C2}R_C=15\text{V}-2\times 5\text{V}=5\text{V}$,所以 $v_O=V_{C1}-V_{C2}=+10\text{V}$。

由上述分析可画出 v_O 的波形如图 5.35 所示。

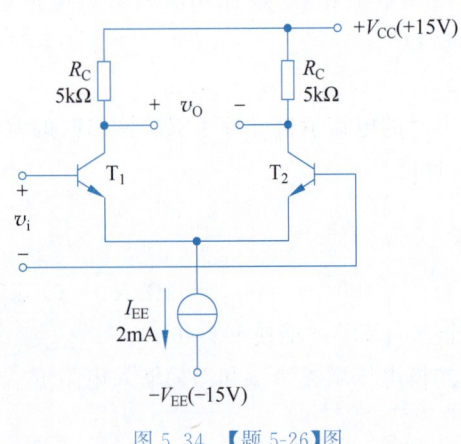

图 5.34 【题 5-26】图

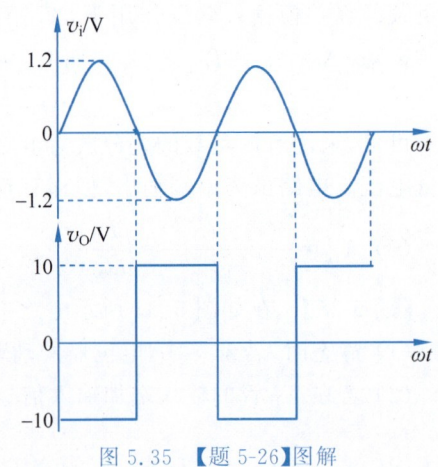

图 5.35 【题 5-26】图解

(2) 当 R_C 变为 $10\text{k}\Omega$ 时,情况有所不同。这时,两管的临界饱和电流约为 $V_{CC}/R_C=1.5\text{mA}$,小于电流源电流 I_{EE}。所以,在 v_i 的正半周,T_2 管截止,$V_{C2}\approx +V_{CC}=+15\text{V}$,$T_1$ 管饱和导通,$V_{C1}\approx 0$,$v_O=V_{C1}-V_{C2}=-15\text{V}$。反之,在 v_i 的负半周,T_1 管截止,T_2 管饱和导通,$v_O=+15\text{V}$。

【题 5-27】 在如图 5.36 所示电路中,已知 T_1、T_2 管的 $V_{GS(off)}=-1\text{V}$,$I_{DSS}=1\text{mA}$,若电容 C_D 对交流呈短路,$v_i=10\text{mV}$,试求 I_{SS}、A_{vd2}、A_{vc2}、K_{CMR}、v_O 的值。

【解】 本题用来熟悉：FET 差分放大电路的分析方法及性能特点。

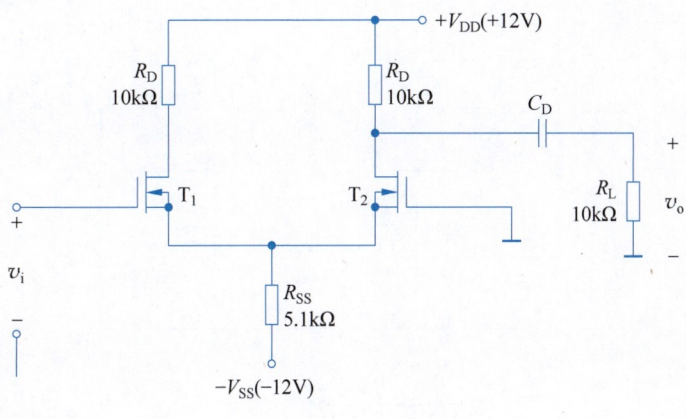

图 5.36 【题 5-27】图

(1) 进行静态分析。

由图 5.36 可得：$V_{SS}=V_{GS}+I_{SS}R_S$，代入已知条件得

$$12=V_{GSQ}+5.1I_{SS} \qquad ①$$

而 $I_{DQ}=I_{DSS}\left[1-\dfrac{V_{GSQ}}{V_{GS(off)}}\right]^2$，代入已知数据得

$$I_{DQ}=(V_{GSQ}+1)^2 \qquad ②$$

由图又知

$$I_{SS}=2I_{DQ} \qquad ③$$

联立方程①、②、③解得

$$\begin{cases} I_{DQ1}\approx 1.17\text{mA},V_{GSQ1}\approx 80.88\text{mV} \\ I_{DQ2}\approx 1.39\text{mA},V_{GSQ2}\approx -2.18\text{V} \end{cases} \text{［由于}V_{GS2}\approx -2.18\text{V}<V_{GS(off)}\text{，故舍去第二组解］}$$

$$I_{SS}=2I_{D1}=2\times 1.17\text{mA}=2.34\text{mA}$$

(2) 进行差模及共模性能分析。

$$g_m=-\dfrac{2}{V_{GS(off)}}\sqrt{I_{DSS}I_{DQ}}=-\dfrac{2}{-1}\sqrt{1\times 1.17}\,\text{mS}\approx 2.16\text{mS}$$

$$A_{vd2}=\dfrac{1}{2}\cdot g_m(R_D\mathbin{/\mkern-5mu/} R_L)=\dfrac{1}{2}\times 2.16\times(10\mathbin{/\mkern-5mu/} 10)\approx 5.4$$

$$A_{vc2}=-\dfrac{g_m(R_D\mathbin{/\mkern-5mu/} R_L)}{1+g_m\cdot 2R_{SS}}=-\dfrac{2.16\times(10\mathbin{/\mkern-5mu/} 10)}{1+2.16\times 2\times 5.1}\approx -0.47$$

$$K_{CMR}=\left|\dfrac{A_{vd2}}{A_{vc2}}\right|=\left|\dfrac{5.4}{-0.47}\right|\approx 11.49$$

(3) 单端输入时，求输出。

$$v_{id}=v_{i1}-v_{i2}=10-0=10\text{mV},\quad v_{ic}=\dfrac{v_{i1}+v_{i2}}{2}=\dfrac{10+0}{2}\text{mV}=5\text{mV}$$

$$v_o=A_{vd2}v_{id}+A_{vc2}v_{ic}=5.4\times 10\text{mV}-0.47\times 5\text{mV}\approx 51.65\text{mV}$$

【题 5-28】 FET 差分放大电路如图 5.37 所示，设 $T_1\sim T_4$ 管的衬底与地相连，沟道长度调制效应可忽略不计，试导出双端输出时差模电压增益 $A_{vd}=v_o/v_i$ 的表达式。

【解】 本题用来熟悉：FET 差分放大电路的分析方法。

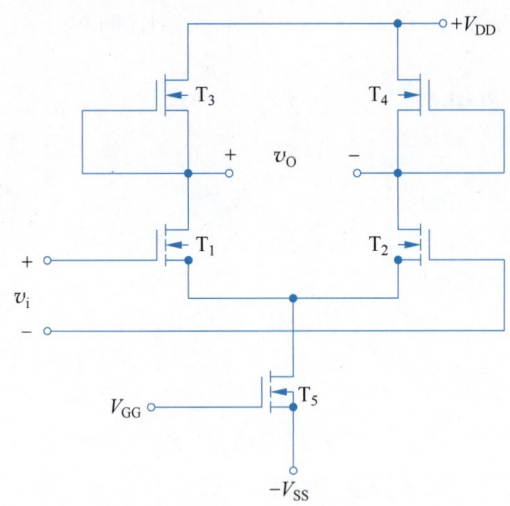

图 5.37 【题 5-28】图

在图 5.37 中，T_1、T_2 组成共源极差分放大电路，T_3、T_4 为其有源负载，代替漏极电阻 R_D，T_5 为恒流源，代替 R_{SS}。采用半电路分析法，可画出如图 5.37 所示电路的半电路差模交流通路及其小信号等效电路分别如图 5.38(a)、图 5.38(b)所示。

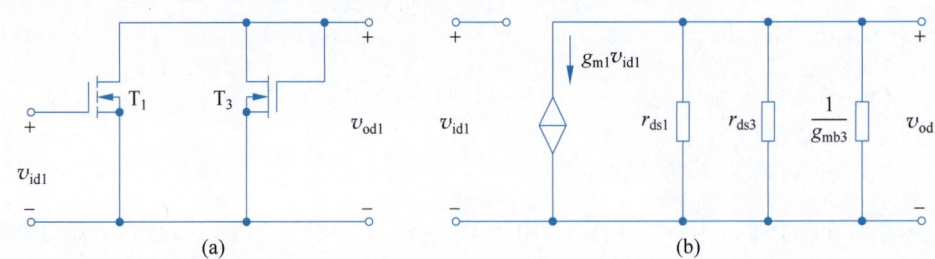

图 5.38 【题 5-28】图解

由图 5.38(b)容易求得

$$A_{vd} = A_{vd1} = \frac{v_{od1}}{v_{id1}} = -\frac{g_{m1}}{1/r_{ds1} + 1/r_{ds3} + g_{mb3}}$$

【题 5-29】 在如图 5.39 所示电路中，已知 $(W/L)_{10} = 1.5/0.3$，$I_{D9} = 2I_{D5}$，$I_{D5} = I_{D6} = 360\mu A$，$I_{D10} = 90\mu A$。试求 T_5、T_6、T_9 管的沟道宽长比。设器件的 $\mu_n C_{ox} = 2\mu_p C_{ox}$，$|V_{GS(th)}|$ 均相同，沟道长度调制效应忽略不计。

【解】 本题用来熟悉：CMOS 集成电路的分析方法。

T_{10}、T_{11}、T_5、T_6、T_9 构成 PMOS 管电流源电路。T_{10}、T_5、T_6、T_9 管的 V_{GS} 相同。

$$\frac{I_{D10}}{I_{D5}} = \frac{(W/L)_{10}}{(W/L)_5} \longrightarrow (W/L)_5 = \frac{I_{D5}}{I_{D10}} \cdot (W/L)_{10} = \frac{360}{90} \times \frac{1.5}{0.3} = 6/0.3$$

$I_{D5} = I_{D6} \longrightarrow (W/L)_6 = (W/L)_5 = 6/0.3$，$I_{D9} = 2I_{D5} \longrightarrow (W/L)_9 = 2(W/L)_5 = 12/0.3$

【题 5-30】 电路如图 5.40 所示，已知各管的 β 均为 50，$r_{bb'}$ 均为 200Ω，r_{ce} 均为 200kΩ，$V_{BE(on)}$ 均为 0.7V，其他参数如图 5.40 中所示，试求单端输出的差模电压增益 A_{vd2}、共模抑制比 K_{CMR}、差模输入电阻 R_{id} 和输出电阻 R_{od}。

【解】 本题用来熟悉：采用电流源偏置且具有线性扩展功能的差分放大电路的分析方法。

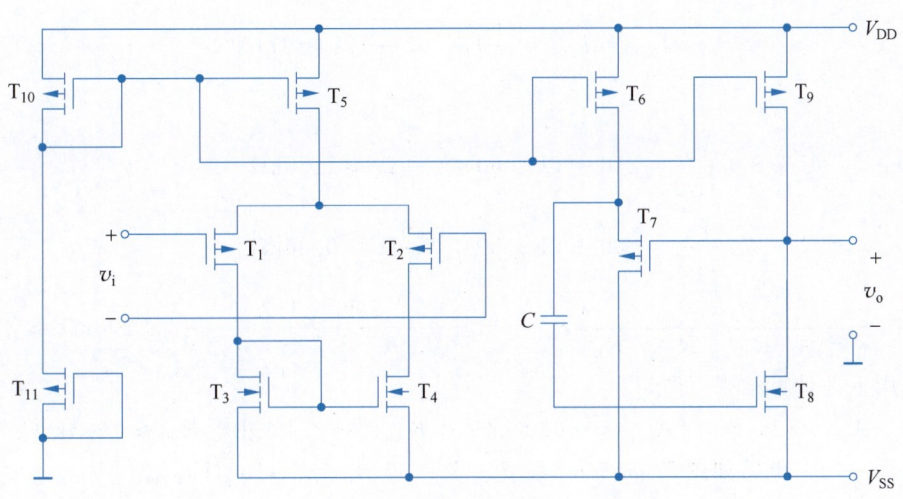

图 5.39 【题 5-29】图

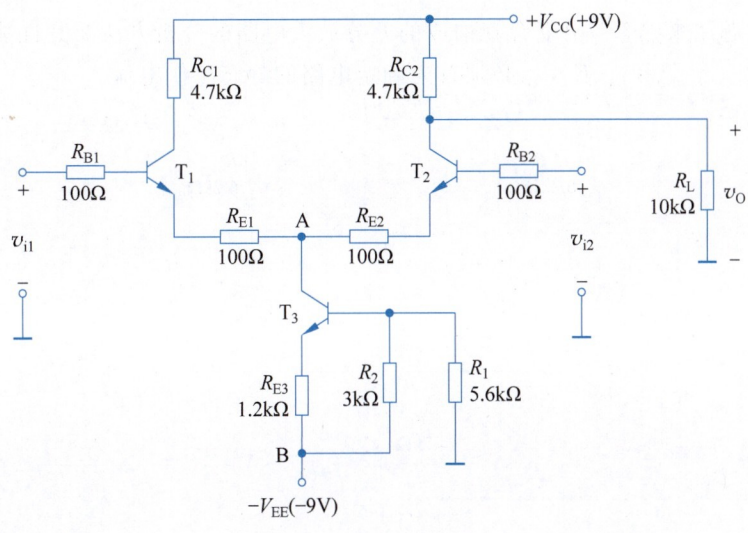

图 5.40 【题 5-30】图

电路为双端输入、单端输出差分放大电路，由图 5.40 可知

$$A_{vd2} = \frac{1}{2} \cdot \frac{\beta_2(R_{C2} \mathbin{/\mkern-6mu/} R_L)}{R_{B2} + r_{be2} + (1+\beta_2)R_{E2}}, \quad A_{vc2} = -\frac{\beta_2(R_{C2} \mathbin{/\mkern-6mu/} R_L)}{R_{B2} + r_{be2} + (1+\beta_2)(2r_{AB} + R_{E2})}$$

$$K_{CMR} = \left|\frac{A_{vd2}}{A_{vc2}}\right|, \quad R_{id} = 2[R_{B2} + r_{be2} + (1+\beta_2)R_{E2}], \quad R_{od} = R_{C2} = 4.7\text{k}\Omega$$

为确定 A_{vd2}、A_{vc2}、K_{CMR}、R_{id}，需要知道 r_{be2} 及 A、B 间的交流等效电阻 r_{AB}。因此，必须首先确定电路的静态工作电流。静态点的估算应从 T_3 管入手。

$$V_{R_2} = \frac{R_2}{R_2 + R_1} V_{EE} = \frac{3}{5.6 + 3} \times 9\text{V} \approx 3.1\text{V}$$

$$I_{EQ3} = \frac{V_{R_2} - V_{BE(on)3}}{R_{E3}} = \frac{3.14 - 0.7}{1.2}\text{mA} \approx 2\text{mA}$$

$$I_{EQ1} = I_{EQ2} = \frac{1}{2} I_{CQ3} \approx \frac{1}{2} I_{EQ3} = 1\text{mA}$$

故得

$$r_{be2} = r_{bb'2} + (1+\beta_2)\frac{V_T}{I_{EQ2}} = 200 + (1+50) \times \frac{26}{1}\Omega \approx 1.53\text{k}\Omega$$

$$r_{be3} = r_{bb'3} + (1+\beta_3)\frac{V_T}{I_{EQ3}} = 200 + (1+50) \times \frac{26}{2}\Omega \approx 0.86\text{k}\Omega$$

$$r_{AB} = \left(1 + \frac{\beta_3 R_{E3}}{r_{be3} + R_{E3} + R_1 /\!/ R_2}\right) r_{ce3} = \left(1 + \frac{50 \times 1.2}{0.86 + 1.2 + 5.6 /\!/ 3}\right) \times 200\text{k}\Omega \approx 3193\text{k}\Omega$$

利用上述计算结果，可求得

$$A_{vd2} \approx 11.89, \quad A_{vc2} \approx -0.00049, \quad K_{CMR} \approx 2.4 \times 10^4, R_{id} \approx 13.5\text{k}\Omega$$

【题 5-31】 电路如图 5.41 所示，设 $\beta_1 = \beta_2 = 30, \beta_3 = \beta_4 = 100, V_{BE(on)1} = V_{BE(on)2} = 0.6\text{V}$，$V_{BE(on)3} = V_{BE(on)4} = 0.7\text{V}, r_{bb'1} = r_{bb'2} = r_{bb'3} = r_{bb'4} = 200\Omega$，试计算双端输入、单端输出时的 $R_{id}、A_{vd1}、A_{vc1}$ 和 K_{CMR}。

【解】 本题用来熟悉：由复合管构成的差分放大电路的分析方法及其性能特点。

为确定 $R_{id}、A_{vd1}、A_{vc1}、K_{CMR}$，必须首先确定电路的静态工作电流。

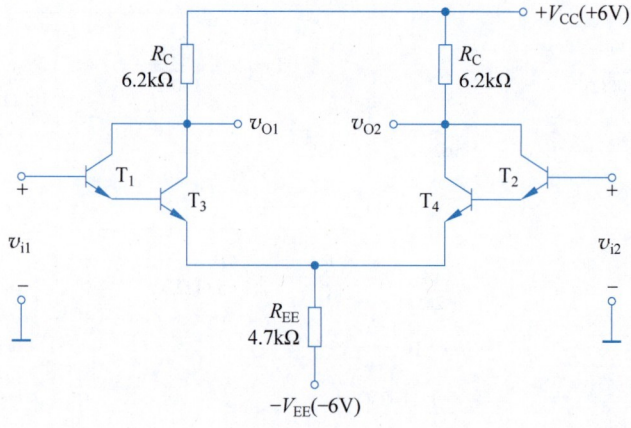

图 5.41 【题 5-31】图

由图 5.41 可得

$$I_{EE} = \frac{V_{EE} - V_{BE(on)1} - V_{BE(on)3}}{R_{EE}} = \frac{6 - 0.7 - 0.7}{4.7}\text{mA} = 1\text{mA}$$

$$I_{EQ3} = I_{EQ4} = \frac{1}{2} I_{EE} = \frac{1}{2} \times 1\text{mA} = 0.5\text{mA}$$

$$I_{EQ1} = I_{BQ3} = \frac{I_{EQ3}}{1+\beta_3} = \frac{0.5}{1+100}\text{mA} \approx 5\mu\text{A}$$

因此有

$$r_{be1} = r_{be2} = r_{bb'1} + (1+\beta_1)\frac{V_T}{I_{EQ1}} = 200 + (1+30) \times \frac{26}{5 \times 10^{-3}}\Omega = 161.4\text{k}\Omega$$

$$r_{be3} = r_{be4} = r_{bb'3} + (1+\beta_3)\frac{V_T}{I_{EQ3}} = 200 + (1+100) \times \frac{26}{0.5}\Omega \approx 5.45\text{k}\Omega$$

故得

$$R_{id} = 2[r_{be1} + (1+\beta_1)r_{be3}] = 2 \times [161.4 + (1+30) \times 5.45]\text{k}\Omega \approx 660.7\text{k}\Omega$$

$$A_{vd1} = -\frac{1}{2} \cdot \frac{(1+\beta_1)\beta_3 R_C}{r_{be1} + (1+\beta_1)r_{be3}} = -\frac{1}{2} \times \frac{(1+30) \times 100 \times 6.2}{161.4 + (1+30) \times 5.45} \approx -29.1$$

$$A_{vc1} = -\frac{(1+\beta_1)\beta_3 R_C}{r_{be1} + (1+\beta_1)[r_{be3} + (1+\beta_3) \cdot 2R_{EE}]}$$

$$= -\frac{(1+30) \times 100 \times 6.2}{161.4 + (1+30) \times [5.45 + (1+100) \times 2 \times 4.7]} \approx -0.65$$

$$K_{CMR} = \left|\frac{A_{vd1}}{A_{vc1}}\right| = \left|\frac{-29.1}{-0.65}\right| \approx 44.8$$

【题 5-32】 电路如图 5.42 所示,设各 BJT 的参数为 $\beta_1=\beta_2=50$,$\beta_3=80$,$V_{BE(on)1}=V_{BE(on)2}=0.7\text{V}$,$|V_{BE(on)3}|=0.7\text{V}$,$r_{bb'1}=r_{bb'2}=r_{bb'3}=200\Omega$,当 $v_i=0$ 时,$v_O=0$。

(1) 估算各级的静态电流 I_{CQ3}、I_{CQ2}、I_{EE},管压降 V_{CEQ3}、V_{CEQ2} 及 R_{E2} 的值。
(2) 计算电路总的电压增益 A_v。
(3) 当 $v_i=5\text{mV}$ 时,v_o 为多少?
(4) 当输出端接一 $R_L=12\text{k}\Omega$ 的负载时,电压增益 A_v' 为多少?

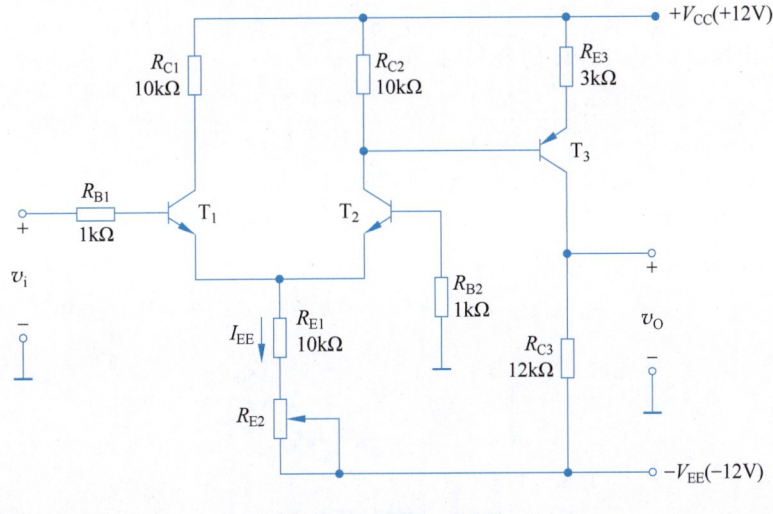

图 5.42 【题 5-32】图

【解】 本题用来熟悉:含差分放大电路的多级放大电路的分析方法。

本电路为两级放大电路。第一级是由 T_1、T_2 管构成的差分放大电路,单端输入、单端输出;第二级是由 T_3 管组成的带射极电阻的共发射极放大电路。

(1) 电路静态工作点的分析如下。

由图 5.42 可得

$$I_{CQ3} = \frac{V_{EE}}{R_{C3}} = \frac{12}{12}\text{mA} = 1\text{mA}$$

$$I_{EQ3} \approx I_{CQ3} = 1\text{mA}$$

$$I_{CQ2} \approx \frac{I_{EQ3}R_{E3} + |V_{BE(on)3}|}{R_{C2}} = \frac{1 \times 3 + 0.7}{10}\text{mA} = 0.37\text{mA}$$

$$I_{EE} = 2I_{EQ2} \approx 2I_{CQ2} = 0.74 \text{mA}$$

$$V_{ECQ3} \approx V_{CC} - (-V_{EE}) - I_{EQ3}(R_{E3} + R_{C3}) = [12 - (-12) - 1 \times (12+3)]\text{V} = 9\text{V}$$

$$V_{CEQ3} = -9\text{V}$$

$$V_{CEQ2} = V_{CQ2} - V_{EQ2} = (V_{CC} - I_{CQ2}R_{C2}) - V_{EB(on)2} = [(12 - 0.37 \times 10) - (-0.7)]\text{V} = 9\text{V}$$

$$I_{EE} = \frac{V_{EQ2} - (-V_{EE})}{R_{E1} + R_{E2}} \longrightarrow R_{E2} = \frac{V_{EQ2} - (-V_{EE})}{I_{EE}} - R_{E1} = \left(\frac{-0.7 - (-12)}{0.74} - 10\right) \text{k}\Omega \approx 5.27 \text{k}\Omega$$

(2) $r_{be2} \approx r_{bb'2} + (1+\beta_2)\dfrac{V_T}{I_{CQ2}} = 200 + (1+50) \times \dfrac{26}{0.37} \Omega \approx 3.78 \text{k}\Omega$

$r_{be3} \approx r_{bb'3} + (1+\beta_3)\dfrac{V_T}{I_{CQ3}} = 200 + (1+80) \times \dfrac{26}{1} \Omega \approx 2.31 \text{k}\Omega$

$A_{vd1} = \dfrac{1}{2} \cdot \dfrac{\beta_2(R_{C2} /\!/ R_{i2})}{R_{B2} + r_{be2}} = \dfrac{1}{2} \times \dfrac{50 \times (10 /\!/ 245.3)}{1 + 3.78} \approx 50.3$

其中,$R_{i2} = r_{be3} + (1+\beta_3)R_{E3} \approx 245.3 \text{k}\Omega$。

$$A_{v2} = -\frac{\beta_3 R_{C3}}{r_{be3} + (1+\beta_3)R_{E3}} = -\frac{80 \times 12}{2.31 + (1+80) \times 3} \approx -3.9$$

$$A_v = A_{vd1} \cdot A_{v2} = 50.3 \times (-3.9) \approx -196.2$$

(3) 当 $v_i = 5\text{mV}$ 时,$v_o = A_v \cdot v_i = -196.2 \times 0.005 \text{V} \approx -0.98\text{V}$。

(4) 当输出端接 $R_L = 12\text{k}\Omega$ 的负载时,有

$$A'_{v2} = -\frac{\beta_3(R_{C3} /\!/ R_L)}{r_{be3} + (1+\beta_3)R_{E3}} = -\frac{80 \times (12 /\!/ 12)}{2.31 + (1+80) \times 3} \approx -1.96$$

$$A'_v = A_{vd1} \cdot A'_{v2} = 50.3 \times (-1.96) \approx -98.6$$

【题 5-33】 电路如图 5.43 所示,假设所有 BJT 均为硅管,参数为 $\beta = 200$,$r_{bb'} = 200\Omega$,$|V_{BE(on)}| = 0.7\text{V}$,试完成以下各题。

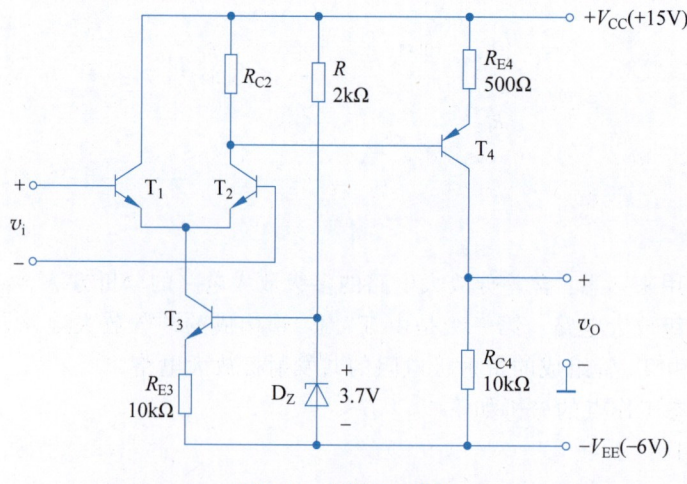

图 5.43 【题 5-33】图

(1) 计算 I_{EQ1} 和 I_{EQ2}。

(2) 若 $v_i = 0$ 时,$v_O > 0$,如何调整 R_{C2} 的值使得 $v_O = 0$?

(3) 若 $v_i = 0$ 时,$v_O = 0$,试确定 R_{C2} 的值。

(4) 在题(3)的情况下,确定差模电压增益 A_{vd} 为多少?

【解】 本题用来熟悉:含差分放大电路的多级放大电路的分析方法。

本电路为两级放大电路。第一级是由 T_1、T_2、T_3 管构成的恒流源差分放大电路,双端输入、单端输出;第二级是由 T_4 管组成的带射极电阻的共发射极放大电路。

(1) $I_{CQ3} \approx I_{EQ3} = \dfrac{V_Z - V_{BE(on)3}}{R_{E3}} = \dfrac{3.7-0.7}{10}\text{mA} = 0.3\text{mA}, I_{EQ1} = I_{EQ2} = \dfrac{1}{2}I_{CQ3} = 0.15\text{mA}$

(2) 若 $v_i = 0$ 时,$v_O > 0$,说明 I_{CQ4} 即 I_{EQ4} 偏大,应减小其值,也即应增大 $V_{BQ4}(V_{CQ2})$ 值,故应减小 R_{C2} 的值。

(3) 若 $v_i = 0$ 时,$v_O = 0$,则有

$$I_{CQ4} = \frac{V_{EE}}{R_{C4}} = \frac{6}{10}\text{mA} = 0.6\text{mA}$$

$$I_{R_{C2}} = I_{CQ2} - I_{BQ4} \approx I_{EQ2} - \frac{I_{CQ4}}{\beta} = 0.15\text{mA} - \frac{0.6}{200}\text{mA} = 0.147\text{mA}$$

因此可得

$$R_{C2} = \frac{I_{EQ4}R_{E4} + |V_{BE(on)4}|}{I_{R_{C2}}} \approx \frac{I_{CQ4}R_{E4} + |V_{BE(on)4}|}{I_{R_{C2}}} = \frac{0.6 \times 0.5 + 0.7}{0.147}\text{k}\Omega \approx 6.8\text{k}\Omega$$

(4) $A_{vd1} = \dfrac{\beta\{R_{C2}//[r_{be4}+(1+\beta)R_{E4}]\}}{2r_{be2}} = \dfrac{200\times\{6.8//[8.9+(1+200)\times 0.5]\}}{2\times 34.8} \approx 18.4$

$$A_{v2} = -\frac{\beta R_{C4}}{r_{be4}+(1+\beta)R_{E4}} = -\frac{200\times 10}{8.9+(1+200)\times 0.5} \approx -18.3$$

其中,$r_{be2} = r_{bb'2} + (1+\beta)\dfrac{V_T}{I_{EQ2}} = \left[200+(1+200)\times\dfrac{26}{0.15}\right]\Omega \approx 34.8\text{k}\Omega$

$$r_{be4} = r_{bb'4} + (1+\beta)\frac{V_T}{I_{EQ4}} = \left[200+(1+200)\times\frac{26}{0.6}\right]\Omega \approx 8.9\text{k}\Omega$$

$$A_{vd} = A_{vd1} \cdot A_{v2} \approx -336.7$$

【题 5-34】 电路如图 5.44 所示,设所有 BJT 的 $\beta = 80$,T_1、T_2、T_5 为硅管,$V_{BE(on)1} = V_{BE(on)2} = V_{BE(on)5} = 0.7\text{V}$,$T_4$ 为锗管,$|V_{BE(on)4}| = 0.2\text{V}$,各管的 $r_{bb'}$ 均为 200Ω。

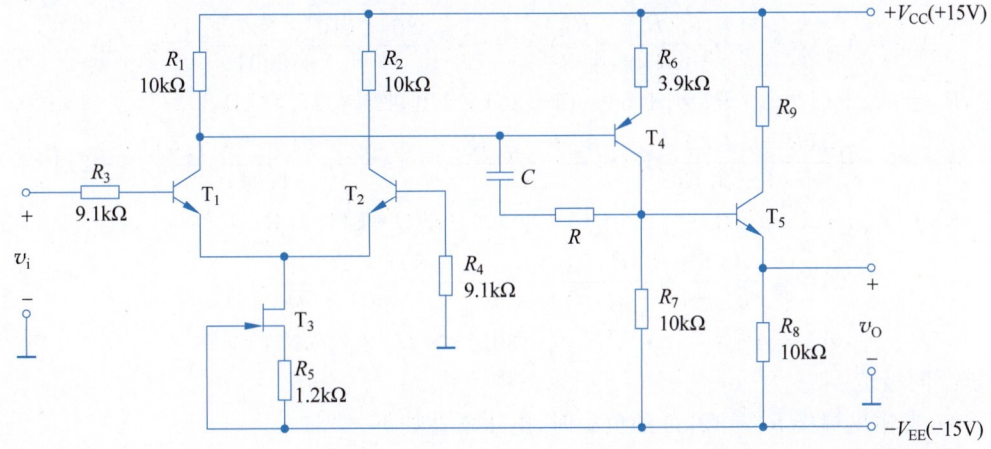

图 5.44 【题 5-34】图

(1) 当 $v_i=0$ 时，$v_O=0$V。求 I_{CQ5}、I_{CQ4}、I_{CQ1} 及 V_{GS} 的值。

(2) 求电路总的电压增益 A_v，并标出输出电压的极性。

(3) 求当电路输出端接一 $R_L=12$kΩ 的负载时的电压增益 A'_v。

注：在计算过程中，忽略 RC 补偿电路的影响。

【解】 本题用来熟悉：含差分放大电路的多级放大电路的分析方法。

本电路为三级直接耦合放大电路。第一级为 T_1、T_2 构成的差分放大电路，单端输入、单端输出，T_3 管为其提供恒流偏置；第二级为 T_4 构成的带射极电阻的共发射极放大电路；第三级为 T_5 构成的射极跟随器，其电压增益近似为 1；RC 电路的作用是实现零极点补偿，增加带宽。

(1) 静态分析如下。

$$I_{EQ5}=\frac{V_{EE}}{R_8}=\frac{15}{10}\text{mA}=1.5\text{mA}, I_{CQ5}\approx I_{EQ5}=1.5\text{mA}$$

$$I_{CQ4}=\frac{V_{CQ4}-(-V_{EE})}{R_7}=\frac{V_{BE(on)5}-(-V_{EE})}{R_7}=\frac{0.7-(-15)}{10}\text{mA}=1.57\text{mA}$$

$$I_{EQ4}\approx I_{CQ4}=1.57\text{mA}$$

$$I_{CQ1}=\frac{I_{EQ4}R_6+|V_{BE(on)4}|}{R_1}=\frac{1.57\times 3.9+0.2}{10}\text{mA}\approx 0.63\text{mA}$$

$$I_{EQ1}\approx I_{CQ1}=0.63\text{mA}$$

$$I_{DQ3}=2I_{EQ1}\approx 2I_{CQ1}=1.26\text{mA}$$

$$V_{GSQ}=-I_{DQ3}R_5=-1.26\times 1.2\text{V}\approx -1.51\text{V}$$

(2) 动态分析如下。

$$r_{be1}\approx r_{bb'1}+(1+\beta_1)\frac{V_T}{I_{CQ1}}=\left[200+(1+80)\times\frac{26}{0.63}\right]\Omega\approx 3.54\text{k}\Omega$$

$$r_{be4}\approx r_{bb'4}+(1+\beta_4)\frac{V_T}{I_{CQ4}}=\left[200+(1+80)\times\frac{26}{1.57}\right]\Omega\approx 1.54\text{k}\Omega$$

$$r_{be5}\approx r_{bb'5}+(1+\beta_5)\frac{V_T}{I_{CQ5}}=\left[200+(1+80)\times\frac{26}{1.5}\right]\Omega\approx 1.6\text{k}\Omega$$

$$A_{v1}=A_{vd1}=-\frac{1}{2}\cdot\frac{\beta_1(R_1/\!/R_{i2})}{R_3+r_{be1}}=-\frac{1}{2}\times\frac{80\times(10/\!/317.44)}{9.1+3.54}\approx -30.7$$

其中，$R_{i2}=r_{be4}+(1+\beta_4)R_6=[1.54+(1+80)\times 3.9]\text{k}\Omega=317.44\text{k}\Omega$。

$$A_{v2}=-\frac{\beta_4(R_7/\!/R_{i3})}{r_{be4}+(1+\beta_4)R_6}=-\frac{\beta_4(R_7/\!/R_{i3})}{R_{i2}}=-\frac{80\times(10/\!/811.6)}{317.44}\approx -2.49$$

其中，$R_{i3}=r_{be5}+(1+\beta_5)R_8=[1.6+(1+80)\times 10]\text{k}\Omega=811.6\text{k}\Omega$。

$$A_{v3}=\frac{(1+\beta_5)R_8}{r_{be5}+(1+\beta_5)R_8}=\frac{(1+80)\times 10}{1.6+(1+80)\times 10}\approx 1$$

$$A_v=A_{v1}\cdot A_{v2}\cdot A_{v3}=(-30.7)\times(-2.49)\times 1\approx 76.4$$

v_o 与 v_i 同极性。

(3) 当输出端接 $R_L=12$kΩ 的负载时，电压增益如下。

$$A'_{v3}=\frac{(1+\beta_5)(R_8/\!/R_L)}{r_{be5}+(1+\beta_5)(R_8/\!/R_L)}=\frac{(1+80)\times(10/\!/12)}{1.6+(1+80)\times(10/\!/12)}\approx 1$$

$$A'_v = A_{v1} \cdot A_{v2} \cdot A'_{v3} = (-30.7) \times (-2.49) \times 1 \approx 76.4$$

【题 5-35】 电路如图 5.45 所示，设所有 BJT 的 $\beta = 20$，$r_{be} = 2.5\text{k}\Omega$，$r_{ce} = 200\text{k}\Omega$，场效应管的 $g_m = 4\text{mS}$，其他参数如图中所示。试求：

(1) 两级放大电路的电压增益 $A_v = A_{v1} \cdot A_{v2}$。

(2) 差模输入电阻 R_{id} 和输出电阻 R_{od}。

(3) 第一级单端输出时的差模电压增益 A_{vd1}、共模电压增益 A_{vc1} 和共模抑制比 K_{CMR}。

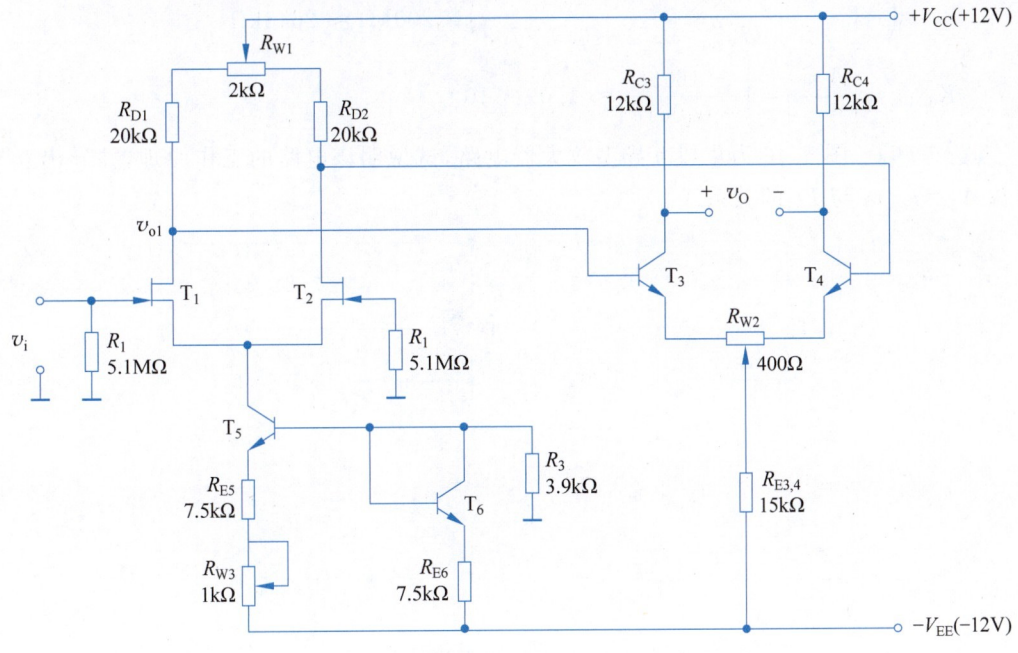

图 5.45 【题 5-33】图

【解】 本题用来熟悉：两级差分放大电路的分析方法。

在图 5.45 中，第一级为 T_1、T_2 组成的 FET 差分放大电路，单端输入、双端输出，T_5、T_6 组成的比例式电流源为其提供恒流偏置，R_{W1} 用于静态调零；第二级为 T_3、T_4 组成的 BJT 差分放大电路，双端输入、双端输出，R_{W2} 为射极调零电位器。

(1) $A_v = A_{v1} \cdot A_{v2} = (-20.3) \times (-35.8) \approx 726.7$

$$A_{v1} = A_{vd1} = -g_m \left[\left(R_{D1} + \frac{R_{W1}}{2} \right) /\!/ \left(\frac{1}{2} R_{L1} \right) \right] = -4 \times \left[\left(20 + \frac{2}{2} \right) /\!/ \left(\frac{1}{2} \times 13.4 \right) \right] \approx -20.3$$

其中，$R_{L1} = R_{i2} = 2 \left[r_{be3} + (1+\beta_3) \frac{R_{W2}}{2} \right] = 2 \times \left[2.5 + (1+20) \times \frac{0.4}{2} \right] \text{k}\Omega \approx 13.4 \text{k}\Omega$。

$$A_{v2} = A_{vd2} = -\frac{\beta_3 R_{C3}}{r_{be3} + (1+\beta_3)\frac{R_{W1}}{2}} = -\frac{20 \times 12}{2.5 + (1+20) \times \frac{0.4}{2}} \approx -35.8$$

(2) $R_{id} \approx R_1 = 5.1\text{M}\Omega$，$R_{od} = 2R_{C3} = 24\text{k}\Omega$。

(3) $A_{vd1} = -\frac{1}{2} g_m \left(\left(R_{D1} + \frac{R_{W1}}{2} \right) /\!/ R_{L1} \right) = -\frac{1}{2} \times 4 \times \left(\left(20 + \frac{2}{2} \right) /\!/ 13.4 \right) \approx -16.36$

$$A_{vc1} = -\frac{g_m\left(\left(R_{D1} + \frac{R_{W1}}{2}\right)//R_{L1}\right)}{1 + g_m \cdot 2r_o} = -\frac{4 \times \left((20 + \frac{2}{2})//13.4\right)}{1 + 4 \times 2 \times 2648} \approx -0.0015$$

其中，r_o 为第一级源极恒流源交流等效电阻。

$$r_o = \left(1 + \frac{\beta_5(R_{E5} + R_{W3})}{r_{be5} + (R_{E5} + R_{W3}) + R_3//R_{E6}}\right)r_{ce5} \quad (\text{设 } R_{W3} \text{ 触头滑动在中间位置})$$

$$= \left(1 + \frac{20 \times (7.5 + 0.5)}{2.5 + (7.5 + 0.5) + 3.9//7.5}\right) \times 200\text{k}\Omega \approx 2648\text{k}\Omega$$

$$K_{CMR} = \left|\frac{A_{vd1}}{A_{vc1}}\right| = \left|\frac{-16.36}{-0.0015}\right| \approx 1.09 \times 10^4$$

【题 5-36】 图 5.46 为集成互导型放大器电路，试说明该电路的工作原理，并导出互导增益 $A_g = i_o/v_i$ 与 I_A 的关系式。

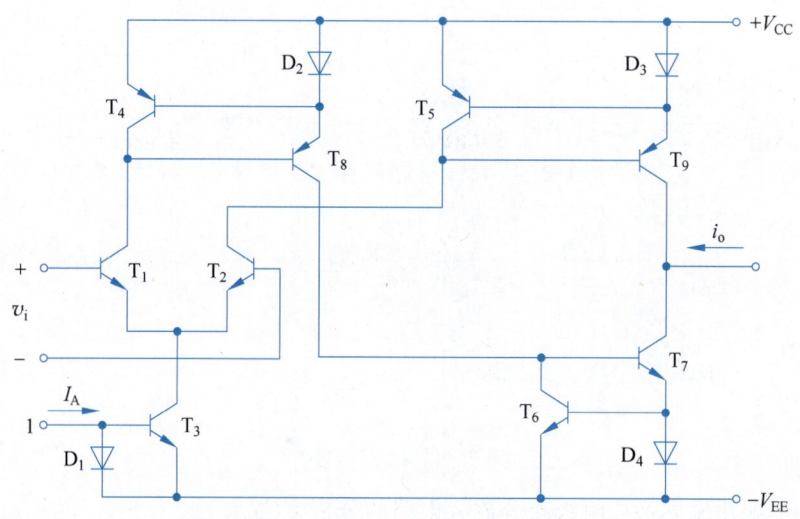

图 5.46 【题 5-36】图

【解】 本题用来熟悉：集成放大器的分析方法。

T_1、T_2 组成共发射极组态的差分放大电路，D_1、T_3 组成镜像电流源，给差分对管 T_1、T_2 提供偏置电流，其参考电流 I_A 由外电路通过端子 1 提供；T_4、T_8、D_2、T_5、T_9、D_3、T_6、T_7、D_4 组成三个威尔逊电流源，其中，T_4、T_8、D_2 与 T_6、T_7、D_4 互相配合使 I_{C1} 成为 I_{C7} 的参考电流；T_5、T_9、D_3 的作用是使 I_{C2} 成为 I_{C9} 的参考电流。这样，T_7、T_9 的电流变化反映了 T_1、T_2 的电流变化，两者互补输出以驱动负载。

差模输入时，有 $i_{C1} = I_{CQ1} + \Delta i_{C1}$，$i_{C2} = I_{CQ2} - \Delta i_{C2}$。其中，$I_{CQ1} = I_{CQ2} = \frac{I_{CQ3}}{2} = \frac{I_A}{2}$，$\Delta i_{C1} = \Delta i_{C2}$。

由电路图可知：$i_{C7} = i_{C6} = i_{C8} = i_{C1}$，$i_{C9} = i_{C5} = i_{C2}$。因此有

$$i_o = i_{C7} - i_{C9} = i_{C1} - i_{C2} = 2\Delta i_{C1} = 2g_{m1}v_{be1} = g_{m1}v_{id}$$

即

$$A_g = \frac{i_o}{v_{id}} = g_{m1} = \frac{I_{CQ1}}{V_T} = \frac{I_A/2}{V_T} \approx 19.23 I_A$$

【题 5-37】 集成运放 5G23 的电路原理图如图 5.47 所示。

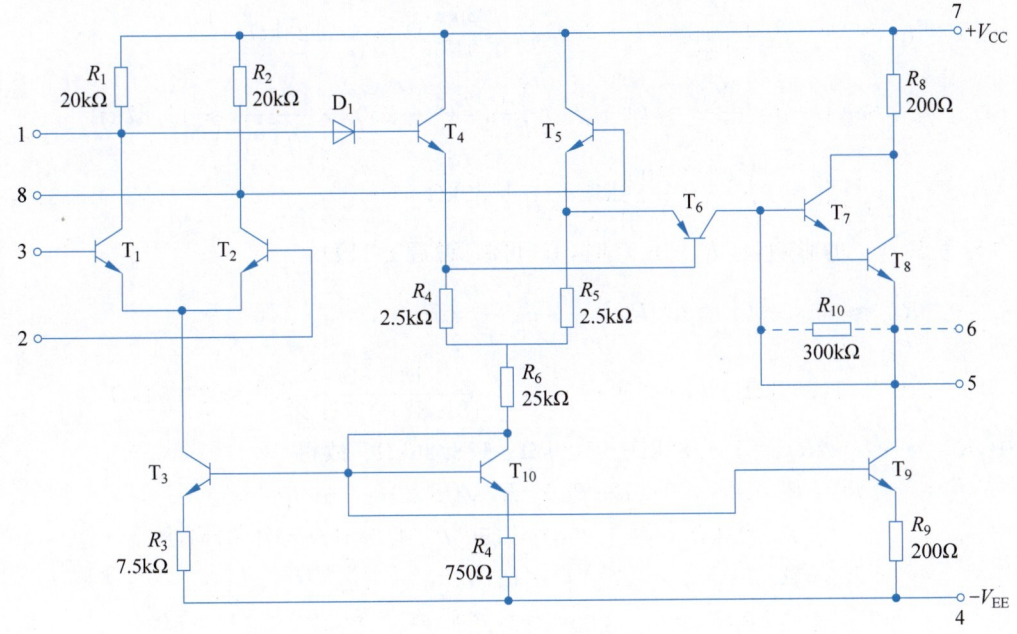

图 5.47 【题 5-37】图

(1) 简要叙述电路的组成原理。
(2) 说明二极管 D_1 的作用。
(3) 判断 2、3 端哪个是同相输入端,哪个是反相输入端。

【解】 本题用来熟悉:集成运算放大器的分析方法。

(1) T_1、T_2 管组成差分输入级,双端输出;T_4、T_5 管组成射极跟随器,T_4、T_5 管输出的差模信号直接加在 T_6 管的发射结,从而起到双端输出的效果;T_6 管组成中间放大级,具有单端化的作用;T_7、T_8 管组成具有电流源负载的复合管射极跟随器;T_3、T_{10}、T_9 管组成比例式电流源电路。

(2) 二极管 D_1 的作用是为 T_6 管提供偏置电压,使静态时 T_6 管的射极比基极高出一个门限电压。

(3) 由图 5.47 易分析出,3 端为同相输入端,2 端为反相输入端。

【题 5-38】 在如图 5.6 所示的 μA741 集成运放内部电路中,若设各 NPN 型管的 $\beta=250$,PNP 型管的 $\beta=50$,两种类型晶体管的 $|V_A|$ 均为 $100V$,$|V_{BE(on)}|=0.7V$,并设 T_{23} 的输入电阻为 $9.1M\Omega$,$I_{C17}=550\mu A$,试求 T_{16}、T_{17} 组成的中间增益级的输入电阻 R_i 和电压增益 A_v。

【解】 本题用来熟悉:集成运算放大器电路的定量分析方法。

为确定中间增益级的 R_i 和 A_v,需首先确定中间级的静态电流。

由图 5.6 可得

$$I_{E16} = I_{R_9} + I_{B17} = \frac{V_{R_9}}{R_9} + \frac{I_{C17}}{\beta_{17}} \approx \frac{I_{C17}R_8 + V_{BE(on)17}}{R_9} + \frac{I_{C17}}{\beta_{17}}$$

$$= \left(\frac{0.55 \times 0.1 + 0.7}{50} + \frac{0.55}{250}\right) mA \approx 17.3\mu A$$

因此有

$$r_{be16} \approx (1+\beta_{16})\frac{V_T}{I_{E16}} = (1+250)\times \frac{26}{0.0173}\Omega \approx 377.23\text{k}\Omega$$

$$r_{be17} \approx (1+\beta_{17})\frac{V_T}{I_{E17}} \approx (1+\beta_{17})\frac{V_T}{I_{C17}} = (1+250)\times \frac{26}{0.55}\Omega \approx 11.87\text{k}\Omega$$

$$r_{ce13B} = r_{ce17} = \frac{|V_A|}{I_{C17}} = \frac{100}{0.55}\text{k}\Omega \approx 181.82\text{k}\Omega$$

若考虑 r_{ce17} 的影响,且 $R_8 \ll r_{ce17}$ 时,有(可参阅【题 2-11】)

$$R_{i17} \approx r_{be17} + (1+\beta_{17})R_8 \frac{r_{ce17}}{r_{ce17}+R'_{L17}}$$

$$= 11.87\text{k}\Omega + (1+250)\times 0.1 \times \frac{181.82}{181.82+178.26}\text{k}\Omega \approx 24.54\text{k}\Omega$$

其中,$R'_{L17} = r_{ce13B}//R_{i23} = 181.82\text{k}\Omega//9100\text{k}\Omega \approx 178.26\text{k}\Omega$。故得

$$R_i = R_{i16} = r_{be16} + (1+\beta_{16})(R_9 // R_{i17})$$

$$= 377.23\text{k}\Omega + (1+250)\times(50 // 24.54)\text{k}\Omega \approx 4.51\text{M}\Omega$$

$$A_v = A_{v16} \cdot A_{v17} \approx A_{v17} = -1816$$

$$A_{v17} = -\frac{\beta_{17}R'_{L17}}{R_{i17}} = -\frac{250\times 178.26}{24.54} \approx -1816$$

【题 5-39】 利用【题 5-38】提供的管子参数,试求 μA741 集成运放内部电路中输入差分级的输入电阻 R_{id} 和互导增益 A_g。设各管 r_{ce} 忽略不计,已知差分输入级的偏置电流为 $20\mu A$。

【解】 本题用来熟悉:集成运算放大器电路的定量分析方法。

为确定差分输入级的 R_{id} 和 A_g,需首先确定输入级的静态电流。由图 5.6 可得

$$I_{C1} \approx I_{C3} = I/2 = 10\mu A, \quad I_{C2} \approx I_{C4} = I/2 = 10\mu A$$

所以有

$$r_{be1} = r_{be2} \approx (1+\beta_1)\frac{V_T}{I_{C1}} = (1+250)\times \frac{26}{0.01}\Omega = 652.6\text{k}\Omega$$

$$r_{be3} = r_{be4} \approx (1+\beta_3)\frac{V_T}{I_{C3}} = (1+50)\times \frac{26}{0.01}\Omega = 132.6\text{k}\Omega$$

因此得到

$$R_{id} = 2\left[r_{be1} + (1+\beta_1)\cdot \frac{r_{be3}}{1+\beta_3}\right] = 2\times \left[652.6 + (1+250)\times \frac{132.6}{1+50}\right]\text{k}\Omega \approx 2.6\text{M}\Omega$$

$$A_g = \frac{i_O}{v_i} \approx \frac{2i_{c4}}{i_{b1}R_{id}} \approx \frac{2i_{c3}}{i_{b1}R_{id}} \approx \frac{2i_{c1}}{i_{b1}R_{id}} = \frac{2\beta_1}{R_{id}} = \frac{250}{2.6}\mu\text{S} = 192\mu\text{S}$$

【题 5-40】 低功耗型集成运放 LM324 的简化原理电路如图 5.48 所示。试说明:

(1) 输入级、中间级和输出级的电路形式和特点。

(2) 电路中 T_8、T_9 和电流源 I_{O1}、I_{O2}、I_{O3} 各起什么作用?

【解】 本题用来熟悉:集成运算放大器的分析方法。

(1) 电路的输入级由 T_1、T_2、T_3、T_4 组成的差分放大电路构成,双端输入、单端输出。采用差分输入级,可减小零点漂移,提高 K_{CMR}。T_1、T_2 和 T_3、T_4 分别构成复合管,以提高 β 值,增大输入阻抗。

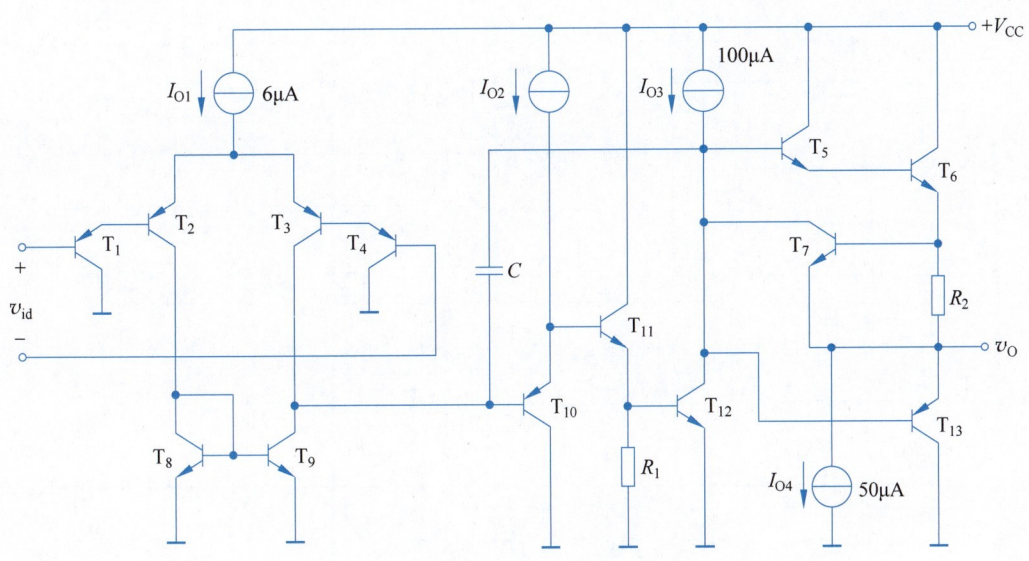

图 5.48 【题 5-40】图

电路的中间级由 T_{10}、T_{11}、T_{12} 组成。T_{10}、T_{11} 均为射极跟随器,其输入电阻大,输出电阻小,易于与前、后级相互匹配。T_{12} 管组成有源负载共发射极放大电路,有较大的电压增益和输出电流。

电路的输出级由 T_5、T_6、T_{13} 组成的甲乙类功放电路构成,有较大的输出电流,其中 T_5、T_6 组成复合管。T_7 的作用是调节 T_5、T_{13} 的基极电压,以消除交越失真。

(2)T_8、T_9 组成镜像电流源,作为输入级的有源负载,从而提高电压增益。

I_{O1} 为差分输入级的恒流源,内阻极大,可提高电路的共模抑制比。

I_{O2} 为 T_{10} 的发射极有源负载,用以提高其输入电阻。

I_{O3} 为 T_{12} 的集电极有源负载,用以增大其电压增益和输出电流,提高驱动能力。

【题 5-41】 CMOS-TCL2274 型集成运放的原理电路如图 5.49 所示。试分析:

(1)该电路由哪几部分组成?

(2)T_7、T_8 和 T_{10} 构成的电平移动电路的原理和作用。

(3)当输入端 3、2 之间接入输入信号电压时,电路输入级和 T_{13} 的放大作用,同时说明通过电平移动电路对信号电压的放大作用,用瞬时极性法标出在信号电压作用下,图 5.49 中各点电位的变化,并说明哪个是同相输入端,哪个是反相输入端。

【解】 本题用来熟悉:CMOS 集成运算放大器的分析方法。

(1)PMOS 对管 T_{14}、T_{16} 和 NMOS 对管 T_{15}、T_{17} 构成运放的基准电流源电路,以保证运放在很宽的电源电压($-8\sim-2$V 和 $2\sim8$V)范围内有稳定的偏置;PMOS 管 T_1 与 T_4 和 NMOS 管 T_2、T_5 组成双端输入、单端输出的有源负载共源极差分输入级,PMOS 管 T_3、T_6 构成的镜像电流源为其提供偏置电流;NMOS 管 T_7、T_8、T_{10} 镜像电流源构成电平移动电路;NMOS 管 T_{13} 组成共源极输出级,PMOS 管 T_9、T_{12} 构成的电流源为其提供偏置电流并作为有源负载。

(2)T_7 和 T_8、T_{10} 镜像电流源构成电平移动电路。静态时,由于差分输入级的输出端 T_4 的漏极直流电位 V_{D4} 偏低,相应地导致输出级 NMOS 管 T_{13} 的栅极直流电位 V_{G13}($V_{G13}=$

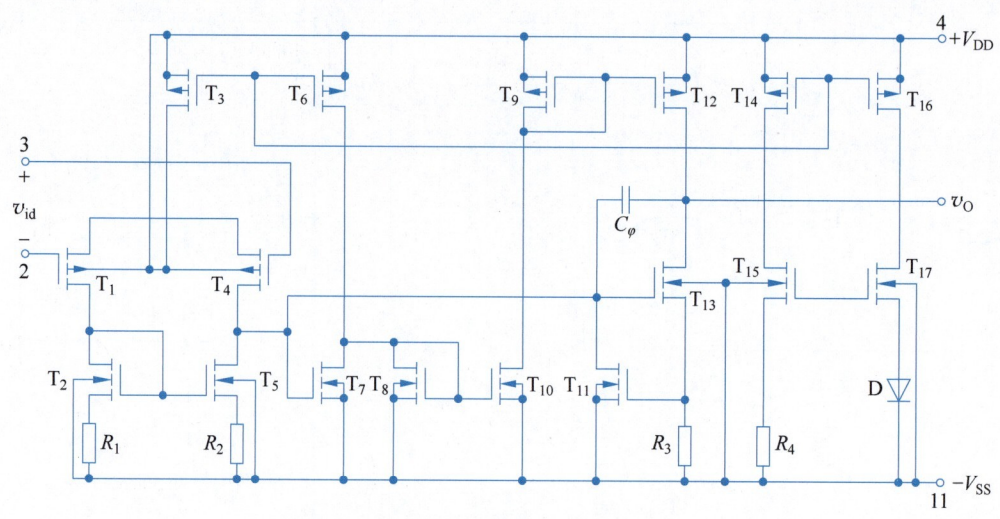

图 5.49 【题 5-41】图

V_{D4})及漏极直流电位 V_{D13} 偏低,通过 NMOS 管 T_7($V_{G7}=V_{D4}$)后,V_{D7} 抬高,即 V_{G10} 抬高,之后,再经过 NMOS 管 T_{10} 后,使其漏极电位 V_{D10} 抬高,也即 PMOS 管 T_{12} 的栅极电位 V_{G12} 抬高,这样,拉低了 T_{12} 管的漏极电位 V_{D12},使 $V_{D12}=V_{D13}$,输出直流电位为零。电平移动电路保证运放在静态($v_{id}=0$)时,输出为零,进而使输出级的动态范围加大。

(3)当输入信号电压使 3 端为正(+)时,经共源极差分放大后,T_4 管的输出端 v_{d4} 为负(−),其一路输入到 T_{13} 管,使 v_{g13} 为负(−),经共源极放大后,输出 v_{d13},即 v_o 为正(+);而另一路经过 T_7 管后反相,v_{d7} 为正(+),经过 T_8、T_{10} 镜像电流源完成对信号电压的电平偏移,使 v_{d10} 为负(−),再经过 T_9、T_{12} 构成的电流源,使 v_{d12},即 v_o 为正(+)。

假设输入信号 v_{id} 使 3 端为正(+),用瞬时极性法可标出电路各点电位的变化过程如下:

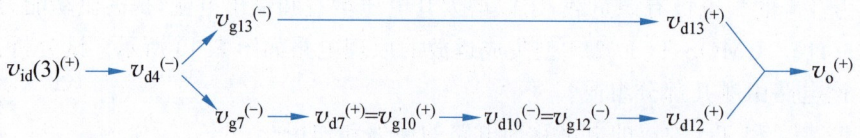

由上述分析可以看出,输出电压 v_o 增加了一倍,电路有很高的电压增益,且 3 端为同相端,2 端为反相端。由于省去了中间放大级,仅用了两级放大电路,所以有利于电路的稳定和扩展频带(C_φ 为频率补偿电容)。

特别需要指出的是,CMOS-TCL2274 型集成运放与 BJT 运放相比,具有输入电阻高,偏置电流小,输出电阻较高,低噪声,低功耗,输入直流误差特性及温度稳定性好等优点,尤其是输出信号范围接近满电源电压范围,大幅提高了电源效率,有利于在低压电源或电池供电的设备中应用。CMOS-TCL2274 型集成运放广泛用于便携式医学仪器、高阻信号源的压力传感器以及温度传感器中。

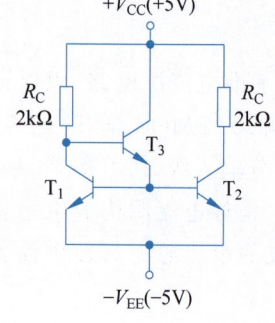

图 5.50 【仿真题 5-1】图

【仿真题 5-1】 改进型镜像电流源电路如图 5.50 所示,T_1、T_2 管用 2N2222,且 $\beta_1=\beta_2=100$,T_3 管用 2N3904,参数按默认值,用 Multisim 仿真其输出电流与基准电流的值。

【解】 本题用来熟悉：三管镜像电流源的特点。

Multisim 仿真电路如图 5.51(a)所示，分别用万用表 XMM1 和万用表 XMM2 测试电流源的输出电流和基准电流。由 XMM1 读得该镜像电流源的输出电流 $I_O=4.359\text{mA}$，如图 5.51(b)所示；由 XMM2 读得该镜像电流源的基准电流 $I_{REF}=4.359\text{mA}$，如图 5.51(c)所示。

可见，晶体管 T_3 的引入极大地提高了镜像电流源的镜像对称精度。

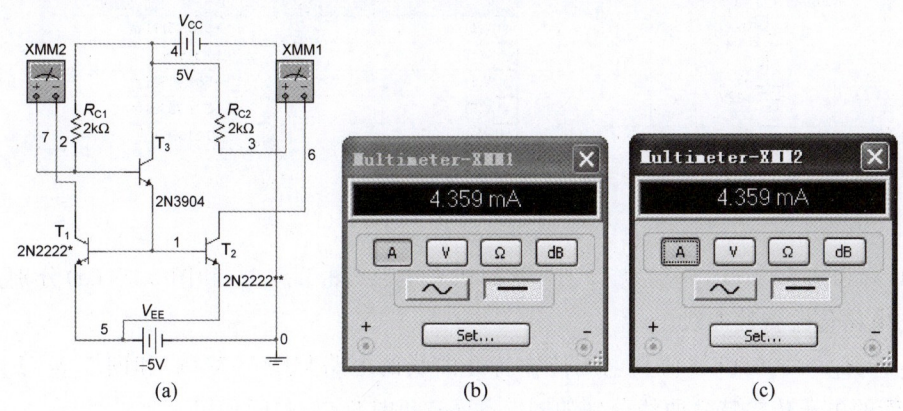

图 5.51　【仿真题 5-1】图解

【仿真题 5-2】 差分放大电路如图 5.52 所示，T_1、T_2 管均用 2N2222，$\beta_1=\beta_2=50$，其他参数按默认值。试用 Multisim 分析该电路：

(1) 求静态工作点。

(2) 仿真 $R_{E1}=R_{E2}=0$ 和 $R_{E1}=R_{E2}=300\Omega$ 时的电压传输特性曲线。

(3) 若输入信号是差模信号，分别求出双端输出时的差模电压增益 A_{vd} 和单端输出时的差模电压增益 A_{vd1}。

(4) 若输入信号是共模信号，分别求出双端输出时的共模电压增益 A_{vc} 和单端输出时的共模电压增益 A_{vc1}。

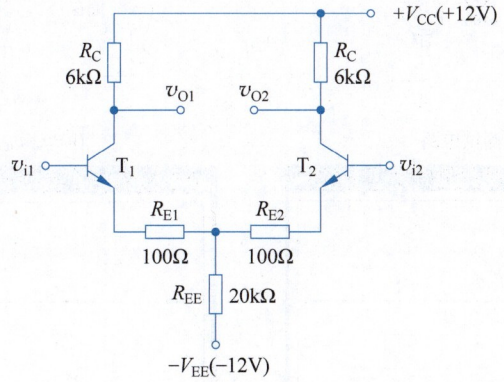

图 5.52　【仿真题 5-2】图解

【解】 本题用来熟悉：差分放大电路的仿真分析方法。

(1) 静态时，信号输入接地，如图 5.53(a)所示。作直流工作点分析，结果如图 5.53(b)所示，由图可得静态时 BJT 的集电极电位为 10.32V，发射极电位为 −584.79mV。

(2) $R_{E1}=R_{E2}=0$ 时，仿真电压传输特性曲线的电路及结果如图 5.54 所示，其中，

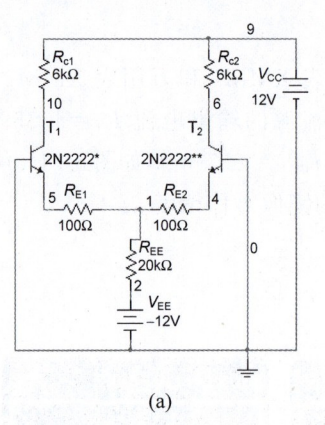

(a)

	变量	工作点的值
1	V(1)	−613.25191 m
2	V(10)	10.31668
3	V(4)	−584.78504 m
4	V(5)	−584.78504 m
5	V(6)	10.31668

直流工作点分析

(b)

图 5.53 【仿真题 5-2】图解(1)

图 5.54(a)和图 5.54(b)分别为 T_1、T_2 管的仿真电路,图 5.54(c)和图 5.54(d)分别为 T_1、T_2 管的电压传输特性曲线。

$R_{E1}=R_{E2}=300\Omega$ 时,仿真电压传输特性曲线的电路与图 5.54(a)和图 5.54(b)类似,T_1、T_2 管的电压传输特性曲线分别如图 5.54(e)和图 5.54(f)所示。

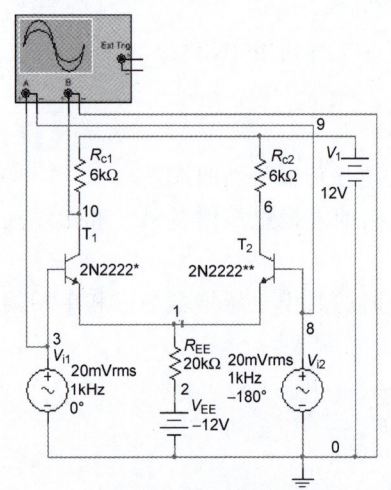

(a) v_{id}-v_{o1} 特性测试电路

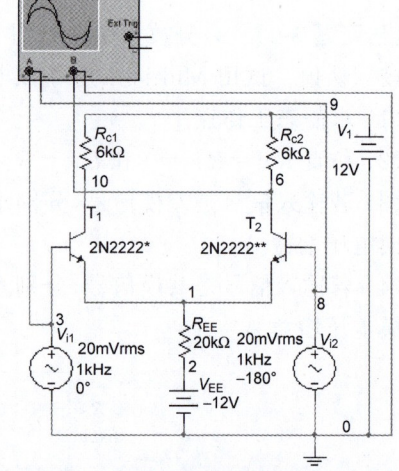

(b) v_{id}-v_{o2} 特性测试电路

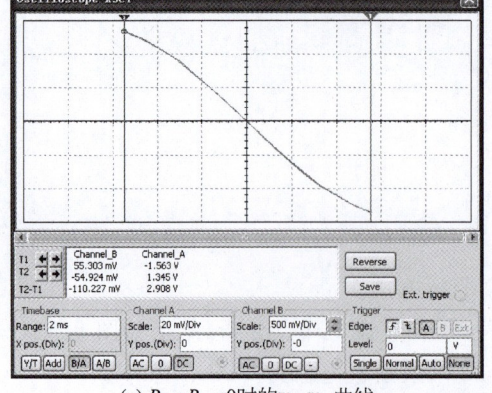

(c) $R_{E1}=R_{E2}=0$ 时的 v_{id}-v_{o1} 曲线

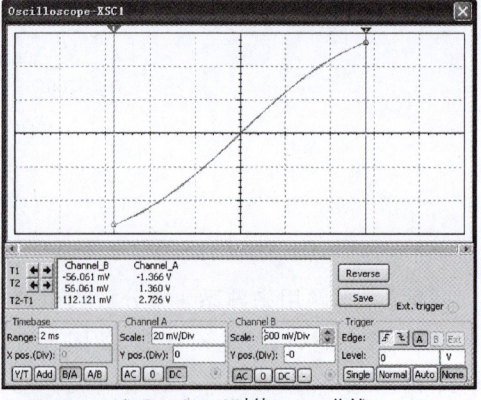

(d) $R_{E1}=R_{E2}=0$ 时的 v_{id}-v_{o2} 曲线

图 5.54 【仿真题 5-2】图解(2)

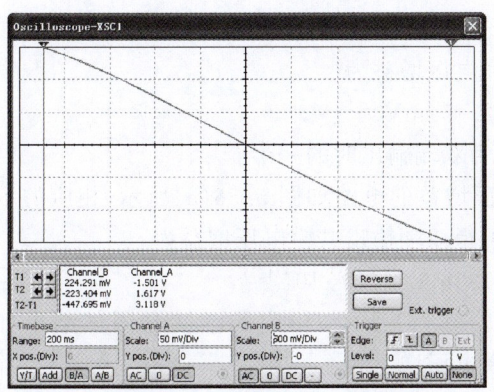
(e) $R_{E1}=R_{E2}=300\Omega$时的v_{id}-v_{o1}曲线

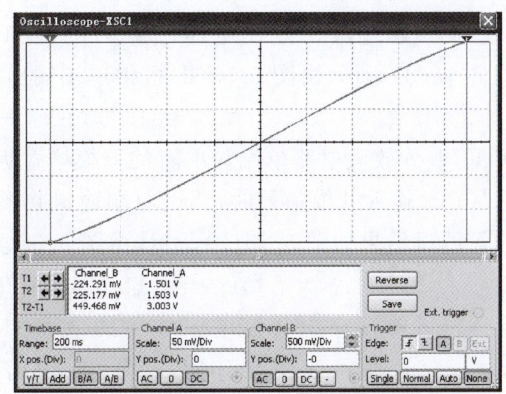
(f) $R_{E1}=R_{E2}=300\Omega$时的v_{id}-v_{o2}曲线

图 5.54 （续）

比较图 5.54(e)和图 5.54(f)以及图 5.54(c)和图 5.54(d)不难看出，增大差分对管发射极电阻 R_E 的值，可扩大差分放大电路的线性输入范围。

(3) 差模输入且 $R_{E1}=R_{E2}=300\Omega$ 时，测试双端输出差模电压增益的电路如图 5.55(a)所示，相应的示波器测试结果如图 5.55(b)所示，由图 5.55(b)可得双端输出差模电压增益为

$$A_{vd}=1.639\text{V}/-112.454\text{mV}\approx-15.57$$

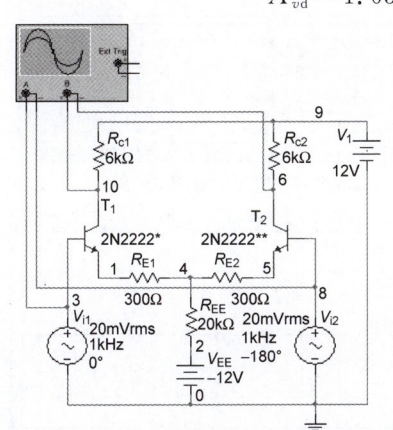
(a) 双端输出差模电压增益测试电路

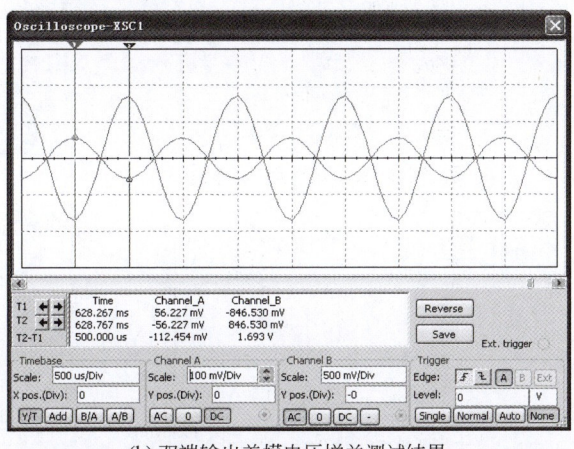
(b) 双端输出差模电压增益测试结果

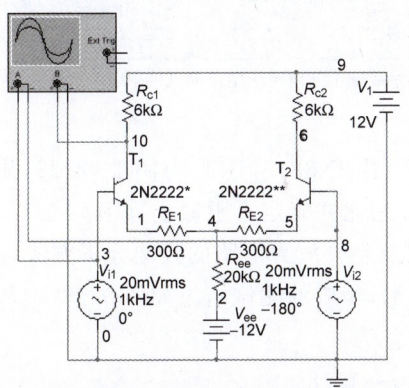
(c) 单端输出差模电压增益测试电路

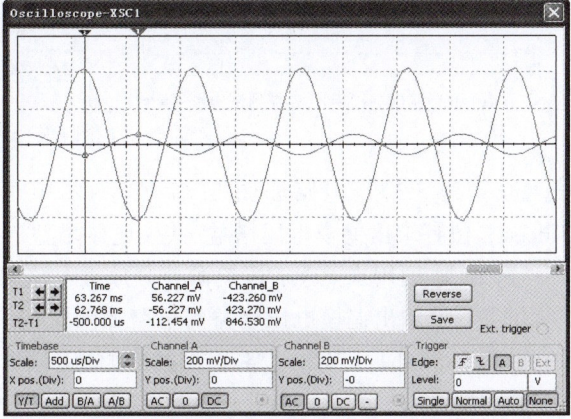
(d) 单端输出差模电压增益测试结果

图 5.55 【仿真题 5-2】图解(3)

测试单端输出差模电压增益的电路如图 5.55(c)所示,相应的示波器测试结果如图 5.55(d)所示,由图 5.55(d)可得单端输出差模电压增益为

$$A_{vd1} = 846.53\text{mV}/-112.454\text{mV} \approx -7.53$$

可见,差分放大电路单端输出时的差模增益近似为双端输出时的一半。

(4) 输入共模信号时,测试双端输出共模电压增益的电路如图 5.56(a)所示,相应的示波器测试结果如图 5.56(b)所示,由图 5.56(b)可得双端输出共模电压增益为

$$A_{vc} = -11.321\text{pV}/281.135\text{mV} \approx 4\times 10^{-11}$$

测试单端输出共模电压增益的电路如图 5.56(c)所示,相应的示波器测试结果如图 5.56(d)所示,由图 5.56(d)可得单端输出差模电压增益为

$$A_{vc1} = -41.024\text{mV}/281.135\text{mV} \approx 0.146$$

可见,差分放大电路由双端输出改为单端输出时,抗共模干扰能力减小。

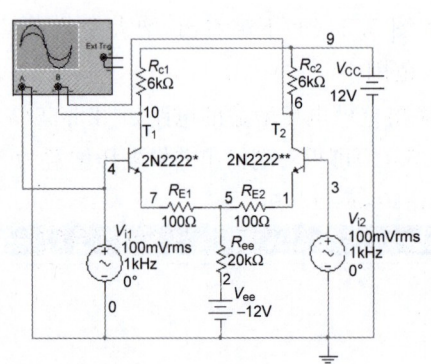
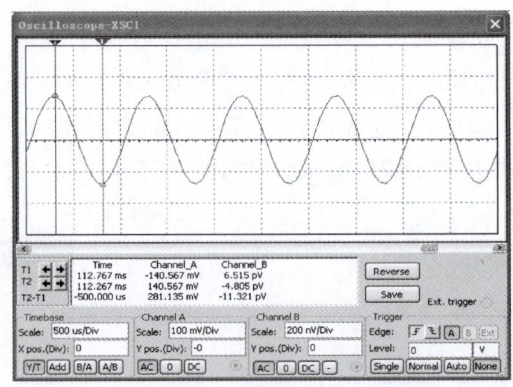

(a) 双端输出共模电压增益测试电路　　　　(b) 双端输出共模电压增益测试结果

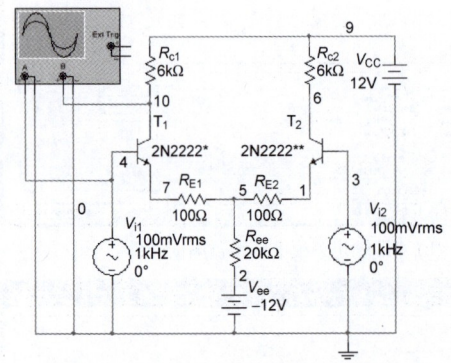
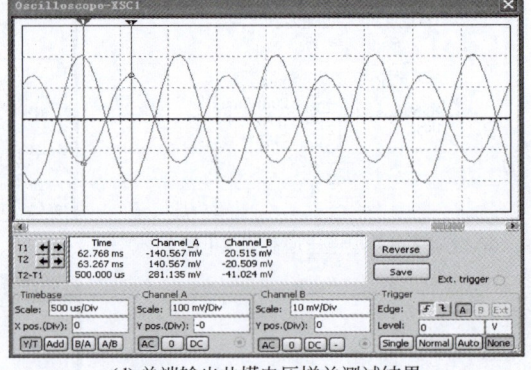

(c) 单端输出共模电压增益测试电路　　　　(d) 单端输出共模电压增益测试结果

图 5.56 【仿真题 5-2】图解(4)

【仿真题 5-3】 电路如图 5.57 所示,图中 FET 均用 2N3819,BJT 均用 2N2222,用 Multisim 仿真求出差模电压增益、共模电压增益、共模抑制比并确定上限截止频率。

【解】 本题用来熟悉:恒流源差分放大电路的特点及差分放大电路的频响分析方法。

仿真双端输出差模电压增益的电路如图 5.58(a)所示,相应的测试结果如图 5.58(b)所示。由图 5.58(b)可求出电路双端输出时的差模电压增益为

$$A_{vd} = -1.003\text{V}/56.227\text{mV} \approx -17.84$$

仿真双端输出共模电压增益的电路如图 5.59(a)所示,相应的测试结果如图 5.59(b)所

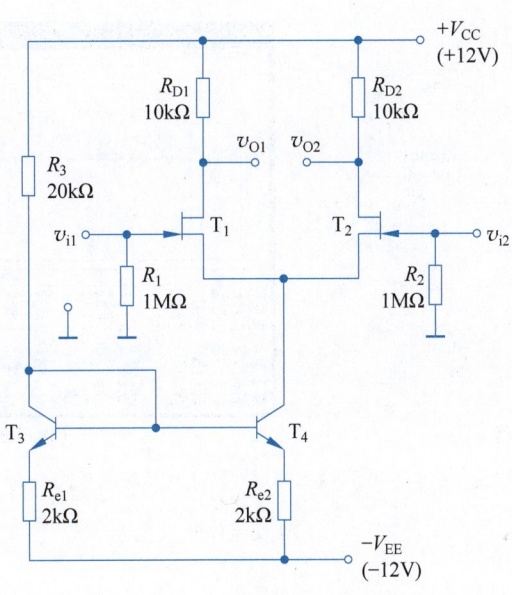

图 5.57 【仿真题 5-3】图

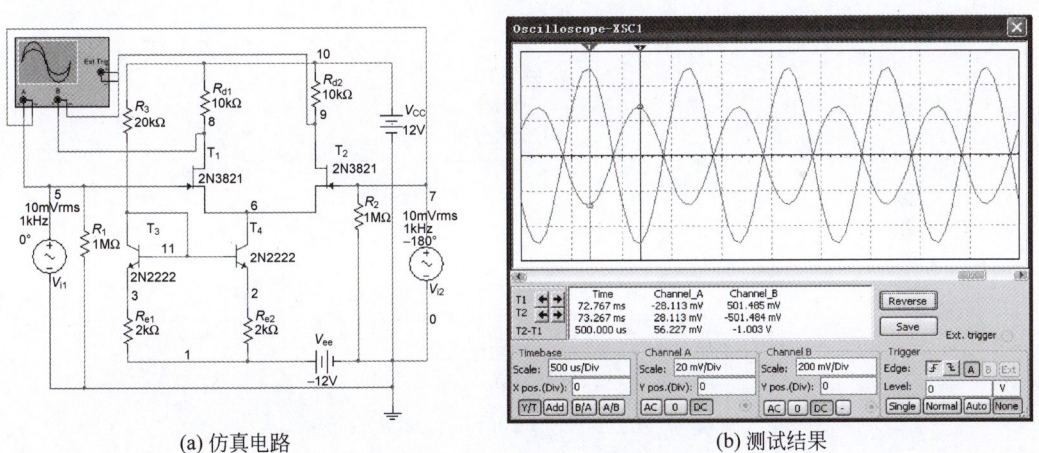

(a) 仿真电路 (b) 测试结果

图 5.58 【仿真题 5-3】图解（双端输出时的差模电压增益）

示。由图 5.59(b)可求出电路双端输出时的共模电压增益为

$$A_{vc} = 0\text{V}/28.11\text{mV} = 0$$

由上述仿真结果可得，如图 5.57 所示电路双端输出时的共模抑制比为

$$K_{\text{CMR}} = \left|\frac{A_{vd}}{A_{vc}}\right| = \left|\frac{-17.84}{0}\right| = \infty$$

可见，恒流源差分放大电路在双端输出时可近似无穷大的共模抑制比。有兴趣的读者可自己完成单端输出时 A_{vd}、A_{vc} 及 K_{CMR} 的仿真分析。

差模输入，交流分析设置扫描频率范围为 1Hz～900kHz，得到双端输出幅频特性如图 5.60(a)所示，由图 5.60(a)可得图 5.57 所示电路的上限截止频率 $f_\text{H}=8.2323\text{kHz}$。

差模输入，交流分析设置扫描频率范围为 1Hz～900kHz，得到单端输出幅频特性如图 5.60(b)所示，由图 5.60(b)可得如图 5.57 所示电路的上限截止频率 $f_\text{H}=8.3328\text{kHz}$。

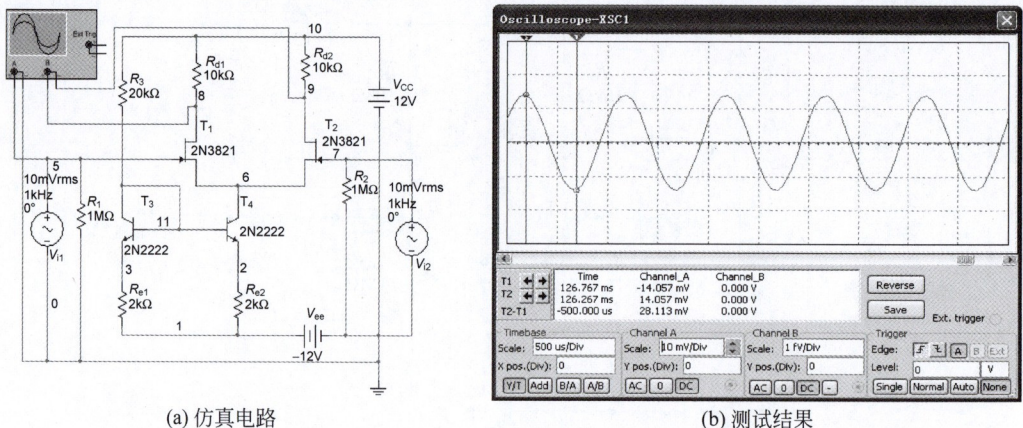

(a) 仿真电路　　　　　　　　　　　　　(b) 测试结果

图 5.59　【仿真题 5-3】图解（双端输出时的共模电压增益）

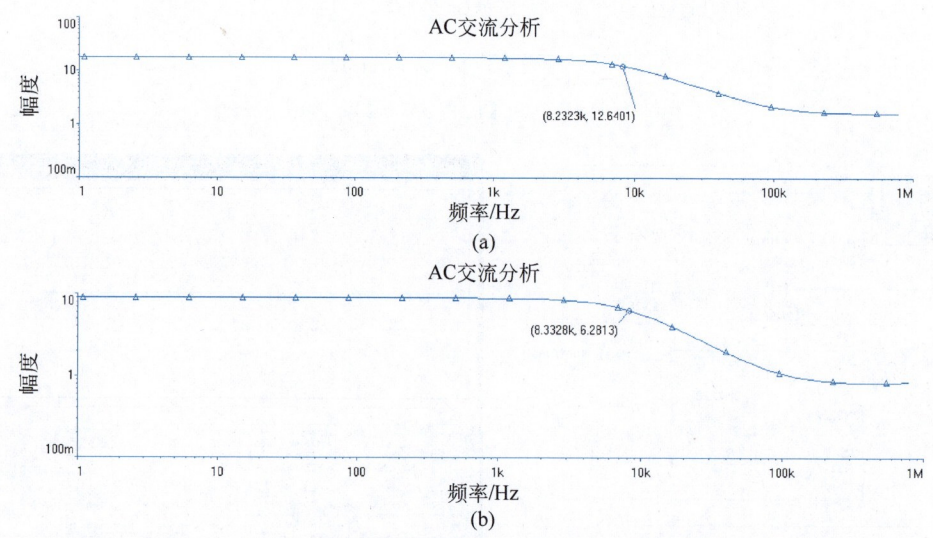

(a)

(b)

图 5.60　【仿真题 5-3】仿真的上限截止频率

比较图 5.60(a) 和图 5.60(b) 的仿真结果可以看出，差分放大电路的频率特性与单边放大电路的频率特性相同。

第 6 章

CHAPTER 6

反馈及其稳定性

6.1 教学要求

具体教学要求如下。
(1) 掌握反馈的基本概念,能熟练判断反馈电路的极性和类型。
(2) 熟悉负反馈对放大电路性能的影响,会按要求引入适当的负反馈。
(3) 熟练掌握深度负反馈条件下,负反馈放大电路增益的估算方法。
(4) 会利用波特图判断反馈系统的稳定性。
(5) 熟悉常用的相位补偿技术。

6.2 基本概念和内容要点

6.2.1 反馈的基本概念

1. 反馈的定义

在电子电路中,将输出量的一部分或全部,通过一定网络(称为反馈网络),以一定方式(与输入信号串联或并联)返送到输入回路,来影响电路性能的技术称为反馈。图 6.1 是反馈放大电路的方框图。它由基本放大电路、反馈网络和比较环节组成。其中 $\dot{X}_i$ 为输入量, $\dot{X}_f$ 为反馈量, $\dot{X}_i'$ 为净输入量, $\dot{X}_o$ 为输出量,符号 $\otimes$ 表示比较(叠加)环节。在图 6.1 中

$$\dot{A} = \frac{\dot{X}_o}{\dot{X}_i'} \tag{6-1}$$

称为开环增益。

$$\dot{A}_f = \frac{\dot{X}_o}{\dot{X}_i} \tag{6-2}$$

称为闭环增益。

$$\dot{F} = \frac{\dot{X}_f}{\dot{X}_o} \tag{6-3}$$

称为反馈系数。

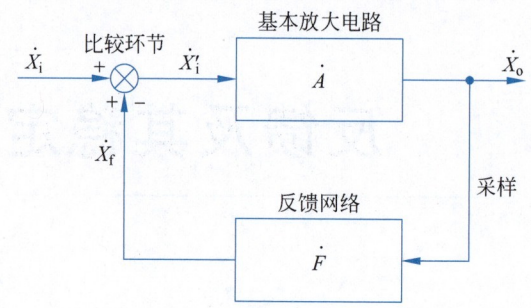

图 6.1 反馈放大电路的基本框图

$\dot{A}(\dot{A}_f)$、$\dot{F}$ 是广义的增益和反馈系数,由于其物理含义的不同,形成了不同的反馈类型。

符号⊗下的"+"号表示将 $\dot{X}_i$ 与 $\dot{X}_f$ 同相相加,即 $\dot{X}_i' > \dot{X}_i$,称为<u>正反馈</u>;符号⊗下的"−"号表示将 $\dot{X}_i$ 与 $\dot{X}_f$ 反相相加(即相减),即 $\dot{X}_i' < \dot{X}_i$,称为<u>负反馈</u>。本章主要讨论负反馈。

2. 负反馈放大电路增益的一般表达式

对于负反馈放大电路,有

$$\dot{X}_i' = \dot{X}_i - \dot{X}_f \tag{6-4}$$

由式(6-1)~式(6-4)可得

$$\dot{A}_f = \frac{\dot{A}}{1+\dot{A}\dot{F}} \tag{6-5}$$

其中,$\dot{A}\dot{F}$ 称为环路增益,常用 $\dot{T}$ 表示;$1+\dot{A}\dot{F}$ 称为反馈深度。

3. 反馈的分类与判别方法

1) 本级反馈和级间反馈

本级反馈:反馈网络连接在同一级放大电路的输出回路与输入回路之间,仅仅影响本级的性能。

级间反馈:反馈网络连接在不同级放大电路的输出回路与输入回路之间,影响环路内多级放大电路的性能。

2) 直流反馈和交流反馈

直流反馈:影响电路直流(静态)性能的反馈。

交流反馈:影响电路交流(动态)性能的反馈。

判别方法:画电路的直流通路和交流通路判断。若反馈仅存在于直流通路,则为直流反馈;若反馈仅存在于交流通路,则为交流反馈;若反馈既存在于直流通路,又存在于交流通路,则为交、直流并存的反馈。

3) 电压反馈和电流反馈

电压反馈:反馈信号取自输出电压,与输出电压成正比。

电流反馈:反馈信号取自输出电流,与输出电流成正比。

判别方法如下。

(1) 负载短路法:令负载短路,若反馈信号消失,则为电压反馈;若反馈信号存在,则为电流反馈。

（2）结构判断法：除公共地线外，若输出线与反馈线接在同一点上，则为电压反馈；若输出线与反馈线接在不同点上，则为电流反馈。

4) 串联反馈和并联反馈

串联反馈：反馈信号与外加输入信号以电压的形式相叠加（比较），即反馈信号与外加输入信号二者相互串联。

并联反馈：反馈信号与外加输入信号以电流的形式相叠加（比较），即两信号在输入回路并联。

判别方法如下。

（1）反馈节点短路法：令 $v_f=0$，若输入信号仍能送入开环放大电路，则为串联反馈；若输入信号被短路，则为并联反馈。

（2）结构判断法：除公共地线外，若反馈信号与输入信号接在同一点上，则为并联反馈；若反馈信号与输入信号接在不同点上，则为串联反馈。

5) 正反馈和负反馈

正反馈：经过反馈后，使输入量的变化得到加强，或者从输出量来看，使输出量变化变大。正反馈常常使系统的工作不稳定。

负反馈：经过反馈后，使输入量的变化被削弱，或者从输出量来看，使输出量变化变小。负反馈可以改善放大电路的性能。

采用瞬时极性法判别正、负反馈，具体如下：

假设输入信号的变化处于某一瞬时极性（用符号 ⊕ 或 ⊖ 表示），沿闭环系统，逐步标出放大电路各级输入和输出的瞬时极性。之后按以下方法判别正、负反馈。

对串联反馈：若 v_i 与 v_f 同极性，为负反馈；若 v_i 与 v_f 反极性，为正反馈。

对并联反馈：若 i_i 与 i_f 相对于反馈节点同流向，为正反馈；若 i_i 与 i_f 相对于反馈节点流向相反，为负反馈。

6.2.2 负反馈放大电路的四种组态

根据反馈网络在输出端采样方式的不同以及与输入端连接方式的不同，负反馈放大电路有以下四种组态：电压串联负反馈、电压并联负反馈、电流串联负反馈、电流并联负反馈。四种反馈组态的框图如图 6.2 所示。

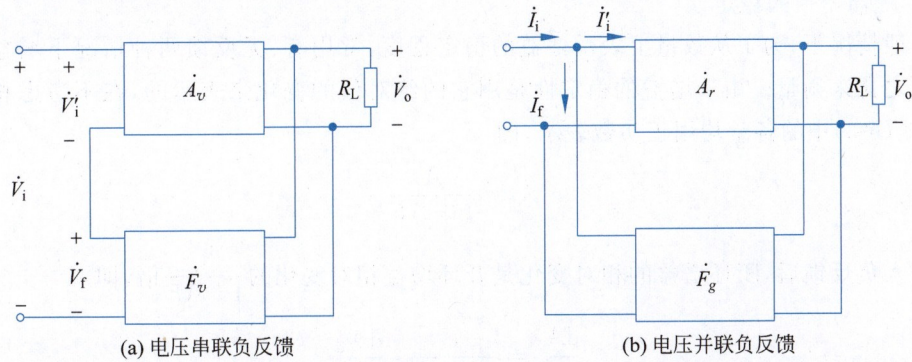

图 6.2 负反馈放大电路的四种组态

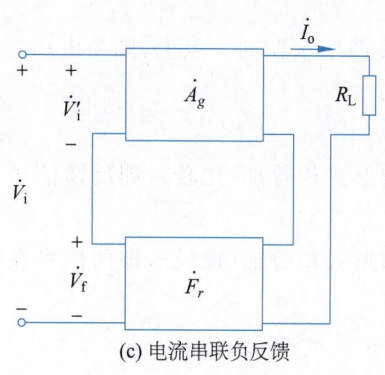
(c) 电流串联负反馈

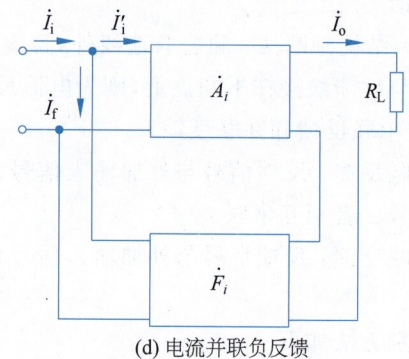
(d) 电流并联负反馈

图 6.2 （续）

四种负反馈组态放大电路的参数定义及名称如表 6.1 所示。

表 6.1 四种负反馈放大电路各参数的定义及名称

参 数		电压串联负反馈	电压并联负反馈	电流串联负反馈	电流并联负反馈
$\dot{A}=\dfrac{\dot{X}_o}{\dot{X}_i'}$	名称	开环电压增益	开环互阻增益	开环互导增益	开环电流增益
	定义	$\dot{A}_v=\dfrac{\dot{V}_o}{\dot{V}_i'}$	$\dot{A}_r=\dfrac{\dot{V}_o}{\dot{I}_i'}(\Omega)$	$\dot{A}_g=\dfrac{\dot{I}_o}{\dot{V}_i'}(S)$	$\dot{A}_i=\dfrac{\dot{I}_o}{\dot{I}_i'}$
$\dot{F}=\dfrac{\dot{X}_f}{\dot{X}_o}$	名称	电压反馈系数	互导反馈系数	互阻反馈系数	电流反馈系数
	定义	$\dot{F}_v=\dfrac{\dot{V}_f}{\dot{V}_o}$	$\dot{F}_g=\dfrac{\dot{I}_f}{\dot{V}_o}(S)$	$\dot{F}_r=\dfrac{\dot{V}_f}{\dot{I}_o}(\Omega)$	$\dot{F}_i=\dfrac{\dot{I}_f}{\dot{I}_o}$
$\dot{A}_f=\dfrac{\dot{A}}{1+\dot{A}\dot{F}}$	名称	闭环电压增益	闭环互阻增益	闭环互导增益	闭环电流增益
	定义	$\dot{A}_{vf}=\dfrac{\dot{V}_o}{\dot{V}_i}$	$\dot{A}_{rf}=\dfrac{\dot{V}_o}{\dot{I}_i}(\Omega)$	$\dot{A}_{gf}=\dfrac{\dot{I}_o}{\dot{V}_i}(S)$	$\dot{A}_{if}=\dfrac{\dot{I}_o}{\dot{I}_i}$

6.2.3 负反馈对放大电路性能的影响

负反馈以牺牲增益为代价，换来了放大电路多方面性能的改善。

1. 提高增益的稳定性

一般情况下，为了从数量上表示增益的稳定程度，常用有、无反馈两种情况下增益的相对变化之比来衡量。由于增益的稳定性是用它的绝对值的变化来表示的，在不考虑相位关系时，式(6-5)中的各量均用正实数表示，即

$$A_f = \frac{A}{1+AF} \tag{6-6}$$

引入负反馈后，闭环增益的相对变化是开环增益相对变化的 $\dfrac{1}{1+AF}$ 倍，即

$$\frac{\mathrm{d}A_f}{A_f} = \frac{1}{1+AF} \cdot \frac{\mathrm{d}A}{A} \tag{6-7}$$

2. 扩展通频带

负反馈可以扩展放大电路的通频带。若设反馈网络为纯电阻网络,则引入负反馈后,电路的上限截止频率增大到基本放大电路的 $1+A_mF$ 倍,电路的下限截止频率减小到基本放大电路的 $\dfrac{1}{1+A_mF}$ 倍,即

$$f_{Hf} = (1+A_mF)f_H \tag{6-8}$$

$$f_{Lf} = \dfrac{f_L}{1+A_mF} \tag{6-9}$$

其中,f_{Hf}、f_{Lf} 分别为闭环上限、下限截止频率,A_m 为基本放大电路的中频增益。

一般情况下,$BW = f_H - f_L \approx f_H$,$BW_f = f_{Hf} - f_{Lf} \approx f_{Hf}$,故

$$BW_f \approx (1+A_mF)BW \tag{6-10}$$

3. 减小非线性失真以及抑制干扰和噪声

由于构成放大电路的核心元件(BJT 或 FET)的特性是非线性的,常使输出信号产生非线性失真,引入负反馈后,可减小这种失真,而且,负反馈对非线性失真的改善程度与 $1+AF$ 有关。

同理,凡是由电路内部产生的干扰和噪声(可看作与非线性失真类似的谐波),引入负反馈后均可得到抑制。

注意:负反馈只能改善由放大电路本身引起的非线性失真,抑制反馈环内的干扰和噪声,而不能改善输入信号本身存在的非线性失真,对混入输入信号的干扰和噪声也无能为力。

4. 改变放大电路的输入、输出电阻

负反馈对放大电路输入、输出电阻的影响及效果如表 6.2 所示。

表 6.2　负反馈对放大电路输入、输出电阻的影响及效果

负反馈类型	串联负反馈	并联负反馈	电压负反馈	电流负反馈
影响	$R_{if} = (1+\dot{A}\dot{F})R_i$	$R_{if} = \dfrac{R_i}{1+\dot{A}\dot{F}}$	$R_{of} = \dfrac{R_o}{1+\dot{A}\dot{F}}$	$R_{of} = (1+\dot{A}\dot{F})R_o$
效果	提高输入电阻	降低输入电阻	降低输出电阻,使输出电压稳定	提高输出电阻,使输出电流稳定

6.2.4　深度负反馈放大电路的近似估算

1. 深度负反馈的条件及特点

深度负反馈的条件是:环路增益 $\dot{T} = \dot{A}\dot{F} \gg 1$。

相应的特点是

$$\dot{A}_f = \dfrac{\dot{A}}{1+\dot{A}\dot{F}} \approx \dfrac{1}{\dot{F}} \tag{6-11}$$

即在深度负反馈条件下,反馈放大电路的闭环增益与基本放大电路无关,只与反馈网络有关。

2. 深度负反馈放大电路的近似估算依据

在深度负反馈条件下，$\dot{A}_f \approx \dfrac{1}{\dot{F}}$。而 $\dot{A}_f = \dfrac{\dot{X}_o}{\dot{X}_i}$，$\dot{F} = \dfrac{\dot{X}_f}{\dot{X}_o}$，故得

$$\dot{X}_i \approx \dot{X}_f \tag{6-12}$$

即

$$\dot{X}'_i \approx 0 \tag{6-13}$$

若满足深度负反馈条件，可按以下近似关系对电路进行估算。

串联负反馈为 $\dot{V}_i \approx \dot{V}_f$，$\dot{V}'_i \approx 0$（虚短）；并联负反馈为 $\dot{I}_i \approx \dot{I}_f$，$\dot{I}'_i \approx 0$（虚断）。

6.2.5 负反馈放大电路的稳定性

1. 负反馈放大电路产生自激振荡的条件

由式(6-5)可知：当环路增益 $\dot{T} = \dot{A}\dot{F} = -1$ 时，$\dot{A}_f = \infty$。此时，即使没有外加输入信号，放大电路仍有信号输出。这种现象称为自激振荡。产生自激振荡的原因是：放大电路中的电抗性元件在低频区和高频区产生附加相移，当附加相移满足一定的条件下，负反馈变成了正反馈。

产生自激振荡的条件是

$$\dot{T} = \dot{A}\dot{F} = -1 \tag{6-14}$$

即同时满足

$$T(\omega) = 1, \quad \varphi_T(\omega) = \pm\pi \tag{6-15}$$

2. 判别负反馈放大电路稳定性的准则

1) 负反馈放大电路的稳定条件

为了使负反馈放大电路稳定，应该破坏上述的自激振荡条件，或破坏幅度条件，或破坏相位条件。即

$$\varphi_T(\omega) = \pm\pi \text{ 时}, \quad T(\omega) < 0 \tag{6-16a}$$

或

$$T(\omega) = 0 \text{ 时}, \quad |\varphi_T(\omega)| < \pi \tag{6-16b}$$

2) 稳定裕量

为了确保负反馈放大电路稳定工作，不仅要破坏负反馈放大电路的自激振荡条件，还必须使负反馈放大电路远离自激振荡条件。远离自激振荡条件的定量表述分别是相位裕量 φ_m 和增益裕量 G_m 表示，如图 6.3 所示。

相位裕量定义为

$$\varphi_m = 180° - |\varphi_T(\omega)| \Big|_{20\lg T(\omega) = 0\text{dB}} \tag{6-17}$$

稳定的负反馈放大电路 $\varphi_m > 0$，而且 φ_m 越大，电路越稳定。

增益裕量定义为

$$G_m = 20\lg T(\omega) \Big|_{\varphi_T(\omega) = \pm\pi} \tag{6-18}$$

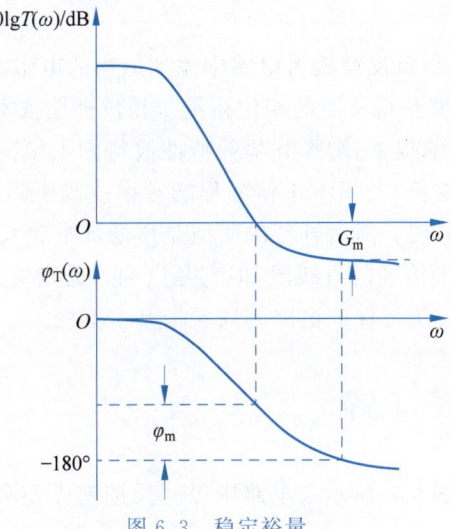

图 6.3 稳定裕量

稳定的负反馈放大电路 $G_m < 0$，而且 $|G_m|$ 越大，电路越稳定。

工程上，通常要求 $G_m \leqslant -10\text{dB}$，$\varphi_m > 45°$。按此要求设计的负反馈放大电路，不仅可以在预定的工作情况下满足稳定条件，而且当环境温度、电路参数及电源电压等因素发生变化时，也能稳定工作。

3）判别负反馈放大电路稳定性的方法

工程上常用 $T(j\omega)$ 或 $A(j\omega)$ 的波特图来判定其稳定性。当施加电阻性反馈（即 F 为实数）时，环路增益的相频特性就是基本放大电路的相频特性，此时可利用基本放大电路的相频特性直接判定稳定性。关键是在其开环幅频波特图 $A(\omega)$ 上作反馈增益线 $20\lg(1/F)$。若该线与 $A(\omega)$ 相交于 $-20\text{dB}/$十倍频程的特性部分，则电路必定稳定；若相交于 $-20\text{dB}/$十倍频程以下的部分，电路就不稳定了，如图 6.4 所示。可见，随着反馈加深（F 增大），多极点的基本放大电路会出现不稳定的问题。

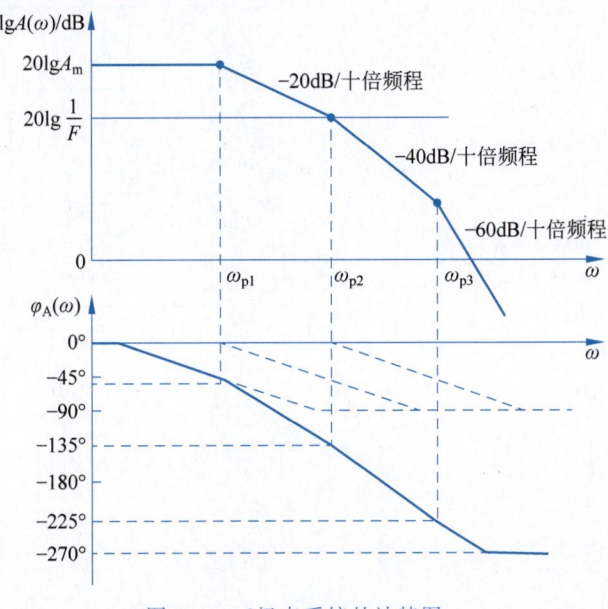

图 6.4 三极点系统的波特图

3. 相位补偿技术

相位补偿的实质就是在负反馈放大电路中添加适当的电阻、电容等元件，修改环路增益的波特图，使增大 F 时能够获得所需的相位裕量。相位补偿技术的思想是在保持基本放大电路中频增益基本不变的前提下，增大其幅频特性波特图上第一个极点频率与第二个极点频率之间的距离，或者说拉长 $-20\text{dB}/$ 十倍频程的频率线段距离。常用的补偿方法有两种：一是滞后补偿，二是超前补偿。滞后补偿的实质是压低基本放大电路的主极点频率，从而拉长其幅频特性中 $-20\text{dB}/$ 十倍频的直线段，但它是以牺牲通频带为代价的；超前补偿的实质是零极点抵消，这种补偿方法可保证电路的通频带基本不变。

6.3 典型习题详解

【题 6-1】 试判断如图 6.5 所示各电路中级间反馈的类型和极性。设图中各电容对交流信号均视作短路。

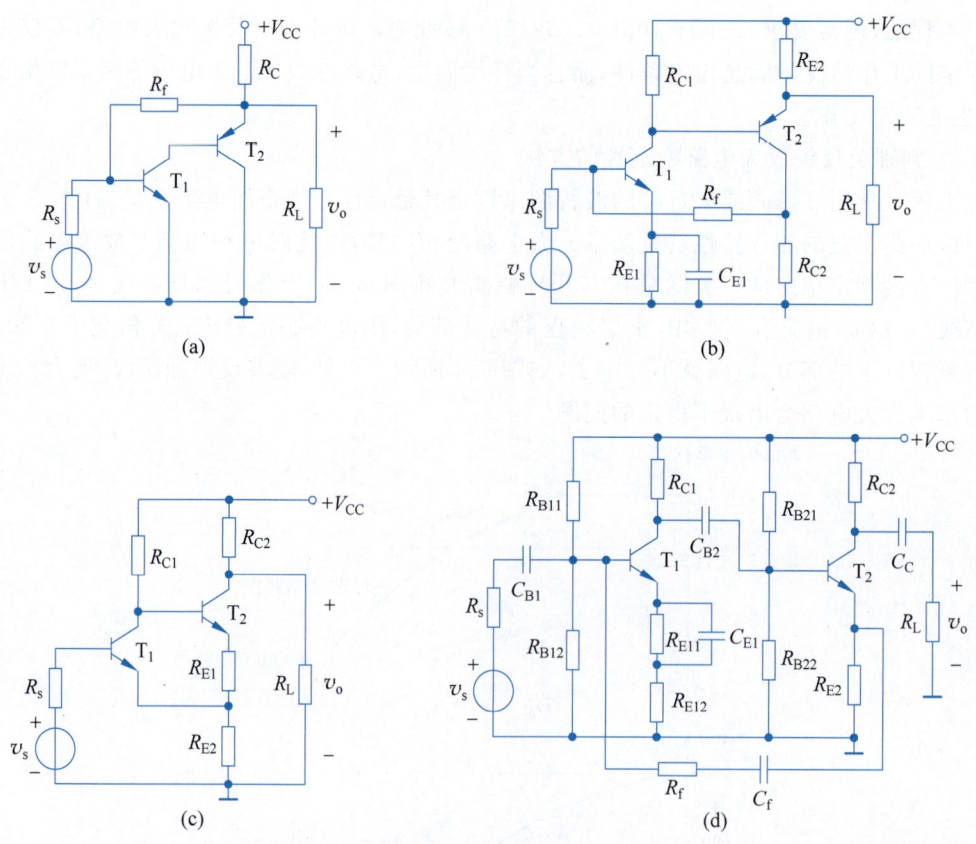

图 6.5 【题 6-1】图

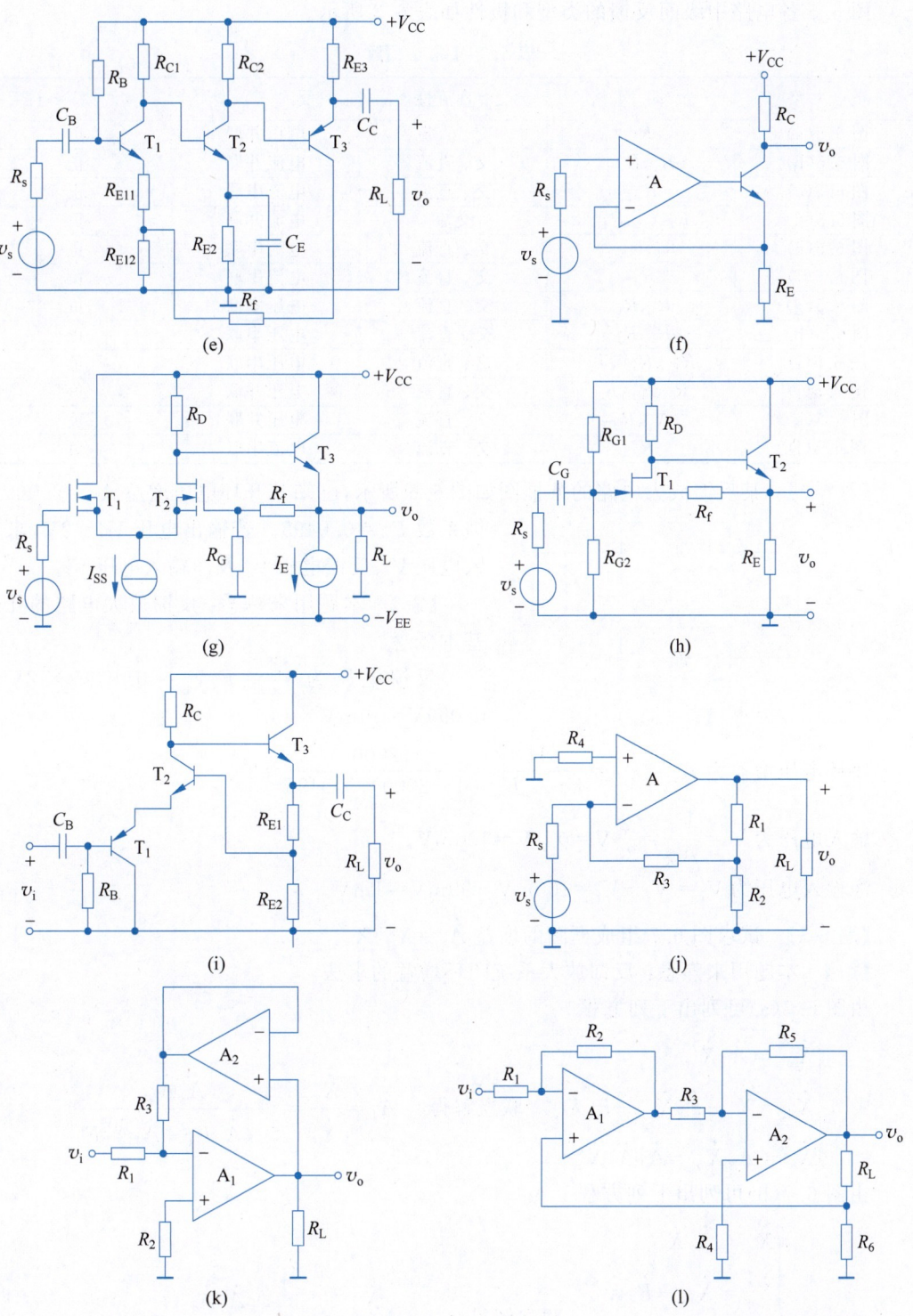

图 6.5 （续）

【解】 本题用来熟悉：反馈类型和极性的判断方法。

图 6.5 各电路中级间反馈的类型和极性如表 6.3 所示。

表 6.3 【题 6-1】解

电 路	反馈网络	交、直流性质	反馈类型	反馈极性
图 6.5(a)	R_f	交、直流	电压并联	负
图 6.5(b)	R_f、R_{C2}	交、直流	电流并联	正
图 6.5(c)	R_{E2}	交、直流	电流串联	正
图 6.5(d)	R_f、C_f、R_{E2}	交流	电流并联	负
图 6.5(e)	R_f、R_{E12}	交、直流	电流串联	正
图 6.5(f)	R_E	交、直流	电流串联	负
图 6.5(g)	R_f、R_G	交、直流	电流串联	负
图 6.5(h)	R_f、R_E	交、直流	电流串联	正
图 6.5(i)	R_{E1}、R_{E2}、T_2	交、直流	电压串联	负
图 6.5(j)	R_1、R_2、R_3	交、直流	电压并联	负
图 6.5(k)	A_2、R_3	交、直流	电压并联	负
图 6.5(l)	R_6	交、直流	电流串联	负

【题 6-2】 某反馈放大电路的方框图如图 6.6 所示，已知其开环电压增益 $A_v = 2000$，反馈系数 $F_v = 0.0495$。若输出电压 $V_o = 2V$，求输入电压 V_i、反馈电压 V_f 及净输入电压 V_i'。

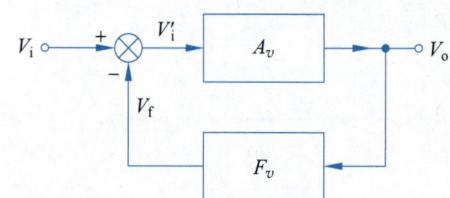

图 6.6 【题 6-3】图

【解】 本题用来熟悉：反馈放大电路的几个基本概念。

反馈电压为 $V_f = F_v V_o = 0.0495 \times 2V = 0.099V = 99mV$。

闭环电压增益为 $A_{vf} = \dfrac{V_o}{V_i} = \dfrac{A_v}{1 + A_v F_v} = \dfrac{2000}{1 + 2000 \times 0.0495} = 20$。

输入电压为 $V_i = \dfrac{V_o}{A_{vf}} = \dfrac{2}{20}V = 0.1V = 100mV$。

净输入电压为 $V_i' = V_i - V_f = 100mV - 99mV = 1mV$。

【题 6-3】 试求图 6.7 组成框图的增益 $\dot{A}_f = \dot{X}_o / \dot{X}_i$。

【解】 本题用来熟悉：反馈放大系统闭环增益的求法。

由图 6.7(a)可列出下列方程

$$\begin{cases} \dot{X}_{o1} = \dot{A}_1 \dot{X}_{i1}' \\ \dot{X}_{i1}' = \dot{X}_i - \dot{F}_1 \dot{X}_{o1} - \dot{F}_2 \dot{X}_o \\ \dot{X}_o = \dot{A}_2 \dot{X}_{o1} = \dot{A}_1 \dot{A}_2 \dot{X}_{i1}' \end{cases}$$

联立解得 $\dot{A}_f = \dfrac{\dot{X}_o}{\dot{X}_i} = \dfrac{\dot{A}_1 \dot{A}_2}{1 + \dot{A}_1 \dot{F}_1 + \dot{A}_1 \dot{A}_2 \dot{F}_2}$

由图 6.7(b)可列出下列方程

$$\begin{cases} \dot{X}_o = \dot{A}_2 \dot{X}_{i2}' \\ \dot{X}_{i2}' = \dot{X}_{o1} - \dot{F}_2 \dot{X}_o \\ \dot{X}_{o1} = \dot{A}_1 \dot{X}_{i1}' \\ \dot{X}_{i1}' = \dot{X}_i - \dot{F}_1 \dot{X}_o \end{cases}$$

联立解得 $\dot{A}_f = \dfrac{\dot{X}_o}{\dot{X}_i} = \dfrac{\dot{A}_1 \dot{A}_2}{1 + \dot{A}_2 \dot{F}_2 + \dot{A}_1 \dot{A}_2 \dot{F}_1}$

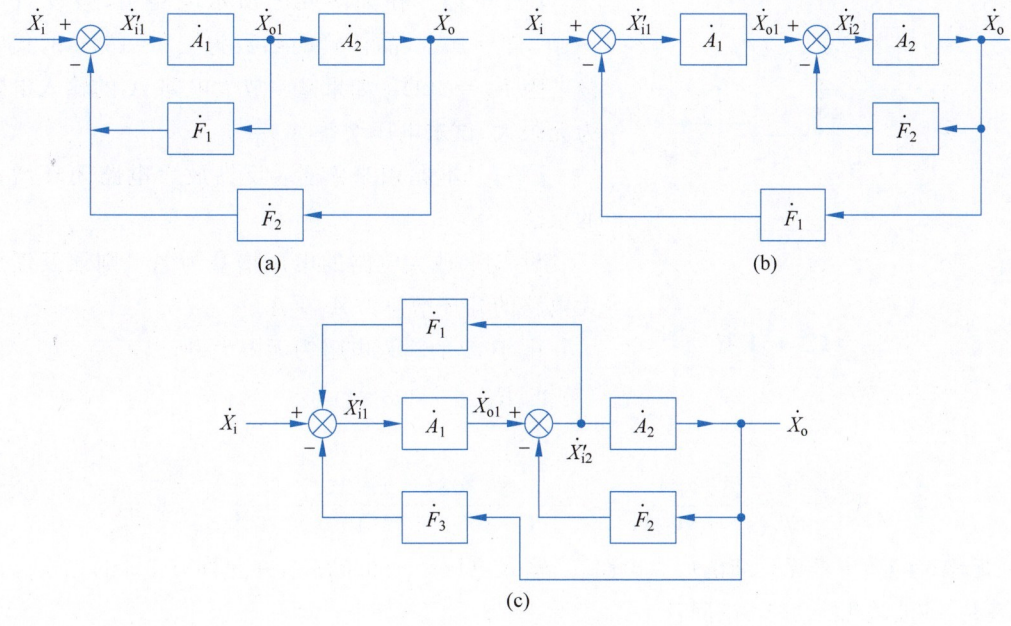

图 6.7 【题 6-3】图

由图 6.7(c)可列出下列方程

$$\begin{cases} \dot{X}_o = \dot{A}_2 \dot{X}'_{i2} \\ \dot{X}'_{i2} = \dot{X}_{o1} - \dot{F}_2 \dot{X}_o \\ \dot{X}_{o1} = \dot{A}_1 \dot{X}'_{i1} \\ \dot{X}'_{i1} = \dot{X}_i - \dot{F}_3 \dot{X}_o - \dot{F}_1 \dot{X}'_{i2} \end{cases}$$

联立解得 $\dot{A}_f = \dfrac{\dot{X}_o}{\dot{X}_i} = \dfrac{\dot{A}_1 \dot{A}_2}{1 + \dot{A}_1 \dot{F}_1 + \dot{A}_2 \dot{F}_2 + \dot{A}_1 \dot{A}_2 \dot{F}_3}$

【题 6-4】 某负反馈电路中的基本放大电路由三级放大电路组成,每级增益为 A_1,增益稳定度为 $\mathrm{d}A_1/A_1 = B_1$,施加负反馈后,若要求反馈放大电路的增益稳定度为 $\mathrm{d}A_f/A_f = B_2 (B_2 < B_1)$,试写出该反馈放大电路的反馈深度与 B_1、B_2 之间的关系。

【解】 本题用来熟悉:负反馈对放大电路增益稳定度的影响。

由题意可知,反馈放大电路的闭环增益为 $A_f = \dfrac{A_1^3}{1 + A_1^3 F}$,因此可得

$$\dfrac{\mathrm{d}A_f}{\mathrm{d}A_1} = \dfrac{3A_1^2(1 + A_1^3 F) - 3A_1^5 F}{(1 + A_1^3 F)^2} = \dfrac{3A_1^2}{(1 + A_1^3 F)^2}$$

即

$$\mathrm{d}A_f = \dfrac{3A_1^2}{(1 + A_1^3 F)^2} \mathrm{d}A_1$$

两边同除以 A_f 得

$$\dfrac{\mathrm{d}A_f}{A_f} = \dfrac{3}{1 + A_1^3 F} \cdot \dfrac{\mathrm{d}A_1}{A_1}$$

即

$$B_2 = \dfrac{3}{1 + A_1^3 F} B_1$$

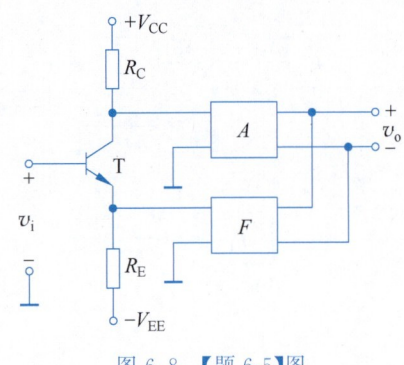

图 6.8 【题 6-5】图

【题 6-5】 在如图 6.8 所示电路中，假设 $A = -10^3, F = 10^{-2}$，晶体管的参数为 $g_m = 154\text{mS}$，集电极电阻 $R_C = 2\text{k}\Omega$。如果基本放大电路 A 的输入电阻为无限大，试求电压增益 $A_{vf} = v_o/v_i$。

【解】 本题用来熟悉：反馈放大电路闭环增益的求法。

设 BJT 放大电路的电压增益为 A_1，则该反馈放大电路的开环增益为 $A_1 \cdot A$。

由于 A 的输入电阻为无限大，所以

$$A_1 = -g_m R_C = -308$$

因此可得

$$A_{vf} = \frac{v_o}{v_i} = \frac{A_1 A}{1 + A_1 AF} = \frac{(-308) \times (-10^3)}{1 + (-308) \times (-10^3) \times 10^{-2}} \approx 100$$

【题 6-6】 一个无反馈的放大电路，当输入电压等于 0.028V，并允许有 7% 的二次谐波失真时，基波输出为 36V，试问：

(1) 若把 1.2% 的输出按负反馈接到输入端，并保持此时的输入不变，问输出基波电压等于多少？

(2) 若保证基波输出电压仍为 36V，但要求二次谐波失真下降到 1%，问输入电压应等于多少？

【解】 本题用来熟悉：负反馈放大电路的分析计算方法。

由题意知：电路的开环电压放大倍数为 $A_v = \dfrac{V_o}{V_i} = \dfrac{36}{0.028} \approx 1285.7$。

(1) 当 $F_v = 1.2\%$ 时，电路的闭环电压放大倍数为 $A_{vf} = \dfrac{A_v}{1 + A_v F_v} = \dfrac{1285.7}{1 + 1285.7 \times 0.012} \approx 78.26$。

所以，基波输出电压为 $V_o = A_{vf} V_i = 78.26 \times 0.028\text{V} \approx 2.19\text{V}$。

(2) 要求二次谐波失真由 7% 下降到 1%，即要求反馈深度为 $1 + A_v F_v = \dfrac{7\%}{1\%} = 7$，则电路的闭环电压放大倍数变为 $A_{vf} = \dfrac{A_v}{1 + A_v F_v} = \dfrac{1285.7}{7} \approx 183.67$。

如果此时仍然要求基波输出为 36V，则输入电压应为

$$V_i = \frac{V_o}{A_{vf}} = \frac{36}{183.67}\text{V} \approx 0.196\text{V}$$

【题 6-7】 电路如图 6.9 所示。

(1) 分别说明由 R_{f1}、R_{f2} 引入的两路反馈的类型及各自的主要作用。

(2) 指出这两路反馈在影响该放大电路性能方面可能出现的矛盾是什么？

(3) 为了消除上述可能出现的矛盾，有人提出将 R_{f2} 断开，此办法是否可行？为什么？怎样才能消除这个矛盾？

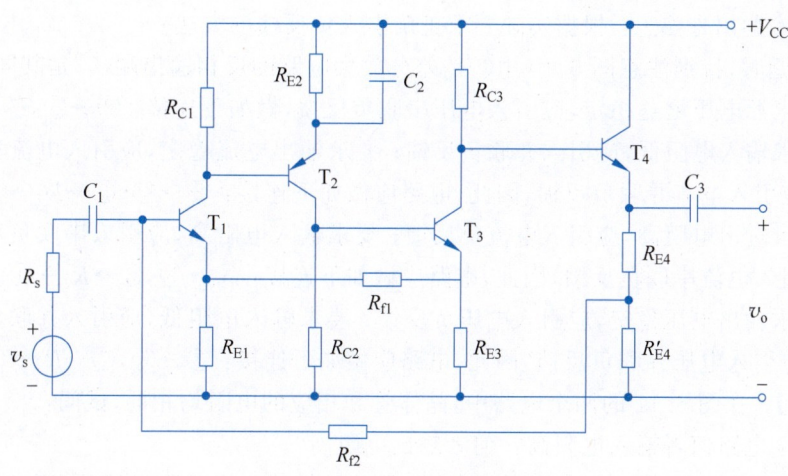

图 6.9　【题 6-7】图

【解】　本题用来熟悉：负反馈对放大电路性能的影响。

（1）R_{f1} 在第一级和第三级之间引入了交、直流电流串联负反馈。直流负反馈可稳定静态工作点；串联负反馈可提高输入电阻，电流负反馈能稳定输出电流。

R_{f2} 在第一级和第四级之间引入了交、直流电压并联负反馈。直流负反馈可稳定各级静态工作点，并为输入级 T_1 提供直流偏置；电压负反馈可稳定输出电压，并联负反馈降低了整个电路的输入电阻。

（2）在所引入的两路反馈中，R_{f1} 提高输入电阻，R_{f2} 降低输入电阻，这是相互矛盾的。

（3）若将 R_{f2} 断开，输入级 T_1 将无直流偏置。因此，应保留 R_{f2} 反馈支路的直流负反馈，但应消除其交流负反馈的影响，具体做法是：在 R'_{E4} 两端并联一大电容。

【题 6-8】　在如图 6.10 所示电路中，分别按下列要求接成所需的两级放大电路。

（1）具有稳定的源电压增益。
（2）具有低的输入电阻和稳定的输出电流。
（3）具有高的输出电阻和输入电阻。
（4）具有稳定的输出电压和低的输入电阻。

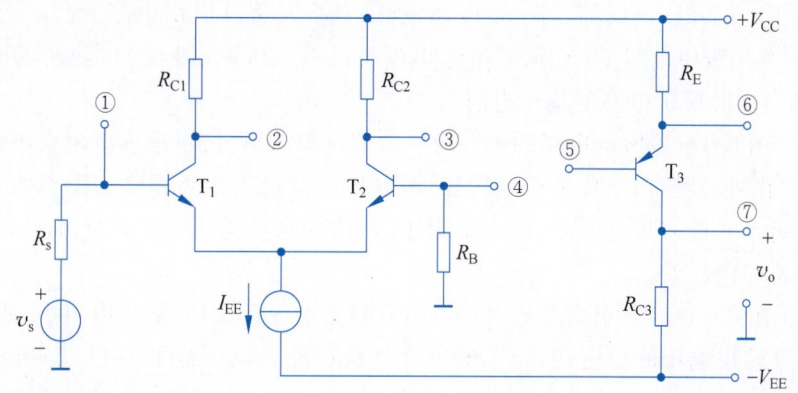

图 6.10　【题 6-8】图

【解】 本题用来熟悉：根据实际要求正确引入负反馈的方法。

分析本题时，特别注意图 6.10 中②是差分放大电路的反相输出端，③是其同相输出端。

(1) 要求源电压增益稳定，应引入电压串联负反馈，做如下连接：②→⑤，⑦→R_f→④。

(2) 要求输入电阻低，应引入并联负反馈；要求输出电流稳定，应引入电流负反馈。综合起来看，应引入电流并联负反馈，因此，电路应做如下连接：②→⑤，⑥→R_f→①。

(3) 要求输出电阻高，应引入电流负反馈；要求输入电阻高，应引入串联负反馈。综合起来看，应引入电流串联负反馈，因此，电路应做如下连接：③→⑤，⑥→R_f→④。

(4) 要求输出电压稳定，应引入电压负反馈；要求输入电阻低，应引入并联负反馈。综合起来看，应引入电压并联负反馈，因此，电路应做如下连接：③→⑤，⑦→R_f→①。

【题 6-9】 在图 6.11 的两个电路中，晶体管和相应的电阻均相同，试问：

(1) 两个电路何者输入电阻高？何者输出电阻高？

(2) 当信号源内阻 R_s 变化时，何者输出电压稳定性好？何者的源电压增益稳定能力强？

(3) 当负载 R_L 变化时，何者输出电压稳定性好？何者的源电压增益稳定能力强？

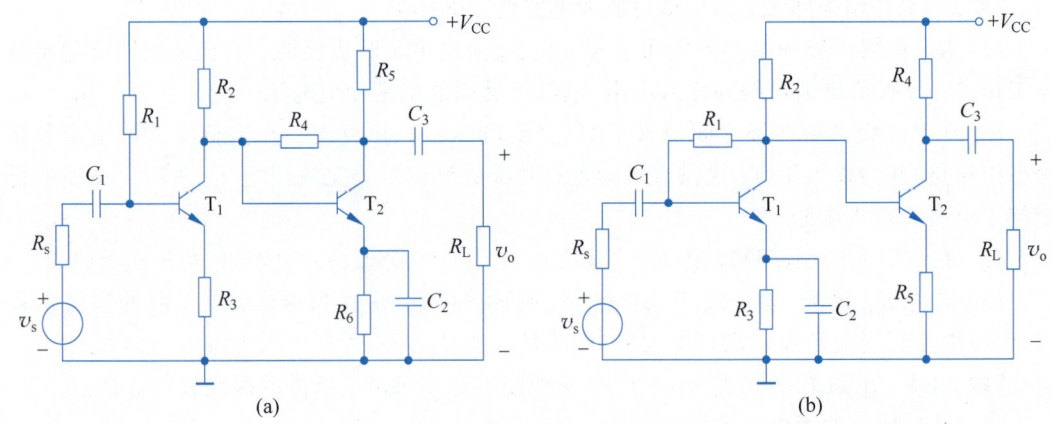

图 6.11 【题 6-9】图

【解】 本题用来熟悉：交流负反馈对放大电路性能的影响。

(1) 图 6.11(a)所示电路的第一级由电阻 R_3 引入了电流串联负反馈，第二级由电阻 R_4、R_2 引入了电压并联负反馈。图 6.11(b)所示电路的第一级由电阻 R_1、R_s 引入了电压并联负反馈，第二级由电阻 R_5 引入了电流串联负反馈。所以，图 6.11(a)所示电路的输入电阻高，图 6.11(b)所示电路的输出电阻高。

(2) 由于图 6.11(a)所示电路的第一级引入的是串联负反馈，输入电阻大，所以，当信号源内阻 R_s 变化时，其输出电压的稳定性好，源电压增益稳定能力强。而图 6.11(b)所示电路的第一级引入的是并联负反馈，输入电阻小，电路的增益与 R_s 关系密切，当 R_s 变化时，其源电压增益稳定性差。

(3) 由于图 6.11(a)所示电路的第二级引入的是电压负反馈，输出电阻小，所以，当负载 R_L 变化时，其输出电压的稳定性好，源电压增益稳定能力强；而图 6.11(b)所示电路的第二级引入的是电流负反馈，输出电流稳定，当负载 R_L 变化时，其输出电压并不稳定。

【题 6-10】 在图 6.12 的多级放大电路的交流通路中，应如何接入反馈元件，才能实现下列要求？

(1) 电路参数变化时，v_o 变化不大，并希望放大电路有较小的输入电阻。
(2) 当负载变化时，i_o 变化不大，并希望放大电路有较大的输入电阻。

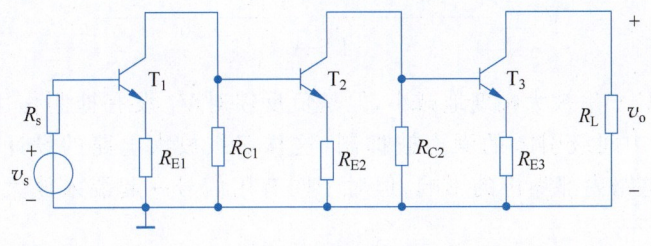

图 6.12 【题 6-10】图

【解】 本题用来熟悉：根据实际要求正确引入负反馈的方法。
(1) 若要求电路参数变化时，v_o 变化不大，应引入电压负反馈；希望放大电路有较小的输入电阻，应引入并联负反馈。综合起来看，应引入电压并联负反馈，因此，在 T_3 管的集电极与 T_1 管的基极之间接一反馈电阻即可。
(2) 当负载变化时，i_o 变化不大，应引入电流负反馈；希望放大电路有较大的输入电阻，应引入串联负反馈。综合起来看，应引入电流串联负反馈，因此，在 T_3 管的发射极与 T_1 管的发射极之间接一反馈电阻即可。

【题 6-11】 反馈放大电路的方框图如图 6.13 所示，设 $\dot{V}_1$ 为输入端引入的噪声，$\dot{V}_2$ 为基本放大电路内引入的干扰（例如电源干扰），$\dot{V}_3$ 为放大电路输出端引入的干扰。放大电路的开环电压增益为 $\dot{A}_v = \dot{A}_{v1}\dot{A}_{v2}$。证明：

$$\dot{V}_o = \frac{\dot{A}_v[(\dot{V}_i + \dot{V}_1) - \dot{V}_2/\dot{A}_{v1} - \dot{V}_3/\dot{A}_v]}{1 + \dot{A}_v\dot{F}_v}$$

并说明负反馈抑制干扰的能力。

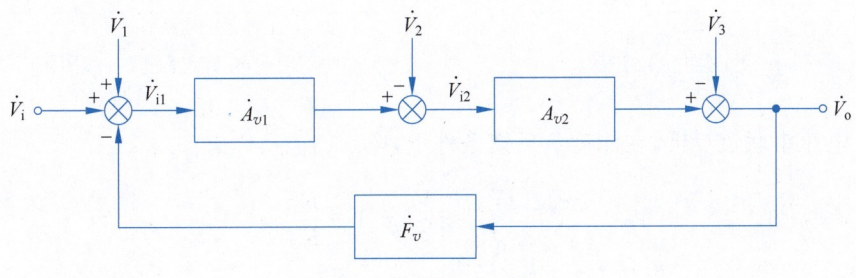

图 6.13 【题 6-11】图

【解】 本题用来熟悉：负反馈抑制干扰的能力。
由图 6.13 可得

$$\left.\begin{aligned}\dot{V}_{i1} &= \dot{V}_i + \dot{V}_1 - \dot{F}_v\dot{V}_o \\ \dot{V}_{i2} &= \dot{A}_{v1}\dot{V}_{i1} - \dot{V}_2 \\ \dot{V}_o &= \dot{A}_{v2}\dot{V}_{i2} - \dot{V}_3 \\ \dot{A}_v &= \dot{A}_{v1}\dot{A}_{v2}\end{aligned}\right\} \longrightarrow (1+\dot{A}_v\dot{F}_v)\dot{V}_o = \dot{A}_v(\dot{V}_i + \dot{V}_1) - \dot{A}_{v2}\dot{V}_2 - \dot{V}_3$$

所以

$$\dot{V}_\text{o} = \frac{\dot{A}_v[(\dot{V}_\text{i}+\dot{V}_1)-\dot{V}_2/\dot{A}_{v1}-\dot{V}_3/\dot{A}_v]}{1+\dot{A}_v\dot{F}_v}$$

由上式可见，$\dot{V}_2$、$\dot{V}_3$ 被大幅度地减小，但是负反馈对 $\dot{V}_1$ 没有抑制作用。因此，在设计多级放大电路时，中间级引入的噪声被抑制，这样多级放大电路的设计才有意义。负反馈可以改善放大电路内部噪声的影响，但对于同有用信号一起混入放大电路的噪声却无能为力。

【题 6-12】 电路如图 6.14 所示，试指出电路中级间反馈的类型，并分别计算开环电压增益 $\dot{A}_v$ 及深度负反馈条件下的闭环电压增益 $\dot{A}_{vf}$。已知 g_m、β、r_be，且 $R_\text{f} \gg R_\text{S}$，$R_\text{f} \gg R_\text{L}$。

【解】 本题用来熟悉：反馈放大电路的分析计算方法。

电路中，由电阻 R_f、R_S 引入了电压串联负反馈。

因为 $R_\text{f} \gg R_\text{S}$，$R_\text{f} \gg R_\text{L}$，所以开环放大电路如图 6.15 所示，即 $\dot{A}_v = \dot{A}_{v1}\dot{A}_{v2}$，其中，$\dot{A}_{v1} = -\dfrac{g_\text{m}(R_\text{D}//R_{i2})}{1+g_\text{m}R_\text{S}}$，$R_{i2} = r_\text{be2}+(1+\beta)R_\text{E}$，$\dot{A}_{v2} = -\dfrac{\beta R_\text{L}}{r_\text{be2}+(1+\beta)R_\text{E}}$。

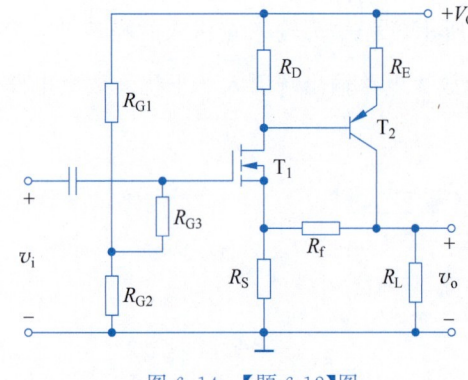

图 6.14 【题 6-12】图

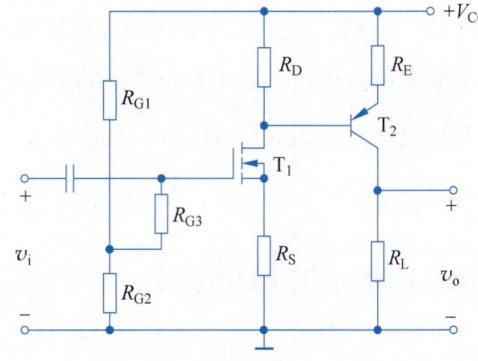

图 6.15 【题 6-12】图解

对于电压串联负反馈，在深度负反馈条件下，$\dot{V}_\text{i} \approx \dot{V}_\text{f}$。所以有

$$\dot{A}_{vf} = \frac{\dot{V}_\text{o}}{\dot{V}_\text{i}} \approx \frac{\dot{V}_\text{o}}{\dot{V}_\text{f}} = 1 + \frac{R_\text{f}}{R_\text{S}}$$

其中，$\dot{V}_\text{f} = \dfrac{R_\text{S}}{R_\text{S}+R_\text{f}}\dot{V}_\text{o}$。

【题 6-13】 电路如图 6.16 所示，试问：

(1) 图 6.16(a)、图 6.16(b) 电路中各引入了什么类型的级间反馈？

(2) 所引入的反馈各稳定了什么增益？对输入电阻和输出电阻各有什么影响？

(3) 估算深度负反馈条件下的闭环电压增益 $\dot{A}_{vfa}$ 及 $\dot{A}_{vfb}$。

【解】 本题用来熟悉：

- 反馈类型的判断方法及负反馈对放大电路性能的影响；
- 深度负反馈放大电路闭环增益的近似估算方法。

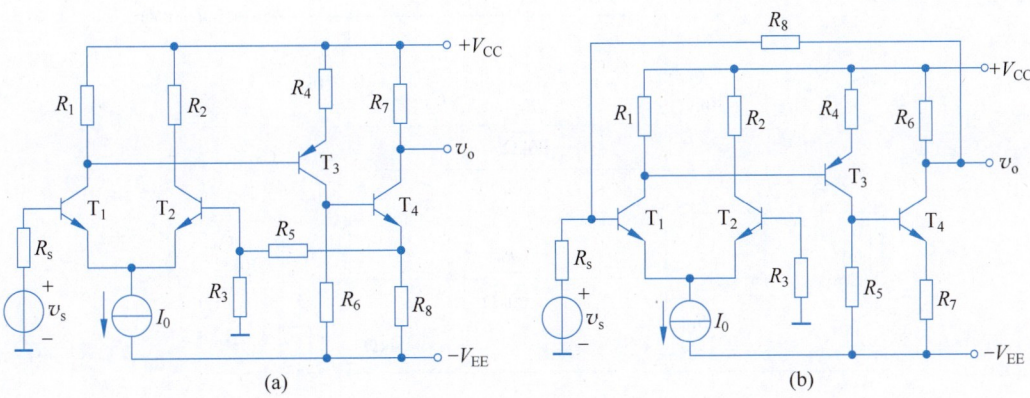

图 6.16 【题 6-13】图

(1) 图 6.16(a) 电路中由电阻 R_5、R_3、R_8 引入了电流串联负反馈；图 6.16(b) 电路中由电阻 R_8、R_s 引入了电压并联负反馈。

(2) 图 6.16(a) 电路中引入的负反馈稳定了互导增益，且使输入电阻、输出电阻均增大；图 6.16(b) 电路中引入的负反馈稳定了互阻增益，且使输入电阻、输出电阻均减小。

(3) 由于图 6.16(a) 电路中引入的是串联负反馈，所以，当满足深度负反馈条件时，有：$\dot{V}_i \approx \dot{V}_f$。而由电路的交流通路可得：$\dot{V}_o = -\dot{I}_{c4} R_7$，$\dot{V}_f = \dfrac{R_8}{R_8 + R_5 + R_3} \dot{I}_{e4} \times R_3 \approx \dfrac{R_8}{R_8 + R_5 + R_3} \dot{I}_{c4} \times R_3$，所以得到

$$\dot{A}_{vfa} = \dfrac{\dot{V}_o}{\dot{V}_i} \approx \dfrac{\dot{V}_o}{\dot{V}_f} \approx \dfrac{R_8 + R_5 + R_3}{R_3} \times \dfrac{R_7}{R_8}$$

由于图 6.16(b) 电路中引入的是并联负反馈，所以，当满足深度负反馈条件时，有：$\dot{I}_i \approx \dot{I}_f$。

而由电路的交流通路可得：$\dot{I}_i = \dfrac{\dot{V}_s - \dot{V}_{b1}}{R_s} \approx \dfrac{\dot{V}_s}{R_s}$，$\dot{I}_f = \dfrac{\dot{V}_{b1} - \dot{V}_o}{R_8} \approx -\dfrac{\dot{V}_o}{R_8}$，所以有：$\dfrac{\dot{V}_s}{R_s} \approx -\dfrac{\dot{V}_o}{R_8}$，因此得到

$$\dot{A}_{vfb} = \dfrac{\dot{V}_o}{\dot{V}_s} \approx -\dfrac{R_8}{R_s}$$

【题 6-14】 反馈放大电路如图 6.17 所示，试完成下列各题：

(1) 判断该电路引入了何种反馈？反馈网络包括哪些元件？工作点的稳定主要依靠哪些反馈？

(2) 反馈网络对电路的输入电阻、输出电阻有何影响，是增大了还是减小了？

(3) 在深度负反馈条件下，闭环电压增益 $\dot{A}_{vf}$ 为多少？

【解】 本题用来熟悉：

- 反馈类型的判断方法及负反馈对放大电路性能的影响；
- 深度负反馈放大电路闭环增益的近似估算方法。

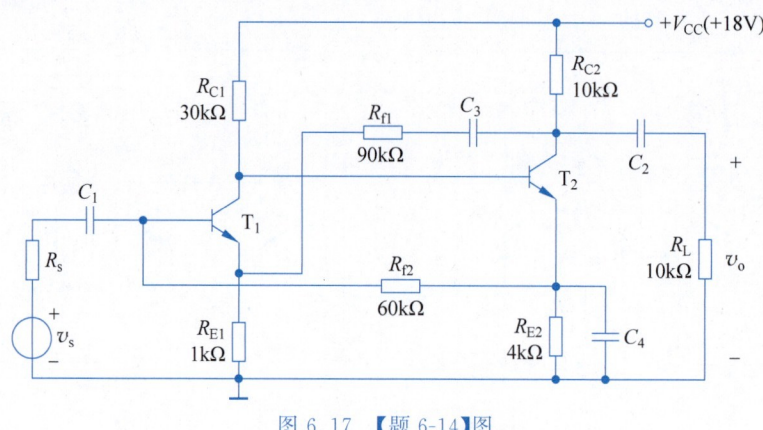

图 6.17 【题 6-14】图

(1) 图 6.17 中,由 R_{f1}、C_3 引入了级间交流电压串联负反馈;由 R_{f2}、R_{E2} 引入了级间直流电流并联负反馈,工作点的稳定依靠直流负反馈支路。

(2) 由于电路中引入的交流负反馈为电压串联组态,所以,电路的输入电阻增大,输出电阻减小。

(3) 由于图 6.17 中引入的是串联交流负反馈,所以,当满足深度负反馈条件时,有:$\dot{V}_i \approx \dot{V}_f$。故得

$$\dot{A}_{vf} = \frac{\dot{V}_o}{\dot{V}_i} \approx \frac{\dot{V}_o}{\dot{V}_f} = \frac{1}{\dot{F}_v} = \frac{R_{E1} + R_{f1}}{R_{E1}} = \frac{1+90}{1} = 91$$

【题 6-15】 试判断如图 6.18 所示电路的反馈类型,若电路满足深度负反馈条件,求反馈放大电路的电压增益和源电压增益。电容 C_E 对交流短路。

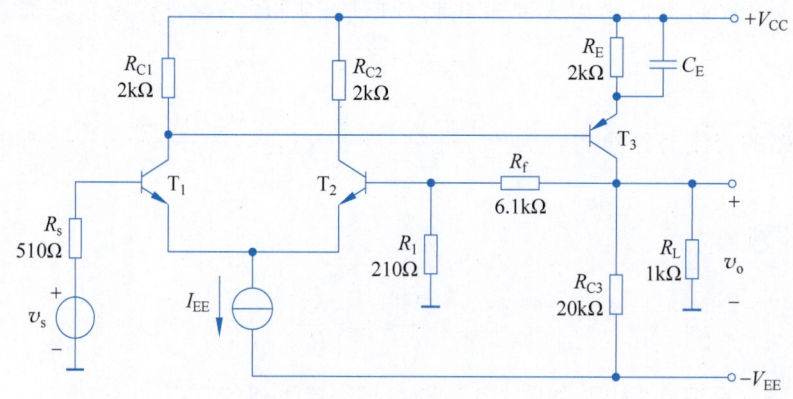

图 6.18 【题 6-15】图

【解】 本题用来熟悉:
- 反馈类型的判断方法;
- 深度负反馈条件下闭环增益的近似估算方法。

在图 6.18 中,电阻 R_f、R_1 引入了级间电压串联负反馈。

对于串联负反馈,若满足深度负反馈条件,有 $\dot{V}_i \approx \dot{V}_f$。

由定义知：$\dot{A}_{vsf}=\dfrac{\dot{V}_o}{\dot{V}_s}$，$\dot{A}_{vf}=\dfrac{\dot{V}_o}{\dot{V}_i}$。

由图 6.18 可得：$\dot{F}_v=\dfrac{\dot{V}_f}{\dot{V}_o}=\dfrac{R_1}{R_1+R_f}$，因此有：$\dot{A}_{vf}=\dfrac{\dot{V}_o}{\dot{V}_i}\approx\dfrac{\dot{V}_o}{\dot{V}_f}=\dfrac{1}{\dot{F}_v}=1+\dfrac{R_f}{R_1}=1+\dfrac{6.1}{0.51}\approx 12.96$。

对于深度串联负反馈放大电路，闭环输入电阻很大，所以 $\dot{A}_{vsf}\approx\dot{A}_{vf}\approx 12.96$。

【**题 6-16**】 对如图 6.19 所示的电路，试在满足深度负反馈条件下，求 $\dot{A}_{if}$、$\dot{A}_{vsf}$。设各电容对交流信号呈短路，R_{B1}、R_{B2} 忽略不计。

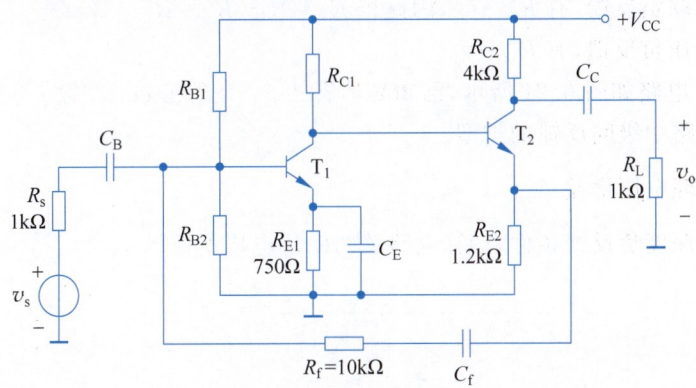

图 6.19 【题 6-16】图

【**解**】 本题用来熟悉：深度负反馈放大电路闭环增益的近似估算方法。

在图 6.19 中，R_f、C_f 引入了级间交流电流并联负反馈。对于深度并联负反馈，有 $\dot{I}_i\approx\dot{I}_f$，因此得到

$$\dot{A}_{if}=\dfrac{\dot{I}_o}{\dot{I}_i}\approx\dfrac{\dot{I}_o}{\dot{I}_f}=\dfrac{\dot{I}_{c2}}{-\dfrac{R_{E2}}{R_{E2}+R_f}\dot{I}_{e2}}\approx-\left(1+\dfrac{R_f}{R_{E2}}\right)=-\left(1+\dfrac{10}{1.2}\right)\approx -9.33$$

对于深度并联负反馈放大电路，闭环输入电阻很小，所以近似有 $\dot{I}_i\approx\dot{I}_s$，因此得到

$$\dot{A}_{vsf}=\dfrac{\dot{V}_o}{\dot{V}_s}=-\dfrac{\dot{I}_o(R_{C2}\mathbin{/\mkern-5mu/}R_L)}{\dot{I}_sR_s}\approx-\dfrac{\dot{I}_o(R_{C2}\mathbin{/\mkern-5mu/}R_L)}{\dot{I}_iR_s}=-\dot{A}_{if}\cdot\dfrac{R_{C2}\mathbin{/\mkern-5mu/}R_L}{R_s}=9.33\times\dfrac{4\mathbin{/\mkern-5mu/}1}{1}\approx 7.46$$

【**题 6-17**】 某反馈放大电路的交流通路如图 6.20 所示，已知其开环电压增益 $\dot{A}_v=500$，其他参数如图中所示，试在满足深度负反馈条件下，求 $\dot{A}_{vf}$、R_{if} 和 R_{of}。

【**解**】 本题用来熟悉：深度负反馈放大电路闭环增益、输入电阻、输出电阻的近似估算方法。

在图 6.20 中，由电阻 R_f、R_{E1} 引入了级间电压串联负反馈。若满足深度负反馈条件，有 $\dot{V}_i\approx\dot{V}_f$。因此

$$\dot{A}_{vf}=\dfrac{\dot{V}_o}{\dot{V}_i}\approx\dfrac{\dot{V}_o}{\dot{V}_f}=\dfrac{\dot{V}_o}{\dfrac{R_{E1}}{R_{E1}+R_f}\dot{V}_o}=1+\dfrac{R_f}{R_{E1}}=1+\dfrac{1.2}{0.051}\approx 24.53$$

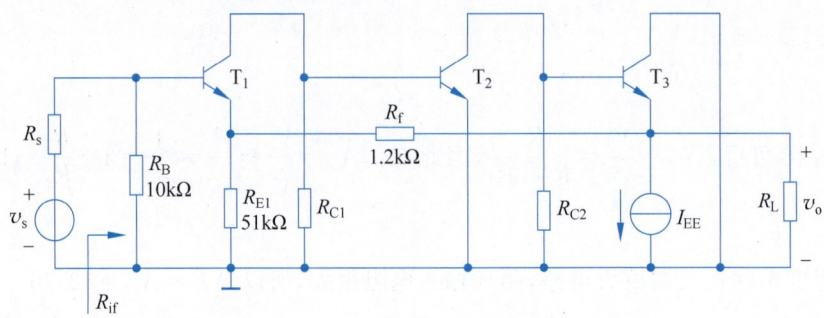

图 6.20 【题 6-17】图

对于深度串联负反馈,有 $R'_{if} \to \infty$,因此得 $R_{if} = R_B // R'_{if} \approx R_B = 10\text{k}\Omega$。

对于深度电压负反馈,有 $R_{of} \to 0$。

【题 6-18】 电路如图 6.21 所示,已知晶体管的 β、r_{be} 等参数,试完成下列各题:

(1) 指出电路中级间反馈的类型。

(2) 计算开环电压增益 $\dot{A}_v$。

(3) 若满足深度负反馈条件,计算电路总的闭环电压增益 $\dot{A}_{vf}$。

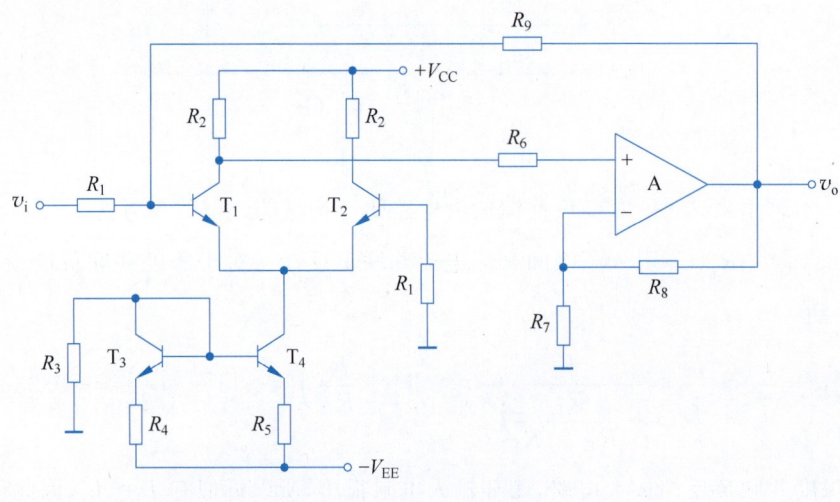

图 6.21 【题 6-18】图

【解】 本题用来熟悉:负反馈放大电路的分析计算方法。

(1) 该电路由两级放大电路组成。第一级为恒流源差分放大电路,单端输入、单端输出;第二级为运放组成的同相比例放大电路,由电阻 R_7、R_8 引入了单级电压串联负反馈,需要强调的是:运放工作在线性区的必要条件是必须引入深度负反馈。两级之间通过 R_9、R_1 引入了电压并联负反馈。

(2) $\dot{A}_v = \dot{A}_{vd1} \cdot \dot{A}_{v2}$,其中,$\dot{A}_{vd1} = -\dfrac{1}{2} \cdot \dfrac{\beta R_2}{R_1 + r_{be}}$(第二级的输入电阻无穷大),$\dot{A}_{v2} = 1 + \dfrac{R_8}{R_7}$(按深度负反馈条件近似估算)。

(3) 由于级间引入的是电压并联负反馈,所以在深度负反馈条件下,有:$\dot{I}_i \approx \dot{I}_f$。而由图 6.21 可得

$$\dot{I}_i = \frac{\dot{V}_i - \dot{V}_{b1}}{R_1} \approx \frac{\dot{V}_i}{R_1}, \quad \dot{I}_f = \frac{\dot{V}_{b1} - \dot{V}_o}{R_9} \approx -\frac{\dot{V}_o}{R_9}$$

(对于深度并联负反馈,由于 $\dot{I}_i' \approx 0$,故 $\dot{V}_{b1} \approx 0$)

因此求得

$$\dot{A}_{vf} = \frac{\dot{V}_o}{\dot{V}_i} \approx -\frac{R_9}{R_1}$$

【题 6-19】 电路如图 6.22 所示,判断该电路引入了何种反馈?计算在深度负反馈条件下的闭环电压增益 $\dot{A}_{vf}$ 为多少?

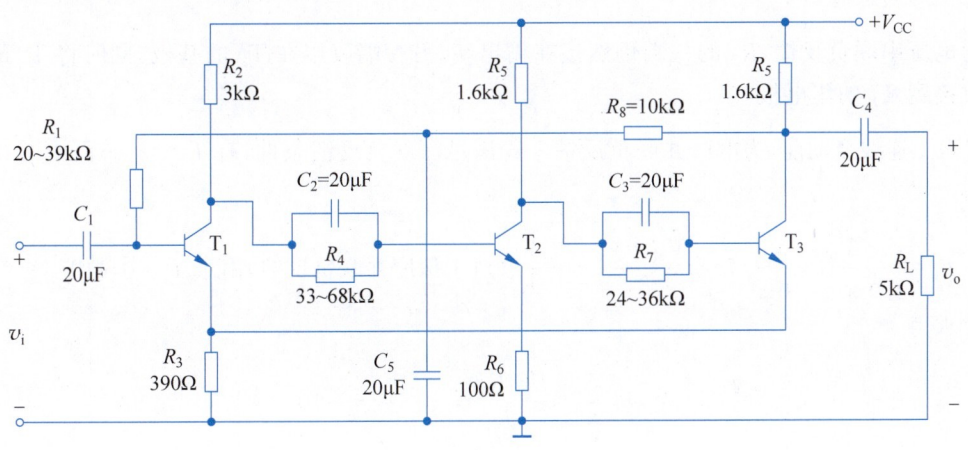

图 6.22 【题 6-19】图

【解】 本题用来熟悉:反馈类型的判断及深度负反馈放大电路的近似估算方法。

电路中包含两条反馈支路。一条反馈支路是:第三级的发射极与第一级的发射极相连,通过电阻 R_3 引入了级间交流电流串联负反馈。另外一条反馈支路是:由 R_8、C_5、R_1 构成级间直流电压并联负反馈,以稳定电路的静态工作点。

由于电路中引入的交流负反馈为电流串联组态,所以,在满足深度负反馈条件下,有 $\dot{V}_i \approx \dot{V}_f$。由图 6.22 可得:$\dot{V}_o = -\dot{I}_{c3}(R_9 / / R_8 / / R_L), \dot{V}_f = \dot{I}_{e3} R_3 \approx \dot{I}_{c3} R_3$,因此得到

$$\dot{A}_{vf} = \frac{\dot{V}_o}{\dot{V}_i} \approx \frac{\dot{V}_o}{\dot{V}_f} = -\frac{R_9 / / R_8 / / R_L}{R_3} = -\frac{1.6 / / 10 / / 5}{0.39} \approx -2.73$$

【题 6-20】 电路如图 6.23 所示。试问:
(1) 由 R_f 引入了什么类型的反馈?
(2) 若要求既提高该电路的输入电阻又降低输出电阻,图中的连接应做哪些变动?
(3) 连线变动前后闭环电压增益 $\dot{A}_{vf}$ 是否相同?若为深度负反馈,估算其数值。

【解】 本题用来熟悉:反馈放大电路的分析、计算方法。
(1) 电路中由 R_f、R_{E4}、R_{B1} 引入了级间交、直流电压并联负反馈。
(2) 若要求引入反馈后,既提高电路的输入电阻又降低输出电阻,应将电压并联负反馈

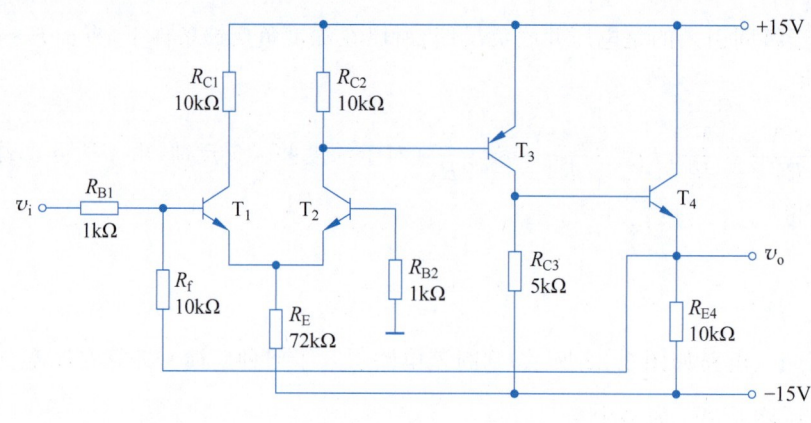

图 6.23 【题 6-20】图

改为电压串联负反馈,R_f 的一端仍然接在输出端,另一端改接在 T_2 的基极,同时将 T_3 的基极改接到 T_1 的集电极。

(3) 连线变动前,为电压并联负反馈。若满足深度负反馈条件,有 $\dot{I}_i \approx \dot{I}_f$。而由图 6.23 可得

$$\dot{I}_i = \frac{\dot{V}_i - \dot{V}_{b1}}{R_{B1}} \approx \frac{\dot{V}_i}{R_{B1}}, \quad \dot{I}_f = \frac{\dot{V}_{b1} - \dot{V}_o}{R_f} \approx -\frac{\dot{V}_o}{R_f} (\text{对于深度并联负反馈,由于 } \dot{I}_i' \approx 0, \text{故 } \dot{V}_{b1} \approx 0)$$

因此求得

$$\dot{A}_{vf} = \frac{\dot{V}_o}{\dot{V}_i} \approx -\frac{R_f}{R_{B1}} = -\frac{10}{1} = -10$$

连线变动后,为电压串联负反馈。若满足深度负反馈条件,有 $\dot{V}_i \approx \dot{V}_f$,因此求得

$$\dot{A}_{vf} = \frac{\dot{V}_o}{\dot{V}_i} \approx \frac{\dot{V}_o}{\dot{V}_f} = \frac{\dot{V}_o}{\frac{R_{B2}}{R_{B2} + R_f} \dot{V}_o} = 1 + \frac{R_f}{R_{B2}} = 1 + \frac{10}{1} = 11$$

【题 6-21】 某雷达视频放大器输入级电路如图 6.24 所示,试问:
(1) 该电路引入了什么类型的反馈?反馈网络包括哪些元件?
(2) 稳压管 D_Z 的作用是什么?
(3) C_3 的作用是什么?若将 C_3 换成 4700pF∥10μF 的电容,对放大器有何影响?
(4) 深度负反馈条件下,电路中低频的闭环电压增益 $\dot{A}_{vf}$ 为多少?

【解】 本题用来熟悉:反馈放大电路的分析与近似计算方法。
(1) 该电路由 R_5、C_3、R_4 引入了级间电压串联负反馈。
(2) 稳压管 D_Z 的作用是配置合适的静态工作点,并减小第二级的电流串联负反馈,增大总的开环增益(因为稳压管的动态内阻很小)。
(3) C_3 的作用是为了加强电路高频区的负反馈,从而压低高频特性,引入超前相位,以换取负反馈放大器的稳定,减小高频干扰及噪声等。若 C_3 换成 4700pF∥10μF 的电容,中频区与高频区的增益均减小,近似为 1(100% 的交流负反馈),而低频区的增益可能获得提升。

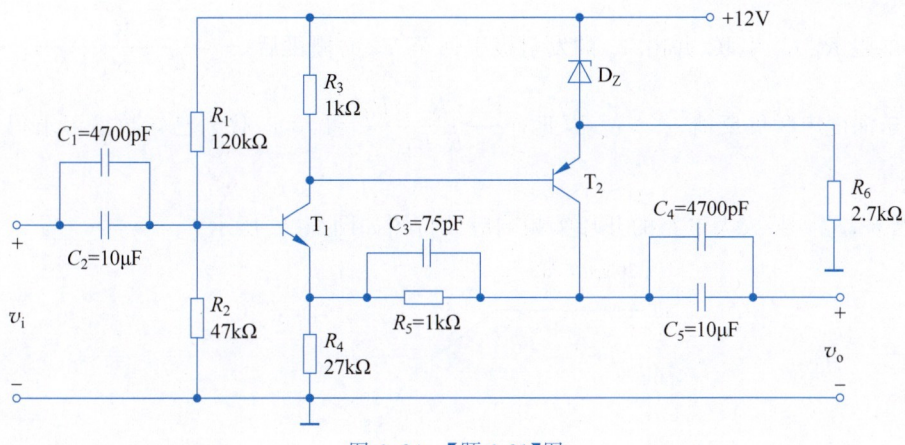

图 6.24 【题 6-21】图

(4) 深度负反馈条件下，$C_3 = 75\text{pF}$，与 R_5 相比在中、低频近似开路，所以，电路在中、低频的闭环电压增益为

$$\dot{A}_{vf} = \frac{\dot{V}_o}{\dot{V}_i} \approx \frac{\dot{V}_o}{\dot{V}_f} = \frac{\dot{V}_o}{\dfrac{R_4}{R_4+R_5}\dot{V}_o} = 1 + \frac{R_5}{R_4} = 1 + \frac{1}{0.027} \approx 38$$

【题 6-22】 电路如图 6.25 所示。

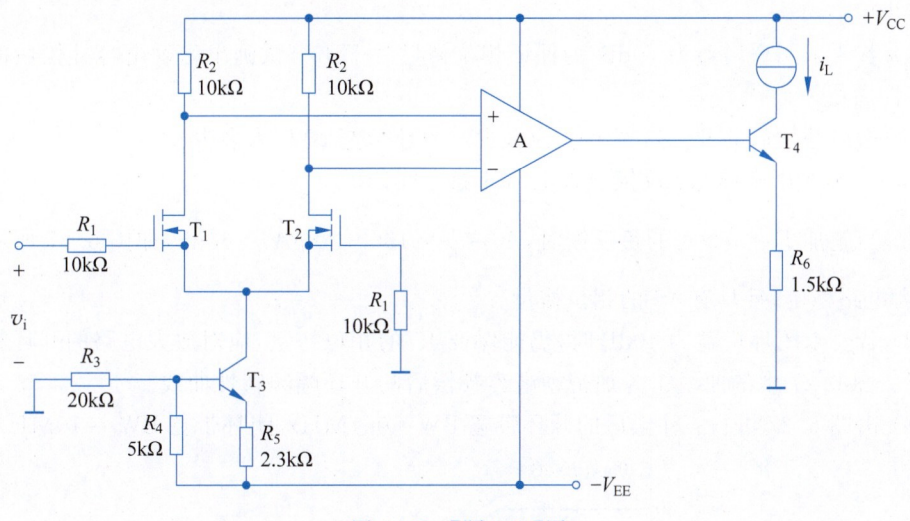

图 6.25 【题 6-22】图

(1) 试通过电阻引入合适的交流负反馈，将输入电压 v_i 转换为稳定的输出电流 i_L。

(2) 若要求 $v_i = 0 \sim 5\text{V}$ 时，相应的 $i_L = 0 \sim 10\text{mA}$，则反馈电阻 R_f 为多少？（假设满足深度负反馈条件）

【解】 本题用来熟悉：反馈放大电路的分析与计算方法。

(1) 要求输出电流 i_L 稳定，且与输入电压 v_i 成正比，应引入级间交流电流串联负反馈。所以，反馈可由 T_4 的发射极引出，经电阻 R_f、C_f 串联连接引回至 T_2 的栅极。

(2) 若要求 $v_i = 0 \sim 5\text{V}$ 时，相应的 $i_L = 0 \sim 10\text{mA}$，则电路的互导增益为 $A_{gf} = \dfrac{i_L}{v_i} = \dfrac{0.01}{5}\text{S} = 0.002\text{S}$。

若电阻 R_f、C_f 串联,并由 T_4 的发射极引回至 T_2 的栅极后,$v_f = \dfrac{R_6}{R_6 + R_1 + R_f} i_L \cdot R_1$。

对于深度串联负反馈,$v_i \approx v_f$,因此有 $\dfrac{R_6 + R_1 + R_f}{R_1 R_6} = 0.002$,代入已知数据可求得:$R_f = 18.5 \text{k}\Omega$。

【题 6-23】 某放大电路的开环幅频响应波特图如图 6.26 所示。

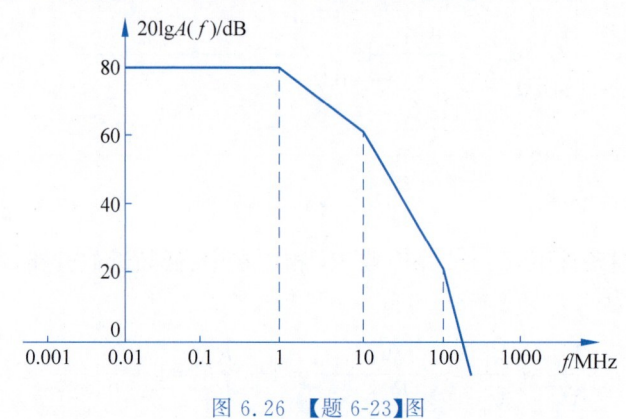

图 6.26 【题 6-23】图

(1) 当施加 $F = 0.001$ 的负反馈时,反馈放大电路是否能稳定工作?若稳定,相位裕量等于多少?

(2) 若要求闭环增益为 40dB,为保证相位裕量大于 $45°$,试画出密勒电容补偿后的开环幅频特性曲线。

(3) 指出补偿后的开环带宽 BW 为多少?闭环带宽 BW_f 为多少?

【解】 本题用来熟悉:反馈放大电路的稳定性分析。

(1) 当施加 $F = 0.001$ 的负反馈时,$A_f = \dfrac{1}{F} = 1000$,$20 \lg A_f = 60 \text{dB}$,如图 6.27 所示。此时,放大电路稳定,且具有 $45°$ 的相位裕量。

(2) 若要求闭环增益为 40dB 时,仍能保证 $45°$ 的相位裕量,应对放大电路的开环特性进行校正。图 6.27 中的曲线①为加密勒电容补偿后的开环幅频特性曲线。

(3) 由图 6.27 可得:补偿后的开环带宽 BW = 0.1MHz,闭环带宽 $BW_f = 10\text{MHz}$。

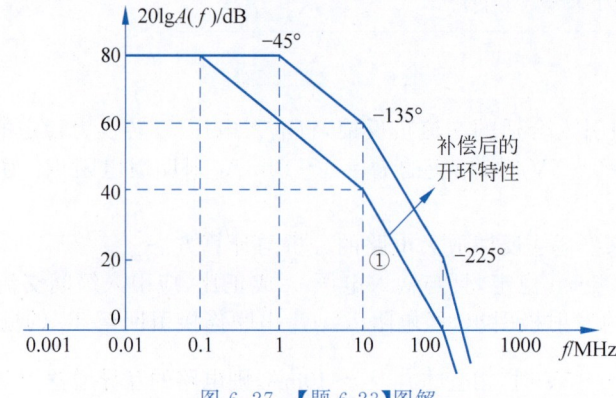

图 6.27 【题 6-23】图解

【题 6-24】 反馈电路如图 6.28(a) 所示，其开环幅频波特图如图 6.28(b) 所示，试回答如下问题：

(1) 判断该电路是否会产生自激振荡？

(2) 若电路产生自激，应采取什么措施消除自激振荡？请在图 6.28(a) 中画出消振电路。

(3) 若仅有一个 50pF 电容，分别接在三个晶体管的基极和地之间均未能消振，则将其接在何处有可能消振？为什么？

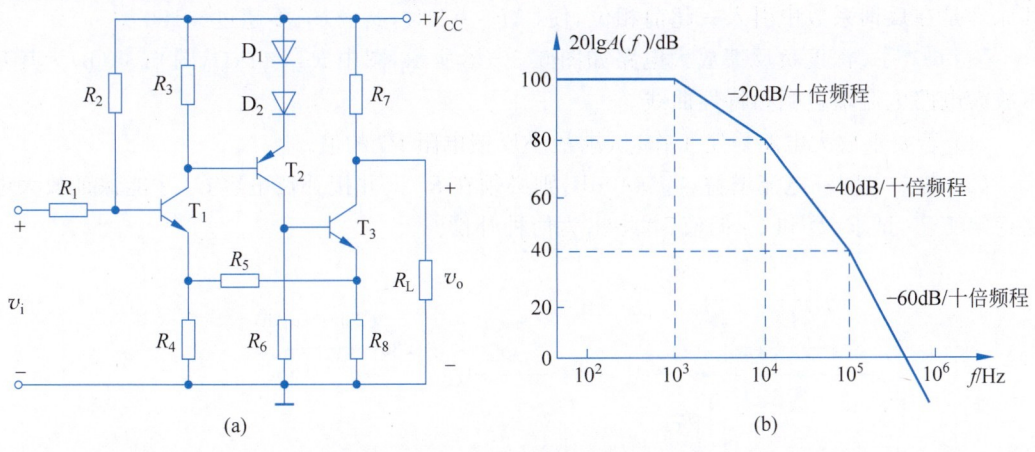

图 6.28 【题 6-24】图

【解】 本题用来熟悉：反馈放大电路的稳定性分析及相位补偿技术。

(1) 该电路由电阻 R_8、R_5、R_4 引入了级间电流串联负反馈。从开环幅频波特图可知，在 $|AF|=1$，即 $20\lg|AF|=0$ 处，开环放大电路的相位 φ_A 已超过 $-180°$；或者，当开环放大电路的相位 $\varphi_A=-180°$ 时，$|AF|\gg 1$，即 $20\lg|AF|>0$。因此该放大电路会产生自激振荡。

(2) 若电路产生自激，可采取以下的消振措施。

① 在频率响应最差的一级输出端加电容作简单的滞后补偿。假定第一级决定主极点 (f_{H1})，那么，就在第一级的输出端并接电容 C_φ，如图 6.29 中虚线①所示。

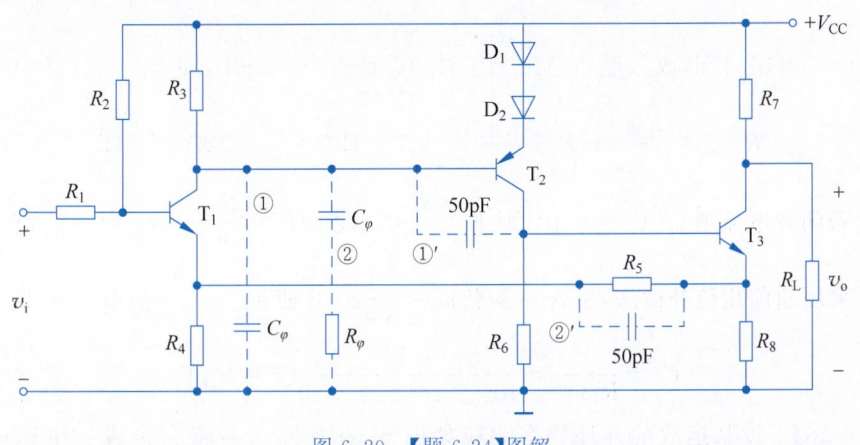

图 6.29 【题 6-24】图解

② 在频率响应最差的一级输出端加 $R_\varphi C_\varphi$，做 RC 滞后（即零极点相消）补偿，如图 6.29 中虚线②所示。

(3) 若 50pF 的电容分别接在三个晶体管的基极和地之间均未能消振，则可以尝试以下两种方法。

① 将 50pF 的电容并接在 T_2 管的基极与集电极之间进行密勒电容补偿，如图 6.29 中虚线①′所示。增大了的等效电容值 $C'_\varphi=(1+A_{v2})C_\varphi$。

② 将 50pF 的电容并接在反馈电阻 R_5 两端进行超前补偿，如图 6.29 中虚线②′所示。其原理是在反馈系数中引入一超前相位，使 $|AF|=1$ 时，$\varphi_A+\varphi_F$ 不超过 $-180°$。

【题 6-25】 深度负反馈放大电路如图 6.30(a) 所示，图中 $R_{E4}=1\text{k}\Omega$，图 6.30(b) 为其基本放大电路电流增益幅频特性曲线。

(1) 若要求放大电路稳定工作，试求最小反馈电阻 R_f 的值。

(2) 若要求闭环电流增益 $A_{if}=40\text{dB}$，则必须在 R_f 上并接补偿电容 C_f 才能保证放大电路稳定工作，试求 R_f 和 C_f 的值，并指出为何种补偿？

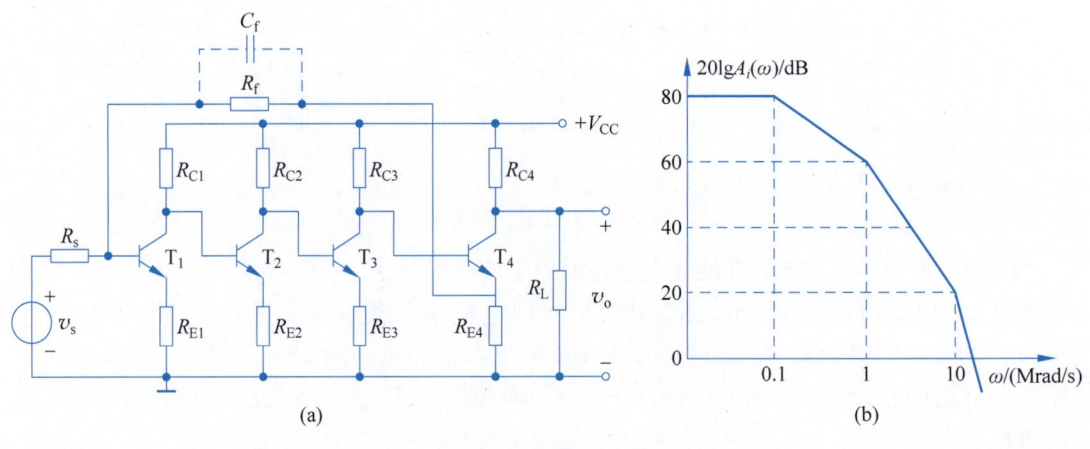

图 6.30 【题 6-25】图

【解】 本题用来熟悉：负反馈放大电路的稳定性分析及超前相位补偿技术。

(1) 由图 6.30(a) 可知，电路由电阻 R_f 引入了电流并联负反馈，即 $F_{i\,\text{max}}=\dfrac{R_{E4}}{R_{E4}+R_{f\,\text{min}}}$。

由图 6.30(b) 可知，放大电路稳定工作时，$20\lg\dfrac{1}{F_{i\,\text{max}}}=60\text{dB}$，即 $F_{i\,\text{max}}=0.001$，故解得

$$R_{f\,\text{min}}=\dfrac{R_{E4}}{F_{i\,\text{max}}}-R_{E4}=\dfrac{1}{0.001}\text{k}\Omega-1\text{k}\Omega\approx 1000\text{k}\Omega=1\text{M}\Omega$$

(2) 若闭环电流增益 $A_{if}=40\text{dB}$，则 $F_i=0.01$，此时 $R_f=\dfrac{R_{E4}}{F_i}-R_{E4}=\dfrac{1}{0.01}\text{k}\Omega-1\text{k}\Omega\approx 100\text{k}\Omega$。采用超前相位补偿法，引入一零点 $\omega_z=\dfrac{1}{R_f C_f}$，并使 $\omega_z=\omega_{p2}=1\text{Mrad/s}$，因此解得

$$C_f=\dfrac{1}{R_f\omega_{p2}}=\dfrac{1}{100\times 10^3\times 1\times 10^6}\text{F}=10\text{pF}$$

【题 6-26】 设某运放的开环频率响应如图 6.31 所示。若将它接成一电压串联负反馈电路，为保证该电路具有 $45°$ 的相位裕量，试问 F_v 的变化范围为多少？环路增益的范

围为多少？

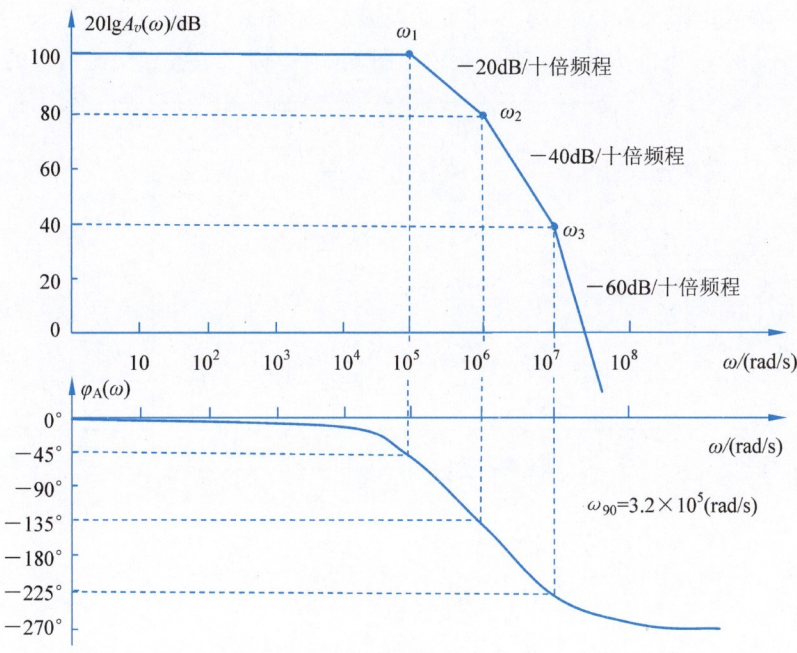

图 6.31 【题 6-26】图

【解】 本题用来熟悉：反馈放大电路的稳定性分析。

为了避免自激振荡，反馈放大电路的相位裕量应大于或等于 45°，即要求 $|\varphi_A(\omega)| \leqslant 135°$，此时，

$$20\lg A_v(\omega) = 20\lg \frac{1}{F_v} \geqslant 80\text{dB}$$

所以，F_v 的变化范围为 $10^{-5} \sim 10^{-4}$。环路增益的范围为 100dB－80dB＝20dB。

【题 6-27】 电路如图 6.32 所示，试根据下列要求正确引入负反馈。

(1) 要求输入电阻增大。
(2) 要求输出电流稳定。
(3) 要求改善由负载电容 C_L 引起的振幅频率失真和相位频率失真。

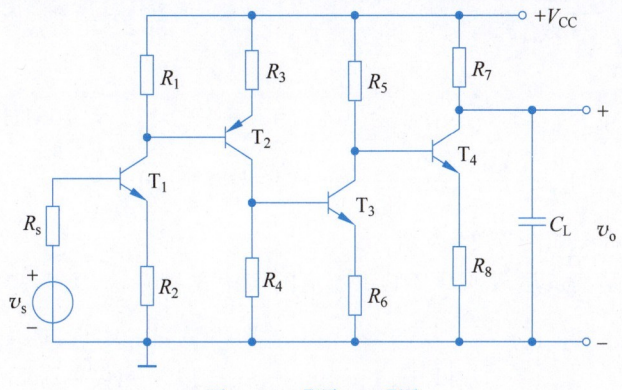

图 6.32 【题 6-27】图

【解】 本题用来熟悉：根据实际要求正确引入负反馈的方法。

(1) 要求输入电阻大，必须要引入串联负反馈，由对图 6.32 的分析可知：应引入电压串联负反馈，如图 6.33 中的 R_{f1}、C_{f1} 支路所示。图 6.33 中标出了各点交流信号的瞬时极性。

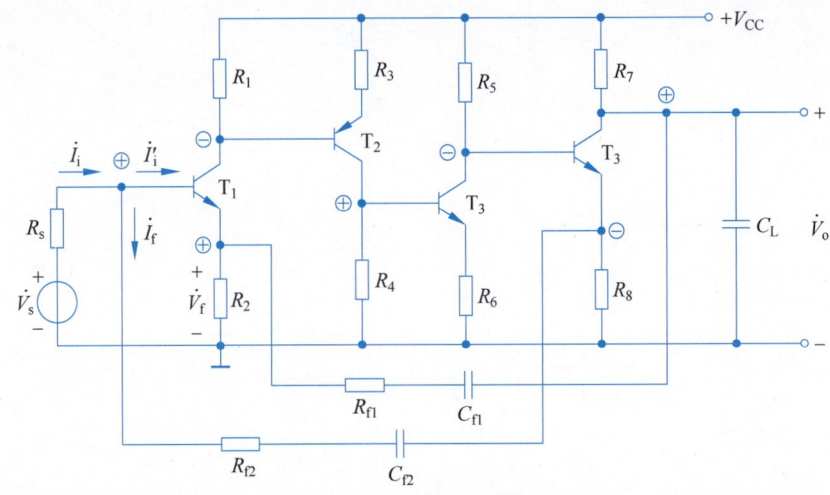

图 6.33 【题 6-27】图解

(2) 要求输出电流稳定，必须要引入电流负反馈，由对图 6.32 的分析可知：应引入电流并联负反馈，如图 6.33 中的 R_{f2}、C_{f2} 支路所示。图 6.33 中标出了各点交流信号的瞬时极性及输入端口各电流的流向。

(3) 为改善由负载电容 C_L 引起的频率失真，必须要引入电压负反馈，应引入电压串联负反馈，如图 6.33 中的 R_{f1}、C_{f1} 支路所示。

【题 6-28】 一运算放大器的开环差模差模增益 $A_{od}=10^5$，单极点频率 $f_p=100\mathrm{Hz}$，试计算引入下列两种不同反馈时的上限截止频率 f_{Hf}、中频增益 A_{mf}，并画出相应的幅频特性波特图。(1) $F_v=0.01$；(2) $F_v=1$。

【解】 本题用来熟悉：负反馈对放大电路通频带及增益的影响。

(1) $F_v=0.01$ 时，

$$f_{Hf}=f_p(1+A_{od}F_v)=100\times(1+10^5\times 0.01)\mathrm{Hz}=100.1\mathrm{kHz}$$

$$A_{mf}=\frac{A_{od}}{1+A_{od}F_v}=\frac{10^5}{1+10^5\times 0.01}\approx 99.9,\quad 20\lg A_{mf}\approx 40\mathrm{dB}$$

(2) $F_v=1$ 时，

$$f_{Hf}=f_p(1+A_{od}F_v)=100\times(1+10^5\times 1)\approx 10\mathrm{MHz}$$

$$A_{mf}=\frac{A_{od}}{1+A_{od}F_v}=\frac{10^5}{1+10^5\times 1}\approx 1,\quad 20\lg A_{mf}\approx 0$$

幅频特性的波特图如图 6.34 所示。

【题 6-29】 设某集成运放的开环频率响应的表达式为

$$A_v(\mathrm{j}f)=\frac{10^5}{\left(1+\mathrm{j}\dfrac{f}{f_{H1}}\right)\left(1+\mathrm{j}\dfrac{f}{f_{H2}}\right)\left(1+\mathrm{j}\dfrac{f}{f_{H3}}\right)}$$

其中，$f_{H1}=1\mathrm{MHz}$，$f_{H2}=10\mathrm{MHz}$，$f_{H3}=50\mathrm{MHz}$。

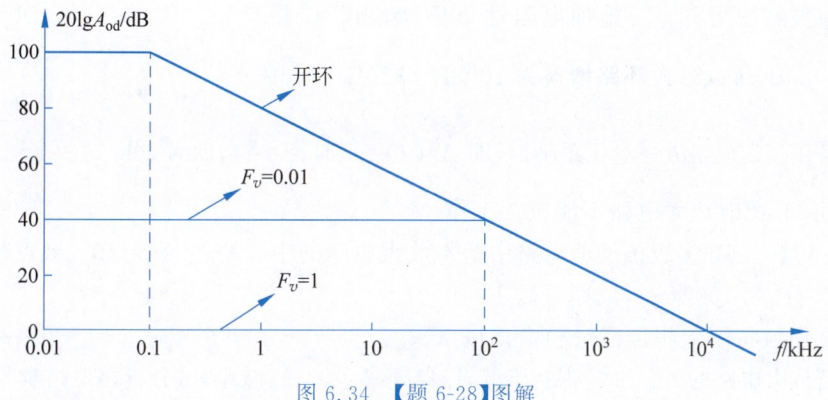

图 6.34 【题 6-28】图解

(1) 试画出该运放的开环幅频及相频特性波特图。

(2) 若利用该运放组成一电阻性负反馈放大电路，并要求有 45°的相位裕量，此放大电路的最大环路增益为多少？

(3) 若利用该运放组成一电压跟随器，能否稳定工作？

【解】 本题用来熟悉：由运放开环幅频及相频波特图分析负反馈放大电路的稳定性。

(1) $20\lg A_v(f) = 20\lg 10^5 - 20\lg\sqrt{1+(f/f_{H1})^2} - 20\lg\sqrt{1+(f/f_{H2})^2} - 20\lg\sqrt{1+(f/f_{H3})^2}$

$\varphi(f) = -\arctan(f/f_{H1}) - \arctan(f/f_{H2}) - \arctan(f/f_{H3})$

$20\lg A_v(f)$ 每过一个 f_H，以 $-20\text{dB}/$十倍频程的速率减小；$\varphi(f)$ 每过一个 f_H，以 $-45°/$十倍频程的速率减小。由此可画出该运放的开环幅频及相频特性波特图如图 6.35 所示。

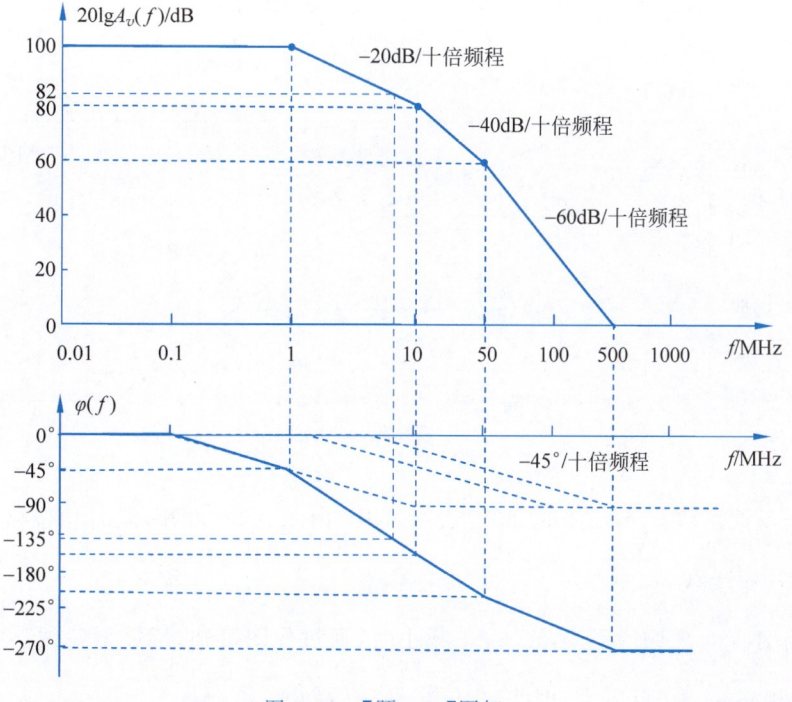

图 6.35 【题 6-29】图解

(2) 由波特图可知：若施加电阻性负反馈，当相位裕量 $\varphi(f)=45°$ 时，$20\lg A_v(f) = 20\lg \dfrac{1}{F_v} = 82\text{dB}$，所以最大环路增益为 $100\text{dB} - 82\text{dB} = 18\text{dB}$。

(3) 若用该运放组成一电压跟随器，即 $A_v(f)=1$ 时，$F_v=1$，此时 $20\lg A_v(f)=20\lg\dfrac{1}{F_v}=0$。由波特图可知，此时放大电路不能正常工作。

【题 6-30】 已知多级负反馈电路中基本放大电路的中频增益 $A_m = 10^3$，极点频率 $f_{p1} = 1\text{MHz}$，$f_{p2} = f_{p3} = 100\text{MHz}$，反馈系数 $F = 0.01$。

(1) 试用波特图求相位裕量和增益裕量。

(2) 若放大电路的 A_m 和 F 保持不变，极点频率 f_{p2}、f_{p3} 减小，试分析相位裕量是增大还是减小？

【解】 本题用来熟悉：用波特图分析相位裕量和增益裕量的方法。

根据已知条件，可画出基本放大电路的幅频及相频特性的波特图如图 6.36 所示。在图 6.36 中，反馈增益线 $20\lg\dfrac{1}{F}$ 与基本放大电路幅频特性的交点对应的环路增益为 $20\lg T(f) = 0$。

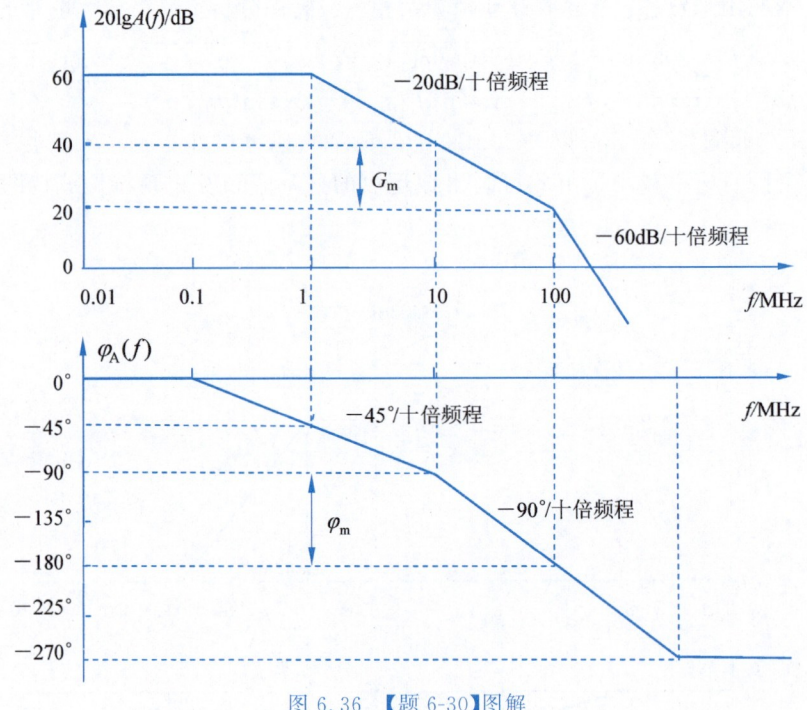

图 6.36 【题 6-30】图解

(1) 当反馈系数 $F=0.01$ 时，$20\lg\dfrac{1}{F} = 40\text{dB}$，由图 6.36 可知，此时相位裕量 $\varphi_m = 90°$，增益裕量 $G_m = -20\text{dB}$。

(2) 当 A_m 和 F 保持不变，f_{p2}、f_{p3} 减小时，通过作图可知，反馈增益线 $20\lg\dfrac{1}{F} = 40\text{dB}$ 时，对应的相移 $|\varphi_A(f)|$ 增大，因此，相位裕量 φ_m 减小。

【题 6-31】 如图 6.37 所示集成运放的三个开环极点角频率值分别为 $\omega_{p1} = 0.8\times$

$10^6\,\text{rad/s}$、$\omega_{p2}=10^7\,\text{rad/s}$、$\omega_{p3}=10^8\,\text{rad/s}$,低频开环差模电压增益 $A_{od}=80\text{dB}$,反馈放大电路的闭环电压增益 $A_{vf}=40\text{dB}$,试用波特图分析电路能否稳定工作?

【解】 本题用来熟悉：负反馈放大电路的稳定性分析方法。

根据题目给定的已知条件,可画出运放的开环幅频波特图如图 6.38 所示。由图可见,当 $A_{vf}=40\text{dB}$ 时,相位裕度 $\varphi_m<45°$,因此,电路不能稳定工作。

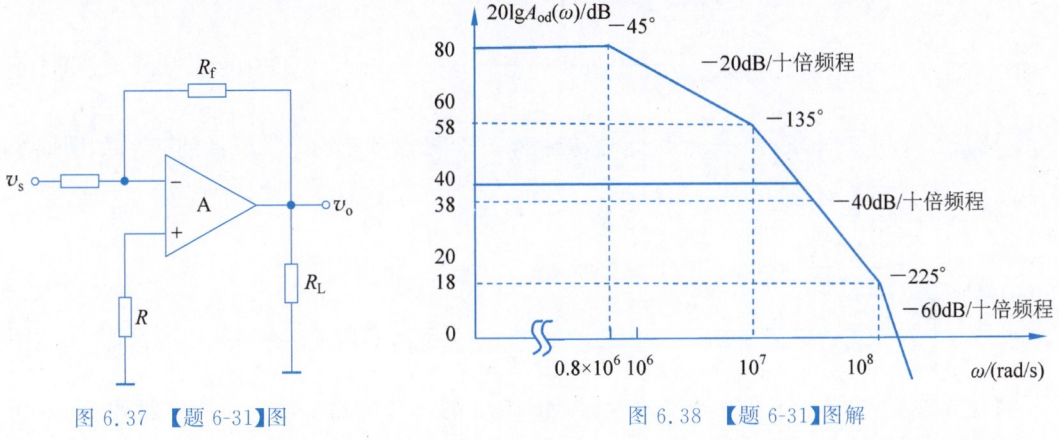

图 6.37 【题 6-31】图   图 6.38 【题 6-31】图解

【题 6-32】 某集成运放的开环差模电压增益 $A_{od}=10^4$,极点频率 $f_{p1}=200\text{kHz}$,$f_{p2}=2\text{MHz}$,$f_{p3}=20\text{MHz}$,产生 f_{p1} 的电路中等效输出电阻 $R_1=20\text{k}\Omega$。将它接成同相放大器,为保证稳定工作,采用简单电容补偿。

(1) 若要求闭环电压增益 $A_{vf}=10$,试求所需的最小补偿电容 C_φ。

(2) 若要求闭环电压增益 $A_{vf}=1$,试求补偿电容 C_φ。

【解】 本题用来熟悉：负反馈放大电路的相位补偿方法——简单电容补偿法。

根据题目给定的已知条件,可画出运放的开环幅频波特图如图 6.39 中虚线所示。

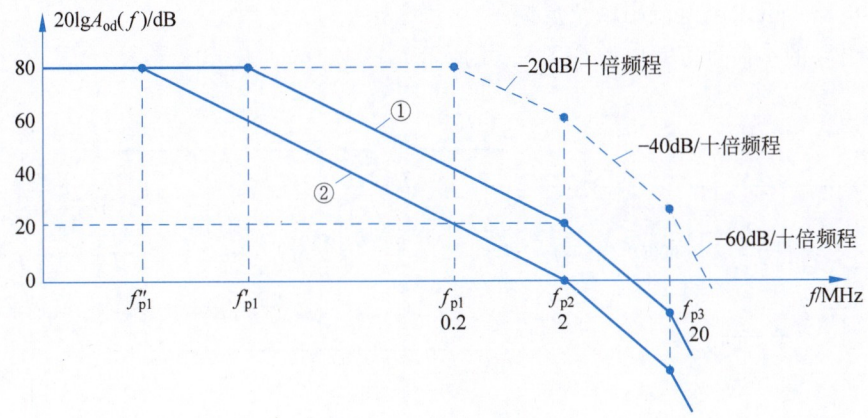

图 6.39 【题 6-32】图解

(1) 当 $A_{vf}=10$ 时,$F_v=\dfrac{1}{A_{vf}}=\dfrac{1}{10}=0.1$,此时,应将第一个极点频率由 f_{p1} 压低到 f'_{p1},如图 6.39 中实线①所示。由图可得

$$f'_{p1}=\dfrac{f_{p2}}{A_{od}F_v}=\dfrac{2\times 10^3}{10^4\times 0.1}\text{kHz}=2\text{kHz}$$

由 $f_{p1} = \dfrac{1}{2\pi R_1 C_1}$ 得

$$C_1 = \dfrac{1}{2\pi R_1 f_{p1}} = \dfrac{1}{2\times 3.14\times 20\times 10^3\times 200\times 10^3}\text{F} \approx 40\text{pF}$$

简单电容补偿后，$f'_{p1} = \dfrac{1}{2\pi R_1(C_1 + C_\varphi)}$，因此求得

$$C_\varphi = \dfrac{1}{2\pi R_1 f'_{p1}} - C_1 = \dfrac{1}{2\times 3.14\times 20\times 10^3\times 2\times 10^3}\text{F} - 40\text{pF} \approx 3981\text{pF} - 40\text{pF} = 3941\text{pF}$$

（2）当 $A_{vf} = 1$ 时，$F_v = \dfrac{1}{A_{vf}} = 1$，此时，应将第一个极点频率由 f_{p1} 压低到 f''_{p1}，如图 6.39 中实线②所示。由图可得

$$f''_{p1} = \dfrac{f_{p2}}{A_{od} F_v} = \dfrac{2\times 10^3}{10^4 \times 1}\text{kHz} = 200\text{Hz}$$

$$C_\varphi = \dfrac{1}{2\pi R_1 f''_{p1}} - C_1 = \dfrac{1}{2\times 3.14\times 20\times 10^3 \times 200}\text{F} - 40\text{pF} \approx 39809\text{pF} - 40\text{pF} \approx 0.04\mu\text{F}$$

【题 6-33】 图 6.40 是宽频带放大器 MC1553 的部分电路。设三只晶体管的 $\beta = 100$，$r_{bb'} = 200\Omega$，偏置电路（图 6.40 中未画出）使各管的静态集电极电流的值分别为 $I_{CQ1} = 0.6\text{mA}$，$I_{CQ2} = 1\text{mA}$ 和 $I_{CQ3} = 4\text{mA}$。

（1）判断电路的反馈组态。

（2）画出电路的小信号等效电路，包括基本放大电路的小信号等效电路和反馈网络的等效电路。

（3）求闭环互导增益 $\dot{A}_{gf}$，输入电阻 R_{if} 和输出电阻 R_{of}。

【解】 本题用来熟悉：一般反馈放大电路的分析、估算方法。

（1）电路中引入了电流串联负反馈。

（2）电路的小信号等效电路如图 6.41 所示。

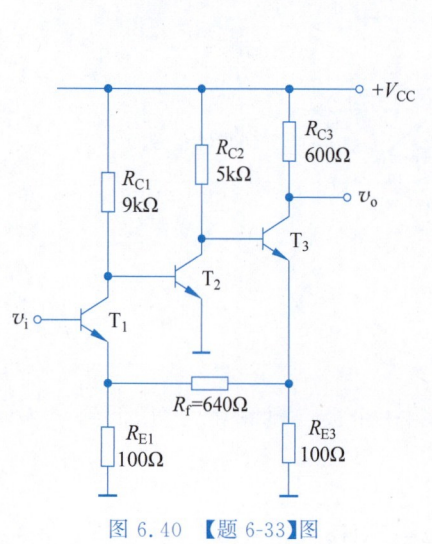

图 6.40 【题 6-33】图

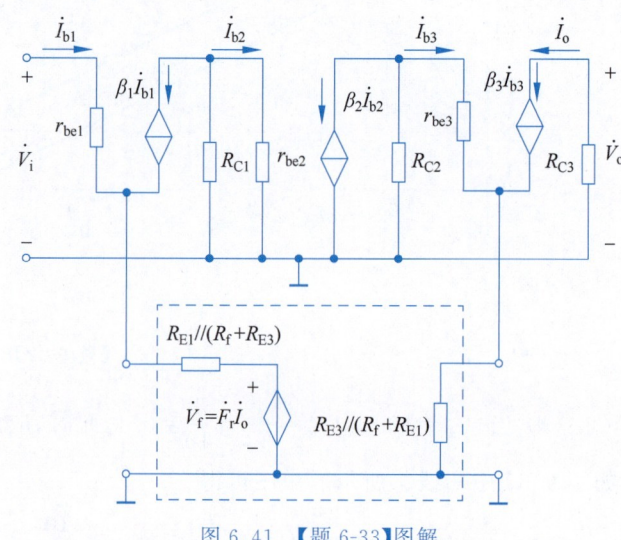

图 6.41 【题 6-33】图解

(3) $\dot{A}_{gf} = \dfrac{\dot{A}_g}{1+\dot{A}_g \dot{F}_r} = \dfrac{19.17}{1+19.17\times 11.9}S\approx 0.084$S

其中,

$$\dot{F}_r = \dfrac{\dot{V}_f}{\dot{I}_o} = \dfrac{\dfrac{R_{E3}}{R_{E1}+R_f+R_{E3}}\dot{I}_o \cdot R_{E1}}{\dot{I}_o} = \dfrac{R_{E1}R_{E3}}{R_{E1}+R_f+R_{E3}} = \dfrac{100\times 100}{100+640+100}\Omega \approx 11.9\Omega$$

$$\dot{A}_g = \dfrac{\dot{I}_o}{\dot{V}_i} = \dfrac{-\dot{V}_o/R_{C3}}{\dot{V}_i} = -\dfrac{1}{R_{C3}}\cdot \dot{A}_v = -\dfrac{1}{600}\times(-1.15\times 10^4)\text{S}\approx 19.17\text{S}$$

$$\dot{A}_v = \dot{A}_{v1}\cdot \dot{A}_{v2}\cdot \dot{A}_{v3} = -15.97\times(-116.8)\times(-6.15)\approx -1.15\times 10^4$$

$$\dot{A}_{v1} = -\dfrac{\beta_1(R_{C1}\;/\!/\;r_{be2})}{r_{be1}+(1+\beta_1)[R_{E1}\;/\!/\;(R_f+R_{E3})]} \approx -15.97$$

$$\dot{A}_{v2} = -\dfrac{\beta_2(R_{C2}\;/\!/\;R_{i3})}{r_{be2}} = -\beta_2\dfrac{R_{C2}\;/\!/\;\{r_{be3}+(1+\beta_3)[R_{E3}\;/\!/\;(R_f+R_{E1})]\}}{r_{be2}} \approx -116.8$$

$$\dot{A}_{v3} = -\dfrac{\beta_3 R_{C3}}{r_{be3}+(1+\beta_3)[R_{E3}\;/\!/\;(R_f+R_{E1})]} \approx -6.15$$

$$r_{be1} = r_{bb1'}+(1+\beta_1)\dfrac{V_T}{I_{CQ1}} = 200\Omega+(1+100)\times\dfrac{26}{0.6}\Omega \approx 4.58\text{k}\Omega$$

$$r_{be2} = r_{bb2'}+(1+\beta_2)\dfrac{V_T}{I_{CQ2}} = 200\Omega+(1+100)\times\dfrac{26}{1}\Omega \approx 2.83\text{k}\Omega$$

$$r_{be3} = r_{bb3'}+(1+\beta_3)\dfrac{V_T}{I_{CQ3}} = 200\Omega+(1+100)\times\dfrac{26}{4}\Omega \approx 0.86\text{k}\Omega$$

$$R_{if} = (1+\dot{A}_g\dot{F}_r)R_i = (1+\dot{A}_g\dot{F}_r)\{r_{be1}+(1+\beta_1)[R_{E1}\;/\!/\;(R_f+R_{E3})]\} \approx 3.2\text{M}\Omega$$

$$R_{of} = R_{C3} = 600\Omega$$

【仿真题 6-1】 电流并联负反馈电路如图 6.42 所示,T_1、T_2 管用 2N2222,其他参数为默认值。输入信号频率 $f=1\text{kHz}$,幅值为 12mV 的正弦信号。

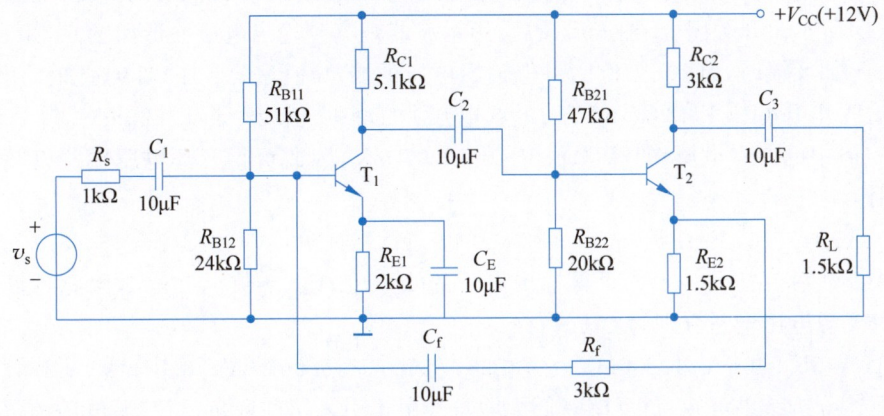

图 6.42 【仿真题】图

(1) 用 Multisim 观察加入反馈前后输出端波形的变化。

(2) 用 Multisim 仿真加入反馈前后电路的电压增益。

【解】 本题用来熟悉：负反馈对放大电路性能的影响。

Multisim 仿真电路如图 6.43(a)所示。

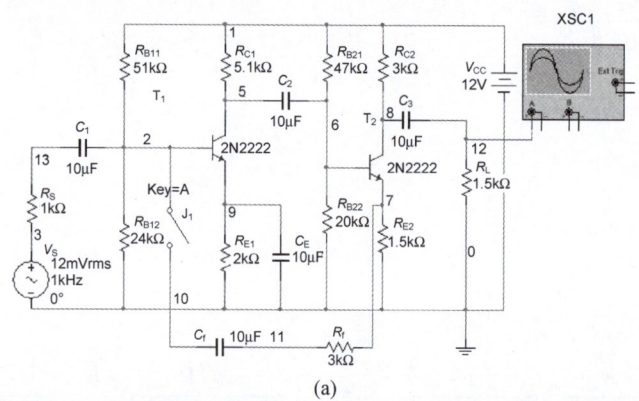

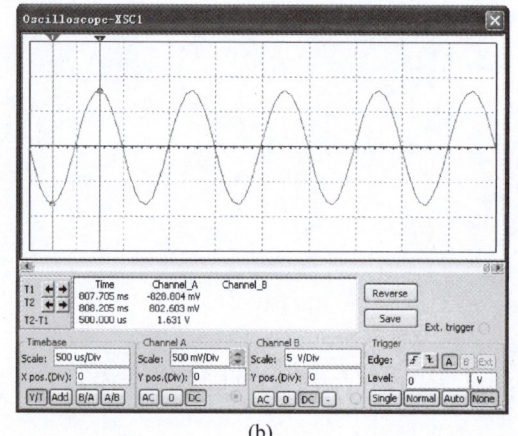
(b)

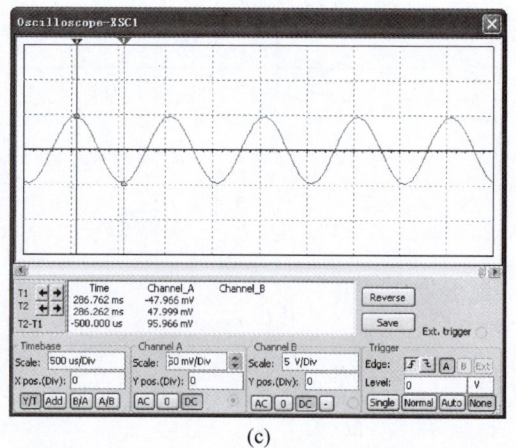
(c)

图 6.43 【仿真题 6-1】图解

(1) 开关打开,即不加反馈时,用示波器观察输出波形,其最大不失真输出电压波形如图 6.43(b)所示。开关闭合,加入反馈后,用示波器观察到输出电压波形如图 6.43(c)所示。

(2) 不加反馈时,由图 6.43(b)可得输出电压的峰-峰值 $V_{\text{opp}} = 1.631\text{V}$,此时,用示波器可测得输入电压(图 6.43(a)中的 13 点电压)的峰-峰值 $V_{\text{ipp}} = 1.226\text{mV}$,信号源电压(图 6.43(a)中的 3 点电压)的峰-峰值 $V_{\text{spp}} = 33.84\text{mV}$,因此可得开环电压增益以及源电压增益分别为

$$A_v = 1.631\text{V}/1.226\text{mV} \approx 1330.34, \quad A_{vs} = 1.631\text{V}/33.84\text{mV} \approx 48.2$$

加入反馈后,由图 6.43(c)可得输出电压的峰-峰值 $V_{\text{opp}} = 95.966\text{mV}$,因此可得闭环电压增益以及源电压增益分别为

$$A_{vf} = 95.966\text{mV}/1.226\text{mV} \approx 78.28, \quad A_{vsf} = 95.966\text{mV}/33.84\text{mV} \approx 2.84$$

由上述分析结果可知,负反馈降低了增益。由于引入了并联负反馈,源电压增益比电压增益下降很多,并联负反馈不适合匹配低阻信号源。

第 7 章 信号的运算与处理电路

CHAPTER 7

7.1 教学要求

具体教学要求如下。
(1) 熟悉理想运放的特点,深刻理解"虚短"和"虚断"的概念。
(2) 掌握理想运放电路的分析方法。
(3) 熟练掌握由运放组成的各类运算电路(比例、求和、减法、积分、微分、对数、指数等)及信号处理(精密整流、仪用放大、有源滤波等)电路的分析。
(4) 了解运放实际性能参数对应用电路的影响,重点掌握平衡电阻的配置思想。

7.2 基本概念和内容要点

7.2.1 理想运放的条件及特点

1. 理想运放的性能指标
(1) 开环差模电压增益 $A_{od} \to \infty$;
(2) 差模输入电阻 $R_{id} \to \infty$;
(3) 差模输出电阻 $R_{od} \to 0$;
(4) 共模抑制比 $K_{CMR} \to \infty$;
(5) 通频带 $BW \to \infty$;
(6) 失调电压及其温漂 $V_{IO} \to 0, dV_{IO}/dT \to 0$;
(7) 失调电流及其温漂 $I_{IO} \to 0, dI_{IO}/dT \to 0$。

2. 理想运放的电压传输特性
理想运放的电压传输特性曲线如图 7.1 所示。

3. 理想运放的特点
1) 线性区
集成运放工作在线性区的必要条件是必须引入深度负反馈。在线性区的两大特点是:
(1) 虚短

$$v_P \approx v_N \quad (7-1)$$

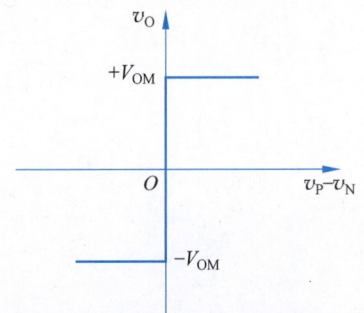

图 7.1 理想运放的电压传输特性曲线

(2) 虚断

$$i_P = i_N \approx 0 \tag{7-2}$$

2) 非线性区

若集成运放工作在开环状态或引入了正反馈,则其工作在非线性区。在非线性区的两大特点是:

(1) 限幅

$$v_P > v_N, v_O = +V_{OM}; \quad v_P < v_N, v_O = -V_{OM} \tag{7-3}$$

(2) 虚断

$$i_P = i_N \approx 0$$

7.2.2 信号运算电路

1. 基本运算电路

由运放组成的基本运算电路及其运算关系见表 7.1。

表 7.1 基本运算电路及运算关系

类型		电路结构	基本运算关系
比例运算	反相比例	（电路图：v_I 经 R_1 接反相端，R_f 反馈，$R'=R_1//R_f$）	$v_O = -\dfrac{R_f}{R_1}v_I$ $R_i \approx R_1$（小）, $R_o \to 0$（小）
	同相比例	（电路图：v_I 接同相端，R_1、R_f，$R'=R_1//R_f$）	$v_O = \left(1+\dfrac{R_f}{R_1}\right)v_I$ $R_i \to \infty$（大）, $R_o \to 0$（小），存在共模输入 去掉 R_1 且令 $R_f=0$，构成电压跟随器
加减运算	反相加法	（电路图：v_{I1} 经 R_1，v_{I2} 经 R_2 接反相端，R_f 反馈，$R'=R_1//R_2//R_f$）	$v_O = -\left(\dfrac{R_f}{R_1}v_{I1} + \dfrac{R_f}{R_2}v_{I2}\right)$ 若 $R_f=R_1=R_2$，则 $v_O=-(v_{I1}+v_{I2})$
	同相加法	（电路图：反相端经 R、R_f 反馈；同相端 v_{I1} 经 R_1，v_{I2} 经 R_2，R_3 接地）	$v_O = \left(1+\dfrac{R_f}{R}\right)v_P = R_f \cdot \dfrac{R_P}{R_N} \cdot \left(\dfrac{v_{I1}}{R_1}+\dfrac{v_{I2}}{R_2}\right)$ $R_P = R_1//R_2//R_3$, $R_N = R//R_f$ 若 $R_P=R_N$，则 $v_O = \dfrac{R_f}{R_1}v_{I1} + \dfrac{R_f}{R_2}v_{I2}$

续表

类型		电路结构	基本运算关系
加减运算	减法	(电路图：减法运算电路，含 R_1, R_2, R_3, R_f)	$v_O = -\dfrac{R_f}{R_1}v_{I1} + \left(1+\dfrac{R_f}{R_1}\right)v_P = -\dfrac{R_f}{R_1}v_{I1} + \left(1+\dfrac{R_f}{R_1}\right)\cdot\dfrac{R_3}{R_2+R_3}v_{I2}$ 若 $R_f = R_3$，$R_1 = R_2$，则构成差动比例运算电路 $v_O = \dfrac{R_f}{R_1}(v_{I2} - v_{I1})$
积分微分运算	反相积分	(电路图：反相积分电路，含 R, C, R')	$v_O = v_C(0) - \dfrac{1}{RC}\displaystyle\int_0^t v_I\,dt$ $v_C(0)$ 是电容器上的初始电压 积分运算电路可用作波形变换
	反相微分	(电路图：反相微分电路，含 C, R, R')	$v_O = -RC\dfrac{dv_I}{dt}$ 微分运算电路也可用于波形变换，例如：将方波变成尖脉冲
对数指数运算	对数	(电路图：对数运算电路，含 T, R, R'，$v_I>0$)	$v_O \approx -V_T \ln\dfrac{v_I}{I_S R}$ v_I 必须大于零 v_O 动态范围小且受温度影响大
	指数	(电路图：指数运算电路，含 T, R, R')	$v_O \approx -RI_S e^{v_I/V_T}$ v_I 必须大于零且变化范围很小 v_O 受温度影响大

除了上述基本运算电路外,还有乘法和除法运算电路。利用对数与指数运算电路可实现乘法和除法运算,如图 7.2 所示。

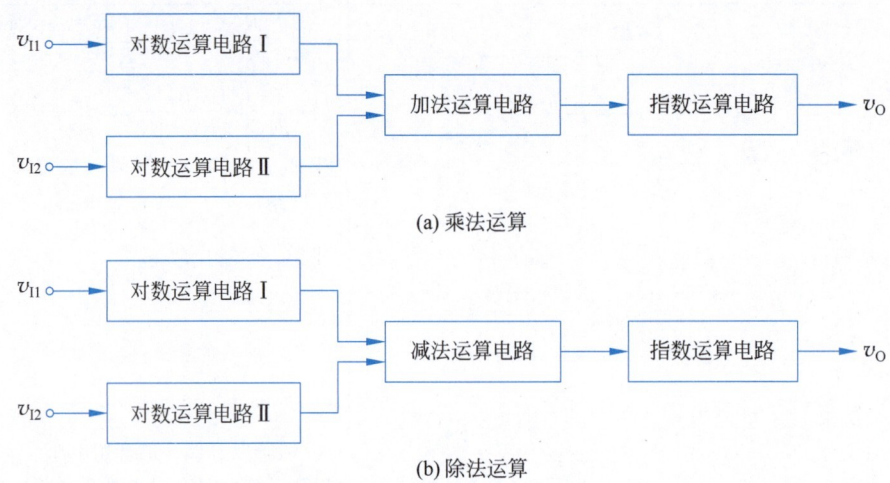

图 7.2　利用对数和指数运算电路实现乘法和除法运算

目前已有由对数和指数运算电路组成的集成模拟乘、除法器,如 RC4200 对数式乘法器。

集成模拟乘法器是一种重要的信号处理功能器件,广泛用于信息工程领域的频率变换技术中。其电路符号和运算关系如图 7.3 所示。

图 7.3　模拟乘法器电路符号及运算关系

2. 仪用放大器

仪用放大器是精密测量和控制系统中广泛采用的一种集成器件,它是用来放大微弱差值信号的高精度放大器。其 K_{CMR} 很高、R_i 很大,电压增益在很大范围内可调。

仪用放大器的内部电路,采用两个对称的同相放大器和一个减法器共同构成,如图 7.4 所示。

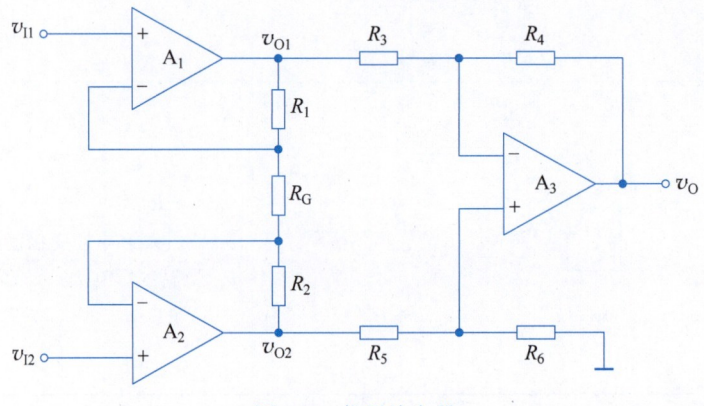

图 7.4　仪用放大器

若 $R_1=R_2=R$，$R_3=R_5$，$R_4=R_6$，则有

$$A_{vf}=\frac{v_O}{v_{I1}-v_{I2}}=-\frac{R_4}{R_3}\left(1+\frac{2R}{R_G}\right) \tag{7-4}$$

由于电阻 R_G 接在运放 A_1、A_2 的反相端之间，因此，改变 R_G 不会影响电路的对称性。若调整 R_G，则 A_{vf} 可在很大范围内变化。

3. 非理想参数对运算误差的影响

实际运放都是非理想的，非理想参数将引起运算电路的误差。

1) 非理想参数对反相比例放大器的影响

对反相比例放大器运算精度影响最大的是开环差模电压增益 A_{od} 和差模输入电阻 R_{id}，若 A_{od} 和 R_{id} 为有限值，则反相比例放大器的输出电压为

$$v_O=-\frac{R_f}{R_1}\cdot\frac{A_{od}R_N}{R_f+A_{od}R_N}v_I \tag{7-5}$$

其中，$R_N=R_1/\!/R_f/\!/(R_{id}+R')$。与理想输出电压之间的相对误差为

$$\delta=-\frac{R_f}{R_f+A_{od}R_N}\times 100\% \tag{7-6}$$

可见，A_{od} 和 R_{id} 越大，相对误差的数值越小，实际反相比例放大器的输出电压与理想值越接近。

2) 非理想参数对同相比例放大器的影响

影响同相比例放大器运算精度的参数主要是 A_{od} 和 K_{CMR}。若 A_{od} 和 K_{CMR} 为有限值，则同相比例放大器的输出电压为

$$v_O=\left(1+\frac{R_f}{R_1}\right)\cdot\frac{1+\dfrac{1}{K_{CMR}}}{1+\dfrac{1+R_f/R_1}{A_{od}}}v_I \tag{7-7}$$

与理想输出电压之间的相对误差为

$$\delta=\left(\frac{1+\dfrac{1}{K_{CMR}}}{1+\dfrac{1+R_f/R_1}{A_{od}}}-1\right)\times 100\% \tag{7-8}$$

可见，A_{od}、K_{CMR} 越大，实际同相比例放大器的输出电压与理想值越接近。

3) 失调参数及其温漂对比例运算电路的影响

考虑 V_{IO}、I_{IO}、I_{IB} 不为零的情况，引入的比例运算电路的误差输出为

$$\Delta V_O=\left(1+\frac{R_f}{R_1}\right)\left[V_{IO}+I_{IB}(R_1/\!/R_f-R')+\frac{I_{IO}}{2}(R_1/\!/R_f+R')\right] \tag{7-9}$$

当 $R'=R_1/\!/R_f$ 时，由 I_{IB} 引入的误差电压可以消除，式(7-9)变为

$$\Delta V_O=\left(1+\frac{R_f}{R_1}\right)(V_{IO}+I_{IO}R') \tag{7-10}$$

$R'=R_1/\!/R_f$ 便是运算电路中平衡电阻的配置原则。

当 $R'=R_1/\!/R_f$ 时，且仅考虑失调温漂所产生的误差输出电压为

$$\Delta V_O=\left(1+\frac{R_f}{R_1}\right)(\Delta V_{IO}+\Delta I_{IO}R') \tag{7-11}$$

其中，$\Delta V_{IO} = \dfrac{dV_{IO}}{dT} \cdot \Delta T_{max}$，$\Delta I_{IO} = \dfrac{dI_{IO}}{dT} \cdot \Delta T_{max}$。

7.2.3 精密整流电路

利用集成运放的高增益与二极管的单向导电性，可实现对微小幅值电压的整流，即精密整流，电路如表 7.2 所示。

表 7.2 精密整流电路

比较项目	电路类型	
	精密半波整流	精密全波整流
电路图	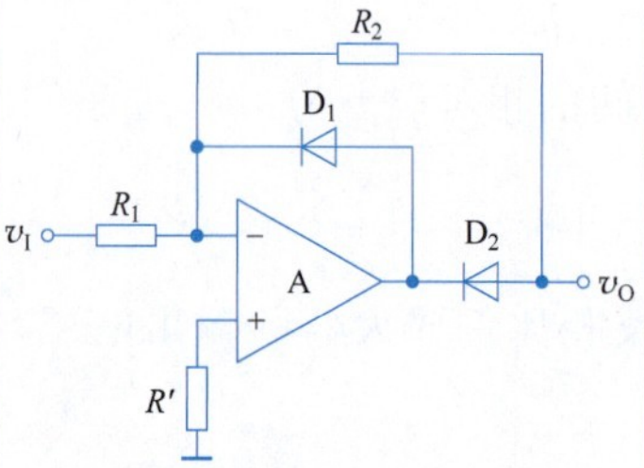 （电路图）	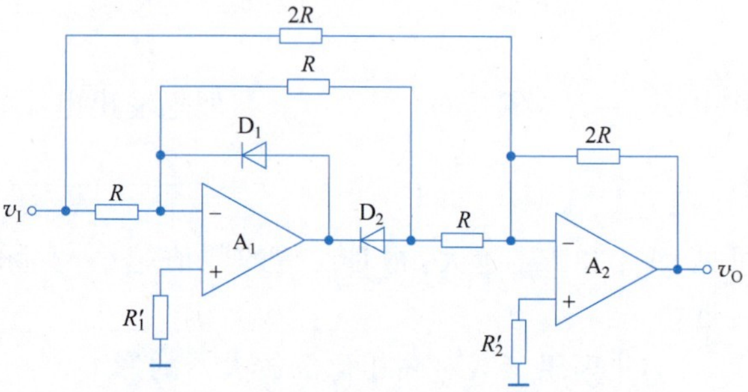 （电路图）
电压传输特性	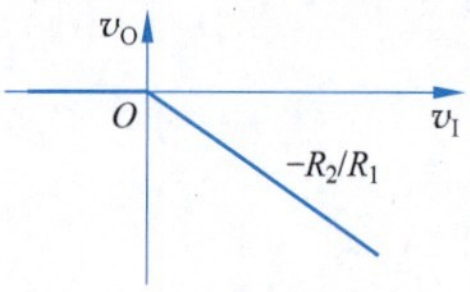 斜率为 $-R_2/R_1$	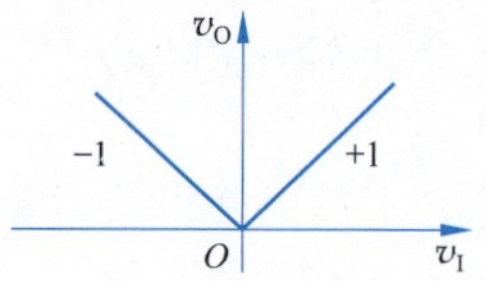 V 型，斜率 -1 和 $+1$

7.2.4 有源滤波电路

滤波电路的功能是使特定频率范围内的信号顺利通过，而阻止其他频率信号通过。按照其工作频带可分为低通滤波电路(LPF)、高通滤波电路(HPF)、带通滤波电路(BPF)、带阻滤波电路(BEF)和全通滤波电路(APF)。

1. 有源滤波电路的特点

由无源元件(R、C 和 L)组成的滤波电路称为无源滤波电路。有源滤波电路则由集成运放(有源器件)和 RC 网络组成，与无源电路相比，有源滤波电路有以下优点。

(1) 增益容易调节且最大增益可以大于 1。

(2) 负载效应很小，因此，容易通过几个低阶滤波电路的串接而组成高阶滤波电路。

(3) 由于不使用电感元件，所以体积小，重量轻，不需要磁屏蔽。

有源滤波电路的缺点是：通用型运放的通频带较窄，故其最高工作频率受限制。

2. 一阶 RC 有源滤波电路

一阶 RC 有源滤波电路的电路结构、电压传递函数及波特图见表 7.3。

表 7.3 一阶 RC 有源滤波电路

电路名称	电路结构	电压传递函数	波特图
低通滤波器（LPF）	(含 R_1, R_f, R, C 的运放电路)	$A_v(s) = \dfrac{A_{vp}}{1+sRC}$ 其中， $A_{vp} = 1 + \dfrac{R_f}{R_1}$（通带内增益） $\omega_0 = \dfrac{1}{RC}$（上限截止角频率）	低通波特图，$-20\mathrm{dB}/$十倍频程
高通滤波器（HPF）	(含 R_1, R_f, C, R 的运放电路)	$A_v(s) = \dfrac{A_{vp} \cdot sRC}{1+sRC}$ 其中， $A_{vp} = 1 + \dfrac{R_f}{R_1}$（通带内增益） $\omega_0 = \dfrac{1}{RC}$（下限截止角频率）	高通波特图，$20\mathrm{dB}/$十倍频程
全通滤波器（APF）	(含 R_1, R_1, R, C 的运放电路)	$A_v(s) = \dfrac{1-sRC}{1+sRC} = -\dfrac{s-\omega_0}{s+\omega_0}$ 其中，$\omega_0 = \dfrac{1}{RC}$	幅频平坦，相频从 0 至 $-180°$

3. 二阶 RC 有源滤波电路

二阶滤波电路的电压传递函数见表 7.4。

表 7.4 二阶滤波电路的电压传递函数

滤波器类型	电压传递函数	通带增益
低通滤波器（LPF）	$A_v(s) = \dfrac{a_0}{s^2 + \dfrac{\omega_0}{Q}s + \omega_0^2}$	$A_v(0) = \dfrac{a_0}{\omega_0^2}$
高通滤波器（HPF）	$A_v(s) = \dfrac{a_2 s^2}{s^2 + \dfrac{\omega_0}{Q}s + \omega_0^2}$	$A_v(\infty) = a_2$
带通滤波器（BPF）	$A_v(s) = \dfrac{a_1 s}{s^2 + \dfrac{\omega_0}{Q}s + \omega_0^2}$	$A_v(\omega) = \dfrac{a_1 Q}{\omega_0}$
带阻滤波器（BEF）	$A_v(s) = \dfrac{a_2(s^2 + \omega_0^2)}{s^2 + \dfrac{\omega_0}{Q}s + \omega_0^2}$	$A_v(0) = A_v(\infty) = a_2$
全通滤波器（APF）	$A_v(s) = a_2 \dfrac{s^2 - \dfrac{\omega_0}{Q}s + \omega_0^2}{s^2 + \dfrac{\omega_0}{Q}s + \omega_0^2}$	$A_v(\omega) = a_2$

在表 7.4 中，Q 是滤波电路的品质因数。当 $Q=0.707$ 时，LPF 和 HPF 可以获得最大平坦的幅频响应(巴特沃思滤波器)；当 $Q>0.707$ 时，LPF 和 HPF 幅频响应将出现峰值；当 Q 趋于无穷大时，滤波电路就变成了振荡电路。

二阶 RC 有源滤波电路的实现方法如下：

(1) 利用运放及 RC 组成谐振器实现(略)。

(2) 基于双积分回路拓扑结构实现(略)。

(3) 用单运放组成。该方案一般用在对滤波器性能要求不十分严格的场合下。通常可采用压控电压源(VCVC)二阶 RC 有源滤波电路，其典型结构如图 7.5 所示。

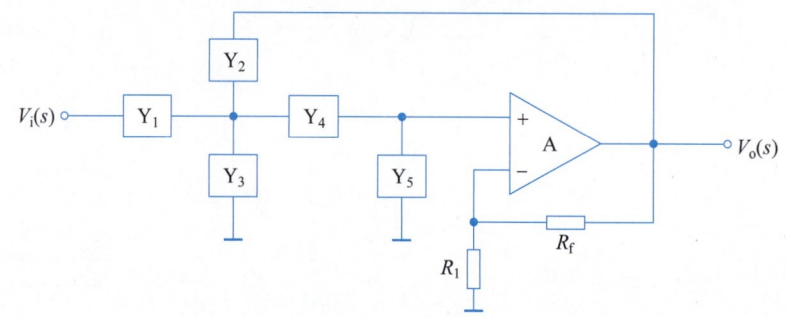

图 7.5 VCVC 二阶 RC 有源滤波电路的一般结构

当 $Y_1 \sim Y_5$ 选择不同的 R、C 元件时，可构成不同类型的滤波电路，如表 7.5 所示。

表 7.5 选择 $Y_1 \sim Y_5$ 构成不同类型的滤波器

Y_1	Y_2	Y_3	Y_4	Y_5	滤波器类型
$1/R_1$	$j\omega C_2$	0	$1/R_4$	$j\omega C_5$	LPF
$j\omega C_1$	$1/R_2$	0	$j\omega C_4$	$1/R_5$	HPF
$1/R_1$	$1/R_2$	$j\omega C_3$	$j\omega C_4$	$1/R_5$	BPF

7.2.5 电压比较器

电压比较器是一种将模拟量转变成数字量的电子器件，它可以把各种周期信号转换为矩形波。在比较器电路中，运放通常工作在开环或正反馈状态。被比较的信号可以是同相输入，也可以是反相输入。

电压比较器可分为单限比较器、迟滞比较器和窗口比较器等。单限比较器只有一个门限(阈值)电压，而迟滞比较器和窗口比较器有两个门限(阈值)电压。

1. 电压比较器的分析方法

(1) 根据 v_I 使 v_O 跳变的条件(即比较运放 v_P 和 v_N 的大小)，估算门限(阈值)电压。

(2) 根据具体电路，分析当 v_I 由低到高和由高到低变化时 v_O 的变化规律，特别注意：迟滞比较器当 v_I 由低到高和由高到低变化时，具有不同的门限(阈值)电压。

(3) 画出比较器的电压传输特性曲线。

(4) 根据 v_I 的波形和电压传输特性曲线画出 v_O 的波形。

2. 常用电压比较器及其电压传输特性

由运放组成的几种常用的电压比较器电路及其特性如表 7.6 所示。

表 7.6 由运放组成的几种常用电压比较器

比较器类型	电路结构	电压传输特性	阈值电压	特点
单限比较器			$V_T = V_{REF}$ V_{REF} 可正、可负、可为零 当 $V_{REF}=0$ 时,为过零电压比较器	电路简单,灵敏度高,抗干扰能力差
迟滞比较器			$V_{TH} = \dfrac{R_2}{R_1+R_2}V_{REF} + \dfrac{R_1}{R_1+R_2}V_Z$ $V_{TL} = \dfrac{R_2}{R_1+R_2}V_{REF} - \dfrac{R_1}{R_1+R_2}V_Z$ $\Delta V_T = \dfrac{2R_1}{R_1+R_2}V_Z$	有两个门限电平,抗干扰能力强,但灵敏度低
窗口比较器			当 $v_I > V_{RH}$ 或 $v_I < V_{RL}$ 时,$v_O = V_Z$ 当 $V_{RL} < v_I < V_{RH}$ 时,$v_O = 0$	判断输入电压是否处在两个已知电平之间,常用于自动测试、故障检测等场合

7.3 典型习题详解

【题 7-1】 电路如图 7.6 所示,设各集成运放均是理想的,试写出 v_O 的表达式。

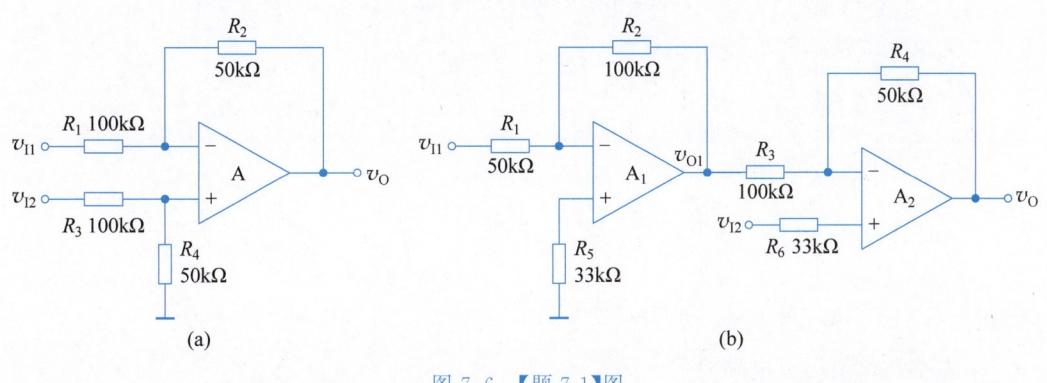

图 7.6 【题 7-1】图

【解】 本题用来熟悉:基本运算电路的电路结构和运算关系式。

图 7.6(a)为差动比例运算电路,则

$$v_O = \frac{R_2}{R_1}(v_{I2} - v_{I1}) = \frac{50}{100}(v_{I2} - v_{I1}) = 0.5(v_{I2} - v_{I1})$$

注：本题也可用叠加定理求解，请读者自己完成。

在图 7.6(b)中，A_1 构成反相比例运算电路，A_2 构成加法运算电路，则

$$\left.\begin{aligned}v_{O1} &= -\frac{R_2}{R_1}v_{I1} = -2v_{I1} \\ v_O &= -\frac{R_4}{R_3}v_{O1} + \left(1 + \frac{R_4}{R_3}\right)v_{I2} = -\frac{1}{2}v_{O1} + 1.5v_{I2}\end{aligned}\right\} \longrightarrow v_O = v_{I1} + 1.5v_{I2}$$

【题 7-2】 电路如图 7.7 所示，设各集成运放均是理想的，已知 $v_{I1} = 5\text{mV}$，$v_{I2} = -5\text{mV}$，$v_{I3} = 6\text{mV}$，$v_{I4} = -12\text{mV}$，试求输出电压 v_O 的值。

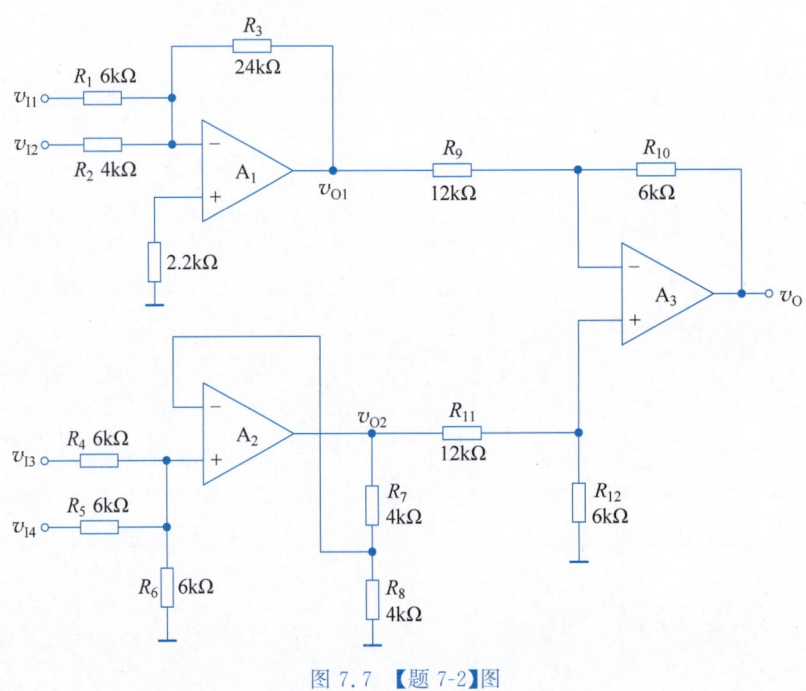

图 7.7 【题 7-2】图

【解】 本题用来熟悉：基本运算电路的电路结构和运算关系式。

A_1 为反相加法运算电路，则

$$v_{O1} = -\left(\frac{R_3}{R_1}v_{I1} + \frac{R_3}{R_2}v_{I2}\right) = -(4v_{I1} + 6v_{I2}) = 10\text{mV}$$

A_2 为同相比例运算电路，则

$$v_{O2} = \left(1 + \frac{R_7}{R_8}\right)v_{P2} = \left(1 + \frac{R_7}{R_8}\right) \cdot \left(\frac{R_5 /\!/ R_6}{R_4 + R_5 /\!/ R_6}v_{I3} + \frac{R_4 /\!/ R_6}{R_5 + R_4 /\!/ R_6}v_{I4}\right)$$
$$= 2 \times \left(\frac{1}{3}v_{I3} + \frac{1}{3}v_{I4}\right) = -4\text{mV}$$

A_3 为差动比例运算电路，则

$$v_O = \frac{R_{10}}{R_9}(v_{O2} - v_{O1}) = \frac{1}{2}(v_{O2} - v_{O1}) = -7\text{mV}$$

【题 7-3】 电路如图 7.8 所示，设运放是理想的，试推导 A_{vf} 的表达式，并用该电路设计一个输入电阻为 1MΩ，闭环增益为 100 倍的反相输入比例放大器，且要求使用的电阻阻值均不得大于 1MΩ，试确定各电阻元件的阻值。

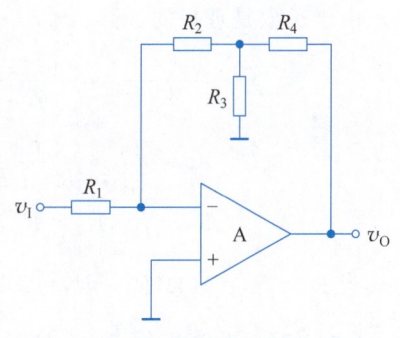

图 7.8 【题 7-3】图

【解】 本题用来熟悉：
- 含运算放大器的电路分析方法；
- "虚短"和"虚断"的概念。

因为运放是理想的，所以，可利用"虚短"和"虚断"的条件，即 $v_P \approx v_N, i_P = i_N \approx 0$。

由图 7.8 可得 $v_P = 0$，因此有 $v_P \approx v_N = 0$，电路不仅"虚短"而且"虚地"。

设流过电阻 R_1、R_2、R_3、R_4 的电流分别为 i_1、i_2、i_3、i_4，电流 i_1、i_2、i_4 的参考方向由左至右，电流 i_3 的参考方向由下至上，电阻 R_3 和 R_4 的中间点电位为 v_M，则根据"虚地"和"虚断"的条件，有

$$\begin{cases} i_1 = i_2 \\ i_4 = i_2 + i_3 \end{cases}$$

即

$$\left.\begin{aligned} \frac{v_I}{R_1} &= -\frac{v_M}{R_2} \\ \frac{v_M - v_O}{R_4} &= -\frac{v_M}{R_2} - \frac{v_M}{R_3} \end{aligned}\right\} \longrightarrow A_{vf} = \frac{v_O}{v_I} = -\frac{R_2}{R_1}\left(1 + \frac{R_4}{R_2} + \frac{R_4}{R_3}\right)$$

利用该电路设计一输入电阻为 1MΩ，闭环增益为 100 倍的反相输入比例放大器。

根据输入电阻的要求，选择 $R_1 = 1\text{M}\Omega$。鉴于所有电阻的阻值不得超过 1MΩ，并考虑到尽量减少电阻元件的类型，可选取 $R_2 = R_4 = 1\text{M}\Omega$。然后根据增益的要求，可确定 $R_3 = 10.2\text{k}\Omega$。

该电路与基本的反相比例运算电路相比，可以用不大于 1MΩ 的电阻元件来实现输入电阻为 1MΩ，闭环增益为 100 倍的反相放大器。而对于基本反相比例运算电路，为了具有 100 倍的反相增益又具有 1MΩ 的输入电阻，其反馈电阻 R_f 要高达 100MΩ。结果由于精度问题而难以精确地实现 100 倍的反相放大。因此，在要求高输入电阻的反相比例放大器中，常常用这种 T 形网络来代替单个的反馈电阻 R_f，从而可使电路用较小的电阻实现高阻输入的反相放大。

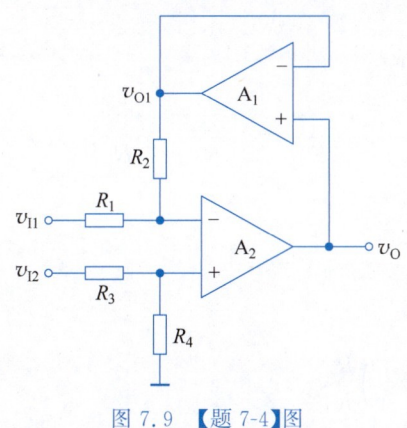

图 7.9 【题 7-4】图

【题 7-4】 由理想运放构成的电路如图 7.9 所示，写出 v_O 的表达式，并在 $R_1 = R_3 = 1\text{k}\Omega$，$R_2 = R_4 = 10\text{k}\Omega$ 时，计算 $A_{vf} = \dfrac{v_O}{v_{I1} - v_{I2}}$ 的值。

【解】 本题用来熟悉：
- 含理想运放的电路分析方法；
- "虚短"和"虚断"的概念；
- 电压跟随器的结构。

由于 A_1 为电压跟随器，所以 $v_{O1} = v_O$。

由于运放是理想的，所以 $v_{P2} \approx v_{N2}, i_{P2} = i_{N2} \approx 0$，因此有

$$\left. \begin{aligned} \frac{v_{I1} - v_{N2}}{R_1} &= \frac{v_{N2} - v_{O1}}{R_2} \\ v_{N2} = v_{P2} &= \frac{R_4}{R_3 + R_4} v_{I2} \\ R_1 = R_3, R_2 &= R_4, v_{O1} = v_O \end{aligned} \right\} \longrightarrow v_O = -\frac{R_2}{R_1}(v_{I1} - v_{I2})$$

当 $R_1 = R_3 = 1\text{k}\Omega, R_2 = R_4 = 10\text{k}\Omega$ 时，$A_{vf} = \dfrac{v_O}{v_{I1} - v_{I2}} = -\dfrac{R_2}{R_1} = -10$。

【题 7-5】 电路如图 7.10 所示，设集成运放是理想的，试推导电路电压增益 $A_{vf} = \dfrac{v_O}{v_{I1} - v_{I2}}$ 的表达式。

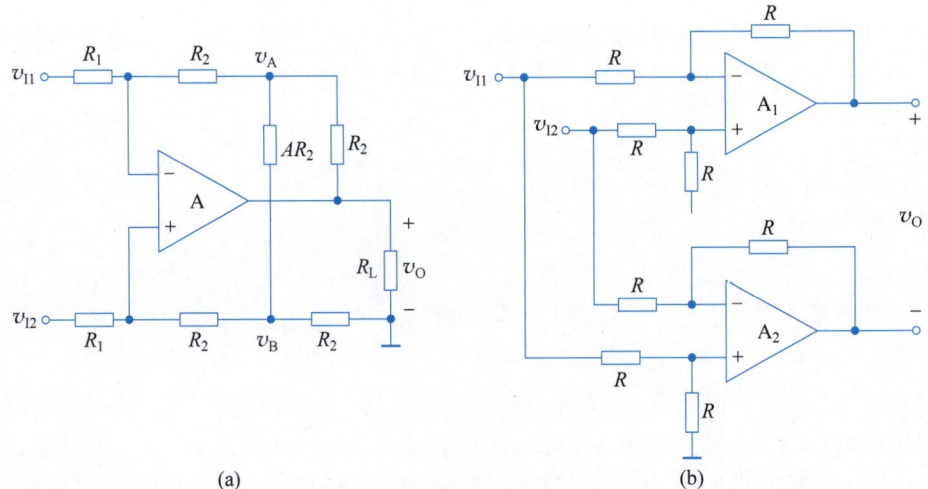

图 7.10 【题 7-5】图

【解】 本题用来熟悉：
- 含理想运放的电路分析方法；
- "虚短""虚断"的概念。

图 7.10(a) 中，由 $i_P = i_N \approx 0$ 可得 $\dfrac{v_{I1} - v_N}{R_1} = \dfrac{v_N - v_A}{R_2}$，$\dfrac{v_{I2} - v_P}{R_1} = \dfrac{v_P - v_B}{R_2}$。而 $v_P \approx v_N$，因此有

$$v_A - v_B = \frac{R_2}{R_1}(v_{I2} - v_{I1}) \qquad ①$$

v_A、v_B 点的 KCL 方程为 $\dfrac{v_N - v_A}{R_2} + \dfrac{v_O - v_A}{R_2} = \dfrac{v_A - v_B}{AR_2}$，$\dfrac{v_A - v_B}{AR_2} = \dfrac{v_B - v_P}{R_2} + \dfrac{v_B}{R_2}$。考虑到 $v_P \approx v_N$，可得

$$v_O = \frac{1}{2}\left(1 + \frac{1}{A}\right)(v_A - v_B) \qquad ②$$

联立①、②两式可得

$$A_{vf} = \frac{v_O}{v_{I1} - v_{I2}} = -\frac{1}{2}\left(1 + \frac{1}{A}\right)\frac{R_2}{R_1}$$

在图 7.10(b)中，由于 A_1、A_2 均构成差动比例运算电路，所以有

$$v_{O1} = \frac{R}{R}(v_{I2} - v_{I1}) = -(v_{I1} - v_{I2}), \quad v_{O2} = \frac{R}{R}(v_{I1} - v_{I2}) = v_{I1} - v_{I2}$$

而 $v_O = v_{O1} - v_{O2}$，因此可得

$$A_{vf} = \frac{v_O}{v_{I1} - v_{I2}} = -2$$

【题 7-6】 图 7.11 电路是由满足理想化条件的集成运放所组成的放大电路，改变 bR_1 时可以调节放大电路的增益。试证该放大电路的增益为

$$A_{vf} = \frac{v_O}{v_{I2} - v_{I1}} = a\left(1 + \frac{d}{b} + \frac{c}{b}\right)$$

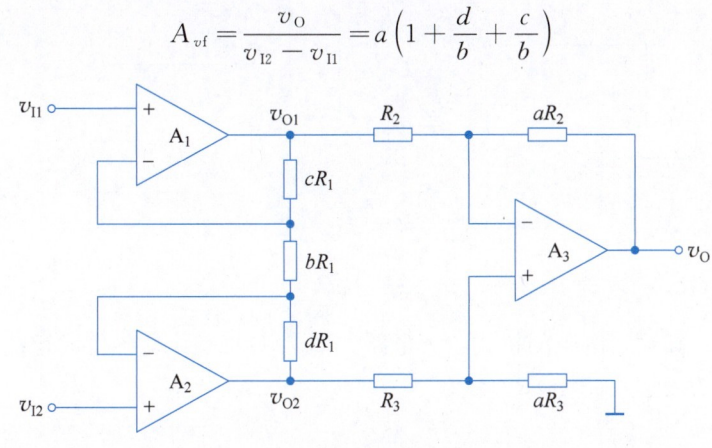

图 7.11 【题 7-6】图

【解】 本题用来熟悉：
- 含理想运放的电路分析方法；
- "虚短"和"虚断"的概念；
- 电压跟随器的电路结构；
- 减法运算电路的运算关系式。

由于各运放均为理想的，所以，$v_{N1} \approx v_{P1} = v_{I1}$，$v_{N2} \approx v_{P2} = v_{I2}$，$i_{N1} = i_{N2} \approx 0$，因此可得

$$v_{O1} - v_{O2} = \frac{v_{I1} - v_{I2}}{bR_1}(cR_1 + bR_1 + dR_1) = \frac{v_{I1} - v_{I2}}{b}(c + b + d) \quad ①$$

A_3 组成减法运算电路，所以有

$$v_O = -\frac{aR_2}{R_2}v_{O1} + \left(1 + \frac{aR_2}{R_2}\right) \cdot \frac{aR_3}{R_3 + aR_3}v_{O2} = -a(v_{O1} - v_{O2}) \quad ②$$

整理①、②两式即可得证。

【题 7-7】 电路如图 7.12 所示，设各集成运放是理想的，试完成下列各题。
(1) 推导 v_O 的表达式。
(2) 当 $R_1 = R_2 = R_3$ 时，求 v_O 值。

【解】 本题用来熟悉：电压跟随器电路的特点及应用。

(1) $A_1 \sim A_4$ 均构成电压跟随器电路，所以有 $v_{O1} = v_1$，$v_{O2} = v_2$，$v_{O3} = v_3$，$v_O = v_{P4}$

对于 A_4，由于 $i_{P4} = 0$，所以有 $\dfrac{v_{O1} - v_{P4}}{R_1} + \dfrac{v_{O2} - v_{P4}}{R_2} + \dfrac{v_{O3} - v_{P4}}{R_3} = 0$

$$v_O = \frac{R_2 R_3 v_1 + R_1 R_3 v_2 + R_1 R_2 v_3}{R_1 R_2 + R_2 R_3 + R_1 R_3}$$

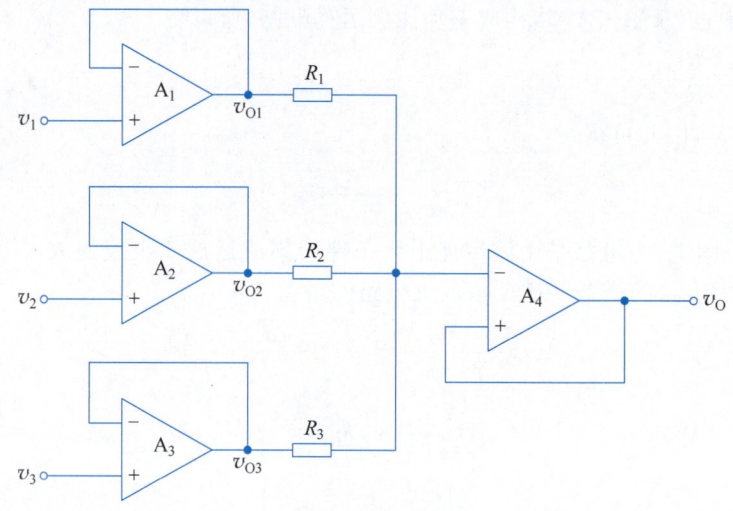

图 7.12 【题 7-7】图

(2) 当 $R_1 = R_2 = R_3$ 时,$v_O = \dfrac{1}{3}(v_1 + v_2 + v_3)$。

【题 7-8】 一高输入电阻的桥式放大电路如图 7.13 所示,设备集成运放是理想的。试写出 $v_O = f(\delta)$ 的表达式 $(\delta = \Delta R/R)$。

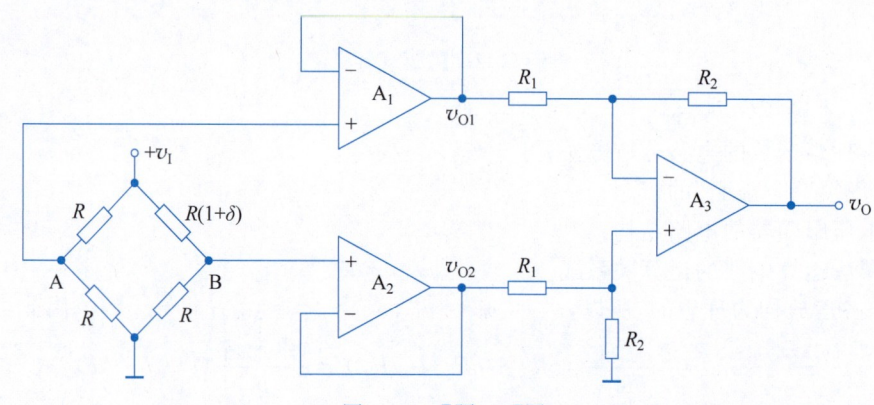

图 7.13 【题 7-8】图

【解】 本题用来熟悉:

- 电压跟随器电路的特点;
- 差动比例放大器的电路结构。

由于 A_1、A_2 组成电压跟随器电路,A_3 组成差动比例运算电路,所以有

$$v_O = \dfrac{R_2}{R_1}(v_{O2} - v_{O1}) = \dfrac{R_2}{R_1}(v_B - v_A)$$

而 $v_A = \dfrac{R}{R+R}v_I = \dfrac{1}{2}v_I$,$v_B = \dfrac{R}{R+R(1+\delta)}v_I = \dfrac{1}{2+\delta}v_I$,因此可得

$$v_O = -\dfrac{R_2}{R_1} \cdot \dfrac{\delta}{2(2+\delta)}v_I$$

【题 7-9】 图 7.14 为具有高输入电阻 R_i 的反相放大器,设备集成运放是理想的。已知

$R_1=90\text{k}\Omega$,$R_2=100\text{k}\Omega$,$R_3=270\text{k}\Omega$,试求电压增益 A_{vf} 及输入电阻 R_i 的值。

【解】 本题用来熟悉：
- 理想运放的特点；
- 反相比例放大器的电路结构。

由于 A_1、A_2 均为反相比例放大器，所以有

$$v_{O1}=-\frac{R_3}{R_1}v_1$$

$$v_{O2}=-\frac{2R_1}{R_3}v_O$$

而由图 7.14 可知：$v_O=v_{O1}$，因此可得

$$A_{vf}=\frac{v_O}{v_I}=-\frac{R_3}{R_1}=-\frac{270}{90}=-3$$

由图 7.14 可得：$i_1=\frac{v_1}{R_1}+\frac{v_1-v_{O2}}{R_2}$，代入消去 v_{O2} 得 $i_1=\frac{v_1}{R_1}-\frac{v_1}{R_2}$。

因此可得 $R_i=\frac{v_1}{i_1}=\frac{1}{1/R_1-1/R_2}=\frac{1}{1/90-1/100}\text{k}\Omega=900\text{k}\Omega$。

【题 7-10】 在如图 7.15 所示电路中，设集成运放是理想的。电容上的起始电压为零，在 $t=0$ 时，加到同相输入端的电压为 $v_S=10^{-t/\tau}(\text{mV})$，其中，$\tau=5\times10^{-4}\text{s}$。试求输出电压 $v_O(t)$。

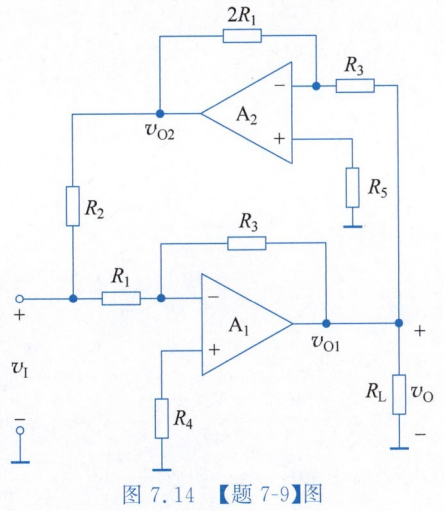
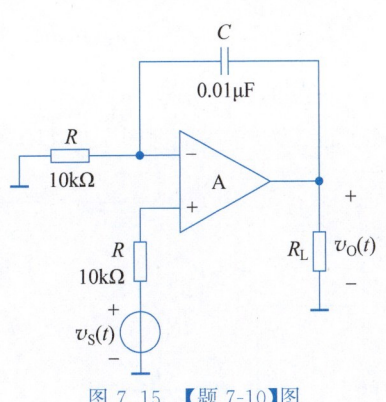

图 7.14 【题 7-9】图 图 7.15 【题 7-10】图

【解】 本题用来熟悉：
- 理想运放的特点；
- 积分运算电路的分析方法。

由于运放是理想的，所以有 $i_N=i_P\approx0$，$v_N\approx v_P=v_S$。

由图 7.15 可列出 KCL 方程：$i_R=i_C$，即 $\frac{-v_N}{R}=C\frac{d(v_N-v_O)}{dt}$，将 $v_N=v_S$ 代入方程可得

$$v_O(t)=v_S(t)+\frac{1}{RC}\int_0^t v_S(t)\,dt$$

代入数据得

$$v_O(t) = 10^{-t/\tau}(\text{mV}) + \frac{1}{10 \times 10^3 \times 0.01 \times 10^{-6}} \int_0^t 10^{-t/\tau} dt(\text{mV}) = (50 - 40^{-t/\tau})\text{mV}$$

【题 7-11】 积分电路如图 7.16(a)所示,设集成运放是理想的。已知初始状态时 $v_C(0) = 0$,试回答下列问题:

(1) 当 $R_1 = 100\text{k}\Omega$、$C = 2\mu\text{F}$ 时,若突然加入 $v_S(t) = 1\text{V}$ 的阶跃电压,求 1s 后输出电压 v_O 的值。

(2) 当 $R_1 = 100\text{k}\Omega$、$C = 0.47\mu\text{F}$ 时,输入电压波形如图 7.15(b)所示,试画出 v_O 的波形,并标出 v_O 的幅值和回零时间。

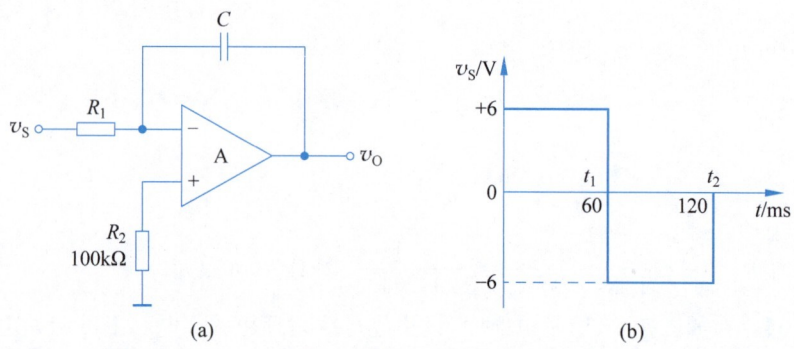

图 7.16 【题 7-11】图

【解】 本题用来熟悉:积分电路的结构及其特点。

(1) 由于 A 组成反相积分运算电路,所以有

$$v_O(t) = -\frac{1}{R_1 C}\int_0^t v_S(t)dt = -\frac{1}{100 \times 10^3 \times 2 \times 10^{-6}}\int_0^t 1 dt(\text{V}) = -5t(\text{V})$$

当 $t = 1\text{s}$ 时,$v_O(t) = -5\text{V}$。

(2) 设 $V_S = 6\text{V}$,根据图 7.16(b),当 $t \leqslant 60\text{ms}$ 时,有

$$v_O(t) = -\frac{V_S}{R_1 C}t = -\frac{6t}{100 \times 10^3 \times 0.47 \times 10^{-6}}\text{V} = -\frac{6000t}{47}\text{V}$$

因此求得,$t = t_1 = 60\text{ms}$ 时,有

$$v_O(t) = -\frac{6000t}{47}\text{V} = -\frac{6000 \times 60 \times 10^{-3}}{47}\text{V} \approx -7.66\text{V}$$

根据图 7.16(b),当 $60\text{ms} \leqslant t \leqslant 120\text{ms}$ 时,有

$$v_O(t) = v_O(t_1) - \frac{-V_S}{R_1 C}(t_2 - t_1)$$

$$= -7.66\text{V} + \frac{6000}{47}(t_2 - t_1)\text{V}$$

因此可得,当 $t = t_2 = 120\text{ms}$ 时,$v_O(t) = 0$。$v_O(t)$ 的波形如图 7.17 所示。

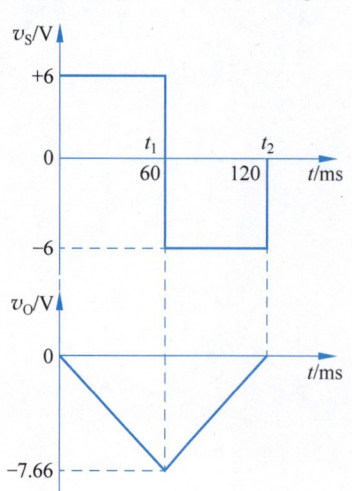

图 7.17 【题 7-11】图解

【题 7-12】 在如图 7.18 所示的模拟运算电路中,设各集成运放是理想的。试写出输出电压 $v_O(t)$ 与输入电压 $v_S(t)$ 之间的关系式。

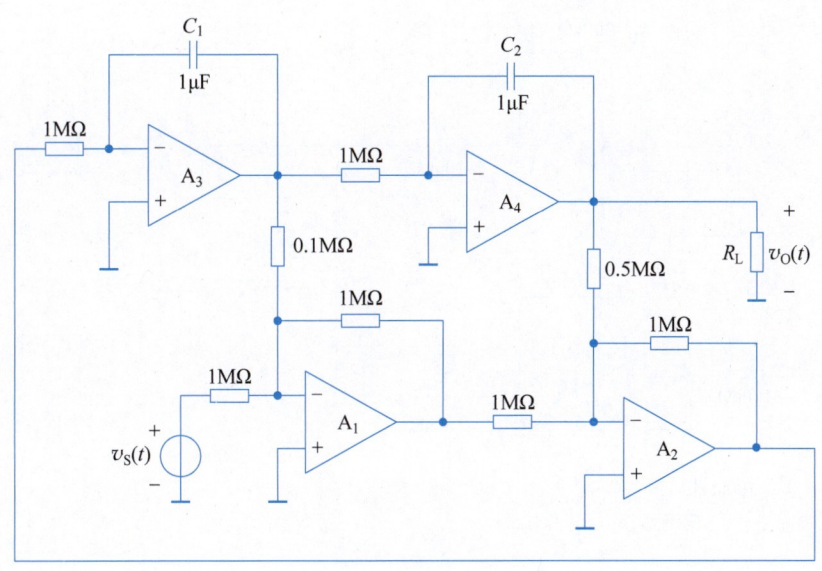

图 7.18 【题 7-12】图

【解】 本题用来熟悉：理想运放电路的分析方法。

由于 A_1、A_2 组成反相求和运算电路，所以有 $v_{O1}(t) = -v_S(t) - 10v_{O3}(t)$，$v_{O2}(t) = -v_{O1}(t) - 2v_O(t)$，因此

$$v_S(t) = 2v_O(t) + v_{O2}(t) - 10v_{O3}(t) \qquad ①$$

由于 A_3、A_4 组成反相积分运算电路，所以有

$$v_{O3}(t) = -\frac{1}{1\times 10^6 \times 1\times 10^{-6}}\int_0^t v_{O2}(t)\mathrm{d}t = -\int_0^t v_{O2}(t)\mathrm{d}t,\ \text{即}\ v_{O2}(t) = -\frac{\mathrm{d}v_{O3}(t)}{\mathrm{d}t} \qquad ②$$

$$v_O(t) = -\frac{1}{1\times 10^6 \times 1\times 10^{-6}}\int_0^t v_{O3}(t)\mathrm{d}t = -\int_0^t v_{O3}(t)\mathrm{d}t,\ \text{即}\ v_{O3}(t) = -\frac{\mathrm{d}v_O(t)}{\mathrm{d}t} \qquad ③$$

联立方程①、②、③可得

$$\frac{\mathrm{d}^2 v_O(t)}{\mathrm{d}t} + 10\frac{\mathrm{d}v_O(t)}{\mathrm{d}t} + 2v_O(t) = v_S(t)$$

【题 7-13】 电路如图 7.19(a)所示，设备集成运放是理想的。电容器 C 上的初始电压为零。试完成下列工作：

(1) 写出 v_{O1}、v_{O2} 和 v_O 的表达式。

(2) 当输入电压 v_{S1}、v_{S2} 如图 7.19(b)所示时，试画出 v_O 的波形。

【解】 本题用来熟悉：运放基本运算电路的结构及其特点。

(1) 由于 A_1 组成反相比例运算电路，所以有

$$v_{O1} = -\frac{R_{f1}}{R_1}v_{S1} = -\frac{300}{100}v_{S1} = -3v_{S1}$$

由于 A_2 组成反相积分运算电路，所以有

$$v_{O2}(t) = -\frac{1}{R_2 C}\int_0^t v_{S2}(t)\mathrm{d}t = -\frac{1}{100\times 10^3 \times 100\times 10^{-6}}\int_0^t v_{S2}(t)\mathrm{d}t = -\frac{1}{10}\int_0^t v_{S2}(t)\mathrm{d}t$$

由于 A_3 组成反相加法运算电路，所以有

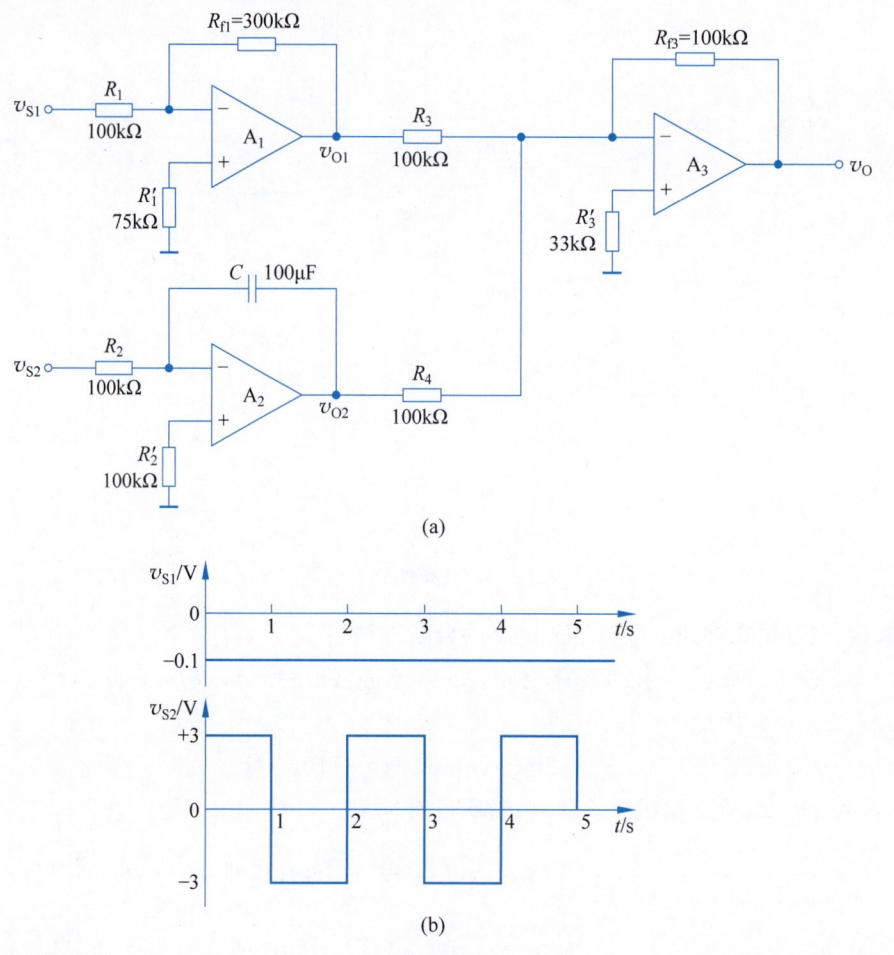

图 7.19 【题 7-13】图

$$v_O = -\left(\frac{R_{f3}}{R_3}v_{O1} + \frac{R_{f3}}{R_4}v_{O2}\right) = -\left(\frac{100}{100}v_{O1} + \frac{100}{100}v_{O2}\right) = -(v_{O1} + v_{O2}) = 3v_{S1} + \frac{1}{10}\int_0^t v_{S2}(t)\,dt$$

(2) 根据图 7.19(b)，$v_{S1} = -0.1\text{V}$，所以 $v_{O1} = 0.3\text{V}$。

由于当 $0 < t \leq 1\text{s}$ 时，$v_{O2}(t) = -0.3t$ (V)，$v_O = -0.3 + 0.3t$ (V)。

所以求得：$t = 0$ 时，$v_O = -0.3\text{V}$；$t = 1\text{s}$ 时，$v_O = 0$。

由于当 $1 \leq t \leq 2\text{s}$ 时，$v_{O2}(t) = v_{O2}(1\text{s}) + 0.3(t-1) = 0.3t - 0.6$ (V)，$v_O = -0.3 - 0.3t + 0.6 = 0.3 - 0.3t$ (V)。

所以求得：$t = 1\text{s}$ 时，$v_O = 0$；$t = 2\text{s}$ 时，$v_O = -0.3\text{V}$。

v_O 的周期为 $T = 2\text{s}$。

由上述分析可画出 v_O 的波形如图 7.20 所示。

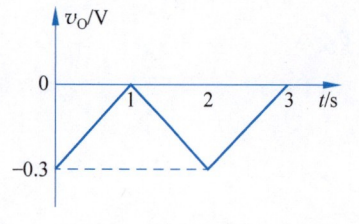

图 7.20 【题 7-13】图解

【题 7-14】 试推导如图 7.21 所示电路 $v_O(t)$ 与 $v_S(t)$ 之间的关系式。设备集成运放是理想的。

【解】 本题用来熟悉：
- 理想运放的特点；
- 积分运算电路的分析方法。

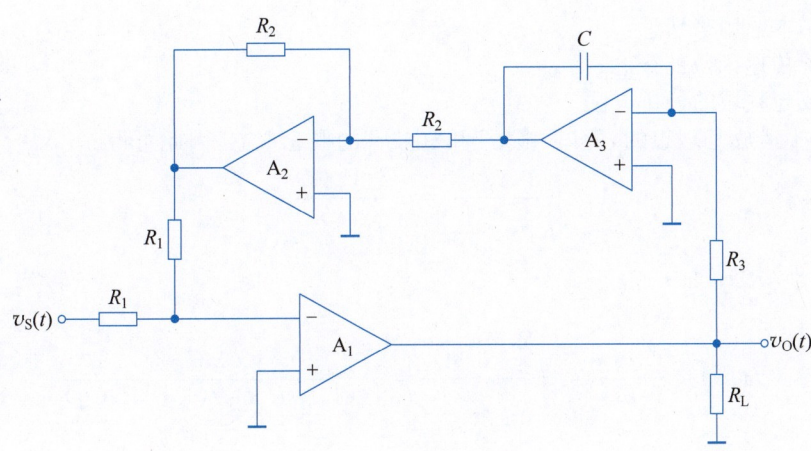

图 7.21 【题 7-14】图

由于 A_3 构成积分运算电路,所以有 $v_{O3}(t) = -\dfrac{1}{R_3 C}\displaystyle\int_0^t v_O(t)\mathrm{d}t$,即

$$v_O(t) = -R_3 C \dfrac{\mathrm{d}v_{O3}(t)}{\mathrm{d}t} \qquad ①$$

由于 A_2 构成反相比例运算电路,所以有

$$v_{O2}(t) = -\dfrac{R_2}{R_2} v_{O3}(t) = -v_{O3}(t) \qquad ②$$

对于 A_1,因为 $i_{N1} = i_{P1} \approx 0$,$v_{N1} \approx v_{P1} = 0$,所以有 $\dfrac{v_S(t)}{R_1} = -\dfrac{v_{O2}(t)}{R_1}$,即

$$v_S(t) = -v_{O2}(t) \qquad ③$$

联立方程①、②、③可得

$$v_O(t) = -R_3 C \dfrac{\mathrm{d}v_S(t)}{\mathrm{d}t}$$

【题 7-15】 一实用微分电路如图 7.22 所示,它具有衰减高频噪声的作用。设其中运放是理想的,试完成:

(1) 确定电路的传递函数 $V_o(s)/V_s(s)$。

(2) 若 $R_1 C_1 = R_2 C_2$,试问输入信号的频率应当怎样限制,才能使电路不失去微分的功能?

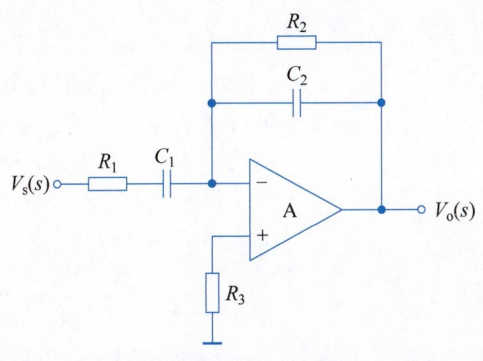

图 7.22 【题 7-15】图

【解】 本题用来熟悉：
- 系统传递函数的概念；
- S 域与频域的分析方法。

(1) 由于运放是理想的，所以"虚短"和"虚断"的概念成立，因此可得

$$\frac{V_s(s)}{R_1+\dfrac{1}{sC_1}}=-\frac{V_o(s)}{R_2\mathbin{/\mkern-6mu/}\dfrac{1}{sC_2}}$$

于是，传递函数为

$$H(s)=\frac{V_o(s)}{V_s(s)}=-\frac{R_2\mathbin{/\mkern-6mu/}\dfrac{1}{sC_2}}{R_1+\dfrac{1}{sC_1}}=-\frac{sR_2C_1}{(1+sR_1C_1)(1+sR_2C_2)}$$

(2) 设 $R_1C_1=R_2C_2=RC$，则 $H(s)=-\dfrac{R_2}{R_1}\dfrac{sRC}{(1+sRC)^2}$。令 $s=\mathrm{j}\omega$，即由 S 域变换至频域得

$$H(\mathrm{j}\omega)=-\frac{R_2}{R_1}\frac{\mathrm{j}\omega RC}{(1+\mathrm{j}\omega RC)^2}$$

令 $\omega_H=\dfrac{1}{RC}$，则有 $H(\mathrm{j}\omega)=-\dfrac{R_2}{R_1}\dfrac{\mathrm{j}\dfrac{\omega}{\omega_H}}{1-\left(\dfrac{\omega}{\omega_H}\right)^2+2\mathrm{j}\dfrac{\omega}{\omega_H}}$。

当 $\omega=\omega_H$ 时，即 $H(\mathrm{j}\omega)=-\dfrac{1}{2}\dfrac{R_2}{R_1}$，为比例运算电路。

当 $\omega\gg\omega_H$ 时，$H(\mathrm{j}\omega)\approx-\dfrac{R_2}{R_1}\dfrac{\mathrm{j}\dfrac{\omega}{\omega_H}}{2\mathrm{j}\dfrac{\omega}{\omega_H}-\left(\dfrac{\omega}{\omega_H}\right)^2}=-\dfrac{R_2}{R_1}\dfrac{1}{2+\mathrm{j}\dfrac{\omega}{\omega_H}}\approx-\dfrac{R_2}{R_1}\dfrac{1}{\mathrm{j}\dfrac{\omega}{\omega_H}}$，变换至 S 域得

$$H(s)=-\frac{R_2}{R_1}\frac{1}{sRC}$$，为反相积分器。

当 $\omega\ll\omega_H$ 时，$H(\mathrm{j}\omega)\approx-\dfrac{R_2}{R_1}\dfrac{\mathrm{j}\dfrac{\omega}{\omega_H}}{1+2\mathrm{j}\dfrac{\omega}{\omega_H}}\approx-\mathrm{j}\dfrac{\omega}{\omega_H}\dfrac{R_2}{R_1}$，变换至 S 域得 $H(s)=-sRC\dfrac{R_2}{R_1}$，为反相微分器。

可见，为了使电路不失去微分功能，输入信号的频率 $f\ll f_H=\dfrac{1}{2\pi RC}$。

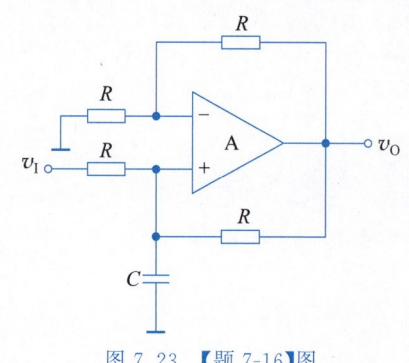

图 7.23 【题 7-16】图

【题 7-16】 一同相积分电路如图 7.23 所示，设其中集成运放是理想的。试推导 v_O 的表达式。

【解】 本题用来熟悉：理想运放电路的分析方法。
由于运放是理想的，所以有 $i_N=i_P\approx 0$，$v_N\approx v_P$。
由 $i_N=i_P\approx 0$ 可得

$$v_N=\frac{R}{R+R}v_O=\frac{1}{2}v_O$$

$$\frac{v_I-v_P}{R}+\frac{v_O-v_P}{R}=C\frac{\mathrm{d}v_P}{\mathrm{d}t}$$

而 $v_N \approx v_P$，因此得到 $v_O = \dfrac{2}{RC}\displaystyle\int_0^t v_I \mathrm{d}t$。

【题 7-17】 图 7.24 为反对数变换器，试证：$v_O = \dfrac{R_5 V_R}{R_1}\mathrm{e}^{-v_S/\tau}$，其中 $\tau = \dfrac{R_2+R_3}{R_3}V_T$。已知 $V_R = 7\mathrm{V}, R_1 = 10\mathrm{k}\Omega, R_2 = 15.7\mathrm{k}\Omega, R_3 = 1\mathrm{k}\Omega, R_5 = 10\mathrm{k}\Omega$，试问：当输入电压 v_S 由 1mV 变到 10V 时，在室温下输出电压 v_O 的变化范围是多少？设各集成运放是理想的，晶体管 T_1、T_2 特性相同。

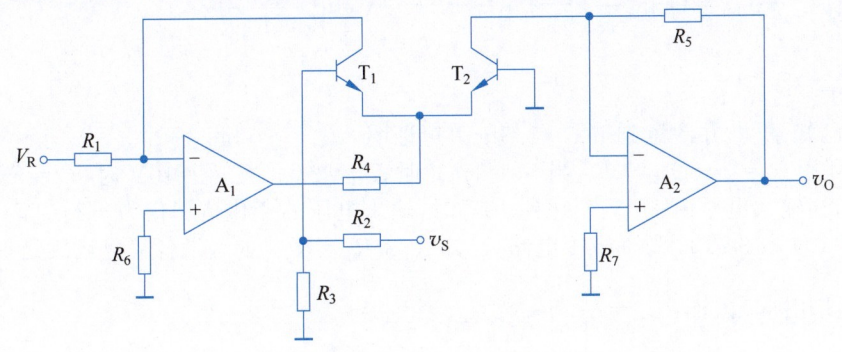

图 7.24 【题 7-17】图

【解】 本题用来熟悉：反对数（指数）运算电路的结构及其特点。

由于运放是理想的，所以"虚短"和"虚断"的概念成立。设 T_1、T_2 管的发射极电位为 v_E，由图 7.24 可得

$$v_E = -v_{BE2} = -V_T \ln \dfrac{i_{C2}}{I_S} = -V_T \ln\left(\dfrac{v_O}{R_5 I_S}\right)$$

$$v_E = \dfrac{R_3}{R_2+R_3}v_S - v_{BE1} = \dfrac{R_3}{R_2+R_3}v_S - V_T \ln \dfrac{i_{C1}}{I_S} = \dfrac{R_3}{R_2+R_3}v_S - V_T \ln\left(\dfrac{V_R}{R_1 I_S}\right)$$

联立上述两式可得 $v_O = \dfrac{R_5 V_R}{R_1}\mathrm{e}^{-\frac{R_3}{R_2+R_3}\frac{v_S}{V_T}} = \dfrac{R_5 V_R}{R_1}\mathrm{e}^{-v_S/\tau}$，代入已知数据得：$v_O = 7\mathrm{e}^{-v_S/432.2}$ (V)。

因此求得当 $v_S = 1\mathrm{mV}$ 时，$v_O = 6.99\mathrm{V}$；当 $v_S = 10\mathrm{V}$ 时，$v_O = 6.97 \times 10^{-10}\mathrm{V}$。可见，当 v_S 增大 10000 倍时，v_O 降低 10^{10} 倍。

【题 7-18】 用理想运放组成的对数变换器如图 7.25 所示，已知 $V_{CC}=10\mathrm{V}, R_6=1\mathrm{M}\Omega, R_1=10\mathrm{k}\Omega, (R_3+R_4)/R_3=16.8$。设晶体管 T_1、T_2 特性相同，β 足够大，在室温条件下，完成以下各题。

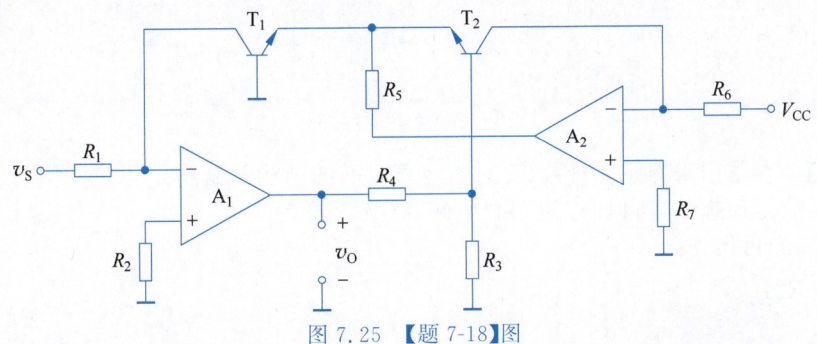

图 7.25 【题 7-18】图

(1) 求证：$v_O = -(\lg v_S + 1)$。
(2) 当输入电压 v_S 由 1mV 变到 10V 时，计算输出电压 v_O 相应的变化范围。

【解】 本题用来熟悉：对数运算电路的结构及其特点。

(1) 由于运放是理想的，所以"虚短"和"虚断"的概念成立。设 T_2 管的基极电位为 v_{B2}，由图 7.25 可得

$$\left.\begin{array}{l} v_{B2} = \dfrac{R_3}{R_3+R_4} v_O \\ v_{B2} = v_{BE2} - v_{BE1} = V_T \ln \dfrac{i_{C2}}{i_{C1}} \\ i_{C1} \approx \dfrac{v_S}{R_1}, i_{C2} \approx \dfrac{V_{CC}}{R_6} \end{array}\right\} \longrightarrow v_O = \dfrac{R_3+R_4}{R_3} V_T \ln\left(\dfrac{V_{CC} R_1}{v_S R_6}\right)$$

代入已知条件，并注意到 $\ln x = 2.3 \lg x$，可证明：$v_O = -(\lg v_S + 1)$。

(2) 利用 $v_O = -(\lg v_S + 1)$，当 $v_S = 1\text{mV}$ 时，$v_O = 2\text{V}$；当 $v_S = 10\text{V}$ 时，$v_O = -2\text{V}$。

可见，当输入电压由 1mV 变化到 10V 时，输出电压的变化范围仅为 $-2 \sim 2\text{V}$。

【题 7-19】 图 7.26 为平方根电路，已知 $R_1 = R_2 = R_3 = R_4$，设各集成运放是理想的，各晶体管特性相同。试证：$v_O = v_X \sqrt{\dfrac{v_Z}{v_Y}}$。

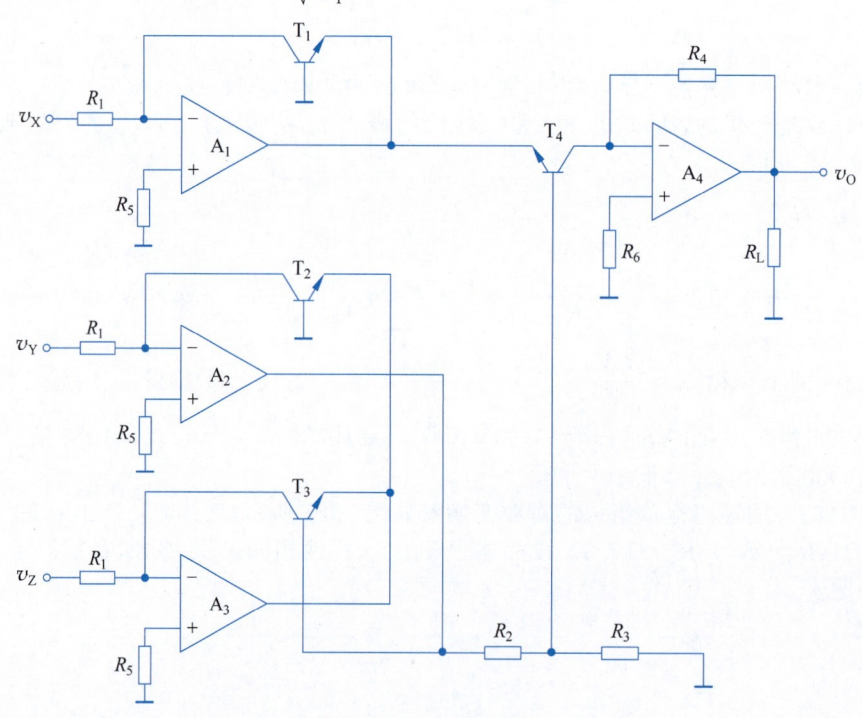

图 7.26 【题 7-19】图

【证明】 本题用来熟悉：对数、反对数运算电路的结构及其特点。

由于运放是理想的，所以"虚短"和"虚断"的概念成立。

由图 7.26 可得

$$\begin{cases} v_O = R_4 I_S e^{v_{BE4}/V_T} \\ v_{BE4} = v_{B4} - v_{E4} = \dfrac{R_3}{R_2+R_3} v_{B3} - \dfrac{R_3}{R_2+R_3} v_{B3} + v_{BE1} = \dfrac{1}{2} v_{B3} + V_T \ln \dfrac{v_X}{R_1 I_S} \\ v_{B3} = v_{BE3} - v_{BE2} = V_T \ln \dfrac{i_{C3}}{i_{C2}} = V_T \ln \dfrac{v_Z}{v_Y} \end{cases}$$

联立上述各式可证得 $v_O = v_X \sqrt{\dfrac{v_Z}{v_Y}}$。

【题 7-20】 在如图 7.27 所示电路中，设各集成运放是理想的，各晶体管特性相同。试证明：$v_O = \dfrac{R_f R}{R_X R_Y} \cdot \dfrac{v_X v_Y}{V_R}$。

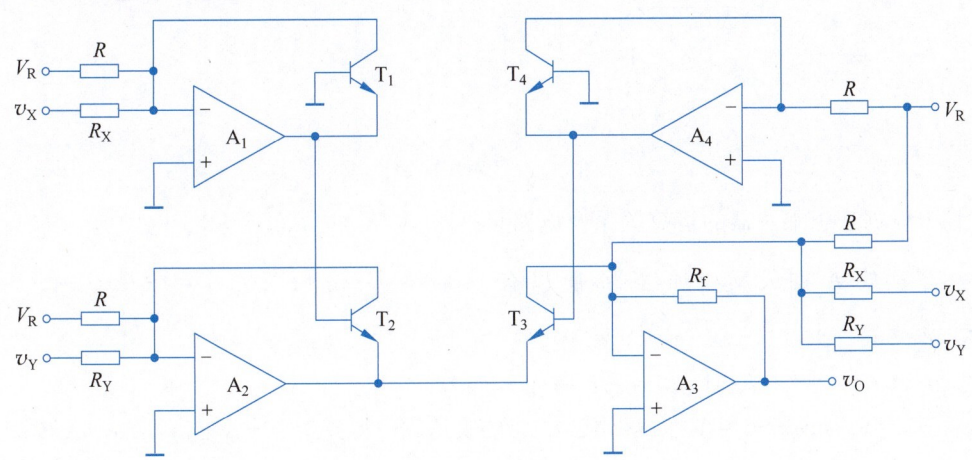

图 7.27 【题 7-20】图

【证明】 本题用来熟悉：对数、反对数运算电路的结构及其特点。

方法一：用对数变换器的原理分析。

由图 7.27 及对数运算关系可得

$$v_{BE1} = V_T \ln \dfrac{i_{C1}}{I_S} = V_T \ln \left[\left(\dfrac{V_R}{R} + \dfrac{v_X}{R_X} \right) \Big/ I_S \right]$$

$$v_{BE2} = V_T \ln \dfrac{i_{C2}}{I_S} = V_T \ln \left[\left(\dfrac{V_R}{R} + \dfrac{v_Y}{R_Y} \right) \Big/ I_S \right]$$

$$v_{BE3} = V_T \ln \dfrac{i_{C3}}{I_S} = V_T \ln \left[\left(\dfrac{V_R}{R} + \dfrac{v_X}{R_X} + \dfrac{v_Y}{R_Y} + \dfrac{v_O}{R_f} \right) \Big/ I_S \right]$$

$$v_{BE4} = V_T \ln \dfrac{i_{C4}}{I_S} = V_T \ln \left[\left(\dfrac{V_R}{R} \right) \Big/ I_S \right]$$

$$v_{BE1} + v_{BE2} = v_{BE3} + v_{BE4}$$

$$\Rightarrow v_O = \dfrac{R_f R}{R_X R_Y} \cdot \dfrac{v_X v_Y}{V_R}$$

方法二：用跨导线性环的原理分析。

在图 7.27 中，T_1、T_2、T_3、T_4 构成跨导线性环，因此有 $i_{C1} \cdot i_{C2} = i_{C3} \cdot i_{C4}$。由图 7.27 可得

$$i_{C1} = \dfrac{V_R}{R} + \dfrac{v_X}{R_X}, \quad i_{C2} = \dfrac{V_R}{R} + \dfrac{v_Y}{R_Y}, \quad i_{C3} = \dfrac{V_R}{R} + \dfrac{v_X}{R_X} + \dfrac{v_Y}{R_Y} + \dfrac{v_O}{R_f}, \quad i_{C4} = \dfrac{V_R}{R}$$

整理上述各式即可得证。

【题 7-21】 电路如图 7.28 所示，设运放和乘法器都具有理想特性。

(1) 写出 v_{O1}、v_{O2} 和 v_O 的表达式。

(2) 当 $v_{S1} = V_{sm} \sin \omega t$，$v_{S2} = V_{sm} \cos \omega t$，说明此电路具有检测正交振荡幅值的功能（称平方律振幅检测电路）。提示：$\sin^2 \omega t + \cos^2 \omega t = 1$。

【解】 本题用来熟悉：模拟乘法器的分析方法及应用。

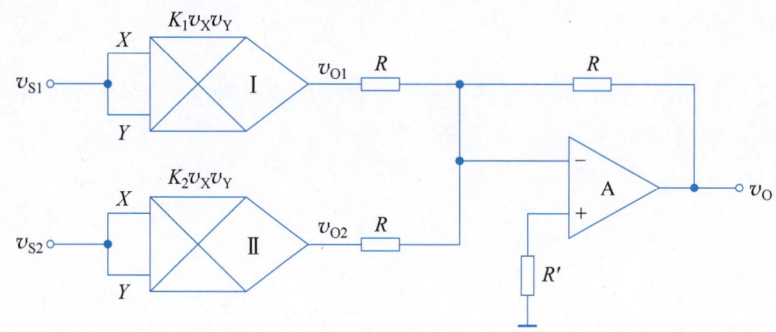

图 7.28 【题 7-21】图

(1) 根据理想乘法器的运算关系及电路可得 $v_{O1}=K_1 v_{S1}^2$,$v_{O2}=K_2 v_{S2}^2$。

由于运放 A 构成反相加法器,所以有 $v_O = -\left(\dfrac{R}{R}v_{O1}+\dfrac{R}{R}v_{O2}\right) = -(v_{O1}+v_{O2}) = -(K_1 v_{S1}^2 + K_2 v_{S2}^2)$。

(2) 当 $K_1=K_2=K$ 时,$v_O=-K(v_{S1}^2+v_{S2}^2)$。

将 $v_{S1}=V_{sm}\sin\omega t$,$v_{S2}=V_{sm}\cos\omega t$ 代入 v_O 的表达式中得:$v_O=-KV_{sm}^2(\sin^2\omega t+\cos^2\omega t)=-KV_{sm}^2$。

$\sin\omega t$ 和 $\cos\omega t$ 是不含信息的载波,V_{sm} 为幅度调制信号。所以该电路可以用于检波,又称为平方律振幅检波电路。

【题 7-22】 有效值检测电路如图 7.29 所示,若 $R_2 \to \infty$,试证明:$v_O=\sqrt{\dfrac{1}{T}\displaystyle\int_0^T v_1^2 \mathrm{d}t}$,其中,$T=\dfrac{CR_1R_3K_2}{R_4K_1}$。

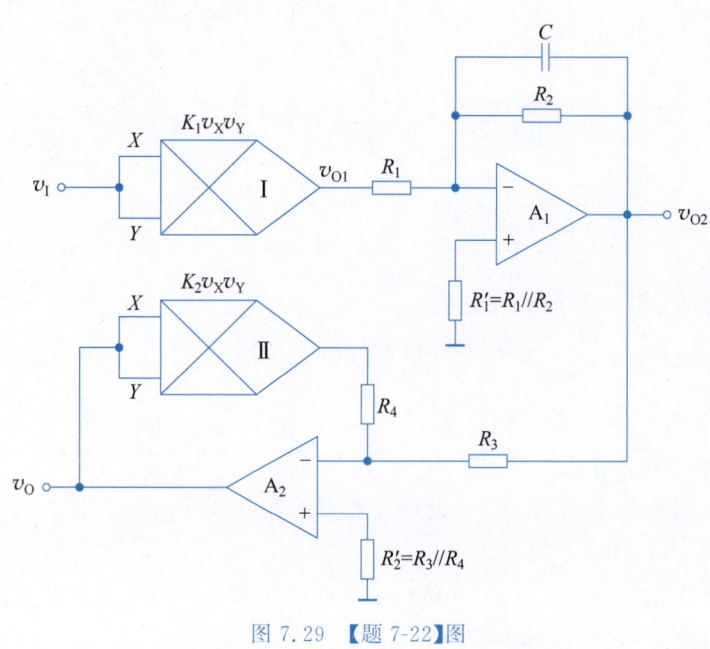

图 7.29 【题 7-22】图

【证明】 本题用来熟悉：模拟乘法器的分析方法及应用。

由图 7.29 可得：$v_{O1}=K_1v_I^2$。

若 $R_2\to\infty$，A_1 构成反相积分运算电路，$v_{O2}(t)=-\dfrac{1}{R_1C}\displaystyle\int_0^t v_{O1}(t)\mathrm{d}t+v_{O2}(0)=-\dfrac{1}{R_1C}\displaystyle\int_0^t K_1v_I^2(t)\mathrm{d}t$。

A_2、R_3、R_4 和乘法器Ⅱ组成平方根电路，$v_O=\sqrt{-\dfrac{R_4}{K_2R_3}v_{O2}}=\sqrt{\dfrac{R_4}{K_2R_3}\cdot\dfrac{K_1}{R_1C}\displaystyle\int_0^t v_I^2\mathrm{d}t}$。

令 $T=\dfrac{CR_1R_3K_2}{R_4K_1}$，则 $v_O=\sqrt{\dfrac{1}{T}\displaystyle\int_0^T v_I^2\mathrm{d}t}$。

【题 7-23】 由运放组成的同相放大电路如图 7.30 所示，已知运放的共模抑制比 $K_{CMR}=60\mathrm{dB}$，开环差模电压增益 $A_{od}=10^4$，其余参数均为理想值，输入电压 $V_S=1.22\mathrm{mV}$。

(1) 试求输出电压 V_O 值。

(2) 若 $K_{CMR}\to\infty$，其余参数不变，试求相应的 V'_O 值，并分析比较题(1)、(2)中的结果。

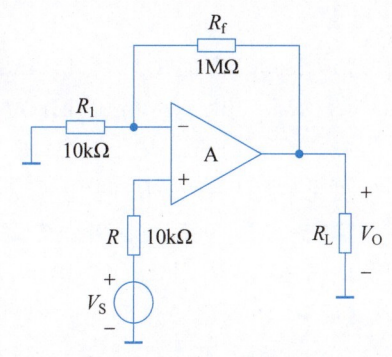

图 7.30 【题 7-23】图

【解】 本题用来熟悉：非理想参数对运放电路运算精度的影响。

(1) 当 K_{CMR}、A_{od} 为有限值时，则有

$$V_O=\left(1+\dfrac{R_f}{R_1}\right)\cdot\dfrac{1+\dfrac{1}{K_{CMR}}}{1+\dfrac{1+R_f/R_1}{A_{od}}}V_S$$

$$=\left(1+\dfrac{1\times 10^3}{10}\right)\times\dfrac{1+\dfrac{1}{1000}}{1+\dfrac{1+1\times 10^3/10}{10^4}}\times 1.22\mathrm{mV}\approx 122.11\mathrm{mV}$$

(2) 若 $K_{CMR}\to\infty$，则

$$V'_O=\left(1+\dfrac{R_f}{R_1}\right)\cdot\dfrac{1}{1+\dfrac{1+R_f/R_1}{A_{od}}}V_S$$

$$=\left(1+\dfrac{1\times 10^3}{10}\right)\times\dfrac{1}{1+\dfrac{1+1\times 10^3/10}{10^4}}\times 1.22\mathrm{mV}\approx 121.99\mathrm{mV}$$

因 K_{CMR} 为有限值而引入的 V_O 的相对误差为 $\left|\dfrac{V'_O-V_O}{V_O}\right|\times 100\%=\left|\dfrac{121.99-122.11}{122.11}\right|\times 100\%\approx 0.098\%$。

【题 7-24】 在如图 7.31 所示电路中，已知 $A_{vf}=-10$，若运放的 $V_{IO}=2\mathrm{mV}$，$I_{IB}=80\mathrm{nA}$，$I_{IO}=20\mathrm{nA}$，求下列几种情况下电路输出的误差电压 ΔV_O 值。

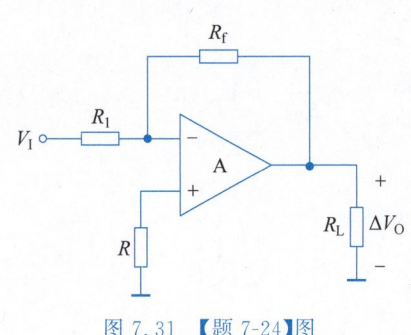

图 7.31 【题 7-24】图

(1) $R_1 = 10\text{k}\Omega, R_f = 100\text{k}\Omega, R = 0$。
(2) $R_1 = 10\text{k}\Omega, R_f = 100\text{k}\Omega, R = R_1 /\!/ R_f$。
(3) $R_1 = 100\text{k}\Omega, R_f = 1\text{M}\Omega, R = 0$。

【解】 本题用来熟悉：非理想参数对运放电路运算精度的影响。

当 V_{IO}、I_{IB}、I_{IO} 为非理想值时引入的电路的误差输出电压为

$$\Delta V_O = \left(1 + \frac{R_f}{R_1}\right)\left[V_{IO} + I_{IB}(R_1 /\!/ R_f - R) + \frac{I_{IO}}{2}(R_1 /\!/ R_f + R)\right]$$

(1) $R_1 = 10\text{k}\Omega, R_f = 100\text{k}\Omega, R = 0$ 时，$\Delta V_O \approx 31\text{mV}$。
(2) $R_1 = 10\text{k}\Omega, R_f = 100\text{k}\Omega, R = R_1 /\!/ R_f$ 时，$\Delta V_O \approx 24\text{mV}$。
(3) $R_1 = 100\text{k}\Omega, R_f = 1\text{M}\Omega, R = 0$ 时，$\Delta V_O \approx 112\text{mV}$。

可见，当 $R = R_1 /\!/ R_f$ 时，由 V_{IO}、I_{IB}、I_{IO} 引入的误差输出电压最小。

【题 7-25】 失调电流补偿电路如图 7.32 所示，当 $I_{BN} = 100\text{nA}, I_{BP} = 80\text{nA}$ 时，使输出误差电压 $\Delta V_O = 0$ 时，求平衡电阻 R 的值是多少？

【解】 本题用来熟悉：平衡电阻的配置原理。

配置平衡电阻的目的是要消除偏置电流 I_{IB} 对运算精度的影响，当加入平衡电阻 R 后，应保证电路在零输入时产生零输出，即当 $\Delta V_I = 0$ 时，应有 $\Delta V_O = 0$。

由图 7.32 可得 $V_P = -I_{BP}R$，由于 $\Delta V_O = 0$，则有 $V_N = -I_{BN}(R_1 /\!/ R_f)$，于是有

$$\Delta V_I = V_P - V_N = -I_{BP}R + I_{BN}(R_1 /\!/ R_f)$$

而 $\Delta V_I = 0$，因此可得 $R = \dfrac{I_{BN}}{I_{BP}}(R_1 /\!/ R_f)$。代入数据求得 $R = 93.75\text{k}\Omega$。

注意：由 $R = \dfrac{I_{BN}}{I_{BP}}(R_1 /\!/ R_f)$ 可知，当 $I_{BN} = I_{BP}$ 时，为了消除偏置电流 I_{IB} 对运算精度的影响，应配置平衡电阻 R，并使 $R = R_1 /\!/ R_f$。

【题 7-26】 已知运放 μA741 的 $V_{IO} = 5\text{mV}, I_{IB} = 100\text{nA}, I_{IO} = 20\text{nA}$，当 V_{IO}、I_{IB}、I_{IO} 为不同取值时，试回答下列问题。

(1) 设反相输入运算放大电路如图 7.33 所示，若 $V_{IO} = 0\text{V}$，求由于偏置电流 $I_{IB} = I_{BN} = I_{BP}$ 而引起的输出直流电压 V_O。

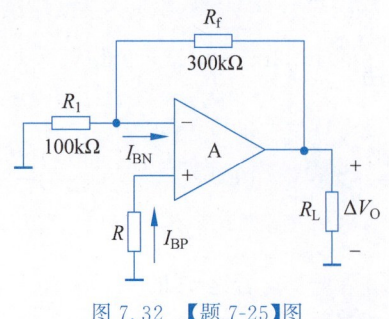

图 7.32 【题 7-25】图

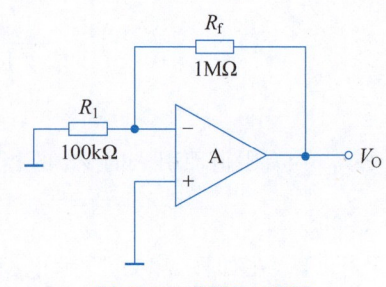

图 7.33 【题 7-26】图

(2) 怎样消除偏置电流 I_{IB} 的影响,以使 $V_O = 0$?

(3) 在题(2)的改进电路中,若 $V_{IO} = 0, I_{IO} \neq 0$(即 $I_{BN} \neq I_{BP}$),试计算 V_O 的值。

(4) 在题(2)的改进电路中,若 $I_{IO} = 0, V_{IO} \neq 0$,试计算 V_O 的值。

(5) 在题(2)的改进电路中,若 $V_{IO} \neq 0$ 及 $I_{IO} \neq 0$,求 V_O。

【解】 本题用来熟悉:非理想参数对运放电路运算精度的影响。

当 V_{IO}、I_{IB}、I_{IO} 为非理想值时,引入电路的总的误差输出电压为 $\Delta V_O = \left(1 + \dfrac{R_f}{R_1}\right)[V_{IO} + I_{IB}(R_1 /\!/ R_f - R) + \dfrac{I_{IO}}{2}(R_1 /\!/ R_f + R)]$,其中,$R$ 为同相端的平衡电阻。

(1) 若 $V_{IO} = 0, I_{IB} = I_{BN} = I_{BP}$ 时,$I_{IO} = |I_{BP} - I_{BN}| = 0$,图 7.33 引入的误差输出电压为

$$\Delta V_O = \left(1 + \dfrac{R_f}{R_1}\right) I_{IB}(R_1 /\!/ R_f) = \left(1 + \dfrac{1000}{100}\right) \times 100 \times 10^{-9} \times (100 /\!/ 1000) \times 10^3 \text{V} = 0.1 \text{V}$$

此时的输出电压 $V_O = -0.1 \text{V}$。

(2) 要消除偏置电流的影响,以使 $V_O = 0$,应在运放的同相端接一平衡电阻 R,如图 7.34 所示。当 $I_{BN} = I_{BP}$ 时,有

$$R = R_1 /\!/ R_f = 100 /\!/ 1000 \approx 90.9 \text{k}\Omega$$

(3) 在题(2)的改进电路中加入了平衡电阻 R,可消除 I_{IB} 引入的误差输出电压,若 $V_{IO} = 0, I_{IO} \neq 0$,则由 I_{IO} 引入的误差输出电压为

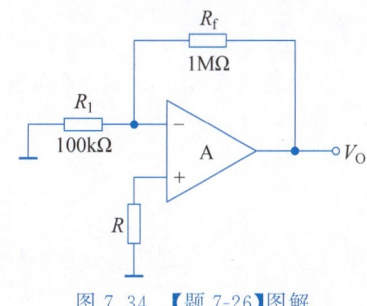

图 7.34 【题 7-26】图解

$$\Delta V_O = \left(1 + \dfrac{R_f}{R_1}\right) \cdot \dfrac{I_{IO}}{2}(R_1 /\!/ R_f + R) = \left(1 + \dfrac{R_f}{R_1}\right) \cdot \dfrac{I_{IO}}{2}(R_1 /\!/ R_f + R_1 /\!/ R_f)$$

$$= \left(1 + \dfrac{1000}{100}\right) \times \dfrac{20 \times 10^{-9}}{2} \times (100 /\!/ 1000 + 100 /\!/ 1000) \times 10^3 \text{V} = 0.02 \text{V}$$

即此时的输出电压为 $V_O = 20 \text{mV}$。

(4) 在题(2)的改进电路中,若 $I_{IO} = 0, V_{IO} \neq 0$,则由 V_{IO} 引起的误差输出电压为

$$\Delta V_O = \left(1 + \dfrac{R_f}{R_1}\right) V_{IO} = \left(1 + \dfrac{1000}{100}\right) \times (\pm 5 \text{mV}) = \pm 55 \text{mV}$$

即此时的输出电压为 $V_O = \pm 55 \text{mV}$。

(5) 在题(2)的改进电路中,若 $I_{IO} \neq 0$ 及 $V_{IO} \neq 0$,则引入的误差输出电压为

$$\Delta V_O = \left(1 + \dfrac{R_f}{R_1}\right)\left[V_{IO} + \dfrac{I_{IO}}{2}(R_1 /\!/ R_f + R)\right] = (\pm 55 + 20) \text{mV}$$

【题 7-27】 I_{IO} 和 I_{IB} 的补偿电路如图 7.35 所示,设运放的 $I_{BN} = 90 \text{nA}, I_{BP} = 70 \text{nA}$,运放同相端接入的电阻 $R_5 = 9 \text{k}\Omega$,当 $V_I = 0$ 时,要使输出误差电压 $V_O = 0$,补偿电路应提供多大的补偿电流 I_C?

【解】 本题用来熟悉:运放失调电流和偏置电流补偿电路的分析方法。

当 $V_I = 0$ 时,要使输出误差电压 $V_O = 0$,应有

$$V_P = V_N$$

由图 7.35 可知

$$V_P = -I_{BP}R_5 = -70 \times 10^{-9} \times 9 \times 10^3 \text{V} = -0.63\text{mV}$$

于是有

$$V_N = -0.63\text{mV}$$

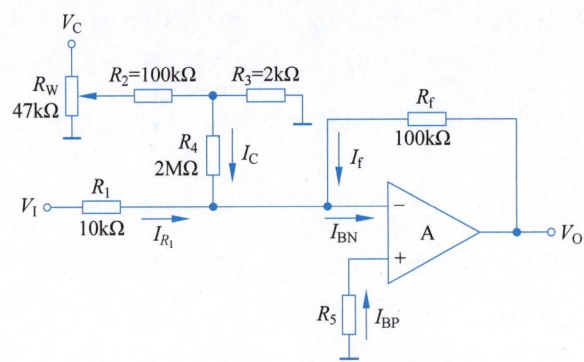

图 7.35　【题 7-27】图

在运放的反相输入端,可列出 KCL 方程为

$$I_C + I_{R_1} + I_f = I_{BN}$$

故得

$$I_C = I_{BN} - I_{R_1} - I_f$$

而 $I_{R_1} = \dfrac{V_I - V_N}{R_1} = -\dfrac{V_N}{R_1} = -\dfrac{-0.63 \times 10^{-3}}{10 \times 10^3}\text{A} = 63\text{nA}$,$I_f = \dfrac{V_O - V_N}{R_f} = -\dfrac{V_N}{R_f} = -\dfrac{-0.63 \times 10^{-3}}{100 \times 10^3}\text{A} = $ 6.3nA,因此有

$$I_C = 90\text{nA} - 63\text{nA} - 6.3\text{nA} = 20.7\text{nA}$$

【题 7-28】　电路如图 7.36 所示,当温度 $T = 25℃$ 时,运放失调电压 $V_{IO} = 5\text{mV}$,输入失调电压的温漂 $dV_{IO}/dT = 5\mu\text{V}/℃$。

(1) 当 $R_f/R_1 = 1000$ 时,求 $T = 125℃$ 时,输出误差电压 ΔV_O 为多少?

(2) 若采取调零措施消除 V_{IO} 引起的 ΔV_O,求由 dV_{IO}/dT 引起的 ΔV_O 为多少?

(3) 若 $R_f/R_1 = 100$,允许 $\Delta V_O = 540\text{mV}$ 时的温度不能超过多少?

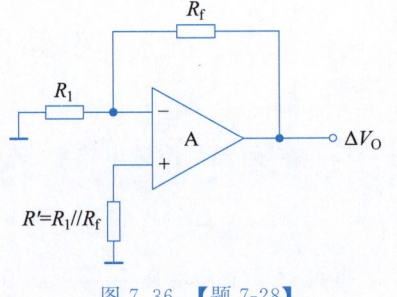

图 7.36　【题 7-28】

【解】　本题用来熟悉:失调及其温漂对运算电路运算精度的影响。

由 V_{IO} 引入的误差电压为

$$\Delta V_O = \left(1 + \dfrac{R_f}{R_1}\right)V_{IO}$$

V_{IO} 随温度的变化关系为

$$V_{IO}(T + \Delta T) = V_{IO}(T) + \dfrac{dV_{IO}}{dT}\Delta T$$

(1) 当 $T = 125℃$ 时,可求得

$$V_{IO}(125℃) = V_{IO}(25℃) + \dfrac{dV_{IO}}{dT}(125℃ - 25℃) = 5\text{mV} + 5\mu\text{V}/℃ \times 100℃ = 5.5\text{mV}$$

因此得到

$$\Delta V_O = \left(1 + \frac{R_f}{R_1}\right)V_{IO} = (1+1000) \times 5.5\text{mV} \approx 5.51\text{V}$$

（2）若采取调零措施，可消除失调电压 $V_{IO}(25℃)$ 引起的 $\Delta V_O(25℃)$，即 $V_{IO}(25℃)=0$。此时，输出误差电压由失调电压的温漂 dV_{IO}/dT 引起。

$$V_{IO}(125℃) = \frac{dV_{IO}}{dT}(125℃ - 25℃) = 5\mu\text{V}/℃ \times 100℃ = 0.5\text{mV}$$

$$\Delta V_O = \left(1 + \frac{R_f}{R_1}\right)V_{IO} = (1+1000) \times 0.5\text{mV} \approx 0.5\text{V}$$

（3）若 $R_f/R_1 = 100$，并允许 $\Delta V_O = 540\text{mV}$ 时，由 $\Delta V_O = \left(1 + \frac{R_f}{R_1}\right)V_{IO} = \left(1 + \frac{R_f}{R_1}\right)\left[V_{IO}(T) + \frac{dV_{IO}}{dT}\Delta T\right]$，代入数据解得：$\Delta T \approx 69.3℃$。

因此温度不能超过 $T' = T + \Delta T = 25℃ + 69.3℃ = 94.3℃$。

【题 7-29】 图 7.37 是一个线性整流电路，设运放及二极管均是理想的。

(1) 试画出电路的输入-输出特性 $v_O = f(v_I)$。
(2) 当 $v_I = 10\sin\omega t$ V 时，试画出 v_O 的波形。
(3) 二极管 D_1、D_2 各起什么作用？若去掉 D_1，电路工作情况将产生什么变化？

【解】 本题用来熟悉：精密整流电路的分析方法及特点。

(1) 当 $v_I < 0$ 时，$v_O' > 0$，D_1 截止，D_2 导通，电路为反相比例运算电路，$v_O = -\frac{R_2}{R_1}v_I$；当 $v_I > 0$ 时，$v_O' < 0$，D_1 导通，D_2 截止，$v_O = 0$。电路的转移特性如图 7.38(a)所示。

(2) 当 $v_I = 10\sin\omega t$ (V)时，v_O 的波形如图 7.38(b)所示。

(3) D_1 为反馈管，D_2 为整流管。若去掉 D_1，则当 $v_I > 0$ 时，运放开环工作。此外，D_1 的加入可以加速电路的动作时间，输入为零时输出也为零。

图 7.37 【题 7-29】图

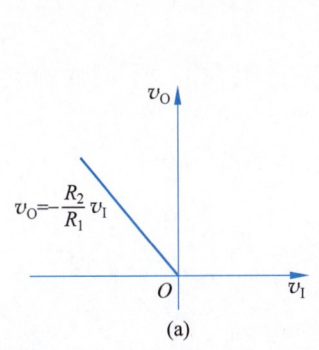

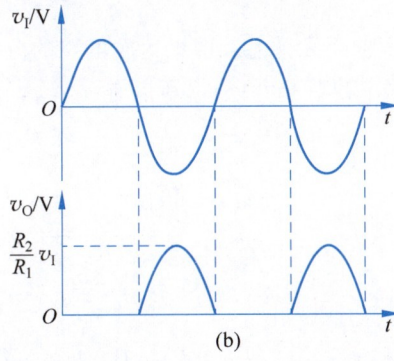

图 7.38 【题 7-29】图解

【题 7-30】 试画出如图 7.39 所示电路的电压传输特性,设各集成运放及二极管是理想的。

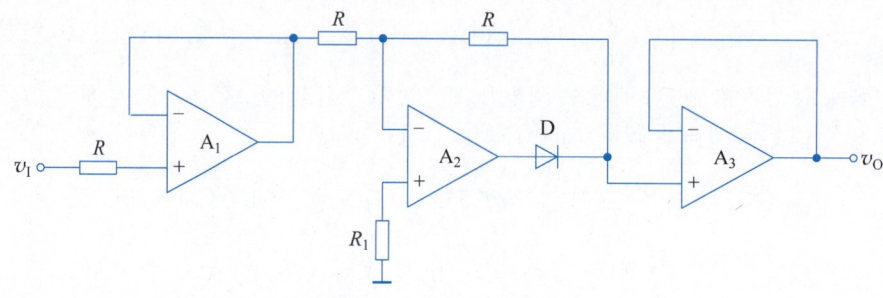

图 7.39 【题 7-30】图

【解】 本题用来熟悉：精密整流电路的分析方法。

A_1、A_3 组成电压跟随器电路。分析本题的关键在于判断二极管的导通与否。

当 $v_I > 0$ 时, $v_{O1} > 0$, A_2 输出负电压, D 截止, $v_{P3} = v_{N2} = v_{P2} = 0$。故得 $v_O = v_{P3} = 0$。

当 $v_I < 0$ 时, $v_{O1} < 0$, A_2 输出正电压, D 导通, A_2 构成反相比例运算电路。

$$v_{O2} = -\frac{R}{R}v_{O1} = -v_{O1} = -v_I$$

故得 $v_O = v_{O2} = -v_I$。

电压传输特性如图 7.40 所示,由图可见,该电路为半波整流电路。

【题 7-31】 在如图 7.41 所示电路中,集成运放满足理想化条件,若 $R_2/R_1 = R_4/R_3$,试证流过负载 R_L 的电流 i_L 与 R_L 的大小无关。

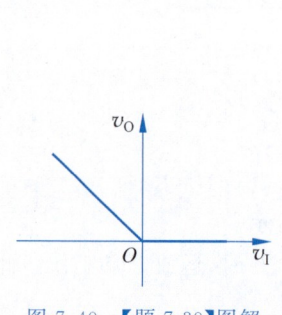

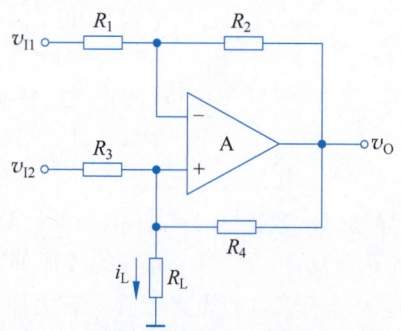

图 7.40 【题 7-30】图解   图 7.41 【题 7-31】图

【解】 本题用来熟悉：理想运放电路的分析方法。

由于运放满足理想化条件,所以有 $v_N \approx v_P$, $i_N = i_P \approx 0$。故而由图 7.41 可列出下列方程

$$\begin{cases} \dfrac{v_{I1} - v_N}{R_1} = \dfrac{v_N - v_O}{R_2} \\ \dfrac{v_{I2} - v_P}{R_3} = i_L + \dfrac{v_P - v_O}{R_4} \\ v_N \approx v_P = i_L R_L \end{cases}$$

联立上述方程并考虑 $R_2/R_1 = R_4/R_3$,可得 $i_L = \dfrac{v_{I2} - v_{I1}}{R_3}$,可见 i_L 与 R_L 的大小无关。

【题 7-32】 图 7.42 是一阶全通滤电路的一种形式。

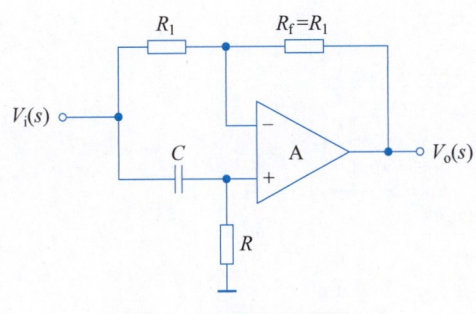

图 7.42 【题 7-32】图

(1) 试证明电路的电压增益表达式为

$$A_v(j\omega) = -\frac{1-j\omega RC}{1+j\omega RC}$$

(2) 试求它的幅频响应和相频响应,说明当 $\omega \to \infty$ 时,相角 φ 的变化情况。

【解】 本题用来熟悉:有源滤波电路的分析方法。

(1) 由图 7.42 可列出如下方程:

$$\begin{cases} V_o(s) = \left(1+\dfrac{R_f}{R_1}\right)V_p(s) - \dfrac{R_f}{R_1}V_i(s) = 2V_p(s) - V_i(s) \\ V_p(s) = \dfrac{R}{R+1/sC}V_i(s) = \dfrac{sRC}{1+sRC}V_i(s) \end{cases}$$

整理上述方程得到 $A_v(s) = \dfrac{V_o(s)}{V_i(s)} = -\dfrac{1-sRC}{1+sRC}$,令 $s=j\omega$ 即可得证。

(2) 由 $A_v(j\omega)$ 的表达式可得幅频响应 $A_v(\omega)$ 和相频响应 $\varphi(\omega)$ 的方程分别为

$$A_v(\omega) = \frac{\sqrt{1+(\omega RC)^2}}{\sqrt{1+(\omega RC)^2}} = 1 \text{(由幅频响应可知,该电路为全通滤波器)}$$

$$\varphi(\omega) = -\pi - 2\arctan(\omega RC)$$

由于当 ω 由 $0 \to \infty$ 时,$\arctan(\omega RC)$ 由 $0 \to \dfrac{\pi}{2}$,所以当 ω 由 $0 \to \infty$ 时,$\varphi(\omega)$ 的变化情况为 $-\pi \to -2\pi$。

【题 7-33】 设 A 为理想运放,试写出如图 7.43 所示电路的传递函数,并指出滤波电路的类型。

【解】 本题用来熟悉:有源滤波电路的分析方法。

在图 7.43(a)中,由于 $v_N \approx v_P = 0$,$i_N = i_P \approx 0$,所以有:$\dfrac{V_i(s)}{R_1+1/sC} = -\dfrac{V_o(s)}{R_f}$,因此得到传递函数如下:

$$A_v(s) = \frac{V_o(s)}{V_i(s)} = -\frac{sR_fC}{1+sR_1C}$$

频响表达式为

$$A_v(j\omega) = -\frac{j\omega R_f C}{1+j\omega R_1 C} = -\frac{R_f}{R_1}\frac{j\omega R_1 C}{1+j\omega R_1 C} = -\frac{R_f}{R_1}\frac{1}{1-j\omega_0/\omega}\left(\text{其中},\omega_0 = \frac{1}{R_1 C}\right)$$

幅频响应为

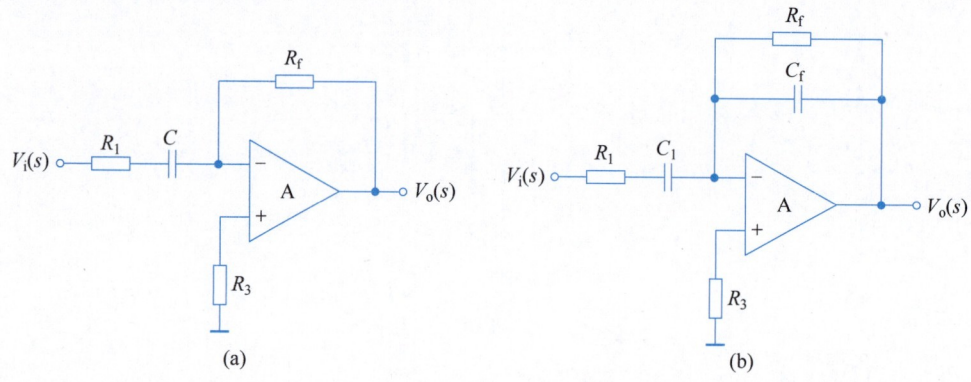

图 7.43 【题 7-33】图

$$A_v(\omega) = \frac{R_f}{R_1} \frac{1}{\sqrt{1+(\omega_0/\omega)^2}}$$

由幅频响应可知：当 $\omega \ll \omega_0$ 时，$A_v(\omega) \to 0$；当 $\omega = \omega_0$ 时，$A_v(\omega) = \frac{1}{\sqrt{2}} \frac{R_f}{R_1}$；当 $\omega \gg \omega_0$ 时，$A_v(\omega) \to \frac{R_f}{R_1}$。

因此，图 7.43(a) 为一阶高通滤波器。

图 7.43(b) 的分析可借用图 7.43(a) 的分析结果，比较两图可知：用 $R_f // \frac{1}{sC_f}$ 代替图 7.43(a) 中的 R_f，即可得到图 7.43(b) 的分析结果。

$$A_v(s) = \frac{V_o(s)}{V_i(s)} = -\frac{s\left(R_f // \frac{1}{sC_f}\right)C_1}{1+sR_1C_1} = -\frac{sR_fC_1}{1+s(R_1C_1+R_fC_f)+s^2R_1R_fC_1C_f}$$

由上式可知：图 7.43(b) 是一个带通滤波器。

【题 7-34】 电路如图 7.44 所示，设 A_1、A_2 为理想运放。
(1) 求 $A_1(s) = V_{o1}(s)/V_i(s)$ 及 $A(s) = V_o(s)/V_i(s)$。
(2) 根据导出的 $A_1(s)$ 和 $A(s)$ 的表达式，判断它们分别属于什么类型的滤波电路？

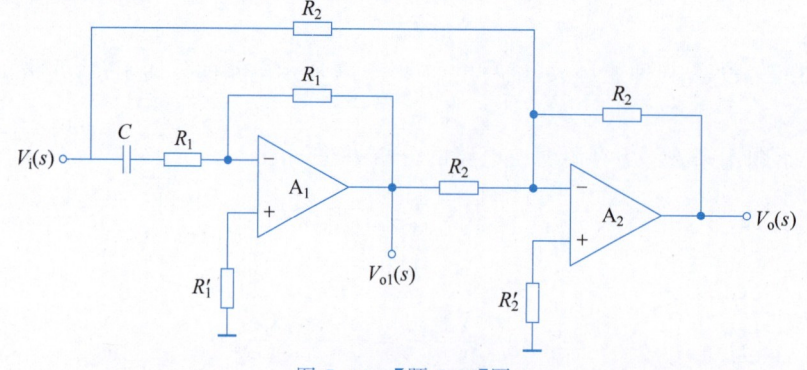

图 7.44 【题 7-34】图

【解】 本题用来熟悉：有源滤波电路的分析方法。

(1) 对于第一级电路，由于 $v_{N1} \approx v_{P1} = 0$，$i_{N1} = i_{P1} \approx 0$，所以有：$\dfrac{V_i(s)}{R_1+1/sC} = -\dfrac{V_{o1}(s)}{R_1}$，因此得到

$$A_1(s) = \frac{V_{o1}(s)}{V_i(s)} = -\frac{sR_1C}{1+sR_1C}$$

由于 A_2 为反相加法运算电路，所以有

$$V_o(s) = -\frac{R_2}{R_2}V_i(s) - \frac{R_2}{R_2}V_{o1}(s) = -V_i(s) - V_{o1}(s) = -\frac{1}{1+sR_1C}V_i(s)$$

因此得到

$$A(s) = \frac{V_o(s)}{V_i(s)} = -\frac{1}{1+sR_1C}$$

(2) 令 $s = j\omega$，可得 $A_1(j\omega) = -\dfrac{j\omega R_1C}{1+j\omega R_1C} = -\dfrac{1}{1-j\omega_0/\omega}$，其中，$\omega_0 = \dfrac{1}{R_1C}$。由此可知，为一阶高通滤波器。

令 $s = j\omega$，可得 $A(j\omega) = -\dfrac{1}{1+j\omega R_1C} = -\dfrac{1}{1+j\omega/\omega_0}$，其中，$\omega_0 = \dfrac{1}{R_1C}$。由此可知，为一阶低通滤波器。

【题 7-35】 已知某有源滤波电路的传递函数为

$$A_v(s) = \frac{V_o(s)}{V_i(s)} = -\frac{s^2}{s^2 + \dfrac{3}{R_1C}s + \dfrac{1}{R_1R_2C^2}}$$

(1) 试定性分析该电路的滤波特性（低通、高通、带通或带阻）。
(2) 求通带增益 A_{vp}、特征频率（中心频率）ω_0 及等效品质因数 Q。

【解】 本题用来熟悉：由传递函数分析滤波器性质的方法。

求解这类题目的思路是：将 $A(s)$ 化为 $A(j\omega)$，然后由 ω 从 $0 \to \infty$ 变化时相应的增益变化情况来判断滤波器的性质。

(1) 令 $s = j\omega$，可得

$$A_v(j\omega) = -\frac{-\omega^2}{-\omega^2 + \dfrac{3}{R_1C}j\omega + \dfrac{1}{R_1R_2C^2}} = -\frac{1}{1 - j\dfrac{3}{R_1C}\dfrac{1}{\omega} - \dfrac{1}{R_1R_2C^2\omega^2}}$$

令 $\omega_0 = \dfrac{1}{\sqrt{R_1R_2}\,C}$，则有 $A_v(j\omega) = -\dfrac{1}{1 - j3\sqrt{\dfrac{R_2}{R_1}}\left(\dfrac{\omega_0}{\omega}\right) - \left(\dfrac{\omega_0}{\omega}\right)^2}$，于是可得

$$A_v(\omega) = \frac{1}{\sqrt{\left[1 - \left(\dfrac{\omega_0}{\omega}\right)^2\right]^2 + 9\dfrac{R_2}{R_1}\left(\dfrac{\omega_0}{\omega}\right)^2}}$$

由上式可得，当 $\omega \ll \omega_0$ 时，$A_v(\omega) \to 0$；当 $\omega \gg \omega_0$ 时，$A_v(\omega) \to 1$。因此该电路为高通滤波器。

(2) 中心角频率为 $\omega_0 = \dfrac{1}{\sqrt{R_1R_2}\,C}$。通带内的增益为 $A_{vp} = A_v(j\omega)\big|_{\omega \to \infty} = -1$。

由高通滤波器的传递函数 $A_v(s) = \dfrac{A_{vp}s^2}{s^2 + \dfrac{\omega_0}{Q}s + \omega_0^2}$ 可得 $\dfrac{\omega_0}{Q} = \dfrac{3}{R_1C}$，即 $Q = \dfrac{1}{3}\omega_0 R_1C = \dfrac{1}{3}\sqrt{\dfrac{R_1}{R_2}}$。

【题 7-36】 在如图 7.45 所示电路中,稳压管 D_{Z1}、D_{Z2} 的稳压值分别为 V_{Z1}、V_{Z2},正向导通电压为 0.7V,运放最大输出电压为 ±13V。

(1) 若要求电路的输出高、低电平分别为 7V 和 −4V,则 V_{Z1}、V_{Z2} 应选何值?

(2) 设流过稳压管的最大允许电流为 10mA,最小允许电流为 5mA,试求限流电阻 R 的取值范围。

【解】 本题用来熟悉:过零比较器的分析方法。

(1) 由图 7.45 可知:$V_{OH} = V_{D1} + V_{Z2}$,所以
$$V_{Z2} = V_{OH} - V_{D1} = 7V - 0.7V = 6.3V$$
由图 7.45 可知:$V_{OL} = -V_{D2} - V_{Z1}$,所以
$$V_{Z1} = -V_{OL} - V_{D2} = 4V - 0.7V = 3.3V$$

(2) 限流电阻 R 上承受的最大电压及最小电压分别为
$$|V_{R\max}| = |-13-(-4)|V = 9V, \quad |V_{R\min}| = |13-7|V = 6V$$
根据要求:$V_{R\max}/R \le 10\text{mA}, V_{R\min}/R \ge 5\text{mA}$,可得:$900\Omega \le R \le 1200\Omega$。

【题 7-37】 在如图 7.46 所示电路中,已知 $V_{REF} = 2V$,稳压管的 $V_Z = 6.3V$,$V_D = 0.7V$。

(1) 试画出电路的电压传输特性 v_O-v_I。

(2) 当输入电压 $v_I(t) = 5\sin\omega t$ (V) 时,试画出 $v_O(t)$ 的波形。

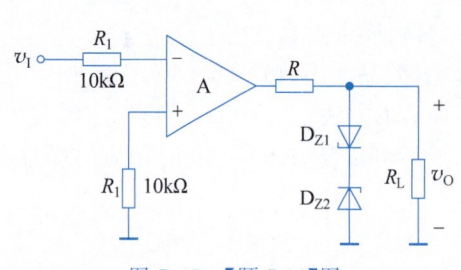
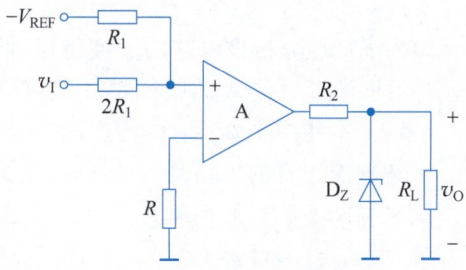

图 7.45 【题 7-36】图   图 7.46 【题 7-37】图

【解】 本题用来熟悉:单限电压比较器的分析方法。

该电路为同相输入单限电压比较器。

(1) 由图 7.46 可知

当 $v_P > v_N$ 时,$v_O = V_{OH} = 6.3V$;

当 $v_P < v_N$ 时,$v_O = V_{OL} = -0.7V$。

而 $v_P = \dfrac{R_1}{R_1 + 2R_1}v_I + \dfrac{2R_1}{R_1 + 2R_1} \cdot (-V_{REF}) = \dfrac{1}{3}v_I - \dfrac{4}{3}$,$v_N = 0$。

故得:当 $v_I > 4V$ 时,$v_O = V_{OH} = 6.3V$;当 $v_I < 4V$ 时,$v_O = V_{OL} = -0.7V$。由此画出电路的电压传输特性如图 7.47(a) 所示。

(2) 当输入电压 $v_I(t) = 5\sin\omega t$ (V) 时,输出电压 $v_O(t)$ 的波形如图 7.47(b) 所示。

【题 7-38】 在如图 7.48 所示电路中,已知运放的最大输出电压为 ±14V,$V_{REF} = 2V$,稳压管的稳压值 $V_Z = 6.3V$,正向导通电压 $V_D = 0.7V$,设 D 为理想二极管。

(1) 试画出电路的电压传输特性 v_O-v_I 曲线。

(2) 当 $v_I(t) = 10\sin\omega t$ (V) 时,试画出 $v_O(t)$ 的波形。

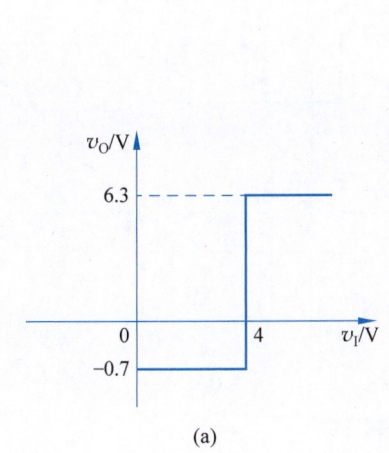
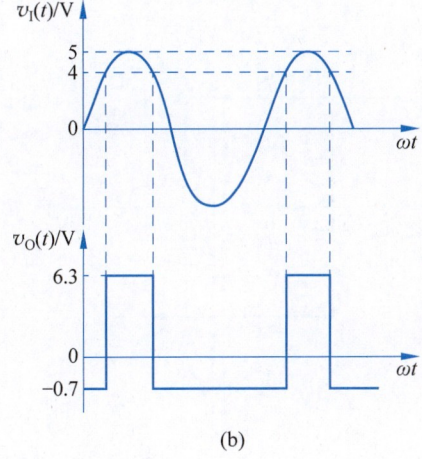

图 7.47 【题 7-37】图解

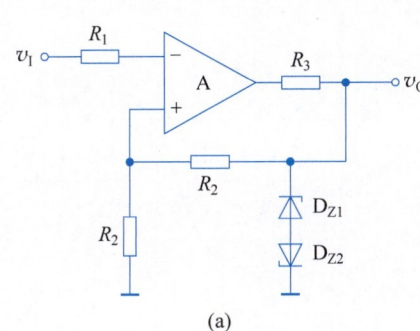
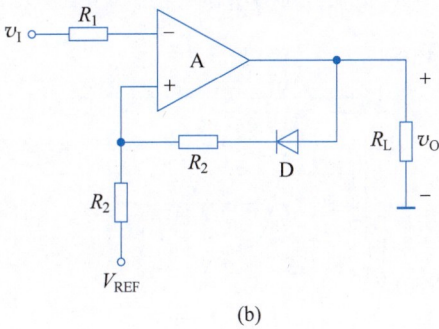

图 7.48 【题 7-38】图

【解】 本题用来熟悉：迟滞电压比较器的分析方法。

图 7.48(a)和图 7.48(b)均为反相输入迟滞电压比较器。

(1) 在图 7.48(a)中，电路输出的高、低电平分别为

$$V_{OH} = V_{Z1} + V_{D2} = 6.3\text{V} + 0.7\text{V} = 7\text{V}$$
$$V_{OL} = -(V_{Z2} + V_{D1}) = -(6.3 + 0.7)\text{V} = -7\text{V}$$

所以，比较器的上、下门限电平分别为

$$V_{TH} = \frac{R_2}{R_2 + R_2} V_{OH} = \frac{1}{2} V_{OH} = \frac{1}{2} \times 7\text{V} = 3.5\text{V}$$

$$V_{TL} = \frac{R_2}{R_2 + R_2} V_{OL} = \frac{1}{2} V_{OL} = \frac{1}{2} \times (-7)\text{V} = -3.5\text{V}$$

由此可画出其电压传输特性曲线如图 7.49(a)所示。

在图 7.48(b)中，电路输出的高、低电平分别为 $V_{OH} = 14\text{V}, V_{OL} = -14\text{V}$。

当 $v_O = V_{OH}$ 时，D 导通，可得 $V_{TH} = \frac{R_2}{R_2 + R_2} V_{OH} + \frac{R_2}{R_2 + R_2} V_{REF} = \frac{1}{2} V_{OH} + \frac{1}{2} V_{REF} = 8\text{V}$。

当 $v_O = V_{OL}$ 时，D 截止，可得 $V_{TL} = V_{REF} = 2\text{V}$。

由此可画出其电压传输特性曲线如图 7.49(b)所示。

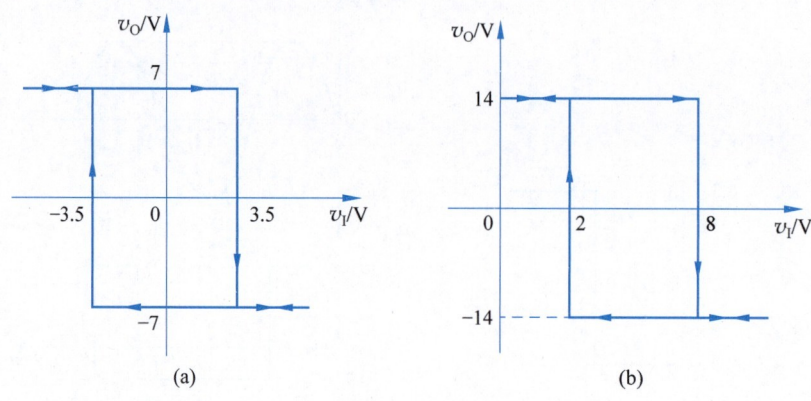

图 7.49 【题 7-38】图解(1)

(2) 当 $v_1(t)=10\sin\omega t$ (V) 时，图 7.48(a)、图 7.48(b) 所示电路的输出波形分别如图 7.50(a)、图 7.50(b) 所示。

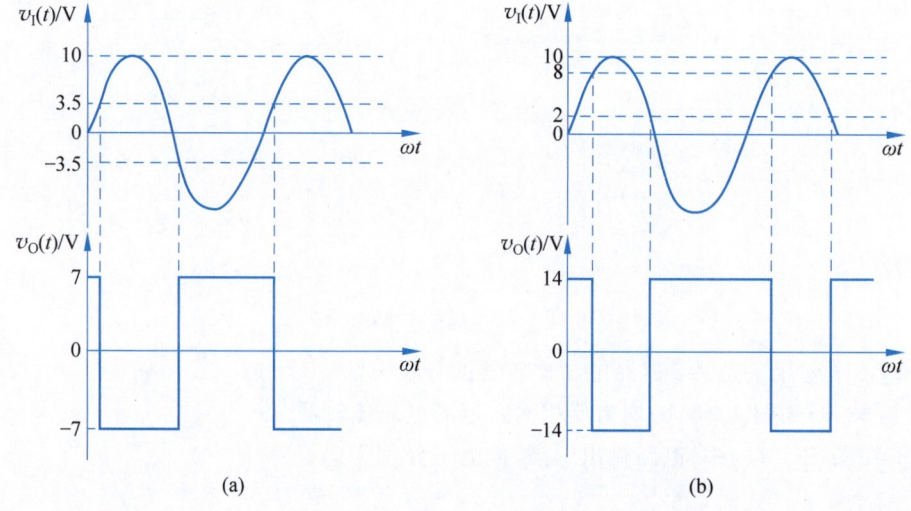

图 7.50 【题 7-38】图解(2)

【题 7-39】 在如图 7.51 所示电路中，已知运放的最大输出电压为 $\pm14\text{V}$，$V_{\text{REF}}=2\text{V}$，稳压管的稳压值 $V_Z=6.3\text{V}$，正向导通电压 $V_D=0.7\text{V}$，试画出电压传输特性 $v_O\sim v_I$ 曲线并求回差电压 ΔV_T。

【解】 本题用来熟悉：迟滞电压比较器的分析方法。

图 7.51(a) 和图 7.51(b) 均为同相输入迟滞电压比较器。

在图 7.51(a) 中，电路输出的高、低电平分别为 $V_{\text{OH}}=7\text{V}$，$V_{\text{OL}}=-7\text{V}$。

由图 7.51(a) 可知：$v_P=\dfrac{R_2}{R_2+R_2}v_I+\dfrac{R_2}{R_2+R_2}v_O=\dfrac{1}{2}v_I+\dfrac{1}{2}v_O$，$v_N=V_{\text{REF}}=2\text{V}$。

若 $v_O=V_{\text{OH}}$，则：$v_P=\dfrac{1}{2}v_I+3.5\text{V}$，此时，当 $v_P<v_N$，即 $v_I<-3\text{V}$ 时，v_O 由 V_{OH} 跳变到 V_{OL}。

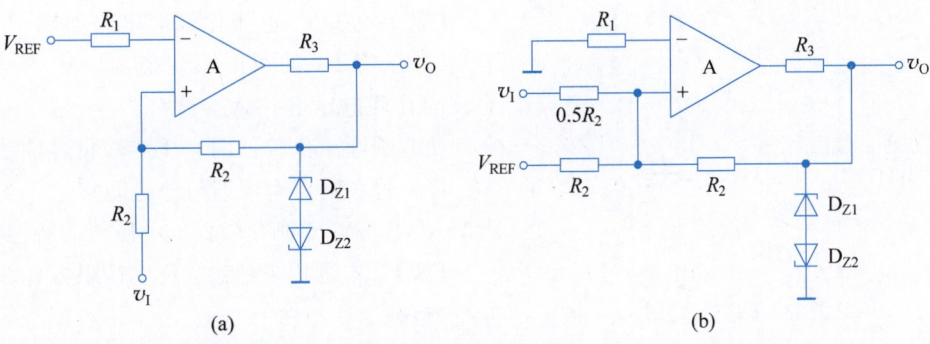

图 7.51 【题 7-39】图

若 $v_O=V_{OL}$,则:$v_P=\frac{1}{2}v_I-3.5\text{V}$,此时,当 $v_P>v_N$,即 $v_I>11\text{V}$ 时,v_O 由 V_{OL} 跳变到 V_{OH}。

由上述分析可见,如图 7.51(a)所示比较器的上、下限门限电平分别为 $V_{TH}=11\text{V}$,$V_{TL}=-3\text{V}$。其电压传输特性曲线如图 7.52(a)所示。回差电压为

$$\Delta V_T=V_{TH}-V_{TL}=11\text{V}-(-3)\text{V}=14\text{V}$$

在图 7.51(b)中,电路输出的高、低电平分别为 $V_{OH}=7\text{V}$,$V_{OL}=-7\text{V}$。

由图 7.51(b)可知:$v_P=\frac{R_2//R_2}{0.5R_2+R_2//R_2}v_I+\frac{0.5R_2//R_2}{R_2+0.5R_2//R_2}V_{REF}+\frac{0.5R_2//R_2}{R_2+0.5R_2//R_2}v_O=\frac{1}{2}v_I+\frac{1}{2}+\frac{1}{4}v_O$,$v_N=0$。

若 $v_O=V_{OH}$,则:$v_P=\frac{1}{2}v_I+\frac{9}{4}\text{V}$,此时,当 $v_P<v_N$,即 $v_I<-4.5\text{V}$ 时,v_O 由 V_{OH} 跳变到 V_{OL}。

若 $v_O=V_{OL}$,则:$v_P=\frac{1}{2}v_I-\frac{5}{4}\text{V}$,此时,当 $v_P>v_N$,即 $v_I>2.5\text{V}$ 时,v_O 由 V_{OL} 跳变到 V_{OH}。

由上述分析可见,图 7.51(b)所示比较器的上、下限门限电平分别为 $V_{TH}=2.5\text{V}$,$V_{TL}=-4.5\text{V}$。其电压传输特性曲线如图 7.52(b)所示。回差电压为

$$\Delta V_T=V_{TH}-V_{TL}=2.5\text{V}-(-4.5)\text{V}=7\text{V}$$

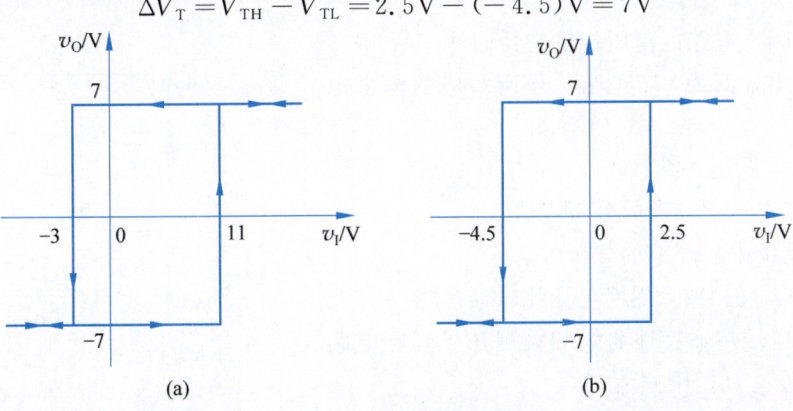

图 7.52 【题 7-39】图解

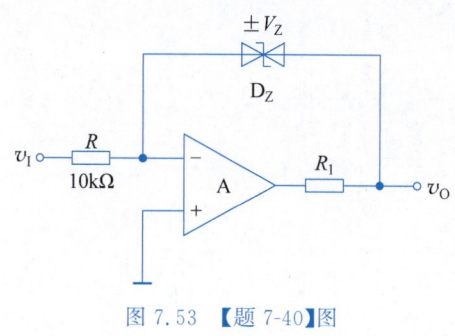

图 7.53 【题 7-40】图

【题 7-40】 一电压比较器电路如图 7.53 所示,若稳压管 D_Z 的双向限幅值为 $\pm V_Z = \pm 6V$,运放的开环电压增益 $A_{od} = \infty$。

(1)试画出比较器的电压传输特性曲线。

(2)若在同相输入端与地之间接上一参考电压 $V_{REF} = -5V$,重画比较器的电压传输特性曲线。

【解】 本题用来熟悉:负反馈限幅比较器的分析方法。

该电路为反相输入单限电压比较器。

(1)由于 $A_{od} = \infty$,假设稳压管截止,则运放工作在开环状态,输出电压不是 $+V_{OM}$ 就是 $-V_{OM}$,这样必将导致稳压管击穿而工作在稳压状态,D_Z 构成负反馈通路,使反相输入端"虚地",从而将输出电压限制在 $\pm V_Z$。具体来说:当 $v_I > 0$ 时,$v_O = -6V$;当 $v_I < 0$ 时,$v_O = +6V$。

由上述分析可画出比较器的电压传输特性曲线如图 7.54(a)所示。

(2)若在同相输入端与地之间接上一参考电压 V_{REF},则比较器的门限电平由 0 变为 $V_{REF} = -5V$,输出电压分别被限制在 $V_{OH} = +V_Z + V_{REF} = 6V + (-5)V = 1V$ 及 $V_{OL} = -V_Z + V_{REF} = -6V + (-5)V = -11V$。

由此可画出比较器的电压传输特性曲线如图 7.54(b)所示。

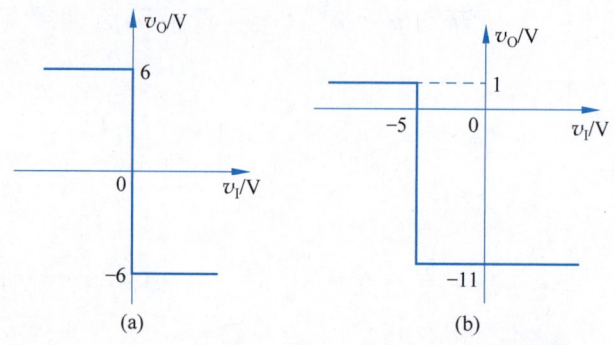

图 7.54 【题 7-40】图解

【题 7-41】 电路如图 7.55 所示,设稳压管 D_Z 的双向限幅值为 $\pm V_Z = \pm 6V$。运放的开环电压增益 $A_{od} = \infty$。

(1)试画出电路的电压传输特性曲线。

(2)画出幅值为 6V 正弦信号所对应的输出电压波形。

【解】 本题用来熟悉:

• 迟滞电压比较器的分析方法;
• 负反馈限幅环节的分析方法。

该电路为反相输入迟滞电压比较器。

(1)画电压传输特性曲线的关键在于确定电路的输出电压 v_O 和门限阈值 V_T。

由于 $A_{od} = \infty$,假设稳压管截止,则运放工作在

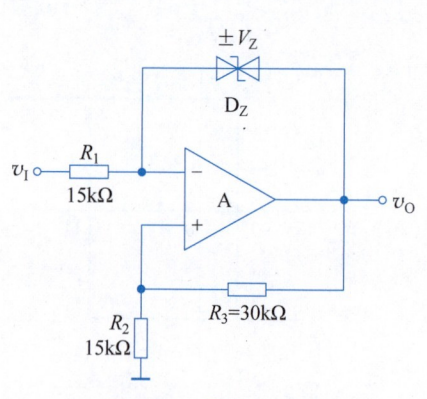

图 7.55 【题 7-41】图

开环状态,输出电压不是$+V_{OM}$就是$-V_{OM}$,这样必将导致稳压管击穿而工作在稳压状态,D_Z构成负反馈通路,因此"虚短"的概念成立,即$v_P \approx v_N$。

由图7.55可知:$v_P = \dfrac{R_2}{R_2+R_3} v_O$,所以$v_N = \dfrac{R_2}{R_2+R_3} v_O$。而由图7.55又可知:$v_O = v_N \pm V_Z$,因此得到

$$\frac{R_3}{R_2+R_3} v_O = \pm V_Z$$

即

$$v_O = \pm \frac{R_2+R_3}{R_3} V_Z = \pm \frac{15+30}{30} \times 6\text{V} = \pm 9\text{V}$$

电路的输出高电平$V_{OH} = +9\text{V}$,输出低电平$V_{OL} = -9\text{V}$。
比较器发生状态翻转是在V_{TH}和V_{TL}。

$$V_{TH} = \frac{R_2}{R_2+R_3} V_{OH} = \frac{15}{15+30} \times 9\text{V} = 3\text{V}$$

$$V_{TL} = \frac{R_2}{R_2+R_3} V_{OL} = \frac{15}{15+30} \times (-9)\text{V} = -3\text{V}$$

由上述分析可画出电路的电压传输特性曲线如图7.56(a)所示。

(2) 当$v_I = 6\sin\omega t$(V)时,由题(1)的分析可画出输出电压v_O的波形如图7.56(b)所示。

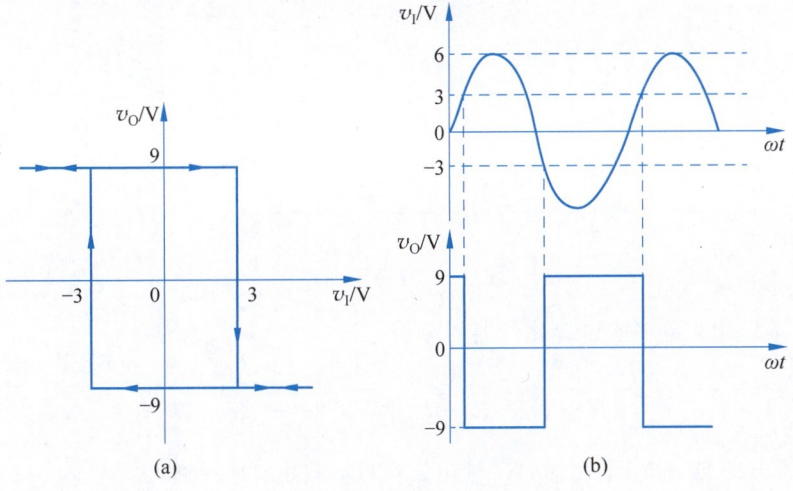

图7.56 【题7-41】图解

【题7-42】 在如图7.57所示电路中,已知稳压管的稳压值$V_Z = 7.3\text{V}$,正向导通电压$V_D = 0.7\text{V}$,D_3、D_4为理想二极管,$V_{REF1} = 5\text{V}$,$V_{REF2} = 10\text{V}$,试画出电压传输特性曲线。

【解】 本题用来熟悉:窗口比较器的分析方法。

当$v_I < V_{REF1}$时,$v_{O1} < 0$,$v_{O2} < 0$,D_3截止、D_4导通,$v_O = -(V_{D1}+V_{Z2}) = -(0.7+7.3)\text{V} = -8\text{V}$。

当$v_I > V_{REF2}$时,$v_{O1} > 0$,$v_{O2} > 0$,D_3导通、D_4截止,$v_O = V_{Z1}+V_{D2} = 7.3\text{V}+0.7\text{V} = 8\text{V}$。

当$V_{REF1} < v_I < V_{REF2}$时,$v_{O1} < 0$,$v_{O2} > 0$,$D_3$、$D_4$均截止,$v_O = 0$。

由上述分析可画出电路的电压传输特性曲线如图7.58所示。

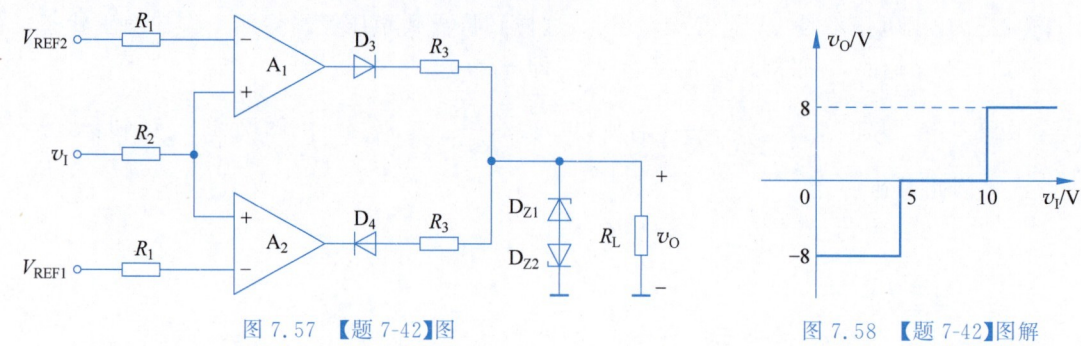

图 7.57 【题 7-42】图   图 7.58 【题 7-42】图解

【题 7-43】 图 7.59 是一种窗口比较器电路，这种比较器电路中设置了两个参考电压，一个是负值，一个是正值，分别用 $-V_{REF1}$ 和 V_{REF2} 表示，试分析该比较器的工作原理，画出电压传输特性（设运放的最大输出电压为 $\pm V_{OM}$），并确定窗口宽度 ΔV_T。

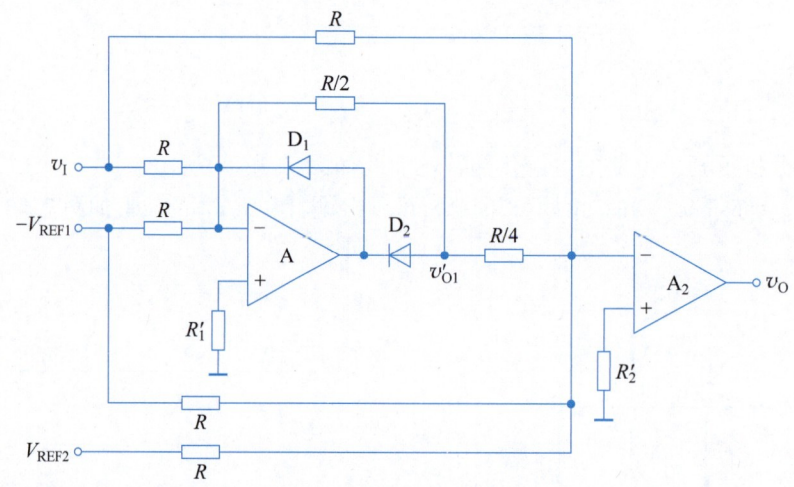

图 7.59 【题 7-43】图

【解】 本题用来熟悉：窗口比较器的分析方法。

由图 7.59 可知：$v_{N1} = \dfrac{R}{R+R} v_I - \dfrac{R}{R+R} V_{REF1} = \dfrac{1}{2} v_I - \dfrac{1}{2} V_{REF1}$。

当 $v_{N1} > 0$，即当 $v_I > V_{REF1}$ 时，A_1 输出为负，D_1 截止、D_2 导通，$v'_{O1} = -\dfrac{1}{2}(v_I - V_{REF1})$。

对 A_2 的反相输入端，列 KCL 方程，有 $\dfrac{v_I}{R} - \dfrac{V_{REF1}}{R} + \dfrac{V_{REF2}}{R} + \dfrac{v'_{O1}}{R/4} = 0$，解得上门限电平 $V_{TH} = V_{REF1} + V_{REF2}$。

当 $v_{N1} < 0$，即当 $v_I < V_{REF1}$ 时，A_1 输出为正，D_1 导通、D_2 截止，$v'_{O1} = 0$。

同样对 A_2 的反相输入端列 KCL 方程，有 $\dfrac{v_I}{R} - \dfrac{V_{REF1}}{R} + \dfrac{V_{REF2}}{R} = 0$，解得下门限电平 $V_{TL} = V_{REF1} - V_{REF2}$。

由上述分析可画出电路的电压传输特性曲线如图 7.60 所示。窗口宽度 $\Delta V_T = V_{TH} - V_{TL} = 2V_{REF2}$。

【题 7-44】 图 7.61 是利用两个二极管 D_1、D_2 和两个参考电压 V_A、V_B 来实现双限比较的窗口比较电路。设电路中 R_2 和 R_3 均远小于 R_4 和 R_1,运放的最大输出电压为 $\pm V_{OM}$。

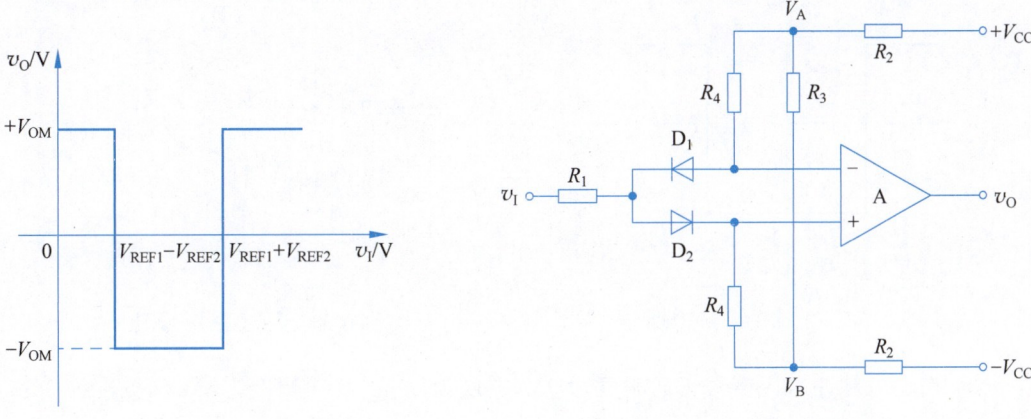

图 7.60 【题 7-43】图解　　　　　　　图 7.61 【题 7-44】图

(1) 试证明只有当 $V_A > v_I > V_B$ 时,D_1、D_2 导通,v_O 才为负。
(2) 试画出该比较器的电压传输特性曲线。

提示:假设 D_1、D_2 为理想二极管,运放也具有理想特性,$R_2 = R_3 = 0.1\text{k}\Omega$,$R_1 = 1\text{k}\Omega$,$R_4 = 100\text{k}\Omega$,$V_{CC} = 12\text{V}$。

【解】 本题用来熟悉:窗口比较器的分析方法。

(1) 由图 7.61 可得:$R_{AB} = R_3 /\!/ (R_4 + R_4) = R_3 /\!/ (2R_4)$,由于 $R_3 \ll R_4$,所以 $R_{AB} \approx R_3$。
$$V_A = \frac{V_{CC} - (-V_{CC})}{R_2 + R_{AB} + R_2} \cdot (R_{AB} + R_2) - V_{CC} = \frac{2V_{CC}}{2R_2 + R_3} \times (R_2 + R_3) - V_{CC} = \frac{R_3}{2R_2 + R_3} V_{CC}$$
代入数据可得 $V_A = 4\text{V}$。由电路的对称性可知:$V_B = -V_A = -4\text{V}$。

当 $v_I > V_A$ 时,D_1 截止,D_2 导通。所以 $v_N = V_A$,而 $v_P = \frac{R_4}{R_1 + R_4} v_I + \frac{R_1}{R_1 + R_4} V_B = \frac{100}{1 + 100} v_I + \frac{1}{1 + 100} V_B \approx v_I$。故得,当 $v_I > V_A$,即 $v_P > v_N$ 时,$v_O = +V_{OM}$。

当 $v_I < V_B$ 时,D_1 导通,D_2 截止。所以 $v_P = V_B$,而 $v_N = \frac{R_4}{R_1 + R_4} v_I + \frac{R_1}{R_1 + R_4} V_A = \frac{100}{1 + 100} v_I + \frac{1}{1 + 100} V_A \approx v_I$。故得,当 $v_I < V_B$,即 $v_N < v_P$ 时,$v_O = +V_{OM}$。

当 $V_B < v_I < V_A$ 时,D_1、D_2 均导通。$V_P \approx v_N$,但 v_N 略大于 v_P(二极管上有压降),所以:$v_O = -V_{OM}$。

(2) 由上述分析可画出该比较器的电压传输特性曲线如图 7.62 所示。

【仿真题 7-1】 电路如图 7.63 所示,运放 LF411 的电源电压 $+V_{CC} = 15\text{V}$,$-V_{EE} = -15\text{V}$,电容器 C 的初始电压 $v_C(0) = 0$。试用 Multisim 作如下分析:

(1) 当输入电压 v_I 的幅度为 1V,频率为 1kHz,占空比为 50% 的正方波时,求输出电压 v_O 的波形。

(2) 去掉电阻 R_2,重复题(1)。

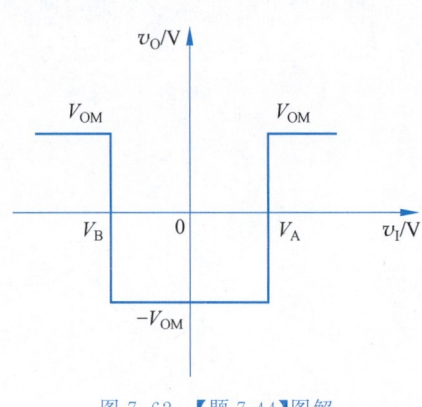

图 7.62 【题 7-44】图解

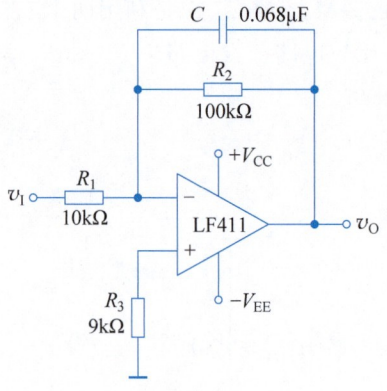

图 7.63 【仿真题 7-1】图

(3) 当输入脉冲电压信号正向幅度为 9V，宽度为 10μs，负向幅度为 −1V，宽度为 90μs，周期 T 为 100μs，求输出电压 v_O 的波形。

【解】 本题用来熟悉：积分运算电路的功能。

Multisim 仿真电路如图 7.64 所示。

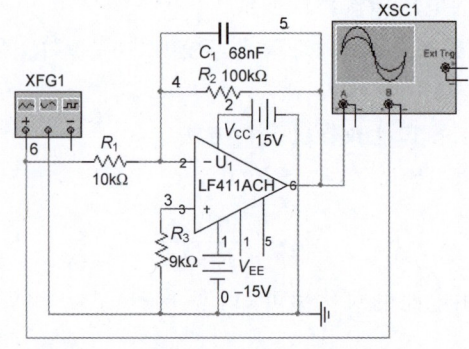

图 7.64 【仿真题 7-1】仿真图

(1) 当输入电压 v_I 的幅度为 1V，频率为 1kHz，占空比为 50% 的正方波时，图 7.64 中函数发生器的参数设置如图 7.65(a) 所示，用示波器观察到 v_I、v_O 对应的波形如图 7.65(b) 所示。图中，示波器的刻度为 2V/格。可见，积分运算电路可实现方波到三角波的转换。

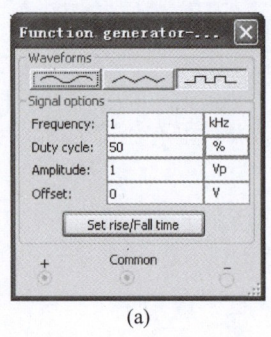

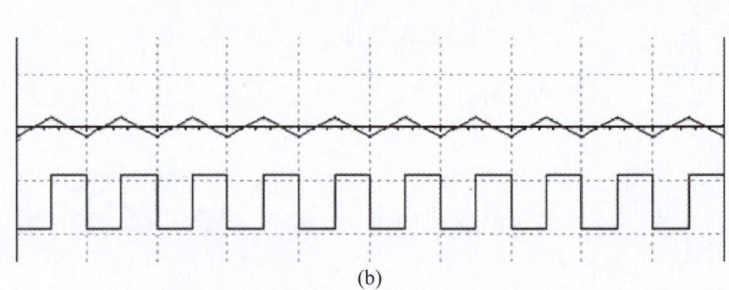

图 7.65 【仿真题 7-1】图解(1)

(2) 去掉电阻 R_2，观察到 v_I、v_O 对应的波形如图 7.66 所示，图中，示波器的刻度为 2V/格。

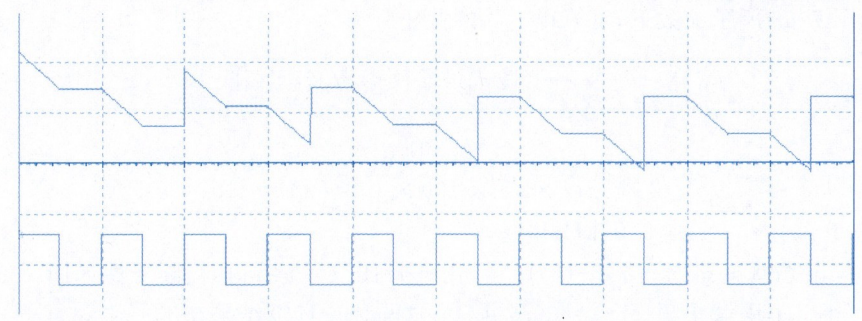

图 7.66 【仿真题 7-1】图解(2)

由图 7.66 可以看出，去掉电阻 R_2，运放会进入非线性区，输出电压被限幅。电阻 R_2 的作用是为了防止积分运算电路低频信号增益过大。

(3) 当输入脉冲电压信号正向幅度为 9V，宽度为 10μs，负向幅度为 −1V，宽度为 90μs 时，图 7.64 中函数发生器的参数设置如图 7.67(a) 所示，用示波器观察到 v_I、v_O 对应的波形如图 7.67(b) 所示，图中示波器通道 A(v_O) 的刻度为 200mV/格，通道 B(v_I) 的刻度为 10V/格。可见，积分运算电路可把矩形波转换成锯齿波。

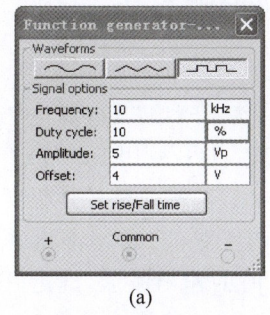
(a)

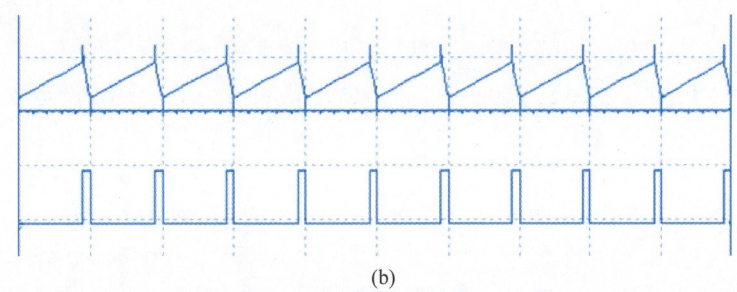
(b)

图 7.67 【仿真题 7-1】图解(3)

【仿真题 7-2】 双极点低通 Butterworth 滤波器电路如图 7.68 所示，运放型号为 LF411，其电源电压 $+V_{CC}=12V$，$-V_{EE}=-12V$。试用 Multisim 仿真滤波器特性曲线及截止频率，并与计算值进行比较。

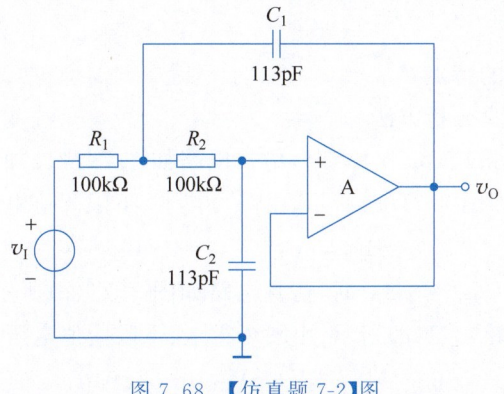

图 7.68 【仿真题 7-2】图

【解】 本题用来熟悉：滤波器电路的仿真分析方法。

在如图 7.68 所示参数下，可算得电路的截止频率为

$$f_H = \frac{1}{2\pi\sqrt{2}R_2C_2}（此式可参阅参考文献[2]）$$

$$= \frac{1}{2\times 3.14 \times \sqrt{2} \times 100 \times 10^3 \times 113 \times 10^{-12}}\text{Hz}$$

$$\approx 9.97\text{kHz}$$

Multisim 仿真电路如图 7.69(a)所示，用波特图仪观察到其幅频特性如图 7.69(b)所示，由图可得其上限截止频率 $f_H = 9.479$kHz，这与理论计算结果基本一致。

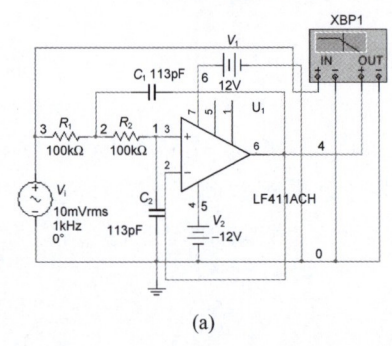
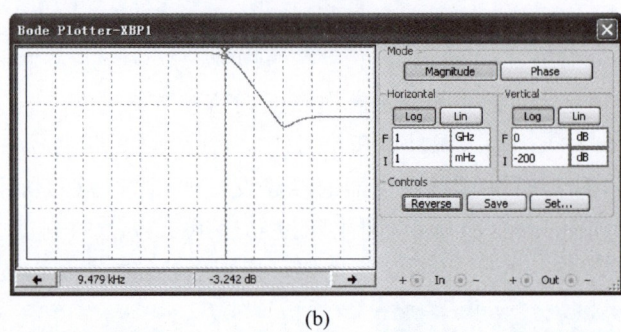

(a)   (b)

图 7.69 【仿真题 7-2】图解

【仿真题 7-3】 滞回电压比较器电路如图 7.70 所示，设运放型号为 LF411，其电源电压 $+V_{CC}=12$V，$-V_{EE}=-12$V。稳压管用 1N750A。

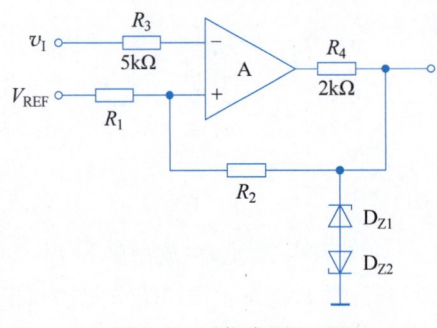

图 7.70 【仿真题 7-3】图

(1) 设 $R_1 = R_2 = 10$kΩ，若输入信号是幅度为 10V，频率为 100Hz 的正弦波，求基准电压 V_{REF} 分别为 2V 和 -2V 时的输出波形，确定其上、下阈值电压，讨论 V_{REF} 对传输特性的影响。

(2) 若 $V_{REF} = 0$，$R_1 = 10$kΩ，输入信号同题(1)，求 R_2 分别为 10kΩ、50kΩ 时的输出电压波形，确定其上、下阈值电压，并讨论反馈系数 $F = R_1/(R_1+R_2)$ 对传输特性的影响。

【解】 本题用来熟悉：

- 滞回电压比较器的特点；
- 比较器电路的仿真分析方法。

(1) 当 $R_1 = R_2 = 10$kΩ，$V_{REF} = 2$V 时，仿真电路如图 7.71(a)所示，用双踪示波器观察到电路的输入输出波形如图 7.71(b)所示，由图可得上、下限阈值电压分别为

$$V_{TH} = 4.330\text{V}, \quad V_{TL} = -1.677\text{V}$$

当 $R_1 = R_2 = 10$kΩ，$V_{REF} = -2$V 时，仿真电路如图 7.71(c)所示，用双踪示波器观察到电路的输入输出波形如图 7.71(d)所示，由图可得上、下限阈值电压分别为

$$V_{TH} = 1.772\text{V}, \quad V_{TL} = -4.018\text{V}$$

可见，当仅改变 V_{REF} 时，回差基本不变。

(a)　(b)　(c)　(d)

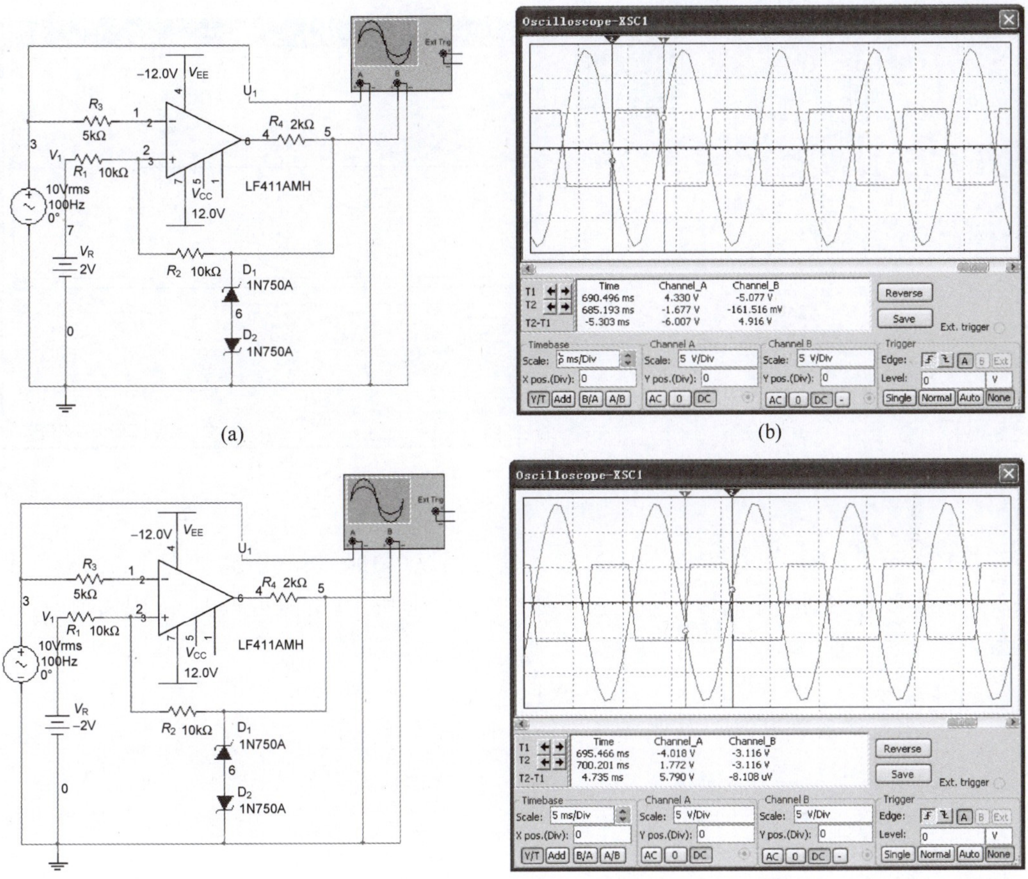

图 7.71　【仿真题 7-3】图解(1)

(2) 若 $V_{REF}=0$，$R_1=R_2=10\mathrm{k\Omega}$，输入信号同题(1)时，仿真电路如图 7.72(a)所示，用双踪示波器观察到电路的输入输出波形如图 7.72(b)所示，由图可得上、下限阈值电压分别为

$$V_{TH}=2.775\mathrm{V},\quad V_{TL}=-2.616\mathrm{V}$$

(a)　(b)

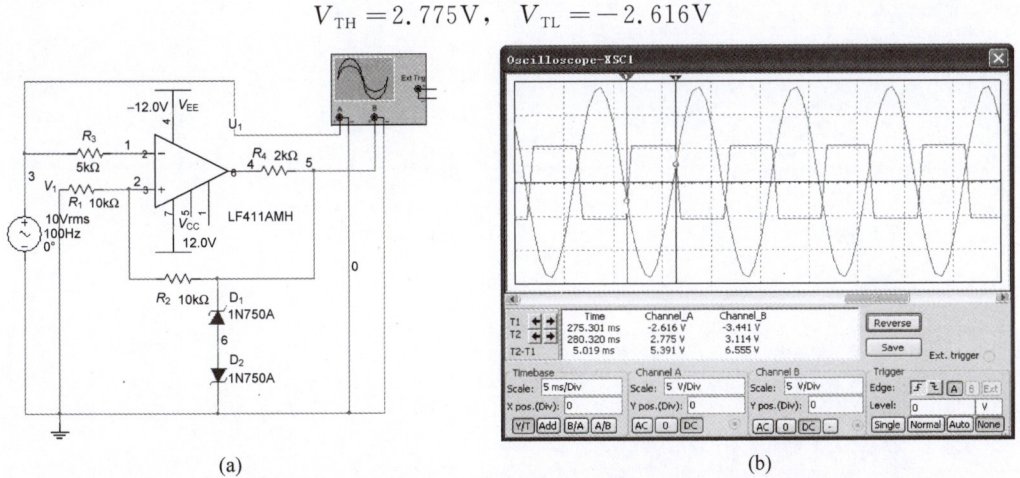

图 7.72　【仿真题 7-3】图解(2)

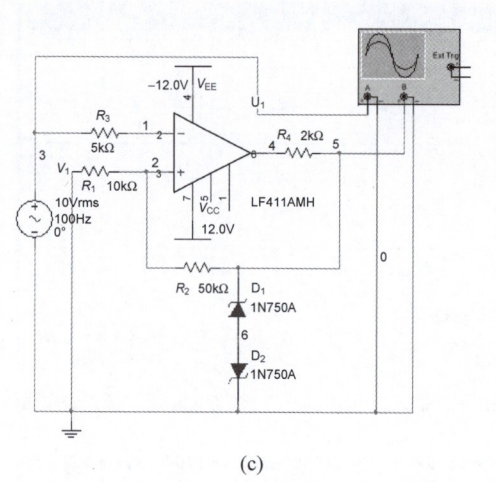 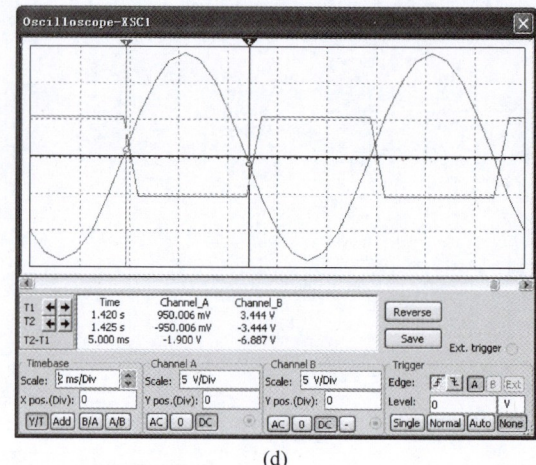

(c)   (d)

图 7.72 （续）

若 $V_{REF}=0$, $R_1=10\text{k}\Omega$, $R_2=50\text{k}\Omega$, 输入信号同题(1)时，仿真电路如图 7.72(c)所示，用双踪示波器观察到电路的输入输出波形如图 7.72(d)所示，由图可得上、下限阈值电压分别为

$$V_{TH}=950.006\text{mV}, \quad V_{TL}=-950.006\text{mV}$$

可见，当反馈系数 $F=R_1/(R_1+R_2)$ 减小时，回差减小。

第 8 章 信号的产生电路

CHAPTER 8

8.1 教学要求

具体教学要求如下。

(1) 掌握正弦波振荡电路的工作原理,深刻理解产生正弦波振荡的条件——起振条件、平衡条件及稳定条件。
(2) 掌握 RC 振荡电路的组成、性能特点及分析方法。
(3) 掌握 LC 振荡电路的组成及 LC 三点式振荡电路的组成法则。
(4) 了解影响振荡频率稳定度的因素及改进措施,熟悉石英晶体振荡器的组成及特点。
(5) 掌握方波、三角波发生器的电路组成及输出电压波形特性参数的计算方法。

8.2 基本概念和内容要点

8.2.1 正弦波振荡器的工作原理

1. 电路的基本组成及振荡条件

正弦波振荡器是一种不需要输入信号就能自动地将直流能量转换为特定频率和特定振幅的正弦交变能量的电路,其基本结构如图 8.1 所示。

1) 起振条件

$$\begin{cases} |\dot{A}\dot{F}| > 1 \\ \varphi_A + \varphi_F = 2n\pi (n=0, \pm 1, \pm 2, \cdots) \end{cases} \quad (8\text{-}1)$$

2) 平衡条件

$$\begin{cases} |\dot{A}\dot{F}| = 1 \\ \varphi_A + \varphi_F = 2n\pi (n=0, \pm 1, \pm 2, \cdots) \end{cases} \quad (8\text{-}2)$$

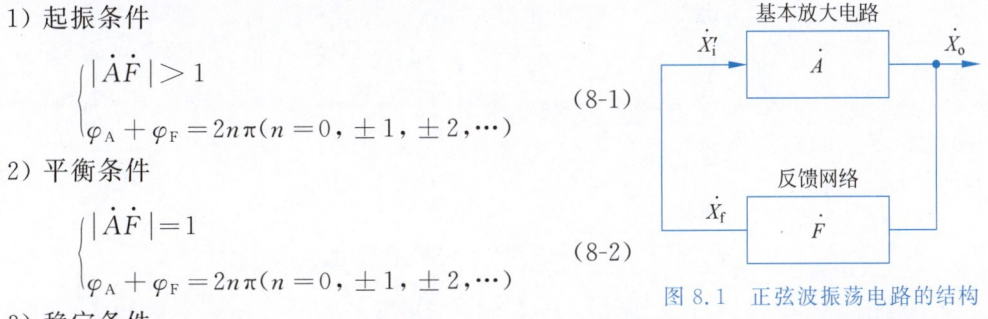

图 8.1 正弦波振荡电路的结构

3) 稳定条件

当电路进入平衡状态后,为了保证振荡稳定,要求环路增益 $T(\omega)$ 与振幅 V_i 满足负斜率关系且 $\varphi_T(\omega)$ 与 ω 之间的变化亦为负斜率关系。振幅稳定条件一般由放大管的非线性放大特性予以保证;相位稳定条件一般由选频网络的负斜率相频特性予以保证。

4) 正弦波振荡电路的组成

一个正弦波振荡电路应包括以下几部分。

(1) 放大电路：放大振荡功率，补偿振荡电路的损耗，并向负载提供振荡输出功率。

(2) 正反馈网络：将振荡器输出的一部分能量反馈到输入端，以维持振荡。

(3) 选频网络：用于确定振荡频率，使电路产生单一频率的正弦振荡。选频网络常与反馈网络结合在一起，即同一个网络既有选频作用，又有正反馈作用。

(4) 稳幅电路：限制输出电压的幅值，维持振荡的稳态振幅。

2. 振荡电路的分析方法

1) 定性分析

(1) 检查电路组成的各个部分是否齐全。

(2) 检查放大电路是否正常。

(3) 运用瞬时极性法，判断是否满足振荡的相位平衡条件，这是判断振荡电路能否振荡的关键。

(4) 分析 $|\dot{A}\dot{F}|>1$ 的条件是否满足。

2) 定量分析

(1) 振荡频率的计算。工程估算时，认为振荡频率近似由选频网络决定(见表 8.1)。

(2) 当 $f=f_0$ 时，确定 A 及 F，进而确定有关的电路参数。

表 8.1　几种选频网络的电路形式及选频特性

特　性	RC 串并联网络	LC 并联谐振网络	石英晶体网络
电路形式	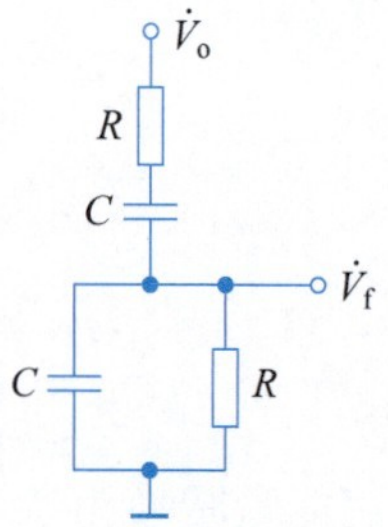	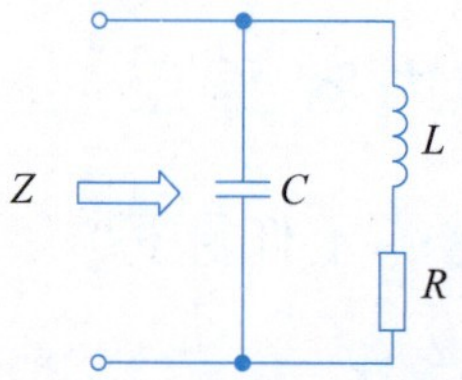	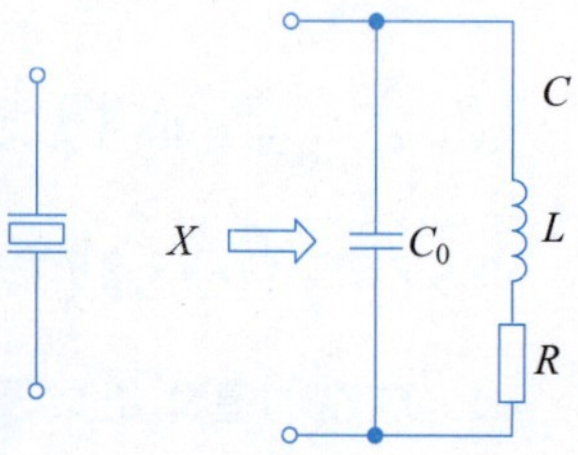
幅频与相频特性	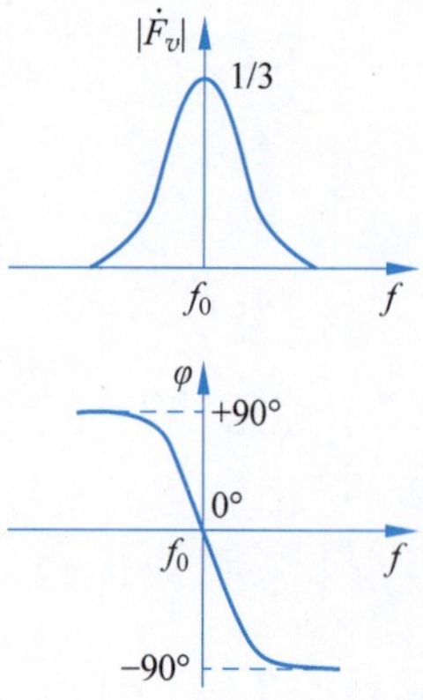	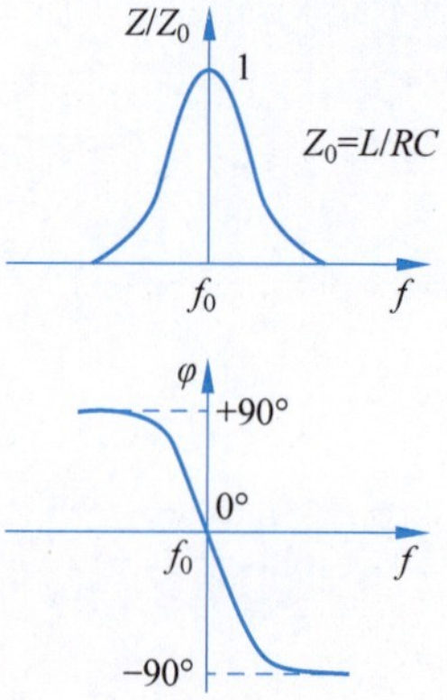	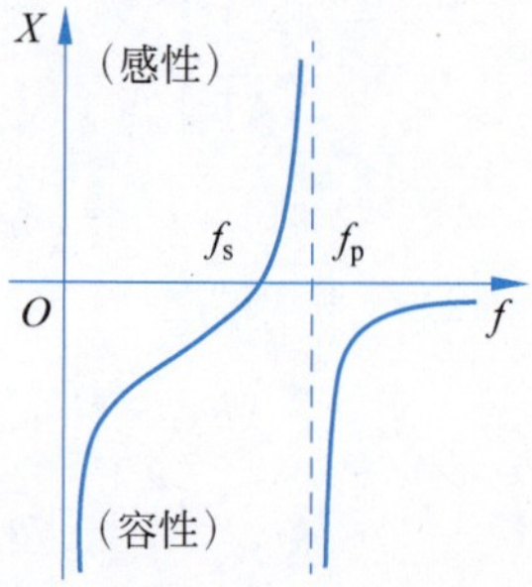

续表

特　性	RC 串并联网络	LC 并联谐振网络	石英晶体网络
基本关系式	$\dot{F}_v = \dfrac{1}{3+\mathrm{j}\left(\dfrac{f}{f_0}-\dfrac{f_0}{f}\right)}$ $f_0 = \dfrac{1}{2\pi RC},\ \|\dot{F}_v\|_{\max}=\dfrac{1}{3}$	$Z = \dfrac{Z_0}{1+\mathrm{j}Q(2\Delta f/f_0)}$ $2\Delta f = 2(f-f_0),\ Q=\omega_0 L/R$ $f_0 = \dfrac{1}{2\pi\sqrt{LC}}$	$f_s = \dfrac{1}{2\pi\sqrt{LC}}$ $f_p = f_s\sqrt{1+\dfrac{C}{C_0}}$

8.2.2　RC 正弦波振荡电路

RC 正弦波振荡电路用于产生低频正弦信号（$f_0 < 1\mathrm{MHz}$）。按电路的结构不同，可分为文氏电桥振荡器和 RC 移相振荡器，其电路原理及特点如表 8.2 所示。

表 8.2　RC 正弦波振荡电路

电路原理	文氏电桥振荡器	RC 移相振荡器	
		滞后相移	超前相移
电路原理图	（电路图）	（电路图）	（电路图）
原理概述	选频网络具有带通特性，当 $f=f_0$ 时，$F_v=1/3$，$\varphi_F=0°$，只要和 $A_v>3$ 的同相放大器结合即可产生振荡	三级 RC 移相网络在特定频率下产生 180° 相移，再和反相放大器结合就能满足正反馈条件，只要反相放大器增益足够大，即可满足起振条件，产生振荡	
特点	必须采用同相放大器	必须采用反相放大器	

8.2.3　LC 正弦波振荡电路

LC 正弦波振荡电路用于产生高频正弦信号（$f_0 > 1\mathrm{MHz}$）。按电路的结构不同，可分为互感耦合式和三点式两种，其电路原理和判定法则如表 8.3 所示。

表 8.3　LC 正弦波振荡电路

电路原理	互感耦合式 LC 振荡器	三点式振荡器	
		电感三点式	电容三点式
电路原理图	（电路图）	（电路图）	（电路图）

续表

电路原理	互感耦合式 LC 振荡器	三点式振荡器	
		电感三点式	电容三点式
原理概述	LC 谐振回路作为选频网络,决定振荡频率。利用互感线圈合适的同名端引入正反馈,使在谐振频率上满足振荡条件	正反馈是利用带有抽头的电感线圈引入,因 L_1、L_2 耦合紧密容易起振,但由于滤波不好,故振荡波形较差	正反馈是利用电容分压引入,因电容滤波好,故振荡波形较好,是目前应用最广泛的振荡电路
判定法则	根据互感线圈同名端和瞬时极性法判定是否为正反馈	在交流通路中,谐振回路的三个引出端分别与 BJT 的三个电极相连,其中与发射极相连的为两个同性质电抗,不与发射极相连的为异性质电抗	

注:表 8.3 中的 BJT 也可替换为 FET。

8.2.4 高频率稳定度的典型振荡电路

1. 频率稳定度的概念

频率稳定度是衡量振荡电路的质量指标之一。频率稳定度一般用频率的相对变化量 $\Delta f/f_0$ 来表示,f_0 为振荡频率,Δf 为频率偏移。频率稳定度分析的依据是相位稳定条件,提高频率稳定度的基本措施如下。

(1) 提高谐振回路的标准性,即谐振频率 f_0 不随外界条件变化而变化的程度。为此,应采用高质量的集总电感和电容,减小器件极间电容和分布电容等不稳定电容在回路总电容中的比重。

(2) 提高谐振回路的 Q 值,Q 值越高,回路的相频曲线在 f_0 处的斜率越大,因此,只需很小的振荡频率变化就可抵消外界因素变化引起的相移变化,振荡频率的稳定度也就越高。为此,应选用高 Q 值的回路电感,减小放大器输入电阻和输出负载电阻对谐振回路的影响。

(3) 器件和回路之间采用部分接入的方式,以减小寄生电容及其对回路的影响。

2. 高频率稳定度的典型振荡电路

表 8.4 列出了几种高频率稳定度的典型振荡电路,以供读者比较学习。

表 8.4 高频率稳定度的典型振荡电路

电路原理	克拉波振荡电路	石英晶体振荡电路	
		并联型	串联型
电路原理图	(含 T、C_1、C_2、C_3、L)	(含 T、C_1、C_2、C_t)	(含 T、C_1、C_2、L)

续表

电路原理	克拉波振荡电路	石英晶体振荡电路	
		并联型	串联型
频率稳定原理	$C_3 \ll C_1, C_2, C_\Sigma \approx C_3$，大幅减小了晶体结电容的影响；接入系数 $n \approx C_3/(C_1+C_2)$ 很小，大幅减小了输入、输出电阻对谐振回路的影响，使 Q 值提高	晶体呈感性，满足电容三点式电路的组成法则。由于晶体的品质因数极高，且其等效电路中，串接电容又很小，相当于器件的接入系数很小，因此，频率稳定度极高	晶体为高选择性短路元件，串联谐振频率 f_s 非常稳定，使频率稳定度大幅提高

8.2.5 非正弦波信号产生电路

非正弦波信号(方波、锯齿波等)发生器在测量设备、数字系统及自动控制系统中的应用十分广泛。

非正弦波信号产生电路通常由比较电路、反馈网络和积分电路组成，没有选频网络，主要包括方波、锯齿波和三角波产生电路。

8.3 典型习题详解

【题 8-1】 电路如图 8.2 所示，试用相位平衡条件判断哪个电路可能振荡？哪个不能？简述理由。

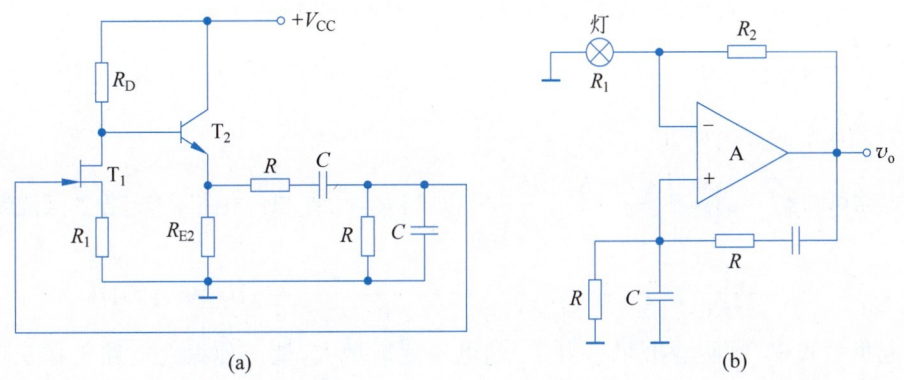

图 8.2 【题 8-1】图

【解】 本题用来熟悉：正弦波振荡的相位平衡条件。

用相位平衡条件判断能否振荡时，先将反馈从电路中断开，从而求出放大电路的相位移 φ_A，然后求得反馈网络的相位移 φ_F，当 $\varphi_A+\varphi_F=2n\pi$ 时，可以振荡，否则不能振荡。

在图 8.2(a)中，将反馈由 T_1 的栅极断开，放大电路由 T_1、T_2 组成的两级放大器组成，$\varphi_A=180°+0°=180°$；反馈网络为 RC 串并联网络，当发生谐振时，RC 网络呈纯阻性，$\varphi_F=0°$。因此，$\varphi_A+\varphi_F=\pi \neq 2n\pi$，不满足相位平衡条件，所以，该电路不能振荡。

在图 8.2(b)中，将反馈从 A 的同相端断开，放大电路为运放组成的同相放大器，$\varphi_A=0°$ 或 $360°$；反馈网络为 RC 串并联网络，当发生谐振时，RC 网络呈纯阻性，$\varphi_F=0°$。因此，

$\varphi_A + \varphi_F = 0°$ 或 $360°$，满足相位平衡条件，所以，该电路能振荡。

【题 8-2】 电路如图 8.3 所示。

(1) 试用相位平衡条件分析电路能否产生正弦波振荡？

(2) 若能振荡，R_f 与 R_{S1} 的值应有何关系？振荡频率 f_0 是多少？为了稳幅，电路中哪个电阻可采用热敏电阻，其温度系数如何？

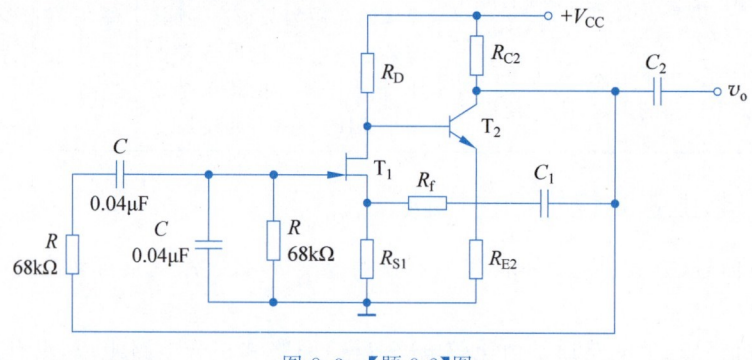

图 8.3 【题 8-2】图

【解】 本题用来熟悉：文氏桥振荡电路的分析方法。

产生正弦波振荡的条件是 $\dot{A}\dot{F}=1$。振幅平衡条件为 $|\dot{A}\dot{F}|=1$，相位平衡条件为 $\varphi_A + \varphi_F = 2n\pi$。

(1) 将反馈由 T_1 的栅极断开，放大电路由 T_1、T_2 组成的两级反馈放大器组成，$\varphi_A = 180° + 180° = 360°$；反馈网络为 RC 串并联网络，当发生谐振时，RC 网络呈纯阻性，$\varphi_F = 0°$。因此，$\varphi_A + \varphi_F = 2n\pi$，满足相位平衡条件，所以，该电路可以振荡。

(2) 文氏桥振荡电路中，当 $f = f_0 = \dfrac{1}{2\pi RC}$ 时，RC 串并联网络发生谐振，$|\dot{F}_v|_{\max} = \dfrac{1}{3}$，为了满足起振的幅度条件，应有 $|\dot{A}_v| \geqslant 3$。

由电路可知：$|\dot{A}_v| \approx \dfrac{1}{|\dot{F}_v|} = \dfrac{R_f + R_{S1}}{R_{S1}}$，所以，当 $R_f \geqslant 2R_{S1}$ 时，电路才能起振。振荡频率为

$$f_0 = \dfrac{1}{2\pi RC} = \dfrac{1}{2 \times 3.14 \times 68 \times 10^3 \times 0.04 \times 10^{-6}} \text{Hz} \approx 58.5 \text{Hz}$$

在起振过程中，要使输出频率为 f_0 的电压逐渐增大，就应使振荡电路工作于增幅过程，即满足 $|\dot{A}_v| > 3$ 的条件。但当幅度足够后，再增大输出电压幅度，将出现非线性失真，因此，要限制输出幅度的继续增大，使 $|\dot{A}_v| = 3$。

由 $|\dot{A}_v| = \dfrac{R_f + R_{S1}}{R_{S1}}$ 可知：振荡时，若输出电压增加，则 R_f 与 R_{S1} 上的电流增加，相应地温度升高。为了稳幅，$|\dot{A}_v|$ 应自动下降，即减小 R_f 或增大 R_{S1} 的值，所以，R_f 可以采用负温度系数的热敏电阻，R_{S1} 可以采用正温度系数的热敏电阻。

【题 8-3】 一正弦波振荡电路如图 8.4 所示，设图中集成运放是理想的。试问：

(1) 为满足相位平衡，运放 A 的 a、b 两个输入端中哪个是同相端？哪个是反相端？

(2) 电路的振荡频率 f_0 是多少？

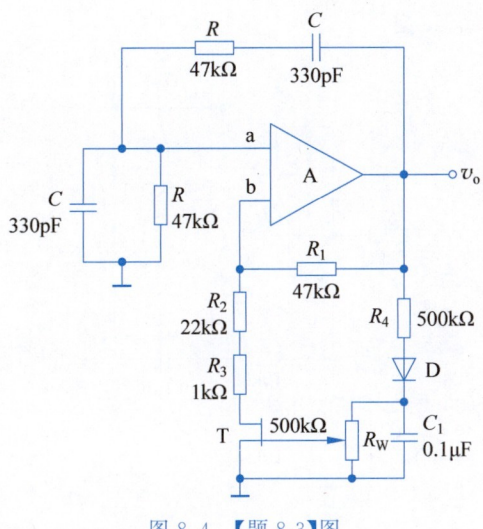

图 8.4 【题 8-3】图

(3) 电路中 R_4、D、C_1 和 T 的作用是什么？

(4) 假设 v_o 幅值减小，电路是如何自动稳幅的？

【解】 本题用来熟悉：文氏桥振荡电路的分析方法。

(1) 由于 RC 串并联网络在谐振频率 f_0 处的相位差 $\varphi_F = 0°$，因此为满足相位平衡，放大电路的相位差 φ_A 也应该为 $0°$，即应为同相放大器，所以，运放 A 的 a 输入端应为同相端，b 输入端应为反相端。

(2) $f_0 = \dfrac{1}{2\pi RC} = \dfrac{1}{2 \times 3.14 \times 47 \times 10^3 \times 330 \times 10^{-12}} \text{Hz} \approx 10 \text{kHz}$

(3) R_4 为隔离电阻，用来减小二极管 D 的负载效应；D 和 C_1 组成整流滤波电路，将 v_o 转换为直流电压，作为场效应管 T 的栅极控制电压。T 工作在可变电阻区，当 v_o 幅值变化时，在 V_{GS} 的控制下，使沟道电阻改变，从而达到稳幅和减小非线性失真的目的。

(4) 由图 8.4 可知：$A_v = 1 + \dfrac{R_1}{R_2 + R_3 + R_{on}}$，其中 R_{on} 为 P 沟道结型场效应管的导通电阻，其大小受控于栅源电压 V_{GS}。假设 v_o 幅值减小，电路自动稳幅的过程简述如下：
$V_{om} \downarrow \to V_{GS} \downarrow \to R_{on} \downarrow \to A_v \uparrow \to V_{om} \uparrow$。

【题 8-4】 正弦波振荡电路如图 8.5 所示，已知 $R_1 = 2\text{k}\Omega$，$R_2 = 4.5\text{k}\Omega$，R_W 在 $0 \sim 5\text{k}\Omega$ 范围内可调，设运放 A 是理想的，振幅稳定后二极管的动态电阻近似为 $r_d = 500\Omega$，求 R_W 的阻值。

【解】 本题用来熟悉：文氏桥振荡电路的分析方法。

对文氏桥振荡电路，当 $A_v = 3$ 时，振荡稳定。

由图 8.5 可知

$$A_v = 1 + \dfrac{R_W + (R_2 /\!/ r_d)}{R_1}$$

则有

$$\begin{aligned} R_W &= 2R_1 - (R_2 /\!/ r_d) \\ &= 2 \times 2\text{k}\Omega - (4.5 /\!/ 0.5) \text{k}\Omega = 3.55\text{k}\Omega \end{aligned}$$

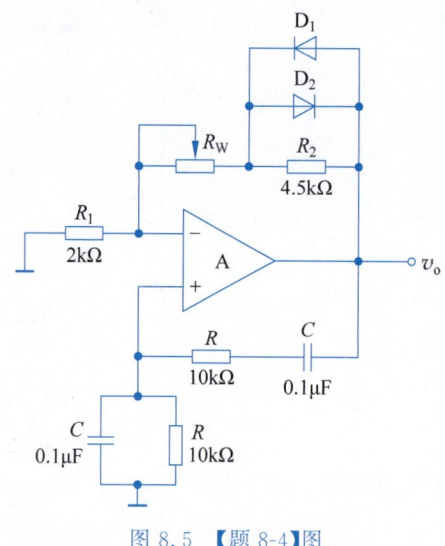

图 8.5　【题 8-4】图

【题 8-5】 用相位平衡条件判断如图 8.6 所示电路能否起振？若能起振，写出振荡频率的表达式。

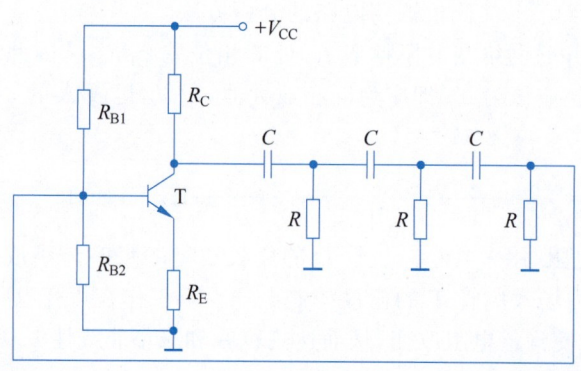

图 8.6　【题 8-5】图

【解】 本题用来熟悉：RC 移相式振荡电路的分析方法。

将反馈从晶体管的基极处断开，可知放大电路是由 T 组成的共发射极放大器，其相移差为 $180°$，即 $\varphi_A = 180°$，反馈网络(兼作选频网络)由三节 RC 高通电路组成，由于每节 RC 高通电路都是相位超前电路，相位移小于 $90°$，所以三节 RC 高通电路就有可能在某一特定频率 f_0 处产生 $180°$ 的相移差，即 $\varphi_F = 180°$。因此有 $\varphi_A + \varphi_F = 180° + 180° = 360°$，故电路能够起振。

求振荡频率的关键在于推导图 8.6 中移相电路的频率特性。

图 8.6 中的移相电路如图 8.7 所示，其中，A 部分的阻抗为

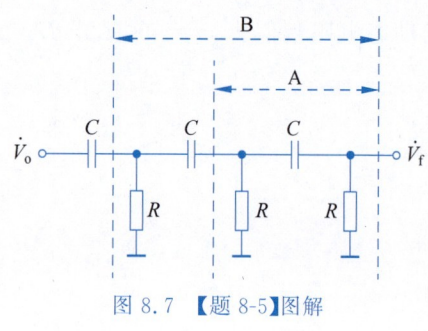

图 8.7　【题 8-5】图解

$$Z_A = R \mathbin{/\mkern-5mu/} \left(R + \frac{1}{j\omega C}\right) = \frac{R + j\omega R^2 C}{1 + 2j\omega RC}$$

B 部分的阻抗为

$$Z_B = Z_A \mathbin{/\mkern-6mu/} \left(R + \frac{1}{\mathrm{j}\omega C}\right) = \frac{R + \mathrm{j}\omega R^2 C}{1 + 2\mathrm{j}\omega RC} \mathbin{/\mkern-6mu/} \frac{1 + \mathrm{j}\omega RC}{\mathrm{j}\omega RC} = \frac{R(1 - \omega^2 R^2 C^2) + 3\mathrm{j}\omega R^2 C}{(1 - 3\omega^2 R^2 C^2) + 4\mathrm{j}\omega RC}$$

输出电压 $\dot{V}_o$ 在 B 部分上的压降为 $\dot{V}_B = \dfrac{Z_B}{Z_B + \dfrac{1}{\mathrm{j}\omega C}} \dot{V}_o$, 在 A 部分上的压降为 $\dot{V}_A = \dfrac{Z_A}{Z_A + \dfrac{1}{\mathrm{j}\omega C}} \dot{V}_B$。 而 $\dot{V}_f = \dfrac{R}{R + \dfrac{1}{\mathrm{j}\omega C}} \dot{V}_A$,因此可求得

$$\dot{F}_v = \frac{\dot{V}_f}{\dot{V}_o} = \frac{(\mathrm{j}\omega RC)^3}{1 + 5\mathrm{j}\omega RC + 6(\mathrm{j}\omega RC)^2 + (\mathrm{j}\omega RC)^3}$$

整理上式可得

$$\dot{F}_v = -\frac{\mathrm{j}\omega^3 R^3 C^3}{(1 - 6\omega^2 R^2 C^2) + \mathrm{j}(5\omega RC - \omega^3 R^3 C^3)}$$

$$= -\frac{(5\omega^4 R^4 C^4 - \omega^6 R^6 C^6) + \mathrm{j}(1 - 6\omega^2 R^2 C^2)\omega^3 R^3 C^3}{(1 - 6\omega^2 R^2 C^2)^2 + (5\omega RC - \omega^3 R^3 C^3)^2}$$

若令上式中的虚部为零,即 $1 - 6\omega^2 R^2 C^2 = 0$,则 $\varphi_F = 180°$,电路满足相位平衡条件起振,因此振荡角频率为

$$\omega_0 = \frac{1}{\sqrt{6} RC}$$

【题 8-6】 试判断如图 8.8 所示各 RC 振荡电路中,哪些可能振荡?哪些不能振荡?若不能振荡,请改正错误。

【解】 本题用来熟悉: RC 正弦波振荡电路的分析方法。

在图 8.8(a)、图 8.8(b)、图 8.8(c)中,选频网络为 RC 移相网络。由于 RC 移相网络产生 180°的相移,所以应采用反相放大器。而图 8.8(b)和图 8.8(c)为同相放大器,所以不能产生振荡。图 8.8(a)为反相放大器,可能产生振荡。图 8.8(d)中选频网络为 RC 串并联网络,为满足振荡的相位条件,放大器应为同相放大器,而图中放大器为反相放大器,所以不能振荡。

图 8.8(b)、图 8.8(c)、图 8.8(d)的改正电路如图 8.9 所示。

【题 8-7】 由一阶全通滤波器组成的可调的移相式正弦波振荡电路如图 8.10 所示。

(1) 试证明电路的振荡频率为

$$f_0 = \frac{1}{2\pi \sqrt{R_{W1} R_{W2}} C}$$

(2) 根据全通滤波器的工作特点,可分别求出 $\dot{V}_{o1}$ 相对于 $\dot{V}_{o3}$ 的相移和 $\dot{V}_o$ 相对于 $\dot{V}_{o1}$ 的相移,同时在 $f = f_0$ 时,$\dot{V}_{o3}$ 与 $\dot{V}_o$ 之间的相位差为 $-\pi$,试证明在 $R_{W1} = R_{W2}$ 时,$\dot{V}_{o1}$ 与 $\dot{V}_o$ 之间的相位差为 90°,即若 $\dot{V}_{o1}$ 为正弦波,则 $\dot{V}_o$ 就为余弦波。

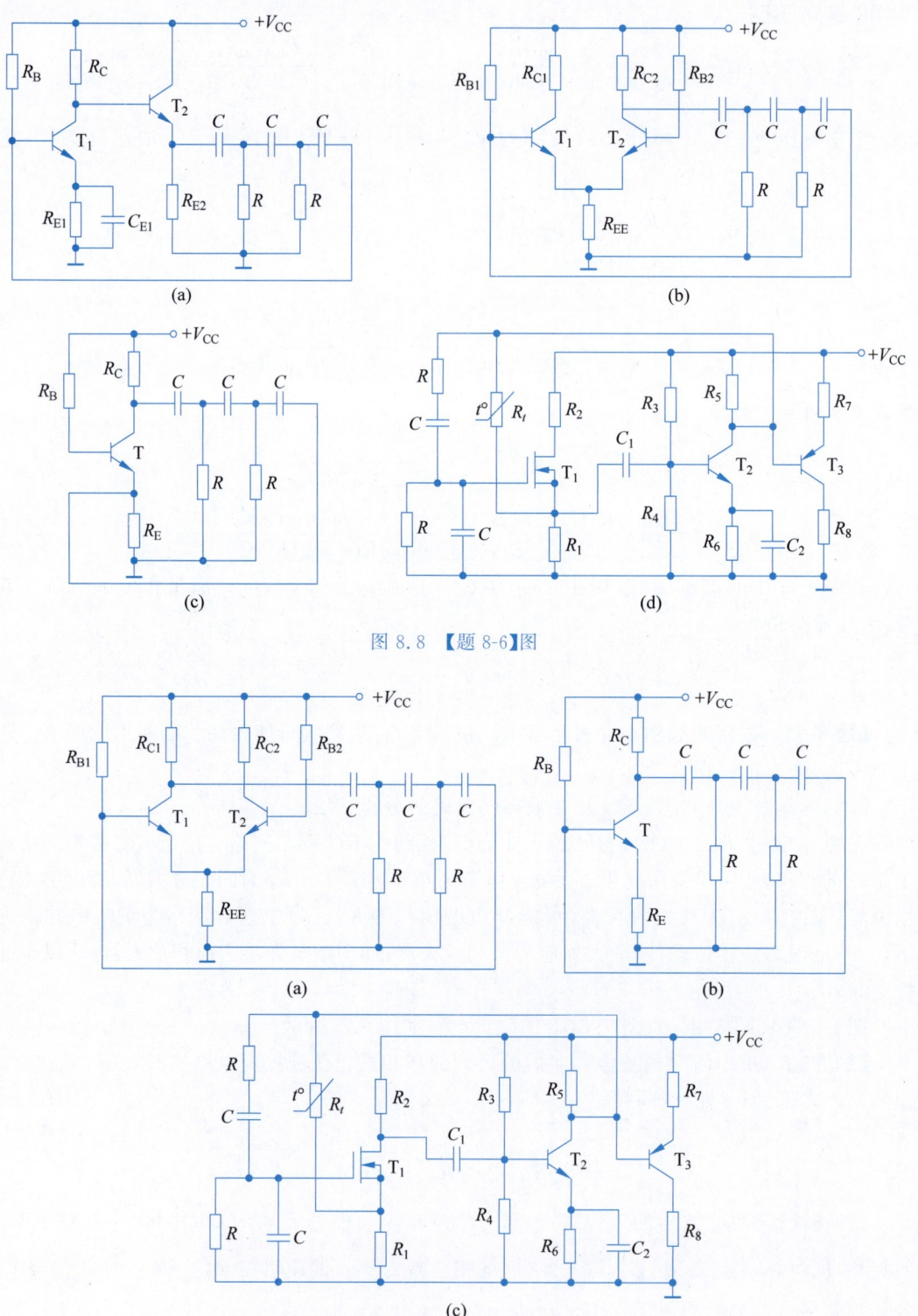

图 8.8 【题 8-6】图

图 8.9 【题 8-6】图解

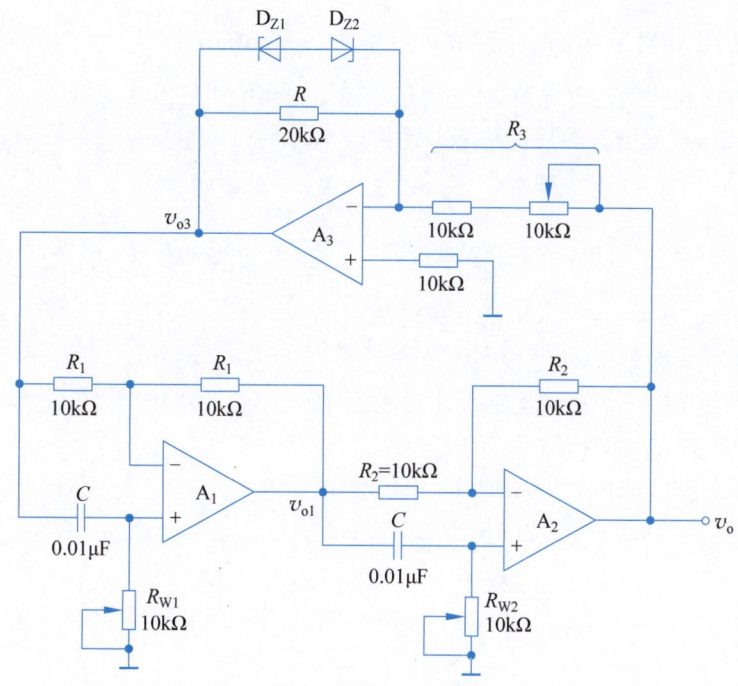

图 8.10 【题 8-7】图

提示：A_1、A_2 分别组成一阶全通滤波器，A_3 为反相器。对于 A_1、A_2 分别有

$$A_1(j\omega) = -\frac{1-j\omega R_{W1}C}{1+j\omega R_{W1}C}, \quad A_2(j\omega) = -\frac{1-j\omega R_{W2}C}{1+j\omega R_{W2}C}$$

A_1、A_2 只要各产生 $90°$ 的相移，就可满足相位平衡条件，并产生正弦波振荡。

【解】 本题用来熟悉：正弦波振荡电路的分析方法。

(1) 由于 A_1、A_2 的频率特性分别为

$$A_1(j\omega) = -\frac{1-j\omega R_{W1}C}{1+j\omega R_{W1}C}, \quad A_2(j\omega) = -\frac{1-j\omega R_{W2}C}{1+j\omega R_{W2}C}$$

因此，A_1、A_2 总的频率特性为

$$A(j\omega) = A_1(j\omega) \cdot A_2(j\omega) = \frac{1-\omega^2 R_{W1}R_{W2}C^2 - j(R_{W1}+R_{W2})C}{1-\omega^2 R_{W1}R_{W2}C^2 + j(R_{W1}+R_{W2})C}$$

$$= \frac{1-(\omega/\omega_0)^2 - j(R_{W1}+R_{W2})C}{1-(\omega/\omega_0)^2 + j(R_{W1}+R_{W2})C}$$

其中，$\omega_0 = \dfrac{1}{\sqrt{R_{W1}R_{W2}}\,C}$。

当 $\omega = \omega_0$ 时，$A(j\omega) = -1$，$\varphi_A = 180°$。

反馈网络 A_3 为反相比例运算电路，所以 $\varphi_F = 180°$。

当 $\omega = \omega_0$ 时，$\varphi_A + \varphi_F = 360°$，电路满足相位平衡条件起振。所以振荡频率为

$$f_0 = \frac{\omega_0}{2\pi} = \frac{1}{2\pi\sqrt{R_{W1}R_{W2}}\,C}$$

(2) 由 A_1 的频率特性可得 $\dot{V}_{o1}$ 相对于 $\dot{V}_{o3}$ 的相移为

$$\varphi_{A1} = \pi - 2\arctan(\omega R_{W1}C)$$

同理,可得 $\dot{V}_\text{o}$ 相对于 $\dot{V}_\text{o1}$ 的相移为 $\varphi_{A2} = \pi - 2\arctan(\omega R_{W2}C)$。

因为 A_3 为反相比例运算电路,所以 $\dot{V}_\text{o3}$ 与 $\dot{V}_\text{o}$ 之间的相位差为 π,即 $\varphi_F = \pi$。

当 $f = f_0$ 时,根据振荡的相位平衡条件:$\varphi_A + \varphi_F = 2n\pi$,可得 $\varphi_A = 2n\pi - \varphi_F$,其中,$n$ 为整数。设 n 为 1,由于 $\varphi_F = \pi$,则 $\varphi_A = \pi$。而 $\varphi_A = \varphi_{A1} + \varphi_{A2}$,故有

$$\varphi_{A2} = \pi - \varphi_{A1} = \pi - [\pi - 2\arctan(\omega_0 R_{W1}C)] = 2\arctan(\omega_0 R_{W1}C) = 2\arctan\sqrt{\frac{R_{W1}}{R_{W2}}}$$

若 $R_{W1} = R_{W2}$,则 $\varphi_{A2} = 2\arctan 1 = 90°$,因此 $\dot{V}_\text{o}$ 与 $\dot{V}_\text{o1}$ 之间的相位差为 $90°$。若一个为正弦波,则另一个就为余弦波。

【题 8-8】 试在以下两种情况下求如图 8.11 所示串并联移相网络振荡器的振荡角频率 ω_0 及维持振荡所需 R_f 最小值 $R_{f\min}$ 的表达式。

(1) $C_1 = C_2 = 0.05\mu\text{F}, R_1 = 5\text{k}\Omega, R_2 = 10\text{k}\Omega$。

(2) $R_1 = R_2 = 10\text{k}\Omega, C_1 = 0.01\mu\text{F}, C_2 = 0.1\mu\text{F}$。

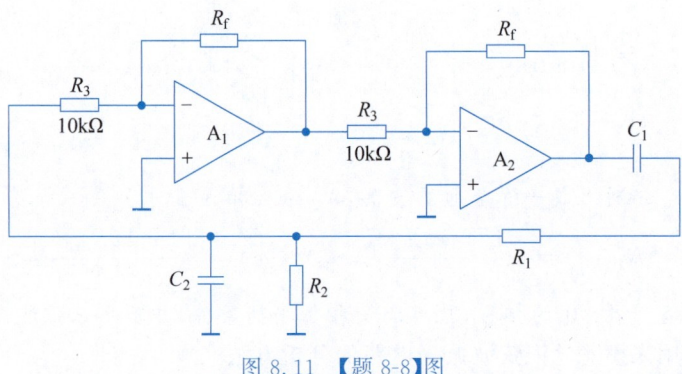

图 8.11 【题 8-8】图

【解】 本题用来熟悉:RC 正弦波振荡电路的分析方法。

由图 8.11 可知:$\varphi_A = 180° + 180° = 360°$,若有 $\varphi_F = 0°$,则可满足相位平衡条件。

由图 8.11 可得

$$\dot{F}_v = \frac{\dot{V}_f}{\dot{V}_\text{o}} = \frac{R_2 /\!/ R_3 /\!/ (1/\text{j}\omega C_2)}{R_1 + 1/\text{j}\omega C_1 + R_2 /\!/ R_3 /\!/ (1/\text{j}\omega C_2)}$$

$$= \frac{1}{1 + C_2/C_1 + R_1/R_2' + \text{j}(\omega R_1 C_2 - \omega R_2' C_1)}$$

其中,$R_2' = R_2 /\!/ R_3$。

当 $\omega R_1 C_2 - 1/\omega R_2' C_1 = 0$,即 $\omega = \dfrac{1}{\sqrt{R_1 R_2' C_1 C_2}}$ 时,$\varphi_F = 0°$,电路可能振荡。振荡角频率 ω_0 为

$$\omega_0 = \frac{1}{\sqrt{R_1 R_2' C_1 C_2}}$$

当 $\omega = \omega_0$ 时,$|\dot{F}_v| = \dfrac{1}{1 + C_2/C_1 + R_1/R_2'}$。

(1) $C_1 = C_2 = 0.05\mu\text{F}, R_1 = 5\text{k}\Omega, R_2 = 10\text{k}\Omega$ 时,$R_2' = R_2 /\!/ R_3 = 10\text{k}\Omega /\!/ 10\text{k}\Omega = 5\text{k}\Omega = R_1$。

$$\omega_0 = \frac{1}{\sqrt{R_1 R_2' C_1 C_2}} = \frac{1}{R_1 C_1} = \frac{1}{5 \times 10^3 \times 0.05 \times 10^{-6}} \text{rad/s} = 4 \times 10^3 \text{rad/s}$$

$$|\dot{F}_v| = \frac{1}{1 + C_2/C_1 + R_1/R_2'} = \frac{1}{3}, \quad |\dot{A}_v| = |\dot{A}_{v1} \cdot \dot{A}_{v2}| = (R_f/R_3)^2$$

根据振幅起振条件 $|\dot{A}\dot{F}| > 1$ 得 $(R_f/R_3)^2 > 3$,所以

$$R_{f\min} = \sqrt{3} R_3 = \sqrt{3} \times 10 \times 10^3 \text{k}\Omega \approx 17.32 \text{k}\Omega$$

(2) $R_1 = R_2 = 10 \text{k}\Omega, C_1 = 0.01 \mu F, C_2 = 0.1 \mu F$ 时,$R_2' = R_2 // R_3 = 10 \text{k}\Omega // 10 \text{k}\Omega = 5 \text{k}\Omega$。

$$\omega_0 = \frac{1}{\sqrt{R_1 R_2' C_1 C_2}} = \frac{1}{\sqrt{10 \times 10^3 \times 5 \times 10^3 \times 0.01 \times 10^{-6} \times 0.1 \times 10^{-6}}} \text{rad/s}$$

$$\approx 4.47 \times 10^3 \text{rad/s}$$

$$|\dot{F}_v| = \frac{1}{1 + C_2/C_1 + R_1/R_2'} = \frac{1}{13}, \quad |\dot{A}_v| = |\dot{A}_{v1} \cdot \dot{A}_{v2}| = (R_f/R_3)^2$$

根据振幅起振条件 $|\dot{A}\dot{F}| > 1$ 得 $(R_f/R_3)^2 > 13$,所以

$$R_{f\min} = \sqrt{13} R_3 = \sqrt{13} \times 10 \times 10^3 \text{k}\Omega \approx 36.06 \text{k}\Omega$$

【题 8-9】 试画出如图 8.12 所示各振荡电路的交流通路,并判断哪些电路可能产生振荡?哪些电路不能产生振荡?图中,C_B、C_C、C_E、C_D 为交流旁路电容或隔直电容,L_C 为高频扼流圈,偏置电阻 R_{B1}、R_{B2}、R_G 忽略不计。

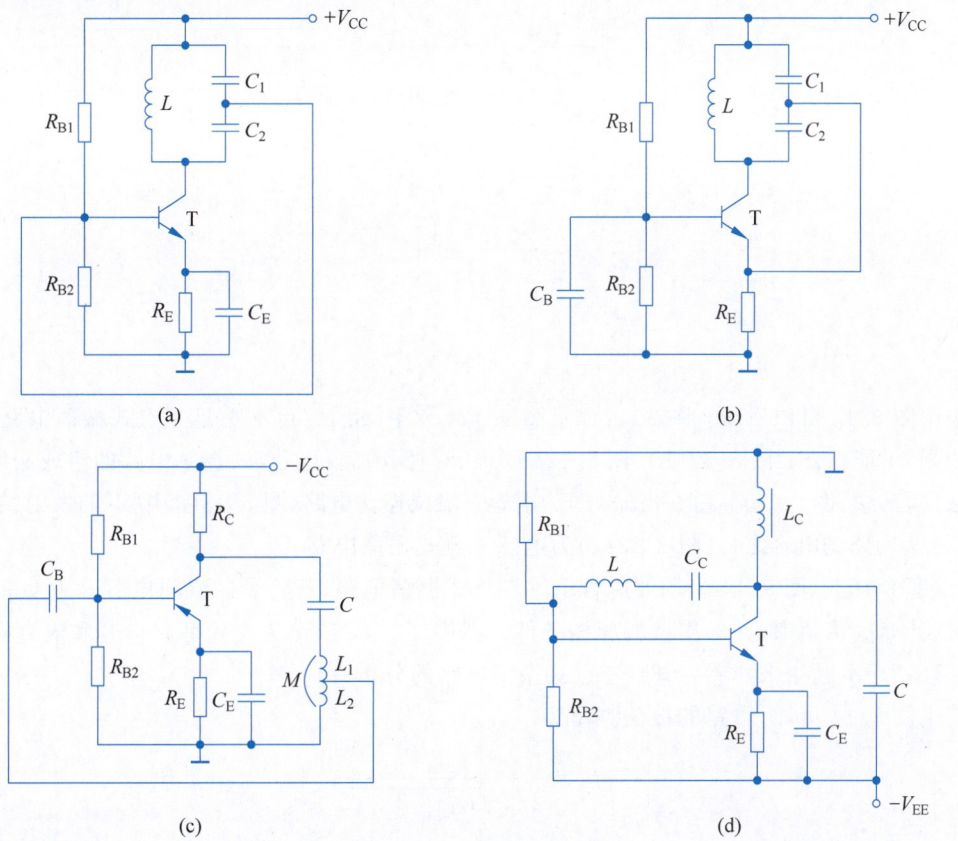

图 8.12 【题 8-9】图

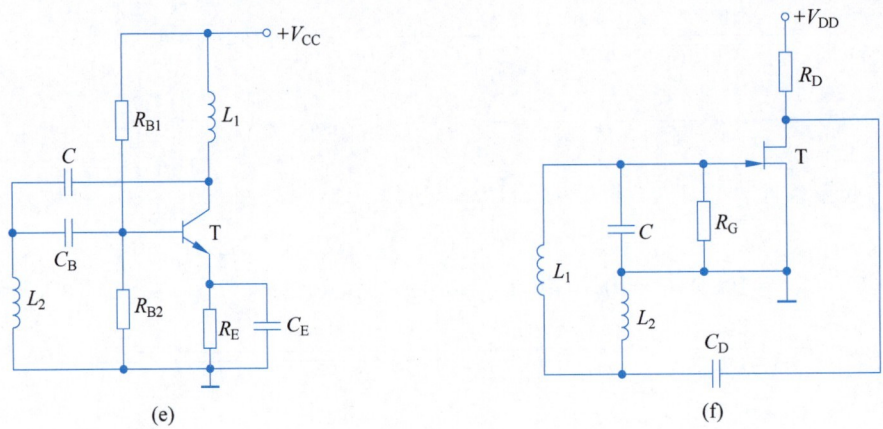

图 8.12 （续）

【解】 本题用来熟悉：三点式振荡电路的分析方法。

各电路的交流通路如图 8.13 所示。

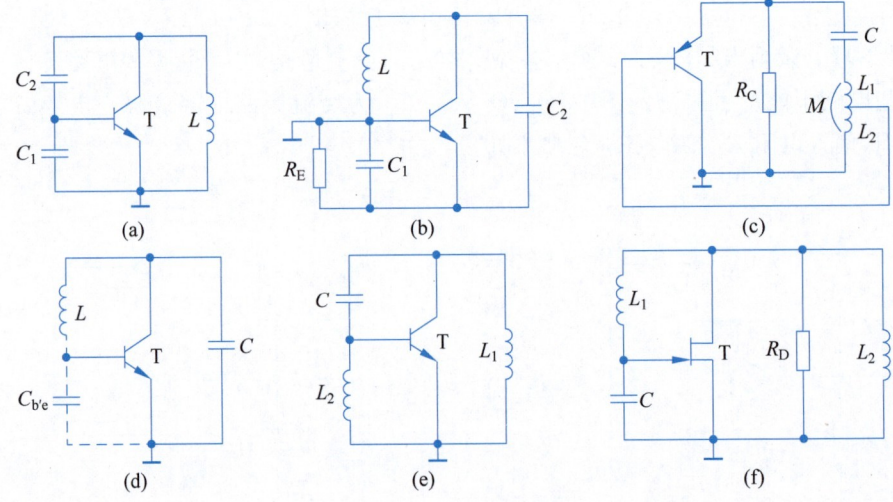

图 8.13 【题 8-9】图解

由图 8.13 可以看出：图 8.12(a)、图 8.12(c)、图 8.12(f)不满足三点式振荡电路的组成法则，不能振荡；图 8.12(b)、图 8.12(d)、图 8.12(e)满足三点式振荡电路的组成法则，可以振荡，其中，图 8.13(b)、图 8.13(d)为电容三点式振荡电路，图 8.13(d)中 T 的发射结电容 $C_{b'e}$ 成为回路的电容之一，图 8.13(e)为电感三点式振荡电路。

【题 8-10】 图 8.14 为场效应管电感三点式振荡电路，若管子的极间电容和 R_G 忽略不计，试计算振荡频率，并导出振幅起振条件。图中，C_G、C_D、C_S 为交流旁路电容和隔直电容。

【解】 本题用来熟悉：电感三点式振荡电路的分析方法。

由图 8.14 可知，电路的振荡频率为

$$f_0 = \frac{1}{2\pi\sqrt{(L_1+L_2)C}}$$

起振时，要求 $|\dot{A}\dot{F}|>1$。对共源极放大器，有

$$|\dot{A}_v| = g_m R_D$$

而

$$|\dot{F}_v| = \left|\frac{\dot{V}_f}{\dot{V}_o}\right| = \left|\frac{-\dot{I}_L \cdot j\omega_0 L_1}{\dot{I}_L \cdot j\omega_0 L_2}\right| = \frac{L_1}{L_2}$$

所以,要求 $g_m R_D L_1/L_2 > 1$,即要求 $g_m > \dfrac{L_2}{L_1 R_D}$。

【题 8-11】 图 8.15 为场效应管电容三点式振荡电路,已知 MOS 管的参数为 $V_{GS(th)} = 1V$,$\mu_n C_{ox} W/2L = 1\text{mA}/V^2$,管子的极间电容不计。电路元件 $R_D = 1\text{k}\Omega$,C_G 为隔直电容,C_S 为旁路电容,R_{G1}、R_{G2} 阻值很大,可忽略不计,设 $\lambda = 0$。试用工程估算法求满足起振条件的 V_{GSQmin} 值,并指出该振荡器是否有栅极电流。

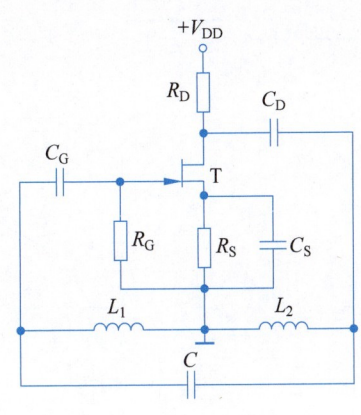

图 8.14 【题 8-10】图

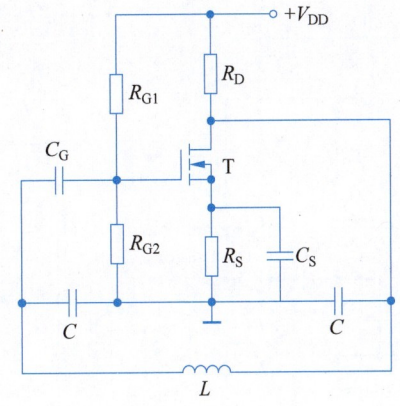

图 8.15 【题 8-11】图

【解】 本题用来熟悉:电容三点式振荡电路的分析方法。

由图 8.15 可知,电路的振荡频率为

$$f_0 = \frac{1}{2\pi\sqrt{LC/2}}$$

起振时,要求 $|\dot{A}\dot{F}| > 1$,对共源极放大器,则有

$$|\dot{A}_v| = g_m R_D$$

而

$$|\dot{F}_v| = \left|\frac{\dot{V}_f}{\dot{V}_o}\right| = \left|\frac{-1/j\omega_0 C}{1/j\omega_0 C}\right| = 1$$

所以,要求 $g_m R_D > 1$,即要求 $g_m > \dfrac{1}{R_D} = 1\text{mS}$。

由 $g_m = 2\sqrt{K_n I_{DQ}}$,$I_{DQ} = K_n(V_{GSQ} - V_{GS(th)})^2$ 可得

$$g_m = 2K_n(V_{GSQ} - V_{GS(th)}) = 2 \cdot \frac{\mu_n C_{ox}}{2} \cdot \frac{W}{L}(V_{GSQ} - V_{GS(th)})$$

因此有

$$V_{\text{GSQmin}} = \frac{g_m}{\mu_n C_{ox} W/L} + V_{\text{GS(th)}} = \frac{1}{2}\text{V} + 1\text{V} = 1.5\text{V}$$

【题 8-12】 试改正如图 8.16 所示各振荡电路中的错误,并指出电路类型。在图 8.16 中,C_B、C_D、C_E 均为交流旁路电容或隔直电容,L_C、L_S 均为高频扼流圈。

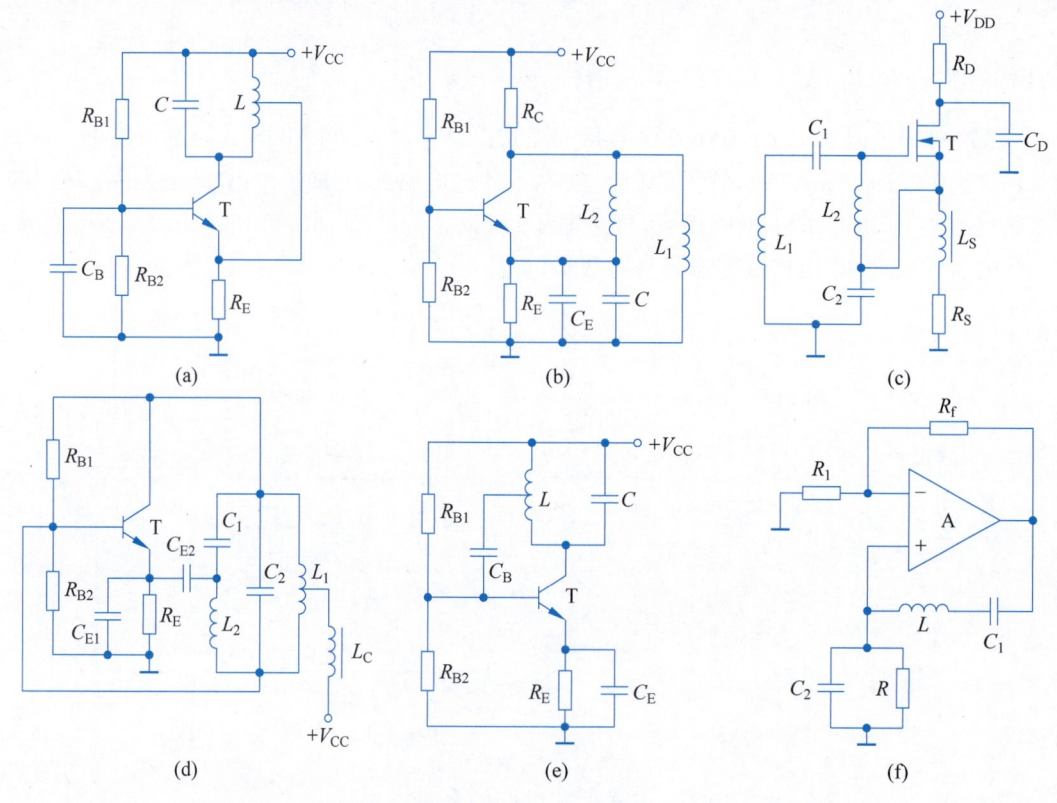

图 8.16 【题 8-12】图

【解】 本题用来熟悉:正弦波振荡电路的分析方法。

图 8.16(a)中反馈线中串接隔直电容 C_C,隔断电源电压 V_{CC}。

图 8.16(b)中去掉 C_E,消除 C_E 对回路的影响,加 C_B 和 C_C 以保证基极交流接地并隔断电源电压 V_{CC};L_2 改为 C_1 构成电容三点式振荡电路。

图 8.16(c)中 L_2 改为 C_1 构成电容三点式振荡器;去掉原电路中的 C_1,保证栅极通过 L_1 形成直流通路。

图 8.16(d)中反馈线中串接隔直电容 C_B,隔断 V_{CC},使其不能直接加到基极上。

图 8.16(e)中 L 改为 C_1、L_1 串接电路,构成电容三点式振荡电路。

图 8.16(f)中去掉 C_2,以满足相位平衡条件。

改正后的电路如图 8.17 所示。

【题 8-13】 两种改进型电容三点式振荡电路如图 8.18(a)、图 8.18(b)所示,试完成以下各题。

(1) 画出图 8.18(a)的交流通路,若 C_B 很大,$C_1 \gg C_3$,$C_2 \gg C_3$,求振荡频率的近似表达式。

(2) 画出图 8.18(b)的交流通路,若 C_B 很大,$C_1 \gg C_3$,$C_2 \gg C_3$,求振荡频率的近似表达式。

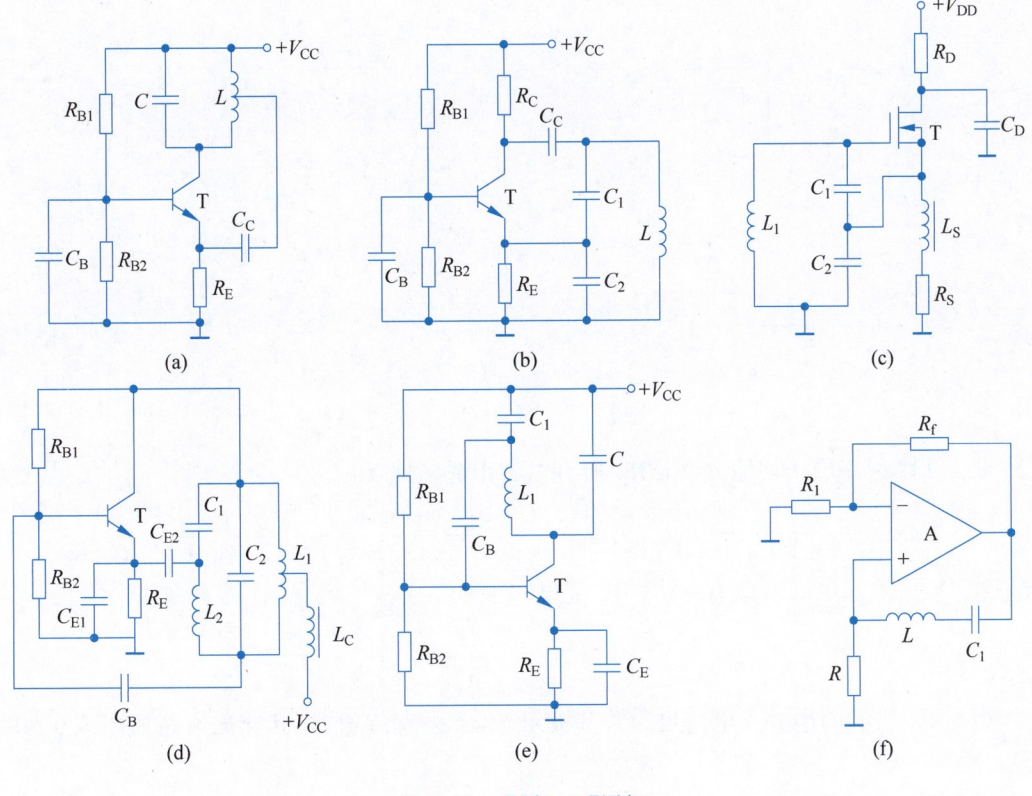

图 8.17 【题 8-12】图解

（3）定性说明杂散电容对两种电路振荡频率的影响。

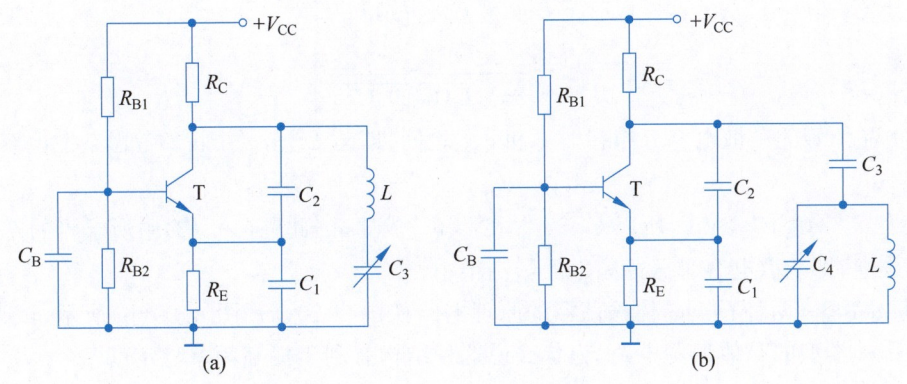

图 8.18 【题 8-13】图

【解】 本题用来熟悉：电容三点式振荡电路的分析方法。

电容三点式振荡电路中，振荡频率由 LC 并联回路确定，即

$$f_0 = \frac{1}{2\pi\sqrt{LC}}$$

计算时，断开 LC 回路的一切输入和输出，得到 LC 串并联形式即可。

(1) 图 8.18(a)中放大电路为共基极组态,省去直流偏置,其交流通路如图 8.19(a)所示。

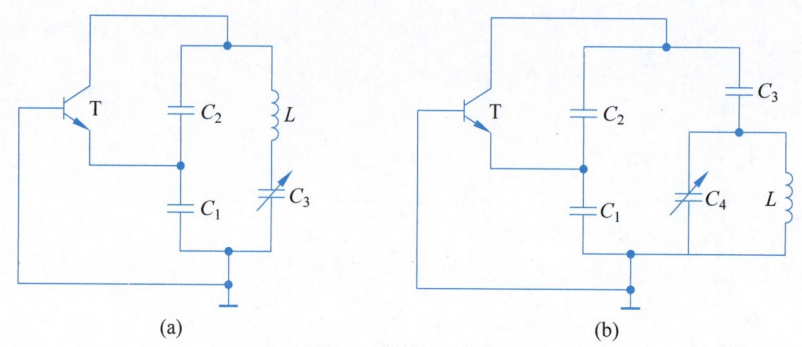

图 8.19 【题 8-13】图解

断开 LC 回路的一切输入和输出,所有电容串联。即

$$C = \frac{1}{1/C_1 + 1/C_2 + 1/C_3} = \frac{C_1 C_2 C_3}{C_1 C_2 + C_2 C_3 + C_1 C_3} = \frac{C_3}{1 + C_3/C_1 + C_3/C_2}$$

由于 $C_1 \gg C_3, C_2 \gg C_3$,所以有 $C \approx C_3$。故得

$$f_0 = \frac{1}{2\pi\sqrt{LC_3}}$$

(2) 图 8.18(b)中放大电路也为共基极组态,省去直流偏置,其交流通路如图 8.19(b)所示。

断开 LC 回路的一切输入和输出,C 为 C_1、C_2、C_3 串联后与 C_4 并联。即

$$C = \frac{1}{1/C_1 + 1/C_2 + 1/C_3} + C_4 = \frac{C_3}{1 + C_3/C_1 + C_3/C_2} + C_4$$

由于 $C_1 \gg C_3, C_2 \gg C_3$,所以有 $C \approx C_3 + C_4$。故得

$$f_0 = \frac{1}{2\pi\sqrt{L(C_3 + C_4)}}$$

(3) 晶体管的杂散电容分布在 b、e 和 c、e 之间,即与 C_1、C_2 并联。考虑杂散电容后

$$C_1' = C_1 + C_{be}, \quad C_2' = C_2 + C_{ce}$$

因为 $C_1 \gg C_3, C_2 \gg C_3$,所以 $C_1' \gg C_3, C_2' \gg C_3$ 成立,因此题(1)、(2)中所求得的 f_0 表达式依然成立,即杂散电容对振荡频率的影响很小。

【题 8-14】 两种石英晶体振荡器的原理电路如图 8.20(a)、图 8.20(b)所示,试说明它们属于哪种类型的晶体振荡电路,为什么说这种结构有利于提高频率稳定度?

【解】 本题用来熟悉:
- 三点式振荡电路的分析方法;
- 石英晶体的频率特性。

三点式振荡电路中,振荡频率由 LC 并联回路确定,即

$$f_0 = \frac{1}{2\pi\sqrt{LC}}$$

根据 LC 并联回路的形式,可判断是电容三点式还是电感三点式振荡电路。由图 8.20 可

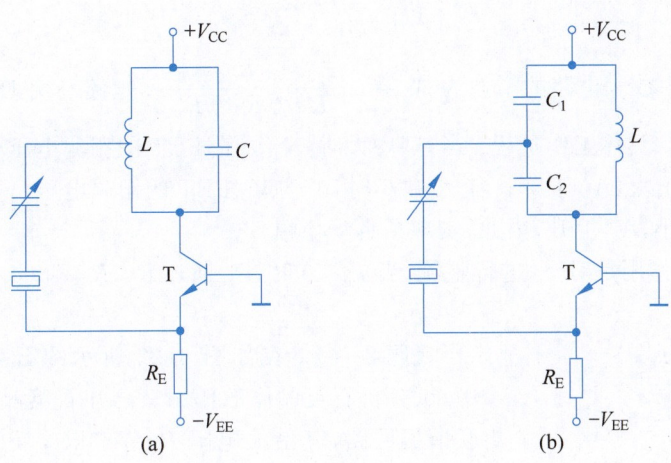

图 8.20　【题 8-14】图

知：图 8.20(a)为电感三点式晶体振荡电路；图 8.20(b)为电容三点式晶体振荡电路。

适当调节与晶体串联的电容值，可使晶体谐振频率与 LC 并联回路的谐振频率一致，而晶体的品质因数 Q 值很高，因此加大了振荡频率的稳定度，所以说这种结构有利于提高频率稳定度。

【题 8-15】　RC 文氏桥振荡电路如图 8.21 所示。

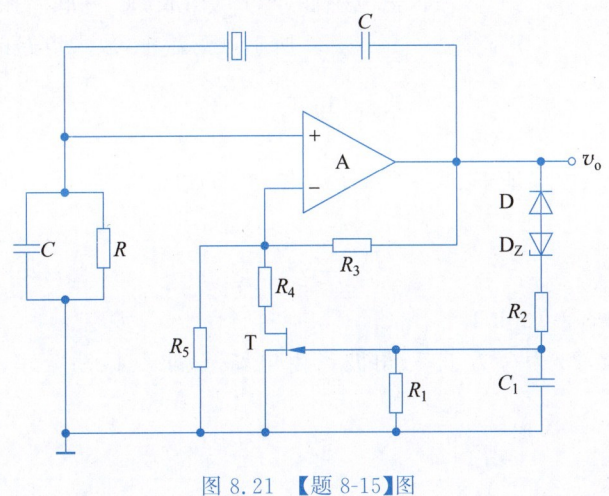

图 8.21　【题 8-15】图

(1) 试说明石英晶体的作用。在电路产生正弦波振荡时，石英晶体是在串联还是并联谐振下工作？

(2) 电路中采用了什么稳幅措施，它是如何工作的？

【解】　本题用来熟悉：
- 文氏桥振荡电路的分析方法；
- 石英晶体的频率特性。

(1) 石英晶体在串联谐振频率 $f=f_s$ 处，呈纯阻性；在串联谐振频率 f_s 与并联谐振频率 f_p 之间，呈电感性。

由图 8.21 可知：在电路产生正弦波振荡时，石英晶体用作电阻，即工作在串联谐振谐振频率点上。

(2) 振荡器中放大电路的增益为 $A_v = 1 + \dfrac{R_3}{R_5 /\!/ (R_4 + R_{on})}$，电路利用 JFET 的可变电阻特性实现了稳幅。具体工作过程：当 v_o 增大时，N 沟道 JFET 的栅源电压 $|V_{GS}|$ 增大，相应的导通电阻 R_{on} 增大，A_v 下降；当 v_o 减小时，N 沟道 JFET 的栅源电压 $|V_{GS}|$ 减小，相应的导通电阻 R_{on} 减小，A_v 上升，因此，实现了自动稳幅。

二极管 D 的作用是对 v_o 进行整流，当 $v_o < 0$ 时，D_Z 通过 R_2、R_1 和 C_1 为 JFET 的栅极提供偏置电压。

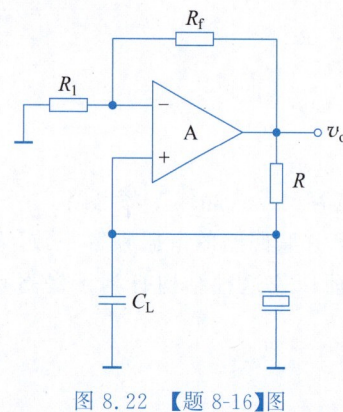

图 8.22 【题 8-16】图

【题 8-16】 在如图 8.22 所示的石英晶体振荡电路中，试分析石英晶体的作用。已知石英晶体与 C_L 构成并联谐振回路，其谐振电阻 $R_0 = 80\text{k}\Omega$，且已知 $R_f/R_1 = 2$。假设集成运放是理想的。试问：为满足起振条件，R 应小于何值？

【解】 本题用来熟悉：
- LC 振荡电路的分析方法；
- 石英晶体的频率特性。

石英晶体在串联谐振频率 f_s 与并联谐振频率 f_p 之间，呈电感性，与 C_L 构成 LC 并联谐振回路。

图 8.22 所示振荡器中，放大电路的增益为

$$A_v = 1 + \frac{R_f}{R_1} = 3$$

为使振荡器起振，应保证 $F_v > \dfrac{1}{3}$。而由图 8.22 可知

$$F_v = \frac{R_0}{R_0 + R}$$

由此解得 $R < 2R_0 = 160\text{k}\Omega$。

【题 8-17】 图 8.23 为一方波-三角波产生电路，试求其振荡频率，并画出 v_{O1}、v_{O2} 的波形。

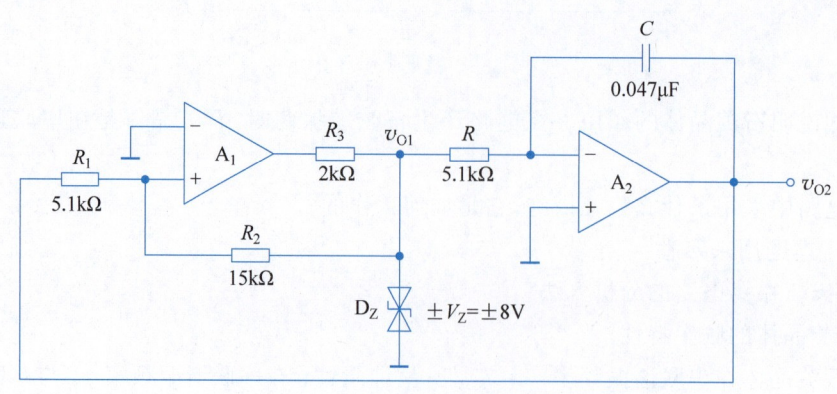

图 8.23 【题 8-17】图

【解】 本题用来熟悉：非正弦波信号产生电路的分析方法。

电路中，A_1 组成同相输入迟滞电压比较器，产生方波信号；A_2 组成反相输入积分器，将方波信号转换为三角波信号。由图 8.23 可得

$$v_{P1}=\frac{R_1}{R_1+R_2}v_{O1}+\frac{R_2}{R_1+R_2}v_{O2}$$

电路的工作原理简述如下。

(1) 若 $v_{O1}=+V_Z$，v_{O2} 负向增长，当 $v_{P1}<0$，即 $v_{O2}<-\frac{R_1}{R_2}V_Z=-2.72\text{V}$ 时，v_{O1} 由 $+V_Z$ 跳变到 $-V_Z$；

(2) 若 $v_{O1}=-V_Z$，v_{O2} 正向增长，当 $v_{P1}>0$，即 $v_{O2}>\frac{R_1}{R_2}V_Z=2.72\text{V}$ 时，v_{O1} 由 $-V_Z$ 跳变到 $+V_Z$。

由上述分析可画出 v_{O1}、v_{O2} 的波形，如图 8.24 所示。

振荡频率可按如下方法求出。

由 v_{O1}、v_{O2} 的波形图可以看出：v_{O2} 由 $+2.72\text{V} \to -2.72\text{V}$ 所用的时间是 $T/2$，此时，$v_{O1}=+V_Z=8\text{V}$。于是有

$$\Delta v_{O2}=-\frac{1}{RC}\int_0^{T/2} v_{O1}\text{d}t=-\frac{T}{2}\cdot\frac{v_{O1}}{RC}$$

而 $\Delta v_{O2}=\frac{R_1}{R_2}V_Z-\left(-\frac{R_1}{R_2}V_Z\right)=2\frac{R_1}{R_2}V_Z$，因此求得

$$T=4RC\frac{R_1}{R_2}$$

即

$$f=\frac{R_2}{4RCR_1}$$

代入数据解得 $f\approx 3.068\text{kHz}$。

【题 8-18】 在如图 8.25 所示电路中，设运放 A 及电流源均为理想的，且已知 $I_O=1\text{mA}$。

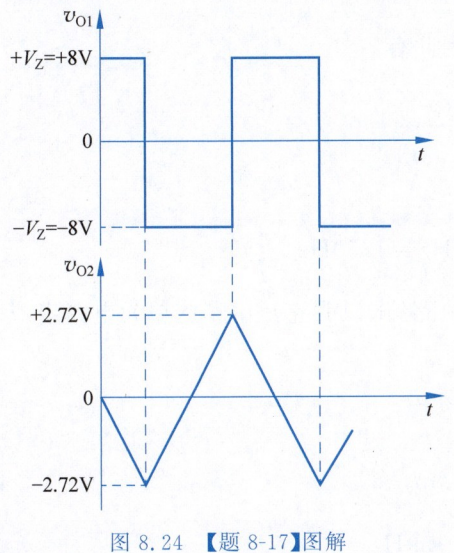

图 8.24 【题 8-17】图解

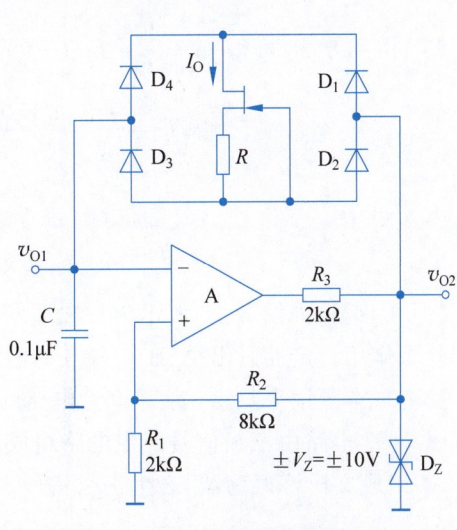

图 8.25 【题 8-18】图

(1) 说明该电路的工作原理。
(2) 画出在时间上对应的 v_{O1} 和 v_{O2} 的波形图,并标明它们的幅度。
(3) 计算 v_{O1} 和 v_{O2} 的重复频率。

【解】 本题用来熟悉:非正弦波信号产生电路的分析方法。

(1) 该电路是一个方波-三角波产生电路。v_{O2} 为幅度等于±10V 的方波电压输出。因为积分电容 C 是由恒流源 I_O 恒流充电和放电,所以 v_{O1} 为三角波输出。

若 $v_{O2}=+V_Z=+10\mathrm{V}$,积分电容 C 经由 D_1、I_O、D_3 通路充电。当 $v_{O1} \geqslant v_P = \dfrac{R_1}{R_1+R_2}V_Z = 2\mathrm{V}$ 时,v_{O2} 由+10V 跳变到−10V,积分电容 C 又经由 D_4、I_O、D_2 通路放电。当 $v_{O1} \leqslant v_P = -\dfrac{R_1}{R_1+R_2}V_Z = -2\mathrm{V}$ 时,v_{O2} 又从−10V 跳变到+10V,可见,v_{O1} 的峰-峰电压为 4V。

(2) 由上述分析可画出 v_{O1}、v_{O2} 的波形如图 8.26 所示。

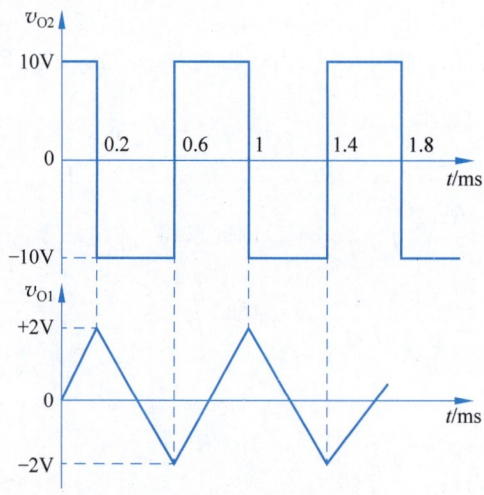

图 8.26 【题 8-18】图解

(3) 由图 8.26 可得 $\dfrac{I_O}{C} \cdot \dfrac{T}{2} = 2-(-2) = 4$,因此有

$$T = \dfrac{8C}{I_O} = \dfrac{8 \times 0.1 \times 10^{-6}}{1 \times 10^{-3}}\mathrm{s} = 0.8\mathrm{ms}$$

所以

$$f = \dfrac{1}{T} = \dfrac{1}{0.8 \times 10^{-3}}\mathrm{Hz} = 1250\mathrm{Hz}$$

【题 8-19】 如图 8.27 所示为一波形发生器电路,试说明它是由哪些单元电路组成的,各起什么作用。定性画出 A、B、C 各点的电压波形。

【解】 本题用来熟悉:信号产生电路的分析方法。

图 8.27 电路由三级信号产生电路组成。

A_1 组成文氏桥振荡器,产生正弦信号。其频率为

$$f_0 = \dfrac{1}{2\pi RC} \approx 159\mathrm{Hz}$$

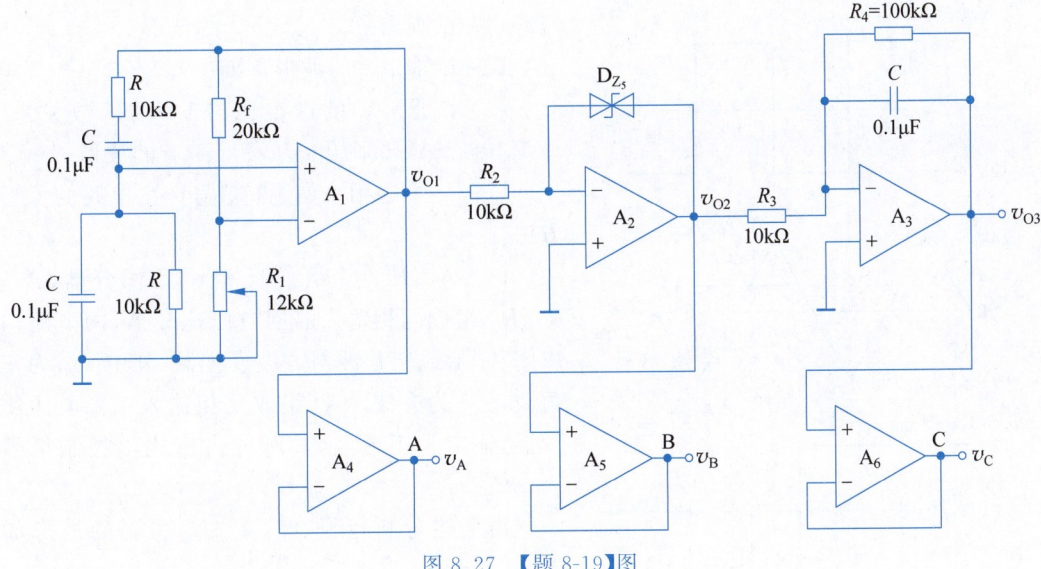

图 8.27 【题 8-19】图

A_2 组成反相输入过零比较器,输出频率为 f_0 的方波信号。当 $v_{O1} > 0$ 时,$v_{O2} = -V_Z$;当 $v_{O1} < 0$ 时,$v_{O2} = +V_Z$。

A_3 组成反相输入积分器(R_4 的作用是减小积分电路的失调和漂移,近似分析时可视为开路),故 v_{O3} 输出三角波。

A_4、A_5、A_6 均为电压跟随器,所以有

$$v_A = v_{O1}, \quad v_B = v_{O2}, \quad v_C = v_{O3}$$

A、B、C 各点的电压波形如图 8.28 所示。

【题 8-20】 如图 8.29 所示电路可产生三种不同的振荡波形。设集成运放的最大输出电压为 ±12V。V_C 为控制信号电压,其值在 v_{O1} 的两个峰值之间变化。

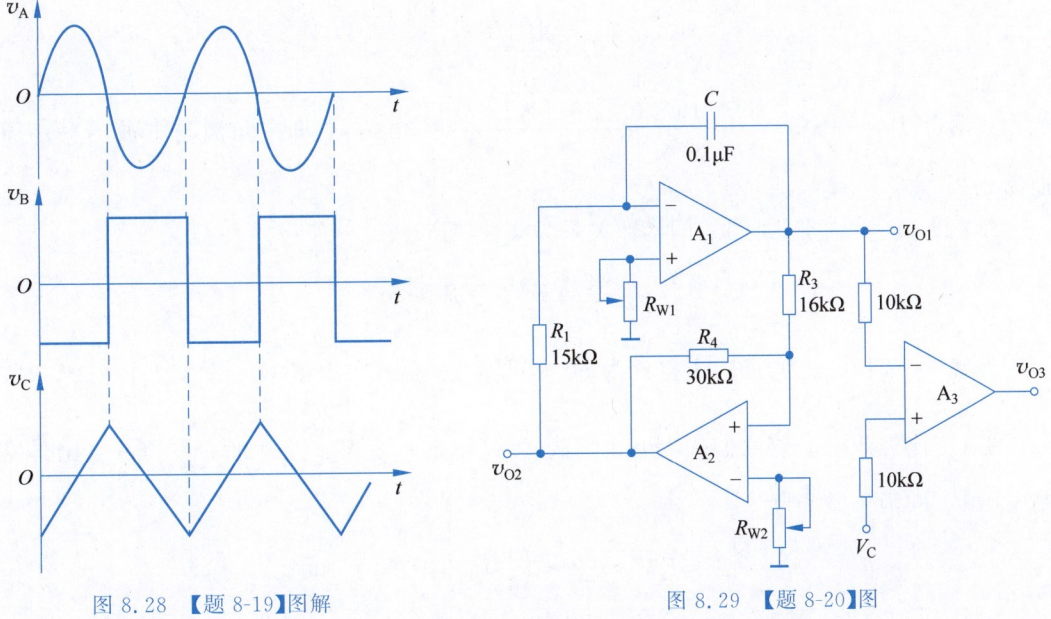

图 8.28 【题 8-19】图解　　　　图 8.29 【题 8-20】图

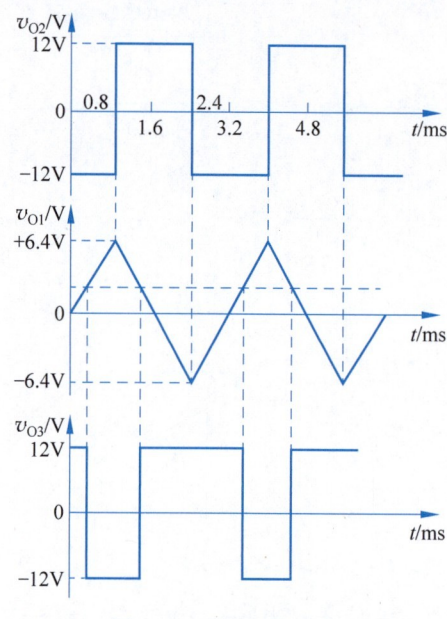

图 8.30 【题 8-20】图解

(1) 试画出 v_{O1}、v_{O2}、v_{O3} 的波形。

(2) 试求 v_{O1} 的波形周期。

(3) 试求 v_{O3} 的占空比与 V_C 的函数关系。设 $V_C=2.5\text{V}$,试画出 v_{O1}、v_{O2}、v_{O3} 的波形。

【解】 本题用来熟悉:信号产生电路的分析方法。

(1) A_1、R_1、C 组成反相输入积分器,A_2、R_4、R_3 组成同相输入滞回电压比较器,两电路构成闭环,形成三角波与方波发生器,其中 v_{O1} 为三角波,v_{O2} 为方波。A_3 组成反相输入单限电压比较器,输出为矩形波,其脉冲占空比由控制信号 V_C 决定。

由上述分析可画出 v_{O1}、v_{O2}、v_{O3} 的波形如图 8.30 所示。

(2) A_2 组成滞回电压比较器,其翻转条件为

$$v_{P2}=\frac{R_4}{R_3+R_4}v_{O1}+\frac{R_3}{R_3+R_4}v_{O2}=0, \quad 即 \quad v_{O1}=-\frac{R_3}{R_4}v_{O2}$$

当 $v_{O2}=-12\text{V}$ 时,$v_{O1}=6.4\text{V}$;当 $v_{O2}=+12\text{V}$ 时,$v_{O1}=-6.4\text{V}$。

v_{O1} 由 $+6.4\text{V} \to -6.4\text{V}$ 所用的时间是 $T/2$,此时,$v_{O2}=+12\text{V}$。于是有

$$\Delta v_{O1}=-\frac{1}{R_1C}\int_0^{T/2}v_{O2}\text{d}t=-\frac{T}{2}\cdot\frac{v_{O2}}{R_1C}$$

而 $\Delta v_{O1}=2\dfrac{R_3}{R_4}v_{O2}$,所以求得

$$T=\frac{4R_1R_3C}{R_4}$$

代入数据得 $T=\dfrac{4\times15\times10^3\times16\times10^3\times0.1\times10^{-6}}{30\times10^3}\text{s}=3.2\text{ms}$。即三角波与方波的振荡周期为 3.2ms。

(3) 设 v_{O3} 的占空比与 V_C 的函数关系为线性,且设

$$\frac{T_1}{T}=KV_C+B$$

当 $V_C=0$ 时,v_{O3} 为方波,占空比为 50%,得常数 $B=0.5$。当 $V_C=\dfrac{1}{2}V_{o1m}=3.2\text{V}$ 时,v_{O3} 的占空比为 75%。将它们代入上述函数式,可得 $K=\dfrac{5}{64}\text{V}^{-1}$。因此,$v_{O3}$ 的占空比与控制电压 V_C 的函数关系为

$$\delta=\frac{T_1}{T}=KV_C+B=\left(\frac{5}{64}V_C+0.5\right)\times100\%$$

当 $V_C=2.5\text{V}$ 时,v_{O1}、v_{O2}、v_{O3} 的波形如图 8.30 所示。此时,相应的 v_{O3} 的占空比为

$$\delta = \frac{T_1}{T} = KV_C + B = \left(\frac{5}{64} \times 2.5 + 0.5\right) \times 100\% \approx 70\%$$

【题 8-21】 一个他激式锯齿波发生电路如图 8.31 所示,设运放是理想的,试定性画出在图示 v_I 作用下 v_O 的波形。提示:场效应管 T 在这里起着开关作用。

【解】 本题用来熟悉:信号产生电路的分析方法。

当 $v_I = 0$ 时,T 截止,A 组成反相积分器,$v_O(t) = -\frac{1}{RC}\int_0^t V_2 \mathrm{d}t = -\frac{V_2}{RC}t$,当 v_O 负向增长到 v_{GS}(即 $v_I - v_O$)$> V_{GS(th)}$ 时,T 导通,C 放电,直至 $v_O = v_N = v_P = 0$。

当 $v_I = 1$,且设 $v_I > V_{GS(th)}$,T 导通,C 被短路,$v_O = v_N = v_P = 0$。

由上述分析可画出 v_O 的波形如图 8.32 所示。

V_2 的大小决定了 v_O 波形归零时间的长短。

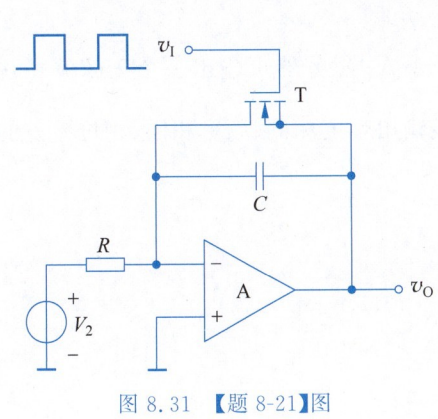

图 8.31 【题 8-21】图

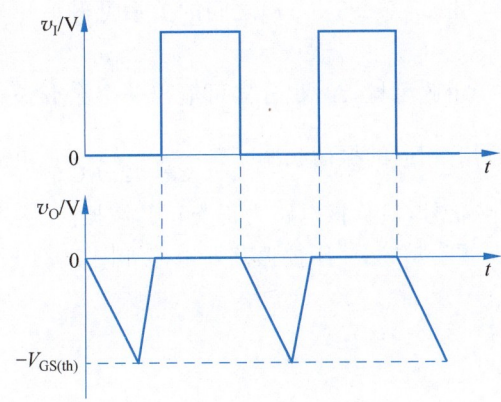

图 8.32 【题 8-21】图解

【题 8-22】 由 A_1 同相积分器和 A_2 反相积分器组成的正交正弦波振荡电路如图 8.33 所示,试写出输出电压 $v_{O1}(t)$ 和 $v_O(t)$ 的表达式,并写出振荡频率 f_0 的表达式。

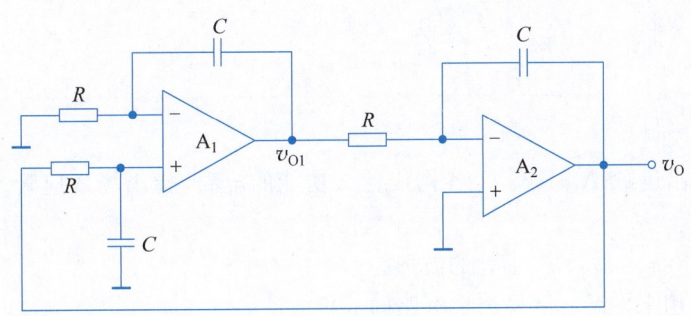

图 8.33 【题 8-22】图

【解】 本题用来熟悉:信号产生电路的分析方法。

由图 8.33 可写出 $v_{O1}(t)$ 与 $v_O(t)$ 之间的关系表达式为

$$v_{O1}(t) = \frac{1}{RC}\int_0^t v_O(t)\mathrm{d}t$$

$v_O(t)$ 与 $v_{O1}(t)$ 之间的关系表达式为

$$v_O(t) = -\frac{1}{RC}\int_0^t v_{O1}(t)\mathrm{d}t = -\frac{1}{(RC)^2}\iint v_O(t)\mathrm{d}t$$

上式对时间 t 两次求导后,可得到

$$\frac{\mathrm{d}^2 v_O(t)}{\mathrm{d}t^2} = -\frac{1}{(RC)^2}v_O(t)$$

令 $\omega_0 = \frac{1}{RC}$,则上述微分方程可写为

$$\frac{\mathrm{d}^2 v_O(t)}{\mathrm{d}t^2} + \omega_0^2 v_O(t) = 0$$

解上述微分方程,得到

$$v_O(t) = A\sin\omega_0 t$$

由 $v_{O1}(t)$ 与 $v_O(t)$ 之间的关系可得

$$v_{O1}(t) = -A\cos\omega_0 t$$

由此可见,A_1 积分器可输出一个余弦波振荡信号;A_2 积分器可输出一个正弦波振荡信号。相应的振荡频率 $f_0 = \frac{\omega_0}{2\pi} = \frac{1}{2\pi RC}$。由于电路能输出幅度相同、频率相同、相位差 $\frac{\pi}{2}$ 的正弦信号,故称该电路为正交正弦波振荡器。

【**题 8-23**】 压控振荡器电路如图 8.34 所示。

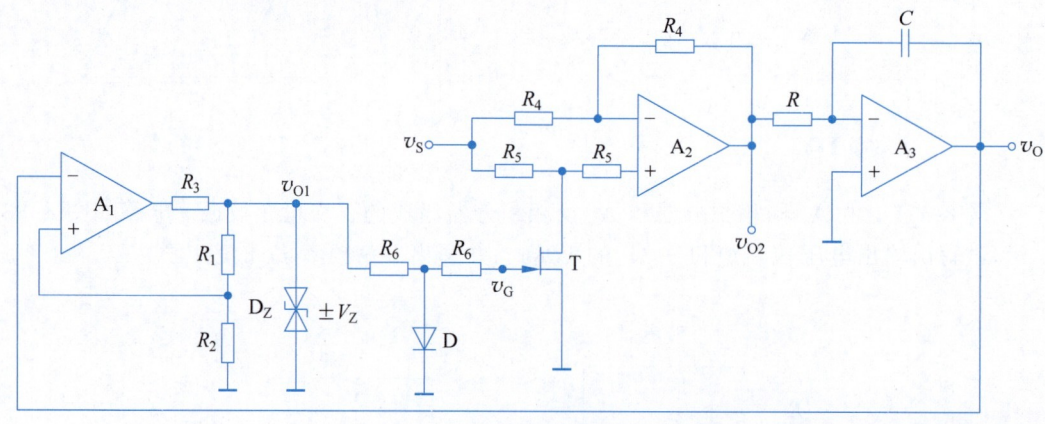

图 8.34 【题 8-23】图

(1) 分别指出运放 A_1、A_2、A_3 各构成什么功能的电路,指出场效应管、稳压管、二极管的作用。

(2) 定性画出 v_{O1}、v_G、v_{O2}、v_O 的波形。

【**解**】 本题用来熟悉:信号产生电路的分析方法。

(1) A_1 构成反相输入迟滞电压比较器,其上、下限门限电平分别为

$$V_{TH} = \frac{R_2}{R_1 + R_2}V_Z, \quad V_{TL} = -\frac{R_2}{R_1 + R_2}V_Z$$

A_2 构成符号运算电路。$v_{O2} = \begin{cases} v_S & (\text{JFET 截止}) \\ -v_S & (\text{JFET 导通}) \end{cases}$,$v_G$ 为控制电压。

A_3 构成反相积分器,其充放电电流 $i_C = \dfrac{v_{O2}}{R} = \dfrac{v_S}{R}$,改变 v_S 就可控制 i_C 的大小。积分器的输出反馈到 A_1 的反相输入端,以控制迟滞比较器的电平翻转。$A_1 \sim A_3$ 构成闭环,构成振荡频率受 v_S 控制的方波与三角波信号。

图中,JFET 作开关用,用以控制 v_{O2} 的输出极性。稳压管 D_Z 用作限幅,使 v_{O1} 方波的输出正、负电平限制在 $\pm V_Z$。二极管 D 也用作限幅,当 $v_{O1} = +V_Z$ 时,D 导通,使 v_G 限制在 0.7V 左右;当 $v_{O1} = -V_Z$ 时,D 截止,$-V_Z$ 以保证 JFET 截止。

(2) 由上述分析可得 v_{O1}、v_G、v_{O2}、v_O 的波形如图 8.35 所示。

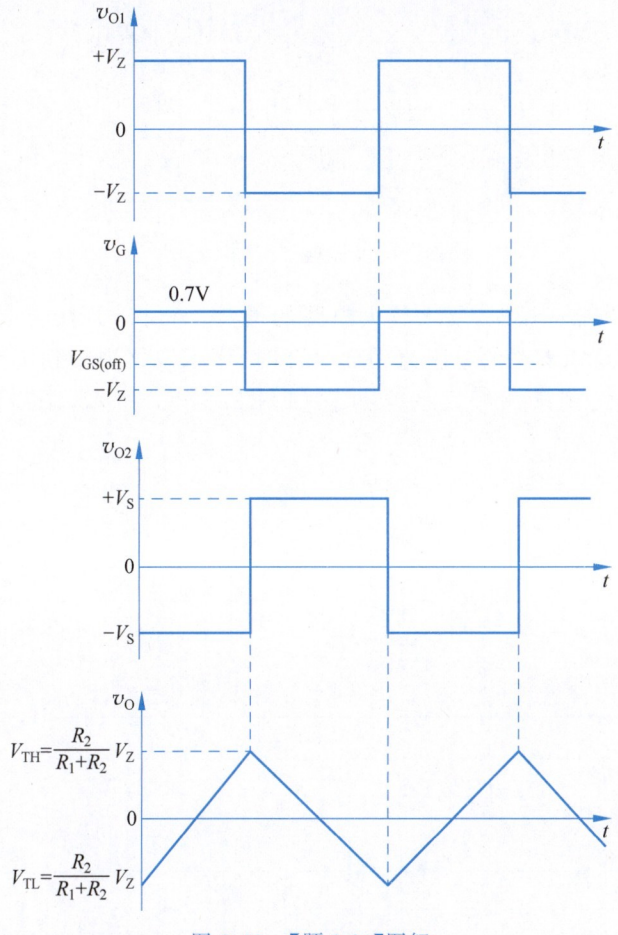

图 8.35　【题 8-23】图解

【仿真题 8-1】 RC 正弦波振荡电路如图 8.5 所示,其中运放选用 μA741,其电源电压 $+V_{CC} = 12V$,$-V_{EE} = -12V$。D_1、D_2 用 1N4148,其他参数改为 $R_1 = 15k\Omega$,$R_2 = 10k\Omega$,$R = 5.1k\Omega$,$C = 0.033\mu F$,R_W 为 100kΩ 的可调电阻。试用 Multisim 作如下分析。

(1) 观察输出电压波形由小到大的起振和稳定到某一幅度的全过程,求出振荡频率 f_0。

(2) 分析输出波形的谐波失真情况。

【解】 本题用来熟悉:
- 文氏桥振荡电路的特点;

- 振荡电路的仿真分析方法。

Multisim 仿真电路如图 8.36 所示,用示波器 XSC1 观察振荡波形,用频率计 XFC1 测量振荡频率。

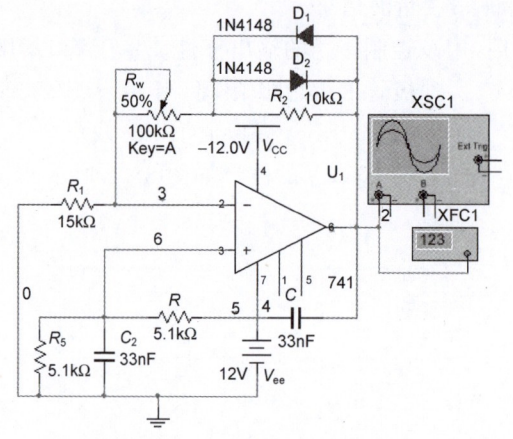

图 8.36 【仿真题 8-1】仿真图

(1) 文氏桥振荡器起振时,要求放大电路的增益 $|\dot{A}_v|>3$,在给定的电路参数下,滑动变阻器使其接入反馈支路的电阻值为 25 kΩ 时,用示波器观察到电路输出电压波形由小到大的起振和稳定到某一幅度的全过程如图 8.37(a)所示,图中,示波器的刻度为 2V/格。

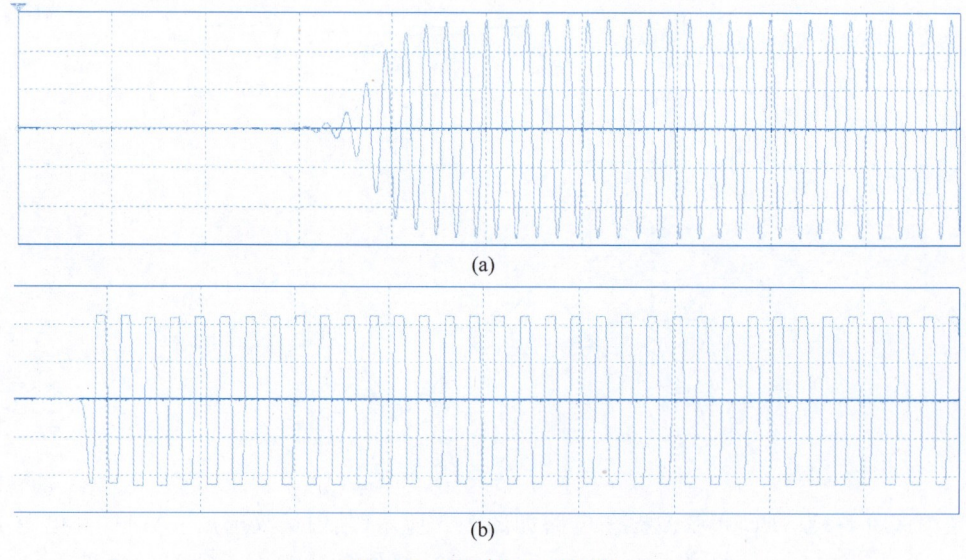

图 8.37 【仿真题 8-1】图解

稳定振荡时,用频率计测得振荡频率 $f_0=937.675$Hz。该值与理论计算值

$$f_0 = \frac{1}{2\pi RC} = \frac{1}{2\times 3.14 \times 5.1 \times 10^3 \times 0.033 \times 10^{-6}}\text{Hz} \approx 946\text{Hz}$$

相吻合。

(2) 谐波失真是与 RC 文氏桥振荡电路中基本放大电路的增益大小相关,即与反馈电阻值相关,滑动变阻器使其接入反馈支路的电阻值增大,随之增益值增大,当增益值过大时,会导致运放脱离线性区,电路产生非线性失真。当调整滑动变阻器,使接入反馈支路的阻值为 50 kΩ,失真波形如图 8.37(b)所示,图中,示波器的刻度为 5V/格。

【仿真题 8-2】 电感三点式振荡电路如图 8.38 所示,其中 BJT 选用 2N3904,$V_{CC} = 12V$,$R_{B1} = 51k\Omega$,$R_{B2} = 10k\Omega$,$R_E = 1k\Omega$,$C_1 = C_E = 1000\mu F$,$C = 10nF$,$L_1 = L_2 = 10\mu H$。试用 Multisim 作如下分析。

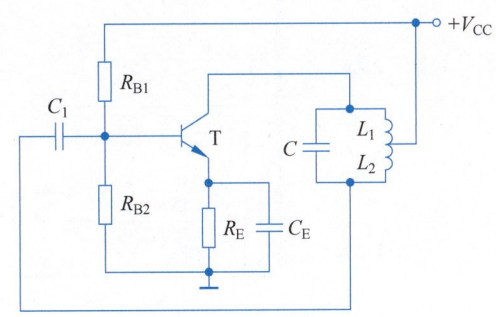

图 8.38 【仿真题 8-2】图

(1) 观察输出电压波形,求出振荡频率 f_0。

(2) 分析输出波形的谐波失真情况。

【解】 本题用来熟悉:
- 电感三点式振荡电路的特点;
- 振荡电路的仿真分析方法。

(1) Multisim 仿真电路如图 8.39(a)所示,设置晶体管 2N3904 的 β 为 100,用示波器观察到振荡波形如图 8.39(b)所示,可见,输出波形中高次谐波分量较大。此时,用频率计测得 $f_0 = 325.781 \text{kHz}$。

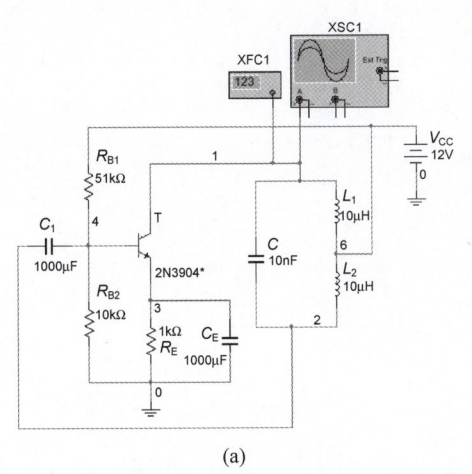
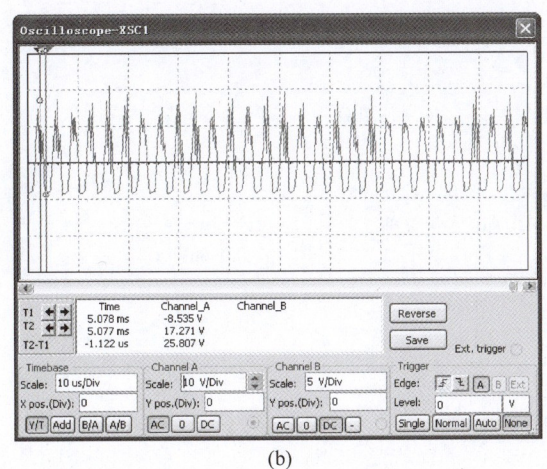

(a) (b)

图 8.39 【仿真题 8-2】图解(1)

(2) 电感三点式振荡电路中,由于反馈电压取自电感,而电感对高频信号呈现较大的电抗,因此输出电压波形中常含有高次谐波。若要抑制输出波形中高次谐波分量,一般可选

L_2 与 L_1 的匝数比在 $1/4\sim 1/8$。当 $L_1=50\mu H$ 时，Multisim 仿真电路如图 8.40(a)所示，用示波器观察到振荡波形如图 8.40(b)所示，可见，输出波形中高次谐波分量得到了较好的抑制。此时，用频率计测得 $f_0=159.343\text{kHz}$。

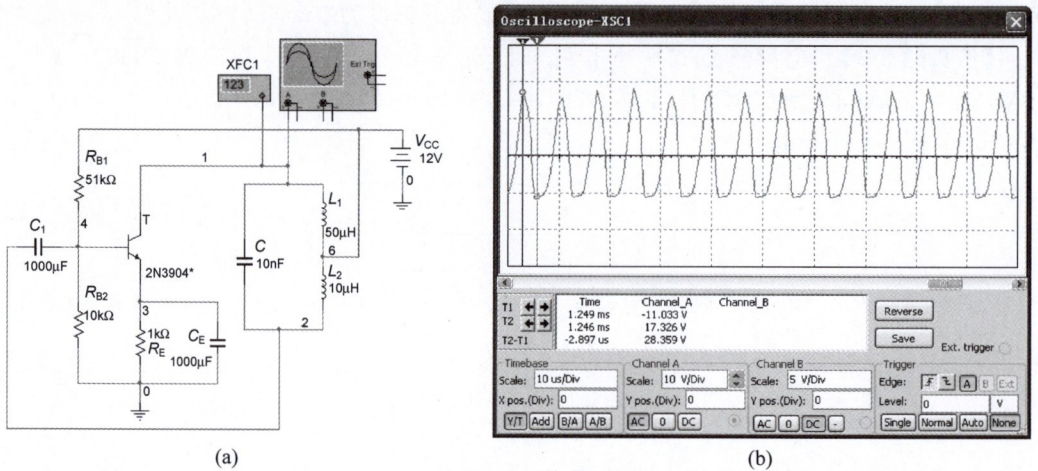

图 8.40 【仿真题 8-2】图解(2)

【仿真题 8-3】 阶梯波发生器电路如图 8.41 所示，设运放用 $\mu A741$，电源电压 $+V_{CC}=+15V,-V_{EE}=-15V$。场效应管型号为 2N3459，参数为默认值。$D_1$、$D_2$ 用 1N747A，$D_3\sim D_6$ 用 1N4148，其他元件参数如图中所示。用 Multisim 仿真场效应管的转移特性曲线及电路输出波形。分别改变场效应管的参数 V_{to} 和积分电容 C_3 的值，观察输出阶梯波的变化。

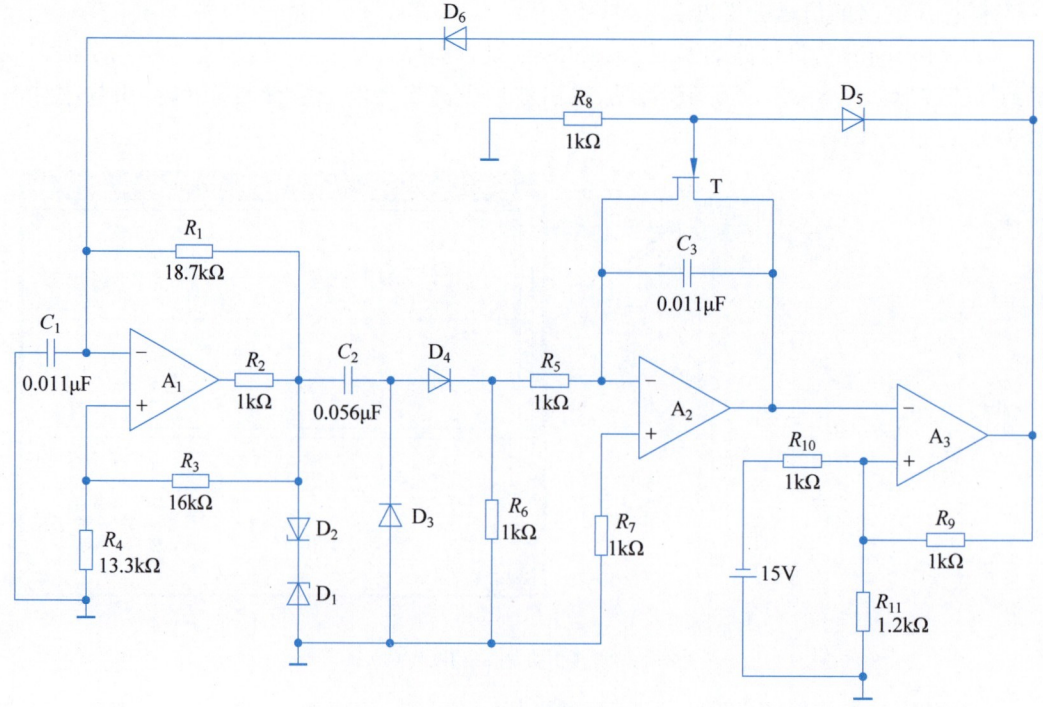

图 8.41 【仿真题 8-3】图

【解】 本题用来熟悉：非正弦波振荡电路的仿真分析方法。

用 Multisim 仿真得到 2N3459 的转移特性曲线如图 8.42(a)所示。电路输出波形如图 8.42(b)所示，图中，场效应管的参数 V_{to} 设置为 -1.4V，示波器水平(时间)轴的刻度为 10ms/格，垂直(幅度)轴的刻度为 5V/格。

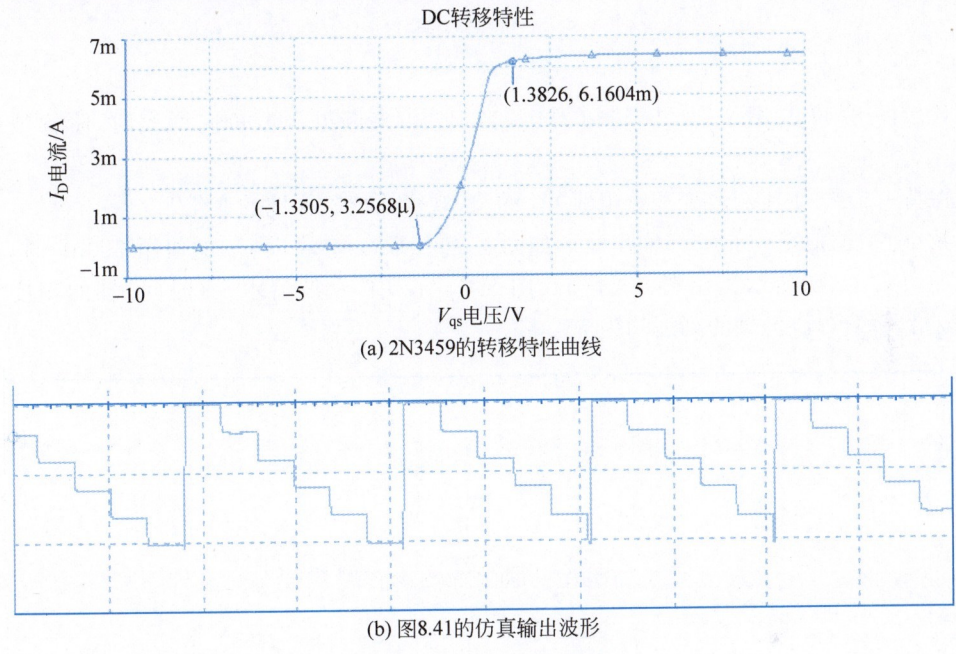

(a) 2N3459的转移特性曲线

(b) 图8.41的仿真输出波形

图 8.42 【仿真题8-3】图解

改变场效应管的参数 V_{to} 的值，观察输出阶梯波的变化。

当 V_{to} 由 -1.4V 改为 -3V 时，输出波形如图 8.43(a)所示；继续减小 V_{to} 值为 -4V 时，输出波形如图 8.43(b)所示；当 V_{to} 值减小至 -8V 时，输出波形如图 8.43(c)所示。在图 8.43(a)、图 8.43(b)、图 8.43(c)中，示波器水平(时间)轴的刻度均为 10ms/格，垂直(幅度)轴的刻度均为 5V/格。

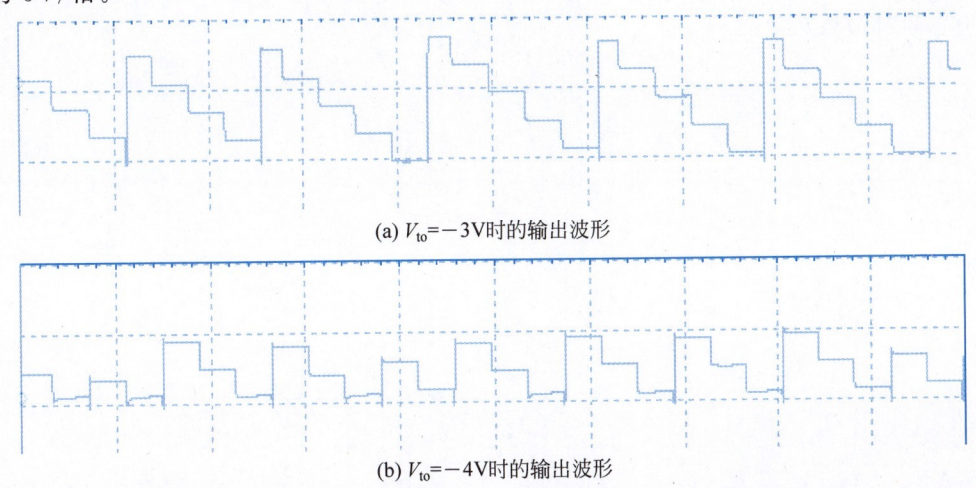

(a) $V_{to}=-3$V时的输出波形

(b) $V_{to}=-4$V时的输出波形

图 8.43 V_{to} 值对阶梯波波形的影响

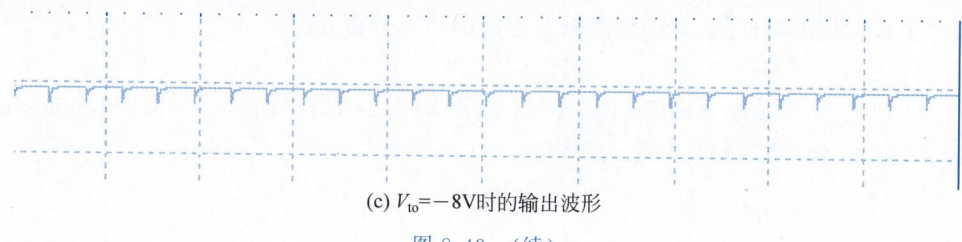

(c) $V_{to}=-8V$ 时的输出波形

图 8.43 （续）

比较图 8.43 与图 8.42(b)可以看出,当 V_{to} 由夹断电压值负向增大时,阶梯波级数变少。

保持 $V_{to}=-1.4V$,改变积分电容 C_3 的值,观察输出阶梯波的变化。

减小 C_3 的值至 50nF 时,输出波形如图 8.44(a)所示；增大 C_3 的值至 200nF 时,输出波形如图 8.44(b)所示。在图 8.44(a)、图 8.44(b)中,示波器水平(时间)轴的刻度均为 20ms/格,垂直(幅度)轴的刻度均为 5V/格。

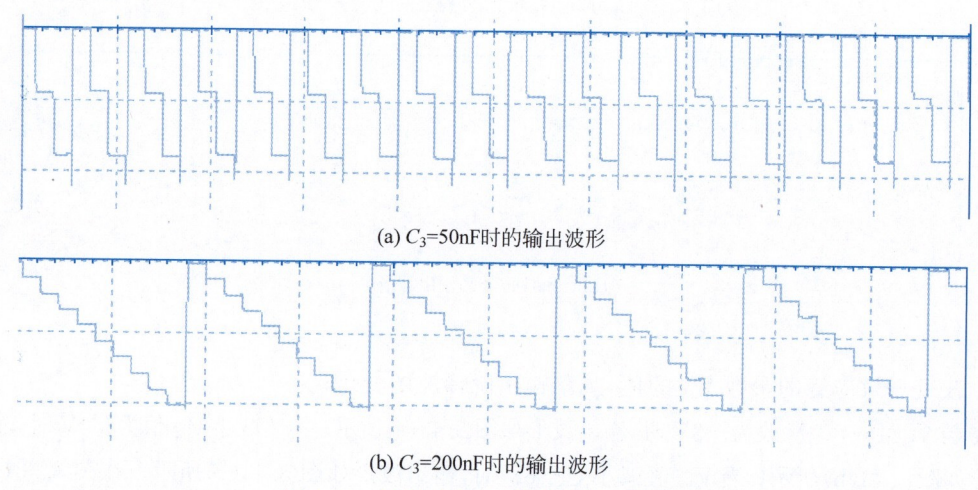

(a) $C_3=50nF$ 时的输出波形

(b) $C_3=200nF$ 时的输出波形

图 8.44 积分电容 C_3 阶梯波波形的影响

比较图 8.44 与图 8.42(b)可以看出,减小积分电容的值,阶梯波级数减少；增大积分电容的值,阶梯波级数增加。

第 9 章 直流稳压电源

CHAPTER 9

9.1 教学要求

具体教学要求如下。
(1) 熟悉小功率直流稳压电源的组成。
(2) 掌握单相桥式整流、电容滤波电路的组成及工作原理,熟练掌握其定量估算方法;了解其他滤波电路的性能及应用场合。
(3) 掌握串联反馈式稳压电路的组成、工作原理及其分析方法。
(4) 了解稳压电源主要质量指标的含义。
(5) 熟悉三端式稳压器的电路组成和应用。

9.2 基本概念和内容要点

9.2.1 小功率直流稳压电源的组成

小功率直流稳压电源的组成框图如图 9.1 所示。

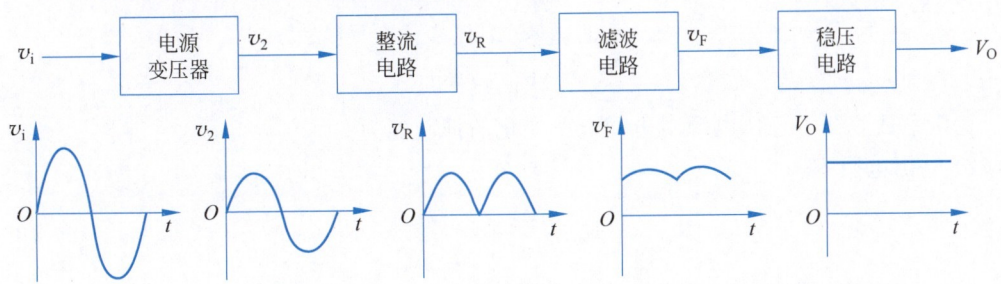

图 9.1 小功率直流稳压电源的组成框图

其中,电源变压器将交流电网 220V 的电压变为所需的电压值;整流电路将正、负交替变化的交变电压变为单向脉动的直流电压;滤波电路滤除整流输出中的脉动成分,从而得到平稳的直流电压;稳压电路的作用是当电网电压波动,负载和温度变化时,维持输出直流电压稳定。

9.2.2 单相桥式整流、电容滤波电路

1. 电路结构

单相桥式整流、电容滤波电路的原理电路及输出波形如图 9.2(a) 和图 9.2(b) 所示。

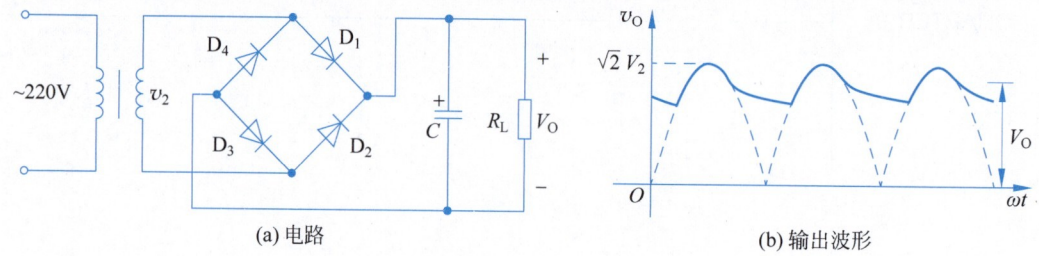

(a) 电路　　　　　　　　　　　　　　(b) 输出波形

图 9.2　单相桥式整流电路、电容滤波电路及其输出波形

2. 性能特点

单相桥式整流、电容滤波电路的性能指标如表 9.1 所示。

表 9.1　单相桥式整流、电容滤波电路的性能指标

变压器副边电压有效值	空载时输出电压 V_O	带载时输出电压 V_O	流过每个二极管的平均电流 I_D	二极管承受的最大反向电压 V_{BR}	滤波电容的选取
V_2	$\sqrt{2}V_2$	$\approx 1.2V_2$	$\dfrac{1}{2}I_L$	$\sqrt{2}V_2$	$R_L C \geqslant (3\sim 5)\dfrac{T}{2}$

电容滤波一般用于小功率电源中,除电容滤波外,还可采用电感进行滤波。电感滤波一般用于低压大功率输出电源中。为了进一步减小输出电压中的脉动成分,可采用复式滤波电路,如 LC 滤波电路、LC-π 型滤波电路及 RC-π 型滤波电路。

9.2.3 线性稳压电路

1. 直流稳压电源的主要质量指标

1) 稳压系数 S_r

$$S_r = \left.\frac{\Delta V_O/V_O}{\Delta V_I/V_I}\right|_{\substack{\Delta I_O=0 \\ \Delta T=0}} \tag{9-1}$$

稳压系数表征了稳压电源对电网电压变化的抑制能力。

2) 输出电阻 R_o

$$R_o = \left.\frac{\Delta V_O}{\Delta I_O}\right|_{\substack{\Delta V_I=0 \\ \Delta T=0}} \tag{9-2}$$

输出电阻表征了稳压电源带载能力的大小,R_o 越小,带负载能力越强。

3) 温度系数 S_T

$$S_T = \left.\frac{\Delta V_O}{\Delta T}\right|_{\substack{\Delta V_I=0 \\ \Delta I_O=0}} \tag{9-3}$$

温度系数表征了稳压电源对温度变化的抑制能力。

4）纹波抑制比 RR(Ripple Rejection)

$$\mathrm{RR} = 20\lg \frac{\tilde{V}_{\mathrm{ip\text{-}p}}}{\tilde{V}_{\mathrm{op\text{-}p}}} \mathrm{dB} \tag{9-4}$$

式中，$\tilde{V}_{\mathrm{ip\text{-}p}}$ 和 $\tilde{V}_{\mathrm{op\text{-}p}}$ 分别表示输入纹波电压峰-峰值和输出纹波电压的峰-峰值。

由于整流滤波后得到的直流电压稳定性很差，所以需要采取稳压措施，常用的是线性稳压电路和开关稳压电路。本书主要介绍线性稳压电路，其中，调整管工作在线性区，典型电路为串联反馈式稳压电路。

2. 串联反馈式稳压电路

用硅稳压管组成的稳压电路具有体积小、电路简单的优点，但它无法满足大电流输出和输出电压随意可调的要求，因此，可采用串联反馈式稳压电路。

1）组成框图

串联反馈式稳压电路的组成框图如图 9.3 所示。它主要包括采样电路、基准电压电路、比较放大电路和调整管四部分。此外，为使电路安全工作，还常在电路中加保护电路。

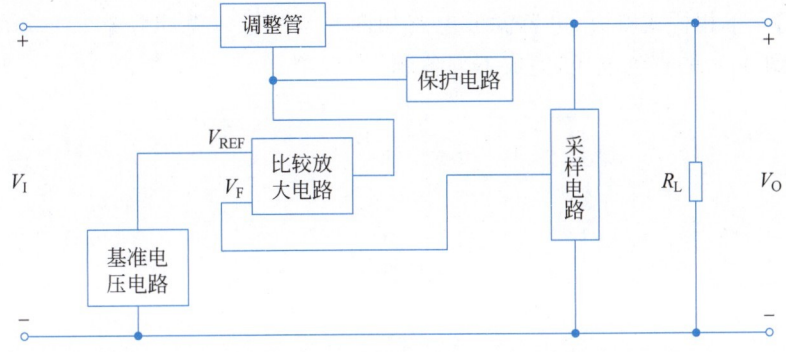

图 9.3 串联反馈式稳压电路的组成框图

2）稳压原理

串联反馈式稳压电路实际上是利用负反馈手段实现稳压的，其稳压原理概述如下。

（1）基准电压是稳压器的比较基准，基准电压不准，必将导致输出电压不稳。因此，一个性能优良的稳压器必须要求基准电压恒定且不随温度而变化，目前应用最广泛的是带隙基准电压源电路和稳压管基准电压源电路。

（2）调整管必须工作在线性放大区，以 BJT 作调整管为例，可通过基极电压（或电流）的变化调整集电极-发射极（集-射）间电压 v_{CE} 的变化，从而稳定输出电压。

（3）稳压器实际上是一个负反馈系统，比较放大器将输出电压的取样值与基准电压值进行比较，并将比较结果进行放大，产生控制调整管 v_{CE} 的控制电压，v_{CE} 的变化阻止输出电压的变化，从而达到稳压的目的。

3. 三端式集成稳压电路

集成稳压电路由于具有体积小、可靠性高、使用简单等特点而被广泛应用于各种电子设备中。集成稳压电路的种类很多，其中，最常用的是三端式集成稳压电路。其分类及型号见表 9.2。

表 9.2　三端式集成稳压电路的分类及型号

型　　号	固　定　式	可　调　式
正输出电压	W78××，W78L××，W78M××	W117(L、M)，W217(L、M)，W317(L、M)
负输出电压	W79××，W79L××，W79M××	W137(L、M)，W237(L、M)，W337(L、M)
符号说明	"××"为集成稳压器输出电压的标称值，78 或 79 系列分别有 ±5V、±6V、±9V、±12V、±15V、±18V 和 ±24V 7 挡 额定输出电流以 78 或 79 后面所加的字母来区分。L 表示 0.1A，M 表示 0.5A，无字母表示 1.5A	同一系列后面的数字表示不同的工作温度。如 W117，W217，W317 的工作温度分别为 −55～150℃、−25～150℃、0～150℃。 额定输出电流以数字后面所加的字母来区分。L 表示 0.1A，M 表示 0.5A，无字母表示 1.5A

9.3　典型习题详解

【题 9-1】　单相桥式整流、电容滤波电路如图 9.4 所示。电网频率 $f=50\mathrm{Hz}$。为了使负载上能得到 20V 的直流电压，完成下列各题。

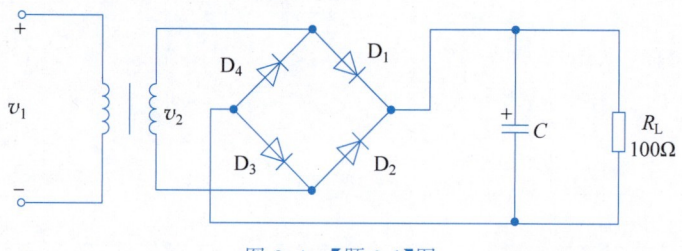

图 9.4　【题 9-1】图

(1) 计算变压器次级电压的有效值 V_2。
(2) 试选择整流二极管。
(3) 试选择滤波电容。

【解】　本题用来熟悉：单相桥式整流、电容滤波电路的分析方法。

(1) 由于 $V_O \approx 1.2 V_2$，所以 $V_2 \approx V_O/1.2 = 20/1.2\mathrm{V} \approx 16.67\mathrm{V}$。

(2) 选择整流二极管时应考虑二极管的最大整流电流和反向击穿电压。

流过整流管的最大整流电流(即正向平均电流)为

$$I_D = \frac{1}{2} I_L = \frac{1}{2} \cdot \frac{V_O}{R_L} = \frac{1}{2} \times \frac{20}{100}\mathrm{A} = 0.1\mathrm{A}$$

整流管承受的反向耐压应为 $V_{BR} \geqslant \sqrt{2} V_2 = \sqrt{2} \times 16.67\mathrm{V} \approx 23.57\mathrm{V}$。

查阅手册得知：可选用硅整流二极管 2CZ53B，其额定最大整流电流为 0.3A，反向工作峰值电压为 50V。

(3) 选择滤波电容时应考虑电容器 C 的容量及耐压。

为了使整流滤波后输出有足够小的纹波系数，应有

$$R_L C \geqslant (3 \sim 5)\frac{T}{2}$$

取 $R_L C = 3T$，可得

$$C = \frac{3T}{R_L} = \frac{3 \times (1/50)}{100} F = 600 \mu F$$

电容器承受的最大反向电压为变压器次级电压的峰值，即 $\sqrt{2} V_2 = \sqrt{2} \times 16.67V \approx 23.57V$，因此，可选用耐压为 25V，标称值为 $820\mu F$ 的电容器。

【题 9-2】 电路如图 9.5 所示。已知稳压管 D_Z 的稳定电压 $V_Z = 6V$，$V_I = 18V$，$C = 1000\mu F$，$R = R_L = 1k\Omega$。

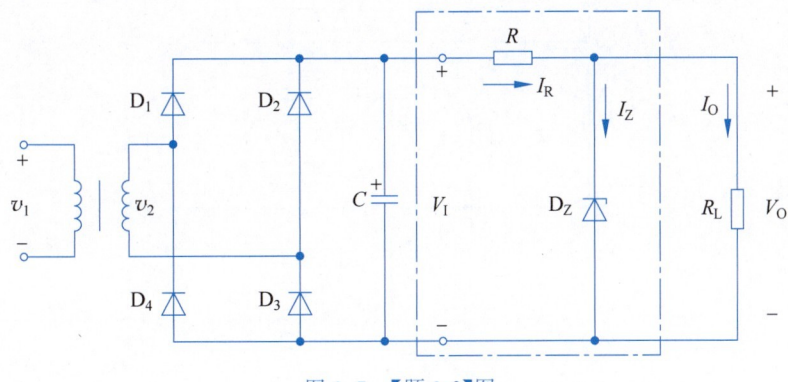

图 9.5 【题 9-2】图

(1) 电路中稳压管接反或限流电阻 R 短路，会出现什么现象？
(2) 求变压器副边电压的有效值 V_2 和输出电压 V_O 的值。
(3) 若稳压管 D_Z 的动态电阻 $r_Z = 20\Omega$，求稳压电路的内阻 R_o 及 $\Delta V_O / \Delta V_I$ 的值。
(4) 若电容器 C 断开，试画出 v_1、v_O 及电阻 R 两端电压 v_R 的波形。

【解】 本题用来熟悉：单相桥式整流、电容滤波、硅稳压管电路的分析方法。

(1) D_Z 接反时，成为正向导通的二极管，$V_O = 0.7V$；若 R 短路，I_R 过大，于是 I_Z 过大，将烧坏稳压管。

(2) $V_2 = \frac{V_I}{1.2} = \frac{18}{1.2} V = 15V$，$V_O = V_Z = 6V$。

(3) 若 $r_Z = 20\Omega$，则稳压电路的内阻 $R_o = r_Z // R \approx r_Z = 20\Omega$。

由于 $R_L \gg r_Z$，所以 $R_L // r_Z = r_Z$，故得 $\frac{\Delta V_O}{\Delta V_I} = \frac{R_L // r_Z}{R + R_L // r_Z} \approx \frac{r_Z}{R + r_Z} = \frac{20}{1000 + 20} \approx 0.0196$。

(4) 若电容器 C 断开，由 KVL 可画出 v_1、v_O 及 v_R 的波形如图 9.6 所示。

【题 9-3】 直流稳压电源如图 9.7 所示。已知稳压管 D_Z 的稳定电压 $V_Z = 6V$。
(1) 求 V_O 的可调范围。
(2) 设流过调整管 T 发射极的电流 $I = 0.1A$ 且 $V_3 = 24V$，求调整管 T 的最大管耗。
(3) 设调整管 T 的管压降 $V_{CE} = 4V$，求当 $V_O = 18V$ 时所需 V_2 的值。
(4) 设 $V_2 = 20V$，测得 $V_3 = 18V$，且波动较大，试分析电路的故障。

【解】 本题用来熟悉：串联反馈式稳压电路的分析方法。
(1) 当 R_W 调至最下端时，输出电压最高，其值为

$$V_{Omax} = \frac{R_1 + R_2 + R_W}{R_2} V_Z = \frac{300 + 200 + 100}{200} \times 6V = 18V$$

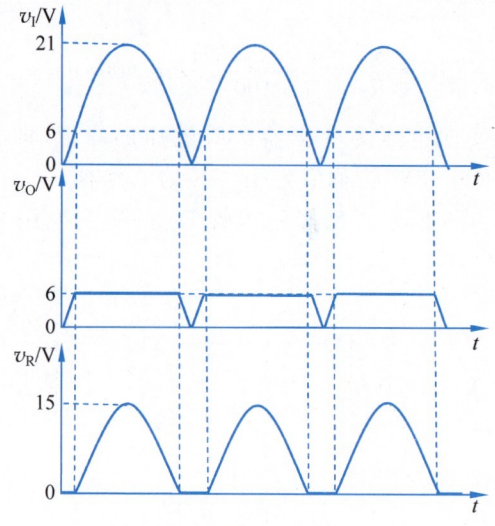

图 9.6 【题 9-2】图解

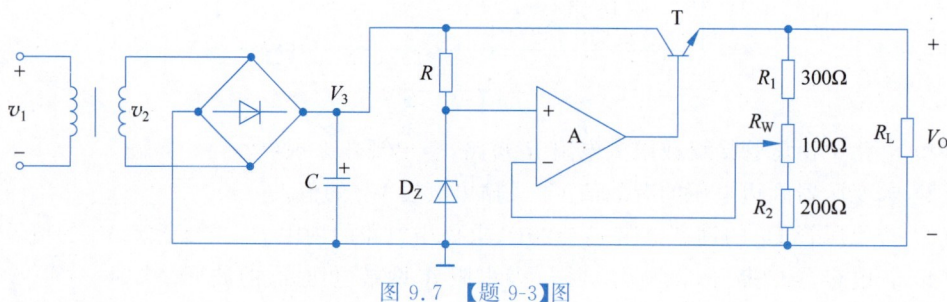

图 9.7 【题 9-3】图

当 R_W 调至最上端时,输出电压最低,其值为

$$V_{Omin} = \frac{R_1 + R_2 + R_W}{R_2 + R_W} V_Z = \frac{300 + 200 + 100}{200 + 100} \times 6V = 12V$$

(2)当输出电压最低时,调整管 T 的管压降最大,因而管耗也最大。

$$P_{Cmax} = V_{CE} \cdot I = (V_3 - V_{Omin}) \cdot I$$
$$= (24 - 12) \times 0.1W = 1.2W$$

(3)当 $V_O = 18V$ 时,若 $V_{CE} = 4V$,则有:$V_3 = V_O + V_{CE} = 18 + 4 = 22V$,因此可求得

$$V_2 = \frac{V_3}{1.2} = \frac{22}{1.2}V \approx 18.33V$$

(4)当 $V_2 = 20V$ 时,V_3 的正常值大约为 $V_3 = 1.2V_2 = 1.2 \times 20 = 24V$。现 V_3 仅为 18V 且波动较大,可判断电路负载短路或电容容量不足,严重漏电。

【题 9-4】 有温度补偿的稳压管基准电压源电路如图 9.8 所示。已知稳压管 D_Z 的稳定电压 $V_Z = 6.3V$,T_2 的 $V_{BE2} = 0.7V$,D_Z 具有正的温度系数 $+2.2mV/℃$,而 T_2 的 V_{BE2} 具有负的温度系数 $-2mV/℃$。

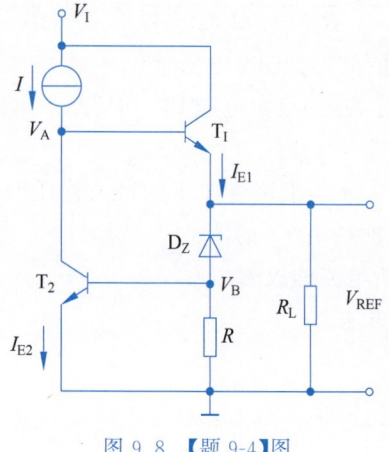

图 9.8 【题 9-4】图

(1) 当输入电压 V_I(或负载电阻 R_L 增大)时,说明它的稳压过程和温度补偿作用。

(2) 基准电压 V_{REF} 为多少?并标出电压极性。

【解】 本题用来熟悉:基准电压源电路的分析方法。

(1) 当输入电压 V_I(或负载电阻 R_L 增大)时,电路的稳压过程如下:

$$V_I\uparrow(R_L\uparrow)\to V_{REF}\uparrow\to V_B(V_B=V_{REF}-V_Z)\uparrow\to V_{BE2}\uparrow$$

$$V_{REF}\downarrow\leftarrow I_L\downarrow\leftarrow I_{E1}\downarrow\leftarrow I_{B1}(I_{B1}=I-I_{E2})\downarrow\leftarrow I_{E2}\uparrow$$

温度补偿作用如下:

$$T\uparrow\to\begin{cases}V_{BE2}\downarrow(-2\text{mV}/\text{℃})\\V_Z\uparrow(+2.2\text{mV}/\text{℃})\end{cases}\to\text{相互补偿}$$

(2) $V_{REF}=V_Z+V_{BE2}=6.3+0.7=7\text{V}$,极性为上"+"下"−"。

【题 9-5】 应用运放构成反馈的带隙基准电路如图 9.9 所示。设 T_1 和 T_2 完全匹配,且 T_1 和 T_2 的基极电流可忽略,试导出 V_{REF} 的表达式并说明工作原理。

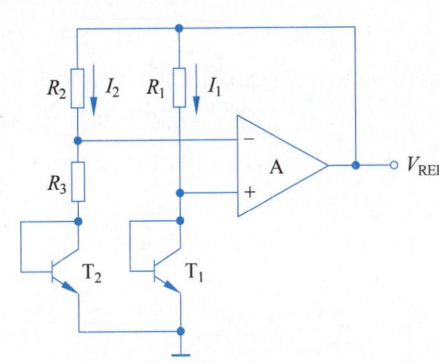

图 9.9 【题 9-5】图

【解】 本题用来熟悉:带隙基准电路的分析方法。

由图 9.9 可知 $V_{REF}=V_{BE1}+I_1R_1$

而 $V_{BE1}-V_{BE2}=V_T\ln(I_1/I_2)=V_T\ln(R_2/R_1)$

又 $V_{BE1}-V_{BE2}=I_2R_3=I_1R_1R_3/R_2$

$$\Longrightarrow I_1R_1=\frac{R_2}{R_3}\ln\left(\frac{R_2}{R_1}\right)V_T$$

故有

$$V_{REF}=V_{BE1}+\frac{R_2}{R_3}\ln\left(\frac{R_2}{R_1}\right)V_T=V_{BE1}+KV_T$$

其中,K 为常数,由 R_1、R_2、R_3 确定。

V_{BE} 具有负的温漂,而 V_T 具有正的温漂,V_{BE} 和 V_T 的温漂极性相反,精确合理地选择 K 可使 V_{REF} 的温漂系数为零,得到精密基准电压 V_{REF}。

【题 9-6】 直流稳压电源如图 9.10 所示,试完成下列各题。

(1) 设图中 T_2、T_3 的连接是正确的,在原有电路结构基础上改正图中的错误。

(2) 设变压器副边电压的有效值 $V_2=20\text{V}$,求 V_I 为多少。说明电路中 T_1、R_1、D_{Z2} 的作用。

(3) 当 $V_{Z1}=6\text{V}$,$V_{BE}=0.7\text{V}$,电位器 R_W 的滑动触头在中间位置,试计算 A、B、C、D、E 各点的电位和 V_{CE3} 的值。

(4) 计算输出电压 V_O 的调节范围。

【解】 本题用来熟悉:直流稳压电源的分析方法。

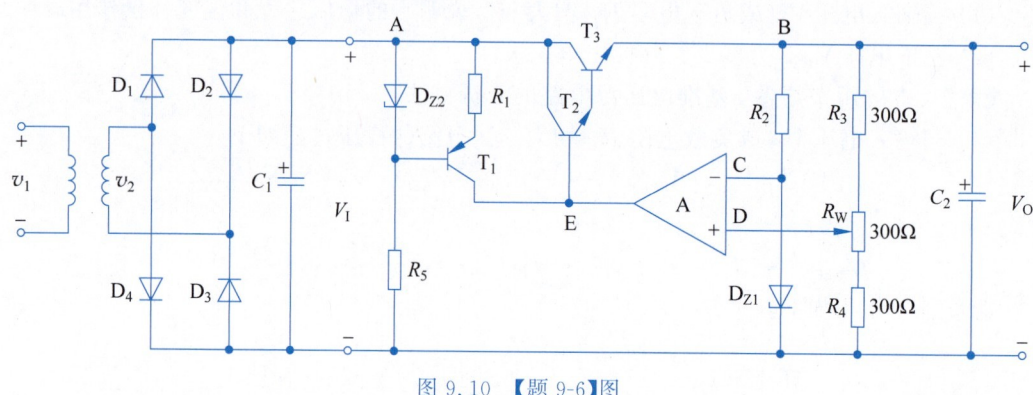

图 9.10 【题 9-6】图

(1) 整流部分：二极管 D_2、D_4 的极性接反；稳压部分：稳压管 D_{Z1}、D_{Z2} 的极性接反，运放的同相端和反相端接反，不能构成负反馈。

(2) $V_I = 1.2V_2 = 1.2 \times 20\text{V} = 24\text{V}$。$D_{Z2}$、$R_1$、$T_1$ 为启动电路。当 D_{Z2}、R_1、T_1 启动后，T_2、T_3 有直流偏置，才能稳定输出电压。

(3) 由图 9.10 可知：

$V_A = V_I = 24\text{V},\quad V_C = V_D = V_{Z1} = 6\text{V}$

$V_D = \dfrac{R_4 + R_W/2}{R_3 + R_4 + R_W} V_B \rightarrow V_B = \dfrac{R_3 + R_4 + R_W}{R_4 + R_W/2} V_D = \dfrac{300 + 300 + 300}{300 + 300/2} \times 6\text{V} = 12\text{V}$

$V_E = V_B + V_{BE3} + V_{BE2} = 12 + 0.7 + 0.7 = 13.4\text{V},\quad V_{CE3} = V_A - V_B = 24 - 12 = 12\text{V}$

(4) 输出电压 V_O 的调节范围为

$V_{O\max} = \dfrac{R_3 + R_4 + R_W}{R_4} V_{Z1} = \dfrac{300 + 300 + 300}{300} \times 6\text{V} = 18\text{V}$

$V_{O\min} = \dfrac{R_3 + R_4 + R_W}{R_4 + R_W} V_{Z1} = \dfrac{300 + 300 + 300}{300 + 300} \times 6\text{V} = 9\text{V}$

【题 9-7】 直流稳压电源如图 9.11 所示。若变压器副边电压的有效值 $V_2 = 15\text{V}$，三端稳压器为 LM7812，试回答：

(1) 整流器的输出电压约为多少？

(2) 要求整流管的击穿电压 V_{BR} 大于或等于多少？

(3) W7812 中的调整管承受的电压约为多少？

(4) 若负载电流 $I_L = 100\text{mA}$，W7812 的功率损耗为多少？

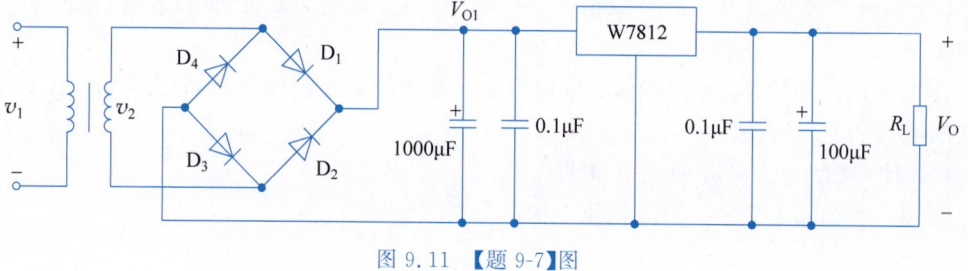

图 9.11 【题 9-7】图

【解】 本题用来熟悉：含三端集成稳压器的直流电源的分析方法。

（1） $V_{O1}=1.2V_2=1.2\times 15\text{V}=18\text{V}$。

（2） $V_{BR}\geqslant \sqrt{2}V_2=\sqrt{2}\times 15\text{V}\approx 21.2\text{V}$。

（3） W7812 中的调整管承受电压的情况如下。

在正常情况下，承受的电压为 $V_{O1}-V_O=18\text{V}-12\text{V}=6\text{V}$。

在最危险的情况下（$V_O=0$ 即负载短路），承受的电压为 $V_{O1}-V_O=18\text{V}-0\text{V}=18\text{V}$。

（4） 若 $I_L=100\text{mA}$，W7812 的功率损耗为 $P_C=(V_{O1}-V_O)I_L=(18-12)\times 0.1\text{W}=0.6\text{W}$。

【题 9-8】 电路如图 9.12 所示。集成稳压器 7824 的 2、3 端电压 $V_{32}=V_{REF}=24\text{V}$，求输出电压 V_O 和输出电流 I_O 的表达式，并说明该电路具有什么作用。

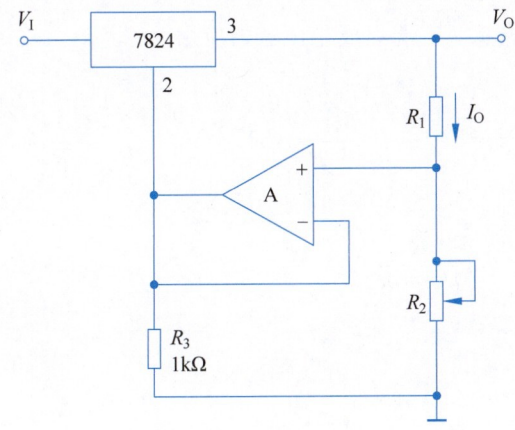

图 9.12 【题 9-8】图

【解】 本题用来熟悉：三端集成稳压器电路的分析方法。

由于 A 为电压跟随器，所以有 $V_{R_1}=V_{32}=V_{REF}=24\text{V}$。

由图 9.12 可得，电阻 R_1 两端的电压为

$$V_{R_1}=V_O-V_P=V_O-\frac{R_2}{R_1+R_2}V_O=\frac{R_1}{R_1+R_2}V_O$$

因此得到

$$V_O=\left(1+\frac{R_2}{R_1}\right)V_{R_1}=\left(1+\frac{R_2}{R_1}\right)V_{REF}$$

由图 9.12 可得

$$I_O=\frac{V_{R_1}}{R_1}=\frac{V_{REF}}{R_1}$$

可见当 V_{REF}、R_1 恒定时，输出电流不变。所以该电路具有恒流源的作用。

【题 9-9】 由固定三端稳压器组成的输出电压扩展电路如图 9.13 所示，设 $V_{32}=V_{\times\times}$，试证明

$$V_O=\frac{R_3}{R_3+R_4}\left(1+\frac{R_2}{R_1}\right)V_{\times\times}$$

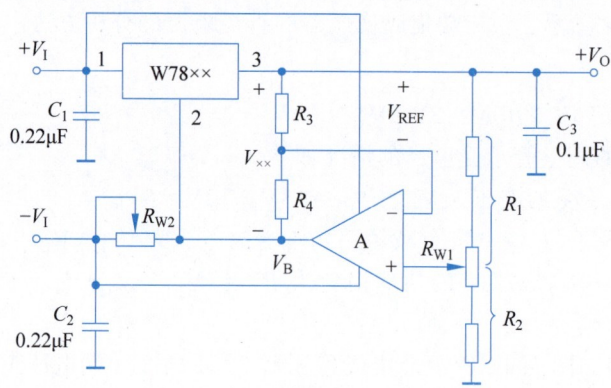

图 9.13 【题 9-9】图

【证明】 本题用来熟悉：三端集成稳压器的应用。

由图 9.13 可得

$$\begin{cases} V_N = V_B + \dfrac{V_{32}}{R_3+R_4} \cdot R_4 = V_B + \dfrac{R_4}{R_3+R_4}V_{\times\times} \\ V_B = V_O - V_{32} = V_O - V_{\times\times} \\ V_P = \dfrac{R_2}{R_1+R_2}V_O \\ V_P = V_N \end{cases}$$

由上述方程可得

$$\dfrac{R_2}{R_1+R_2}V_O = V_O - V_{\times\times} + \dfrac{R_4}{R_3+R_4}V_{\times\times}, 即 \dfrac{R_1}{R_1+R_2}V_O = \dfrac{R_3}{R_3+R_4}V_{\times\times}, 整理即可得证。$$

【题 9-10】 图 9.14 为 W79×× 三端负电压输出的集成稳压器内部原理电路，已知输入电压 $V_I = -19V$，输出电压 $V_O = -12V$，各管的导通电压 $|V_{BE(on)}|$ 均为 0.7V，稳压管 D_Z 的稳定电压 $V_{Z2} = 7V$。

(1) 试说明比较放大器和输出级的工作原理。

(2) 试求提供给比较放大器的基准电压 V_{REF}。

(3) 试求取样比 n 及 R_{19}。

【解】 本题用来熟悉：三端集成稳压器电路的分析方法。

(1) 基准电压 V_{REF} 和取样电压(由 R_{17}、R_{19} 的分压获得)分别加到由复合管 T_{10}、T_{11} 和 T_{18}、T_{17} 组成的差分放大器的两个输入端。当输出电压发生变化时，差分放大器的输出端(即 T_{17} 的集电极)电压发生相反的变化，以阻止输出电压的变化，达到稳定输出电压的目的。

(2) $V_{REF} = -(V_{Z2} + V_{BE(on)3}) = -(7+0.7)V = -7.7V$。

(3) $n = V_{REF}/V_O = (-7.7)/(-12) \approx 0.64$，$\left.\begin{matrix} n = R_{19}/(R_{17}+R_{19}) = 0.64 \\ R_{17} = 16\text{k}\Omega \end{matrix}\right\} \longrightarrow R_{19} = 28.5\text{k}\Omega$。

【题 9-11】 电路如图 9.15 所示。已知 $R_1 = 10\text{k}\Omega, R_2 = R_3 = 1\text{k}\Omega, C_1 = 0.33\mu F, C_2 = 0.1\mu F, C = 2\mu F, +V_{EE} = +30V, I = 1\text{mA}$，晶体管 T 的 $\alpha = 0.98$。试计算开关 S 由闭合到断开 10ms 后，电容器 C 两端的电压 v_C 的数值。

第9章 直流稳压电源

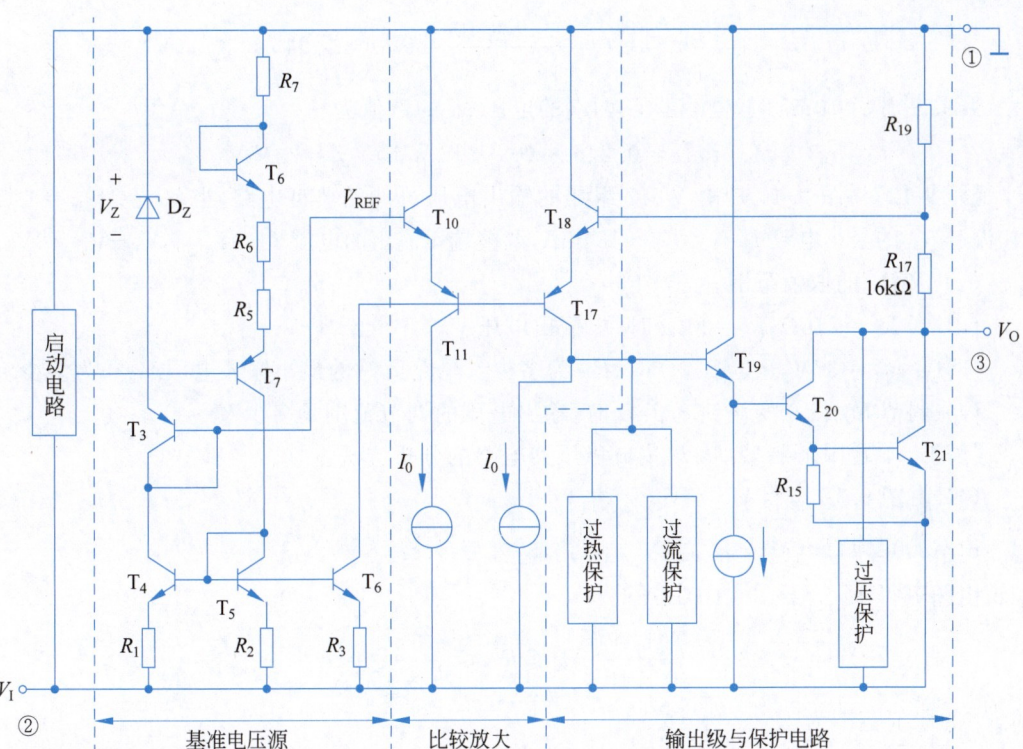

图 9.14 【题 9-10】图

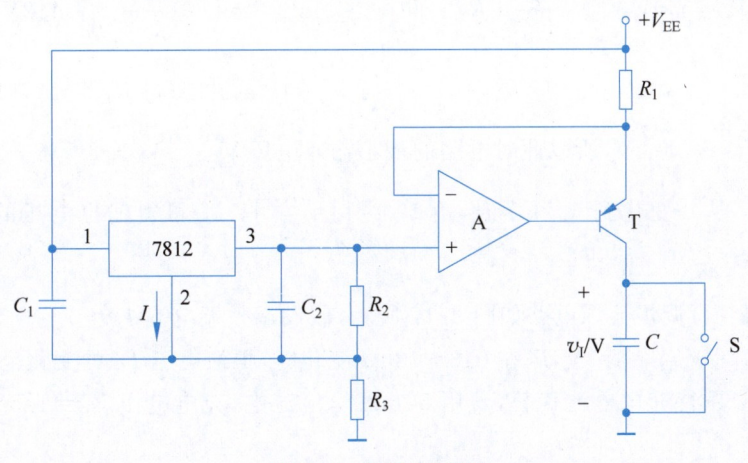

图 9.15 【题 9-11】图

【解】 本题用来熟悉：三端集成稳压器电路的分析方法。

对运放 A 而言，"虚短""虚断"的概念成立，因此可得

$$V_N = V_P = 12 + \left(\frac{12}{R_2} + I\right)R_3 = 12 + \left(\frac{12}{1} + 1\right) \times 1\text{V} = 25\text{V}$$

开关 S 闭合时，T 的发射极电流和集电极电流分别为

$$I_E = \frac{V_{EE} - V_N}{R_1} = \frac{30 - 25}{10}\text{mA} = 0.5\text{mA}, \quad I_C = \alpha I_E = 0.98 \times 0.5\text{mA} = 0.49\text{mA}$$

开关断开后，电容 C 被充电，则

$$v_C(t) = \frac{1}{C}\int_0^t I_C \mathrm{d}t = \frac{I_C}{C}t = \frac{0.49 \times 10^{-3}}{2 \times 10^{-6}}t(\text{V}) = 0.245 \times 10^3 t(\text{V})$$

开关断开后 10ms 时,电容器 C 两端的电压 v_C 的数值为

$$v_C(10\text{ms}) = 0.245 \times 10^3 \times 10 \times 10^{-3}\text{V} = 2.45\text{V}$$

【题 9-12】 图 9.16 是由 W317 组成的输出电压可调的典型电路,当 $V_{21} = V_{REF} = 1.2\text{V}$ 时,流过 R_1 的最小电流 $I_{R_1\min}$ 为 (5~10)mA,调整端 1 流出的电流 $I_A \ll I_{R_1\min}$,$V_I - V_O = 2\text{V}$。

(1) 求 R_1 的取值范围。

(2) 当 $R_1 = 210\Omega$,$R_2 = 3\text{k}\Omega$ 时,求输出电压 V_O。

(3) 当 $V_O = 37\text{V}$,$R_1 = 210\Omega$ 时,R_2 为多少?电路此时的最小输入电压 $V_{I\min}$ 为多少?

(4) 调节 R_2 从 0 变化到 6.2kΩ 时,输出电压的调节范围是多少?

【解】 本题用来熟悉:三端集成稳压器电路的分析方法。

(1) 由图 9.16 可得 $V_{R_1} = V_{21} = V_{REF} = 1.2\text{V}$

由欧姆定律得 $R_1 = V_{R_1}/I_{R_1}$

由题可得 $I_{R_1\min} = (5 \sim 10)\text{mA}$

$$\frac{1.2}{10 \times 10^{-3}}\Omega \leq R_1 \leq \frac{1.2}{5 \times 10^{-3}}\Omega$$

即 R_1 的取值范围为 120~240Ω。

(2) 由于 $I_A \ll I_{R_1\min}$,所以 $I_{R_2} \approx I_{R_1}$,即 R_1 与 R_2 串联,故得

$$V_O = V_{R_1} + V_{R_2} = V_{REF} + \frac{V_{REF}}{R_1} \cdot R_2 = \left(1 + \frac{R_2}{R_1}\right)V_{REF} = \left(1 + \frac{3}{0.21}\right) \times 1.2\text{V} \approx 18.3\text{V}$$

(3) 当 $V_O = 37\text{V}$,$R_1 = 210\Omega$ 时,由 $V_O = \left(1 + \frac{R_2}{R_1}\right)V_{REF}$ 可解得 $R_2 \approx 6.27\text{k}\Omega$。

又因为 $V_I - V_O = 2\text{V}$,所以此时电路的最小输入电压 $V_{I\min} = V_O + 2 = 37 + 2 = 39\text{V}$

(4) 当 R_2 从 0 变化到 6.2kΩ 时,由 $V_O = \left(1 + \frac{R_2}{R_1}\right)V_{REF}$ 可得输出电压的调节范围为 1.2~36.6V。

【题 9-13】 可调恒流源电路如图 9.17 所示,假设调整端电流 $I_A \approx 0$。

(1) 当 $V_{21} = V_{REF} = 1.2\text{V}$,$R$ 在 0.8~120Ω 变化时,恒流电流 I_O 的变化范围是多少?

(2) 当 R_L 用待充电电池代替,若用 50mA 恒流充电,充电电压 $V_E = 1.5\text{V}$,求电阻 R_L 为多少?

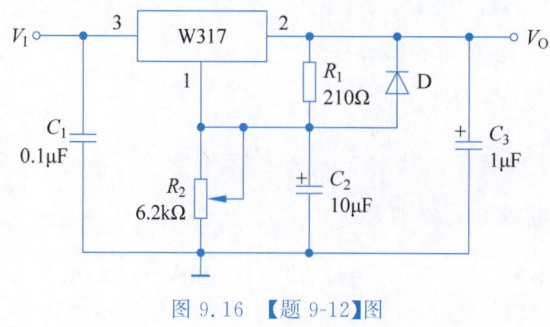

图 9.16 【题 9-12】图

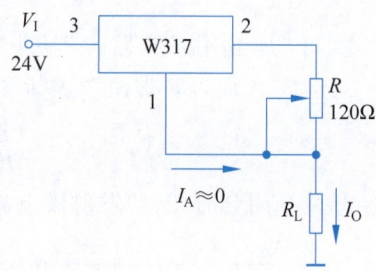

图 9.17 【题 9-13】图

【解】 本题用来熟悉：三端集成稳压器电路的分析方法。

(1) 由于 $I_A \approx 0$，所以恒流输出电流为

$$I_O = \frac{V_R}{R}$$

又因为 $0.8\Omega \leqslant R \leqslant 120\Omega$，所以 I_O 的变化范围为

$$\frac{1.2}{120}\text{A} \leqslant I_O \leqslant \frac{1.2}{0.8}\text{A}, \quad 即\ 0.01\text{A} \leqslant I_O \leqslant 1.5\text{A}$$

(2) 由题意知：$V_E = 1.5\text{V}, I_O = 50\text{mA}$，所以

$$R_L = \frac{V_E}{I_O} = \frac{1.5}{50 \times 10^{-3}}\Omega = 30\Omega$$

【题 9-14】 图 9.18 是一个 6V 限流充电器，T 是限流管，$V_{BE(on)} = 0.6\text{V}$，R_3 是限流取样电阻，最大充电电流 $I_{OM} = V_{BE(on)}/R_3 = 0.6\text{A}$，当 $I_O > I_{OM}$ 时如何限制充电电流？

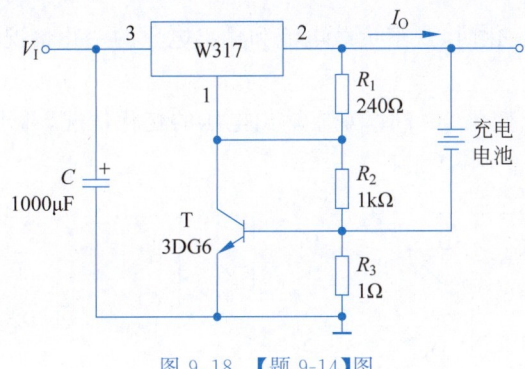

图 9.18 【题 9-14】图

【解】 本题用来熟悉：三端集成稳压器电路的分析方法。

若忽略 W317 调整端流出的电流 I_A，则充电电池两端的电压为

$$V = \left(1 + \frac{R_2 /\!/ r_{cb}}{R_1}\right)V_{21} = \left(1 + \frac{R_2 /\!/ r_{cb}}{R_1}\right)V_{REF}$$

当 $I_O > I_{OM}$ 时，限制充电电流的过程如下：

$$I_O \uparrow \ \rightarrow V_{R_3} \uparrow (V_{BE} \uparrow) \rightarrow V_{CE} \downarrow$$

$$\downarrow$$

$$I_O \downarrow \ \leftarrow V \downarrow \ \leftarrow (r_{cb} \downarrow)r_{ce}$$

由上述分析可以得知，该电路具有限制输出电流的功能。

【题 9-15】 电路如图 9.19 所示。已知 v_2 的有效值足够大，合理连线，使之构成 −5V 的直流电源。

【解】 本题用来熟悉：直流稳压电源的组成。

由图 9.19 可知：该直流稳压电源由单相桥式整流、电容滤波、三端稳压器组成。正确的连线如下：

①—④；②—⑥；③—⑧—⑪—⑬；⑤—⑦—⑨；⑩—⑫。

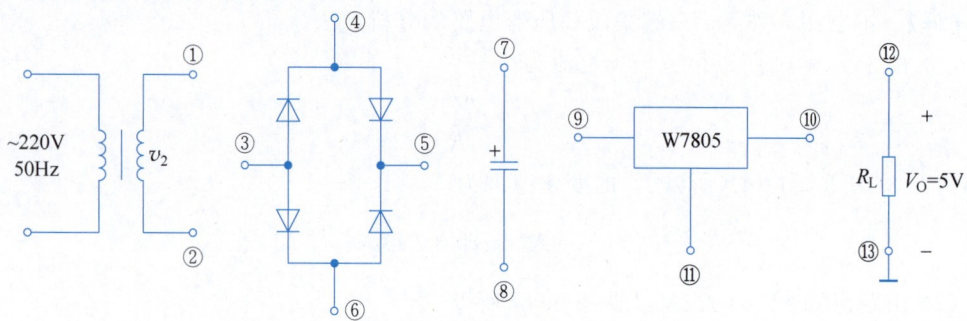

图 9.19 【题 9-15】图

【仿真题 9-1】 某电源电路如图 9.20 所示,设二极管用 1N4002,稳压管用 1N750A,其稳压值 $V_Z=6\text{V}$,$I_{ZM}=30\text{mA}$。若输入电压 $v_2=8\sin\omega t\,(\text{V})$,滑动电位器 R_W 处于中间位置,试用 Multisim 作如下分析:

(1) 当 R_W 的阻值变化时,观察负载电流和输出电压的变化情况,并求稳压电源的输出电阻 R_o。

(2) 当输入电压 v_2 变化 20% 时,观察输出电压的变化情况,并求该稳压电源的稳压系数 S_r。

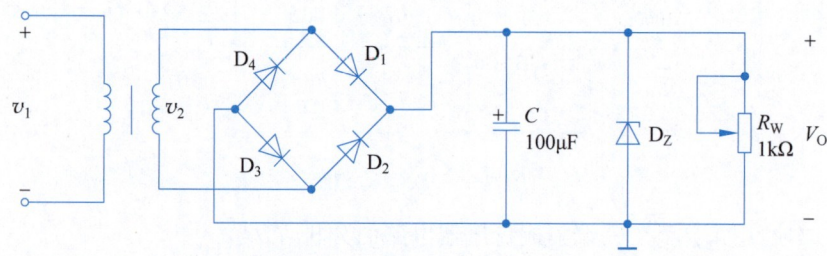

图 9.20 【仿真题 9-1】图

【解】 本题用来熟悉:稳压电源电路的仿真分析方法。

(1) 当 R_W 为 $0.5\text{k}\Omega$ 时,仿真结果如图 9.21(a)所示,测得负载电压 $V_O=6.013\text{V}$,负载电流 $I_O=0.012\text{A}$;当 R_W 为 $1\text{k}\Omega$ 时,仿真结果如图 9.21(b)所示,测得负载电压 $V_O=6.029\text{V}$,负载电流 $I_O=6.03\text{mA}$。可见,负载电阻变化时,负载电流会随之变化,但输出电压基本保持不变。

求稳压电源输出电阻 R_o 的电路如图 9.21(c)所示。开关打开时,测得 $V_O'=6.034\text{V}$,开关闭合时,测得 $V_O=6.024\text{V}$,因此求得

$$R_o = \frac{V_O' - V_O}{V_O} \cdot R_L = \frac{6.034 - 6.024}{6.024} \times 1\text{k}\Omega \approx 1.66\Omega$$

(2) 取 R_W 为 $1\text{k}\Omega$,当输入电压 v_2 增大 20% 时,仿真电路如图 9.22 所示,测得负载电压 $V_O=6.391\text{V}$。

比较图 9.22 和图 9.21(b) 的测试结果,由稳压系数的定义可求得稳压系数为

$$S_r = \frac{\Delta V_O/V_O}{\Delta V_I/V_I} \times 100\% = \frac{(6.391-6.029)/6.029}{0.2} \times 100\% \approx 30\%$$

第9章 直流稳压电源

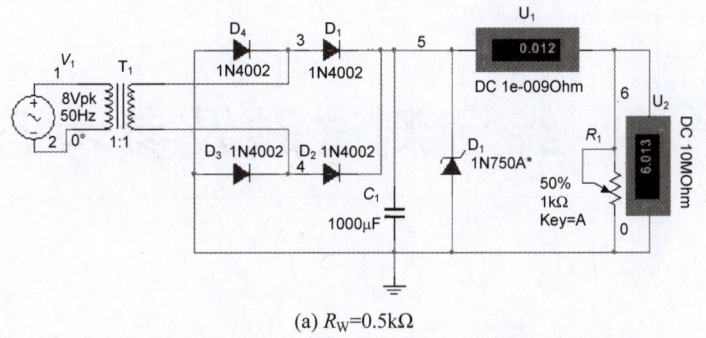

(a) R_W=0.5kΩ

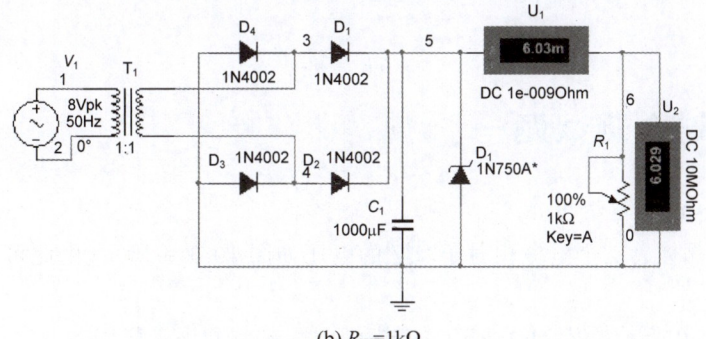

(b) R_W=1kΩ

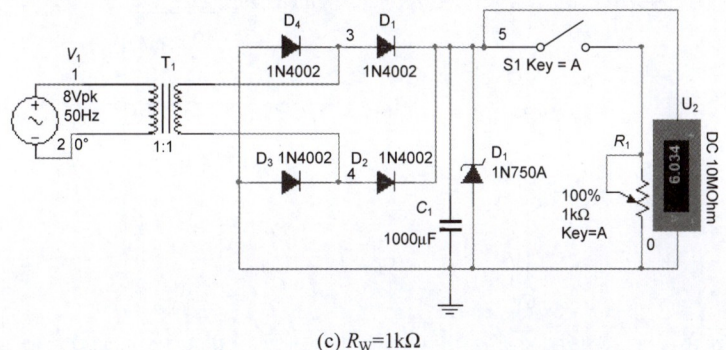

(c) R_W=1kΩ

图 9.21 【仿真题 9-1】图解(1)

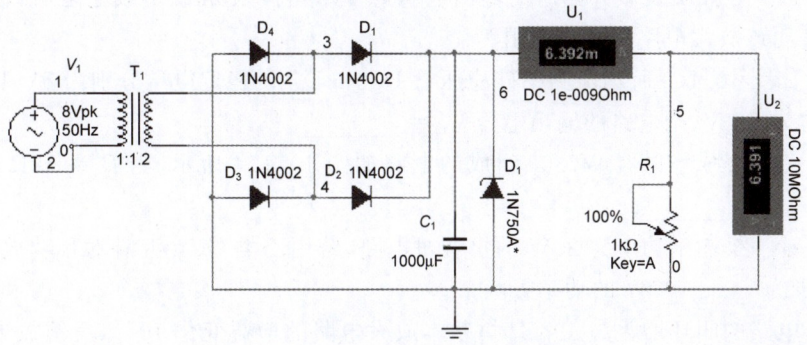

图 9.22 【仿真题 9-1】图解(2)

第 10 章 综合测试题及参考答案

CHAPTER 10

10.1 综合测试题一

1. 填空题（30 分，每空 2 分）

(1) 测得硅晶体管三个电极相对于"地"的电压如图 10.1.1 所示，由此可判断该管的工作状态为_____。

(2) 图 10.1.2 所示为某 MOSFET 的转移特性，试判断该管属于_____导电沟道，是_____型管，开启电压 $V_{GS(th)}$ 或夹断电压 $V_{GS(off)}$ 的值为_____。

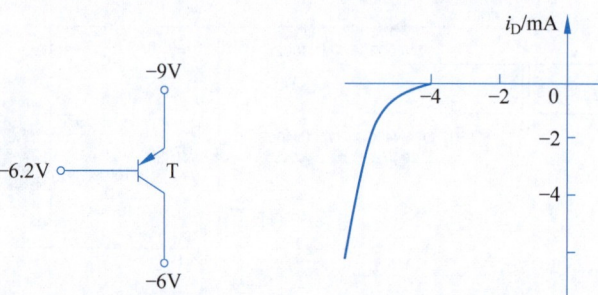

图 10.1.1 晶体管的电压　　图 10.1.2 MOSFET 的转移特性

(3) 某放大电路在负载开路时的输出电压为 6V，当接入 2kΩ 负载电阻后，输出电压降为 4V，这表明该放大电路的输出电阻为_____。

(4) 设如图 10.1.3 所示电路中硅稳压管 D_{Z1} 和 D_{Z2} 的稳定电压分别为 5V 和 8V，正向导通压降均为 0.7V，则电路的输出电压 $V_O=$_____。

(5) 由三端集成稳压器 W7805 组成的电路如图 10.1.4 所示，当 $R_2=5$kΩ 时，电路的输出电压 $V_O=$_____。

(6) 设计一个输出功率为 20W 的扩音机电路，若用乙类 OCL 互补对称功放电路，则应选 P_{CM} 至少为_____W 的功率管两个。

(7) 当电路的闭环增益为 40dB 时，基本放大电路的增益变化 10%，反馈放大电路的闭环增益相应变化 1%，则此时电路的开环增益为_____dB。

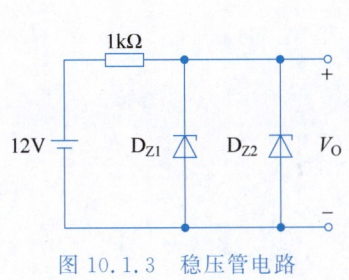
图 10.1.3 稳压管电路

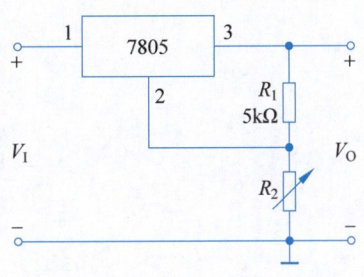
图 10.1.4 三端稳压器电路

(8) 在如图 10.1.5 所示电路中，T_1、T_2、T_3 管特性相同，$V_{BE(on)1} = V_{BE(on)2} = V_{BE(on)3} = 0.7V$，$\beta_1 = \beta_2 = \beta_3$ 且很大，试确定 $I_{REF} = \underline{\qquad}$，$I_{C2} = \underline{\qquad}$，$V_1 - V_2 = \underline{\qquad}$。

(9) 放大电路如图 10.1.6 所示，若将一个 6800pF 的电容错接在基极 b 和集电极 c 之间，则其中频电压增益的绝对值 $|\dot{A}_{vm}|$ 将 $\underline{\qquad}$，f_L 将 $\underline{\qquad}$，f_H 将 $\underline{\qquad}$。

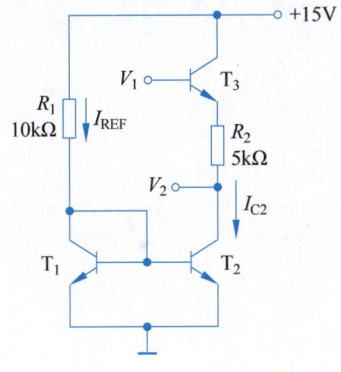
图 10.1.5 电流源电路

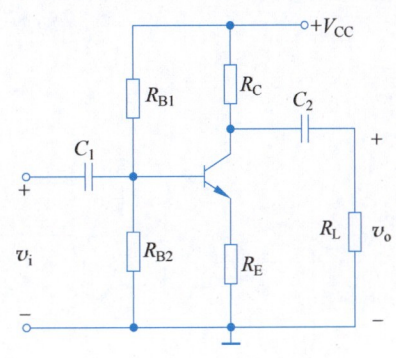
图 10.1.6 放大电路

2. 分析计算题（70 分）

(1)（12 分）放大电路如图 10.1.7 所示。设各电容的容量均足够大，BJT 的参数 β_1、β_2、r_{be1}、r_{be2}、r_{ce2} 已知，并且 $V_{BE(on)} = 0.7V$。

① 指出 T_1、T_2 各起什么作用。

② 估算静态工作点电流 I_{CQ1}。

③ 写出中频时电压增益 $\dot{A}_v$、输入电阻 R_i 和输出电阻 R_o 的表达式。

(2)（8 分）判断如图 10.1.8 所示电路中级间交流反馈的极性和组态。如是负反馈，则计算在深度负反馈下的反馈系数和闭环电压增益 $\dot{A}_{vf}$，设各 BJT 的参数 β、r_{be} 为已知，电容容量足够大。

(3)（10 分）在如图 10.1.9 所示的放大电路中，已知 BJT 的参数为 $\beta = 100$，$V_{BE(on)} = 0.7V$，$r_{be1} = r_{be2} = 43.7k\Omega$，稳压管 D_Z 的稳压值 $V_Z = 6.7V$，A 为理想运放。试求：

① 电压放大倍数 $A_v = \dfrac{v_O}{v_{I1} - v_{I2}}$ 的值。

② 运算放大器 A 的共模输入电压 V_{IC}、共模输出电压 V_{OC} 的值。

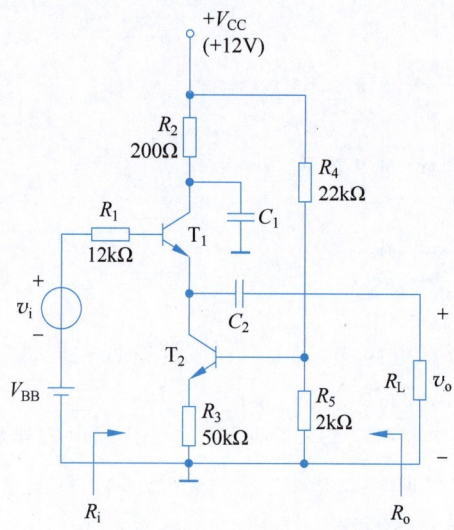

图 10.1.7 放大电路

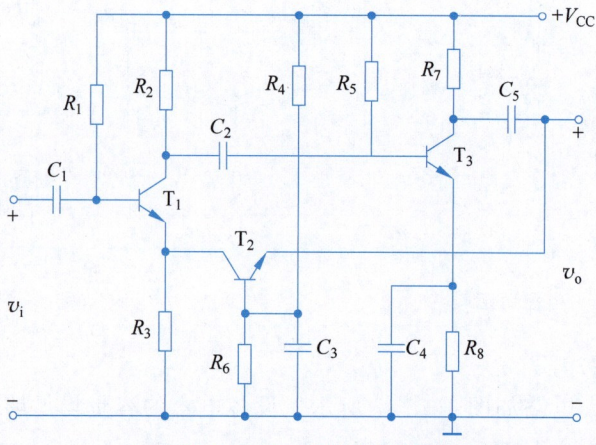

图 10.1.8 反馈放大器

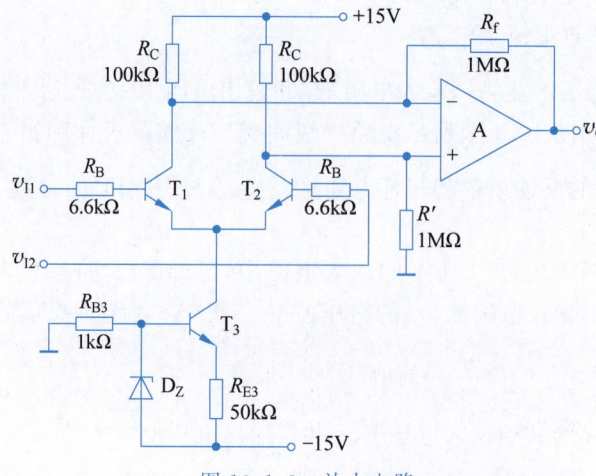

图 10.1.9 放大电路

(4)(8分)一种增益可调的差动放大电路如图 10.1.10 所示,设 A 为理想运放。试推导其输入与输出之间的关系式。

(5)(8分)由理想运放组成的电路如图 10.1.11 所示,设 $v_i = V_M \cos\omega t$,$\beta \gg 1$,试求输出电流 i_o 的关系式。

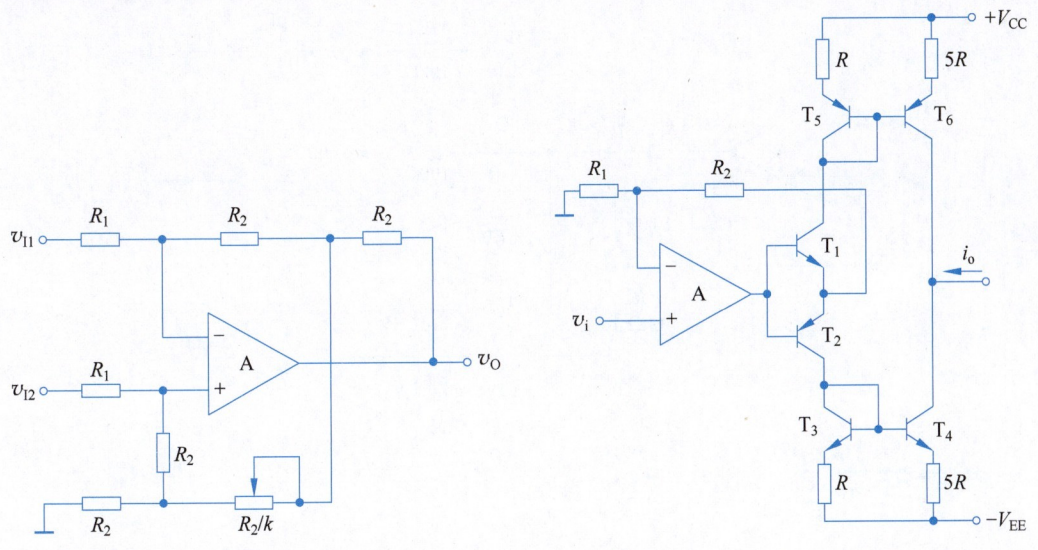

图 10.1.10 运算放大器电路

图 10.1.11 运算放大器电路

(6)(12分)图 10.1.12 是用热敏电阻 R_t 作检测元件的测温电路。设 R_t 随温度每变化 1℃而变化 1Ω,在 0℃时 $R_t = 1\text{k}\Omega$,BJT 的 $\beta \gg 1$,$V_{BE(on)} = 0.7\text{V}$。

① 试问电压计的表头每伏对应几摄氏度。

② 设集成运放的 A_1、A_2 共模抑制比为无穷大,A_3 的共模抑制比 $K_{CMR} = 100\text{dB}$,试估算由此引进的测量误差是多少摄氏度。

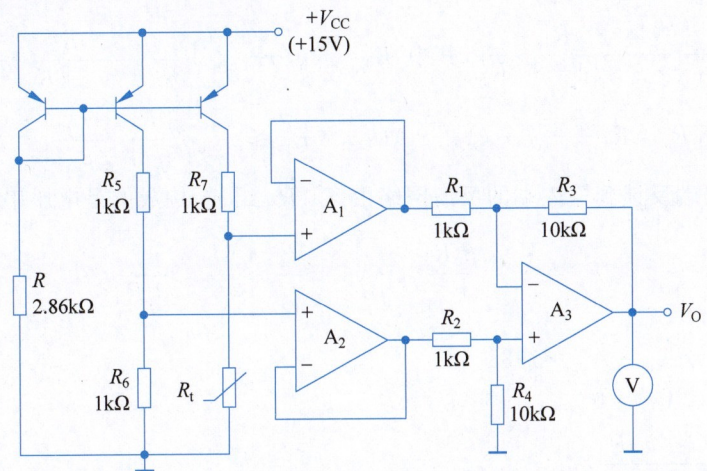

图 10.1.12 测温电路

(7) (12 分)锯齿波发生器如图 10.1.13 所示,设图中 A_1、A_2 为理想运放。

① 画出 v_{O1}、v_{O2} 的波形,要求时间坐标对应,标明电压幅值。

② 求锯齿波的周期 T(回程时间不计)。

③ 如何调节锯齿波频率?

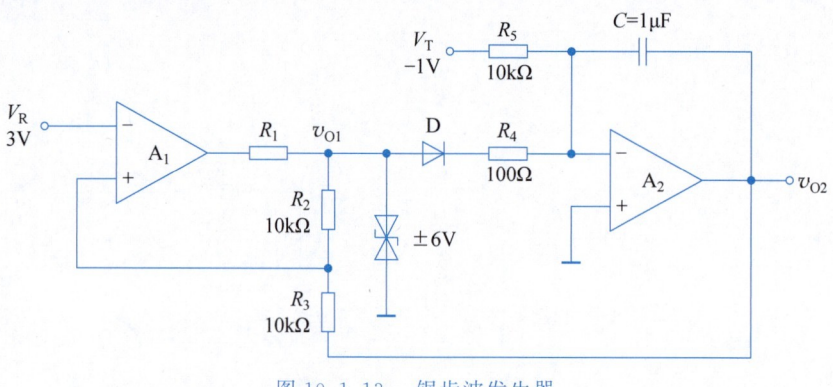

图 10.1.13　锯齿波发生器

参考答案

1. 填空题

(1) 放大　(2) P 沟道,增强,$V_{GS(th)} = -4V$　(3) $1k\Omega$　(4) $5V$　(5) $10V$

(6) 4　(7) 60　(8) $1.43mA, 1.43mA, 7.85V$　(9) 不变,不变,减小

2. 分析计算题

(1) ① T_1 管组成共集电极放大电路起电流放大作用。T_2 和 R_4、R_5、R_3 构成恒流源电路,作 T_1 管的射极恒流源,起深度负反馈作用。

② $I_{CQ1} \approx I_{EQ1} = I_{CQ2} \approx I_{EQ2} = 6mA$。

③ $\dot{A}_v = \dfrac{(1+\beta_1)R'_L}{R_1 + r_{be1} + (1+\beta_1)R'_L}$,其中,$R'_L = R_L // r_{ce2}\left[1 + \dfrac{\beta_2 R_3}{R_3 + r_{be2} + R_4 // R_5}\right]$。

$R_i = R_1 + r_{be1} + (1+\beta_1)R'_L$,　$R_o \approx r_{ce2} // \dfrac{R_1 + r_{be1}}{1+\beta_1}$。

(2) 从输出端反馈到输入端的反馈网络由 T_2、R_3 组成,构成的是电压串联负反馈。

$$F_v = \dfrac{\dot{V}_f}{\dot{V}_o} = \dfrac{\beta_2 R_3}{r_{be2}}, \quad \dot{A}_{vf} = \dfrac{\dot{V}_o}{\dot{V}_i} \approx \dfrac{\dot{V}_o}{\dot{V}_f} = \dfrac{r_{be2}}{\beta_2 R_3}$$

(3) ① $\dot{A}_v = \dot{A}_{v1} \cdot \dot{A}_{v2} \approx 1988$。

② $V_{IC} = 9V$,$V_{OC} = 0$。

(4) $v_O = \dfrac{2(1+k)R_2}{R_1}(v_{I2} - v_{I1})$。

(5) $i_o = -\dfrac{V_M}{5R_1}\cos\omega t$。

(6) ① $2℃$。

② 0.5℃。

(7) ① 如图 10.1.14 所示。

② $T = T_1 = -\dfrac{V_m}{V_T} R_5 C = 120\text{ms}$。

③ 可调节偏移支路 V_T、R_5 的参数，也可以调整 R_2、R_3 的大小。

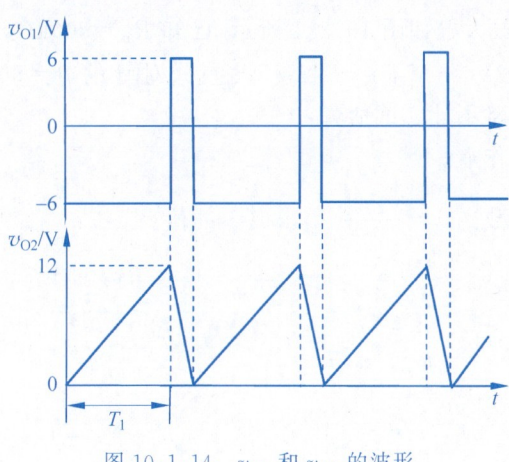

图 10.1.14 v_{O1} 和 v_{O2} 的波形

10.2 综合测试题二

1. 选择填空题（40 分，每空 2 分，只填写答案的字母标号）

(1) 共模抑制比 K_{CMR} 是_____之比[a. 差模输入信号与共模输入信号；b. 输出量中差模成分与共模成分；c. 差模放大倍数与共模放大倍数（绝对值）；d. 交流放大倍数与直流放大倍数（绝对值）]。

K_{CMR} 越大，表明电路_____（a. 放大倍数越稳定；b. 交流放大倍数越大；c. 抑制温漂能力越强；d. 输入信号中差模成分越大）。

(2) 在放大电路中，为了稳定静态工作点，可以引入_____；若要稳定放大倍数，应引入_____；某些场合为了提高放大倍数，可适当引入_____；希望展宽频带，可以引入_____；如要改变输入或输出电阻，可以引入_____；为了抑制温漂，可以引入_____（a. 直流负反馈；b. 交流负反馈；c. 交流正反馈；d. 直流负反馈和交流负反馈）。

(3) _____比例运算电路的输入电流基本上等于流过反馈电阻上的电流，而_____比例运算电路的输入电流几乎等于零（a. 同相；b. 反相）。

反相比例放大电路的输入电阻较_____，同相比例放大电路的输入电阻较_____（a. 高；b. 低）。

(4) 一个实际的正弦波振荡电路绝大多数属于_____（a. 负反馈；b. 正反馈）电路，它主要由_____（a. 放大电路和反馈网络；b. 放大电路、反馈网络和稳频网络；c. 放大电路、反馈网络和选频网络）组成。为了保证振荡幅值稳定且波形好，常常还需要_____（a. 屏蔽；b. 延迟；c. 稳幅；d. 微调）环节。

(5) 多级放大电路放大倍数的波特图是_____（a. 各级波特图的叠加；b. 各级波特

图的乘积；c.各级波特图中通频带最窄者）。

具有相同参数的两级放大电路在组成它的各个单管的截止频率处，幅值下降_____（a.3dB；b.6dB；c.20dB），直接耦合式多级放大电路与阻容耦合式（或变压器耦合式）多级放大电路相比，低频响应_____（a.差；b.好；c.差不多）。

2. 计算题（60分，应有必要的运算过程）

（1）（15分）某差分放大电如图10.2.1所示，已知 $R_B = 300\text{k}\Omega$，$R_C = 10\text{k}\Omega$，$R_s = 20\text{k}\Omega$，$r_o = 10\text{k}\Omega$，$+V_{CC} = +12\text{V}$，$-V_{EE} = -12\text{V}$，设差分对管的 $\beta = 50$，$r_{bb'} = 300\Omega$，$V_{BE(on)} = 0.7\text{V}$，R_w 的影响可以忽略不计。试估算：

① T_1、T_2 的静态工作点。

② 差模电压放大倍数 $A_{vd} = \dfrac{v_o}{v_{i1} - v_{i2}}$，求 A_{vd} 的值。

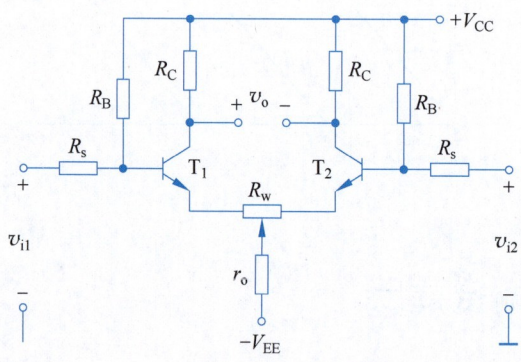

图 10.2.1 差分放大电路

（2）（20分）设图10.2.2中各运放均为理想运算放大器，试求各电路的输出电压。

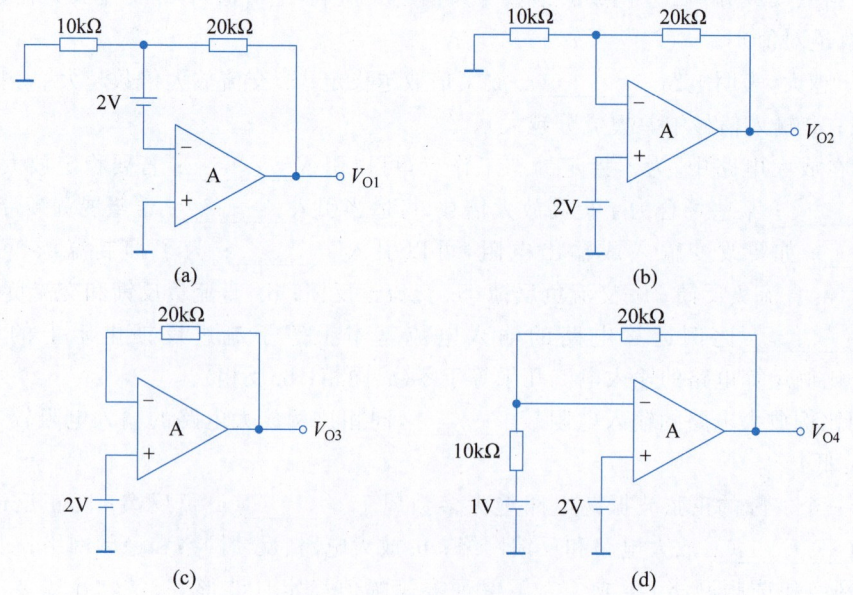

图 10.2.2 运算放大器电路

(3)(5分)某负反馈放大电路,其开环增益 $A=10^4$,反馈系数 $F=0.01$,如果由于参数变化(受环境温度影响)时 A 变化了 $\pm 10\%$(即 A 可能低到 9000 或高到 11000),求闭环增益 A_f 的相对变化量为多少?

(4)(10分)有一个由三级同样的放大电路组成的多级放大电路,为保证总的上限截止频率为 0.5MHz,下限截止频率为 100Hz,每级单独的上限截止频率、下限截止频率应当是多少?

(5)(10分)有一个两级共发射极放大电路,每一级的上限截止频率都是 2MHz,下限截止频率都是 50Hz,若将 $f=1$kHz 的理想方波电压加到输入端上,求输出电压的上升时间和平顶降落。

参考答案

1. 选择填空题
(1) c,c (2) a,b,c,b,b,d (3) b,a,b,a (4) b,c,c (5) a,b,b

2. 计算题
(1) ① $I_{CQ1}=I_{CQ2}\approx 0.6$mA;② $A_{vd}\approx -22$。
(2) $V_{O1}=6$V,$V_{O2}=6$V,$V_{O3}=2$V,$V_{O4}=4$V。
(3) $\pm 0.099\%$。
(4) $f_{H1}=f_{H2}=f_{H3}\approx 1$MHz,$f_{L1}=f_{L2}=f_{L3}\approx 50$Hz。
(5) $t_r\approx 0.27\mu$s,$\delta\approx 4.88\%$。

10.3 综合测试题三

1. 填空题(44分,每空2分)

(1) 双极型晶体管 i_C 与 v_{BE} 的关系式为_____;相应的因果关系 v_{BE} 与 i_C 的关系式为_____。

(2) 结型和耗尽型 MOS 管的 i_D 与 v_{GS} 的关系式为_____。

(3) BJT 和 FET 的跨导 g_m 的定义分别为_____,_____。在同样的电流条件下,BJT 的跨导比 FET 的跨导_____。因为 BJT 的 i_C 与 v_{BE} 呈_____关系,而 FET 的 i_D 与 v_{GS} 呈_____关系。

(4) 运算放大器的主要指标有 A_{od}、K_{CMR}、R_i、V_{IO}、I_{IO}、I_{IB}、BW_G、S_R 等。如果信号的频率很宽或变化速度很快,在选择运算放大器的型号时,应特别注意运放的_____、_____两个指标。而当信号是频率较低、变化缓慢和十分微弱的电流时,应特别注意运放的_____、_____两个指标。

(5) 由双极型晶体管和 MOS 管组成的电流源电路分别如图 10.3.1(a)和图 10.3.1(b)所示,试求 $R_2=$_____;"宽长比"之比 $A=\dfrac{(W/L)_2}{(W/L)_1}=$_____。

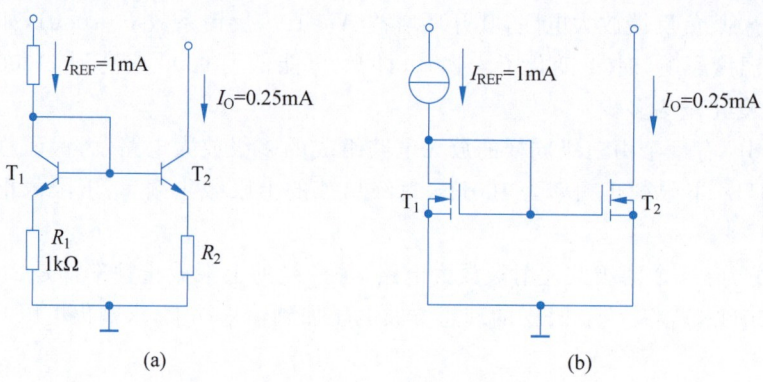

图 10.3.1 电流源电路

(6) 功率放大电路如图 10.3.2 所示,设 T_1 和 T_2 的特性完全对称,v_i 为正弦电压,$V_{CC}=10V$,$R_L=16\Omega$。试完成下列各题:

① 该电路属于 OTL 还是 OCL?_____。

② 负载上获得的最大输出功率 $P_{om}\approx$_____。

③ 静态时,电容 C_2 两端的电压是_____。

④ 动态时,若输出波形产生交越失真,应调整_____电阻。

(7) 整流滤波电路如图 10.3.3 所示。设图中变压器副边电压的有效值 $V_2=10V$,参数满足 $R_L C \gg (3\sim5)T/2$。输出电压的平均值 $V_O=$_____,接入滤波电容 C 后与未接 C 时相比较,输出直流电压是增大还是减小?_____。整流管的导通角是增大还是减小?_____。

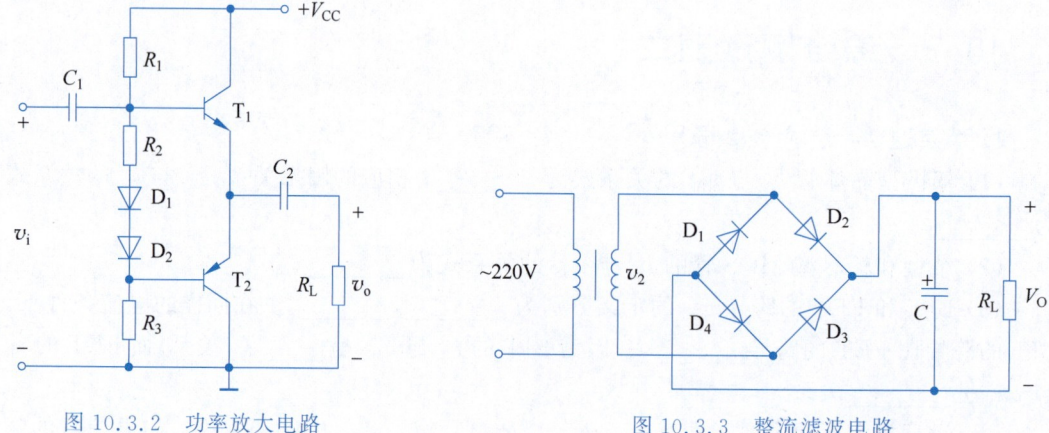

图 10.3.2 功率放大电路　　　　图 10.3.3 整流滤波电路

2. 综合题(26 分)

一个在有噪声和干扰的背景下,利用相关检测原理来检测"压力"的框图如图 10.3.4 所示,试分析和回答如下问题:

(1) (4 分)若图 10.3.4 中压力传感器的激励源由正弦波振荡器和功率放大电路组成,其电路如图 10.3.5 所示。若振荡器的输出峰-峰值 $V_{ipp}=2V$,那么要求功放输出电压 v_o 的最大峰-峰值 $V_{opp}=12V$,试确定电阻 R_2 的大小。

(2) (6分) 若图 10.3.4 中压力放大电路如图 10.3.6 所示,试问:

① A_2 组成何种功能的电路？其增益 $A_{v2} = \dfrac{v_{o2}}{v_{i1} - v_{i2}}$，$A_{v2}$ 为多少？

② A_3 组成何种功能的电路？其最大增益和最小增益各为多少？$\left(A_{v3} = \dfrac{v_o}{v_{o2}}\right)$

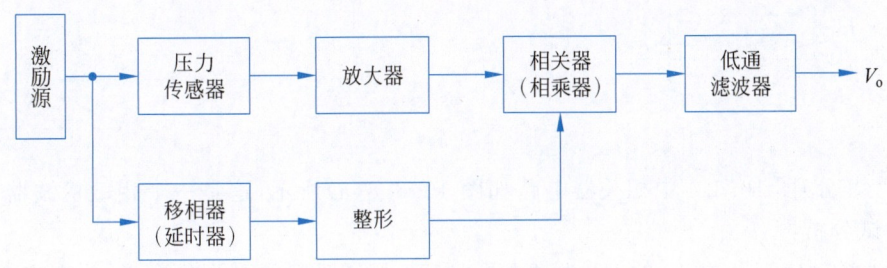

图 10.3.4 "压力"检测电路原理框图

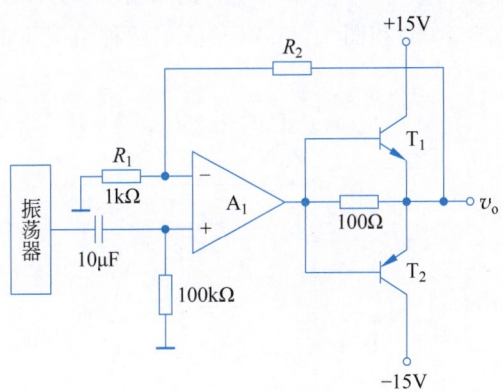

图 10.3.5 压力传感器的激励源

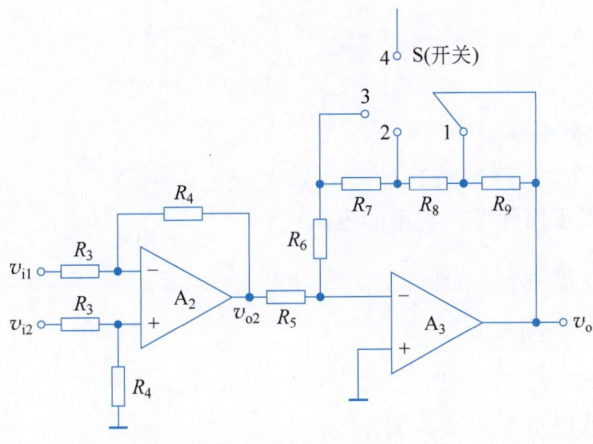

图 10.3.6 压力放大器电路

(3) (8分) 若图 10.3.4 中移相器电路如图 10.3.7 所示,试推导其传输函数 $A(j\omega)$ 的表达式,并画出幅频特性及相频特性曲线。

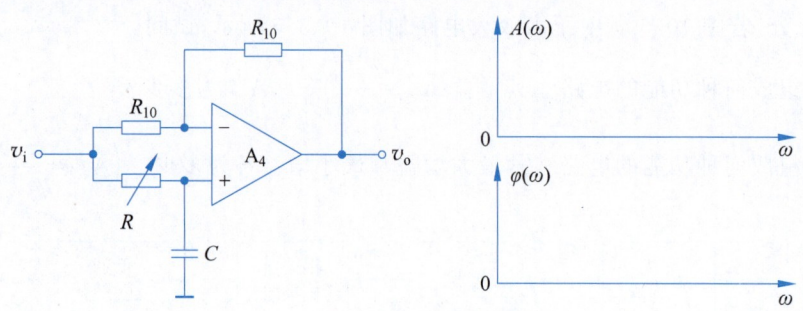

图 10.3.7 移相器电路

(4)（8 分）图 10.3.4 中相关器电路如图 10.3.8(a) 所示，这是一个相敏检波器或乘法器电路，试分析：

① 当场效应管开关 T_3 的 V_G 为高电平时（T_3 导通时），电路的增益 A_v 为多少？

② 当场效应管 T_3 截止时（$V_G < V_{GS(off)}$），电路的增益 A_v 为多少？

③ 分别画出如图 10.3.8(b) 和图 10.3.8(c) 所示两种情况下的输出波形，并定性标出输出波形的平均值。

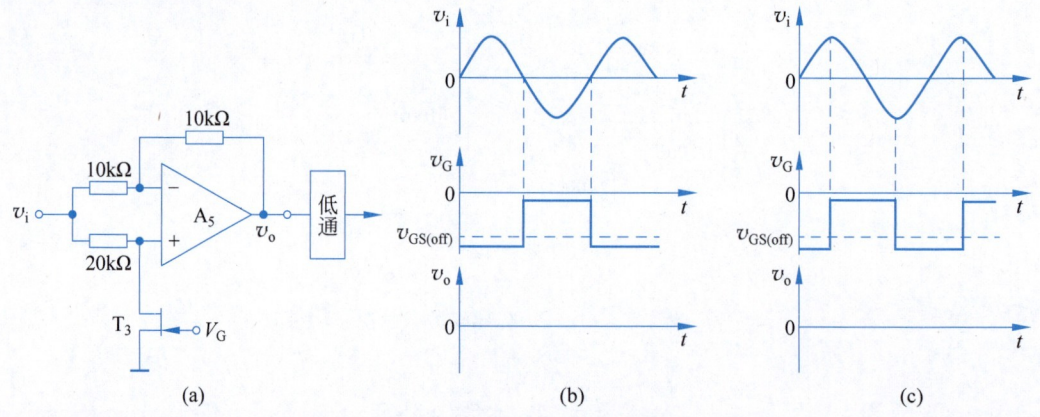

图 10.3.8 相敏检测器电路

3. 分析计算题（30 分）

(1)（8 分）反馈放大电路如图 10.3.9 所示。

① 判断该电路属于何种反馈类型的电路？

② 估算闭环电压增益 A_{vf} 的值 $\left(A_{vf} = \dfrac{v_o}{v_i}\right)$。

③ 输入电阻 R_i 为多少？

(2)（10 分）差分放大电路如图 10.3.10 所示，试回答：

① 输出端的直流电平 V_{OQ} 为多少？

② 电压放大倍数 A_v 为多少 $\left(A_v = \dfrac{v_o}{v_i}\right)$？

③ 若容性负载 $C_L = 100\text{pF}$，试求因 C_L 引入高频下降的上限截止频率 f_H 为多少？

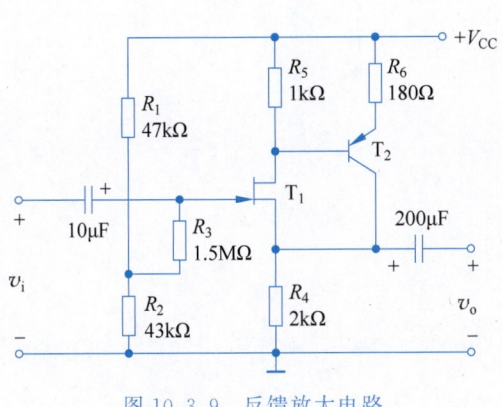

图 10.3.9 反馈放大电路

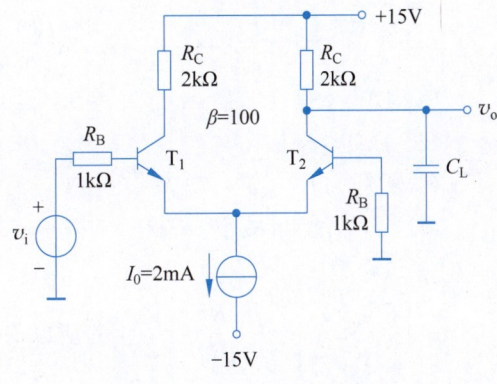

图 10.3.10 差分放大电路

(3)（12 分）电路如图 10.3.11 所示，已知 $C=0.1\mu F$，$R=1k\Omega$，R_W 的可调范围为 $0\sim10k\Omega$。

① 试从相位平衡条件分析电路能否产生正弦波振荡。
② 若能振荡，并假设图中的负反馈为深度负反馈，试确定 R_{E1} 的最大值应为多少？
③ 若能振荡，求输出电压频率的可调范围。
④ 若能振荡，为了稳幅，电路中哪个电阻可采用热敏电阻？其温度系数如何？

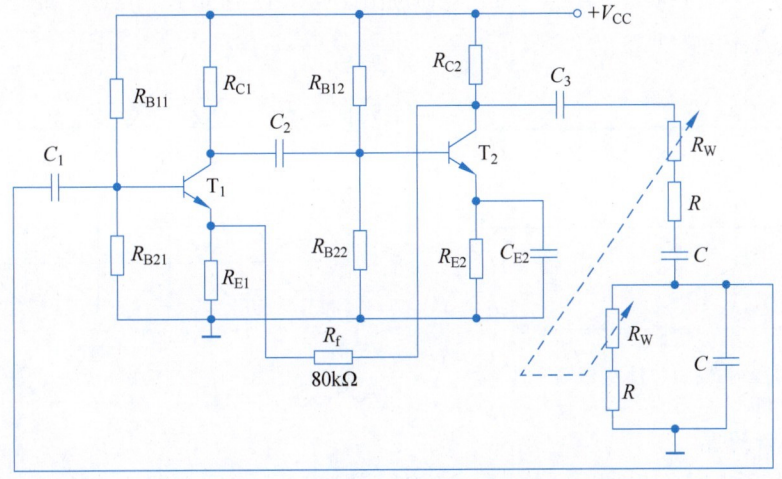

图 10.3.11 正弦波振荡电路

参考答案

1. 填空题

(1) $i_C = I_S e^{v_{BE}/V_T}$， $v_{BE} = V_T \ln \dfrac{i_C}{I_S}$

(2) $i_D = I_{DSS}\left(1 - \dfrac{v_{GS}}{V_{GS(off)}}\right)^2$

(3) $g_{m(BJT)} = \dfrac{di_C}{dv_{BE}}\bigg|_Q$, $g_{m(FET)} = \dfrac{di_D}{dv_{GS}}\bigg|_Q$, 大, 指数, 平方律

(4) BW_G, S_R, R_i, I_{IO}

(5) $4k\Omega$, $1/4$

(6) ① OTL ② 0.78W ③ 5V ④ R_2

(7) 12V, 增大, 减小

2. 综合题

(1) 因为 $\dot{A}_{vf} = 1 + \dfrac{R_2}{R_1} = \dfrac{12}{2} = 6$, 所以 $R_2 = 5R_1 = 5k\Omega$。

(2) ① A_2 组成差动放大电路, $A_{v2} = \dfrac{v_{o2}}{v_{i1} - v_{i2}} = -\dfrac{R_4}{R_3}$。

② A_3 组成增益可变的反相放大器, $A_{v3max} = \dfrac{v_o}{v_{o2}} = -\dfrac{R_6 + R_7 + R_8 + R_9}{R_5}$, $A_{v3min} = \dfrac{v_o}{v_{o2}} = -\dfrac{R_6}{R_5}$。

(3) $A(j\omega) = \dfrac{1 - j\omega RC}{1 + j\omega RC}$, 其幅频特性及相频特性如图 10.3.12 所示。

(4) ① $A_v = -1$; ② $A_v = +1$; ③ 如图 10.3.13 所示。

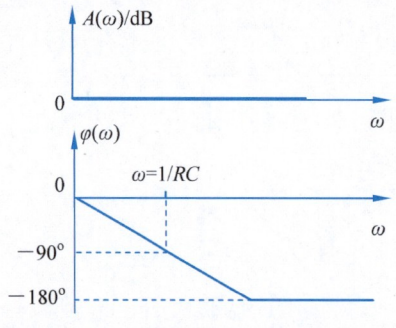

图 10.3.12 幅频特性及相频特性

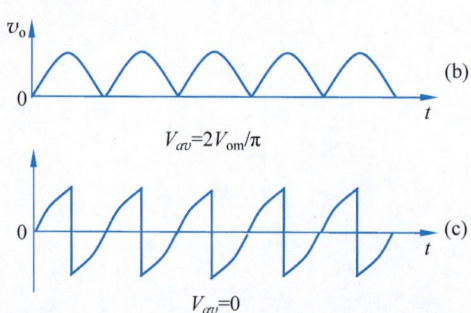

图 10.3.13 图 10.3.8(b)、(c) 的输出波形

3. 分析计算题

(1) ①电压串联负反馈; ②$A_{vf} \approx 1$; ③$R_i \approx 1.5M\Omega + (47k\Omega // 43k\Omega)$。

(2) ① $V_{OQ} = 15 - I_{CQ}R_C = 15 - (I_0/2)R_C = 15V - 1 \times 2V = 13V$。

② $\dot{A}_v = \dfrac{1}{2} \cdot \dfrac{\beta R_C}{R_B + r_{be}} = \dfrac{1}{2} \times \dfrac{100 \times 2}{1 + 2.626} \approx 28$, 其中: $r_{be} \approx (1+\beta)\dfrac{V_T(mV)}{I_{CQ}(mA)} \approx (1+100) \times \dfrac{26}{1}\Omega = 2.626k\Omega$。

③ 因为输出电阻 $R_C = 2k\Omega$, 所以由 C_L 引入的高频下降的上限截止频率为

$$f_H = \dfrac{1}{2\pi R_C C_L} = \dfrac{1}{2 \times 3.14 \times 2 \times 10^3 \times 100 \times 10^{-12}} Hz \approx 796kHz$$

(3) ①能; ②$R_{E1max} = 40k\Omega$; ③145Hz～1.6kHz; ④R_f(负温度系数)或 R_{E1}(正温度系数)。

10.4 综合测试题四

1. 填空题（36 分，每空 2 分）

（1）双极型晶体管（BJT）工作在放大区的偏置条件是_____。增强型 N 沟道 MOS 管工作在放大区的偏置条件是_____。

（2）射极跟随器具有_____、_____和_____三个特点。

（3）差分放大电路的基本功能是_____。

（4）在信号源内阻小，负载电阻大的场合，欲改善放大电路的性能，应采用_____。

（5）在阻容耦合放大电路中，若要降低下限截止频率，应将耦合电容的值_____。

（6）为消除基本共发射极放大电路产生的饱和失真，应将静态工作电流_____。

（7）乙类推挽放大电路的主要失真是_____，要消除此失真，应改用_____。

（8）理想运算放大器工作在线性放大区时具有_____和_____特性。

（9）在集成运放内部电路中，恒流源主要用来_____和_____。

（10）桥式整流和半波整流电路相比，在变压器副边电压相同的条件下，_____电路的输出电压平均值高了一倍；若输出电流相同，就每个整流二极管而言，则_____电路的整流平均电流大了一倍；采用_____电路，脉动系数可以下降很多。

2. 分析计算题（20 分）

（1）（10 分）基本放大电路如图 10.4.1 所示，C_1，C_2，C_E 均可视为中频交流短路，已知 BJT 的 $\beta=100$，$r_{bb'}=200\Omega$，$V_{BE(on)}=0.6V$，$R_E=2.4k\Omega$，$I_1 \approx I_2 = 10 I_{BQ}$。

① 欲使静态工作点 $I_{CQ}=1\text{mA}$，$V_{CEQ}=6\text{V}$，请确定 R_{B1}，R_{B2} 及 R_C 的值。

② 设 $R_L=3.6k\Omega$，计算其中频电压增益。

（2）（10 分）电路如图 10.4.2 所示，C_1，C_2，C_E 均可视为交流短路。

① 电路中有哪些级间反馈？试判断级间反馈的类型和极性，并指出是交流反馈还是直流反馈。

② 在深度负反馈的条件下，计算其闭环电压增益 $\dot{A}_{vf}$ 的值。

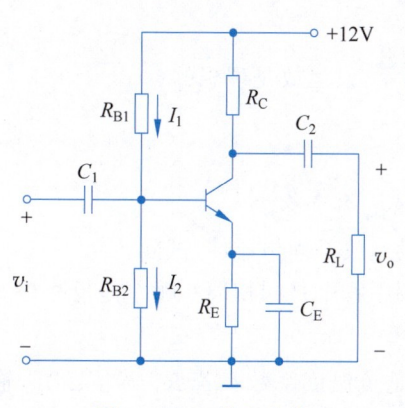

图 10.4.1 放大电路

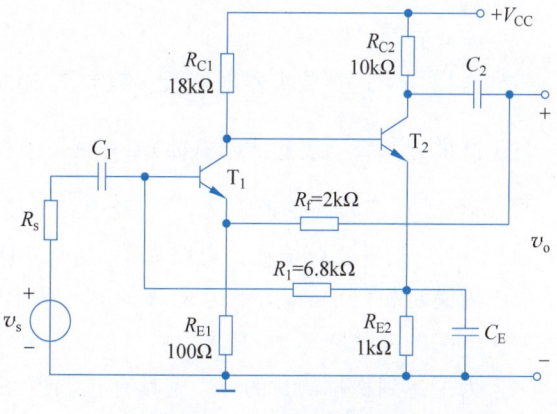

图 10.4.2 反馈放大电路

3. 作图题（20 分）

(1)（10 分）电路及其输入 v_{I1}，v_{I2} 的波形如图 10.4.3 所示，两管参数相同，且 $r_{bb'} \approx 0$，β 很大，$I_0 = 1.2\text{mA}$，并假设 $K_{CMR} \to \infty$，温度的电压当量 $V_T = 25\text{mV}$。请画出 v_O 的波形（要求标出关键点的坐标值）。

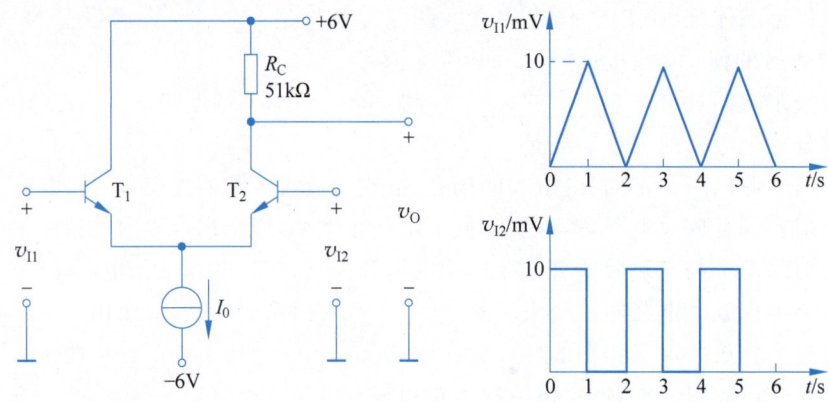

图 10.4.3 差分放大电路

(2)（10 分）电路及参数如图 10.4.4(a)所示，设所有运放是理想的，D_{Z1}，D_{Z2} 组合后的稳定电压为 $\pm 6\text{V}$，电容 C 的初始电压为 0，输入 v_I 的波形如图 10.4.4(b)所示。请画出 v_{O1} 及 v_O 的波形（要求标出关键点的坐标值）。

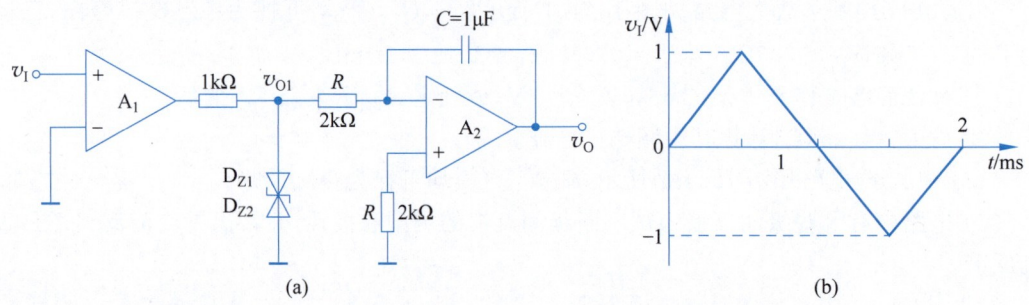

图 10.4.4 运算放大器电路

4. 综合题（24 分）

(1)（12 分）运算放大器电路及参数如图 10.4.5 所示，设运放是理想的。

① 试推导其频响表达式 $A_v(j\omega) = \dfrac{V_o(j\omega)}{V_i(j\omega)}$。

② 估算上、下限截止频率 f_H、f_L 及中频电压增益 A_{vm} 各为多少？

(2)（12 分）一正弦波振荡电路如图 10.4.6 所示，设运放是理想器件，试问：

① 为满足相位平衡，图中运放 A 的 a、b 两个输入端中哪个是同相端？哪个是反相端？

② 电路的振荡频率 f_0 是多少？

③ 为了达到稳幅的目的，R_t 应具有正温度系数还是负温度系数？若 R_1 不慎断开，输出电压 v_o 的波形是怎样的？

④ 在理想情况下，最大输出功率 P_{om} 是多少？

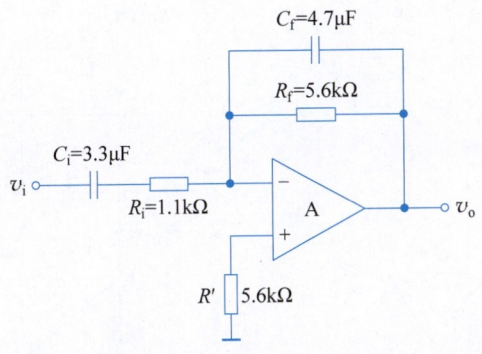

图 10.4.5 运算放大器电路

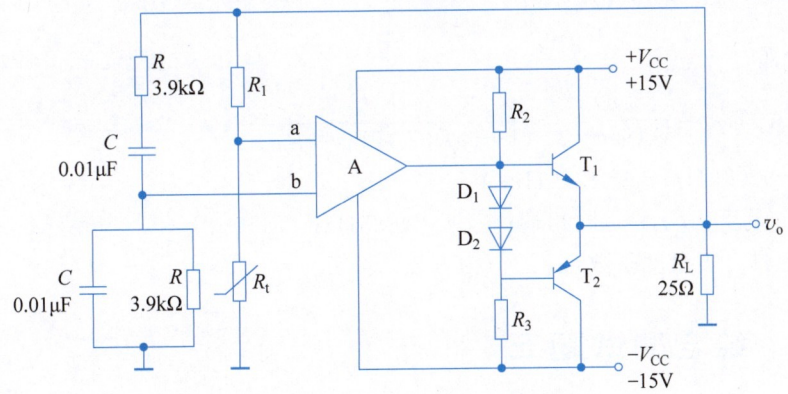

图 10.4.6 正弦波振荡电路

参考答案

1. 填空题

(1) 发射结正偏和集电结反偏,$V_{GS}>V_{GS(th)}$ 和 $V_{DS}>V_{GS}-V_{GS(th)}$

(2) 输入电阻高,输出电阻低,电流增益大　(3) 放大差模信号和抑制共模信号

(4) 电压串联负反馈　(5) 增大　(6) 减小　(7) 交越失真,甲乙类功放

(8) 虚短,虚断　(9) 作静态偏置,作有源负载　(10) 桥式整流,半波整流,桥式整流

2. 分析计算题

(1) ① $R_{B1}=90\text{k}\Omega, R_{B2}=30\text{k}\Omega, R_C=3.6\text{k}\Omega$; ② $\dot{A}_v=-\dfrac{\beta(R_C//R_L)}{r_{be}}\approx-64$。

(2) ① 通过 R_f、R_{E1} 引入的交流电压串联负反馈和通过 R_1、R_{E2}、C_E 引入的直流电流并联负反馈; ② $\dot{A}_{vf}=1+\dfrac{R_f}{R_{E1}}=21$。

3. 作图题

(1) 波形如图 10.4.7 所示。

(2) 波形如图 10.4.8 所示。

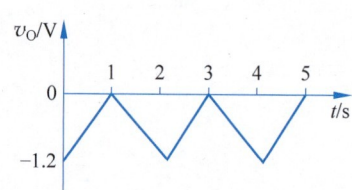

图 10.4.7　图 10.4.3 的波形图

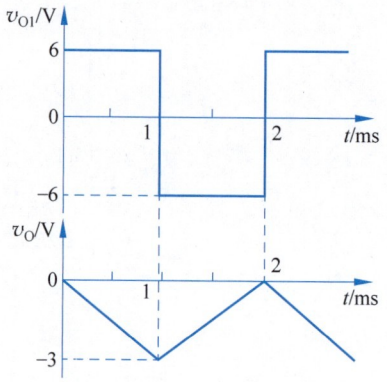

图 10.4.8　图 10.4.4 的波形图

4. 综合题

(1) ① $A_v(j\omega) = \dfrac{V_o(j\omega)}{V_i(j\omega)} = -\dfrac{j\omega R_f C_i}{(1+j\omega R_i C_i)(1+j\omega R_f C_f)}$；

② $f_H = 6.05\text{kHz}, f_L = 43.9\text{Hz}, A_{vm} \approx 0.62$。

(2) ① a 是反相端，b 是同相端；② $f = 4083\text{Hz}$；

③ R_t 应具有正温度系数，v_o 近似为方波；④ $P_{om} = 4.5\text{W}$。

10.5　综合测试题五

1. 填空题（35 分，每空 1 分）

(1) BJT 特性曲线的安全区由参数_____、_____和_____决定。

(2) 在某放大电路中，加上电流并联负反馈后，对其工作性能的影响是_____、
_____、_____、_____、_____、_____。

(3) 在单管共射极放大电路中，输出电压与输入电压的极性_____；在单管共集放大电路中，输出电压与输入电压的极性_____；在单管共基放大电路中，输出电压与输入电压的极性_____。

(4) 在差动放大电路中，共模抑制比为_____，在理想情况下其值为_____。

(5) 若电源变压器次级电压的有效值为 V_2，则单相半波整流电路的输出电压平均值为_____，单相全波整流电路的输出电压平均值为_____，单相桥式整流电路的输出电压平均值为_____。

(6) 在正弦波振荡电路中，RC 振荡器用在频率较_____的场合，LC 振荡器用在频率较_____的场合，而石英晶体振荡器用在要求频率_____的场合。

(7) OCL 功率放大电路的输出波形如图 10.5.1 所示，这说明电路中出现了_____失真，为了改善输出波形，应_____。

(8) 在如图 10.5.2 所示的放大电路中，如果分别改变下列参数，则放大电路指标将如何变化？（填增大、减小、不变或基本不变）

① 增大电容 C_1，则中频电压放大倍数 $|\dot{A}_{vm}|$ _____，下限截止频率 f_L _____，上限截止频率 f_H _____。

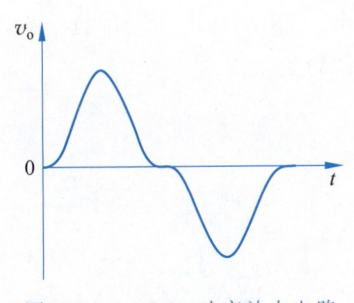

图 10.5.1　OCL 功率放大电路的输出波形

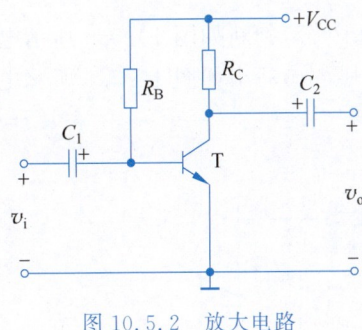

图 10.5.2　放大电路

② 减小电阻 R_C，则中频电压放大倍数 $|\dot{A}_{vm}|$ _____，下限截止频率 f_L _____，上限截止频率 f_H _____。

(9) 在串联型石英晶体振荡电路中，晶体等效为_____；而在并联型石英晶体振荡电路中，晶体等效为_____。

(10) 某 MOS 场效应管的 I_{DSS} 为 6mA，而 I_{DQ} 自漏极流出，大小为 8mA，由此可判断该管为_____沟道_____型管。

(11) 电流源电路的特点是：输出电流_____，直流等效电阻_____，交流等效电阻_____。

2. 分析计算题(65 分)

(1) (15 分)电路如图 10.5.3 所示，已知 $\beta_1=\beta_2=50$，$r_{be1}=r_{be2}=1\text{k}\Omega$。

① 画出微变(交流小信号)等效电路。

② 求 $\dot{A}_{v1}$、$\dot{A}_{v2}$、$\dot{A}_v$。

③ 求 R_i、R_o。

④ 前级采用射极输出器有何好处？

(2) (15 分)如图 10.5.4 所示为对称差动放大电路，若 BJT 的 $\bar{\beta}=\beta=50$，$V_{BE(on)}=0.6\text{V}$，$r_{bb'}=300\Omega$。

① 试确定静态工作点。

② 计算输出电压 v_o 值。

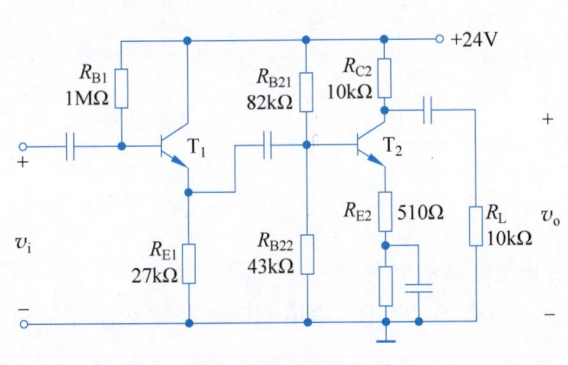

图 10.5.3　放大电路

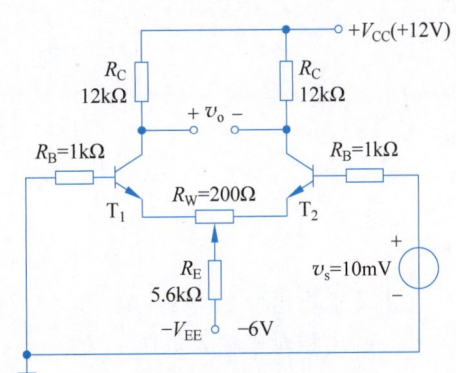

图 10.5.4　差动放大电路

(3)(10 分)判断如图 10.5.5 所示电路的反馈类型,写出闭环电压增益 $\dot{A}_{vf}$ 的表达式。

(4)(10 分)写出如图 10.5.6 所示电路中 v_o 与 v_i 的关系式。

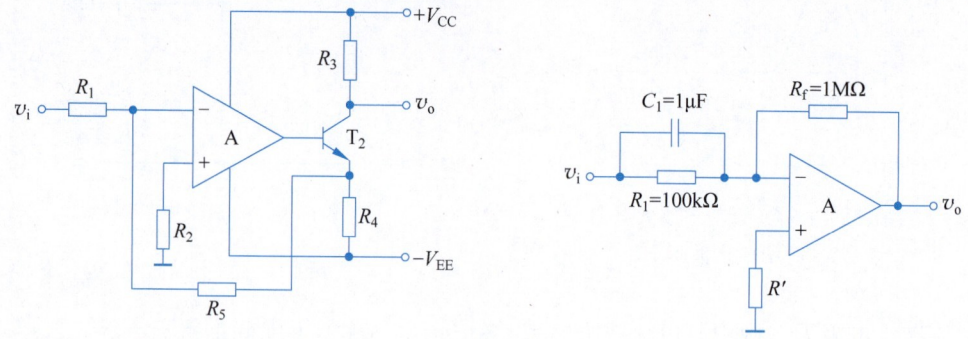

图 10.5.5　反馈放大电路图　　　　图 10.5.6　运算放大器电路

(5)(15 分)一个由理想运算放大器组成的电路如图 10.5.7(a)所示,已知在 $t=0$ 时,$v_C(0)=0$,$v_{O4}(0)=-6\text{V}$,v_I 的波形见图 10.5.7(b)。试回答下列问题:

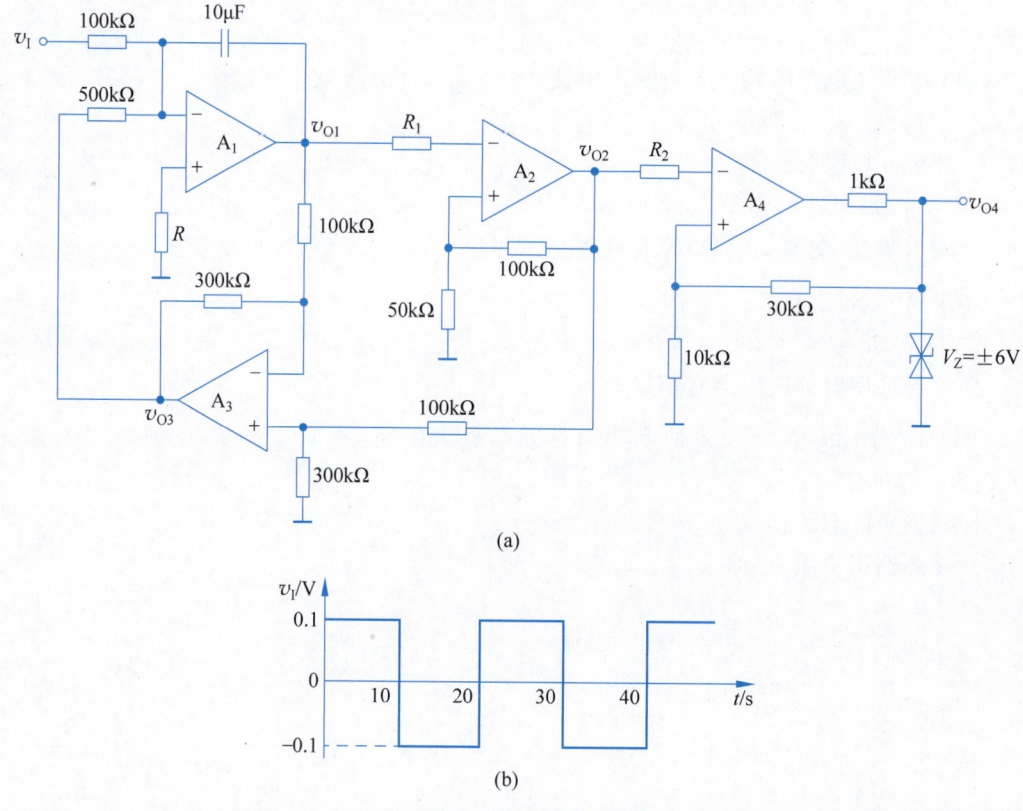

图 10.5.7　运算放大器电路

① 分别指出由 A_1、A_2、A_3、A_4 组成的各单元电路的名称。

② 画出相对于输入电压 v_I 的 v_{O1}、v_{O2}、v_{O3}、v_{O4} 的波形图(幅值和时间必须标注清楚)。

参考答案

1. 填空题

(1) $I_{CM}, P_{CM}, V_{(BR)CEO}$

(2) 使电流增益减小,稳定了电流增益,展宽了频带,减小了非线性失真,使输入电阻减小,使输出电阻增大

(3) 相反,相同,相同

(4) 差模放大倍数与共模放大倍数之比(绝对值),∞

(5) $0.45V_2, 0.9V_2, 0.9V_2$

(6) 低,高,稳定度高 (7) 交越,适当增大功放管的静态$|V_{BE}|$值

(8) ① 不变,减小,不变 ② 减小,不变,增大 (9) 电阻,电感

(10) P,耗尽 (11) 恒定,小,大

2. 分析计算题

(1) ① 微变等效电路如图 10.5.8 所示,图中 $R_{B2} = R_{B21} // R_{B22}$。

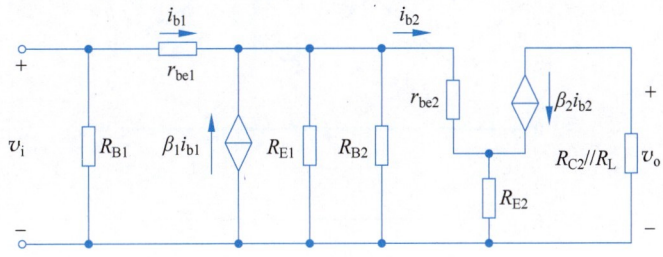

图 10.5.8 微变等效电路

② $\dot{A}_{v1} = \dfrac{(1+\beta_1)\{R_{E1}//R_{B21}//R_{B22}//[r_{be2}+(1+\beta_2)R_{E2}]\}}{r_{be1}+(1+\beta_1)\{R_{E1}//R_{B21}//R_{B22}//[r_{be2}+(1+\beta_2)R_{E2}]\}} \approx 0.998;$

$\dot{A}_{v2} = -\dfrac{\beta_2(R_{C2}//R_L)}{r_{be2}+(1+\beta_2)R_{E2}} \approx -9.26;$

$\dot{A}_v = \dot{A}_{v1} \cdot \dot{A}_{v2} \approx -9.24。$

③ $R_i = R_{B1} // [r_{be1}+(1+\beta_1)(R_{E1}//R_{i2})] \approx 317.7\text{k}\Omega$,其中:$R_{i2} = R_{B21} // R_{B22} // [r_{be2}+(1+\beta_2)R_{E2}];$

$R_o \approx R_{C2} = 10\text{k}\Omega。$

④ 前级采用射极输出器可提高放大电路的输入电阻,从而使放大电路有良好的匹配信号电压源的能力。

(2) ① $I_{CQ1} = I_{CQ2} \approx 0.48\text{mA}。$

② $v_o \approx 652\text{mV}。$

(3) 图中的反馈类型为电流并联负反馈。

$$\dot{A}_{vf} = \dfrac{R_3(R_4+R_5)}{R_1 R_4}$$

(4) $\dot{V}_o = -\dfrac{R_f}{R_1}(1+j\omega R_1 C_1)\dot{V}_i$。

(5) ① A_1 为反相输入积分运算电路；A_2 为同相比例放大器；A_3 为差动比例放大器；A_4 为反相输入迟滞电压比较器。

② $v_{O2} = 3v_{O1}, v_{O3} = 0, v_{O1} = -\int_0^t v_I dt, \pm V_T = \pm 1.5V$。

波形如图 10.5.9 所示。

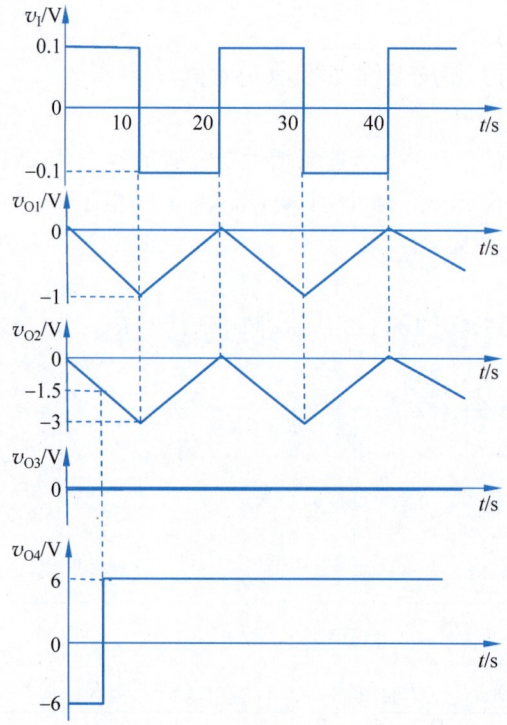

图 10.5.9　图 10.5.7 电路的波形

10.6　综合测试题六

1. 填空题(44 分,每空 2 分)

(1) 图 10.6.1 为某 MOS 管放大电路的外部电路,由图即可判定该管为_____型 MOS 管。

(2) 某 PNP 管组成的共发射极放大电路在输入正弦信号时的输出电压 v_o 波形如图 10.6.2 所示,由此可认定它出现了_____失真。为消除此种失真,应将静态工作点电流 I_{CQ} 调_____。

(3) 已知某放大电路的电压增益函数为

$$A_v(s) = \dfrac{10^8 s}{(s+10^2)(s+10^5)}$$

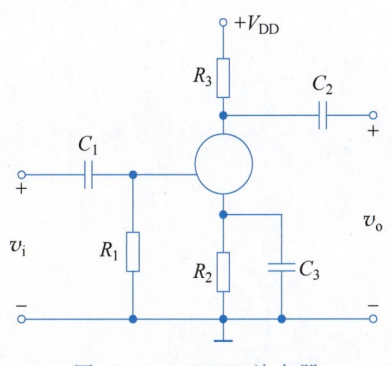

图 10.6.1 MOS 放大器

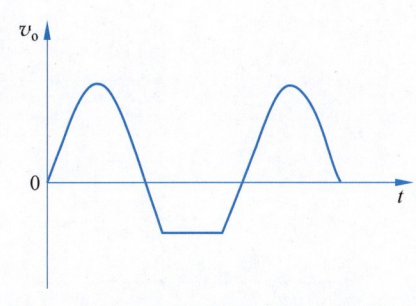

图 10.6.2 共发射极放大电路的输出波形

则其中频电压增益为_____ dB,上限截止频率约为_____ Hz,下限截止频率约为_____ Hz。

(4) 电压并联负反馈适用于信号源内阻_____的场合,它可以稳定放大器的_____增益。

(5) 在甲类、乙类和甲乙类功率放大器中,功放管导通角最小的是_____类放大器。若已知某乙类放大器输出电压幅度与电源电压之比为 0.8,则知其效率约为_____。

(6) 用如图 10.6.3 所示的文氏电桥和放大器组成一个正弦波振荡电路,则电路应如何连接?_____。若要提高振荡频率,应调整_____参数?如何调?_____。若振荡器输出波形失真,应调整_____参数?如何调?_____。

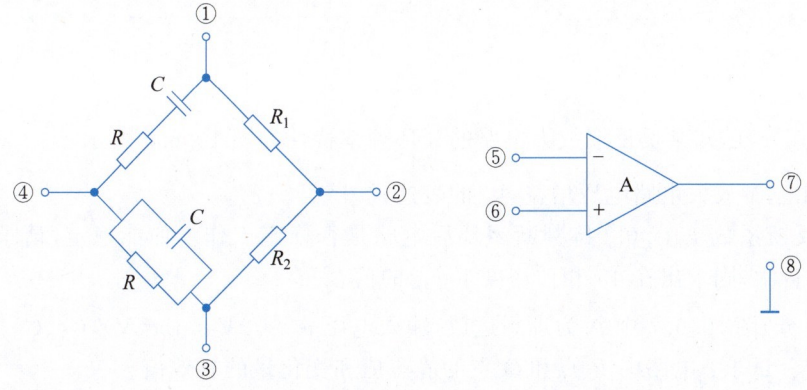

图 10.6.3 文氏电桥和放大器

(7) 在 BJT 三种基本组态放大电路中,共_____极放大电路既有电压放大作用又有电流放大作用;共_____极放大电路只有电流放大作用,而无电压放大作用;共_____极放大电路高频响应最好。

(8) 在如图 10.6.4 所示稳压电路中,设 A 为理想运放。

① 为保证电路的正常稳压功能,集成运放输入端的极性为_____。

② 电阻 R 的作用是_____。

③ 输出电压 V_O 的可调范围是_____。

④ T_2 管的作用是_____。

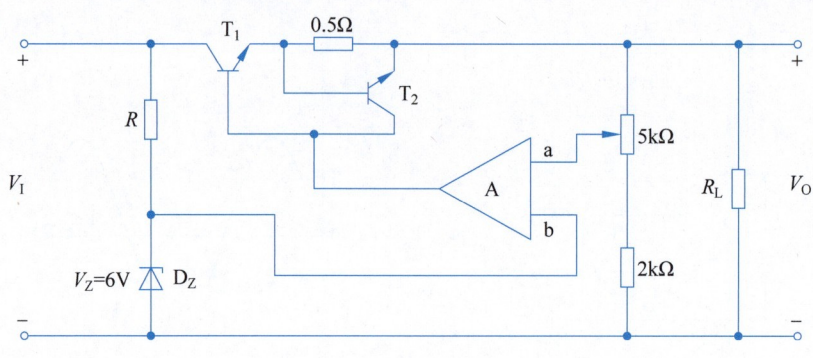

图 10.6.4　稳压电路

2. 分析计算题(56 分)

(1)(8 分)求如图 10.6.5(a)和图 10.6.5(b)所示电路的输入电阻 R_i(设 BJT 参数相同,$r_{bb'}=300\Omega$,$\beta=49$)。

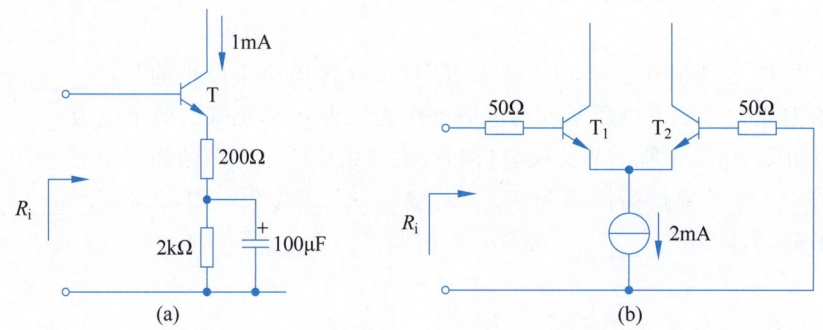

图 10.6.5　电路图

(2)(10 分)已知某负反馈放大电路的开环频率特性如图 10.6.6 所示。

① 写出基本放大电路电压增益 $\dot{A}_v$ 的表达式。

② 若反馈系数 $F_v=0.01$,判断闭环后电路是否稳定工作? 如能稳定,请求出相位裕度;如产生自激,则求出在 45°相位裕度下 F_v 的值。

(3)(8 分)图 10.6.7 中 A 为理想运放,输入电压 $v_i=\sqrt{2}V_i\sin\omega t$(V),$C_1$、$C_2$、$C_3$ 均为交流耦合电容。试求:电路中 P 点和 Q 点的静态值和变化量的有效值。

(4)(6 分)图 10.6.8 中各运放是理想的,晶体管 T_1,T_2 的电流放大系数 $\alpha=I_c/I_e\approx 1$,推导输出电压 v_o 的近似表达式。

(5)(8 分)在如图 10.6.9 所示电路中,开关 S 应置于 a 还是置于 b,才能使引入的反馈为负反馈? 该负反馈属于何种组态? 如果满足深度负反馈条件,闭环电压增益 $\dot{A}_{vf}$ 为多少?

(6)(16 分)运算放大器电路如图 10.6.10 所示,图中运放均为理想的,两个光耦合器特性完全一致。

① 试推导由运放 A_1、A_2、A_3 构成的仪器放大器的增益表达式,并确定增益的调节范围是多少?

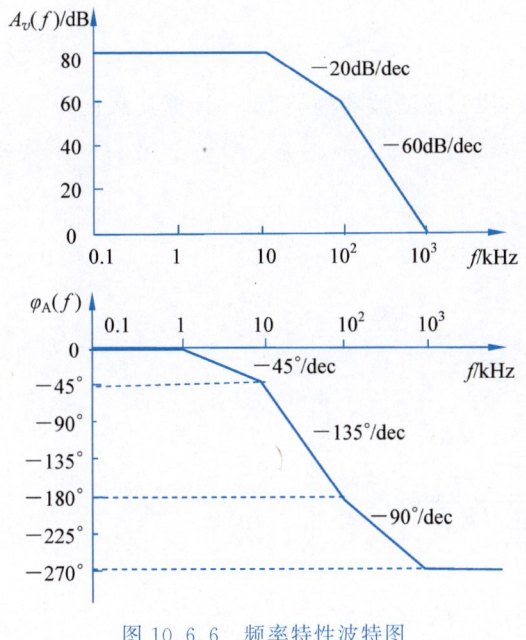

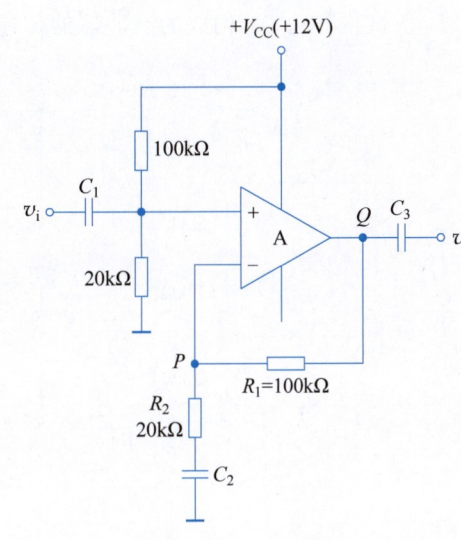

图 10.6.6　频率特性波特图

图 10.6.7　放大电路

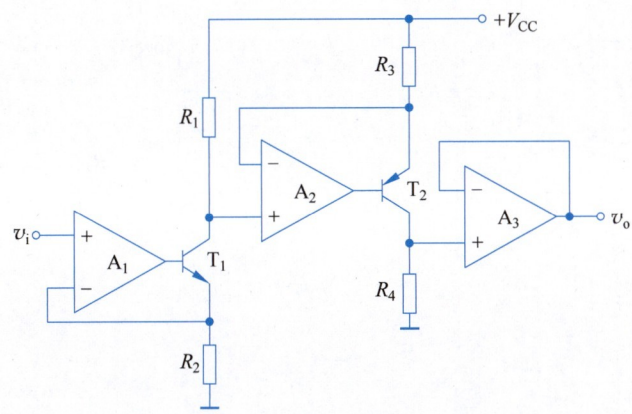

图 10.6.8　理想运算放大器电路

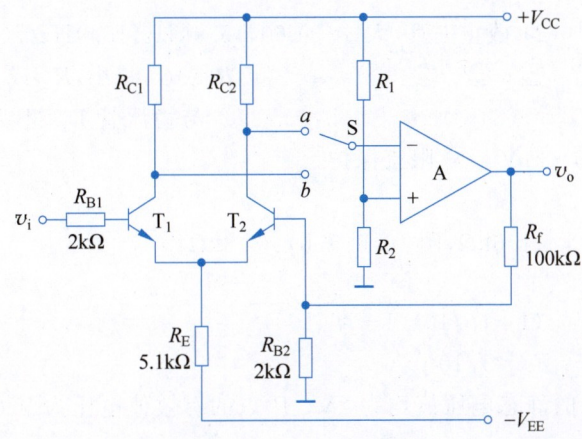

图 10.6.9　反馈放大电路

② 说明 R_{W2} 的作用。

③ 说明方框内电路实现的功能。

④ 试推导由 A_5 构成的滤波器的传递函数,说明该滤波器的类型,并计算其截止频率。

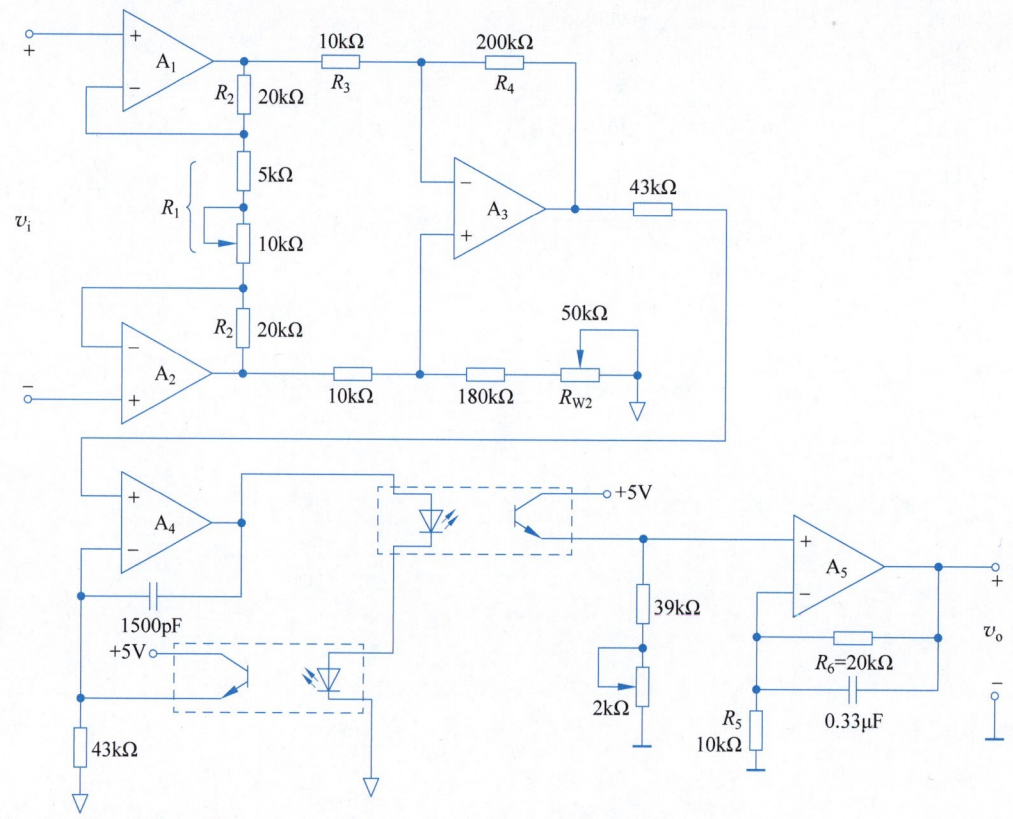

图 10.6.10　运算放大器电路

参考答案

1. 填空题

(1) N 沟道耗尽　(2) 截止失真,大　(3) 60,15.9kHz,15.9Hz　(4) 大,互阻　(5) 乙类,63%　(6) ①—⑦　②—⑤　③—⑧　④—⑥,R 或 C,减小,R_1 或 R_2,减小 R_1 或增大 R_2　(7) 发射,集电,基　(8) ① a:—　b:+　② 与稳压管 D_Z 组成比较器的基准电压源,起限流作用　③ 6~21V　④ 限流保护

2. 分析计算题

(1) 图 10.6.5(a):11.6kΩ,图 10.6.5(b):3.3kΩ。

(2) ① $A_v(\mathrm{j}f) = -\dfrac{10^4}{(1+\mathrm{j}f/10)(1+\mathrm{j}f/100)^2}$。

② 不能稳定工作;$F_v = 1/10^{3.5}$。

(3) P 点和 Q 点的静态电压值均为 2V;P 点的有效值电压为 V_i(V);Q 点的有效值电压为 $6V_i$(V)。

(4) $v_o \approx \dfrac{R_1 R_4}{R_2 R_3} v_i$。

(5) 应置于 b，电压串联，$\dot{A}_{vf} = 51$。

(6) ① $\dot{A}_v = -\dfrac{R_4}{R_3}\left(1 + \dfrac{2R_2}{R_1}\right)$，$\dot{A}_v = (-73.3 \sim -180)$。

② R_{W2} 的主要作用是使 A_3 运放组成的差动放大器中的电阻匹配，改善差动级的共模抑制性能。理想情况下，R_{W2} 应调整为 $20\text{k}\Omega$。

③ 方框内的电路是一个隔离放大器。采用隔离放大器可以减少共模干扰，便于电平配置等。A_4 组成的电路与 A_5 组成的电路没有电气上的联系，实现了隔离放大。

④ A_5 的传递函数为

$$A(s) = \dfrac{R_5 + R_6}{R_5} \cdot \dfrac{1 + sR'C}{1 + sR_6 C} = A_{vf} \dfrac{1 + s/\omega_0'}{1 + s/\omega_0}$$

其中，$R' = R_5 // R_6$，$A_{vf} = (R_5 + R_6)/R_5$，$\omega_0' = 1/R'C$，$\omega_0 = 1/R_6 C$。

该滤波器为低通滤波器。$f_H = \dfrac{\omega_0}{2\pi} = \dfrac{1}{2\pi R_6 C} = 24\text{Hz}$。

10.7 综合测试题七

1. 填空题（46 分，每空 2 分）

(1) PNP 管接成如图 10.7.1 所示的电路。已知管子的发射结导通压降 $|V_{BE(on)}| = 0.2\text{V}$，$\beta = 100$，当 $R_B = 300\text{k}\Omega$，$R_C = 4\text{k}\Omega$，$-V_{CC} = -12\text{V}$ 时，BJT 的状态是_____。设 BJT 的临界饱和压降 $|V_{CE(sat)}| = 0.7\text{V}$，改变电阻 R_B 值，$R_B = $_____时，BJT 正好处于临界饱和状态。

(2) 反相输入低通滤波器如图 10.7.2 所示。若已知 $A_v(jf) = \dfrac{A_{vp}}{1 + jf/f_0}$，则 $A_{vp} = $ _____，$f_0 = $ _____。

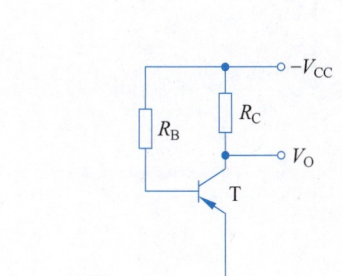

图 10.7.1 PNP 管接成的电路

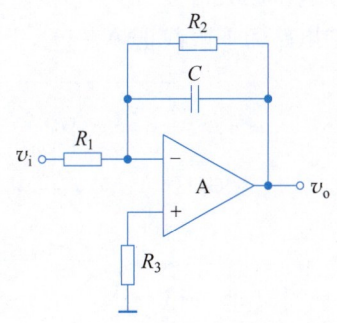

图 10.7.2 反相输入低通滤波器

(3) $V_{GS} = 0$ 时，能够工作在恒流区（饱和区）的场效应管有_____和_____。

(4) BJT 放大电路温度升高时，出现信号失真的原因是_____。高频信号作用时，放大倍数下降的原因是_____。

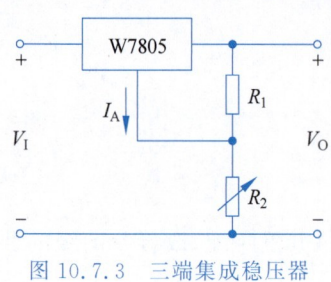

图 10.7.3 三端集成稳压器组成电路

(5) 由三端集成稳压器组成的电路如图 10.7.3 所示。当 R_2 增大时,则输出直流电压 V_O _____。若 $I_A = 2\text{mA}, R_1 = 5\Omega, R_2 = 5\Omega$,则 $V_O =$ _____ V。

(6) 已知结型场效应管的 $I_{DSS} = 2\text{mA}, V_{GS(off)} = -2.5\text{V}$,则当 $V_{GS} = 0\text{V}$ 时, $I_D =$ _____, $g_m =$ _____。

(7) 具有放大环节的串联型稳压电路正常工作时,调整管应处于_____工作状态。若要求输出电压为 18V,调整管压降为 6V,整流电路采用电容滤波,则电源变压器次级电压有效值应选_____V。

(8) 某放大电路空载输出电压为 4V,接入 3kΩ 负载电阻后,输出电压变为 3V,该放大电路的输出电阻为_____。

(9) 设计一个输出功率为 20W 的扩音机电路,用乙类互补对称功率放大器,则功放管的 P_{CM} 应满足_____W。

(10) 已知放大电路的输入信号电压为 1mV,输出电压为 1V,引入负反馈后,为达到同样的输出,需加输入信号电压 10mV,引入的反馈系数为_____,电路的反馈深度为_____。

(11) 正弦波振荡器产生振荡的条件是_____;负反馈放大器产生自激振荡的条件是_____。

(12) 若将上限截止频率为 100kHz 的输入信号放大 100 倍,用单级运放电路构成放大器,则运放的增益带宽积应满足的条件为_____。

(13) 电流源作为放大电路的有源负载,主要是为了提高_____,因为电流源的_____大。

2. 分析计算题(54 分)

(1) (15 分) 电路如图 10.7.4 所示,其中三极管 $\beta = 100, r_{bb'} = 300\Omega, V_{BEQ} = 0.7\text{V}$。

① 求静态工作点 $I_{CQ1}、V_{CEQ1}、I_{CQ2}、V_{CEQ2}$ 的值。

② 中频电压放大倍数 $\dot{A}_v$ 为多少?

③ 确定电路的下限截止频率 f_L,上限截止频率 f_H。

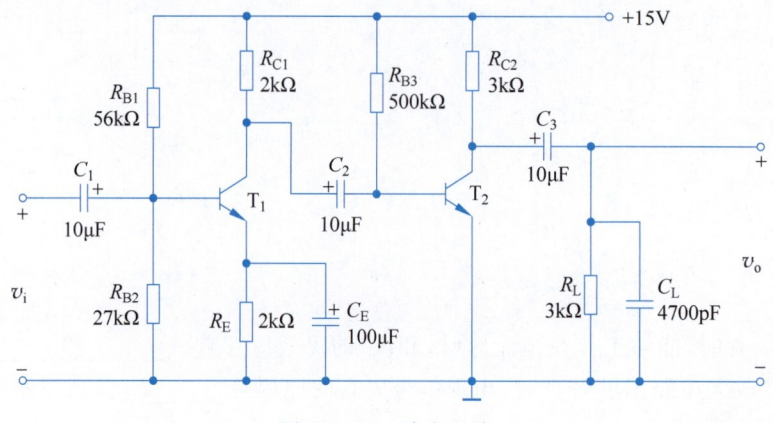

图 10.7.4 放大电路

④ 如果试图提高电路的下限截止频率，而手头没有多余的元器件，对电路中的元器件作怎样调整，可以实现这个目的？

(2)(12 分)电路如图 10.7.5 所示，D_1、D_2 是理想二极管，D_Z 是双向稳压管，其他参数如图所示。

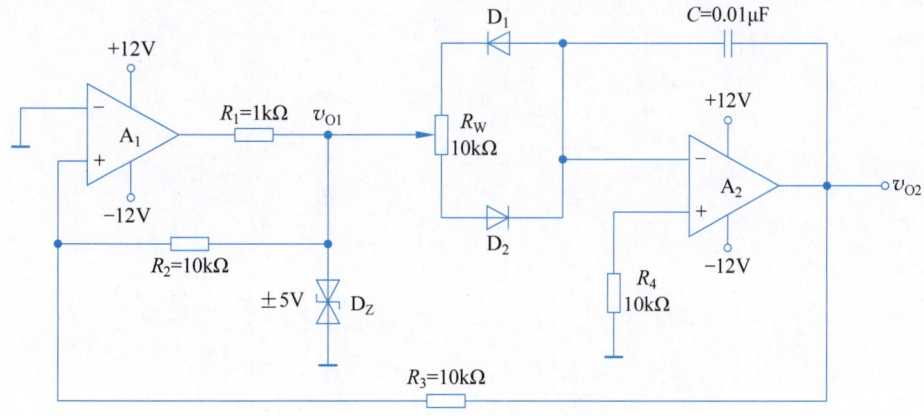

图 10.7.5　运算放大器电路

① v_{O1}、v_{O2} 各输出什么波形？其各自的频率和峰-峰值是多少？

② 为什么要使用稳压管 D_Z 和电阻 R_W？否则会出现什么现象？

③ 二极管 D_1、D_2 和电位器 R_W 配合，起什么作用？

④ 将电源电压由 ±12V 变为 ±15V，对电路性能会产生什么影响？

(3)(12 分)电路如图 10.7.6 所示，运放为理想的运放。

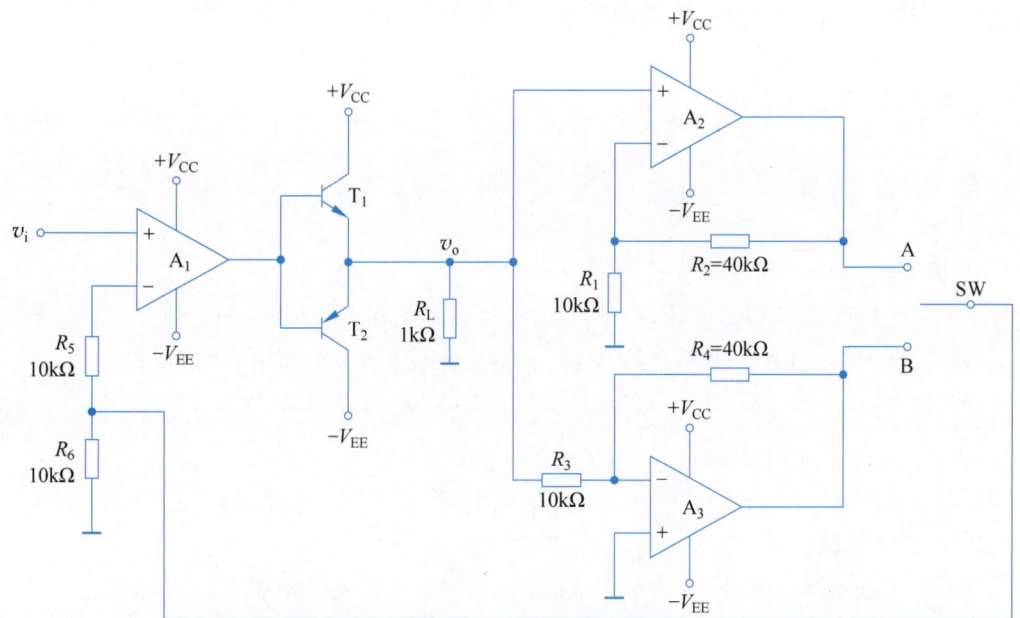

图 10.7.6　运算放大器电路

① 为使电路正常工作，应将开关 SW 置于何处？

② 当放置正确后，求此时的闭环电压增益 $\dot{A}_{vf}$。

③ 判断电路中存在的反馈极性。

④ 说明晶体管 T_1、T_2 的作用。

(4)(15 分)电路如图 10.7.7 所示,已知稳压管的 $V_Z=5V$,$I_Z=10mA$,BJT 的 $\beta=100$,$V_{BE(on)}=0.7V$,$r_{be}=3k\Omega$。

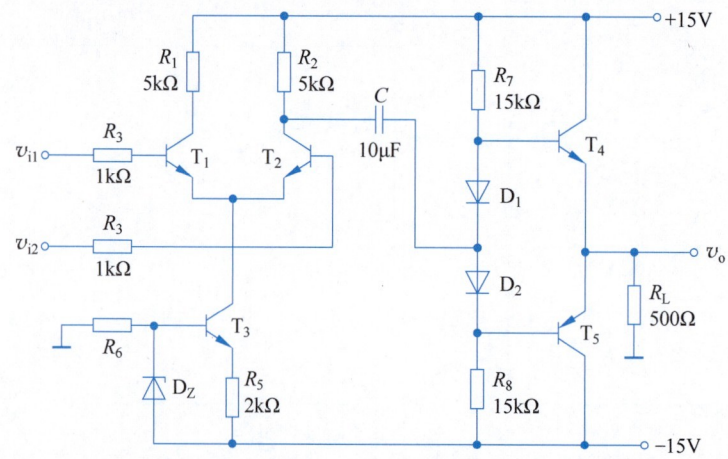

图 10.7.7 放大电路

① 求电压增益 $\dot{A}_v\left(\dot{A}_v=\dfrac{\dot{V}_o}{\dot{V}_{i1}-\dot{V}_{i2}}\right)$。

② 当输入差模信号 v_{id}($v_{id}=v_{i1}-v_{i2}$)为幅值等于 100mV 的正弦波,频率适中时,计算输出功率和效率(计算效率时,电源消耗不包含差分放大部分)。

③ 说明 T_3 的作用。

④ 说明 D_1、D_2 的作用。

参考答案

1. 填空题

(1) 饱和状态,417.7kΩ (2) $-R_2/R_1$,$1/2\pi R_2 C$ (3) JFET,DMOS

(4) 静态工作点上移并出现饱和失真,晶体管极间电容和分布电容的影响

(5) 增大,10.01 (6) 2mA,1.6mS (7) 放大,20 (8) 1kΩ (9) ≥4

(10) 0.009,10 (11) $\dot{A}\dot{F}=1$,$\dot{A}\dot{F}=-1$

(12) ≥10MHz (13) 电压增益,交流等效电阻

2. 分析计算题

(1) ① $I_{CQ1}\approx 2.1mA$,$V_{CEQ1}=6.6V$,$I_{CQ2}=2.86mA$,$V_{CEQ2}=6.42V$。

② $\dot{A}_v=\dot{A}_{v1}\cdot\dot{A}_{v2}=\left[-\dfrac{\beta(R_{C1}//R_{B3}//r_{be2})}{r_{be1}}\right]\cdot\left[-\dfrac{\beta(R_{C2}//R_L)}{r_{be2}}\right]\approx 6011$。

③ $f_L\approx 12Hz$,$f_H\approx 22.6kHz$。

④ 调整发射极旁路电容 C_E,使其减小。

(2) ① v_{O1} 是方波,v_{O2} 是三角波。方波的幅值是 ±5V,三角波的峰-峰值是 10V。

方波和三角波的频率均为 $f = \dfrac{1}{2R_W C} = 5\text{kHz}$。

② 用于限制输出信号的幅值,否则将会使三角波的峰-峰值过高。

③ 用于调整信号的占空比。

④ 电源电压的变化不会影响 v_{O1} 及 v_{O2} 的幅值及频率。

(3) ① SW 应置于 A。

② $\dot{A}_{vf} = +1$。

③ 电压串联负反馈。

④ T_1、T_2 组成互补输出级,为 R_L 提供要求的输出功率。

(4) ① $\dot{A}_v \approx \dfrac{1}{2} \cdot \dfrac{\beta R'_{L1}}{R_3 + r_{be1}} \approx 43.8$,其中:$R'_{L1} = R_2 // R_7 // [r_{be4} + (1+\beta)R_L] \approx 3.5\text{k}\Omega$。

② $P_o = \dfrac{1}{2} \cdot \dfrac{V_{om}^2}{R_L} = \dfrac{1}{2} \times \dfrac{(0.1 \times 43.8)^2}{500}\text{W} \approx 0.019\text{W}$。

$P_D = \dfrac{2}{\pi} \cdot \dfrac{V_{om}V_{CC}}{R_L} = \dfrac{2}{3.14} \times \dfrac{(0.1 \times 43.8) \times 15}{500}\text{W} \approx 0.084\text{W}$。

$\eta = \dfrac{P_o}{P_D} = \dfrac{0.019}{0.084} \approx 22.6\%$。

③ T_3 为差分放大电路提供恒流偏置。

④ D_1、D_2 组成 V_{BE} 倍增电路,用于消除功率输出级的交越失真。

10.8 综合测试题八

1. (12分)放大电路如图 10.8.1 所示,试分析该电路。

(1) 画出该电路的 H 参数等效电路。

(2) 写出 $\dot{A}_v$、R_i 和 R_o 的表达式。

2. (12分)图 10.8.2 电路为全国电子设计大赛中某小组设计的水温控制器中温度测量部分线路。AD590 为两端温度传感器,它具有测温范围宽(−55～+150℃),精度高(±0.1℃)等特性,其电流与温度的关系为

$$I = (1\mu\text{A/K}) \times T = (1\mu\text{A/℃}) \times (273+t)$$

零点电流为 273μA。

(1) 试推导输出电压 V_O 与温度 t 的关系式(设运放是理想的)。

(2) 为使 0℃ 时输出为 0,100℃ 时输出为 −10V,试选择 R_1 和 R_f,此时若温度每变化 1℃,V_O 变化多少?

3. (10分)分析图 10.8.3 集成运算放大器组成的电路,试推导输出电压 v_o 的表达式。

4. (12分)共集-共射组合电路如图 10.8.4 所示,已知 BJT 的 $\beta = 100$,$r_{bb'} = 100\Omega$,$C_{b'c} = 2\text{pF}$,$f_T = 400\text{MHz}$,且已知 $R_s = 10\text{k}\Omega$,$R_C = 10\text{k}\Omega$,$I_{C1} = I_{C1} = 0.5\text{mA}$,试计算电路的上限截止频率。

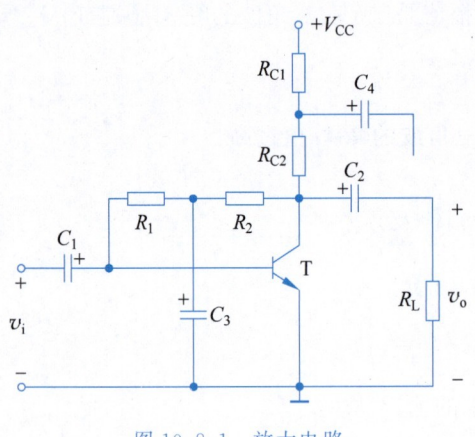
图 10.8.1　放大电路

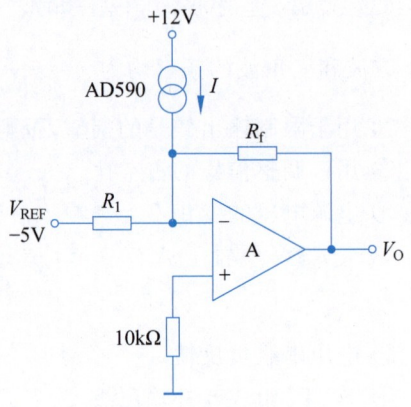
图 10.8.2　测温电路

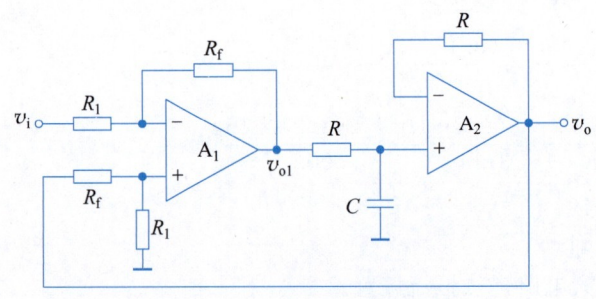
图 10.8.3　运算放大器电路

5. （10 分）如图 10.8.5 所示为石英晶体振荡电路，振荡频率为 f_0，L_1 和 C_1 的谐振频率为 f_{01}。

(1) 画出振荡器的交流等效电路。

(2) 判别电路能否振荡？需要什么附加条件？属于什么类型电路？

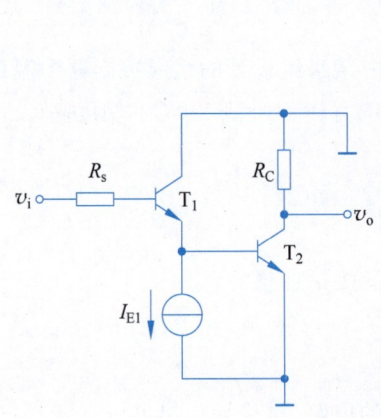
图 10.8.4　共集-共射组合电路

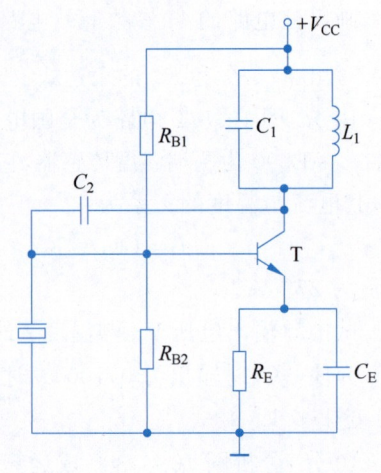
图 10.8.5　振荡电路

6.（12分）图 10.8.6 为反馈放大电路。

（1）判别电路中的反馈类型。

（2）试计算在深度负反馈条件下的源电压增益 $\dot{A}_{vsf}$。

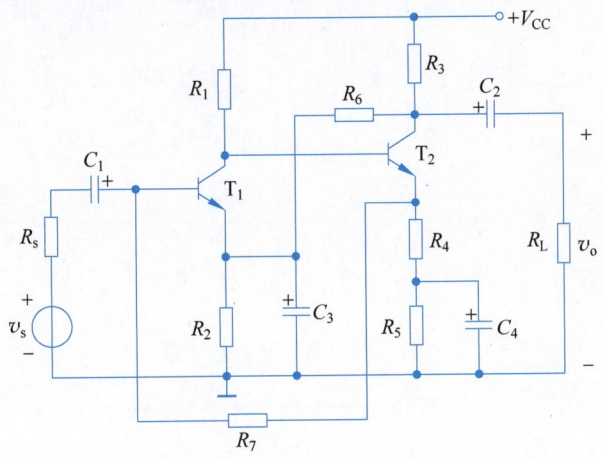

图 10.8.6　反馈放大电路

7.（12分）两级差分放大电路如图 10.8.7 所示，已知 BJT 的 $\beta=50$，$V_{BE(on)}=0.7V$，试求：

（1）电路的直流工作点（I_{CQ1}，V_{CEQ1}，I_{CQ3}，V_{CEQ3}）。

（2）电路的输入电阻 R_i、输出电阻 R_o 和电压放大倍数 $\dot{A}_v$。

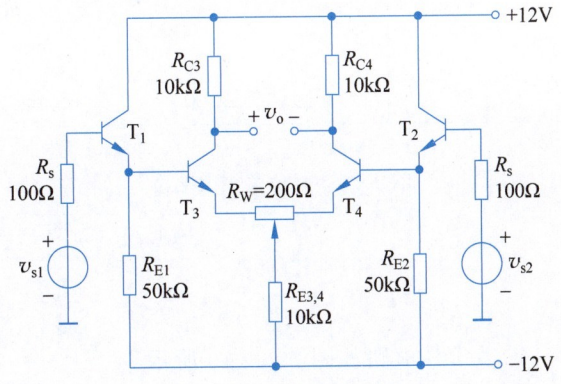

图 10.8.7　差分放大电路

8.（10分）图 10.8.8 电路中 A 为理想运放，二极管为理想器件，运放的最大输出电压约为 $\pm 15V$，BJT 的 $\beta=100$，$V_{CE(sat)}\approx 0$，$I_{CEO}=0$，输入信号 $v_i=10\sin\omega t(V)$。试说明在 v_i 作用下 v_{O1} 和 v_O 的变化情况。

9.（10分）某功率放大电路的简化电路如图 10.8.9 所示，已知 $V_{CC}=6V$，$R_L=4\Omega$。

（1）说明电阻 R_2、R_3 和 T_3 管的作用。

（2）若 T_4、T_5 管导通后，饱和压降为 0.5V，试计算负载上所得到的最大输出功率及相应的输出级效率。

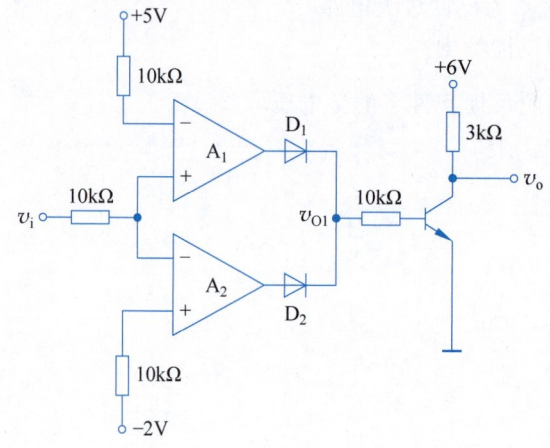

图 10.8.8 运算放大器电路

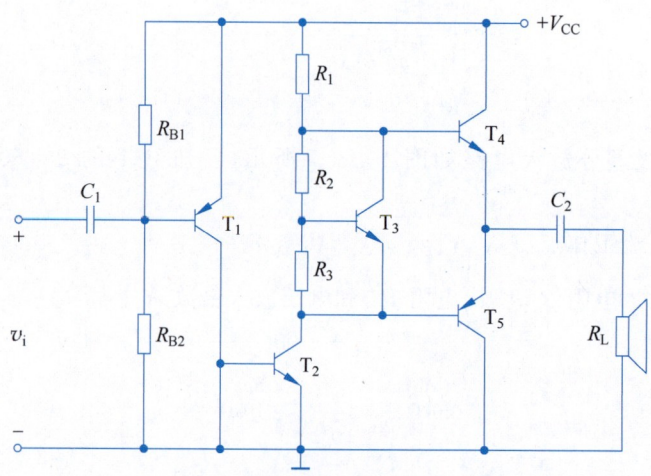

图 10.8.9 功率放大电路

参考答案

1.（1）该电路的 H 参数等效电路如图 10.8.10 所示。

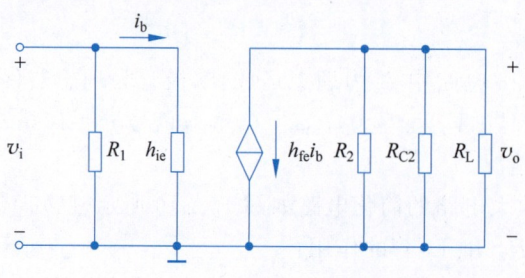

图 10.8.10 H 参数等效电路

(2) $\dot{A}_v = -\dfrac{h_{fe}(R_2 /\!/ R_{C2} /\!/ R_L)}{h_{ie}}$。

$R_i = R_1 /\!/ h_{ie}, R_o = R_2 /\!/ R_{C2}$。

2. (1) $V_O = -\left(\dfrac{5}{R_1} - I\right)R_f$。

(2) $R_1 \approx 18.3\text{k}\Omega, R_f = 100\text{k}\Omega, 0.1\text{V}$。

3. $v_o = -\dfrac{R_f}{R_1} \cdot \dfrac{1}{sRC} v_i$ 或 $v_o = -\dfrac{R_f}{R_1 RC}\displaystyle\int_0^t v_i \mathrm{d}t$。

4. 电路的上限截止频率主要由 T_2 管组成的共发射极电路决定，则

$$\omega_H = \dfrac{1}{(R_s' + r_{bb'}) /\!/ r_{b'e} \cdot DC_{b'e}} = \dfrac{R_s' + r_{bb'} + r_{b'e}}{(R_s' + r_{bb'}) r_{b'e} \cdot DC_{b'e}}, \quad f_H \approx 1.7\text{MHz}$$

其中，$r_{b'e1} = r_{b'e2} \approx (1+\beta)\dfrac{V_T}{I_{C1}} = (1+100) \times \dfrac{26}{0.5}\Omega \approx 5.3\text{k}\Omega$，

$R_s' = \dfrac{r_{be1} + R_s}{1+\beta} = \dfrac{r_{b'e1} + r_{bb'1} + R_s}{1+\beta} \approx 152\Omega$，

$C_{b'e} \approx \dfrac{g_m}{\omega_T} \approx \dfrac{1}{2\pi f_T} \cdot \dfrac{\beta}{r_{b'e}} = \dfrac{1}{2 \times 3.14 \times 400 \times 10^6} \times \dfrac{100}{5.3 \times 10^3}\text{F} \approx 7.5\text{pF}$，

$D = 1 + \omega_T R_L' C_{b'c} = 1 + \omega_T R_C C_{b'c} \approx 51$。

5. (1) 其交流等效电路如图 10.8.11 所示。

(2) 可以振荡。要求 $f_0 < f_{01}$。组成电感三点式正弦波振荡器，且要求石英晶体也是电感特性，属于并联型石英晶体振荡器电路。

6. (1) 电路由 R_7、R_4 组成级间交流电流并联负反馈。

(2) $\dot{A}_{vsf} = \dfrac{\dot{V}_o}{\dot{V}_s} \approx -\dfrac{\dot{I}_{c2}(R_3 /\!/ R_6 /\!/ R_L)}{\dot{I}_i R_s} \approx \left(1 + \dfrac{R_7}{R_4}\right)\dfrac{R_3 /\!/ R_6 /\!/ R_L}{R_s}$。

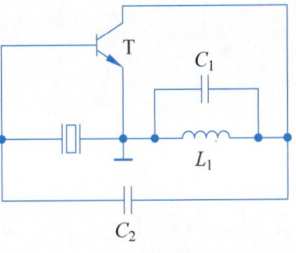

图 10.8.11 交流等效电路

其中，$\dot{I}_i \approx \dot{I}_f \approx -\dfrac{R_4}{R_4 + R_7}\dot{I}_{c2}$。

7. (1) $I_{CQ1} \approx 0.23\text{mA}, V_{CEQ1} \approx 12.7\text{V}; I_{CQ3} \approx 0.5\text{mA}, V_{CEQ3} \approx 8.4\text{V}$。

(2) $R_i = 2[r_{be1} + (1+\beta)(R_{E1} /\!/ R_{i3})] \approx 696\text{k}\Omega$。

其中，$r_{be1} \approx (1+\beta)\dfrac{V_T}{I_{CQ1}} = (1+50) \times \dfrac{26}{0.23}\Omega \approx 5.77\text{k}\Omega$，

$r_{be3} \approx (1+\beta)\dfrac{V_T}{I_{CQ3}} = (1+50) \times \dfrac{26}{0.5}\Omega \approx 2.65\text{k}\Omega$，

$R_{i3} = r_{be3} + (1+\beta)\dfrac{R_W}{2} = 2.65\text{k}\Omega + (1+50) \times \dfrac{200}{2}\Omega = 7.75\text{k}\Omega$。

$R_o = 2R_{C3} = 20\text{k}\Omega$。

$\dot{A}_v = -\dfrac{\beta R_{C3}}{R_{i3}} = -\dfrac{50 \times 10}{7.75} \approx -65$。

8. 当 $v_i \geqslant +5\text{V}$ 时，$v_{O1} = +15\text{V}, v_O \approx 0$；

当 $v_i \leqslant -2\text{V}$ 时，$v_{O1} = +15\text{V}, v_O \approx 0$；

当 $-2V < v_i < +5V$ 时,$v_{O1}=0$,$v_O \approx +6V$。

其波形如图 10.8.12 所示。

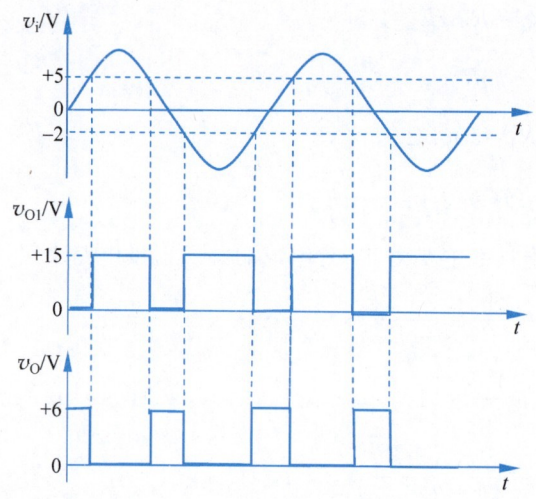

图 10.8.12 图 10.8.8 电路的波形

9.(1)R_2、R_3 和 T_3 组成 V_{BE} 扩大电路,为互补管 T_4、T_5 提供直流偏置,克服交越失真。

(2)$P_{om} \approx 0.78W$,$\eta \approx 65\%$。

10.9 综合测试题九

1.(8分)图 10.9.1 中二极管的导通压降 $V_{D(on)}=0$,已知 $V_Z=3V$。当 V_i 从 $-10V$ 变化到 $+10V$ 时,V_o 及 i_1 如何变化?画出 V_o-V_i 及 i_1-V_i 图。

2.(8分)已知某放大电路的开环电压增益函数为 $A_v(s)=\dfrac{2\times 10^{14}}{(s+2\times 10^6)^2}$,电压负反馈系数 $F_v=0.02$。求:

(1)该放大电路开环时的低频电压增益及 3dB 带宽;

(2)放大电路加负反馈后的低频电压增益及 3dB 带宽。

3.(8分)已知图 10.9.2 中 N 沟道结型场效应管的夹断电压 $V_{GS(off)}=-3.5V$,$I_{DSS}=18mA$。求 V_{GS} 及 V_{DS},并判断场效应管工作在什么区域?

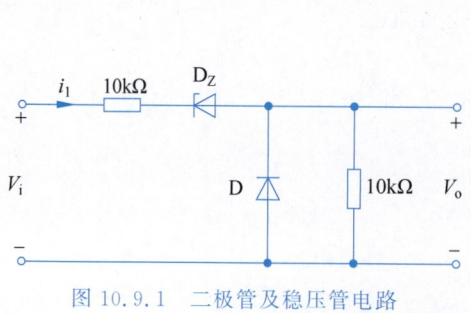

图 10.9.1 二极管及稳压管电路

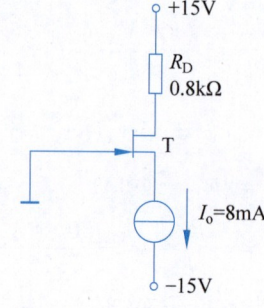

图 10.9.2 场效应管电路

4. (8分)如图 10.9.3 所示为 N 沟道结型场效应管构成的恒流源,已知该管的 $V_{GS(off)} = -3.5\text{V}, I_{DSS} = 2\text{mA}, r_{ds} = 50\text{k}\Omega$。求:

(1) 恒流源的电流;

(2) 恒流源的输出阻抗(两个电源间)。

5. (8分)理想运放电路如图 10.9.4 所示,其中 $\pm V_{CC} = \pm 10\text{V}$,分析该电路,画出电压传输特性曲线,并标出关键值。

6. (10分)设图 10.9.5 中 T_1, T_2 具有相同的参数:$\beta = 100, r_{bb'} = 0, V_{BE(on)} = 0.7\text{V}$,求:

(1) 静态电流 I_{CQ1}, I_{CQ2};

(2) 该放大电路的输入电阻 R_i 和输出电阻 R_o。

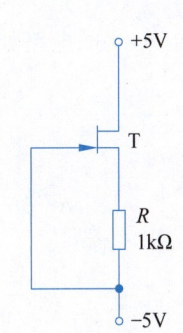

图 10.9.3 场效应管电路

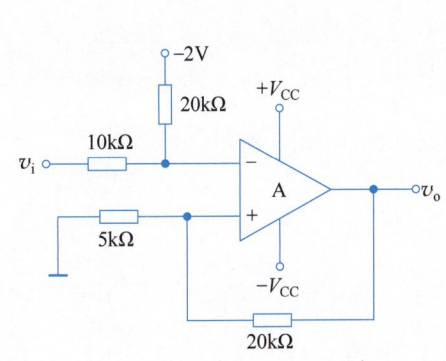

图 10.9.4 运算放大器电路

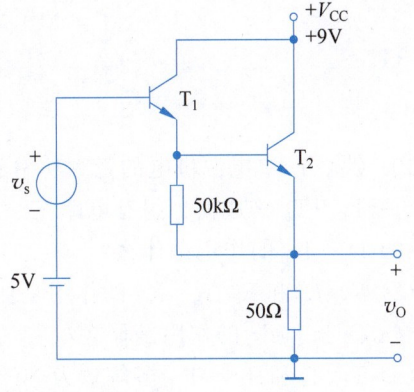

图 10.9.5 放大电路

7. (10分)在如图 10.9.6 所示回转器电路中,设运放是理想的,$R_1 = R_2 = 1\text{k}\Omega$。

(1) 说明 Z 为何种性质元件时电路可等效为模拟电感(输入阻抗 Z_i)。

(2) 计算此模拟电感为 1H 时元件 Z 的数值。

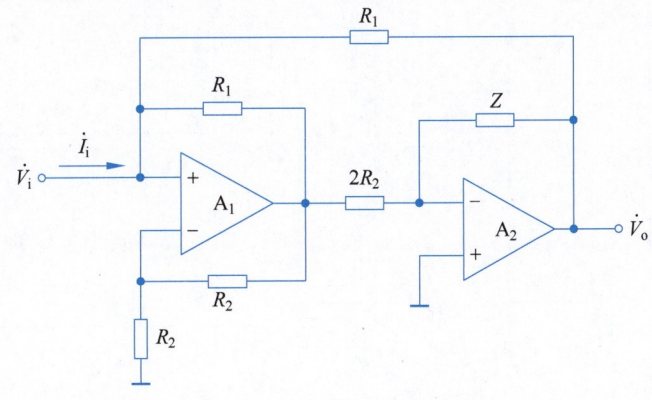

图 10.9.6 运算放大器电路

8. (12分)方波发生器如图 10.9.7 所示,已知稳压管的 $V_Z = 5.6\text{V}$,二极管 $D_1 \sim D_4$ 的导通压降均为 0.7V,$R_f = 2R_1, RC = 10^{-4}\text{s}$。

(1) 试画出 v_N 和 v_O 的波形(要求标明各自的幅值);

(2) 计算方波的频率。

9. (8分)电路如图10.9.8所示,A 为理想运算放大器,求 v_o 与 v_i 的关系式。

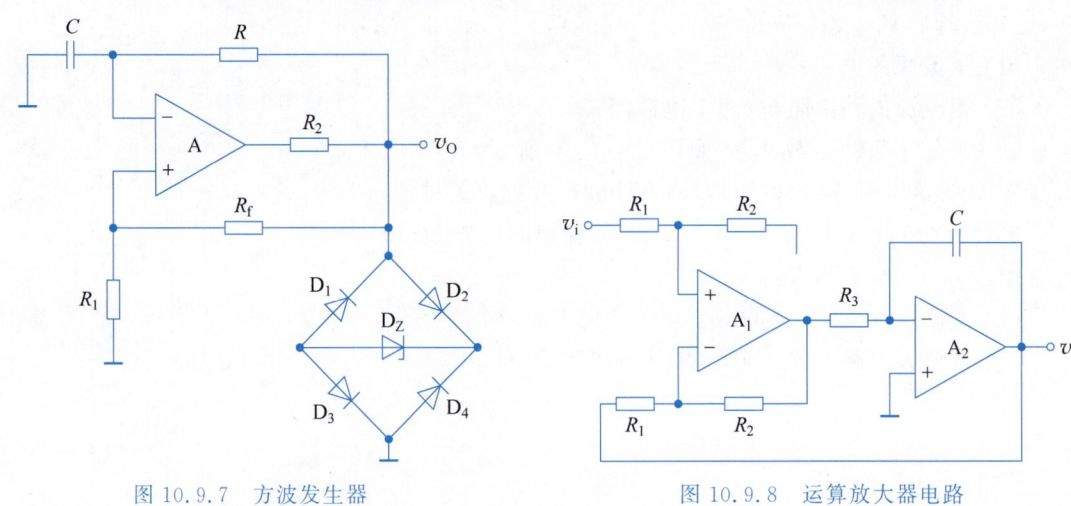

图 10.9.7 方波发生器　　　　　图 10.9.8 运算放大器电路

10. (20分)单电源供电的音频功率放大器电路如图10.9.9所示,试回答：
(1) $T_1 \sim T_6$ 构成何种组态电路？
(2) $D_1 \sim D_3$ 的作用是什么？
(3) R_2、R_3 和 R_6、R_7、R_8 的作用是什么？
(4) C_1、C_8、C_L 的作用是什么？
(5) T_7、T_8 和 $T_9 \sim T_{11}$ 各等效为 NPN 管还是 PNP 管？
(6) 分析电路中引入的级间反馈类型,假设引入的是深度负反馈,则该电路的电压增益是多少？

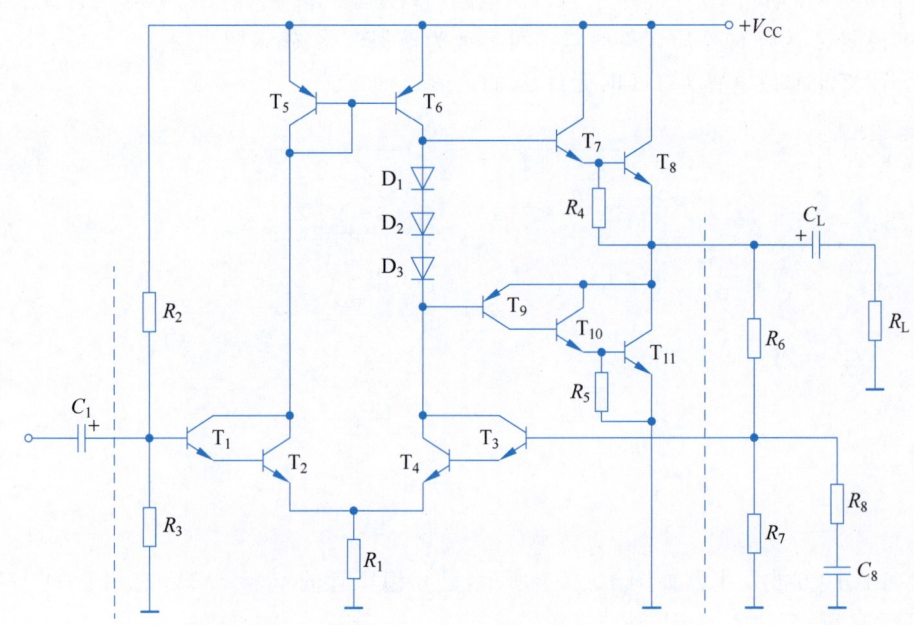

图 10.9.9 音频功率放大器

参考答案

1. V_o 及 i_1 随 V_i 变化的曲线分别如图 10.9.10(a) 和图 10.9.10(b) 所示。

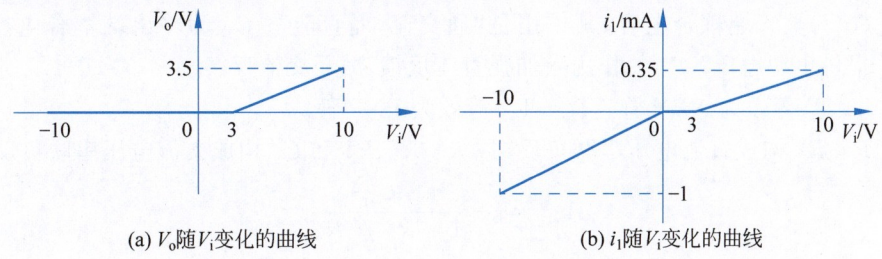

(a) V_o 随 V_i 变化的曲线   (b) i_1 随 V_i 变化的曲线

图 10.9.10 V_o 及 i_1 随 V_i 变化的曲线

2. (1) $A_v = 50$；$\omega_{3\mathrm{dB}} = \sqrt{2^{\frac{1}{2}} - 1} \times 2 \times 10^6 \,\mathrm{rad/s} \approx 1.28\,\mathrm{Mrad/s}$。

(2) $A_{vf} = 25$；$\omega_{3\mathrm{dB}} = 2.56\,\mathrm{Mrad/s}$。

3. $V_{\mathrm{GSQ}} \approx -1.17\,\mathrm{V}$，$V_{\mathrm{DSQ}} \approx 7.43\,\mathrm{V}$，器件工作在恒流区。

4. (1) $I_o \approx 1\,\mathrm{mA}$；(2) $R_o = R + (1 + g_m R)r_{ds} \approx 90\,\mathrm{k\Omega}$。

5. 电压传输特性曲线如图 10.9.11 所示。

6. (1) $I_{\mathrm{CQ1}} \approx 0.7\,\mathrm{mA}$，$I_{\mathrm{CQ2}} \approx 70\,\mathrm{mA}$。

(2) $R_i \approx \beta_1 \beta_2 \times 0.05\,\mathrm{k\Omega} \approx 500\,\mathrm{k\Omega}$。

$$R_o \approx \frac{r_{\mathrm{be1}}}{\beta_1 \beta_2} + \frac{r_{\mathrm{be2}}}{\beta_2} \approx 0.75\,\Omega。$$

7. (1) 当 Z 为容性元件时，电路可等效为模拟电感。

(2) Z 为 $1\mu\mathrm{F}$ 的电容。

8. (1) 其波形如图 10.9.12 所示。

(2) $f = \dfrac{1}{T} = \dfrac{1}{2RC\ln\left(1 + \dfrac{2R_1}{R_f}\right)} = \dfrac{1}{2 \times 10^{-4} \times \ln 2}\,\mathrm{Hz} \approx 7.21\,\mathrm{kHz}$。

9. $\dfrac{\mathrm{d}v_o(t)}{\mathrm{d}t} - \dfrac{R_2}{R_1 R_3 C} v_o = -\dfrac{R_2}{R_1 R_3 C} v_i$。

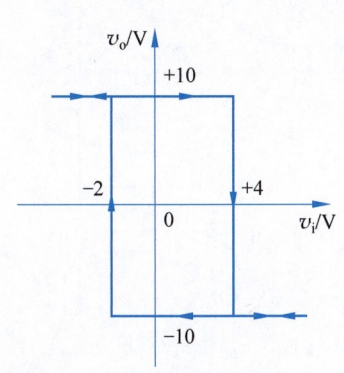

图 10.9.11   电压传输特性曲线

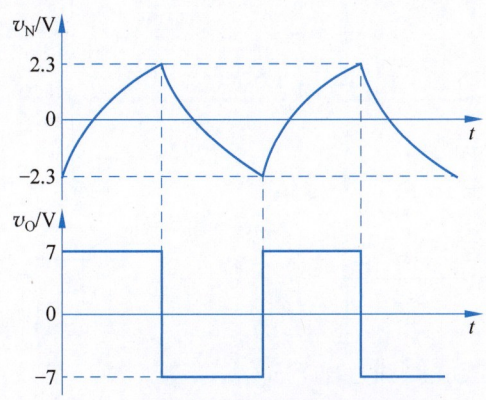

图 10.9.12   图 10.9.7 电路的波形

10. (1) $T_1 \sim T_6$ 构成具有恒流源负载($T_5 \sim T_6$)的复合管($T_1 \sim T_4$)差分放大电路。

(2) $D_1 \sim D_3$ 的作用是克服输出级的交越失真。

(3) R_2、R_3 和 R_6、R_7 的作用是为差分放大电路提供偏置电压；R_6、R_7、R_8 和 C_8 构成反馈网络。

(4) C_1 为输入端耦合电容，其作用是"通交流，隔直流"；C_L 为输出端耦合电容，并为 $T_9 \sim T_{11}$ 提供电源电压；C_8 的作用是加强直流反馈，减弱交流反馈。

(5) T_7、T_8 等效为 NPN 管；$T_9 \sim T_{11}$ 等效为 PNP 管。

(6) R_6、R_7 构成直流电压串联负反馈；R_6、R_7、R_8 和 C_8 构成交流电压串联负反馈。

$$\dot{A}_{vf} = 1 + \frac{R_6}{1 + R_7 /\!/ R_8}$$

10.10 综合测试题十

1. (10 分)在如图 10.10.1(a)和图 10.10.1(b)所示电路中，设 $v_i = 6\sin\omega t\,(\text{V})$，$V_{D(on)} = 0.7\text{V}$，$R_D = 0$。试画出各电路的输出波形。

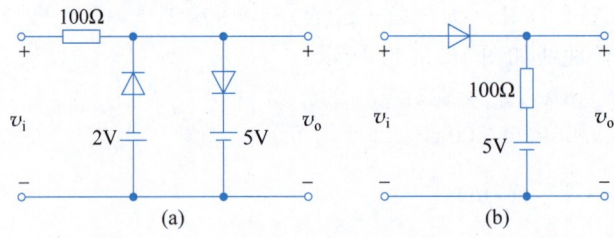

图 10.10.1 二极管电路

2. (10 分)试画出图 10.10.2 所示 MOS 管放大电路的交流小信号等效电路，并写出电压增益表达式。

3. (8 分)在如图 10.10.3 所示电路中，各晶体管特性相同，$\beta = 200$，$|V_{BE(on)}| = 0.7\text{V}$，试求各电阻上压降。

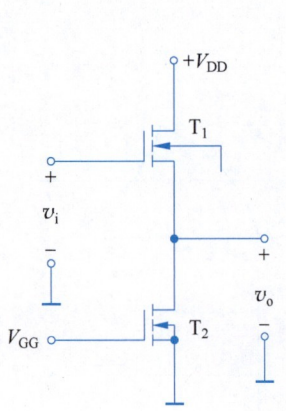

图 10.10.2 MOS 管放大电路

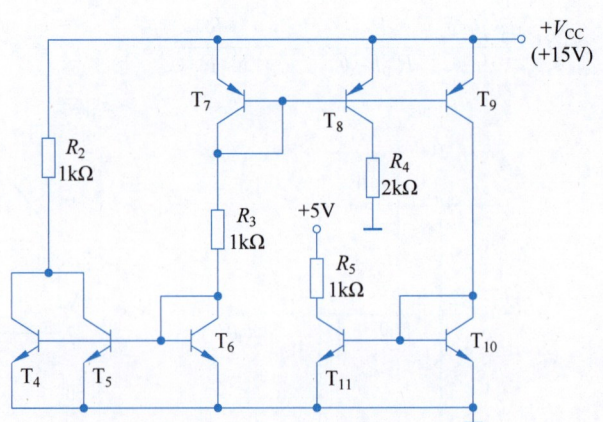

图 10.10.3 电流源电路

4. (8分)图 10.10.4 为某反馈放大电路的交流通路,试判断反馈类型。若满足深度负反馈条件,试求源电压增益 $\dot{A}_{vsf}$。

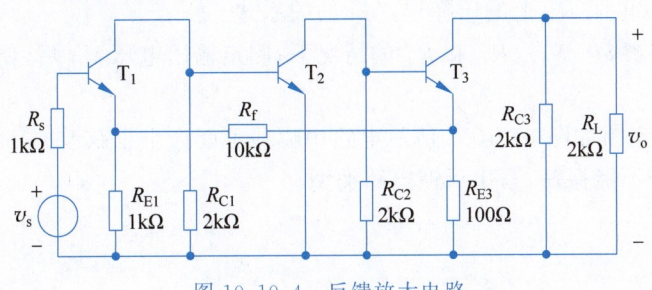

图 10.10.4 反馈放大电路

5. (10分)在如图 10.10.5 所示电路中,已知 $R_s=1\text{k}\Omega$,$r_{bb'}=50\Omega$,$I_{EE}=2\text{mA}$,$\beta=100$,$f_T=400\text{MHz}$,$C_{b'c}=0.5\text{pF}$,$R_C=5\text{k}\Omega$,试写出双端输出时差模电压增益的表达式,并计算上限截止频率 f_H。

6. (12分)放大电路如图 10.10.6 所示,假设 T_1 的 g_m 及 T_2 的 β、r_{be} 已知。

(1) 试画出电路的交流小信号等效电路。

(2) 写出 $\dot{A}_v$、R_i、R_o 的表达式。

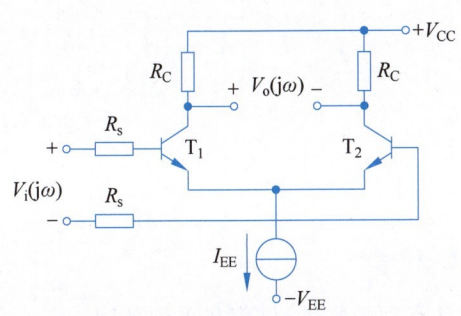

图 10.10.5 差分放大电路

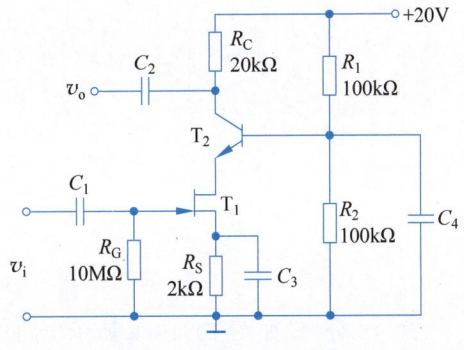

图 10.10.6 放大电路

7. (14分)图 10.10.7 为一个用来测试晶体管电流放大倍数 β 的原理电路,图中 T 为被测晶体管,运放 $A_1 \sim A_3$ 均为理想运放。

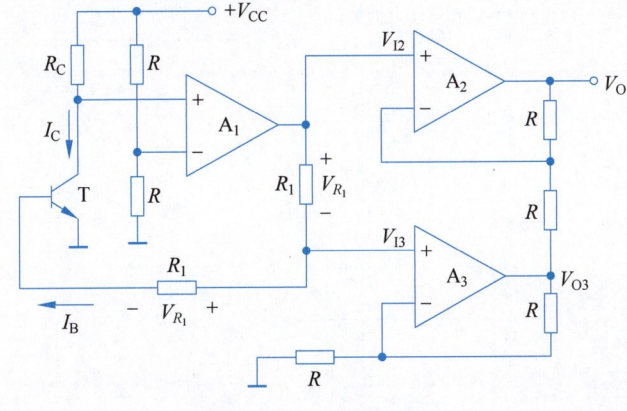

图 10.10.7 β 测量电路

(1) 写出 V_{O3} 与 V_{I3} 的关系式。

(2) 写出 V_O 与 V_{I2}、V_{O3}（共同作用时）的关系式。

(3) 写出 V_{R_1}（电阻 R_1 上的压降）与 V_O 的关系式。

(4) 已知电路参数 $+V_{CC}$、R_C 和 R_1 的情况下，测定输出电压 V_O 后，便可求得 β，写出 β 的表达式。

8. (12 分) 试判断如图 10.10.8 所示电路中哪些可能产生正弦波振荡？若能振荡，写出振荡电路类型；若不能振荡，写出反馈电路类型。

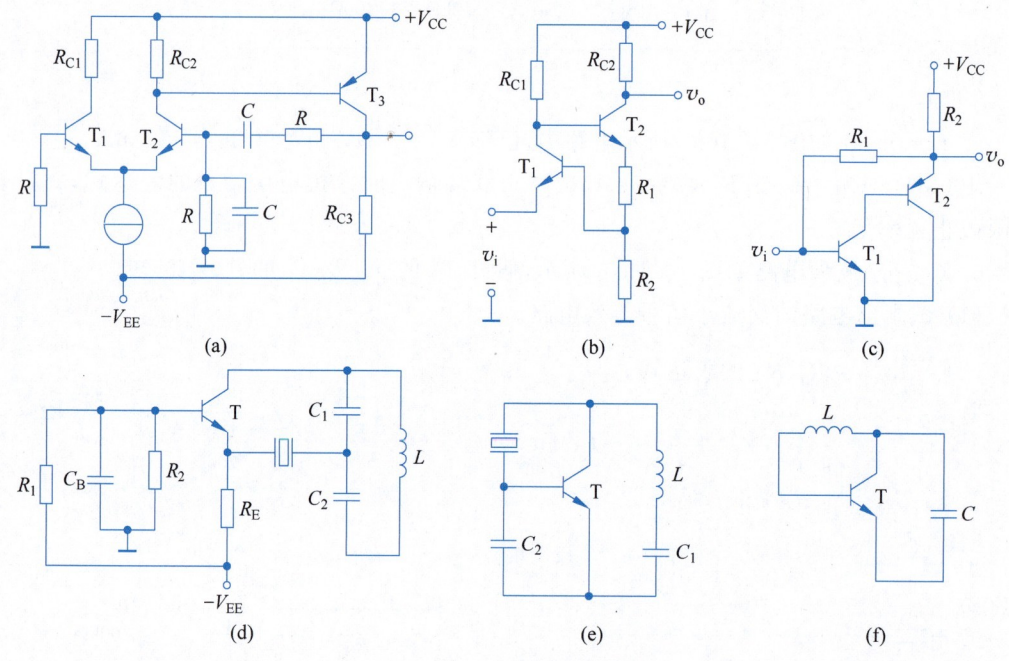

图 10.10.8 反馈及振荡电路

9. (16 分) 设如图 10.10.9 所示电路中运放均具有理想特性，试完成下列各问：

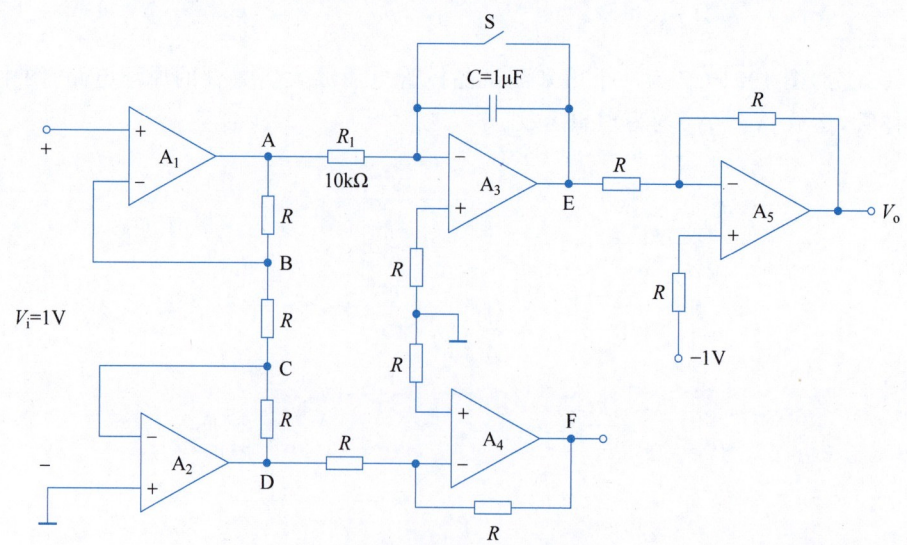

图 10.10.9 运算放大器电路

(1) 当开关 S 闭合时,计算 A、B、C、D、E、F 各点对地的电位及 V_o 的值。

(2) 设 $t=0$ 时开关 S 打开,经过多长时间才能使 $V_o=0$?

参考答案

1. 输出波形如图 10.10.10 所示。

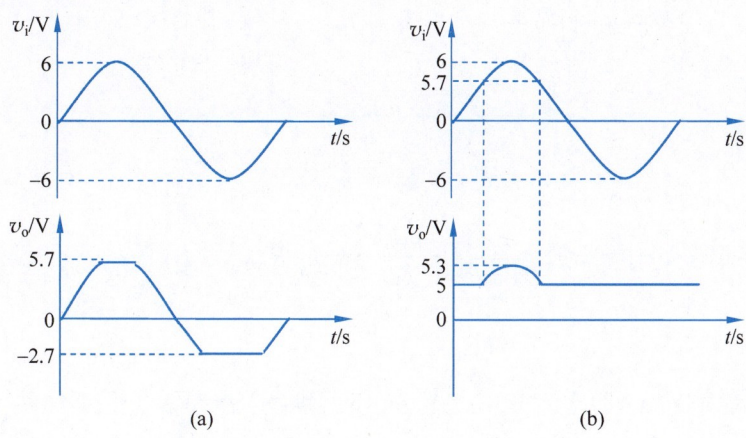

图 10.10.10　图 10.10.1 电路的输出波形

2. 其等效电路如图 10.10.11 所示。

$$\dot{A}_v = \frac{\dot{V}_o}{\dot{V}_i} = \frac{g_{m1}\left(r_{ds1} \parallel r_{ds2} \parallel \dfrac{1}{g_{mb1}}\right)}{1 + g_{m1}\left(r_{ds1} \parallel r_{ds2} \parallel \dfrac{1}{g_{mb1}}\right)}$$

$$= \frac{g_{m1}}{g_{m1} + g_{mb1} + 1/r_{ds1} + 1/r_{ds2}} \approx \frac{g_{m1}}{g_{m1} + g_{mb1}}$$

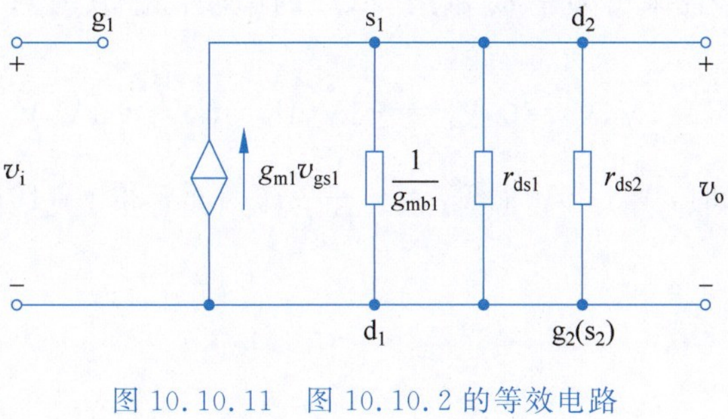

图 10.10.11　图 10.10.2 的等效电路

3. $V_{R_3} = 13.6\text{V}, V_{R_2} \approx 2.72\text{V}, V_{R_4} \approx 2.72\text{V}, V_{R_5} \approx 1.36\text{V}$。

4. 电流串联负反馈,$\dot{A}_{vsf} = \dfrac{\dot{V}_o}{\dot{V}_s} \approx \dfrac{\dot{V}_o}{\dot{V}_i} \approx \dfrac{\dot{V}_o}{\dot{V}_f} = -\dfrac{(R_{C3} \parallel R_L) \cdot (R_{E1} + R_f + R_{E3})}{R_{E1} R_{E3}}$。

5. $A_{vd}(\text{双}) = -\dfrac{\beta R_C}{R_s + r_{be}} \approx -136$,其中:$r_{be} = r_{bb'} + (1+\beta)\dfrac{V_T}{I_{EE}/2} \approx 2.68\text{k}\Omega$。

$$f_H = \frac{1}{2\pi} \cdot \frac{R_s + r_{bb'} + r_{b'e}}{R_s + r_{bb'}} \cdot \frac{\omega_T}{\beta \cdot D} \approx 1.9 \text{MHz}, \text{其中}: D = 1 + \omega_T R_C C_{b'c} = 7.28。$$

6. (1) 其等效电路如图 10.10.12 所示。

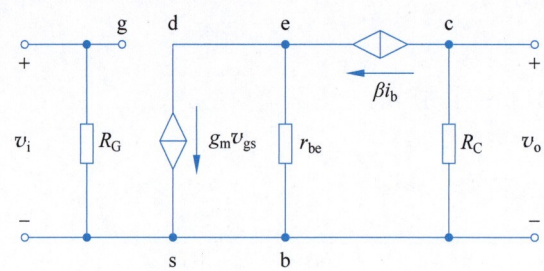

图 10.10.12 图 10.10.6 的等效电路

(2) $\dot{A}_v = \dot{A}_{v1} \cdot \dot{A}_{v2} = -g_m \left(\frac{r_{be}}{1+\beta}\right) \cdot \frac{\beta R_C}{r_{be}} \approx -g_m R_C$,

$R_i = R_G$,

$R_o = R_C$。

7. (1) $V_{O3} = 2V_{I3}$; (2) $V_O = 2V_{I2} - V_{O3}$; (3) $V_{R_1} = V_{I2} - V_{I3} = V_O/2$;

(4) $V_{R_1} = I_B R_1 \longrightarrow I_B = \frac{V_{R_1}}{R_1} = \frac{V_O}{2R_1}$

$V_{R_C} = I_C R_C = \frac{V_{CC}}{2} \longrightarrow I_C = \frac{V_{CC}}{2R_C}$

$\longrightarrow \beta = \frac{I_C}{I_B} = \frac{V_{CC} R_1}{V_O R_C}$。

8. 图 10.10.8(a)、图 10.10.8(d)、图 10.10.8(e)、图 10.10.8(f) 为振荡器; 图 10.10.8(b)、图 10.10.8(c) 为反馈电路。

图 10.10.8(a) 串并联网络正弦波振荡器; 图 10.10.8(b) 电流串联负反馈电路; 图 10.10.8(c) 电压并联负反馈电路; 图 10.10.8(d) 串联型晶体振荡器; 图 10.10.8(e) 并联型晶体振荡器(晶体等效为电感, 且振荡频率 ω_0 低于 LC_1 的串联谐振频率); 图 10.10.8(f) 电容三点式振荡器。

9. (1) $V_A = 2\text{V}, V_B = 1\text{V}, V_C = 0, V_D = -1\text{V}, V_E = 0, V_F = 1\text{V}, V_o = -2\text{V}$。

(2) 当 $V_E = -2\text{V}$ 时, $V_o = 0$。而 $V_E = -\frac{V_A}{R_1 C} t$, 因而解得 $t = 10\text{ms}$。

附录 部分高校和科研机构硕士研究生入学考试试题选编
APPENDIX

附录 A 国防科技大学 2014—2016 年硕士研究生入学考试试题

2014 年"信号系统与电路"科目电路部分试题

第二部分:"电子线路(线性部分)"(共 75 分)

六、简答题(每小题 4 分,共计 20 分)。
① 简述直流工作点与放大器截止失真和饱和失真的关系。
② 按幅频特性的不同,滤波器可分为几类?
③ 共基放大器电流放大倍数 A_i、输入电阻 R_i、输出电阻 R_o 有何特点?
④ 迟滞比较器具有较强抗干扰能力的原因是什么?
⑤ 实际的差动放大电路的共模抑制比 K_{CMRR} 为有限值的根本原因是什么?

七、(10 分)放大电路如题七图所示。已知 $V_{CC}=+10\text{V}$,$V_{BE(on)}=0.7\text{V}$,$\beta=100$,$R_{B1}=8.3\text{k}\Omega$,$R_{B2}=1.7\text{k}\Omega$,$R_E=500\Omega$,$R_C=1\text{k}\Omega$。
① 试求放大电路的静态工作点 I_{CQ}、U_{CEQ} 和不失真的输出电压峰-峰值。
② 若使输出动态范围(即不失真时输出电压峰-峰值)最大,R_C 应取何值?此时的输出电压峰-峰值是多少?

八、(10 分)电路如题八图所示(A 为理想运放),试推导 U_o 与 U_i 的表达式。

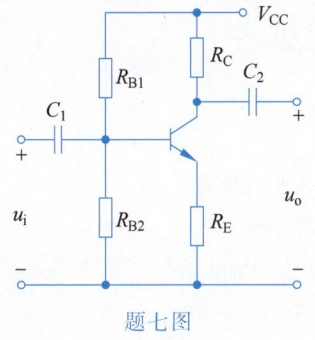

题七图

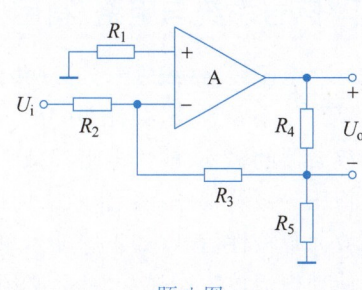

题八图

九、(15 分)电路如题九图所示。设二极管 D 的导通电压 $V_{D(on)}=0.7V$,若输入电压 $u_i=4\sin\omega t$ (V)。

① 试画出 u_o 的波形(要求在波形上标出振幅值);

② 试求当 $u_i=-0.7V$ 时,u_o 的值;

③ 试画出该电路的传输特性曲线,即 $u_o \sim u_i$ 曲线。

十、(10 分)电路如题十图所示,试推导:

① u_o/u_i 的表达式;

② $R_i=u_i/I_i$ 的表达式。

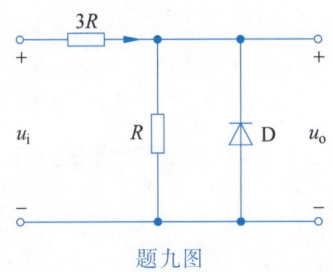
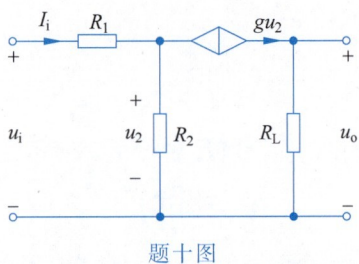

题九图　　　　　　　　题十图

十一、(10 分)比较器电路如题十一图(a)所示(图中 A 为理想运放),输入电压 u_i 的波形如题十一图(b)所示。设 D 为理想二极管,导通电压 $V_{D(on)}=0V$,参考电压 $V_{REF}=-0.7V$:

① 试求输出 u_o 正矩形脉冲的占空比(正矩形脉冲的宽度与周期之比);

② 画出 u_o 的波形(要标出幅度跳变对应的时刻)。

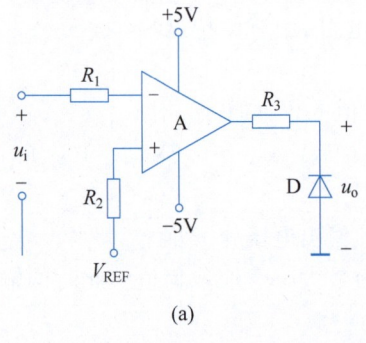
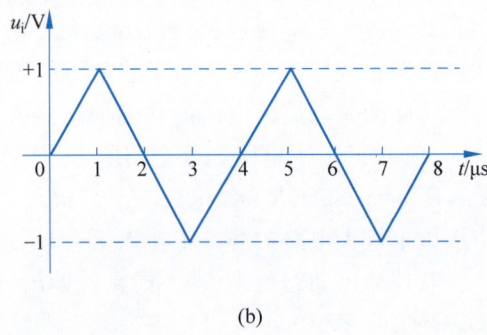

题十一图

2015 年"信号系统与电路"科目电路部分试题

第二部分:"电子线路(线性部分)"(共 75 分)

六、简答题(每小题 5 分,共计 20 分)。

① 若使放大器的输入、输出电阻都减小,应施加何种负反馈?

② 简述稳压二极管工作在稳压状态时的电压电流特性。

③ 若要放大单极性信号(如正脉冲),单级晶体管放大器的工作点应如何设置?

④ 若要使理想运放工作在线性区,必须采取什么措施?

七、(10分)电路如题七图所示。晶体管 T_1、T_2 的共发电流放大系数 $\beta_1=\beta_2=\beta=100$,$I_{B1}=10\mu A$,$V_{BE1}=V_{BE2}=0.7V$。

① 试求当 $R_E=1k\Omega$ 时,I_{C1}、I_{C2} 和 V_{CE} 的值。

② 又设晶体管 T_1 的饱和压降 $V_{CES1}=0.3V$,试问,若使晶体管 T_1 饱和,R_E 应取何值?并求此时 V_{CE} 的值。

八、(10分)电路如题八图所示(A 为理想运放),试推导 u_o/u_i 的表达式。

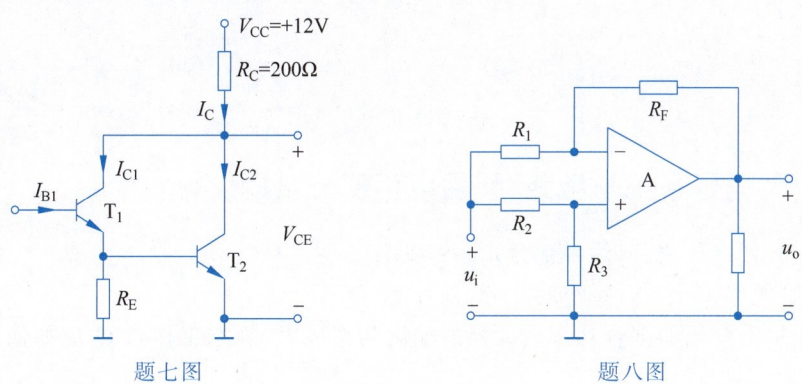

题七图　　　　　题八图

九、(15分)电路如题九图所示。设 D 为理想二极管,正向导通电压 $V_{D(on)}=0$,若输入电压 $u_i=5\sin\omega t (V)$。

① 试画出 u_o 的波形(要求在波形上标出振幅值);

② 试求当 $u_i=3V$ 时,u_o 的值;

③ 试画出电路的传输特性曲线,即 u_i-u_o 曲线。

十、(10分)电路如题十图所示,试推导 I_L/I_i 的表达式。

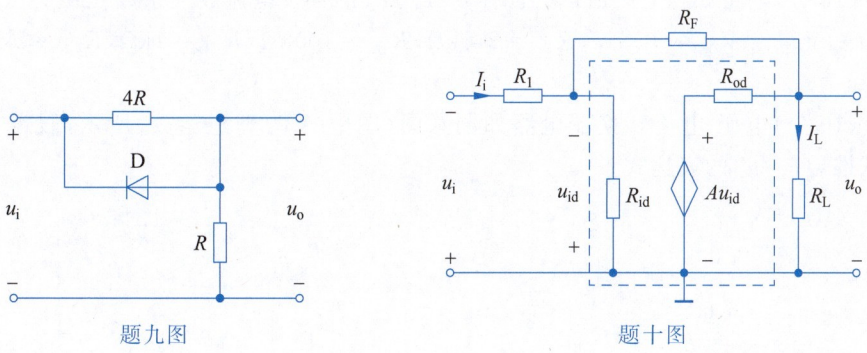

题九图　　　　　题十图

十一、(10分)迟滞比较器电路如题十一图(a)所示,输入电压 u_i 的波形如题十一图(b)所示。已知理想运放 A 的最大输出电压为 $\pm 12V$,稳压管 D_Z 的 $V_Z=6V$,正向导通电压 $V_{D(on)}=0.7V$,试画出:

① I_o 的波形(要求标出波形幅度和跳变时刻);

② u_o 的波形(要求标出波形幅度和跳变时刻)。

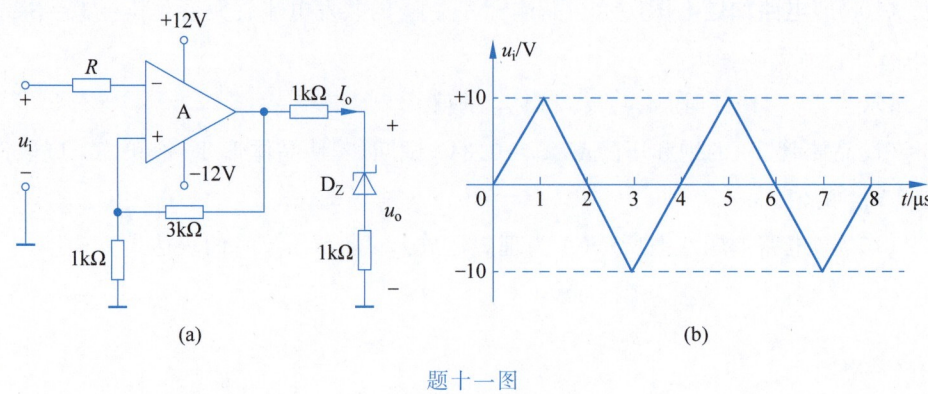

题十一图

2016 年"信号系统与电路"科目电路部分试题

第二部分:"电子线路(线性部分)"(共 75 分)

六、简答题(共 5 小题,每小题 4 分,共计 20 分)。

① 若使甲类变压器耦合功率放大器的输出功率最大,静态工作点 Q 应如何选择?U_{CQ} 等于多少?

② 影响三极管放大器的高频特性和低频特性的主要因素分别是什么?

③ 将一个理想的差动放大电路的两个输入端短接并加上不为零的电压 U_{ic},此时差动放大电路的双端输出电压 U_{oc} 是多少?另外,理想情况下共模输入电压 U_{ic} 的最大值可以达到多少?

④ 理想运放的开环差模电压放大倍数 A_{ud}、差模输入电阻 R_{id}、输出电阻 R_o、共模抑制比 K_{CMR} 分别是多少?

⑤ 何种负反馈能提高放大电路的输入电阻?

七、(10 分)电路如题七图所示。晶体管 T_1、T_2 的共发电流放大系数 $\beta_1=\beta_2=\beta=100$,$I_{B1}=10\mu A$,$V_{BE1}=V_{BE2}=0.7V$,$R_{B1}=200k\Omega$,$R_{B2}=100k\Omega$,$R_{C1}=1k\Omega$,$R_{C2}=2k\Omega$,试求 I_{OQ},V_{OQ}。

八、(10 分)电压-电流转换器电路如题八图(图中 A 为理想运放)所示,假定 $R_1R_4=R_2R_3$,试推导 i_L/u_i 的表达式。

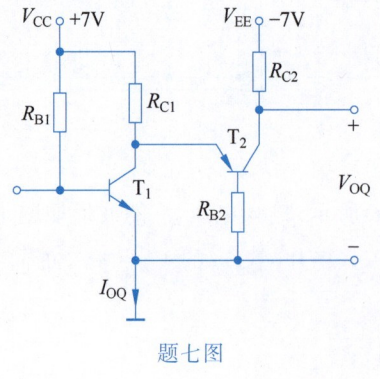

题七图

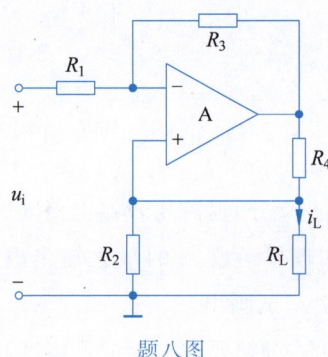

题八图

九、(15 分)电路如题九图(a)所示,其中二极管 D 的导通电压 $V_{D(on)}=0.7V$,输入电压 u_i 的波形如题九图(b)所示。

① 试画出 u_o 的波形(波形上必须标明关键点的时刻和电压值);

② 求 $t=1ms$ 时,u_o 的值;

③ 试画出该电路的传输特性曲线,即 u_i-u_o 曲线。

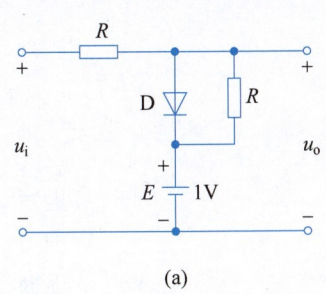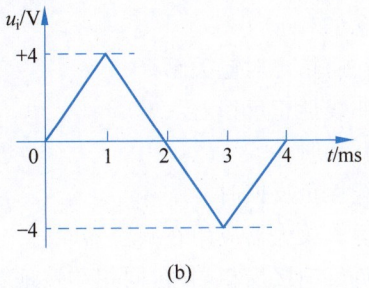

题九图

十、(10 分)电路如题十图所示,试推导:

① U_o/U_i 的表达式;

② $R_i=U_i/I_i$ 的表达式。

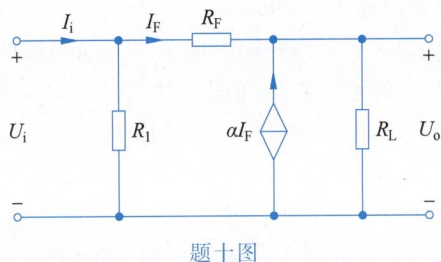

题十图

十一、(10 分)比较器电路如题十一图(a)(图中 A 为理想运放)所示,输入电压 u_i 的波形如题十一图(b)所示。设 D 为理想二极管,正向导通电压 $V_{D(on)}=0$,$R=2.5k\Omega$。

① 试画出 I_o 的波形(要求标出幅度和时刻);

② 试画出 u_o 的波形(要求标出幅度和时刻)。

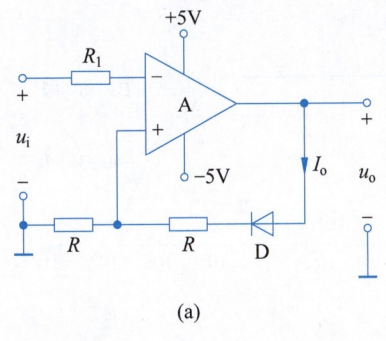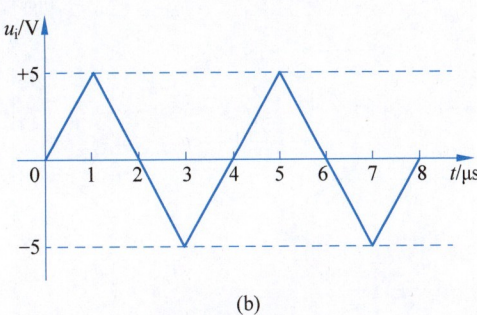

题十一图

附录 B 北京交通大学 2012—2014 年硕士研究生入学考试试题

2012 年"电子技术(模拟、数字)"科目模拟部分试题——模拟部分(75 分)

一、概念(20 分)

1. 画箭头,指出对应关系。
(1) 当非线性正反馈时：
(2) 当开环时：
(3) 当线性负反馈时：　　　　　　　　　　　　　　虚短、虚断
(4) 当运算放大器应用在减法器时：　　　　　　　　虚短、虚断、虚地
(5) 当负反馈接反相端时,同相端接地：　　　　　　虚断
(6) 当负反馈接反相端时,同相端串电阻接地：

2. 判断下列说法的正确性,正确打√,错误打×。
(1) 负反馈不仅改善负反馈电路的失真,而且改变信号源电路带来的失真。(　　)
(2) 负反馈改善正向放大电路的失真。(　　)
(3) 负反馈改善放大内部电路的内部失真。(　　)
(4) 负反馈不仅改善正向放大内部电路的失真,而且改善负反馈网络带来的失真。(　　)

3. (1) 集成运算放大器中的电流源的作用是什么？＿＿＿＿
(2) 电流源在共射电路的输出集电极起到什么作用,若放在发射极起到什么作用？＿＿＿＿
(3) 为什么用电流源取代射极偏置电路中的大电阻？＿＿＿＿

4. 放大电路如图 1 所示,当逐渐增大输入电压 u_i 的幅度时,输出电压 u_o 的波形首先出现了底部被削平的现象,这种失真称为＿＿＿＿失真,为了消除失真,应＿＿＿＿ R_B。

5. 场效应管是通过改变＿＿＿＿来改变漏极电流的,因此它是＿＿＿＿控制器件。

6. 某放大电路的幅频特性如图 2 所示,由图可知该电路的中频放大倍数为＿＿＿＿,通频带为＿＿＿＿。

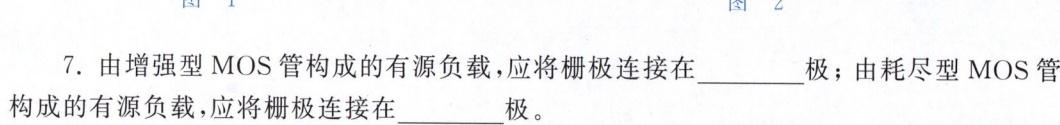

图 1　　　　　　　　　　　图 2

7. 由增强型 MOS 管构成的有源负载,应将栅极连接在＿＿＿＿极；由耗尽型 MOS 管构成的有源负载,应将栅极连接在＿＿＿＿极。

8. _____ 电路可将三角波电压转换为方波电压,_____ 运算电路可将方波转换为三角波。

9. 从提高晶体管放大能力出发,除了将晶体管基区做得很薄,且掺杂浓度很低外,工艺上还要采取如下措施:_____。
　　(A) 发射区掺杂浓度高,集电结面积小　　(B) 发射区掺杂浓度高,集电结面积大
　　(C) 发射区掺杂浓度低,集电结面积小　　(D) 发射区掺杂浓度低,集电结面积大

10. 在晶体管放大电路中,测得晶体管的各个电极的电位如图 3 所示,该晶体管的类型是_____。
　　(A) NPN 型硅管　　　　　　　　　　(B) PNP 型硅管
　　(C) NPN 型锗管　　　　　　　　　　(D) PNP 型锗管

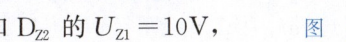

图 3

二、(10 分) 电路如图 4 所示,$U_{REF} = -4V$,D_{Z1} 和 D_{Z2} 的 $U_{Z1} = 10V$,$U_{Z2} = 4V$,正向导通时,$U_D = 0.7V$,$R_1 = R_2 = 1\text{k}\Omega$,当 $u_i = -8V$ 时,求 u_o。

三、(10 分) 用输入电阻的方法求图 5 所示的两级放大电路的电压放大倍数。已知 $U_{CC} = 12V$,晶体管的 $\beta_1 = \beta_2 = \beta = 100$,$U_{BE1} = U_{BE2} = 0.7V$,$r_{bb'} = 300\Omega$,$r_{be1} = 3.1\text{k}\Omega$,$r_{be2} = 2.8\text{k}\Omega$,求 A_{us}。假设 T_2 的基极电流 I_{B2} 可以忽略。

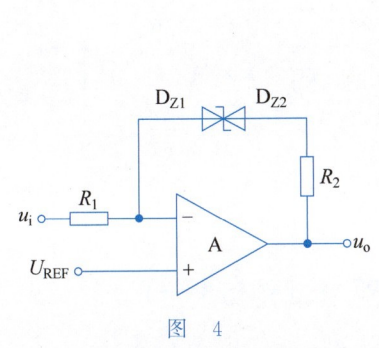

图 4

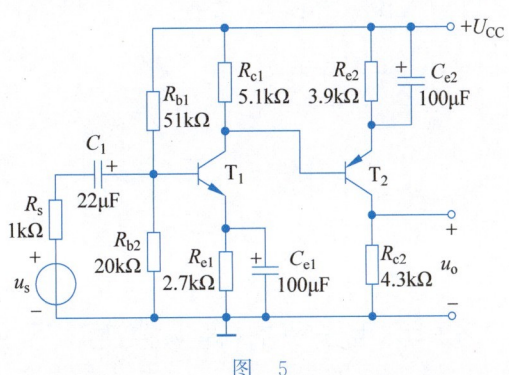

图 5

四、(10 分) 电路如图 6 所示。
(1) 求静态时的共模输入电压;

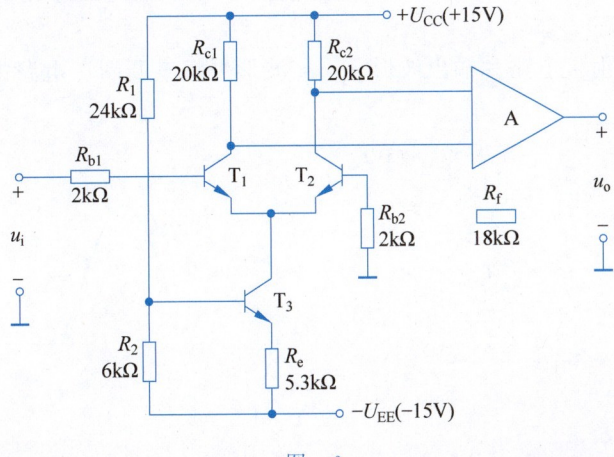

图 6

(2) 若要实现电压串联负反馈，R_f 应接向何处？

(3) 若要实现电压串联负反馈，运算放大器的输入端极性应如何确定？

(4) 求引入电压串联负反馈后的闭环电压放大倍数。

五、(10 分)设图 7 中的运算放大器是理想运算放大器，和其他器件组成信号发生器。$U_1<U_2<U_n$ 为正电源。输入电源电压从 0V 增加到 $u_I=15V$ 不同数值时，使得相应二极管导通。u_I 是三角波的正半周，请绘出输出 u_O 和输入 u_I 的平面波形。$U_1=5V$，$U_2=8V$，$U_n=10V$。若 u_I 是三角波，电路输出对称波形信号发生器，如何修改电路？

六、(15 分)设电路如图 8 中的运算放大器为理想运算放大器，当运算放大器工作在理想状态时(输入电压 u 在低频允许范围内)，$u=u_2-u_1$，并且 $R_1=R_2=R_3$。请分析：

(1) 理论推导二端元件的阻抗 $R_e=u/i$。并说明是什么器件？定性画出 $u-i$ 特性曲线。

(2) 电路中哪个电阻网络是正反馈，哪个电阻网络是负反馈？运放需要加直流电源吗？

(3) 当推导二端元件的阻抗时，用到了模拟电路和电路分析的哪些基本概念？

(4) 若运算放大器采用 LM324，输入信号 u 的频率可以大于 1MHz 吗？

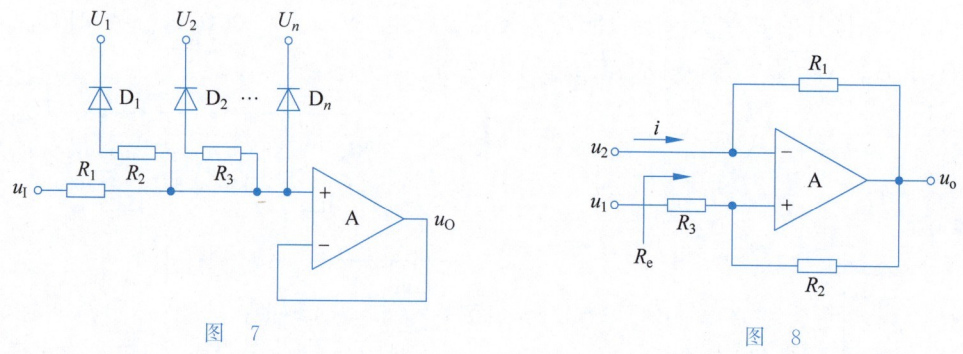

图 7　　　　　　　　　　　图 8

2013 年"电子技术(模拟、数字)"科目模拟部分试题(75 分)

一、概念(20 分)

1. 结型场效应管工作在恒流区时，其栅-源间所加电压应该_____。(正偏，反偏)

2. 场效应晶体管低频跨导 g_m 为_____(常数，非常数)，g_m 与栅-源两端电压_____(有关，无关)。

3. 图 1 所示共射极电路和输出波形 u_o，u_o 波形失真应调图 1 电路中的电阻_____，调大还是调小？_____。

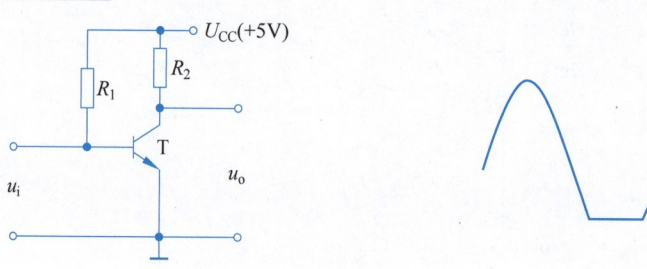

图 1

4. 差分放大电路中,射极电阻 R_{EE} 的主要作用是_____。
　　(A) 提高输入电阻　　　　　　　　　(B) 提高差模电压增益
　　(C) 提高共模电压增益　　　　　　　(D) 提高共模抑制比
5. 单级理想运算放大器接成电压串联负反馈时,不会应用到_____概念。
　　(A) A 为无穷大　　　　　　　　　(B) 虚地
　　(C) 虚短　　　　　　　　　　　　　(D) 虚断
6. 某晶体管的 I_{DSS} 为 6mA,在正常工作时,漏极电流 I_D 为 8mA,该管是_____。
　　(A) 结型 FET　　　　　　　　　　　(B) 增强型 MOSFET
　　(C) 耗尽型 MOSFET　　　　　　　　(D) 三极管
7. 下面哪个不是半导体有源器件?_____
　　(A) 电流源　　　　　　　　　　　　(B) MOS 管
　　(C) 三极管　　　　　　　　　　　　(D) 结型场效应管
8. 在模拟集成电路中,二极管不具备以下哪种作用?_____
　　(A) 电流放大　　　　　　　　　　　(B) 电平移位
　　(C) 温度补偿　　　　　　　　　　　(D) 保护

二、(10 分)
1. 功率放大器有哪几种类型?简述 OCL 与 OTL 功率放大器的结构特点。
2. 简述基本稳压电源的组成。
3. 场效应管可以工作在共漏、共源、共栅三种组态,为什么在实际电路中很少采用共栅组态放大电路?

三、(10 分) 分别说明图 2 所示两个电路能否对交流电压信号进行线性放大?为什么?

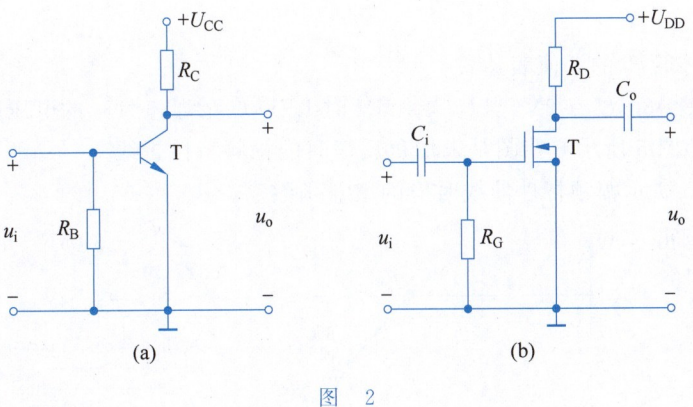

图 2

四、(10 分) 电路如图 3 所示,所有晶体管均为硅管,β 均为 100,$R_2=10\text{k}\Omega$,稳压管的稳压值为 3.7V,静态时 $U_{BEQ}\approx 0.7\text{V}$,已知其他电阻和 $r_{bb'}$ 的阻值。
1. 计算静态时 T_1 管和 T_2 管的发射极电流。
2. 画出微变等效电路。
3. 静态时 $U_O=0$,列出差模信号的 A_u 表达式,写出 r_{id} 和 r_o 的表达式。

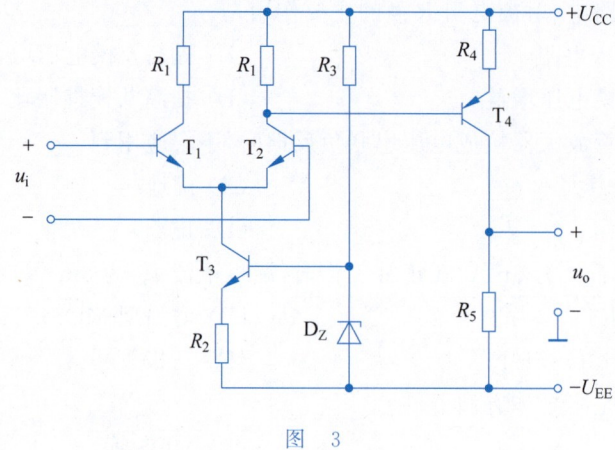

图 3

五、(10 分) 图 4 所示电路是晶体管 β 值测量电路,其中 $R_1=R_2$,$R_3=R_4$,输出串接一只电压表读出输出电压数据 U_o。

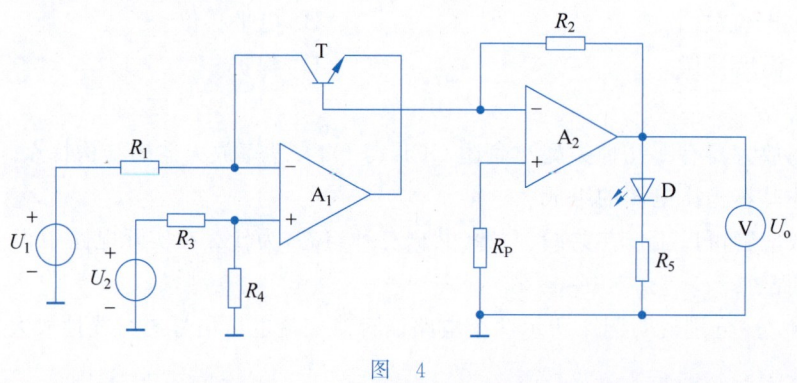

图 4

1. 写出晶体管 T 的 β 值表达式。
2. 若已知 $\beta=30$,$U_2=2\text{V}$,当 $U_2>1.5\text{V}$ 时 LED 点亮,此时 U_1 的电压范围是多少?

六、(15 分) 图 5 所示波特图是未加负反馈时的幅频特性折线。
1. 写出图 5 所示幅频特性曲线对应的增益函数。

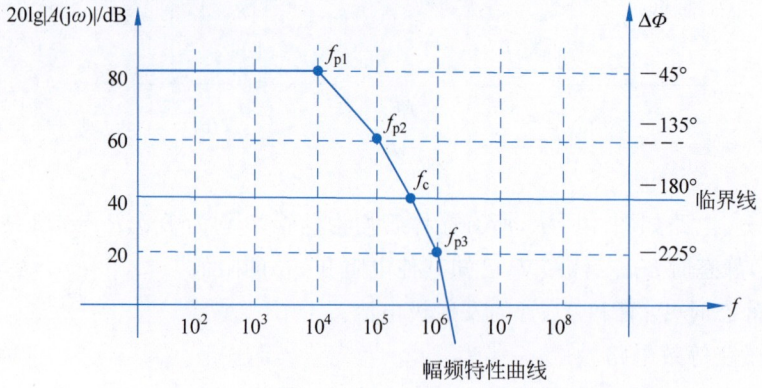

幅频特性曲线

图 5

2. 若引入负反馈,问临界振荡时,增益下降了几分贝?

3. 在工程应用中,如果引入负反馈后,在保证稳定的相位裕量的前提下,增益最多能下降多少分贝?写出此时的增益函数。

4. 一般情况下,若引入电压串联负反馈,对电路的输入电阻和输出电阻有什么影响?

2014 年"电子技术(模拟、数字)"科目模拟部分试题(75 分)

一、概念(20 分)

1. 根据半导体的掺杂浓度不同,掺杂浓度高的 PN 结容易引起_____击穿,掺杂浓度低的 PN 结容易引起_____击穿。

2. 判断下列说法的正确性,正确打√,错误打×。
(1) 负反馈不仅改善负反馈电路的失真,而且改变信号源电路带来的失真。(　　)
(2) 负反馈改善正向放大电路的失真。(　　)
(3) 负反馈改善放大内部电路的内部失真。(　　)
(4) 负反馈不仅改善正向放大内部电路的失真,而且改变负反馈网络带来的失真。(　　)

3. 共集电路高频特性比共射电路好的原因是_____。
　　(A) 降低密勒效应　　　　　　　(B) 输出电阻低
　　(C) 电流并联负反馈　　　　　　(D) f_β 低

4. 晶体管 β 是下面哪些参数的函数?_____。
　　(A) 温度 T　　　　　　　　　(B) 频率 f
　　(C) 输入电压 u_i　　　　　　 (D) 输出电压 u_o

5. 电流源电路若置入共射差分放大电路的射极,起到的作用是_____。
　　(A) 有源大负载　　　　　　　　(B) 恒流
　　(C) 克服温度漂移　　　　　　　(D) 耦合

6. 在实际工程应用中引入负反馈后,相位裕度和幅度裕度应该满足_____。
　　(A) ≥180°,≥1dB　　　　　　　 (B) ≥45°,≥10dB
　　(C) ≥10°,≥10dB　　　　　　　(D) ≥45°,≥45dB

7. 下列给出了电路组成的有源负载,其中_____阻抗最大。
　　(A) 威尔逊电流源　　　　　　　(B) 增强型 MOS 管
　　(C) 耗尽型 MOS 管　　　　　　 (D) CMOS 互补放大器

8. 在实际工程应用中引入负反馈后,电压增益下降 20 分贝,为保证系统稳定,反馈系数至少要大于_____。
　　(A) 0.01　　(B) 0.1　　(C) 1　　(D) 20

二、(10 分)图 1 给出了一个分别由 N 沟道 JFET 和 PNP 管构成的两级直接耦合共射放大器,求 A_u、R_i、R_o。

三、(10 分)用输入电阻的方法求图 2 所示的两级放大电路的电压放大倍数。已知 $U_{CC}=12V$,晶体管的 $\beta_1=\beta_2=\beta=100$,$U_{BE1}=U_{BE2}=0.7V$,$r_{bb'}=300\Omega$,$r_{be1}=3.1k\Omega$,$r_{be2}=2.8k\Omega$,求 A_{us}。假设 T_2 的基极电流 I_{B2} 可以忽略。

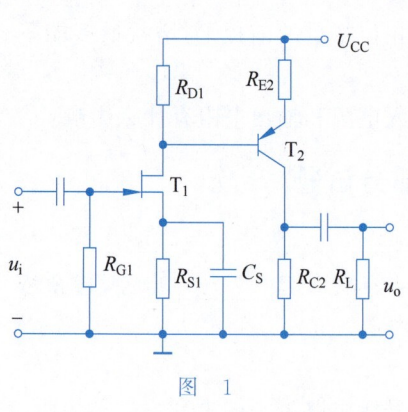
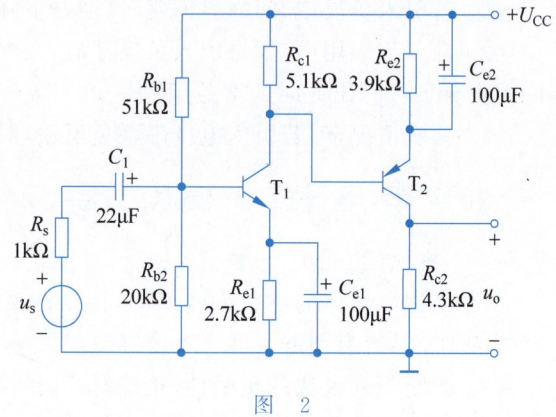

图　1　　　　　　　　　　　　　　图　2

四、(10 分)图 3(a)和图 3(b)是运算放大器组成的算术运算电路，试回答：

1. 哪个电路输入电阻高？哪个电路输出电阻高？
2. 当信号源电阻 R_s 变化时，哪个输出电压稳定性好？
3. 当负载电阻 R_L 变化时，哪个输出电压稳定？哪个输出电流稳定？
4. 求图 3(a)和图 3(b)的 A_{usf}、r_{if}、r_{of}。

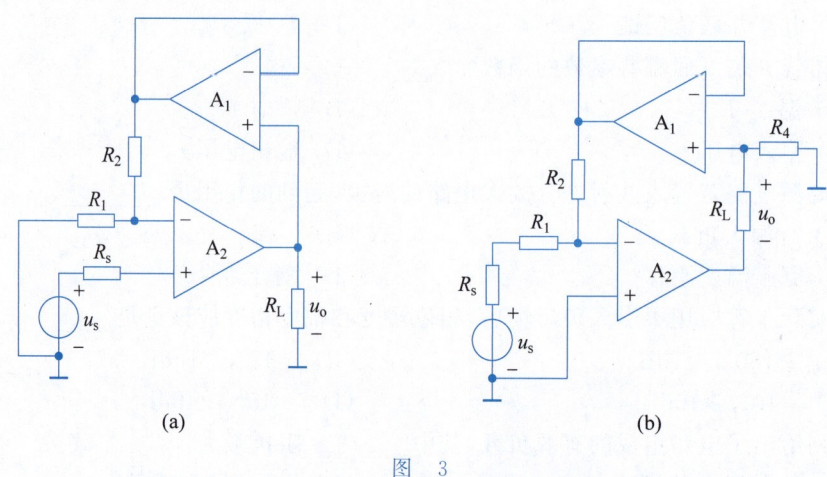

(a)　　　　　　　　　　　　　　(b)

图　3

五、(10 分)分析图 4 所示电路的级间反馈类型，写出反馈系数表达式。在深度负反馈的条件下，求出闭环电压增益。

六、(15 分)设电路如图 5 中的运算放大器为理想运算放大器，当运算放大器工作在理想状态时(输入电压 u 在低频允许范围内)，$u = u_2 - u_1$，并且 $R_1 = R_2 = R_3$。请分析：

(1) 理论推导二端元件的阻抗 $R_e = u/i$。并说明是什么器件？定性画出伏安 u-i 特性曲线。

(2) 电路中哪个电阻网络是正反馈，哪个电阻网络是负反馈？运放需要加直流电源吗？

(3) 当推导二端元件的阻抗时，用到了模拟电路和电路分析的哪些基本概念？

(4) 若运算放大器采用 LM324，输入信号 u 的频率可以大于 1MHz 吗？

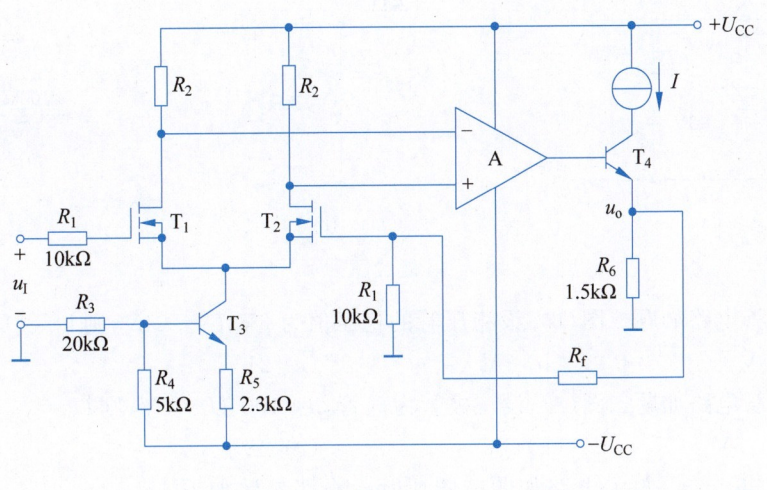

图 4

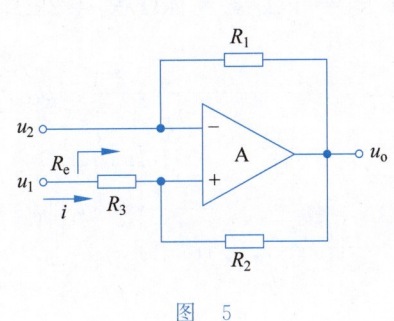

图 5

附录 C 山东大学 2015—2017 年硕士研究生入学考试试题

2015 年"电子技术基础"科目试题

一、填空题（共 11 分，每空 1 分）

1. 三极管的三种工作状态分别是_____、_____、_____。
2. 当正弦波发生器稳定振荡后的幅值平衡条件是_____，其相位平衡条件是_____。
3. TTL 与 CMOS 逻辑门的性能特点不同，_____逻辑门功耗小，_____逻辑门的工作速度较快。
4. 移位寄存器不仅可以存储二进制数，还可以使其_____。
5. 555 定时器可以构成_____、_____、_____三种脉冲电路。

二、选择题（共 9 分，每小题 3 分）

1. 二极管电路如题二图(a)，若忽略二极管正向导通压降，则 $u_o=$_____。
   (a) 3V   (b) 0   (c) −8V

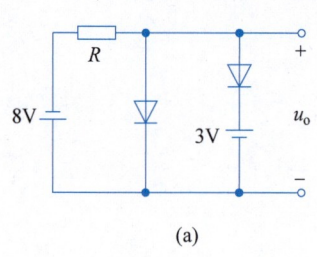 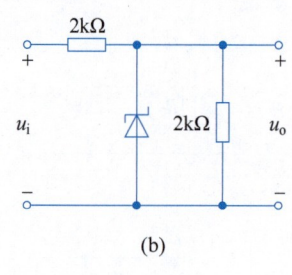 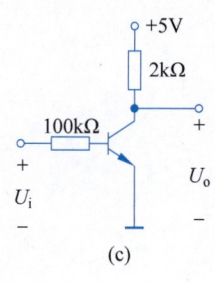

题二图

2. 稳压管电路如题二图(b),设稳压管的稳压值为 6V,$U_i=21V$,则 $U_o=$ _____。
   (a) 6V　　　　　　(b) 7V　　　　　　(c) 21V

3. 三极管电路如题二图(c),设三极管为硅管,$\beta=100$,$U_i=0V$,则 $U_o=$ _____。
   (a) 0.3V　　　　　(b) 5V　　　　　　(c) 2V

三、(共 20 分) 放大电路如题三图所示。电路参数如下:$U_{BE}=0.7V$,$\beta_1=40$,$\beta_2=15$,$R_{b1}=600k\Omega$,$R_{b2}=200k\Omega$,$R_c=2k\Omega$,$R_e=1k\Omega$,$R_L=2k\Omega$,$U_{CC}=12V$,$-U_{EE}=-12V$,$r_{be1}=10k\Omega$,$r_{be2}=0.5k\Omega$。

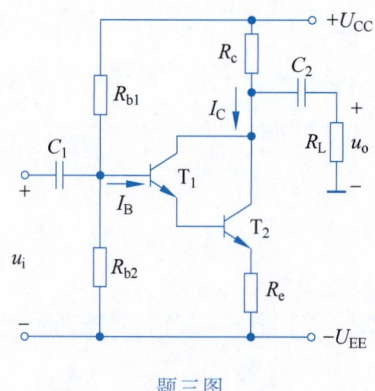

题三图

1. 请说明 T_1、T_2 共同组成的管子的名称及管型;(2 分)
2. 求电路的静态工作点(I_B,I_C,U_{CE2});(5 分)
3. 画出放大器的交流小信号等效电路;(5 分)
4. 求电压放大倍数、输入电阻、输出电阻。(8 分)

四、分析下列各题(共 10 分)

1. 将约束条件为 $AB+AC=0$ 的逻辑函数 $F=\bar{A} \cdot D + A \cdot \bar{B} \cdot \bar{C}$ 化简成最简的"与-或"表达式。(4 分)

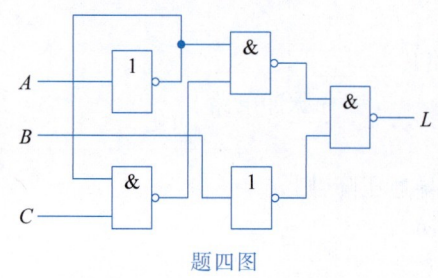

题四图

2. 写出题四图所示电路输出 L 的逻辑函数表达式并化简,再用最少的逻辑门实现该电路。(6 分)

五、分析下列各题(共 2 题,共 14 分)

1. 由差动放大器和集成运放组成的未连接好的电路如题五图(a)所示。试分析:
   (1) 若设计一高输入电阻、低输出电阻的闭环放大器,请将图中标出的各点适当连接完成;(3

(2) 估算连接完成后的闭环放大器的电压放大倍数 $A_{uf}=\dfrac{u_o}{u_i}$。(4 分)

2. 由理想运算放大器组成的电路如题五图(b)所示。试分析：

(1) 判定输入和输出之间引入的反馈组态；(3 分)

(2) 估算电路的负载电流 i_L 与输入电压 u_i 的关系式。(4 分)

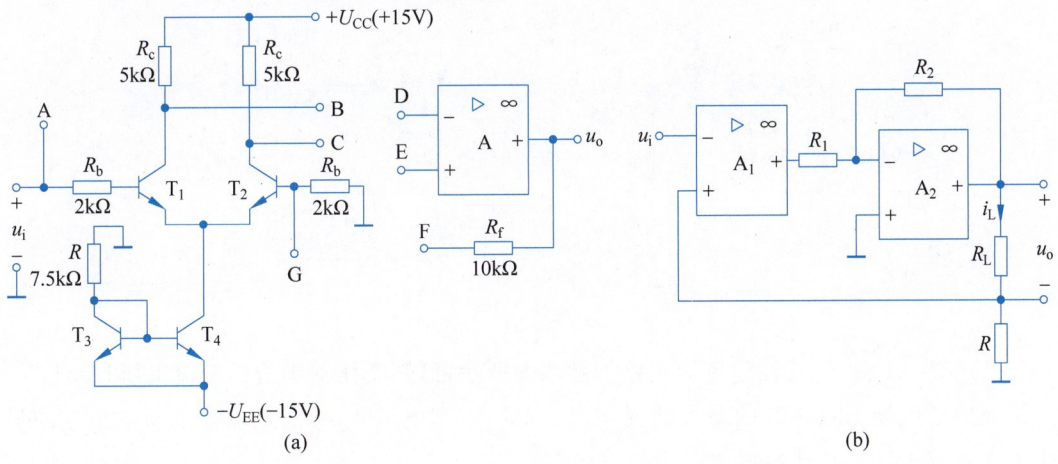

题五图

六、分析下列各题(共 2 题，共 15 分)

1. 由集成运算放大器和模拟乘法器组成的电路如题六图所示。已知集成运算放大器的最大输出电压 $U_o=\pm12V$，模拟乘法器的比例系数 $K=1$。试定性画出当开关 S 分别接入①和②时，输出 u_o 对应输入 u_i 的波形(输入 u_i 的波形见题六图)。(8 分)

2. 试用一块集成单运算放大器设计一运算电路，要求实现的函数关系为 $u_o=5(u_{i1}-u_{i2})$，其中 u_{i1}、u_{i2} 为输入信号。要求首先画出设计的电路图，并确定电路中所采用的电阻大小。(7 分)

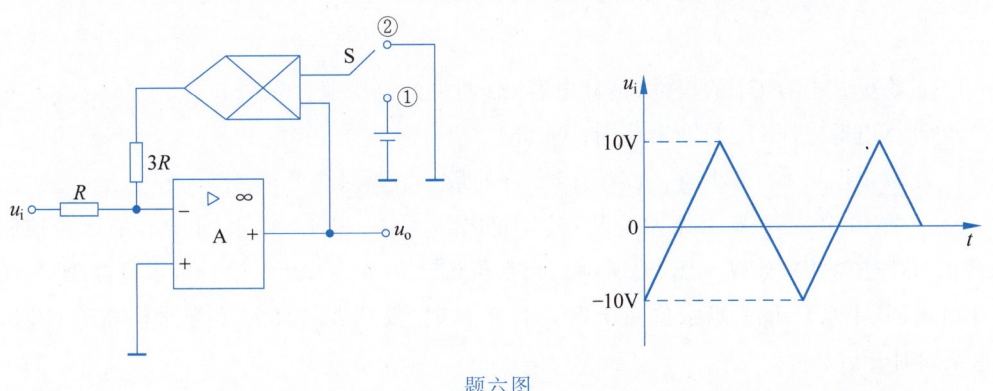

题六图

七、(共 10 分) 正弦信号发生器电路如题七图所示，元件参数见图。试分析：

1. 当正弦波信号发生器正常工作时,估算 R_2 的大小。(3分)
2. 计算正弦波信号的频率。(3分)
3. 忽略 T_1、T_2 管的饱和压降 U_{CES},估算该信号发生器的最大输出功率。(4分)

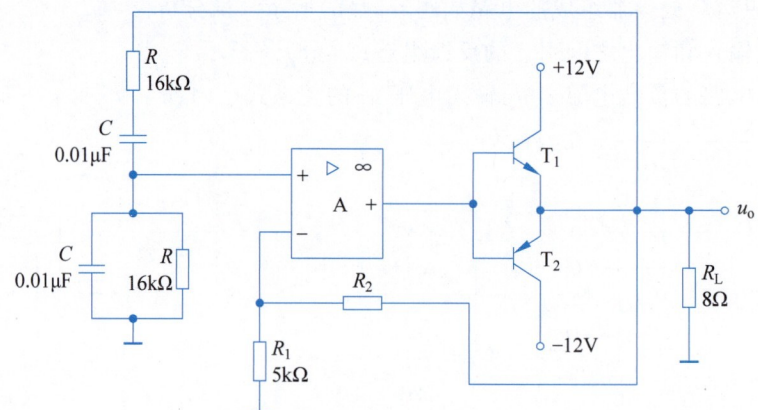

题七图

八、(共 11 分) 线性稳压源电路如题八图所示,已知变压器副边的交流电压 $U=12V$,三端集成稳压器 LM7805 的最大功耗 $P_{CM}=3W$,静态电流 $I_Q \approx 0$,且输入端与输出端的最小电压差等于3V,其他参数如图,试分析:

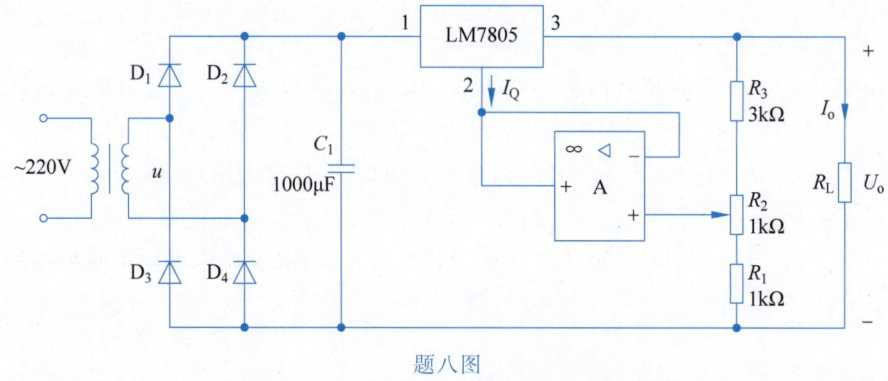

题八图

1. 正确标注电容 C_1 的极性,估算电容 C_1 两端的电压值;(3分)
2. 计算电源电压 U_o 的输出范围;(4分)
3. 在输出电压 U_o 最小时,负载电阻允许的最小值是多少?(4分)

九、(共 12 分) 某矿井下水仓装有大小两台水泵 L_1 和 L_2 排水,水仓设有水位控制线 A、B、$C(C>B>A)$,如题九图(a)所示。当水位低于 A 时,不开水泵;当水位高于 A 而低于 B 时,仅开小水泵 L_1;当水位高于 B 而低于 C 时,仅开大水泵 L_2;当水位高于 C 时,大小水泵同时开启。

1. 根据题目列出真值表;(3分)
2. 写出输出 L_1 和 L_2 的逻辑表达式;(4分)

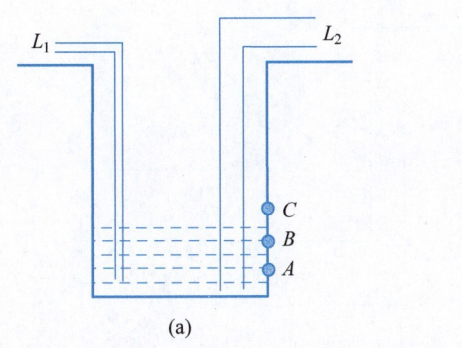
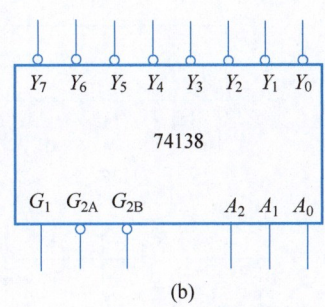

题九图

3. 试用译码器74138(见题九图(b))和适当门电路设计一个控制两台水泵工作的逻辑电路。(5分)

十、(共 15 分) 分析题十图所示电路,设初始状态为 $Q_2Q_1Q_0=000$。

1. 写出各触发器的驱动方程、状态方程和输出方程;(7分)
2. 列出状态表并画出状态图和时序图;(6分)
3. 判断能否自启动。(2分)

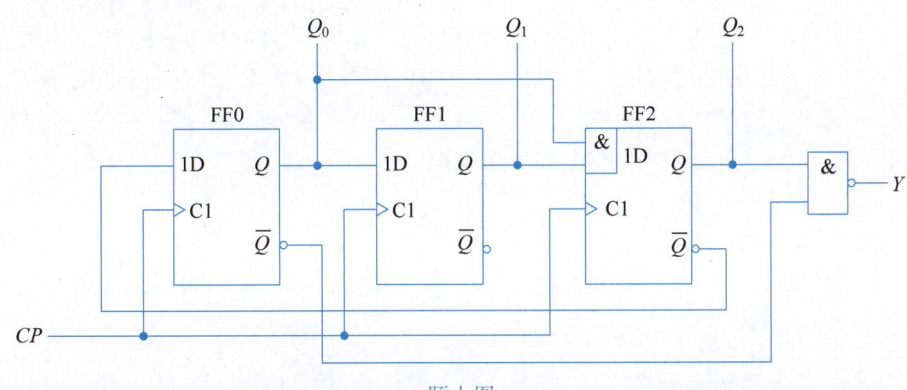

题十图

十一、(共 10 分) 电路如题十一图所示,图中74153为4选1数据选择器。试问当 M、N 为各种不同输入时,电路分别是几进制计数器。

74LS161 功能表

清零	预置	使	能	时 钟	预置数据输入				输		出	
R_D	L_D	EP	ET	CP	D_3	D_2	D_1	D_0	Q_3	Q_2	Q_1	Q_0
0	×	×	×	×	×	×	×	×	0	0	0	0
1	0	×	×	↑	d_3	d_2	d_1	d_0	d_3	d_2	d_1	d_0
1	1	0	×	×	×	×	×	×	保持			
1	1	×	0	×	×	×	×	×	保持			
1	1	1	1	↑	×	×	×	×	十六进制加计数			

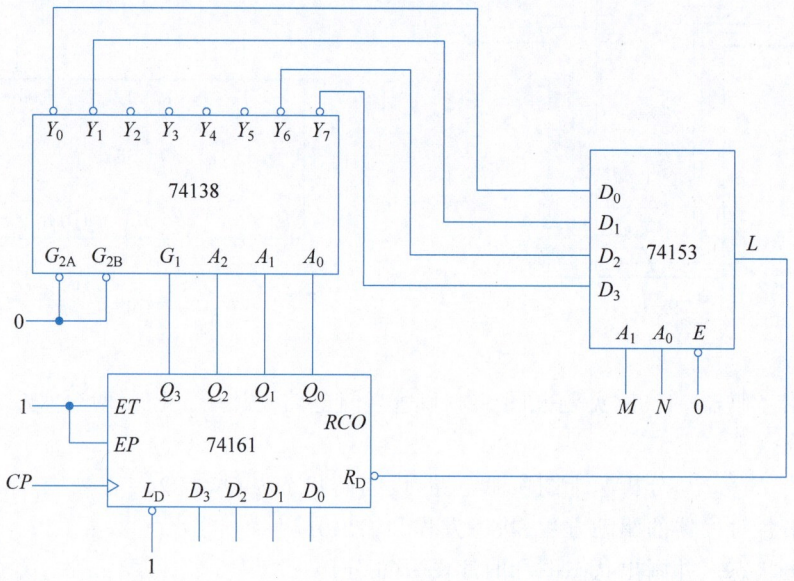

题十一图

十二、(共 13 分) 由 555 定时器组成的电路如题十二图(a)所示,其中 D 为理想二极管,理想运放 A 的供电电压为 ±15V,其他参数如图中所示。555 定时器内部电路题十二图(b)所示。

1. 指出 555(Ⅰ)和 555(Ⅱ)各组成什么电路;(4 分)
2. 画出图中 v_C、v_A 和 v_O 的波形;(6 分)
3. 计算信号 v_O 的周期。(3 分)

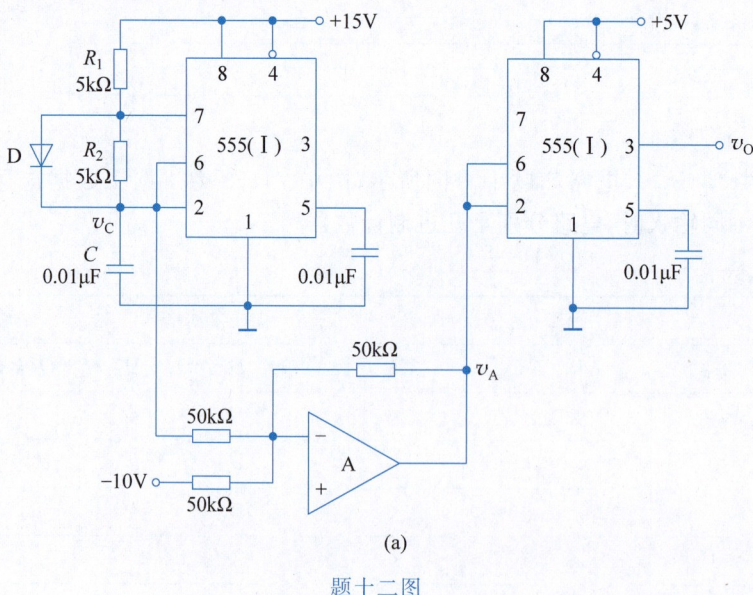

(a)

题十二图

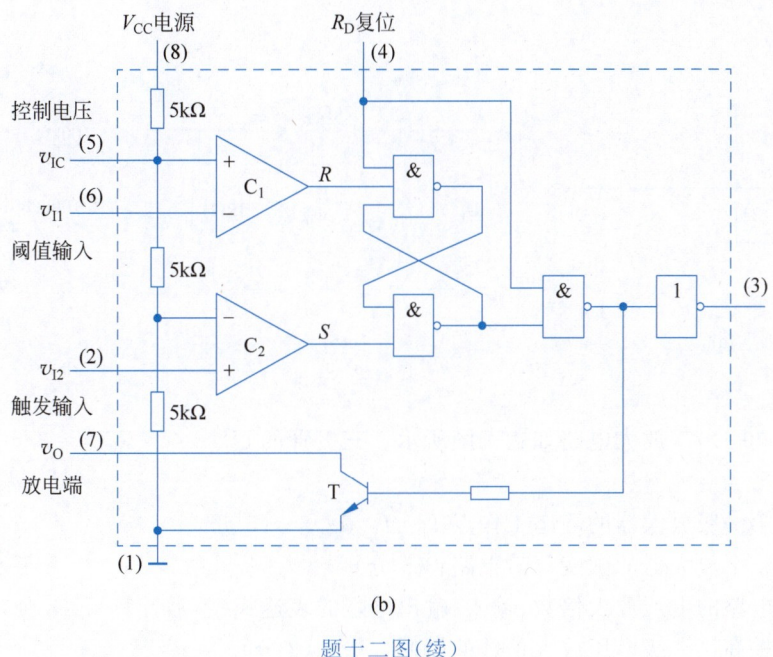

题十二图(续)

2016 年"电子技术基础"科目试题

一、填空题(共 11 分,每空 1 分)

1. 三极管的参数是受温度影响的,穿透电流 I_{CEO} 随温度的下降而_____。其电流放大系数 β 当温度下降时会_____。

2. 多级放大器的电压放大倍数为各级放大器电压放大倍数_____,多级放大器的输入电阻为_____的输入电阻。

3. 多级直接耦合放大器的最大问题是_____,解决该问题常在多级放大器的第一级采用_____放大器。

4. CMOS 与 TTL 逻辑门的性能特点不同,_____逻辑门的带负载能力强,_____逻辑门的功耗很低。

5. 在 TTL 型逻辑集成门电路中,输出高电平电压值应大于_____,输出低电平电压值应小于_____。

二、选择题(共 9 分,每小题 3 分)

1. 二极管电路如题二图(a)所示,设二极管的导通压降为 0.7V,则 A 点的电位是_____。

  (a) 4.3V   (b) 1V   (c) 2.1V

2. 稳压管电路如题二图(b)所示,设稳压管的稳压值为 5V,忽略稳压管的正向导通压降,$U_i=25V$,则 $I_Z=$_____。

  (a) 8mA   (b) 10mA   (c) 5mA

3. 三极管电路如题二图(c)所示,设三极管为硅管,$\beta=50$,$U_i=2V$,则 $U_o=$_____。

  (a) 0.3V   (b) 3V   (c) 5V

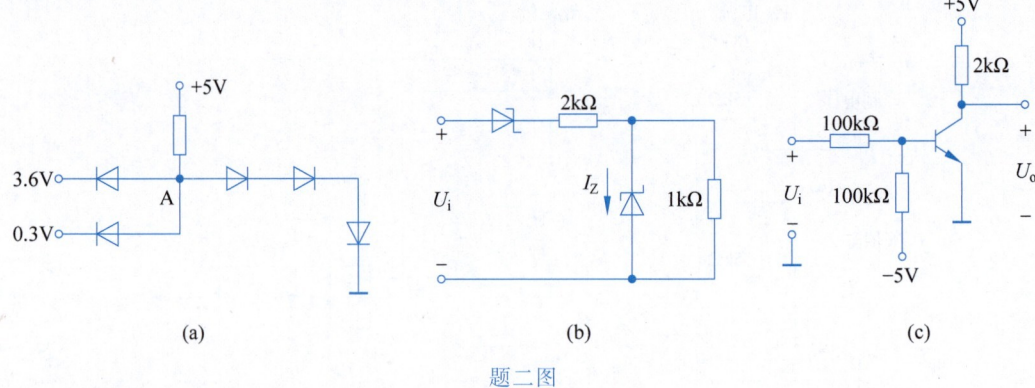

题二图

三、(共 20 分) 放大电路如题三图所示。三极管的 $U_{BE}=0.7\text{V}$，$\beta_1=\beta_2=\beta=80$，其余参数见电路。

1. 估算第一级放大器的静态工作点 I_{B1}、I_{C1}、U_{CE1}；(5 分)
2. 画出整个放大器的微变等效电路；(5 分)
3. 写出电路的电压放大倍数、输入、输出电阻的表达式(不需计算)；(8 分)
4. 指出提高第一级电压放大倍数的简便方法。(2 分)

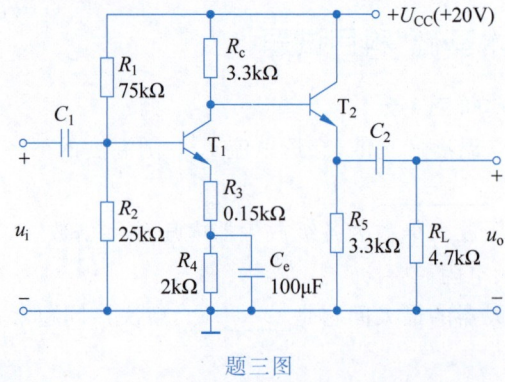

题三图

四、分析下列各题(共 10 分)

1. 化简下列逻辑函数(4 分)

$$L = \overline{\overline{\overline{A}+B}+\overline{A+\overline{B}}+\overline{\overline{A}B}\cdot\overline{A\overline{B}}}$$

2. 画出题四图所示电路在 CP 脉冲下的 Q 端的波形图，假设 Q 端的初始状态为 0。(6 分)

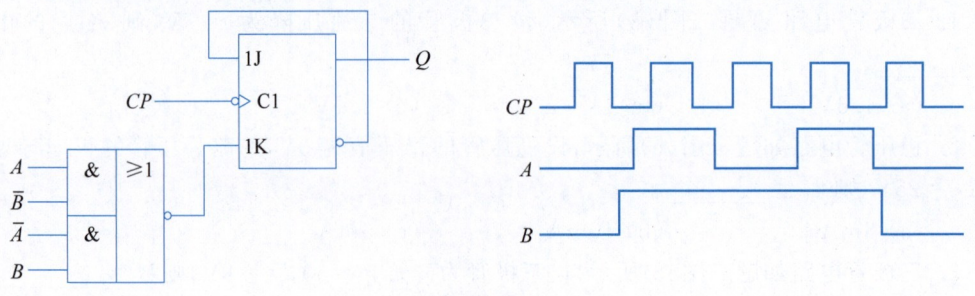

题四图

五、(共 12 分) 放大器电路如题五图所示。已知三极管的 $U_{BE}=0.7\text{V}$，T_1、T_2 管的特性完全对称，且 $\beta_1=\beta_2=\beta_3=100$，其他元件参数如图所示。

1. 当 $u_i=0$ 时，希望输出 $u_o=0$，试估算电阻 R_{e3} 的大小；(4 分)

2. 计算放大器的电压放大倍数 $A_u=\dfrac{u_o}{u_i}$；(4 分)

3. 估算放大器的输入电阻 R_{id} 和输出电阻 R_o。(4 分)

六、(共 12 分) 由理想运算放大器组成的电路如题六图所示。

1. 指出该放大器输入与输出回路之间的反馈通路，并确定其反馈组态；(3 分)

2. 估算电压放大倍数 $A_{uf}=\dfrac{u_o}{u_i}$；(3 分)

3. 估算输入电阻 R_{if} 和输出电阻 R_{of}；(3 分)

4. 若忽略 T_1、T_2 晶体管的饱和压降 U_{CES}，估算放大器的最大输出功率 P_{om}。(3 分)

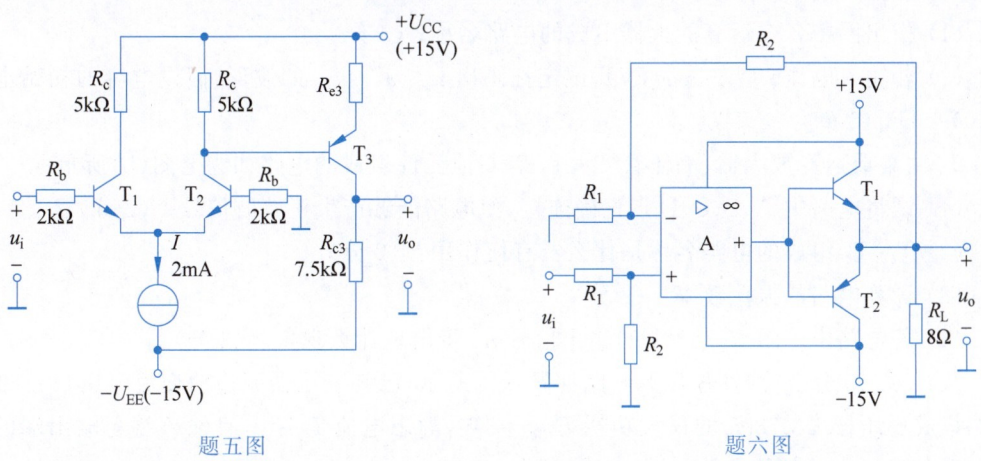

题五图　　　　　　题六图

七、分析下列各题(共 2 题，共 16 分)

1. 由理想运算放大器组成的电路如题七图(a)所示。其中稳压管的稳压值 $U_Z=6\text{V}$，其他元件参数见图。

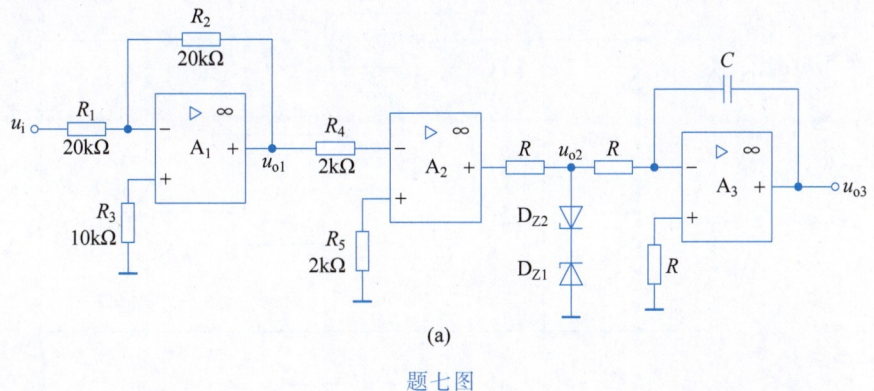

(a)

题七图

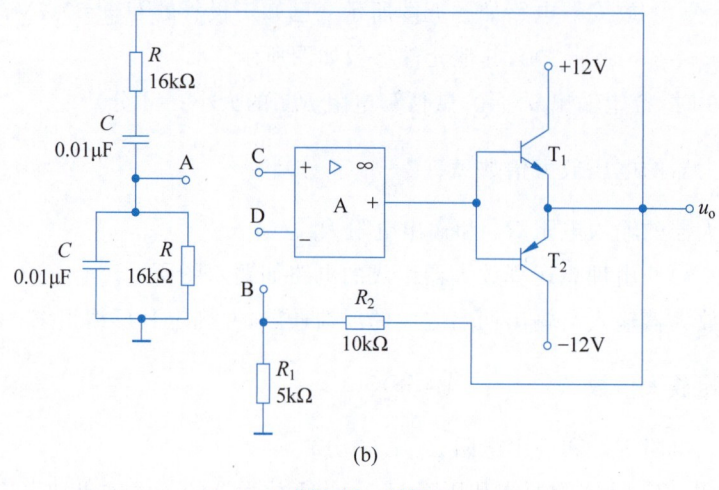

题七图 （续）

(1) 指出图中各个运算放大器组成的电路名称；(3分)

(2) 若输入电压 $u_i = 5\sin\omega t$ (V)，试定性画出 u_{o1}、u_{o2}、u_{o3} 的波形（假设电容的初始电压 $u_C(0)=0$）；(5分)

2. 由集成运算放大器、晶体管 T_1、T_2 等其他元件组成的电路如题七图(b)所示。

(1) 试将电路中 A、B、C、D 点正确连接，使电路能够产生正弦波信号。(2分)

(2) T_1、T_2 组成的电路名称是什么？有何作用？(2分)

(3) 计算电路的振荡频率。(2分)

(4) 若电路中电阻 $R_2 > 10\text{k}\Omega$，输出信号 u_o 将出现什么现象？(2分)

八、（共10分） 线性稳压源电路如题八图所示，已知变压器副边的交流电压 $U=12\text{V}$，三端集成稳压器 LM7805 的最大功耗 $P_{CM}=3\text{W}$，静态电流 $I_Q \approx 0$，且输入端与输出端的最小电压差等于 3V，其他参数如图。

1. 正确标注电容 C_1 的极性，估算电容 C_1 两端的电压值。(2分)

2. 计算电源电压 U_o 的输出范围。(4分)

3. 在输出电压 U_o 最小时，负载电阻允许的最小值是多少？(4分)

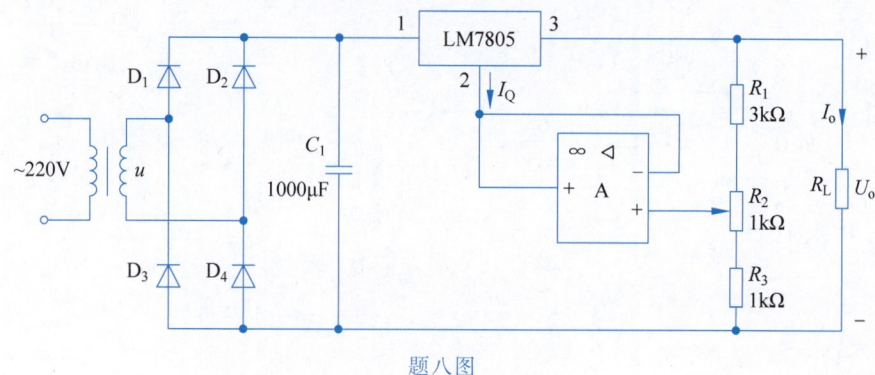

题八图

九、(共 13 分) 如题九图(a)所示是一个电加热水容器的示意图,图中 A、B、C 为水位传感器。当水位在 BC 之间时,为正常状态,绿灯 G 亮;当水位在 C 以上或 AB 之间时,为异常状态,黄灯 Y 亮;当水位在 A 以下时,为危险状态,红灯 R 亮。

1. 根据题目要求列出真值表;(3 分)
2. 写出输出 G、Y、R 的逻辑表达式;(4 分)
3. 用译码器 74138(题九图(b))和必要的门电路设计一个水位监视电路。(6 分)

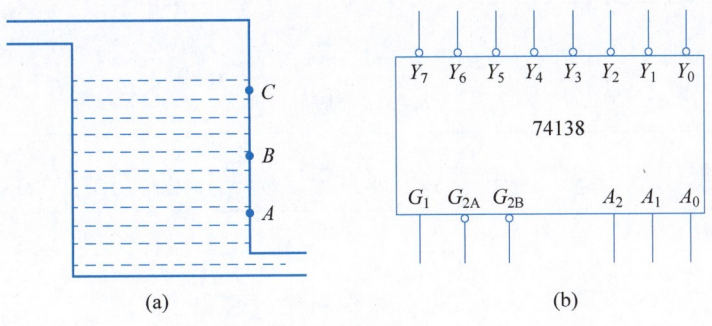

题九图

十、(共 15 分) 分析题十图所示电路,设初始状态为 $Q_2Q_1Q_0=000$。

1. 写出各触发器的驱动方程和状态方程;(6 分)
2. 列出状态表并画出时序图;(5 分)
3. 分析该电路的功能,判断能否自启动。(4 分)

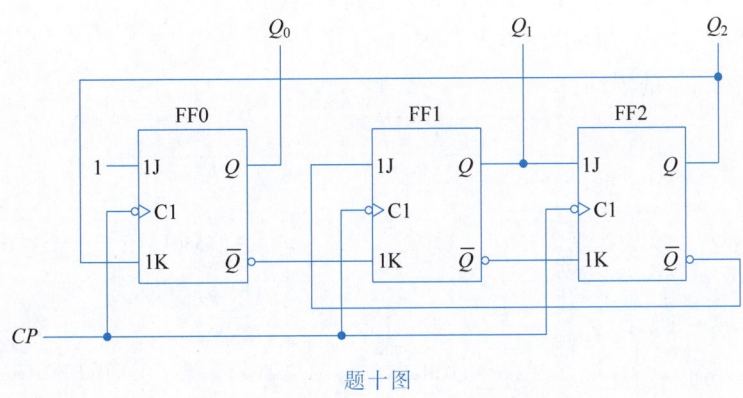

题十图

十一、(共 10 分) 题十一图为两片 74LS161 组成的计数器。

1. 芯片(Ⅰ)和(Ⅱ)的计数模值各为多少?(4 分)
2. 分别作出芯片(Ⅰ)和(Ⅱ)的状态转换图。(4 分)
3. 如果该电路作分频器使用,则输出信号 Y 与 CP 脉冲信号的分频比是多少?(2 分)

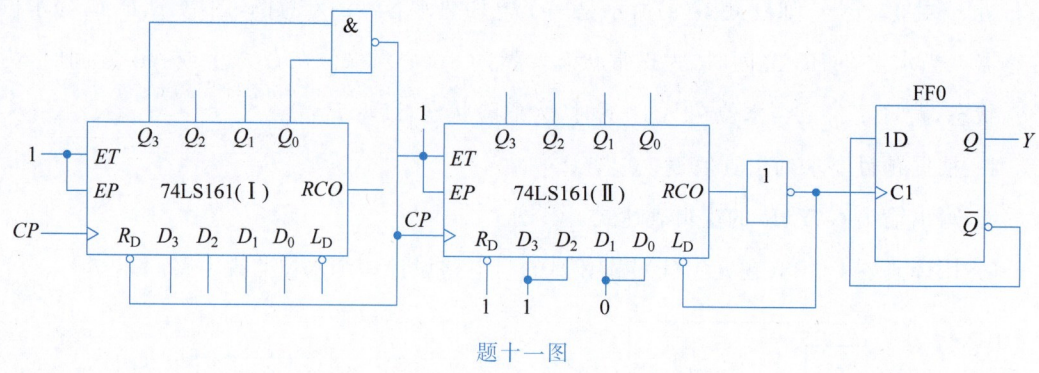

题十一图

74LS161 功能表

清零	预置	使	能	时钟	预置数据输入				输	出		
R_D	L_D	EP	ET	CP	D_3	D_2	D_1	D_0	D_3	D_2	D_1	D_0
0	×	×	×	×	×	×	×	×	0	0	0	0
1	0	×	×	↑	d_3	d_2	d_1	d_0	d_3	d_2	d_1	d_0
1	1	0	×	×	×	×	×	×	保持			
1	1	×	0	×	×	×	×	×	保持			
1	1	1	1	↑	×	×	×	×	十六进制加计数			

十二、(共 12 分) 由 555 定时器组成的电路如题十二图(a)所示,其中 D 为理想二极管,理想运放 A 的供电电压为±15V,其他参数如图中所示。555 定时器内部电路题十二图(b)所示。

1. 指出 555(Ⅰ)和 555(Ⅱ)各组成什么电路?(4 分)
2. 画出图中 v_C、v_A 和 v_O 的波形;(6 分)
3. 计算信号 v_O 的周期。(2 分)

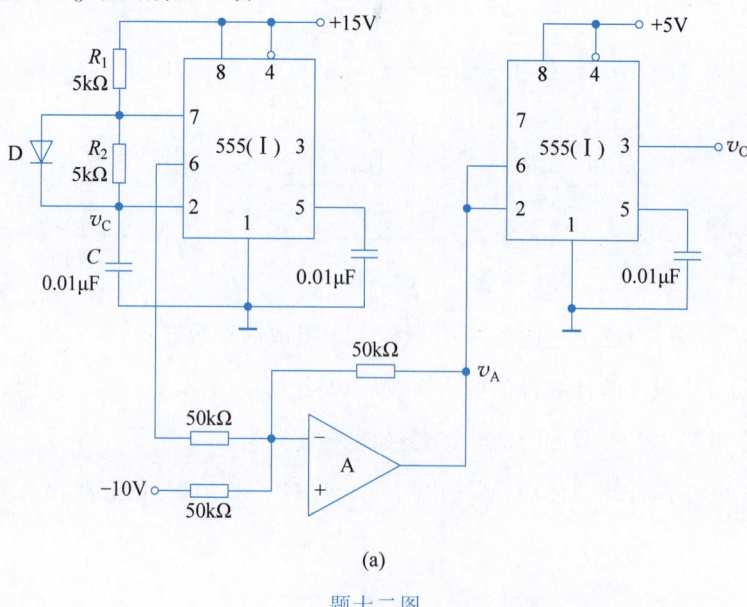

(a)

题十二图

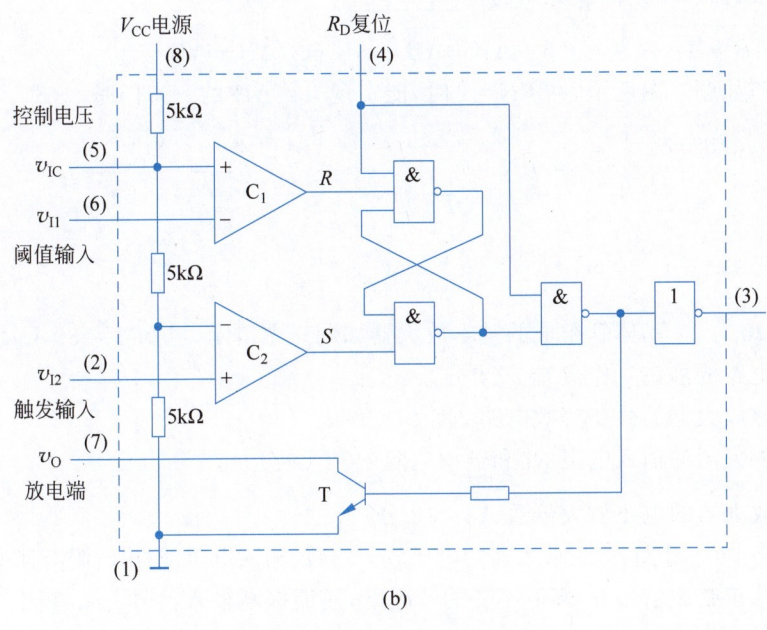

题十二图 （续）

2017 年"电子技术基础"科目试题

一、填空题（共 10 分，每空 1 分）

1．N 型半导体中的多数载流子为_____，P 型半导体中的少数载流子为_____。

2．放大器中的电容决定其上、下限截止频率，放大器中的耦合电容决定_____，放大器中三极管的极间电容决定了_____。

3．差动放大器对共模信号的抑制能力反映了其对_____的抑制能力。

4．串联式稳压电路能够稳定输出电压的本质是利用_____来实现的。

5．同步计数器的工作速度要比异步计数器的_____。

6．请问下列电路属于组合电路还是时序电路，编码器属于_____，全加器属于_____，计数器属于_____。

二、选择填空题（共 10 分，每空 2 分）

1．测得一个工作在放大状态的三极管的三端相对于地端的电压分别为 6V、3V、3.7V，则此三极管对应的三端分别为_____。

  (a) c,b,e   (b) c,e,b   (c) b,c,e

2．用电流源电路代替共射放大器中的集电极电阻，可以提高电路的_____。

  (a) 穿透电流   (b) 电压放大倍数   (c) 输入电阻

3．反馈放大器的类型不同，其反馈系数的具体含义是不同的，现有一个电压串联负反馈放大器，它的反馈系数是_____。

  (a) $F_g = \dfrac{i_f}{u_o}$ (b) $F_u = \dfrac{u_f}{u_o}$ (c) $F_i = \dfrac{i_f}{i_o}$

4. 下列表达式中,是同或关系的是_____。

(a) $\overline{A\overline{B}+\overline{A}B}$ (b) $\overline{AB}+\overline{\overline{A}\overline{B}}$ (c) $A\overline{B}+\overline{A}B$

5. 三态门如题二图所示,在 EN=1 时,能实现 $L=\overline{AB}$ 的三态门是_____。

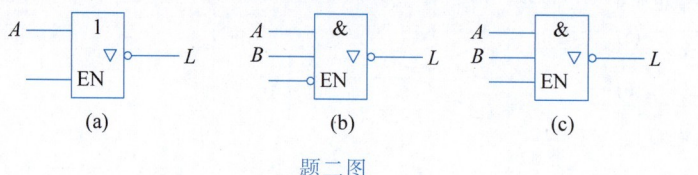

题二图

三、(共 20 分) 晶体管组成的基本放大器如题三图所示,已知 $\beta=80$,$U_{BE}=0.7\text{V}$。

1. 估算电路的静态工作点 Q。(4 分)
2. 画出该放大器的微变等效电路图。(4 分)
3. 计算放大器的输入电阻 R_i 和输出电阻 R_o。(4 分)
4. 计算放大器的电压放大倍数 $\dot{A}_u$。(3 分)
5. 若电路中 C_e 开路,分析放大器的电压放大倍数、输入电阻、输出电阻有何变化?(3 分)
6. 在输入正弦波信号 u_i 幅值不变的情况下,逐渐提高输入信号 u_i 的频率 f,发现输出信号 u_o 的幅值减小,你认为正确吗?为什么?(2 分)

四、(共 15 分) 由集成运算放大器组成的功率放大电路如题四图所示。

1. 判定该电路引入的负反馈组态。(3 分)
2. 估算该放大电路的输入电阻 R_{if} 和输出电阻 R_{of}。(4 分)
3. 假设输入信号 $u_i=0.5\sin\omega t$(V),估算该电路的输出功率 P_o 及效率 η。(4 分)
4. 假设 T_1、T_2 晶体管的饱和压降 $U_{CES}=0$,估算流过晶体管 T_1、T_2 的最大电流 I_{omax} 及施加在 c、e 之间的最大电压 U_{CEmax}。(4 分)

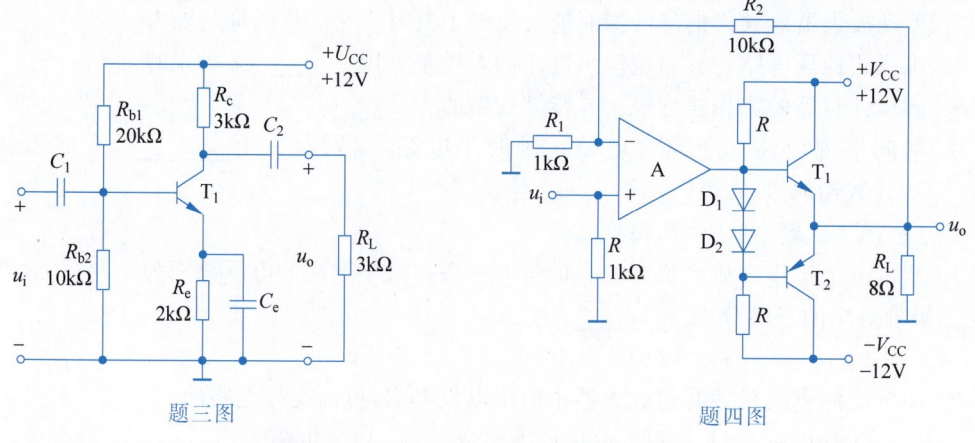

题三图　　　　　　　　　题四图

五、(共 15 分) 由理想运算放大器组成的电路如题五图所示。

1. 写出题五图(a)电路中的 i_L 与输入电压 u_i 的关系式。(10 分)
2. 求出题五图(b)电路的输出电压 u_o 的值。(5 分)

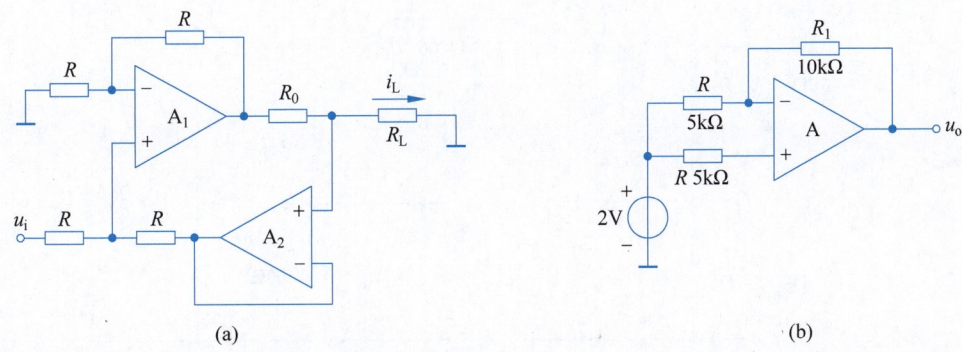

(a)　　　　　　　　　　　　(b)

题五图

六、(共 13 分) RC 正弦波信号产生电路如题六图所示,已知运算放大器的最大输出电压 $U_{om}=\pm 12V$。

1. 若要使该电路能正常振荡,试正确标注出运算放大器的"+"端和"−"端的位置。(3 分)

2. 指出电路中 D_1、R、D_2 元件的作用。(3 分)

3. 估算该电路输出正弦波信号的频率 f_0。(4 分)

4. 如果将电阻 R_1 开路,则输出 u_o 有何变化?(3 分)

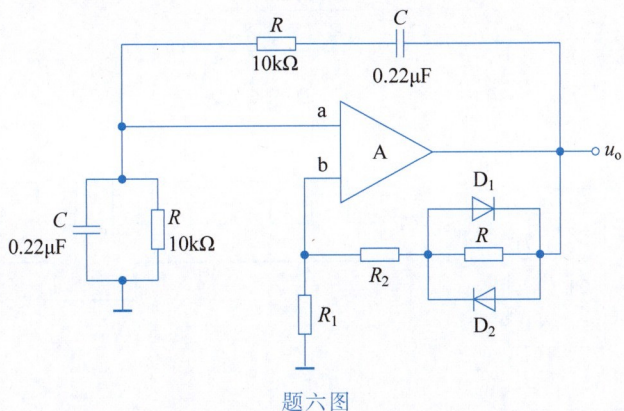

题六图

七、(共 12 分) 由集成稳压器 LM7806 组成的稳压电源如题七图所示,已知变压器的副边电压 $U_2=12V$,集成稳压器的静态电流 $I_Q\approx 0$。

1. 估算电路中 U_A 的电位。(3 分)

2. 估算该稳压电源输出电压 U_O 的调节范围。(5 分)

3. 若最大负载电流 $I_{Lmax}=0.6A$,求消耗在 LM7806 上的最大功耗是多少?(4 分)

八、解答下列各题(每小题 4 分,共 16 分)

1. 用卡诺图化简逻辑函数 F,并要求用与非门实现该函数。

$$F(A,B,C,D)=\sum m(1,3,4,7,13,14)+\sum d(2,5,12,15)$$

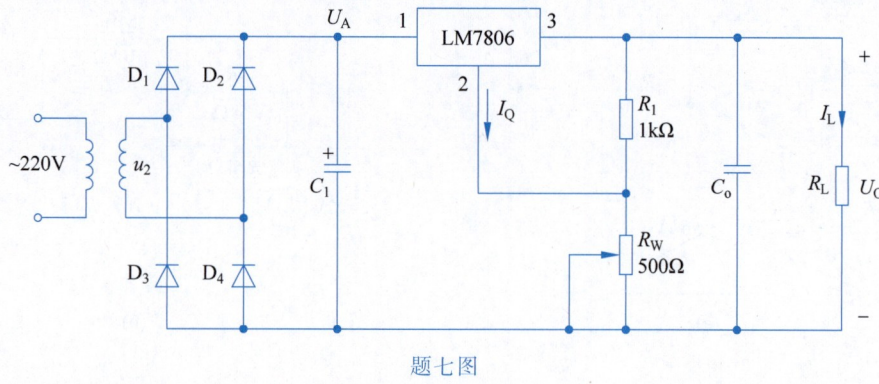

题七图

2. 四选一数据选择器组成电路如题八图(a)所示,写出 F 的逻辑表达式并化简。

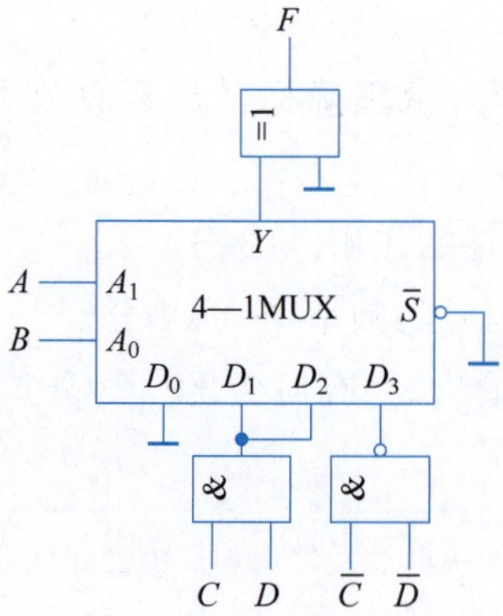

(a)

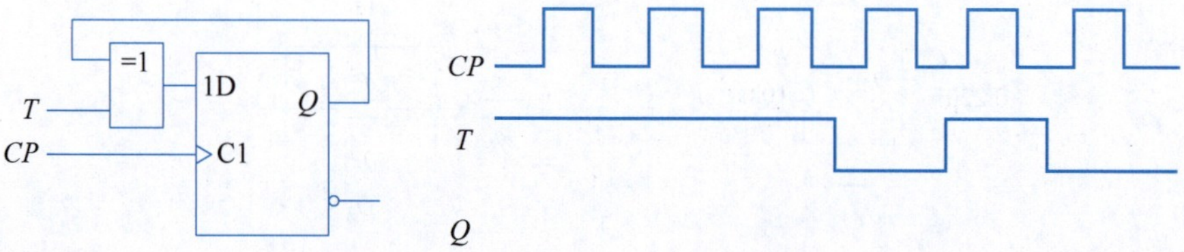

(b)

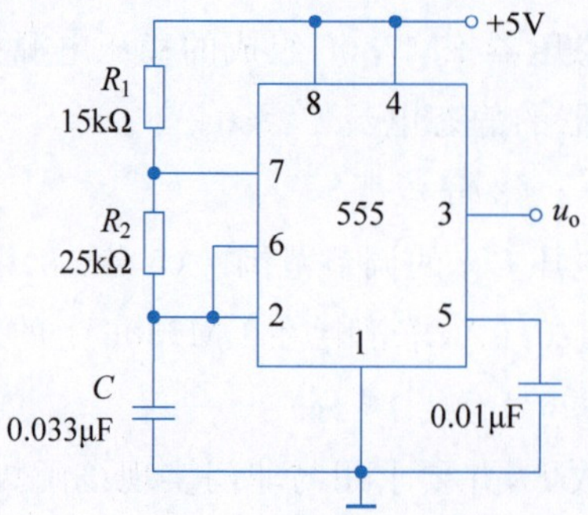

(c)

题八图

3. 如题八图(b)所示,根据输入波形画出输出状态波形(设触发器的初始状态为 0)。

4. 如题八图(c)所示,555 定时器构成什么应用电路?输出 u_o 的频率为多少?若 5 脚改接为 4V 的参考电压,则输出波形的频率将如何变化?

九、组合逻辑电路设计(共 12 分)

1. 某同学参加三类课程考试,规定如下:文化课程(A)及格得 2 分,不及格得 0 分;专业理论课程(B)及格得 3 分,不及格得 0 分;专业技能课程(C)及格得 5 分,不及格得 0 分。若总分大于 6 分则可顺利过关(Y),试用门电路设计上述功能的逻辑电路。(7 分)

2. 试用译码器 74LS138 实现上述电路,74LS138 示意图如题九图所示。(5 分)

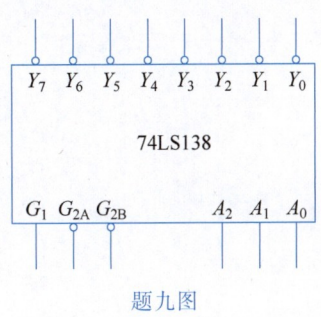

题九图

十、时序逻辑电路分析(共 15 分)

分析题十图(a)所示时序逻辑电路。

1. 写出各触发器的驱动方程、状态方程和输出方程。(6 分)

2. 列出状态表、画出状态转换图。(6 分)

3. 设初始状态为 $Q_1Q_0=00$,根据题十图(b)所示输入波形,画出时序图。(3 分)

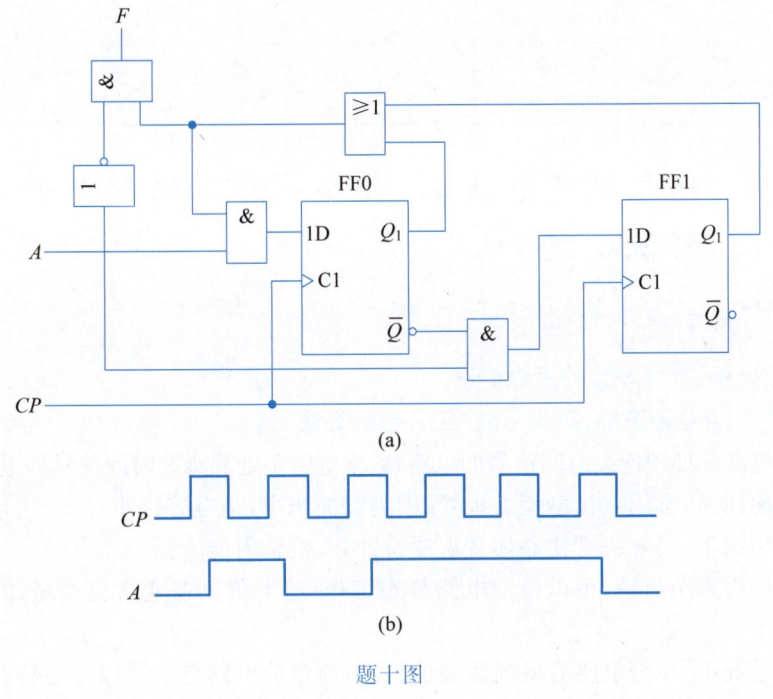

题十图

十一、综合题(共 12 分)

某交通灯控制器由一个十进制的计数器和组合逻辑电路构成,计数器的输出经过组合逻辑电路产生控制红(R)、绿(G)、黄(Y)三个交通灯的信号。要求一个工作循环为红灯亮 40s→绿灯亮 50s→黄灯亮 10s。试完成下列问题。

1. 试用四位二进制加法计数器 74LS161(其示意图如十一图所示,功能表如下表所示)

和逻辑门电路设计一个十进制计数器。(要有设计过程)(5分)

2. 试用较少"与非"逻辑门(两输入端)设计出控制黄色(Y)交通灯信号的逻辑电路。(要有设计过程)(5分)

3. 若要该控制器准确地完成定时工作,计数器 CP 的脉冲频率应是多少？(2分)

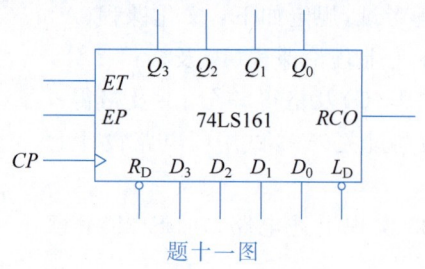

题十一图

74LS161 功能表

清 零	预 置	使 能		时 钟	预置数据输入				输 出			
R_D	L_D	EP	ET	CP	D_3	D_2	D_1	D_0	Q_3	Q_2	Q_1	Q_0
0	×	×	×	×	×	×	×	×	0	0	0	0
1	0	×	×	↑	d_3	d_2	d_1	d_0	d_3	d_2	d_1	d_0
1	1	0	×	×	×	×	×	×	保持			
1	1	×	0	×	×	×	×	×	保持			
1	1	1	1	↑	×	×	×	×	十六进制加计数			

附录 D 哈尔滨工业大学 2014—2016 年硕士研究生入学考试试题

2014 年"电子技术基础"科目试题

一、判断对错、选择与填空题(20分)

判断下述结论是否正确,正确标注"正",错误标注"误"。

1. 模拟电路是处理连续时间信号的电路,数字电路是处理离散时间信号的电路。(　　)

2. 高频应用时,常用点接触型二极管,因为结面积小,结电容也小。(　　)

3. 通常情况下,场效应管比晶体管温度特性好,抗辐射能力强。(　　)

4. 电路中引入负反馈,可以稳定电路静态工作点,但负反馈通常也会增加电路的时间延迟。(　　)

5. 通常情况下,积分电路有低通滤波的特性,而微分电路有高通滤波的特性。(　　)

6. 在模拟和数字混合电路中,"数字地"要比"模拟地""干净",为避免后者对前者的"污染",二者只能在一点相接。(　　)

7. 通过 OC(集电极开路,open collector)门这一装置,能够让逻辑门输出端直接并联使用。例如,两个 OC 门的并联,可以实现逻辑与的关系,称为"线与",但在输出端口应加一个上拉电阻与电源相连。(　　)

选择题（单选，即最佳选择）。

现有基本放大电路如下：

A. 共射电路；B. 共集电路；C. 共基电路；D. 共源电路；E. 共漏电路

输入阻抗为 R_i，输出阻抗为 R_o，电压放大倍数为 $|A_u|$，要求选择合适的放大电路构成二级组合放大电路。分析下列问题。

8. 要求 R_i 在 5kΩ 左右，$|A_u|>10^3$，则第一级电路应采用＿＿＿＿；

9. 第二级电路应采用＿＿＿＿。

10. 要求 $R_i>20\text{M}\Omega$，$|A_u|$ 为 10^3 左右，则第一级电路应采用＿＿＿＿；

11. 第二级电路应采用＿＿＿＿。

12. 要求 180kΩ<R_i<200kΩ，$|A_u|$ 为 100 左右，则第一级电路应采用＿＿＿＿；

13. 第二级电路应采用＿＿＿＿。

14. 被放大信号为电流型传感器信号，要实现电流到电压的转换，总增益在 1000 左右，但 R_o 越小越好，则第一级电路应采用＿＿＿＿；

15. 第二级电路应采用＿＿＿＿。

16. 计算机 RS-232 接口，标准逻辑"1"的电平大约是＿＿＿＿ V。

17. 数字集成电路中，通常在逻辑门输入端并联二极管，它既可以抑制高频干扰脉冲影响，还可以对第一级晶体管起到＿＿＿＿作用。

18. 用 555 定时器可以构建单稳态触发器，输出脉冲的宽度可通过改变＿＿＿＿值来实现。

19. 可编程逻辑器件有多种类型，如 FPLA、PAL、GAL、EPLD 以及＿＿＿＿等。

20. LC 并联电路谐振频率的计算公式为＿＿＿＿。

二、简答题（40 分）

1. 图 1(a)所示是一个组合逻辑电路，图 1(b)所示是输入信号波形，请在下列两种情况下画出输出信号 F 的电压波形：(1)设所有门电路的传输延迟时间为零；(2)设所有门电路均存在相同的传输延迟，延迟时间为 $t_{pd}=T/6$。

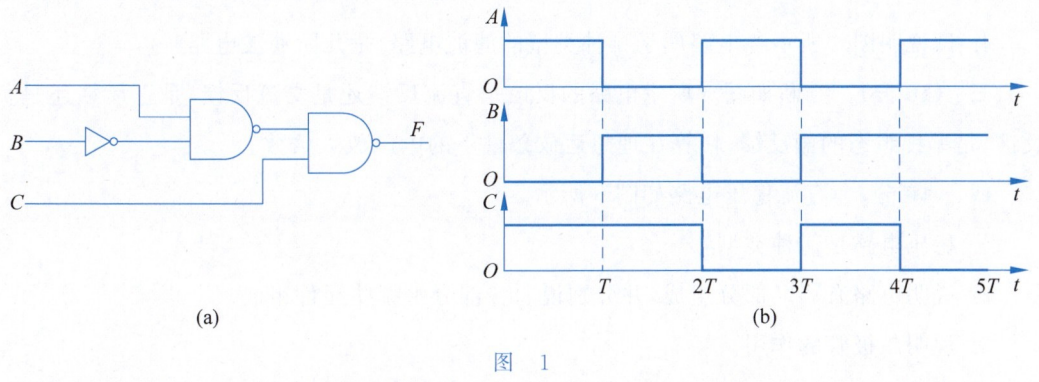

图 1

2. 电路如图 2 所示，已知晶体管 T_1、T_2 的 β 均为 150，r_{be} 均为 5kΩ。试问：若输入直流信号 $u_{i1}=30\text{mV}$，$u_{i2}=16\text{mV}$，则电路的共模输入电压 $u_{ic}=$？差模输入电压 $u_{id}=$？输出动态电压 $\Delta u_o=$？

3. 组合逻辑电路如图 3 所示，试写出各电路逻辑函数的表达式。

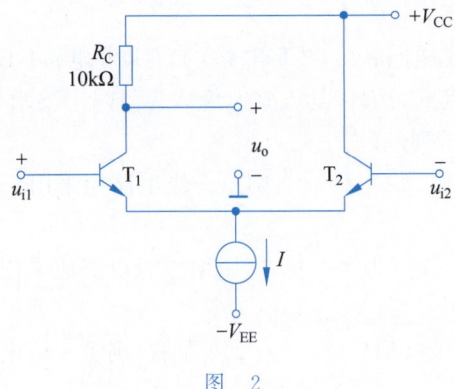

图 2

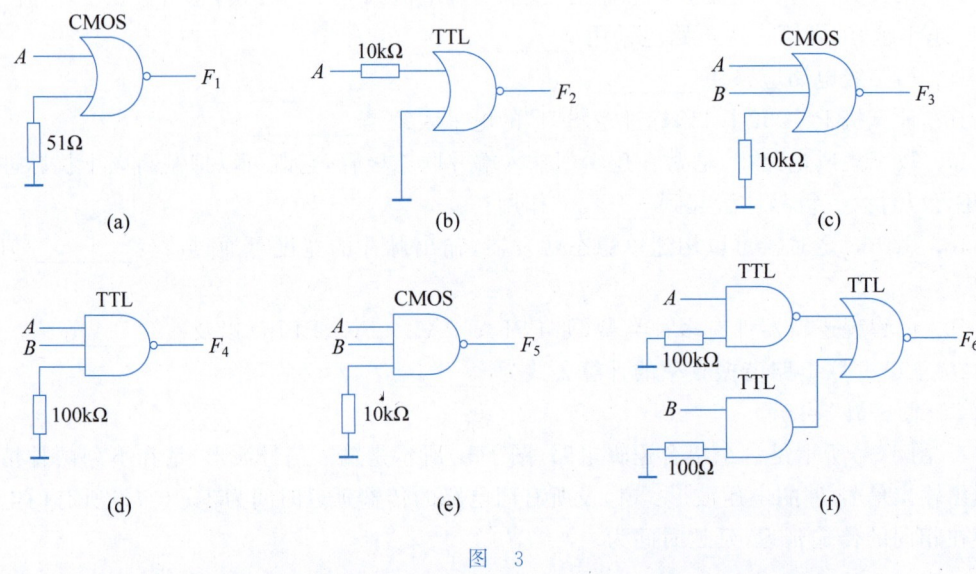

图 3

4. 试说明图 4 所示各电路属于哪种类型的滤波电路,是几阶滤波电路?

三、(10 分) 判断如图 5 所示电路的反馈是直流反馈还是交流反馈,是正反馈还是负反馈,是哪种组态的额反馈,估算在理想运放条件下的电压放大倍数。

四、(10 分) 直流稳压电路如图 6 所示。

1. 稳压电路是何种类型?

2. 说明电路有哪几部分组成,并分别说明各部分由哪些元件组成。

3. 说明二极管的作用。

4. 若 W7805 输入电压为 8~12V,试求电源变压器的匝数比范围。(假设 W7805 输入阻抗接近无穷大。)

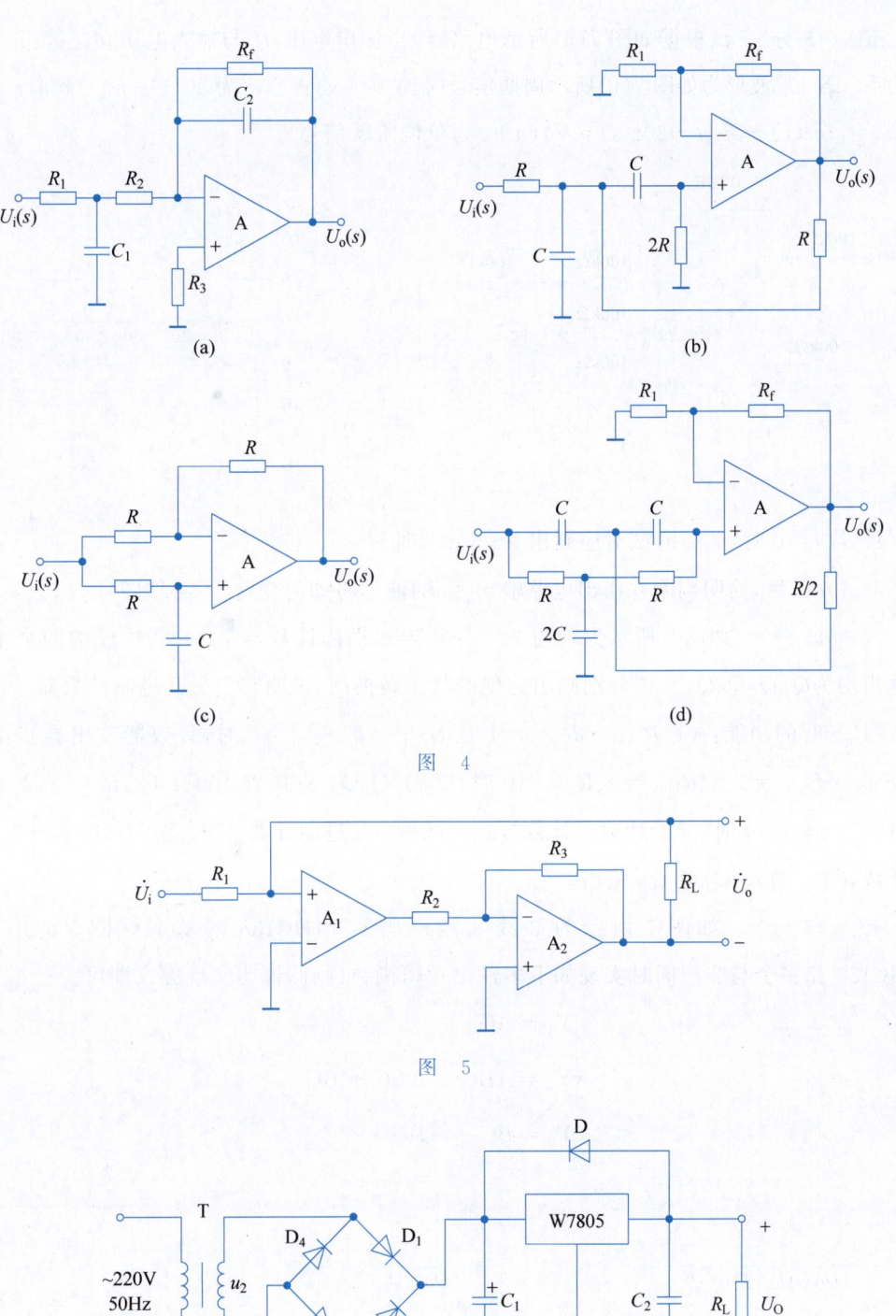

图 4

图 5

图 6

五、(**15 分**) 试根据如图 7(a)所示电路,给出输出电压 u_o 与输入电压 u_{i1}、u_{i2}、u_{i3} 的运算关系。若 u_{i1} 波形为如图 7(b)所示周期信号(幅值为 5V,占空比为 50%);$u_{i2}=10u(t)(\mathrm{V})$,$u_{i3}(t)=[5u(t)-5u(t-20\mathrm{ms})](\mathrm{V})(u(t)$ 为单位阶跃信号)。

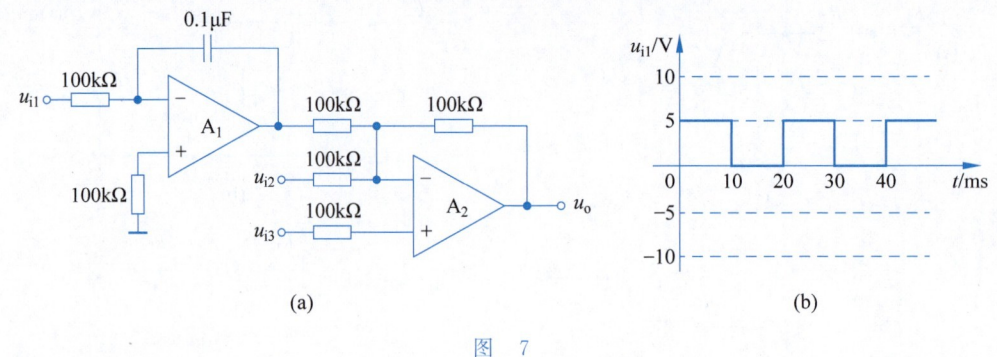

图 7

1. 若 $t=0$ 时,$u_o=0$,试对应画出 $0\sim40$ms 时刻 u_o 的波形;
2. 40ms 后,简明判断并指出电路输出 u_o 的波形将如何变化(不必作图)。

六、(**12 分**) 如图 8 所示为利用 2/5 分频异步加法计数器 74LS90 构成的两个电路,其输出均为 $Q_D Q_C Q_B Q_A$。请分别画出完整的状态转换图,说明它们是几进制计数器。

74LS90 的功能:(1)$R_{0(1)} \cdot R_{0(2)}=1$ 且 $S_{9(1)}=0$、$S_{9(2)}=0$ 时,计数器输出异步清零;(2)$S_{9(1)} \cdot S_{9(2)}=1$ 且 $R_{0(1)}=0$、$R_{0(2)}=0$ 时,$Q_D Q_C Q_B Q_A$ 直接置 1001;(3)$R_{0(1)} \cdot R_{0(2)}=0$ 且 $S_{9(1)} \cdot S_{9(2)}=0$ 时,开始计数。计数方式有两种:二进制计数,CP_A 输入,Q_A 输出;五进制计数,CP_B 输入,$Q_D Q_C Q_B$ 输出。

七、(**12 分**) 如图 9 所示为 3 线-8 线译码器 74HC138 的基本框图。请用一片 74HC138 和多个与非门同时实现如下多输出逻辑函数(画图说明实现方式即可。)

$$\begin{cases} Y_1 = A\bar{C} \\ Y_2 = \bar{A}BC + \bar{A}B\bar{C} + BC \\ Y_3 = B\bar{C} + \bar{A}BC \end{cases}$$

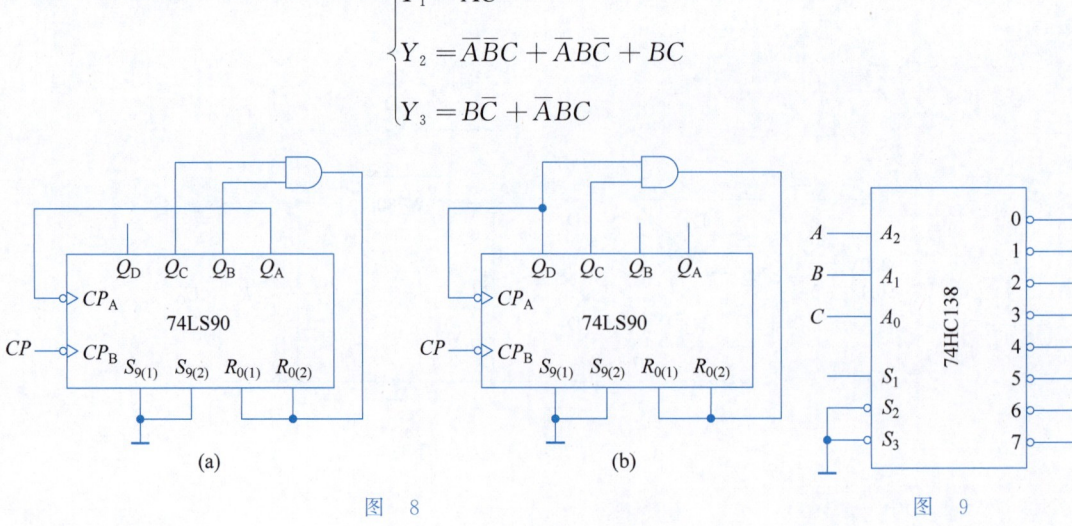

图 8   图 9

八、(18分)　TSL251将光电二极管和 I/V 变换器集成在一起，并具有 $45\text{mV}/(\mu\text{W}\cdot\text{cm}^{-2})$ 的灵敏度和 3mV 的暗电压，输出与ADC相连，如图10所示。若ADC有5V的输入范围且希望在黑暗时有零数字输出，输入辐照度为 $50\mu\text{W}/\text{cm}^2$ 时有最大数字输出。试回答下列问题：

1. 确定放大器的增益；
2. ADC位数，即 N 的数值；
3. 若传感器的温度系数为 $1\text{mV}/\text{K}$，试确定在不影响ADC输出的情况下，传感器可能承受的最大温度变化；
4. 试设计一个简单电路，实现图中 I/V，即电流到电压的信号转换功能。

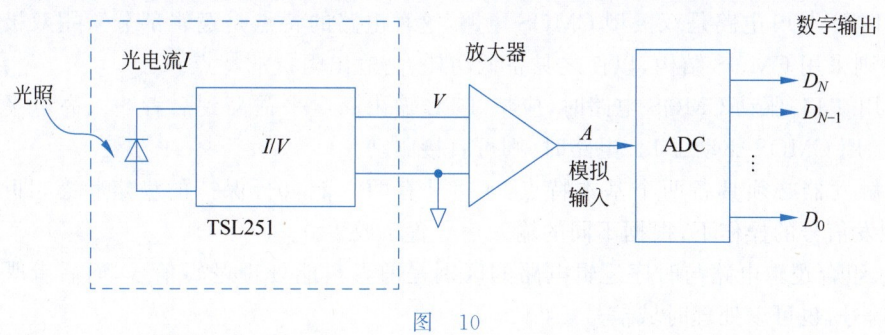

图　10

九、(10分)　如图11所示为Howland电流泵(压控电流源)经典电路，运算放大器为理想器件。试证明当电路中电阻满足 $\dfrac{R_2}{R_1}=\dfrac{R_4}{R_3}$ 时电路输出电流 $I=\dfrac{V_L}{R_L}$ 与输入电压差动值 (V_1-V_2) 呈线性关系，而与电压 V_L 具体值无关(即若输入电压差值和 $R_1\sim R_4$ 阻值不变，则 I 不变。R_L 增加，V_L 也增加；反之亦然)。

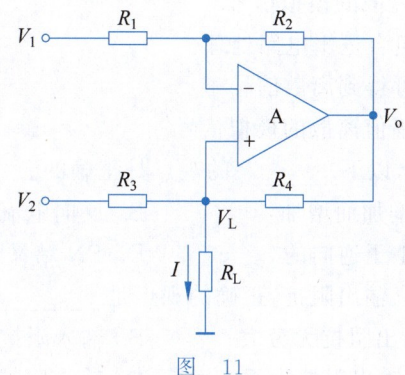

图　11

2015年"电子技术基础"科目试题

一、判断正误(10分，每题1分)

1. MOS器件的集成度远远超过了双极型晶体管的集成度，尽管后者最早得以使用。
(　　)

2. 现在经常用"纳米"尺度来描述电路的集成度,如 32nm、45nm 等,其物理意义是指 MOS 器件栅极的宽度,即 MOS 器件的沟道长度。(　　)

3. 集成电路都有带宽问题,即电路工作在高频时,由于存在寄生电感,使得电路的电压增益降低。(　　)

4. 线性电路中,一般没有电感、电容等储能元件,只有理想运算放大器、电阻等元件。(　　)

5. 在模拟和数字混合电路中,因为数字模块常常会在电源线和地线上产生脉冲干扰,因此如何耦合两个模块成为比较重要的问题。(　　)

6. 定时器和计数器模块在工作原理结构上没有实质区别,都需要一个相对精准的时基信号。(　　)

7. Bi-CMOS 电路是双极型 CMOS 电路,这种电路的特点是逻辑部分采用双极型三极管,输出则采用 CMOS 结构,以使之具备低功耗、高输出阻抗的特点。(　　)

8. 用 TTL 驱动 CMOS 电路时,应将 TTL 输出高电平提高到后者输入高电平的下限值以上。用 CMOS 驱动 TTL 电路时,则可直接驱动。(　　)

9. 触发器必须具备两个基本特点:(1)具有两个能自行保持的稳定状态,即 0 和 1;(2)在触发信号的操作下,根据不同的输入信号置 1 或置 0。(　　)

10. 组合逻辑电路与时序逻辑电路的区别是前者只能处理逻辑信号,而后者既可以处理逻辑信号,也可以处理时域信号。(　　)

二、选择题(20 分,单选,每题 2 分)

1. 一个电压信号放大电路的输出最大值与_____有关。
   A. 输入信号最大值　　　　　　　　B. 电路放大倍数
   C. 电路输入阻抗　　　　　　　　　D. 电路供电电源

2. 关于离散信号、模拟信号和数字信号,可以普遍接受的观点应该是_____。
   A. 离散信号是幅值离散的模拟信号
   B. 离散信号只能由组合逻辑电路处理
   C. 数字信号积分后可得到离散信号
   D. 理想方波信号是幅值离散的模拟信号

3. 对晶体管 PN 结而言,以下_____的观点是正确的。
   A. 正向电流随温度增加而增加　　　B. 反向电流随温度增加而减小
   C. 正向偏压结电容小于逆向的　　　D. PN 结又称为耗尽层或低阻区

4. 关于理想运放的输入、输出阻抗,正确的观点是_____。
   A. 输入阻抗为零,输出阻抗无穷大　B. 输入阻抗无穷大,输出阻抗为零
   C. 输入阻抗无穷大,输出阻抗为无穷大　D. 输入阻抗为零,输出阻抗为零

5. 关于线性电源和开关电源,正确的观点是_____。
   A. 手机充电电源适配器用的均是线性电源
   B. 台式计算机一般选用线性电源
   C. 开关电源中也可使用隔离变压器
   D. 开关电源的效率一般低于线性电源

6. 在时基频率相近条件下,同步计数器与异步计数器相比,优点是_____。
   A. 计数速度快　　　　　　　　　　B. 时钟信号负载少

C. 包含的基本逻辑门数量少　　　　　D. 可以构造多种类进制计数器

7. 关于存储器的扩展应用,以下观点正确的是_____。
   A. 存储器扩展只能采取字扩展方式　　B. 存储器扩展只能采取位扩展方式
   C. 常用存储器实现组合逻辑电路功能　D. 常用存储器实现时序电路功能

8. ADC 的精度,与_____无关。
   A. ADC 数字量的位数　　　　　　　　B. 芯片数字电压供电的精度
   C. 芯片模拟参考电源供电的精度　　　D. ADC 的带宽

9. N 个触发器可以构成最大计数长度为_____的计数器。
   A. N　　　　B. N^2　　　　C. $2N$　　　　D. 2^N

10. N 位二进制输入 DAC 的分辨率为_____%。
    A. $\dfrac{1}{2^N}$　　B. $\dfrac{1}{2^N}\times 100$　　C. $\dfrac{1}{2^N-1}$　　D. $\dfrac{1}{2^N-1}\times 100$

三、简答题(48 分,共 6 题,每题 8 分)

1. 判断图 1 所示各电路中是否引入了反馈,是直流反馈还是交流反馈,是正反馈还是负反馈? 设图中各电容对交流信号均可视为短路。

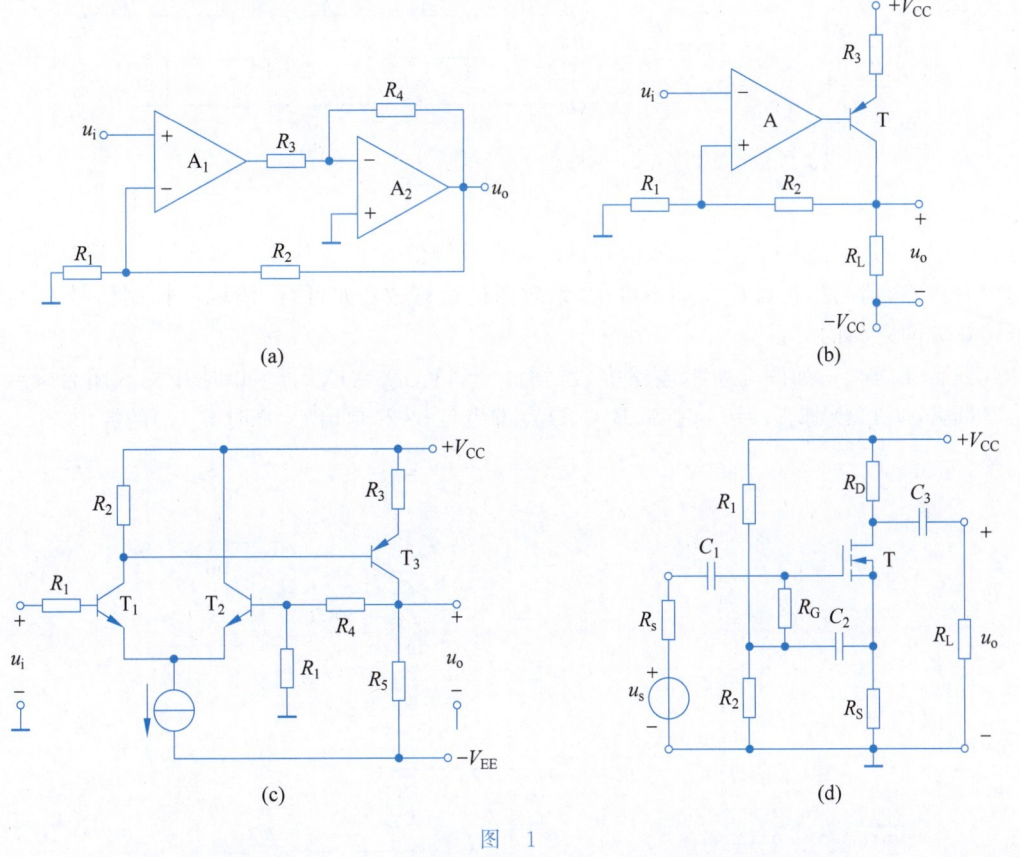

图 1

2. 试用 NPN 型晶体管分别组成单管阻容耦合共射、共集、共基基本放大电路,画出基本电路并对这三种接法的特点和应用进行比较。

3. 分别画出串联开关型稳压电路和并联开关型稳压电路的基本电路,并对比分析两种稳压电路的特点。

4. 要实现如图 2 所示各 TTL 门电路输出端所示的逻辑关系,各门电路的接法是否正确?

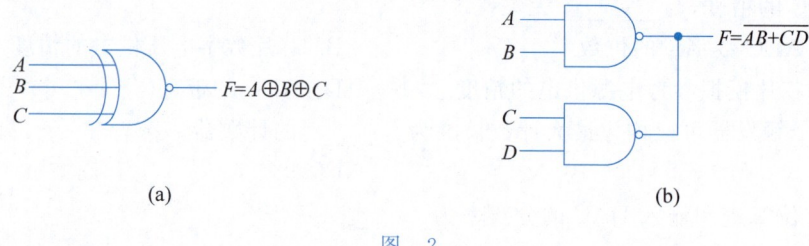

图 2

5. 试画出图 3(a)中各个门电路输出端的电压波形。输入端 A、B 的电压波形如图 3(b)所示。

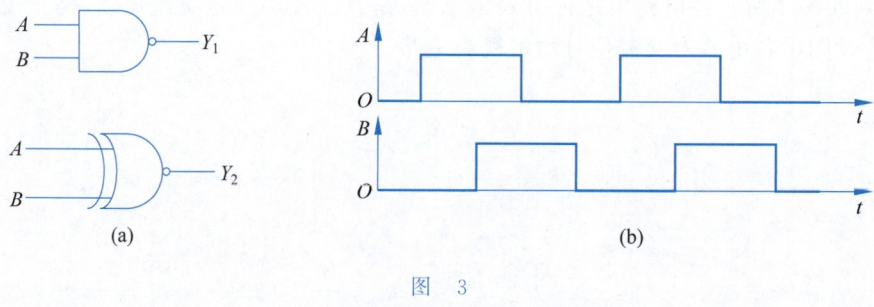

图 3

6. 图 4 中,G_1 和 G_2 为三态门,其目的是在控制信号 C 的作用下实现 A、B 端双向信号的分时传输,请问是否可行?如不可行,请对图进行修改;如可行,请说明控制信号 C 与信号传输方向之间的关系。

四、(12 分) 如图 5 所示电路中,已知 $u_{i1}=4\text{V}$,$u_{i2}=1\text{V}$。$t=0$ 时开关 S 闭合,$t=2\text{s}$ 时 S 断开。(1)分别求 $t=1\text{s}$ 时 A、B、C、D 点的电位;(2)画出 $t>0$ 时 $u_o(t)$ 的波形。

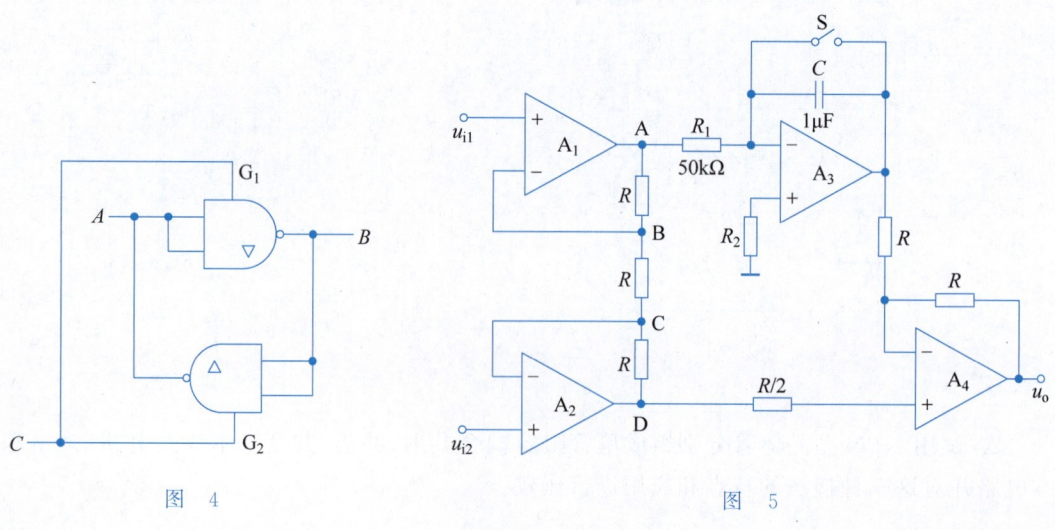

图 4 　　　　　　　　　　图 5

五、(14分) 请用直流电压信号 $y_1(t)=A$ 和正弦信号 $y_2(t)=\sin(2\pi ft)$ 作为输入信号(其中 A：0~5V 可控, f：1kHz~1MHz 可控),设计矩形波发生器,给出输入信号的设置值、电路原理图及设计参数,要求矩形波低电平为 0,幅度为 2.5V,频率为 10kHz,占空比为 40%。如果要求输出矩形波幅度为 1~3V 可控,如何设计?(可以灵活利用运算放大器、模拟乘法器、电阻、电容、稳压二极管等器件)。

六、(12分) 如图 6 所示为利用 4 位二进制同步加法计数器 74LS161 构成的电路,其输出均为 $Q_DQ_CQ_BQ_A$。列出状态转换表,画出完整的状态转换图,说明它们是几进制计数器。

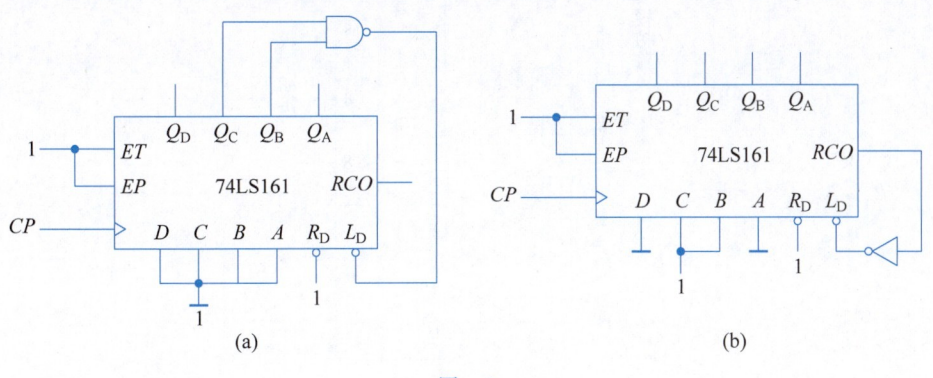

图 6

74LS161 的功能：(1) $R_D=0$ 时,计数器异步清零, $Q_DQ_CQ_BQ_A=0000$；(2) $R_D=1$, $L_D=0$ 且时钟脉冲上升沿到达时, $Q_DQ_CQ_BQ_A=DCBA$；(3) $R_D=L_D=EP=ET=1$ 且时钟脉冲上升沿到达时,计数器按照 4 位二进制码计数,计数器计到最大值时, $RCO=1$；(4) $R_D=L_D=1, EP=ET=0$ 时,计数器保持。

七、(14分) 分析如图 7 所示由两个 555 定时器及其外围器件组成的报警器。(1) 简述电路组成及工作原理,说明 555(Ⅰ)和 555(Ⅱ)分别连接成什么功能。(2) 若要求扬声器在开关 S 按下后以 1.2kHz 的频率持续响 10s,试确定图中 R_1、R_2 的阻值。

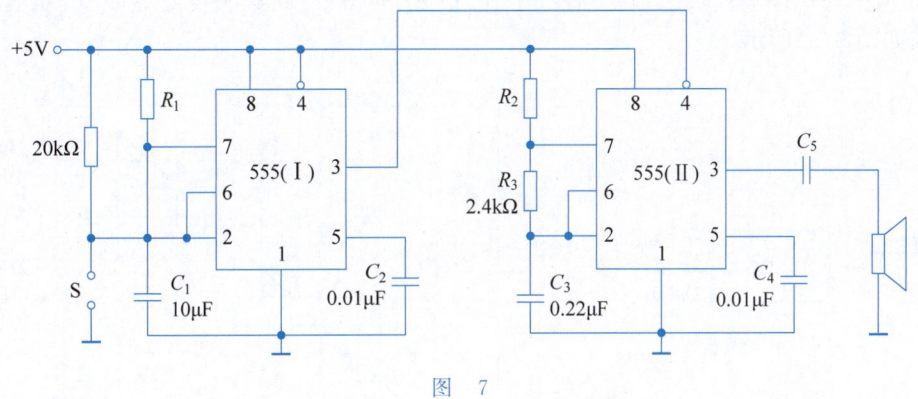

图 7

八、(10分) 如图 8 所示为并行比较式 ADC 原理图,共有 15 个比较器,请回答：
1. 该类型 ADC 与积分式 ADC 相比,优点和缺点分别是什么(分别回答一点即可)?
2. 图示 ADC 的分辨率是多少?
3. 图中各个电阻值之间应该是什么关系?
4. 若转换时间为 t 纳秒,在此期间,模拟输入应保持稳定不变；为此,该 ADC 前端一般

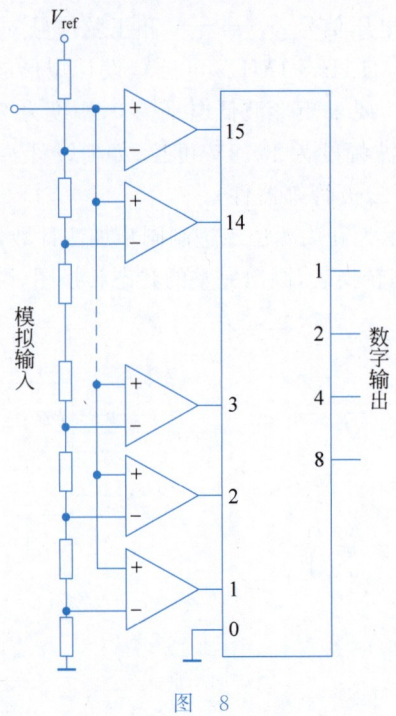

图 8

应该使用何种器件达到此目的？

5. 指出该类型 ADC 转换的误差来源（至少一个）。

九、(10 分) 在实验室中，使用双通道示波器初步观察上题所示 ADC 工作性能，且模拟输入选用斜坡式周期信号源，请回答：

1. 在 ADC 和示波器之间，通常需添加什么装置或器件？示波器的两个通道分别应显示什么信号？

2. 简明绘制测试原理图，其中各环节器件(包括 ADC)以双端口表示即可，如 ADC 可表示成如图 9(a)所示。

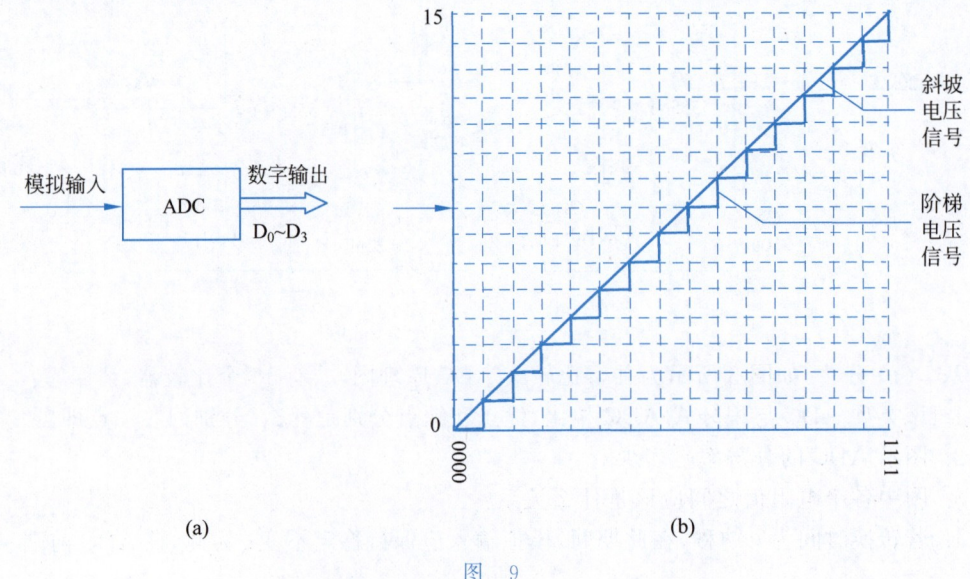

图 9

3. 若 ADC 工作正常,且示波器的显示结果如图 9(b)所示(调节示波器,只显示斜坡的一个周期,如图中加粗线段所示;标尺和坐标值仅为示意,并非示波器显示内容)。若 ADC 的比较器 3 发生故障,恒输出低电平 0,其他正常;请在答题纸上重画此图,并补充标注纵坐标关键点数值(底图箭头所指)。

4. 若想进一步观察 ADC 的动态转换性能,应该怎样调节现有仪器设备?

5. 若调节减小斜坡信号源最大值电压(周期不变),且示波器各旋钮位置不变,显示上将会出现什么变化?(文字说明即可)

2016 年"电子技术基础"科目试题

一、判断对错、选择与填空题(20 分)

判断下述结论是否正确,正确标注"正",错误标注"误"。

1. 在定义上,周期方波信号由于其幅度只有 2 个值交替变化,所以应属于数字信号。( )

2. 晶体管基本放大电路中共基极电路的输入阻抗过小,因而没有实用价值。( )

3. 数字滤波器设计灵活,工作稳定,但仍然不能全面代替模拟滤波器。( )

4. "非线性"描述了系统的输入输出关系特性,因此不能称某信号为"非线性信号"。( )

5. 无论是放大电压还是电流信号,放大电路的输入阻抗越高越好。( )

6. 混合电路系统中,若模拟部分的工作电源为 12V,数字部分为 5V,则数字部分的电源可由模拟电源分压得到。( )

7. 在数字电路中,电平+5V 表示数字逻辑 1,0V 表示逻辑 0,反之不是标准的数字电路。( )

选择题(单选,即最佳选择)

现有基本放大电路如下:

A. 共射电路; B. 共集电路; C. 共基电路; D. 共源电路; E. 共漏电路

输入阻抗为 R_i,输出阻抗为 R_o,电压放大倍数为 $|A_u|$,要求选择合适的放大电路构成二级组合放大电路。则通常情况下:

8. 要求 R_i 在 5kΩ 左右,$|A_u|>10^3$,则第一级电路应采用_____。

9. 第二级电路应采用_____。

10. 要求 $R_i>20\text{M}\Omega$,$|A_u|$ 为 10^3 左右,则第一级电路应采用_____。

11. 第二级电路应采用_____。

12. 要求 $180\text{k}\Omega<R_i<200\text{k}\Omega$,$|A_u|$ 为 100 左右,则第一级电路应采用_____。

13. 第二级电路应采用_____。

14. 被放大信号为电流型传感器信号,要实现电流到电压的转换,总增益在 1000 左右,但 R_o 越小越好,则第一级电路应采用_____。

15. 第二级电路应采用_____。

填空题

16. 同直接比较式 ADC 相比，积分式 ADC 的优点是_____。

17. 噪声是一种在调试电路中经常遇到的问题。例如，通常采用_____电路来抑制电源噪声。

18. 石墨烯（Graphene）目前最有潜力的应用是成为_____的替代品，制造超微型晶体管，用来生产未来的超级计算机。在等条件下相比，这种新型晶体管所构建的计算机处理器的运行速度将会快数百倍。

19. 电路的_____特性描述了该电路的静、动态响应能力。

20. 闪存（Flash Memory）是高密度的、非易失性读/写存储器；传统的非易失性存储器还有_____，但它存储的内容一般不作更新。

二、简答题(40 分)

1. 分别判断图 1 所示各电路是否满足正弦波振荡的相位条件，若不能，如何修改电路使其满足正弦波振荡的相位条件。（4 分）

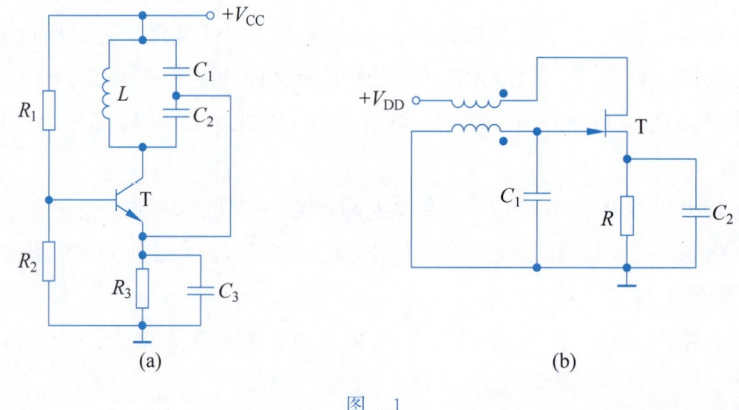

图　1

2. 电路如图 2 所示，图 2(a)电路中 G_1 为三态门，G_2 为 TTL 与非门，图 2(b)为其电压传输特性曲线。万用表的内阻为 $20\text{k}\Omega/\text{V}$，量程为 5V。当 $C=0$ 时，说明万用表的读数以及输出电压 u_o 各为多少伏？（5 分）

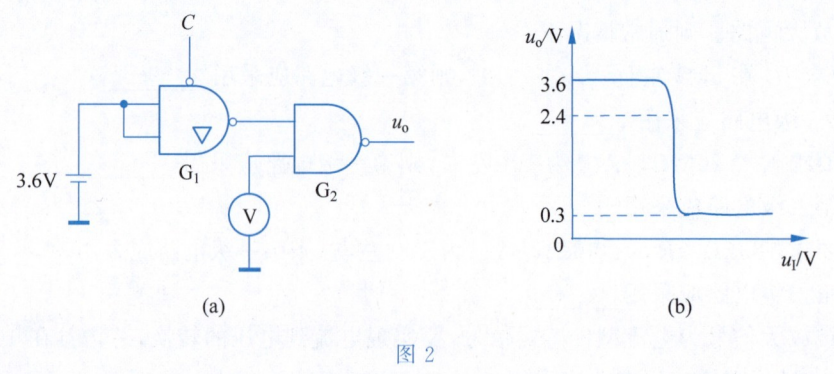

图　2

3. 判断图 3 所示各两级放大电路中，T_1 和 T_2 管组成哪种组态。设图中所有电容对交流信号均可视为短路。（6 分）

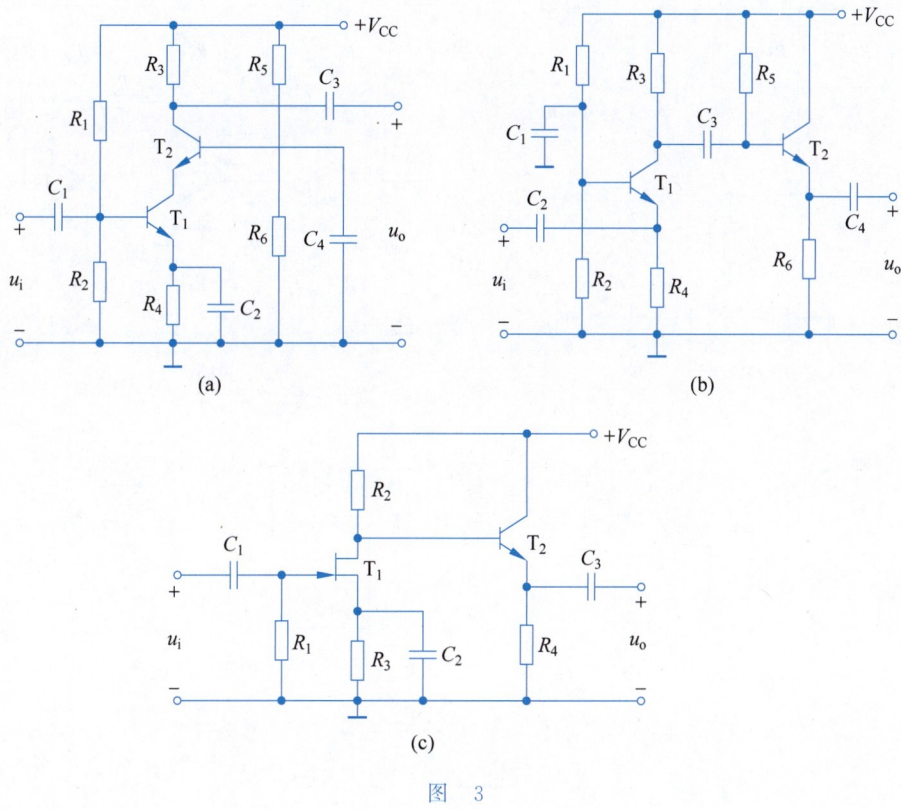

图 3

4. 电路如图 4 所示，图 4(a)为 CMOS 门电路，已知各输入端 A、B、C 的波形如图 4(b) 所示，$R=10\text{k}\Omega$。请画出输出端 F 的波形。（5 分）

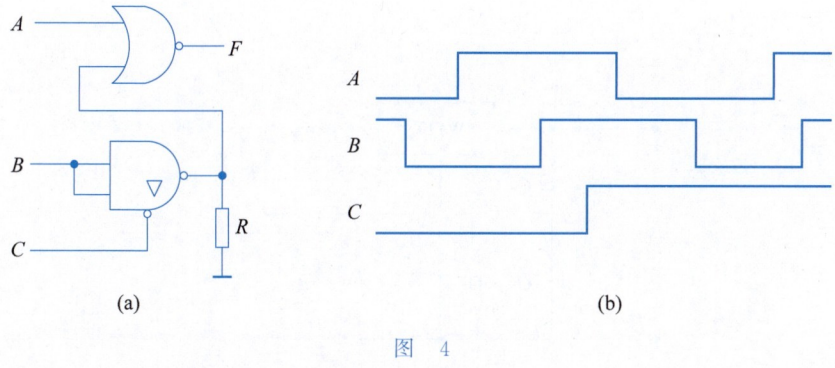

图 4

5. 判断如图 5 所示各电路中分别引入了哪种组态的交流负反馈，并估算在理想运放条件下或在深度负反馈条件下的电压放大倍数。（5 分）

6. 请分别写出如图 6 所示各电路对应的逻辑函数式并化简。（5 分）

7. 在如图 7 所示电路中，$R=240\Omega$，$R_W=5\text{k}\Omega$，稳压管的 $U_Z=0.5\text{V}$，W117 输入端和输出端电压允许范围为 3~40V，输出端和调整端之间的电压 U_R 为 1.25V。问输出电压的调节范围是多少？输入电压的允许范围是多少？（5 分）

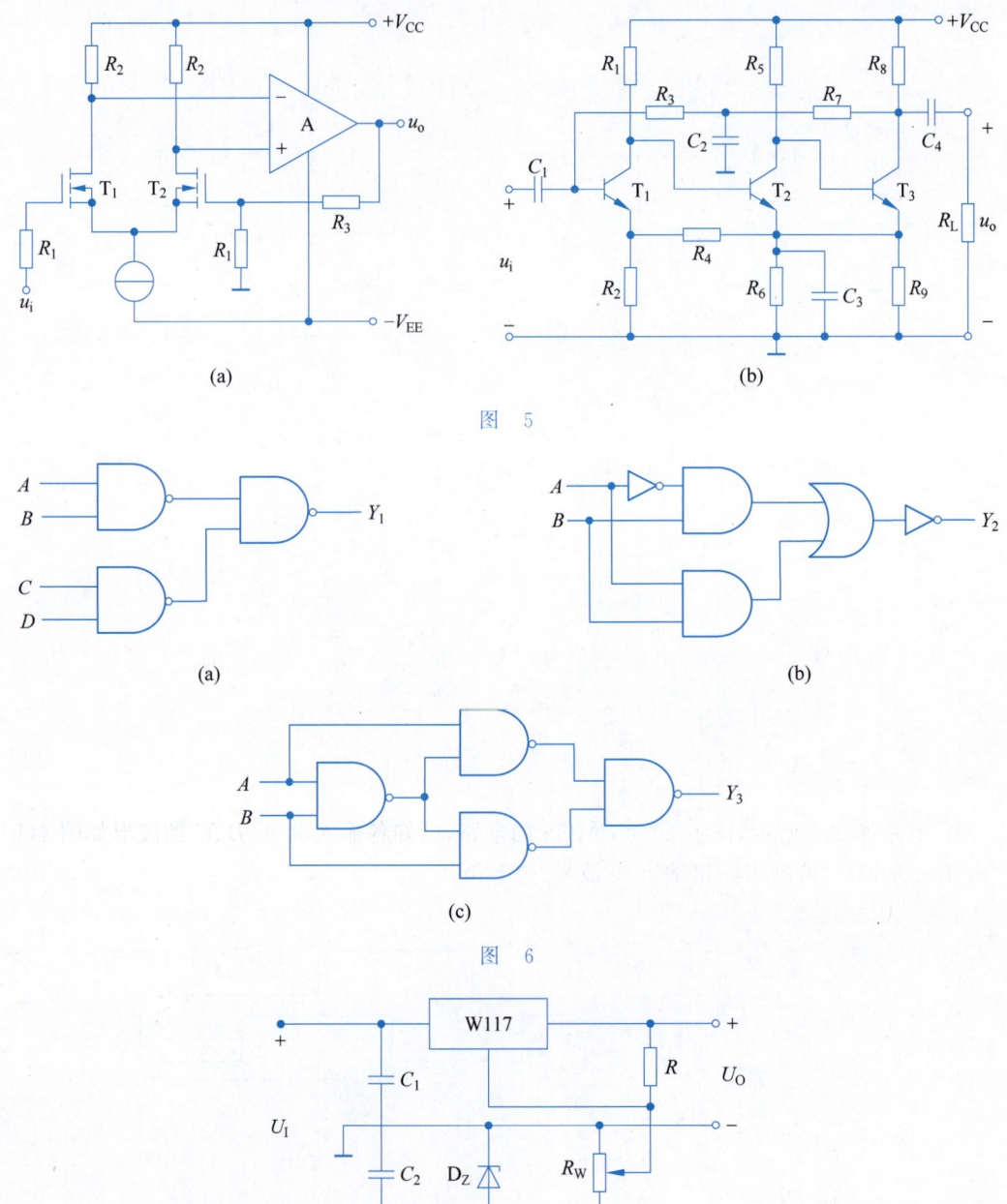

图 5

图 6

图 7

8. 如图8(a)所示为利用555定时器构成的电路,其中 $U_{CC}=5V$, $U_S=4V$。如果输入信号 u_I 如图8(b)所示,画出电路输出电压 u_O 的波形。(5分)

三、(10分) 如图9所示电路中运放都是理想的,电容器上的初始电压为0。

1. 求 u_O 与 u_I 的运算关系。
2. 设 $t=0$ 时,$u_O=0$,且 u_I 由 0 跃变为 $-2V$,画出 u_O 的波形。

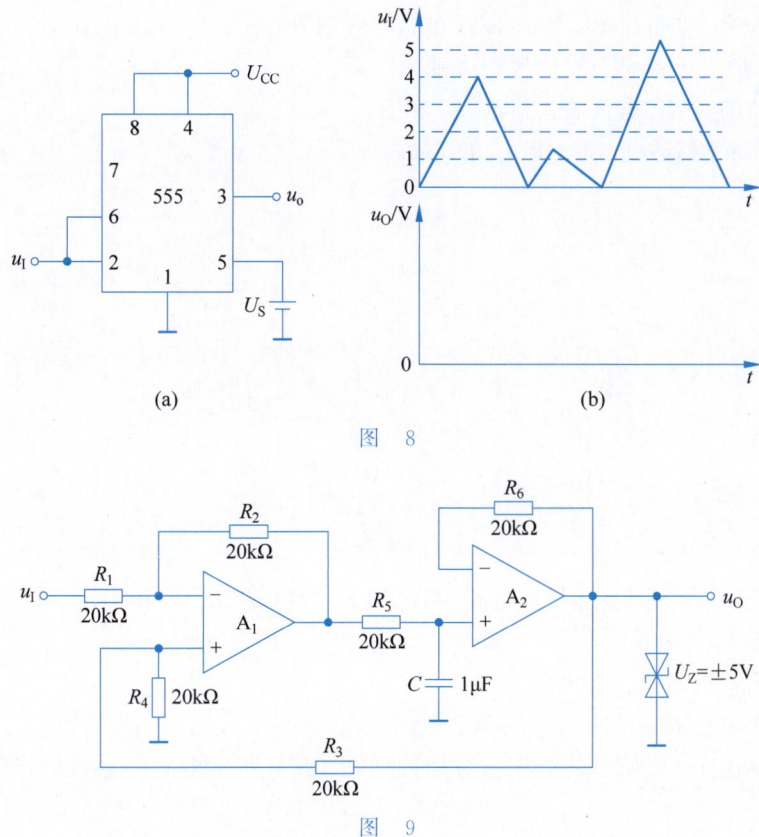

图 8

图 9

四、(10 分) 如图 10 所示电路，请列出其真值表，写出特性方程，说明其逻辑功能。

五、(10 分) 已知如图 11 所示的 8 选 1 数据选择器 74HC151，在控制端输入 $\overline{S}=0(S=1)$ 的情况下，输出逻辑式为

$$\begin{cases} Y = D_0(\overline{A}_2\overline{A}_1\overline{A}_0) + D_1(\overline{A}_2\overline{A}_1 A_0) + D_2(\overline{A}_2 A_1 \overline{A}_0) + D_3(\overline{A}_2 A_1 A_0) + D_4(A_2 \overline{A}_1 \overline{A}_0) + \\ \qquad D_5(A_2 \overline{A}_1 A_0) + D_6(A_2 A_1 \overline{A}_0) + D_7(A_2 A_1 A_0) \\ W = \overline{Y} \end{cases}$$

若用 74HC151 组成 15 选 1 数据选择器，需要用几片 74HC151？请画出连接图。

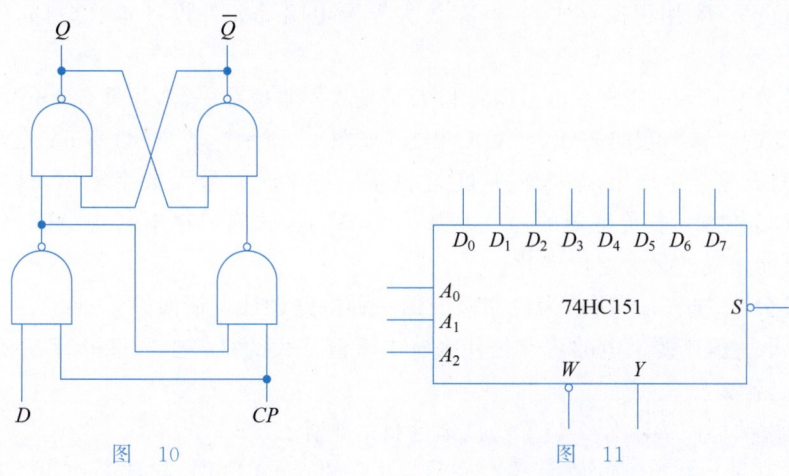

图 10   图 11

六、(10 分) 电路如图 12 所示,已知晶体管的 $\beta=60, r_{bb'}=100\Omega, U_{BEQ}=0.7V, U_T=2mV$。设图中所有电容对交流信号均可视为短路。

1. 求电路的 Q 点、电压放大倍数、R_i 和 R_o。
2. $u_s=10mV$(有效值)时,求 u_i 和 u_o。

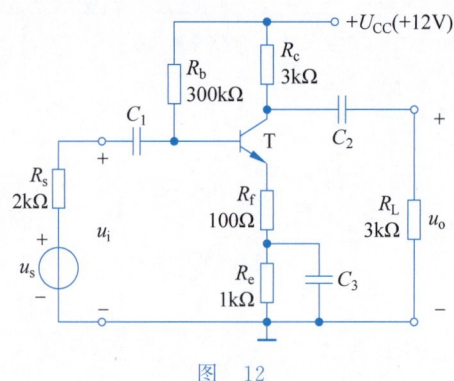

图 12

七、(10 分) 如图 13(a)所示电路中,已知 $R_1=10k\Omega, R_2=30k\Omega, G_1、G_2$ 为 CMOS 反相器,$U_{DD}=15V$。

1. 请指出本电路是什么电路。
2. 试计算电路的正向阈值电压和负向阈值电压。
3. 若将如图 13(b)所示的电压信号加到如图 13(a)所示电路的输入端,试画出输出电压的波形。

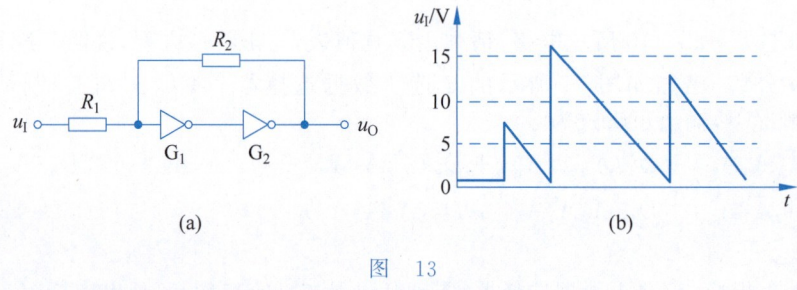

图 13

八、(10 分) 利用模拟乘法器、运算放大器及电阻等元件设计运算电路,实现运算关系:$f(x)=x^3-2x^2-3x+1$。

九、(15 分) TSL251 将光电二极管和 I/V 变换器集成在一起,并具有 $45mV/(\mu W/cm^2)$ 的灵敏度和 $3mV$ 的暗电压,输出与 ADC 相连,如图 14 所示。若 ADC 有 5V 的输入范围且希望在黑暗时有零数字输出,输入辐照度为 $50\mu W/cm^2$ 时有最大数字输出,试确定放大器的增益和 ADC 位数。若传感器的温度系数为 $1mV/K$,试确定在不影响 ADC 输出的情况下,传感器可能承受的最大温度变化。

十、(15 分) 如图 15 所示为检测应变的一种电路设计。请回答:

1. 电桥采用恒流源供电的优点是什么?电流值 I 大约是多少?三极管 2N2907A 在电路中的作用是什么?
2. 图中虚线椭圆表示什么装置?接地的目的是什么?
3. AD620 是什么类型的放大器?输入端并联的 $0.1\mu F$ 电容起什么作用?其数值大小

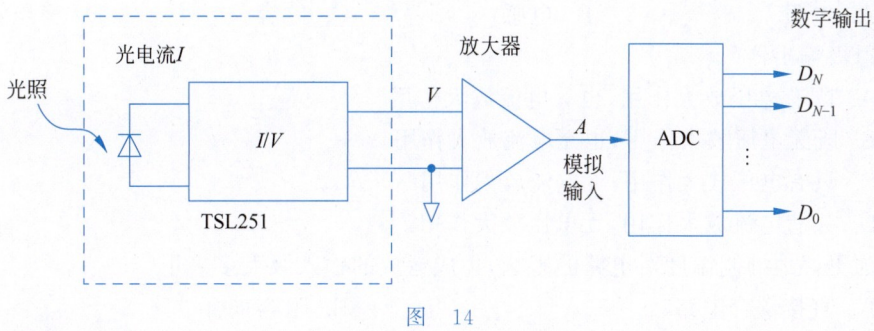

图 14

对系统有什么影响?

4. 若应变电桥的测量灵敏度为 10mV/1000με,试推算 AD620 的增益大小。

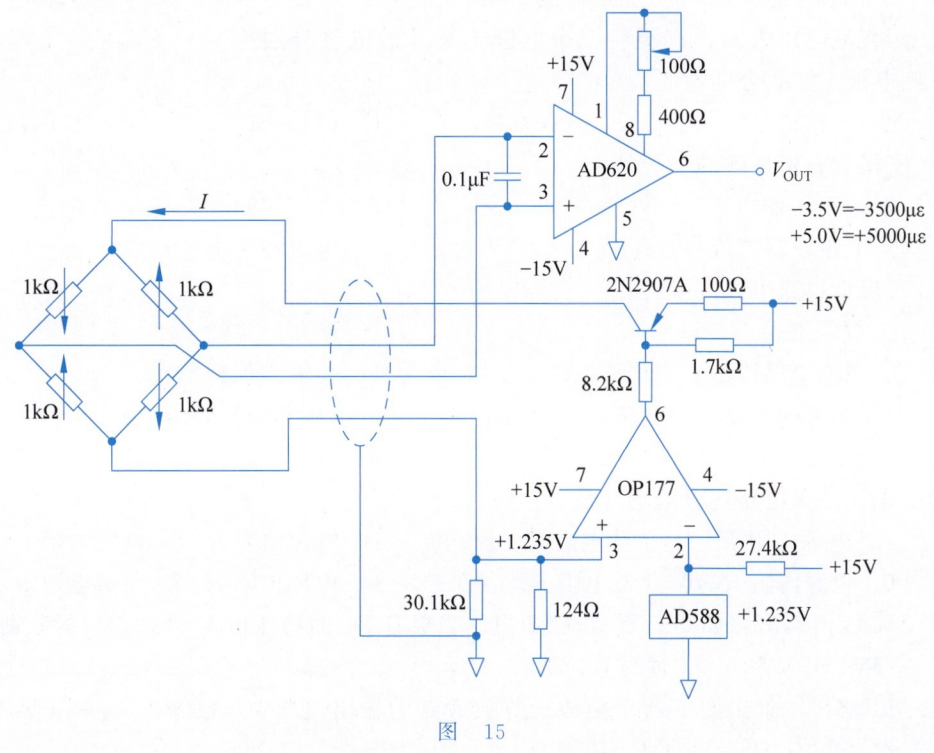

图 15

附录 E 中国航天科研机构近几年硕士研究生入学考试试题

2020 年"电子技术基础"科目试题

（一）模拟电路部分（75 分）

一、(20 分,每小题 2 分)单选题

1. 多级直接耦合放大器的输入级一般采用(　　)。

　　A. 共射极电路　　　B. 共基极电路　　　C. 共集电极电路　　D. 差分电路

2. 积分运算电路的反馈元件是(　　)。

A. 电阻　　　　　B. 电感　　　　　C. 电容　　　　　D. 稳压管

3. 射极输出器(　　)。
   A. 既有电压放大作用，也有电流放大作用
   B. 既无电压放大作用，也无电流放大作用
   C. 只有电压放大作用，无电流放大作用
   D. 只有电流放大作用，无电压放大作用

4. 为更好地抑制温度对电路的影响，集成运放的输入级大多采用(　　)。
   A. 直接耦合电路　　　　　　　　　　B. 阻容耦合电路
   C. 反馈放大电路　　　　　　　　　　D. 差分式放大电路

5. 差动放大电路由双端输入变为单端输入，差模电压增益(　　)。
   A. 增加一倍　　　B. 降为一半　　　C. 不变　　　D. 不确定

6. 用直流电压表测得三极管三个电极 1、2、3 的电位分别为 $V_1=5\text{V}, V_2=2\text{V}, V_3=1.3\text{V}$，则电极 1、2、3 分别为(　　)。
   A. (e,b,c)　　　B. (e,c,b)　　　C. (b,e,c)　　　D. (c,b,e)

7. 三极管 β 值反映的参数是(　　)。
   A. 电压控制电压　　　　　　　　　　B. 电压控制电流
   C. 电流控制电流　　　　　　　　　　D. 电流控制电压

8. 负反馈电路可以(　　)。
   A. 提高增益　　　　　　　　　　　　B. 提高增益稳定性
   C. 使输出保持不变　　　　　　　　　D. 使输入保持不变

9. 双端输入的差动放大电路，$u_{i1}=10\text{mV}, u_{i2}=6\text{mV}$，则共模输入信号 u_{ic} 为(　　)。
   A. 2mV　　　B. 4mV　　　C. 8mV　　　D. 16mV

10. 电压放大电路适合的场合是(　　)。
    A. 电源内阻 R_s 大，负载电阻 R_L 小　　　B. 电源内阻 R_s 小，负载电阻 R_L 大
    C. 电源内阻 R_s 小，负载电阻 R_L 小　　　D. 电源内阻 R_s 大，负载电阻 R_L 大

二、(**10 分**)　电路如图 1 所示，已知稳压二极管 D_Z 的稳压值 $V_Z=0.7\text{V}$，试分别计算出 $V_1=+5\text{V}、-5\text{V}$ 和 $+2\text{V}$ 时的 V_O 的值。

三、(**12 分**)　求出图 2 所示集成运算放大器的输出电压 V_o，已知 $V_{i1}=30\text{mV}, V_{i2}=100\text{mV}, R_f=40\text{k}\Omega, R_2=2\text{k}\Omega, R_3=20\text{k}\Omega$。

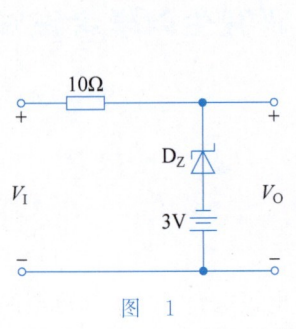

图 1

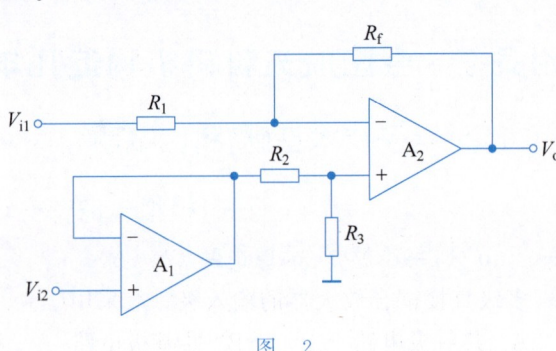

图 2

1. 分别说明运放 A_1、A_2 所构成电路的名称和功能或特点；
2. 试写出 V_o 与 V_{i1}、V_{i2} 之间的函数关系式，并计算 V_o 的值。

四、（15 分） 差动放大电路如图 3 所示，已知 $V_{CC}=12V$，$-V_{EE}=-6V$，$R_B=1k\Omega$，$R_C=2k\Omega$，$R_E=7.5k\Omega$，两只晶体管特性完全相同，且 $V_{BE}=0.7V$，$r_{bb'}=100\Omega$，$\beta=100$，$R_W=200\Omega$ 且滑动端位于中点。

1. 指出该电路的输入输出方式；
2. 求静态电流 I_{CQ1}、I_{CQ2} 以及静态集极电位 V_{CQ1}、V_{CQ2}；
3. 计算差模电压放大倍数 A_{vd}。

五、（18 分） 放大电路如图 4 所示，已知三极管 T 的 $V_{BEQ}=0.8V$，$\beta=50$，$r_{bb'}=68.5\Omega$，$R_{B1}=30k\Omega$，$R_{B2}=20k\Omega$，$R_C=1k\Omega$，$R_E=1k\Omega$，$V_{CC}=12V$，C_1、C_2、C_3 对交流信号可视为短路。

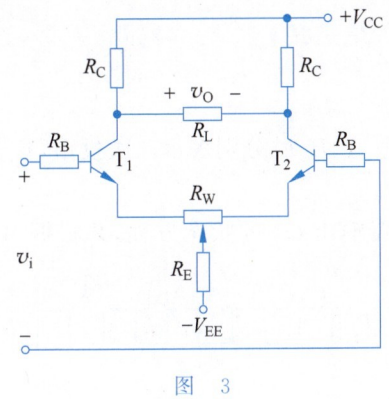

图 3

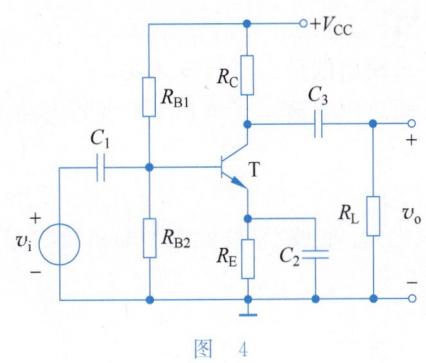

图 4

1. 画出直流通路；
2. 画出交流通路；
3. 画出交流小信号等效电路；
4. 试估算放大电路的静态工作点 I_{BQ}、I_{CQ} 以及 V_{CEQ}；
5. 计算放大电路的输入电阻 R_i 和输出电阻 R_o；
6. 估算电路的电压放大倍数 A_v。

（二）数字电路部分（75 分）

六、数字逻辑基础（每小题 5 分，共 20 分）

1. 将十六进制数 $(547)_H$ 转换成十进制数和二进制数。
2. 用代数法化简函数 $F=A\overline{B}C+\overline{B+\overline{C}}+BC$。
3. 列出函数 $Y=\overline{B}C+\overline{\overline{ABC}}+\overline{A}BC$ 的真值表。
4. 用卡诺图化简 $F(A,B,C)=\sum m(0,2,3,4,5,7)$。

七、（10 分） 组合逻辑电路如图 5 所示，写出 F_1、F_2、F_3、F_4 的逻辑表达式，完成真值表，并说明该电路的逻辑功能。

八、（15 分） 某商场做促销活动，顾客投入硬币后送出礼品。顾客只能投入 1 元和 5 角的硬币，且只能投 3 次。当投入的硬币不少于 2.5 元时送出礼品，不找零。当投入的硬币

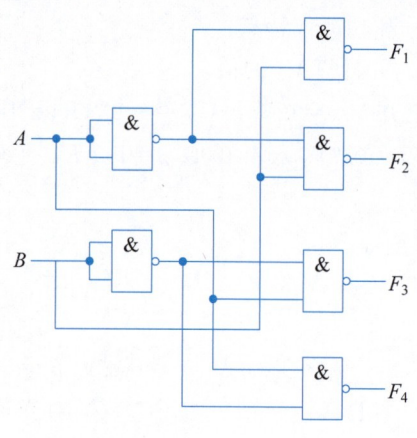
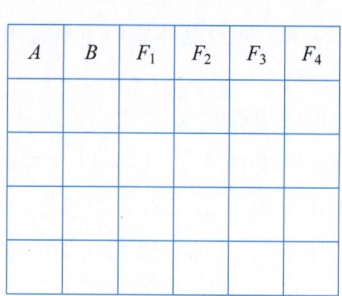

图 5

少于 2.5 元时,不送出礼品,且不退回硬币。

1. 写出真值表;
2. 求输出的最简与非表达式;
3. 画出用双输入端与非门实现的电路图(注:用 A、B、C 分别表示三次投币,Y 表示送出礼品情况)。

九、(10 分) 根据图 6 所示电路,写出 D 触发器输出 Q_1 的状态方程,并根据 A、C 的波形,画出 Q_1 的波形(设触发器的初始状态为 0)。

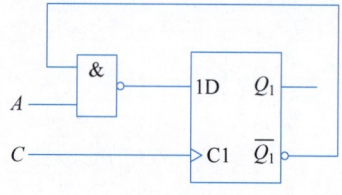
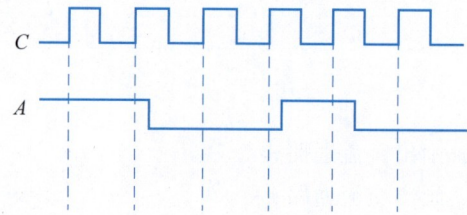

图 6

十、(20 分) 分析如图 7(a)所示的由三个 D 触发器构成的电路,设初始时 $Q_0Q_1Q_2 = 000$,时钟脉冲的波形如图 7(b)所示。

1. 写出电路的激励方程和状态方程;
2. 列出电路的状态装换表,画出状态图;
3. 画出 $Q_0Q_1Q_2$ 的时序波形图(画满 8 个脉冲)。

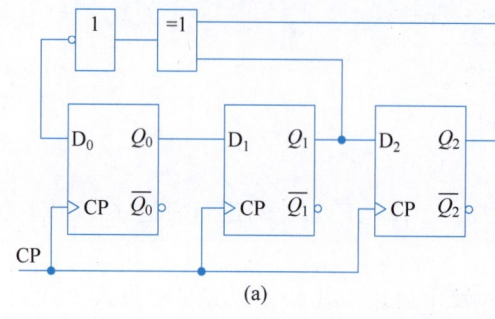
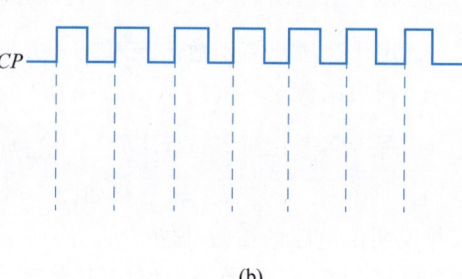

(a)   (b)

图 7

2021年"电子技术基础"科目试题

（一）模拟电路部分（75分）

一、(20分，每小题2分)单选题

1. 利用PN结在某种掺杂条件下反向击穿特性陡直的特点而制成的二极管，称为(　　)二极管。
   A. 整流　　　　　B. 稳压　　　　　C. 检波　　　　　D. 光电

2. BJT晶体管属于(　　)控制器件。
   A. 电流　　　　　B. 电压　　　　　C. 电阻　　　　　D. 电容

3. 在"发射结正偏，集电结反偏"处于放大的三极管电路是(　　)连接方式。
   A. 共发射极　　　B. 共集电极　　　C. 共基极　　　　D. 以上都对

4. 由运算放大器构成的电压跟随器的输入输出电阻是(　　)。
   A. $R_i \to 0, R_o \to \infty$　　　　　　　　B. $R_i \to \infty, R_o \to 0$
   C. $R_i \to 0, R_o \to 0$　　　　　　　　　D. $R_i \to \infty, R_o \to \infty$

5. 影响放大电路静态工作点的反馈形式是(　　)。
   A. 直流正反馈和直流负反馈　　　　　B. 直流正反馈和交流负反馈
   C. 直流负反馈和交流正反馈　　　　　D. 交流正反馈和交流负反馈

6. 只有电压放大作用，没有电流放大作用的是(　　)。
   A. 共集电极放大电路　　　　　　　　B. 共发射极放大电路
   C. 共基极放大电路　　　　　　　　　D. 以上都对

7. 能够代表"理想电压源和理想电流源等于零"的表述是(　　)。
   A. 电压源短路，电流源开路　　　　　B. 电压源开路，电流源开路
   C. 电压源短路，电流源短路　　　　　D. 电压源开路，电流源短路

8. 欲将方波电压转换成三角波电压，应选用(　　)运算电路。
   A. 反相比例　　　B. 同相比例　　　C. 微分　　　　　D. 积分

9. 差分放大电路的主要特点是(　　)。
   A. 电压增益高　　　　　　　　　　　B. 电流增益高
   C. 共模抑制能力强　　　　　　　　　D. 共模抑制能力弱

10. 测得某放大状态的三极管，各引脚电位如图1所示，则可判定该管为(　　)。
    A. NPN管③是e极　　　　　　　　　B. PNP管②是e极
    C. NPN管①是e极　　　　　　　　　D. PNP管①是e极

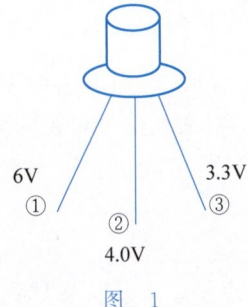

图　1

二、（**10 分**） 已知如图 2 所示电路中稳压管 D_Z 的稳压值 $V_Z=5V$,稳定电流的最小值 $I_{Zmin}=5mA$,最大值 $I_{Zmax}=15mA$,且已知 $R_2=500\Omega, V_1=15V$,求能够使稳压管 D_Z 正常工作的 R_1 的阻值范围。

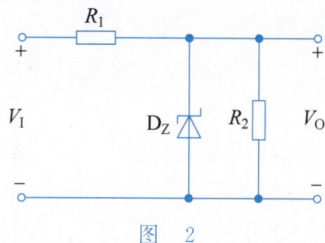

图 2

三、（**10 分**） 电路如图 3 所示,图中 $R_1=2k\Omega, R_2=10k\Omega, R_4=1k\Omega$。$R_5=1k\Omega$。输入电压信号 $V_i=1.5V$,试求：

1. 运放输入输出端电位 V_{N1}、V_{P1}、V_{o1}、V_{P2}、V_{o2} 的值；
2. 匹配电阻 R_3 的值。

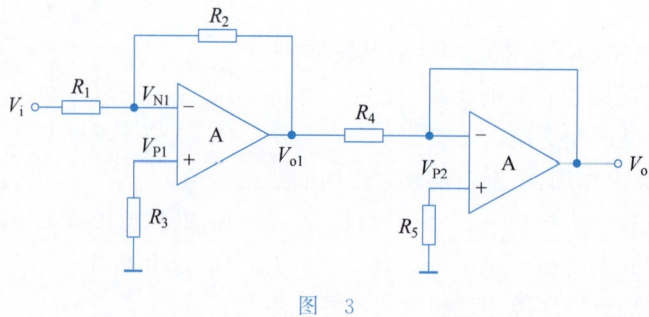

图 3

四、（**15 分**） 如图 4 所示电路中,A 为理想运算放大器,输出电压最大值为 ±12V,已知图中 $R_1=R_4=1k\Omega, R_2=10k\Omega, V_i=1V$。试分别求出当电位器 R_4 的滑动端移动到最上端、最下端和中间位置时的输出电压 V_o 的值。

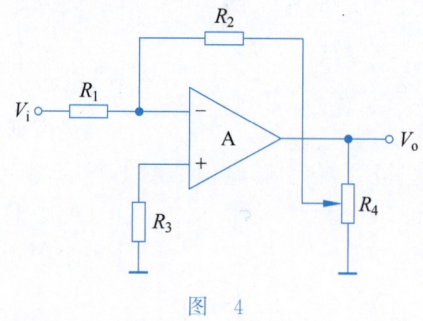

图 4

五、（**20 分**） 放大电路如图 5 所示,已知电路中 $V_{CC}=12V, R_B=300k\Omega, R_E=R_L=2k\Omega, R_s=100\Omega, V_{BEQ}=0.3V, C_1、C_2$ 对交流信号可视为短路,$r_{be}=1.5k\Omega, \beta=100$。

1. 试说明电路属于什么组态；
2. 画出直流通路和交流通路；
3. 画出交流小信号等效电路；
4. 试估算放大电路的静态工作点 I_{BQ}、I_{CQ} 以及 V_{CEQ}；

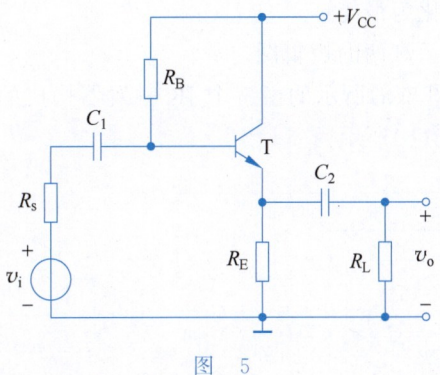

图 5

5. 计算放大电路的输入电阻 R_i 和输出电阻 R_o；
6. 计算电路的电压放大倍数 A_v。

（二）数字电路部分（75 分）

六、数字逻辑基础（每小题 5 分，共 20 分）

1. 将十进制数 838 转换为十六进制数和二进制数。
2. 用代数法化简函数 $F=\overline{(\overline{AC}+B)}\cdot\overline{(\overline{A+C}+B)}$ 为标准与或表达式。
3. 列出函数 $Y=\overline{AB}+AC+\overline{B}C$ 的真值表。
4. 用卡诺图化简 $F(A,B,C,D)=\sum m(0,1,2,3,4,8,10,11,14,15)$。

七、（10 分） 设有两个漏极开路 CMOS 与非门 74HC03 驱动两个双输入或非门 74LS02，电路如图 6 所示。已知 $V_{CC}=5V$，CMOS 门电路的参数为 $V_{OL(max)}=0.33V$，$V_{OH(min)}=3.84V$，$I_{OL(max)}=4mA$，$I_{OZ}=5\mu A$，TTL 门电路的参数为 $I_{IL}=0.4mA$，$I_{IH}=20\mu A$，计算上拉电阻 R_P。

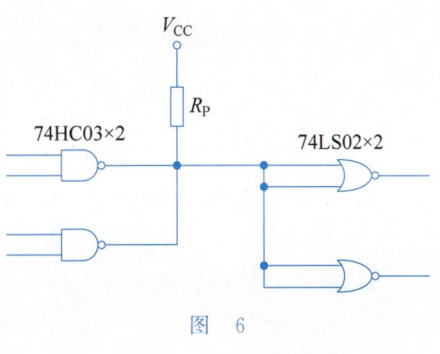

图 6

八、（10 分） 电路如图 7 所示，要求：

1. 写出 F 的逻辑函数表达式并化为最简"与或"式；
2. 对应输入 A、B、C 的波形画出 F 的波形。

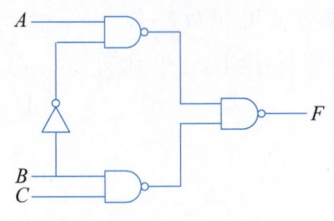 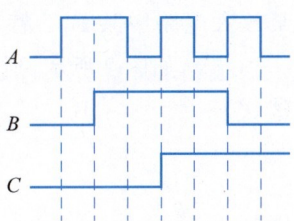

图 7

九、（15 分） 某车间有 A、B、C、D 四台设备，当 A 设备工作，且 B、C、D 中有两台设备备工作时，工作指示灯点亮，否则工作指示灯熄灭。设指示灯熄灭为 0，点亮为 1，各设备的工作信号通过某种装置送到相应的输入端，使该输入端为 1，否则为 0。

1. 列出真值表；

2. 写出逻辑表达式并化为最简；
3. 试用与非门组成指示灯两的逻辑图。

十、(20 分) 分析如图 8(a)所示的由三个 JK 触发器构成的电路,设初始时 $Q_0Q_1Q_2=000$,时钟脉冲的波形如图 8(b)所示。

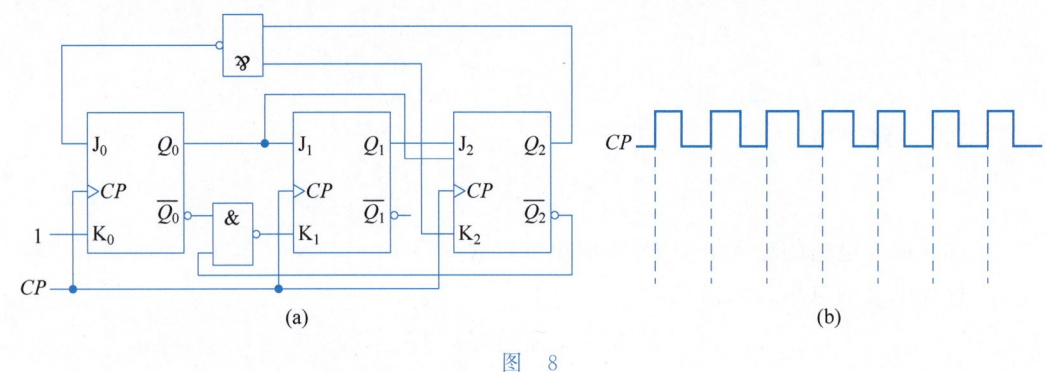

图 8

1. 写出电路的激励方程和状态方程；
2. 列出电路的状态装换表,画出状态图；
3. 画出 $Q_0Q_1Q_2$ 的时序波形图(画满 8 个脉冲)。

2024 年"电子技术基础"科目试题

(一) 模拟电路部分(75 分)

一、(每小题 2 分,共 20 分)单选题

1. 差分放大电路由双端输入变为单端输入时,其空载差模电压增益将( )。
   A. 不变　　　　B. 减小一半　　　　C. 增加一倍　　　　D. 变化不定
2. 多级直接耦合放大器的输入级一般采用( )电路。
   A. 共射极　　　　B. 共基极　　　　C. 共集电极　　　　D. 差分
3. 电路如图 1 所示,设硅稳压管 D_{Z1} 和 D_{Z2} 的稳定电压分别为 5V 和 8V,正向导通压降均为 0.7V,则电路的输出电压 $V_O=($)。
   A. 5V　　　　B. 8V　　　　C. 5.7V　　　　D. 0.7V
4. 若测得某放大电路中某 BJT 管三个电极对地电位分别为①$V_1=-12V$,②$V_2=-4.3V$,③$V_3=-3.6V$,如图 2 所示,则可判断该管的 B、E、C 极分别是( )。
   A. ①、②、③　　　　B. ②、①、③　　　　C. ②、③、①　　　　D. ③、②、①

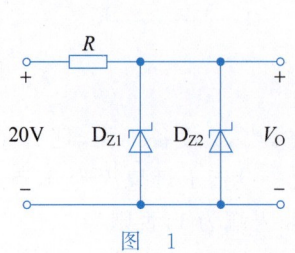

图 1

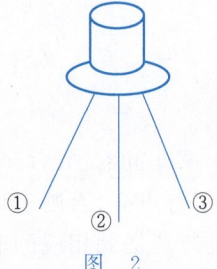

图 2

5. 由PNP管组成一个共发射极放大电路,当输入正弦信号时,输出波形出现了底部削平失真,这种失真是(　　)失真。
    A. 饱和　　　　　　B. 截止　　　　　　C. 交越　　　　　　D. 频率

6. 测得某放大电路开路时的输出电压为5V,当接入2kΩ负载后,测得其输出电压下降为4V,这说明该放大电路的输出电阻为(　　)。
    A. 2kΩ　　　　　　B. 0.5kΩ　　　　　C. 1kΩ　　　　　　D. 10kΩ

7. 多级放大电路放大倍数的波特图是(　　)。
    A. 各级波特图的叠加　　　　　　　　B. 各级波特图中通频带最窄者
    C. 各级波特图的乘积　　　　　　　　D. 各级波特图中通频带最宽者

8. 已知放大电路的输入信号电压为1mV,输出电压为1V,引入负反馈后,为达到同样的输出,需加输入信号电压10mV,则引入的反馈系数为(　　)。
    A. 9　　　　　　　　B. 0.9　　　　　　　C. 0.09　　　　　　D. 0.009

9. 由BJT管组成的电流源电路如图3所示,已知 T_1、T_2 管的特性参数一致,则由图中参数可确定 $R_2 = ($ 　　$)$。
    A. 0.25kΩ　　　　　B. 4kΩ　　　　　　C. 1kΩ　　　　　　D. 0.5kΩ

10. 放大电路如图4所示,当信号频率等于上限频率时,v_o 与 v_i 的相位差为(　　)。
    A. 90°　　　　　　B. −135°　　　　　C. −225°　　　　　D. −45°

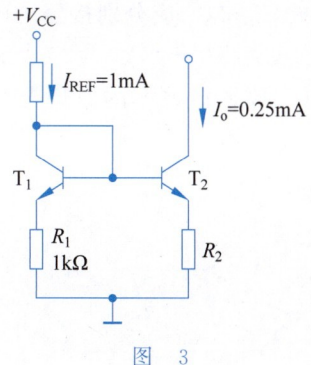

图　3

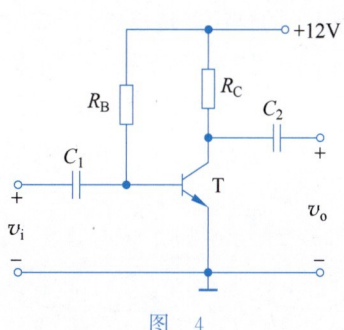

图　4

二、(20分)　电路如图5所示,已知各电容对交流信号呈短路,晶极管 T_1、T_2 的参数为 $\beta_1 = \beta_2 = 100$,$V_{BE1} = V_{BE2} = 0.7V$,$r_{bb1'} = r_{bb2'} = 0$,r_{ce} 忽略不计,其他电路参数如图中所示。

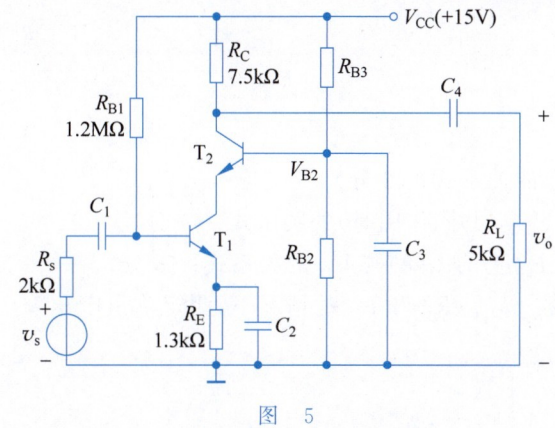

图　5

1. 画出电路的直流通路,若已知 $V_{B2}=5V$,试确定 V_{CEQ1}、V_{CEQ2} 的值(8分);
2. 画出电路的交流通路,并确定 A_v、A_{vs} 的值(12分)。

三、(10 分) 电路如图 6 所示,设晶体管 T_1、T_2、T_3 的 V_{BE} 均为 0.7V,A 为理想运放,其他电路参数如图中所示。

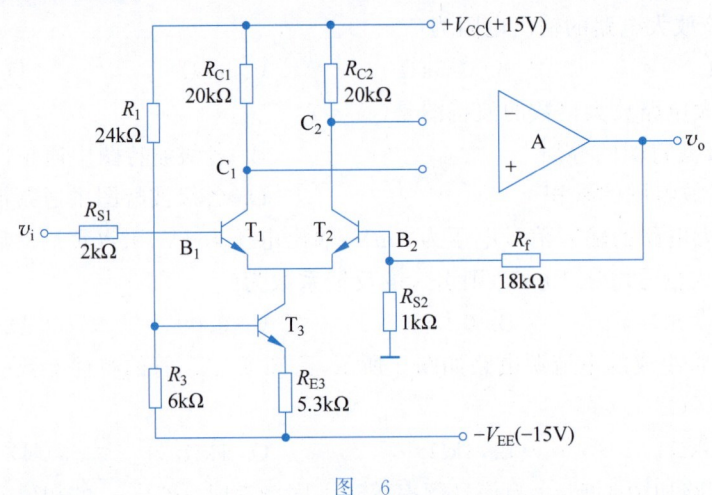

图 6

1. 当 $v_i=0$ 时,计算 $I_{C1}=I_{C2}=?$ $V_{C1}=V_{C2}=?$ (4分)
2. 若要引入电压串联负反馈,则 T_1、T_2 管的集电极 C_1 和 C_2 应分别接至运放的哪个输入端?假设引入的是深度负反馈,计算电路的闭环增益 A_{vf}。(6分)

四、(15 分) 图 7 所示为一个用来测试晶体管电流放大倍数 β 的原理电路。图中 T 为被测晶体管,运放 $A_1 \sim A_3$ 均为理想运放。

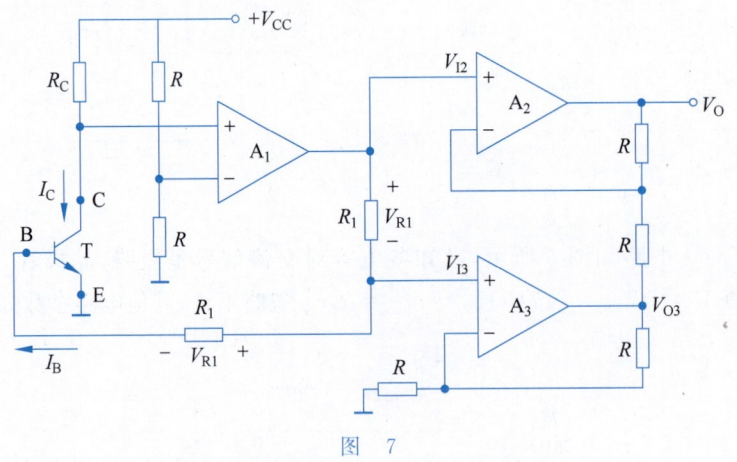

图 7

1. 写出 V_{O3} 与 V_{I3} 的关系式;(2分)
2. 写出 V_O 与 V_{I2}、V_{O3}(共同作用时)的关系式;(4分)
3. 写出 V_{R1}(电阻 R_1 上的压降)与 V_O 的关系式;(3分)
4. 在已知电路参数 $+V_{CC}$、R_C 和 R_1 的情况下,测定输出电压 V_O 后,便可求得 β,试写出 β 的表达式(6分)。

五、(10 分) 电路如图 8 所示,设运放是理想的,其他电路参数如图中所示。

1. 试分析该电路的功能并画出其电压传输特性曲线；(6 分)
2. 若 $v_i = 5\sin\omega t (V)$,试画出 v_o 的波形。(4 分)

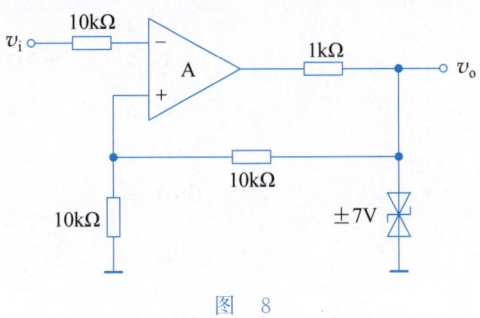

图 8

(二) 数字电路部分(75 分)

六、(每空 2 分,共 20 分)填空题

1. 已知 $X=(-15)_{10}$,则其八位原码为(　　),反码为(　　),补码为(　　)。
2. 十六路数据选择器的地址输入端有(　　)个,最多可以产生(　　)变量组合逻辑函数。
3. 对 4 位信息位 $A_3A_2A_1A_0$ 进行奇偶校验,如果 $A_3A_2A_1A_0=0101$,则其奇校验码为(　　),偶校验码为(　　)。
4. 驱动共阴极七段数码管的译码器的输出电平为(　　)有效。
5. TTL 与非门的多余输入端悬空时,相当于输入(　　)电平。
6. 由 N 个变量组成的最小项有(　　)个。

七、(10 分,每小题 5 分)化简下列函数

1. 利用公式法化简逻辑函数 $Y = \overline{\overline{AC} + (A+D)(A+\overline{B})C + B}$。
2. 用卡诺图法化简如下逻辑函数：

$$F(A,B,C,D) = \sum m(0,1,2,4,5,9) + \sum d(7,8,10,11,12,13)$$

八、(12 分) 试用 3/8 线译码器 74HC138(见图 9)和门电路产生如下多输出逻辑函数,并画出逻辑图。

$$\begin{cases} Y_1 = AC \\ Y_2 = \overline{A}\overline{B}C + A\overline{B}C + BC \\ Y_3 = \overline{B}C + AB\overline{C} \end{cases}$$

九、(15 分) 用八选一数据选择器 74LS151 设计一个三人表决电路,在表决一般问题时以多数同意为通过,在表决重要问题时,必须一致同意才能通过。已知 74LS151 的封装引脚如图 10 所示,逻辑功能如表 1 所示。写出设计过程,画出逻辑图。

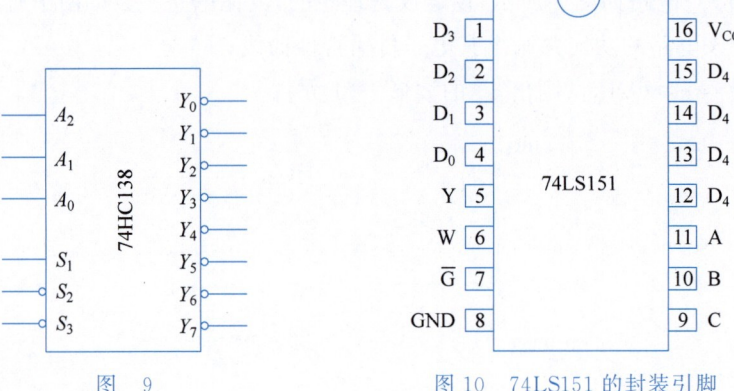

图 9　　　　　　　　图 10　74LS151 的封装引脚

表 1　74LS151 的功能表

输入				输出	
使能	选择			Y	W
$\bar{G}$	C	B	A		
H	×	×	×	L	H
L	L	L	L	D_0	$\bar{D}_0$
L	L	L	H	D_1	$\bar{D}_1$
L	L	H	L	D_2	$\bar{D}_2$
L	L	H	H	D_3	$\bar{D}_3$
L	H	L	L	D_4	$\bar{D}_4$
L	H	L	H	D_5	$\bar{D}_5$
L	H	H	L	D_6	$\bar{D}_6$
L	H	H	H	D_7	$\bar{D}_7$

十、(18 分)

试用 JK 触发器和门电路设计一个同步十三进制的计数器，并检查设计的电路能否自启动(说明原因)。

参 考 文 献

[1] 童诗白,华成英.模拟电子技术基础[M].6 版.北京:高等教育出版社,2023.
[2] DONALD A N. Microelectronic: circuit analysis and design[M].4 版.北京:清华大学出版社,2018.
[3] 康华光,张林,陈大钦.电子技术基础 模拟部分[M].7 版.北京:高等教育出版社,2021.
[4] 冯军,谢嘉奎.电子线路 线性部分[M].6 版.北京:高等教育出版社,2022.
[5] 孙肖子,赵建勋.模拟电子电路及技术基础[M].3 版.西安:西安电子科技大学出版社,2017.
[6] 张林,陈大钦.电子技术基础 模拟部分 学习辅导与习题解答[M].7 版.北京:高等教育出版社,2021.
[7] 冯军,王蓉,王欢.电子线路(线性部分)学习指导与习题详解[M].5 版.北京:高等教育出版社,2015.
[8] 孙肖子,李会云,谢松云,等.模拟电子技术基础学习指导书[M].北京:高等教育出版社,2015.
[9] 陈大钦,傅恩锡.模拟电子技术基础学习辅导与考研指南[M].3 版.武汉:华中科技大学出版社,2012.
[10] 毕满清,高文华.模拟电子技术基础学习指导及习题详解[M].2 版.北京:电子工业出版社,2016.
[11] 周润景,李波,王伟,等.Multisim 14 电子电路与仿真实践[M].北京:化学工业出版社,2023.
[12] 郭锁利,刘延飞,李琪,等.基于 Multisim 的电子系统设计、仿真与综合应用[M].2 版.北京:人民邮电出版社,2012.
[13] 李良光,张宏群.模拟电子技术学习指导与习题解答[M].北京:清华大学出版社,2011.
[14] 堵国樑,黄慧春.《模拟电子电路基础》学习指导及习题解析[M].南京:东南大学出版社,2023.